高职高专"十一五"规划教材

CAD/CAM应用技术

——CAXA制造工程师2008与CAXA数控车

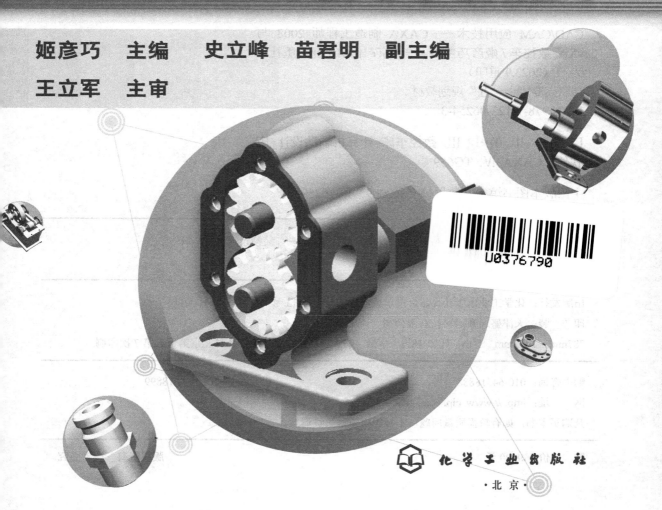

姬彦巧　主编　史立峰　苗君明　副主编

王立军　主审

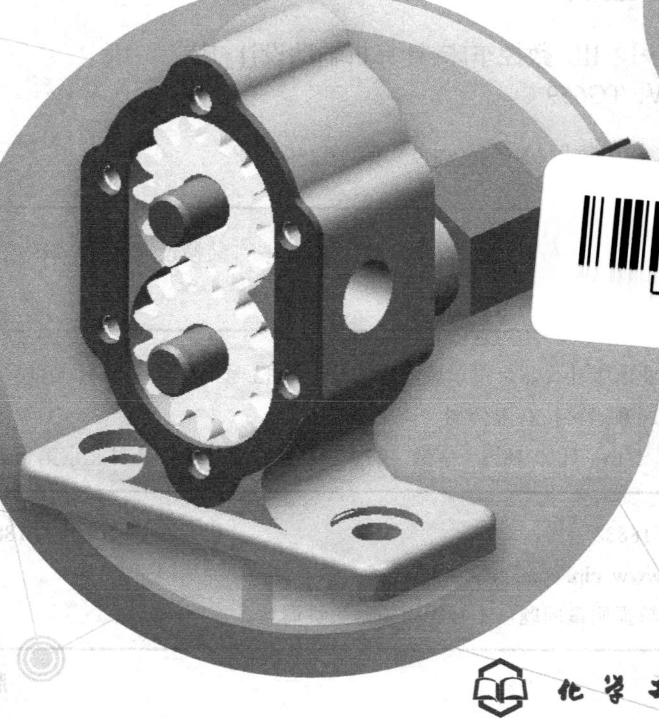

化学工业出版社

·北京·

本书是一本 CAD/CAM 软件应用教程，主要针对北京数码大方科技有限公司开发的“CAXA 制造工程师 2008”和“CAXA 数控车”进行全面介绍，在最后一部分以宇龙数控加工仿真系统为基础，简单讲述了数控机床加工仿真的基本过程。在讲述的过程中从初学者的角度出发，强调实用性、可操作性。全书不仅对“CAXA 制造工程师 2008” 和“CAXA 数控车”的基本概念和基本操作方法的讲述浅显易懂，深入浅出，而且还安排了大量典型实用的例题，使学习者能够结合实例进行学习，掌握数控车床和数控铣床的自动编程的方法和技巧。

配套提供本书全部实例素材源文件、操作视频文件，可以帮助读者轻松、高效学习。为了方便教师教学和读者自学，本书还提供了详细的教学课件。

本书可以作为高职高专院校、高等学校相关专业的教材或教学参考书，同时还可作为“CAXA 制造工程师 2008 和 CAXA 数控车”的自学教程，并可供相关人员参考。

图书在版编目（CIP）数据

CAD/CAM 应用技术——CAXA 制造工程师 2008 与 CAXA 数控车 / 姬彦巧主编. —北京：化学工业出版社，2009.11（2023.9 重印）
高职高专“十一五”规划教材
ISBN 978-7-122-06254-3

Ⅰ. C… Ⅱ. 姬… Ⅲ. 数控车床-计算机辅助设计-应用软件，CAXA Ⅳ. TG659

中国版本图书馆 CIP 数据核字（2009）第 192596 号

责任编辑：韩庆利　　　　装帧设计：张　辉
责任校对：王素芹

出版发行：化学工业出版社（北京市东城区青年湖南街 13 号　邮政编码 100011）
印　　装：天津盛通数码科技有限公司
787mm×1092mm　1/16　印张 18½　字数　470　千字　　2023 年 9 月北京第 1 版第 7 次印刷

购书咨询：010-64518888　　　　售后服务：010-64518899
网　　址：http: // www. cip. com. cn
凡购买本书，如有缺损质量问题，本社销售中心负责调换。

定　　价：48.00 元　　

前言

CAXA 制造工程师软件和 CAXA 数控车软件是北京数码大方科技有限公司优秀的 CAD/CAM 软件，广泛应用于装备制造、电子电器、汽车及零部件、国防军工、工程建设、教育等各个行业，具有技术领先，全中文，易学、实用等特点，非常适合工程设计人员和数控编程人员使用。

本书从数控自动编程的实际出发，注重基本技能训练，结合典型实例，详细介绍了 CAXA 制造工程师 2008 和 CAXA 数控车软件的基本操作和典型应用，全书共分 3 篇，共 7 章。第 1 篇主要介绍 CAXA 制造工程师 2008 软件的基本知识、线架造型、实体特征造型、曲面造型、其他造型方法和数控铣削自动的编程的基础知识和应用方法。第 2 篇主要介绍了 CAXA 数控车的 CAD 基本绘制方法、数控粗车、数控精车、车槽、车螺纹等内容。第 3 篇主要以宇龙数控仿真软件为依托，介绍了数控机床自动仿真的基本方法和基本操作。

为了方便初学者理解内容，本书在相应的位置安排了大量的例题，在每一章中，几个知识点后就有小的实例练习，每一章后又有综合实例练习，并将重要的知识点嵌入到具体的实例中，读者可以循序渐进，轻松掌握该软件的操作。本书部分例题和练习题选用了数控中级工、数控高级工、数控工艺员和数控大赛的考题，通过系统的学习和实际操作，可以达到相应的技术水平。

配套提供本书全部实例素材源文件、操作视频文件，可以帮助读者轻松、高效学习。为了方便教师教学和读者自学，本书还提供了详细的教学课件。相关资源可到化学工业出版社教学资源网 www.cipedu.com.cn 下载。

本书面向具有一定制图和机加工知识的工程技术人员、数控加工人员和在校学生，是在结合编者多年的 CAD/CAM 软件使用和教学等经验基础上编写而成的。

参加本书编写的有：姬彦巧（第 2、6 章），史立峰（第 5 章，第 7 章的 7.1、7.2 和 7.3.1 节），苗君明（第 1、3、4 章），茹丽妙（第 7 章的 7.3.2 节、附录）。东北大学的赵长宽老师还对本书的部分实例进行了编写。

本书由王立军主审，参加审稿的还有石家庄链轮厂崔冬霞。在编写过程中，得到了北京数码大方科技有限公司黄威先生和 CAXA 东北大区有关人员的大力支持，在此表示衷心的感谢！

由于编者水平有限，时间仓促，书中难免会有不足之处，欢迎广大读者和业内人士予以批评指正。

编者

目 录

第1篇 CAXA制造工程师2008

第3篇　数控机床加工仿真

第 1 篇

CAXA 制造工程师 2008

第1章　概　述

1.1　概　述

CAXA 制造工程师 2008 是北京数码大方科技有限公司开发的系列软件之一，目前广泛应用于塑模、锻模、拉伸模等复杂模具的生产以及汽车、电子、兵器、航空航天等行业的精密零部件加工。

1.2　基 础 知 识

1.2.1　CAXA 制造工程师 2008 界面

CAXA 制造工程师 2008 的用户界面和其他 Windows 风格的软件一样，各种应用功能通过菜单和工具条驱动；状态栏指导用户进行操作并提示当前状态和所处的位置；特征/轨迹/轨迹树记录了历史操作和相互关系；绘图区显示各种功能操作的结果；同时，绘图区和特征/轨迹树为用户提供了数据交互功能，如图 1-1 所示。

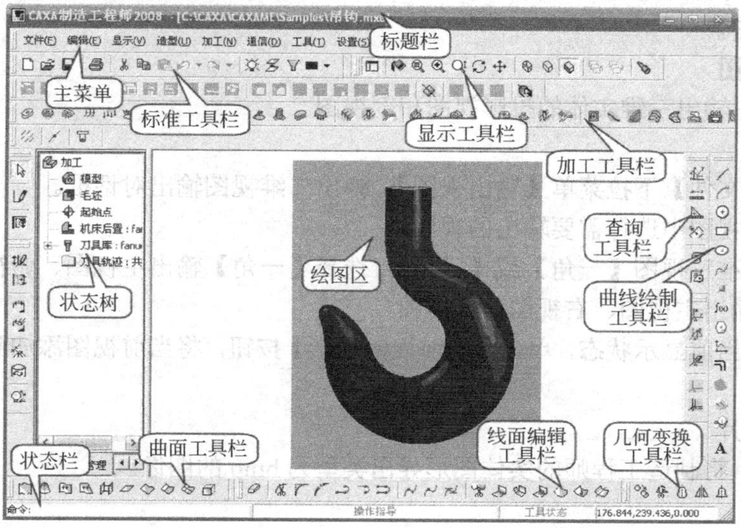

图 1-1　CAXA 制造工程师 2008 界面

1.2.2 文件管理

文件管理菜单下的【新建】、【打开】、【保存】、【另存为】、【打印】图形文件命令与 Windows 的相近，这里只简单介绍 CAXA 制造工程师 2008 特有的文件管理功能。

1. 文件格式类型

CAXA 制造工程师 2008 中可以读入 ME 数据文件 mxe、零件设计数据文件 epb、ME2.0 和 ME1.0 数据文件 csn、Parasolid x_t 文件、Parasolid x_b 文件、DXF 文件、IGES 文件和 DAT 数据文件，见表 1-1。

表 1-1 CAXA 制造工程师 2008 中可以读入的数据文件类型

文件扩展名类型	文件说明	读入	输出
epb 文件	EB2D 默认的自身文件	有	有
x_t 和 x_b 格式文件	与其他支持 Parasolid 软件的实体交换文件	有	有
DXF 文件	AutoCAD（不支持实体）	有	有
IGES 文件	所有大中型软件的线架、曲面交换	有	有
DAT 文件	点、线、样条曲线、曲面文件接口，如用于三坐标测量仪	有	

2. 当前文件

当前文件是指系统当前正在使用的图形文件。系统初始没有文件名，只有在【打开】、【保存】等功能进行操作时才命名文件，CAXA 制造工程师系统指定的文件后缀为*.mxe。

3. 并入文件

（1）功能　并入一个实体或者线面数据文件（DAT、IGES、dxf ），与当前图形合并为一个图形。

（2）操作　具体操作和参数解释参见“5.2.1 加工模型的准备”。

4. 读入草图

（1）功能　将已有的二维图作为草图读入到制造工程师中。

（2）操作　首先选取草图平面，进入草图。单击【文件】下拉菜单【读入草图】，状态栏中提示【请指定草图的插入位置】，用光标拖动图形到某点，单击鼠标左键，草图读入结束。

（3）说明　此操作要在草图绘制状态下，否则出现警告【必须选择一个绘制草图的平面或已绘制的草图】。

5. 输出视图

（1）功能　输出三维实体的投影视图和剖视图。

（2）操作

① 单击【文件】下拉菜单【输出视图】，弹出二维视图输出对话框。

② 在投影视图中选择需要输出的视图。

③ 选择标准三视图【一角】或【三角】，选择【一角】输出主视图、俯视图、左视图；选择【三角】输出主视图、右视图和仰视图。

④ 自定义当前显示状态，单击【当前视向投影】按钮，将当前视图添加到当前视图投影列表框中。

6. 保存图片

（1）功能　将制造工程师的实体图形导出类型为 bmp 的图像。

（2）操作

① 单击【文件】下拉菜单中【保存图片】，弹出输出位图文件对话框。

② 单击浏览按钮，弹出另存为对话框，选择路径，给出文件名，单击保存按钮，另存为对话框关闭，回到输出位图文件对话框。

③ 选择是否需要固定纵横比和图像大小的宽度和高度，单击确定按钮，图像导出完毕。

7. 数据接口

（1）功能　打开数据接口功能。

（2）操作　单击【文件】下拉菜单【数据接口】，或者直接单击按钮，CAXA 制造工程师的数据接口模块将自动启动。

（3）说明　在数据接口模块中，可以选不同类型的文件，然后单击【模型转换】按钮，数据接口模块将各类数据自动转换到 CAXA 制造工程师系统中。

8. CAXA 实体设计数据

首先，要确定已经安装了【CAXA 实体设计】软件。该菜单实现将 CAXA 实体设计数据转换到 CAXA 制造工程师系统中。

当在 CAXA 实体设计软件中准备好数据后，单击【数据转换】按钮。然后在 CAXA 制造工程师中单击【文件】下拉菜单【CAXA 实体设计数据】，就可以将 CAXA 实体设计数据转换到 CAXA 制造工程师环境中。

1.2.3 常用键的含义

1. 鼠标键

单击鼠标左键可以用来激活菜单、确定位置点、拾取元素等；单击鼠标右键可以用来确认拾取、结束和终止命令。

• 注意

① 前后推动鼠标滚轮，对图形进行放大或缩小。

② 按住鼠标滚轮并滑动鼠标，图形产生动态旋转。

2. 回车键和数值键

回车键和数值键在系统要求输入点时，可以激活一个坐标输入条，在输入条中可以输入坐标值。如果坐标值以@开始，表示是相对于前一个输入点的相对坐标；在某些情况下也可以输入字符串。

3. 功能热键

系统提供了一些方便操作的功能热键。

【F1 键】：提供系统帮助。

【F2 键草图器】：用于草图状态与非草图状态的切换。

【F3 键】：显示全部图形。

【F4 键】：刷新屏幕（重画）。

【F5 键】：将当前平面切换到 *XOY* 面，同时显示平面设置为 *XOY* 面，将图形投影到 *XOY* 面内进行显示。

【F6 键】：将当前平面切换到 *YOZ* 面，同时显示平面设置为 *YOZ* 面，将图形投影到 *YOZ* 面内进行显示。

【F7 键】：将当前平面切换到 *XOZ* 面，同时显示平面设置为 *XOZ* 面，将图形投影到 *XOZ* 面内进行显示。

【F8 键】：显示轴测图。

【F9 键】：切换当前作图平面，但不改视向。

【Shift 键+方向键↑、↓、←、→】：使图形围绕屏幕中心进行旋转。

【方向键↑、↓、←、→】：使图形进行上下左右平移。

【Shift 键和鼠标中键】：滑动鼠标，使图形进行平移。

【Ctrl+↑】：显示放大。

【Ctrl+↓】：显示缩小。

1.2.4 设置

1. 当前颜色

（1）功能 设置系统当前颜色。

（2）操作

① 单击【设置】下拉菜单中【当前颜色】，或者直接单击按钮，弹出【颜色管理】对话框。

② 可以选择基本颜色或扩展颜色中任意颜色，单击【确定】按钮。

（3）说明 与层同色是指当前图形元素的颜色与图形元素所在层的颜色一致。

2. 层设置

（1）功能 本项菜单的功能是修改（查询）图层名、图层状态、图层颜色、图层可见性以及创建新图层。

（2）操作

① 单击【设置】下拉菜单中【层设置】，或者单击按钮，弹出图层管理对话框（图 1-2）。

② 选定某个图层，双击【名称】、【颜色】、【状态】、【可见性】和【描述】其中任一项，可以进行修改。

③ 可以新建图层、删除指定图层或将指定图层设置为当前图层。

④ 如果想取消新建的多图层，可单击【重置图层】按钮，返回到图层的初始状态。

⑤ 单击导出设置按钮，弹出导入/导出图层对话框（图 1-3），输入图层组名称及其详细信息，单击确定按钮，可将当前图层状态保存下来。

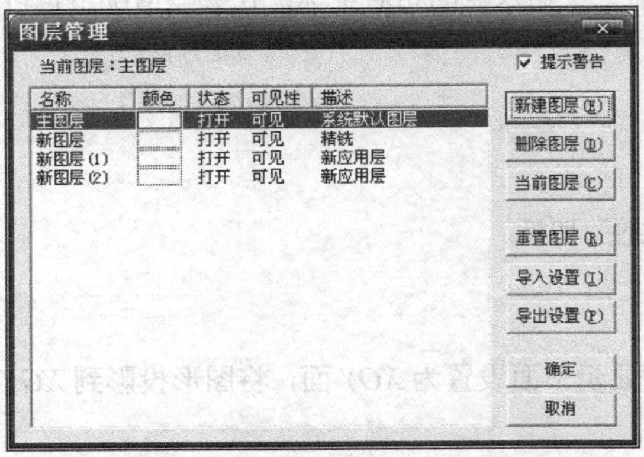

图 1-2 层设置

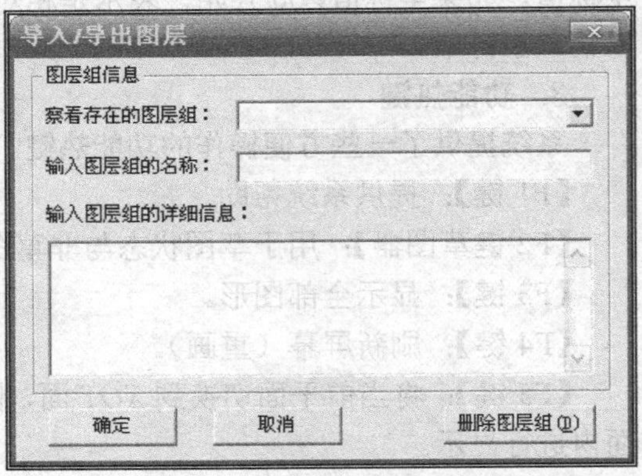

图 1-3 导出/导入设置图层

⑥ 单击导入设置按钮，弹出导入/导出图层对话框（图 1-3），选择已存在的图层组名称，单击确定按钮，可使该图层组成为当前图状态；单击删除图层组按钮，可将其删除。

（3）说明

【新建图层】：建立一个新图层。

【删除图层】：删除选定图层。

【当前图层】：将选定图层设置为当前层。

【重置图层】：恢复到系统中层设置初始化状态。

【导入设置】：调入导出的层状态。

【导出设置】：将当前层状态存储下来。

• 注意

当部分图层上存在有效元素时，无法重置图层和导入图层。

3. 拾取过滤设置

（1）功能　拾取过滤是指光标能够拾取到屏幕上的图形类型，拾取到的图形类型被加亮显示；导航过滤是指光标移动到要拾取的图形类型附近时，图形能够加亮显示。

（2）操作

① 单击【设置】下拉菜单中【拾取过滤设置】，弹出拾取过滤设置对话框（图 1-4）。

② 如果要修改图形元素的类型、拾取时的导航加亮设置和图形元素的颜色，只要直接单击项目对应框即可。对于图形元素的类型和图形元素的颜色，可以单击下方的选择所有和清除所有的按钮即可。

③ 要修改拾取盒的大小，只要拖动下方的滚动条就可以了。

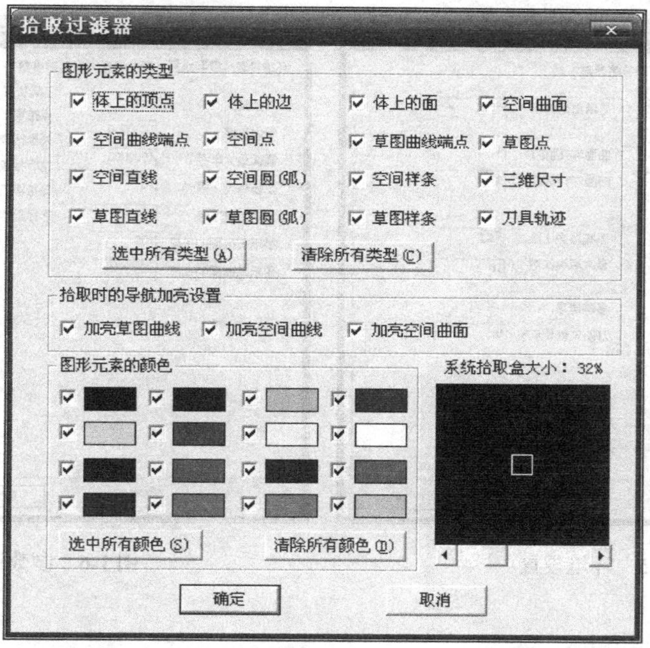

图 1-4　拾取过滤设置

（3）说明

【图形元素类型】：体上的顶点、边、面以及空间曲面，空间曲线端点，空间点，草图曲线端点，草图点，空间直线，空间圆（弧），空间样条，三维尺寸，草图直线，草图圆（弧），草图样条，刀具轨迹。

【导航加亮设置】：加亮草图曲线、加亮空间曲面和加亮空间曲线。

【图形元素颜色】：图形元素的各种颜色。

【系统拾取盒大小】：拾取元素时，系统提示导航功能。拾取盒的大小与光标拾取范围成正比。当拾取盒较大时，光标距离要拾取到的元素较远时，也可以拾取上该元素。

4. 系统设置

（1）环境设置

① 功能。设置 F5～F8 快捷键定义（国标或机床）、设置键盘显示旋转角度、鼠标显示旋转角度、曲面 U 向网格数、曲面 V 向网格数、自动存盘操作次数、自动存盘文件名、系统层数上限和最大取消次数。

② 操作。单击【设置】下拉菜单中的【系统设置】，弹出【系统设置】对话框（图 1-5）。可以直接修改环境参数。

（2）参数设置

① 功能。样条最大点数、最大长度、圆弧最大半径、系统精度上限、系统精度下限、显示基准面的长度、显示基准面的宽度和工具状态。

工具状态包括：点拾取工具、矢量拾取工具、轮廓拾取工具、岛拾取工具和选择集拾取工具。工具状态有两状态：锁定和回复。

② 操作。单击【设置】下拉菜单中的【参数设置】，弹出【参数设置】对话框，选择【参数设置】选项卡（图 1-6）。可以根据需要对参数、辅助工具的状态进行设定。

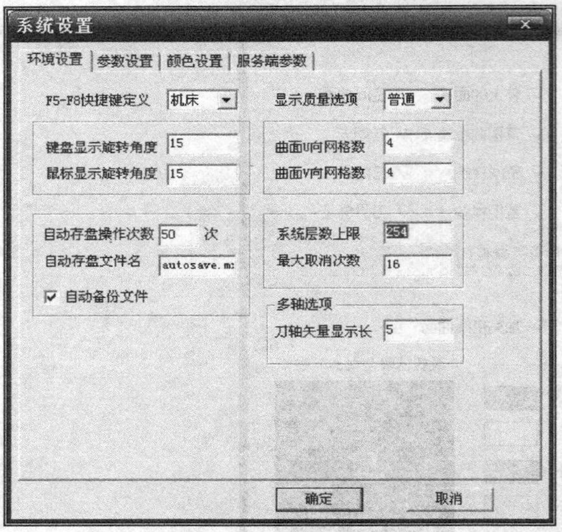

图 1-5 环境设置

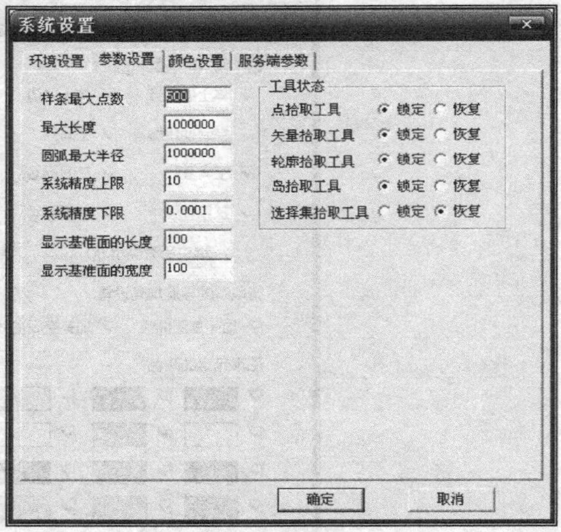

图 1-6 参数设置

（3）颜色设置

① 功能。修改拾取状态颜色、修改无效状态颜色、修改非当前坐标系颜色、修改当前坐标系颜色。

② 操作。单击【设置】下拉菜单中的【颜色设置】，弹出【颜色设置】对话框，选择【颜色设置】选项卡（图 1-7）。可以根据需要对颜色进行设定。

（4）服务端设置

① 功能。服务端 IP 设置，主要用于设置应用程序查找 license 的方式。

② 操作。单击【设置】下拉菜单中的【服务端参数】，弹出【服务端参数】对话框，选择【服务端参数】选项卡，可以根据需要对服务端参数进行设定。

（5）说明

【不指定或自动搜索】：应用程序自动查找 license。

【NetHasp】：应用程序优先查找 Hasp 类型的 license。

【Sentinel】：应用程序优先查找 Sentinel 类型的 license。

【设定服务器 IP】：制定 license 服务器位置。

【设定本机 IP】：制定本机为 license 服务器。

5. 光源设置

（1）功能　对零件的环境和自身的光线强度进行改变。

（2）操作

① 选取【设置】下拉菜单中【光源设置】，弹出光源设置对话框。

② 可以根据需要对光线的强度进行编辑和修改。

6. 材质设置

（1）功能　对生成实体的材质进行改变。

（2）操作

① 单击【设置】下拉菜单中【材质设置】，弹出（图 1-8）对话框，用户可以根据需要对实体的材质进行选择。

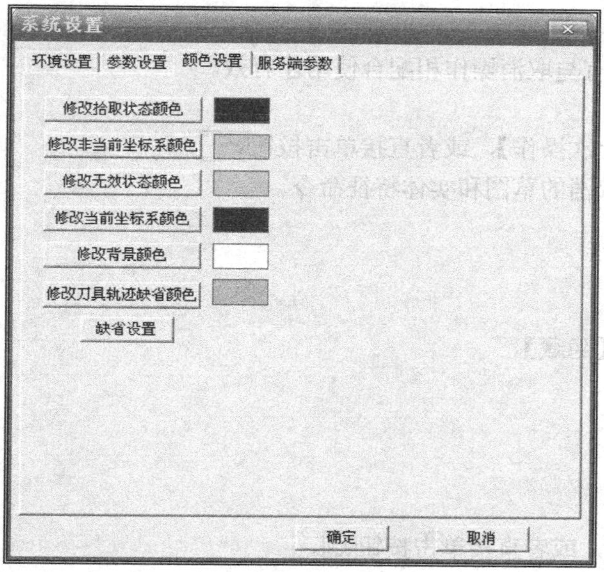

图 1-7　颜色设置

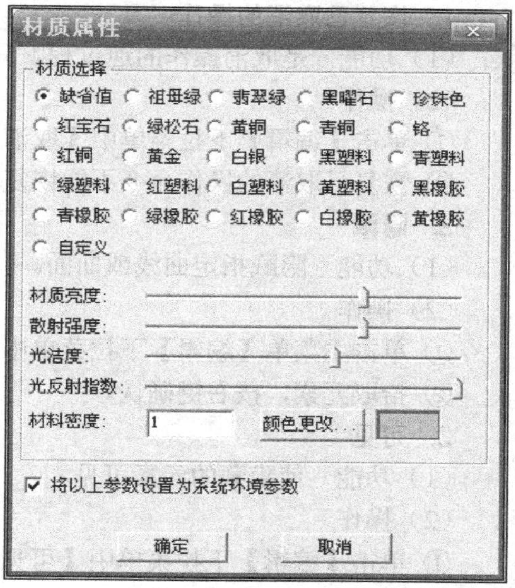

图 1-8　材质设置

② 如果用户需对材质的亮度、密度以及颜色元素等进行修改时，可以选取【自定义】选项，单击【颜色更改】按钮，在弹出的颜色对话框中选择所需的颜色，单击【确定】按钮，回到材质属性对话框，单击【确定】按钮，完成自定义。

7. 自定义

（1）功能　定义符合用户使用习惯的环境。可以完成自定义工具条和键盘命令设置的功能。

（2）操作

① 单击【设置】下拉菜单中【自定义】，弹出自定义对话框（图 1-9）。

② 单击选项中【工具条】或者【键盘】(图 1-10)。

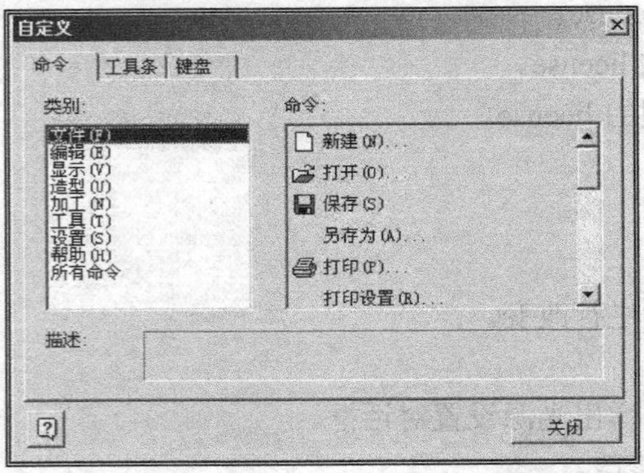

图 1-9　自定义对话框

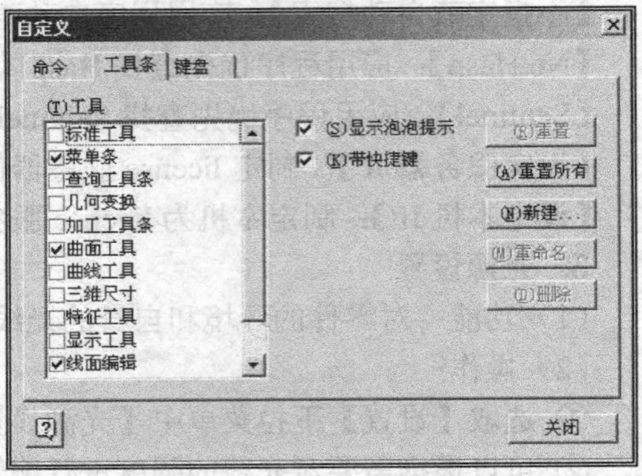

图 1-10　自定义“工具条”对话框

③ 根据自己的使用特点进行设置。

1.2.5　编辑

在粘贴编辑菜单下的【取消上次操作】、【复制】、【粘贴】、【删除】、【剪切】等命令与 Windows 的类似，这里就不再介绍了。

1. 恢复已取消的操作

(1) 功能　是取消操作的逆过程。只有与取消操作相配合使用才有效。

(2) 操作

① 单击【编辑】下拉菜单中【取消上次操作】，或者直接单击按钮。

② 恢复已取消的操作命令不能恢复取消的草图和实体特征命令。

2. 隐藏

(1) 功能　隐藏指定曲线或曲面。

(2) 操作

① 单击主菜单【编辑】下拉菜单中【隐藏】。

② 拾取元素，按右键确认。

3. 可见

(1) 功能　使隐藏的元素可见。

(2) 操作

① 单击【编辑】下拉菜单中【可见】，或者直接单击按钮。

② 拾取元素，按右键确认。

4. 层修改

(1) 功能　修改曲线和曲面的层。

(2) 操作

① 使用层设置功能建立新的图层。

② 单击【编辑】下拉菜单中【层修改】。

③ 拾取元素，按右键确认。

④ 弹出图层管理对话框，单击新建图层，按确定按钮，线面层修改完成。

5. 颜色修改

(1) 功能　修改元素的颜色。

（2）操作

① 单击【编辑】下拉菜单中【颜色修改】。

② 拾取元素，按右键确认。

③ 弹出颜色管理对话框，选择颜色，按确定按钮，元素修改完成。

6. 编辑草图

（1）功能 编辑修改已有草图。

（2）操作

① 单击特征树中的草图，该草图变为红色。

② 单击主菜单【编辑】下拉菜单【编辑草图】，进入草图状态进行编辑。

③ 或者单击特征树中的草图名后，直接按右键，在快捷菜单中选择编辑草图，进入草图状态进行编辑。

7. 修改特征

（1）功能 修改特征实体的特征参数。

（2）操作

① 单击特征树中的特征，该特征的线架变为红色。

② 单击主菜单【编辑】下拉菜单【修改特征】，进入该特征对话框，修改参数，按确定按钮，特征修改完成。

③ 或者单击特征树中的特征名后，直接按右键，在快捷菜单中选择修改特征，进入该特征对话框，修改参数，按确定按钮，特征修改完成。

1.2.6 坐标系

（1）功能 为了方便作图，坐标系功能有创建坐标系、激活坐标系、删除坐标系、隐藏坐标系和显示所有坐标系。

（2）操作 单击【工具】，指向【坐标系】，在该菜单中的右侧弹出下一级菜单选择项。

（3）说明 系统默认坐标系为世界坐标系。系统允许同时存在多个坐标系，其中正在使用的坐标系为当前坐标系，其坐标架为红色，其他坐标架为白色。

1. 创建坐标系

建立一个新的坐标系。创建坐标系有三种方式：三点、两相交直线、圆或圆弧。

（1）三点

1）功能 给出坐标原点、*X* 轴正方向上一点和 *Y* 轴正方向上一点生成新坐标系，坐标系名为给定名称。

2）操作

① 单击【工具】，指向【坐标系】，单击【创建坐标系】，在立即菜单中选择【三点】。

② 给出坐标原点、*X*+方向上一点和确定 *XOY* 面及 *Y*+轴方位的一点。

③ 弹出输入条，输入坐标系名称，按回车键确定。

（2）两相交直线

1）功能 拾取直线作为 *X* 轴，给出正方向，再拾取直线作为 *Y* 轴，给出正方向，生成新坐标系，坐标系名为指定名称。

2）操作

① 单击【工具】，指向【坐标系】，单击【创建坐标系】，在立即菜单中选择【两相交直线】。

② 拾取第一条直线作为 *X* 轴，选择方向。

③ 拾取第二条直线，选择方向。

④ 弹出输入条，输入坐标系名称，按回车键确定。

（3）圆或圆弧

1）功能　以指定圆或圆弧的圆心为坐标原点，以圆的端点方向或指定圆弧端点方向为 X 轴正方向，生成新坐标系，坐标系名为给定名称。

2）操作

① 单击【工具】，指向【坐标系】，单击【创建坐标系】，在立即菜单中选择【圆或圆弧】。

② 拾取圆或圆弧，选择 X 轴位置（圆弧起点或终点位置）。

③ 弹出输入条，输入坐标系名称，按回车键确定。

2. 激活坐标系

（1）功能　有多个坐标系时，激活某一坐标系就是将这一坐标系设为当前坐标系。

（2）操作

① 单击【工具】，指向【坐标系】，单击【激活坐标系】，弹出对话框（图 1-11）。

② 拾取坐标系列表中的某一坐标系，单击激活按钮，可见该坐标系已激活，变为红色。单击激活结束，对话框关闭。

③ 单击手动激活按钮，对话框关闭，拾取要激活的坐标系，该坐标系变为红色，表明已激活。

3. 删除坐标系

（1）功能　删除用户创建的坐标系。

（2）操作

① 单击【工具】，指向【坐标系】，单击【删除坐标系】，弹出对话框（图 1-12）。

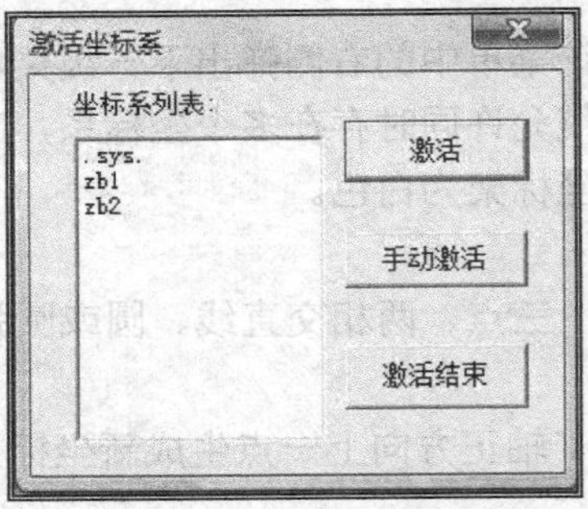

图 1-11　激活坐标系

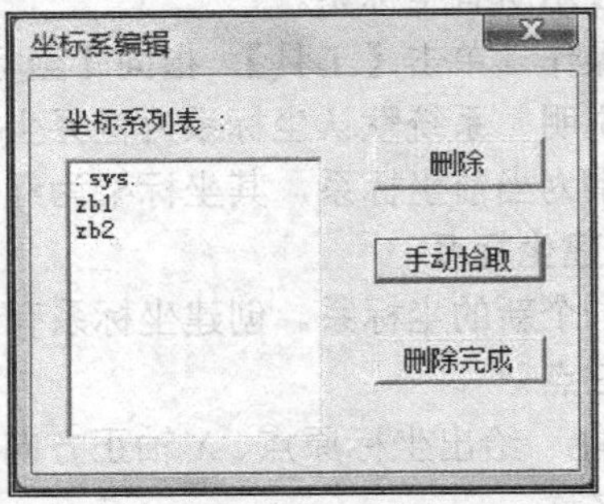

图 1-12　删除坐标系

② 拾取要删除的坐标系，单击坐标系，删除坐标系完成。

③ 拾取坐标系列表中的某一坐标系，单击删除按钮，可见该坐标系消失。单击删除完成，对话框关闭。

④ 单击手动拾取按钮，对话框关闭，拾取要删除的坐标系，该坐标系消失。

4. 隐藏坐标系

（1）功能　使坐标系不可见。

（2）操作

① 单击【工具】，指向【坐标系】，单击【隐藏坐标系】。

② 拾取工作坐标系，单击坐标系，隐藏坐标系完成。

5. 显示所有坐标系

（1）功能　使所有坐标系都可见。

（2）操作　单击【工具】，指向【坐标系】，单击【显示所有坐标系】，所有坐标系都可见。

1.2.7　显示控制

1. 显示变换

制造工程师为用户提供了绘制图形的显示命令，它们只改变图形在屏幕上显示的位置、比例、范围等，不改变原图形的实际尺寸。图形的显示控制对绘制复杂视图和大型图纸具有重要作用，在图形绘制和编辑过程中也要经常使用。

单击【显示】下拉菜单中的【显示变换】，在该菜单的右侧弹出下拉菜单中选择相应功能进行操作。

（1）显示重画　刷新当前屏幕所有图形。经过一段时间的图形绘制和编辑，屏幕绘图区中难免留下一些擦除痕迹，或者使一些有用图形上产生部分残缺，这些由于编辑后而产生的屏幕垃圾，虽然不影响图形的输出结果，但影响屏幕的美观。使用重画功能，可对屏幕进行刷新，清除屏幕垃圾，使屏幕变得整洁美观。

用户还可以通过 F4 键使图形显示重画。

（2）显示全部　将当前绘制的所有图形全部显示在屏幕绘图区内。

用户还可以通过 F3 键使图形显示全部。

（3）显示窗口　提示用户输入一个窗口的上角点和下角点，系统将两角点所包含的图形充满屏幕绘图区加以显示。

（4）显示缩放　按照固定的比例将绘制的图形进行放大或缩小。

- 说明

① 用户也可以通过 PageUp 或 PageDown 来对图形进行放大或缩小。

② 也可使用 Shift 配合鼠标右键，执行该项功能。

③ 也可以使用 Ctrl 键配合方向键，执行该项功能。

（5）显示旋转　将拾取到的零部件进行旋转。

- 说明

① 用户还可以使用 Shift 键配合上、下、左、右方向键使屏幕中心进行显示的旋转。

② 也可以使用 Shift 配合鼠标左键，执行该项功能。

（6）显示平移　根据用户输入的点作为屏幕显示的中心，将显示的图形移动到所需的位置。

用户还可以使用上、下、左、右方向键使屏幕中心进行显示的平移。

（7）显示效果　显示效果有三种，分为线架显示、消隐显示和真实感显示。

【线架显示】：零部件采用线架的显示效果进行显示（图 1-13）。

【消隐显示】：将零部件采用消隐的显示效果进行显示（图 1-14）。消隐显示只对实体的线架显示起作用，对线架造型和曲面造型的线架显示不起作用。

【实感显示】：零部件采用真实感的显示效果进行显示（图 1-15）。

- 说明

线架显示时，可以直接拾取被曲面挡住的另一个曲面（图 1-16），可以直接拾取下面曲面的网格，这里的曲面不包括实体表面。

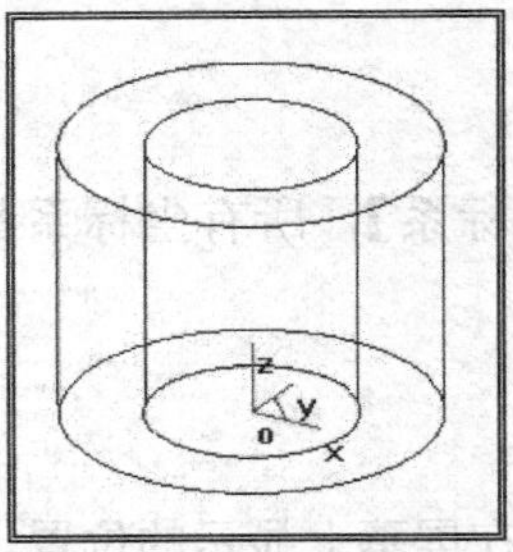

图 1-13　线架显示

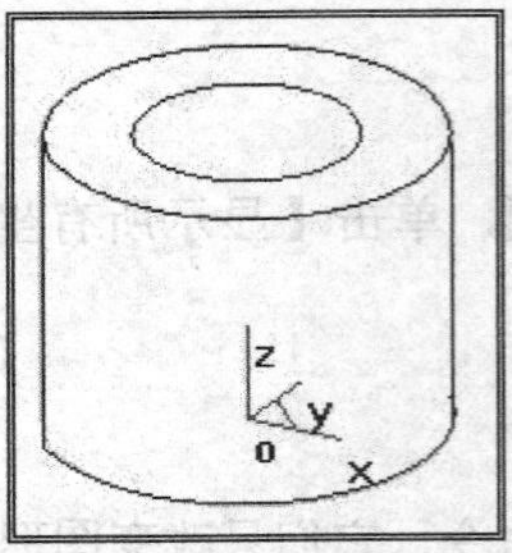

图 1-14　消隐显示

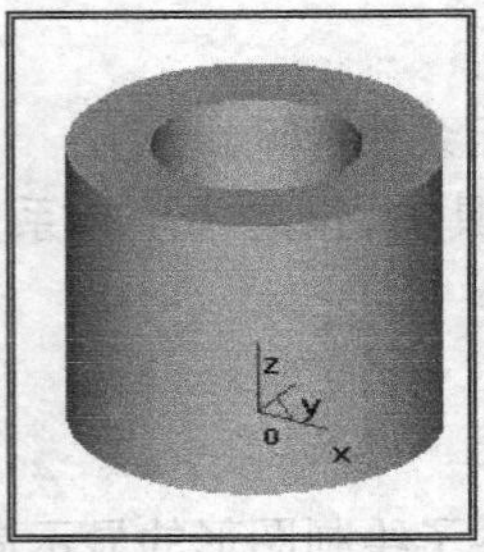

图 1-15　真实感显示

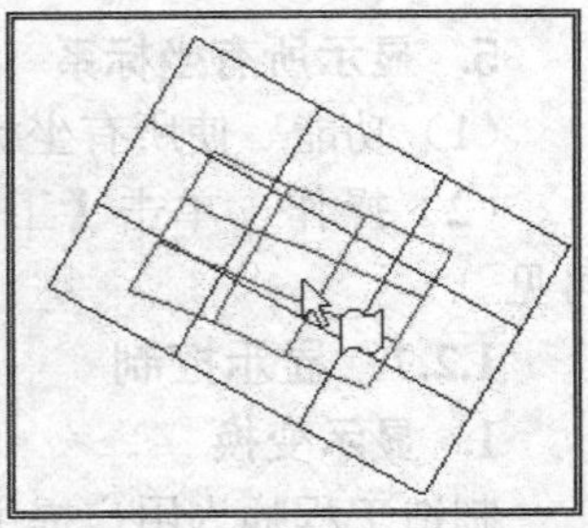

图 1-16　直接拾取下面的曲面

（8）显示上一页　取消当前显示，返回显示变换前的状态。

（9）显示下一页　返回下一次显示的状态（同显示上一页配套使用）。

2. 视向定位

（1）功能　用给定的方向观察零件，并通过输出视图输出给定方向的视图。

（2）操作

① 单击【显示】菜单中【视向定位】，弹出对话框，或者直接单击按钮。

② 系统视向：双击系统视向中的某视图，图形按选择的视图来显示。系统中给定了 9 个固定的视向：主视图、俯视图、左视图、右视图、仰视图、后视图、正等侧视图、正二侧视图、正三侧视图。

③ 选择视向类型，给定视向方向，单击按钮添加，弹出显示命名对话框。

④ 给定名称，单击确定按钮，可见该视向已加入到系统视向或文档视向中。如果将视向加入到文档视向中，需要保存该文件，才能将这一视向永久地加入到该文件中。如果将视图加入到系统视向中，系统自动保存这一视向。

⑤ 选择视向类型，给定视向方向，选择用户自己指定的视图，单击按钮更新，更新完成。

⑥ 选择用户自己指定的视图，单击按钮删除，删除完成。

⑦ 直接单击按钮清空系统视向或清空文档视向，清空完成。

（3）说明　添加视向类型。

【系统】：将指定视向存入软件系统中，可供以后继续使用。

【文档】：将指定视向存入当前零件文档中。调用该文档时，可以继续使用这一视向。

【视向方向】：在当前坐标系（可以是自定义坐标系）中，从输入的坐标点向原点看。

【系统视向】：主视图、俯视图、左视图、右视图、仰视图、后视图及用户添加的视向。

【文档视向】：用户添加的文档视向。

【添加】：将指定视向添加进系统视向或文档视向中。

【更新】：更改用户自己指定的视向。

【删除】：删除指定视向。

【清空系统视向】：删除系统视向中所有用户给定的视向。

【清空文档视向】：删除文档视向中所有用户给定的视向。

注意：9 个系统预定义视向与当前坐标系相关。

1.2.8　查询

（1）功能　制造工程师为用户提供了查询功能，它可以查询点的坐标、两点间的距离、角度、元素属性以及零件体积、重心、惯性矩等内容，用户不可以将查询结果存入文件。

（2）操作

① 单击【工具】，指向【查询】，在该菜单中的右侧弹出下一级菜单选择项。

② 单击要查询的项目，拾取元素，弹出查询结果对话框，显示查询结果。

1. 坐标

（1）功能　查询各种工具点方式下的坐标。

（2）操作

① 单击【工具】，指向【查询】，单击【坐标】。

② 用鼠标在屏幕上拾取所需查询的点，系统立即弹出【查询结果】对话框，对话框内依次列出被查询点的坐标值。

2. 距离

（1）功能　查询任意两点之间的距离。在点的拾取过程中可以充分利用智能点、栅格点、导航点以及各种工具点。

（2）操作

① 单击【工具】，指向【查询】，单击【距离】。

② 拾取待查询的两点，屏幕上立即弹出【查询结果】对话框。对话框内列出被查询两点的坐标值、两点间的距离以及第一点相对于第二点 X 轴、Y 轴上的增量。

3. 角度

（1）功能　查询两直线夹角和圆心角。

（2）操作

① 单击【工具】，指向【查询】，单击【角度】。

② 拾取两条相交直线或一段圆弧后，屏幕立即弹出【查询结果】对话框，对话框内列出系统查询的两直线夹角或圆弧所对应圆心角的度数及弧度。

4. 元素属性

（1）功能　查询拾取到的图形元素属性，这些元素包括：点、直线、圆、圆弧、公式曲线、椭圆等。

（2）操作

① 单击【工具】，指向【查询】，单击【元素属性】。

② 拾取几何元素，这时可以移动鼠标在屏幕上绘图区内单个拾取要查询的图形元素或者用矩形框拾取。

③ 拾取完毕后单击鼠标右键，屏幕上立即弹出【查询结果】对话框，将查询到的图形元素按拾取顺序依次列出其属性。

5. 零件属性

（1）功能　查询零件属性，包括体积、表面积、质量、重心 X 坐标、重心 Y 坐标、重心 Z 坐标、X 轴惯性矩、Y 轴惯性矩、Z 轴惯性矩。

（2）操作　单击【工具】，指向【查询】，单击【零件属性】，弹出查询结果对话框，显示零件属性查询结果。

小　　结

通过本章的学习，主要掌握 CAXA 制造工程师的界面和一些基本的功能和基本操作。熟练掌握和应用这些功能，对以后的学习有一定的辅助和促进作用。

思考与练习

1. 思考题

（1）启动 CAXA 制造工程师的方法有哪几种？

（2）CAXA 制造工程师的界面由哪几部分组成？它们的作用分别是什么？

（3）CAXA 制造工程师左键和右键有哪些功用？

（4）CAXA 制造工程师提供的查询功能包括哪些？

（5）CAXA 制造工程师常用的快捷键、功能键有哪些？

2. 填空题

（1）CAXA 制造工程师提供了查询功能，可供查询的内容包括________、________、________、________等。

（2）CAXA 制造工程师的造型方法分为________、________和________等三种。

第2章 线架造型

点、线的绘制，是线架造型和实体造型的基础。CAXA 制造工程师软件为“草图”或“线架”的绘制提供了十多项功能：直线、圆弧、圆、椭圆、样条、点、文字、公式曲线、多边形、二次曲线、等距线、曲线投影、相关线等。利用这些功能可以方便绘制出各种复杂的图形。

2.1 基本概念

2.1.1 当前平面

当前平面是指当前的作图平面，是当前坐标系下的坐标平面，即 *XY* 面、*YZ* 面、*XZ* 面中的某一个，可以通过 F5、F6、F7 三个功能键进行选择。系统会在确定作图平面的同时，调整视向，使用户面向该坐标平面，也可以通过 F9 键，在三个坐标平面间切换当前平面。系统使用连接两坐标轴正向的斜线表示当前平面，如图 2-1 所示。

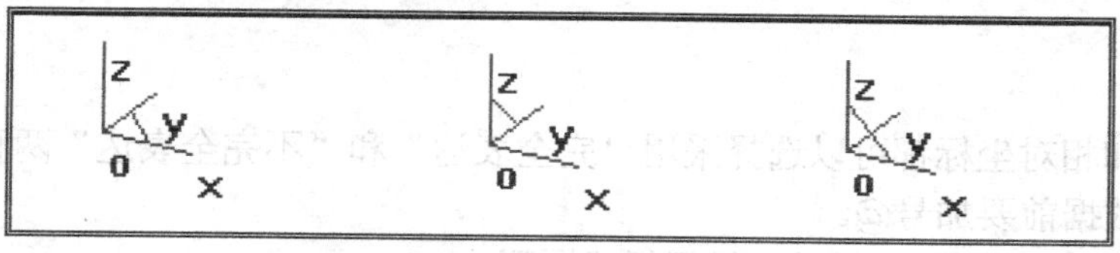

图 2-1 当前坐标平面的表示

2.1.2 点的输入方法

点输入的方式有键盘输入和鼠标输入两种。键盘输入就是利用键盘输入已知的点，鼠标输入就是利用鼠标捕捉图形对象的特征点。

1. 键盘输入

键盘输入的是已知坐标的点，其操作方法有如下两种：

（1）按下 Enter 键，系统在屏幕中心位置弹出数据输入框，通过键盘输入点的坐标值，系统将在输入框内显示输入的内容；再按下 Enter 键，完成一个点的输入。

（2）利用键盘直接输入点的坐标值，系统在屏幕中心位置弹出数据输入框，并显示输入内容，输入完成后，按下 Enter 键，完成一个点的输入。

● 注意

利用第二种方法输入时，虽然省去了按下 Enter 键的操作，但是当使用省略方式输入数据的第一位时，该方法无效。

2. 坐标的表达方式

（1）用“绝对坐标”表达　绝对坐标值，即相对于当前坐标原点的坐标值。如图 2-2（a）所示的 *A*、*B* 点坐标。

（2）用“相对坐标”表达　相对坐标值，即后面的坐标值相对于当前点的坐标。需要坐标数据前加@。如图 2-2（b）所示的 *B* 点的坐标。

（3）用“函数表达式”表达　将表达式的计算结果，作为点的坐标值输入。如输入坐标

122/2，30*2，120*sin(30)，等同于输入了计算后的坐标值“61，60，60”。

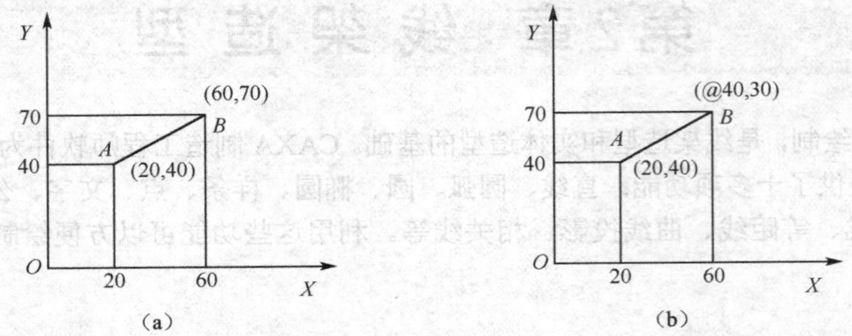

图 2-2 空间点的输入

3. 完全表达和不完全表达

（1）完全表达 即将 *X*、*Y*、*Z* 三个坐标全部表示出来，数字间用逗号分开，如“20，30，50”代表坐标 *X*=20，*Y*=30，*Z*=50 的点。

（2）不完全表达 即 *X*、*Y*、*Z* 三个坐标的省略方式，当其中一个坐标值为零时，该坐标可以省略，其间用逗号分开。例如，坐标“20，0，0”可以表示为“20，，”，逗号也可以省略，表示为“20”；坐标“30，0，50”可以表示为“30，，50”；坐标“0，0，40”可以表示为“，，40”。

- 注意

绝对坐标和相对坐标都可以选择采用“完全表达”和“不完全表达”两种形式。但是在输入相对坐标数据前要加号@。

【例 2-1】 绘制如图 2-3 所示的封闭折线图形。

（1）单击曲线工具栏的“直线”按钮。

（2）在立即菜单中依次设置选项“两点线”、“连续”和“非正交”。

（3）采用绝对坐标的完全方式输入第一点；按 Enter 键，屏幕上出现数据输入框，使用键盘输入第一点“0，0，0”，再次单击 Enter 键。

（4）采用不完全方式输入第二点；单击 Enter 键，输入“42”，再单击 Enter 键。

（5）采用相对坐标不完全表达方式输入其他的点。

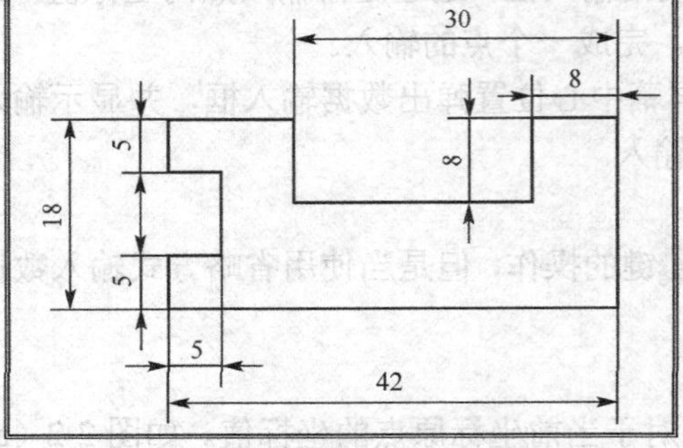

图 2-3 封闭折线图形

@0，18 ↙ （↙表示回车）

@－8 ↙

@，－8 ↙

@－22 ↙

@，8 ↙

@－12 ↙

@，－5 ↙

@5 ↙

@，－8 ↙

@－5 ↙

（6）采用绝对坐标方式的不完全表达方式输入最后一点“0”，完成绘制。

2.1.3 工具菜单

CAXA 制造工程师提供了点工具菜单、矢量工具菜单、选择集拾取工具菜单和串联拾取工具菜单四种工具菜单，下面分别详细说明这四种工具菜单。

1. 点工具菜单

CAXA制造工程师提供了多种工具点类型，在进行特征点的捕捉时，按Space键，弹出工具菜单（图2-4），工具菜单的类型包括如下几种。

【缺省点】：系统默认的点捕捉状态。它能自动捕捉直线、圆弧、圆、样条线的端点；直线、圆弧、圆的中点；实体特征的角点。快捷键为S。

【中点】：可以捕捉直线、圆弧、圆、样条曲线的中点。快捷键为M。

【端点】：可捕捉直线、圆弧、圆、样条曲线的端点。快捷键为E。

【交点】：可捕捉任意两曲线的交点。快捷键为I。

【圆心】：可捕捉圆、圆弧的圆心点。快捷键为C。

【垂足点】：曲线的垂足点。快捷键为P。

【切点】：可捕捉直线、圆弧、圆、样条曲线的切点。快捷键为T。

【最近点】：可捕捉到光标覆盖范围内，最近曲线上距离最短的点。快捷键为N。

【型值点】：可捕捉曲线的控制点。包括直线的端点和中点；圆、椭圆的端点、中点、象限点（四分点）；圆弧的端点、中点；样条曲线的型值点。快捷键为K。

【刀位点】：刀具轨迹的位置点。快捷键为O。

2. 矢量工具菜单

矢量工具主要是用在方向选择上。当交互操作处于方向选择状态时，用户可通过矢量工具菜单（图2-5）来改变拾取的直线方向的类型。矢量工具包括直线方向、*X*轴正方向、*X*轴负方向、*Y*轴正方向、*Y*轴负方向、*Z*轴正方向、*Z*轴负方向、端点切矢（矢量沿过曲线端点且与曲线相切的方向）八种类型。

3. 选择集拾取工具菜单

拾取图形元素(点、线、面)的目的就是根据作图的需要在已经完成的图形中，选取作图所需的某个或某几个图形元素。已选中的元素集合，称为选择集。当交互操作处于拾取状态时，用户可通过选择集拾取工具菜单（图2-6）来改变拾取的特征。

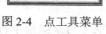

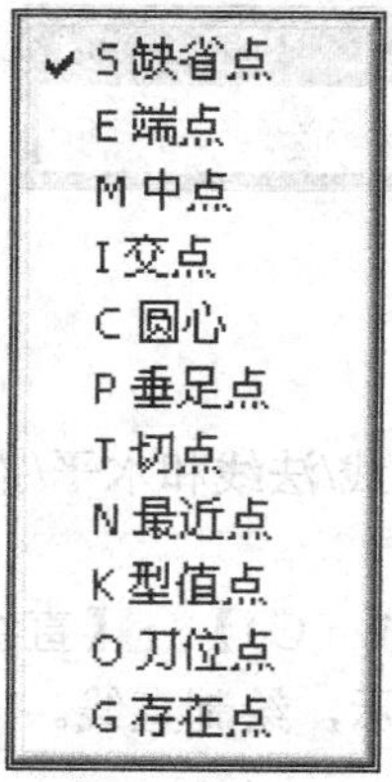

图2-4 点工具菜单

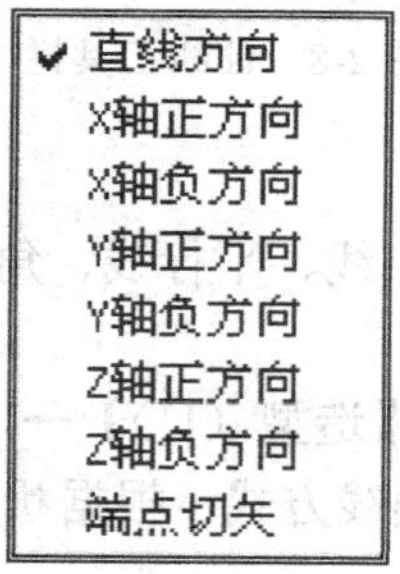

图2-5 矢量工具菜单

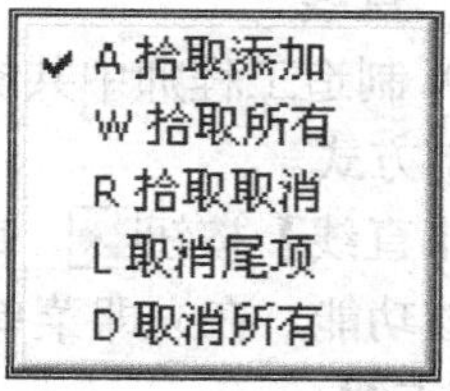

图2-6 选择集拾取工具菜单

【拾取所有】：拾取画面上所有的图形元素。但不包含实体特征、拾取设置中被过滤掉的元素和被关闭图层中的元素。

【拾取添加】：将拾取到的图形元素添加到选择集中。

【取消所有】：取消所有被拾取到的图形元素，即将选择集设为空集。

【拾取取消】：将拾取到的图形元素从选择集中取消。

【取消尾项】：取消最后一次拾取操作所拾取到的图形元素。

上述几种拾取元素的操作，都是通过鼠标来完成的，使用鼠标拾取元素有如下两种方法。

① 单选：将光标对准待选择的某个元素，待出现光标提示后，按下左键，即可完成拾取操作。被拾取的元素以红色加亮显示。

② 多选：单击鼠标左键，拖动光标，系统以动态显示的矩形框显示所选择的范围，再次单击鼠标左键，矩形框内的图形元素均被选中。需要注意的是：从左向右框选元素时，只有完全落在矩形框内的元素才能被拾取；从右向左框选元素时，只要图形元素有部分落在矩形框内就能被拾取。

4. 串连拾取工具菜单

串连拾取工具用于选取一组串连在一起的全部或部分图线。用户可通过串连拾取工具菜单（图 2-7）来改变曲线串连的方式。串连拾取工具包括链拾取、限制链拾取和单个拾取三种方式。

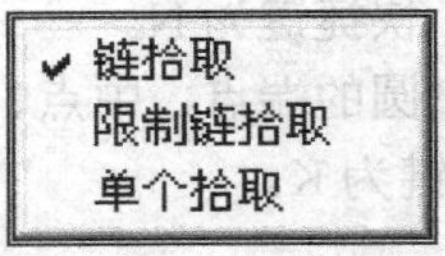

图 2-7 串连拾取工具菜单

【链拾取】：选取串连在一起的所有图线。使用鼠标拾取图线中的任一曲线即可将所有的串连图线选中。

【限制链拾取】：选取串连在一起的部分图线。使用鼠标拾取串连图线中的第一个和最后一个对象即可选中需要的部分串连图线。

【单个拾取】：选择需要拾取的单个图线。

2.2 曲 线 生 成

CAXA 制造工程师 2008 提供了直线、圆弧、圆、矩形、椭圆、样条线、点、公式曲线、正多边形、二次曲线、等距线、曲线投影、相关线和样条线转圆弧等 14 种曲线生成功能（图 2-8）。

图 2-8 曲线工具栏

2.2.1 直线

CAXA 制造工程师中共提供了两点线、平行线、角度线、切线/法线和水平/铅垂线 6 种直线的绘制方式。

单击【直线】按钮，或者单击【造型（U）】→【曲线生成（C）】→【直线】命令，可以激活该功能，在立即菜单中选择画线方式，根据状态栏的提示，绘制直线。

1. 两点线

（1）功能 给定两个点的坐标绘制单个或连续的直线，有正交（与坐标轴平行的直线）和非正交（任意方向的直线）两种形式。

（2）操作

① 单击【直线】按钮，在立即菜单（图 2-9）中选择【两点线】。

② 设置两点线的绘制参数

③ 按状态栏提示，给出第一点和第二点，生成两点线。

（3）参数

【连续】：每段直线相互连接，前一段直线的终点为下一段直线的起点。

【单个】：每次绘制的直线都相互独立，互不相关。

【正交】：所画直线与坐标轴平行。

【非正交】：可以画任意方向的直线，包括正交直线。

【点方式】：指定两点，画出正交直线。

【长度方式】：指定长度和点，画出正交直线。

2. 平行线

（1）功能 按给定的距离或通过给定的已知点绘制与已知直线平行，且长度相等的平行线段。有过点、距离、条数 3 种形式。

（2）操作

① 单击【直线】按钮，在立即菜单（图 2-10）中选择【平行线】。

② 若为距离方式，输入距离值和直线条数，按状态栏提示拾取直线，给出等距方向，生成已知的直线的平行线。

3. 角度线

（1）功能 是指绘制于坐标轴（X 轴、Y 轴）或已知直线成夹角的直线，包括与【X 轴夹角】、【Y 轴夹角】和【直线夹角】3 种方式。

（2）操作

① 单击【直线】按钮，在立即菜单（图 2-11）中选择【角度线】。

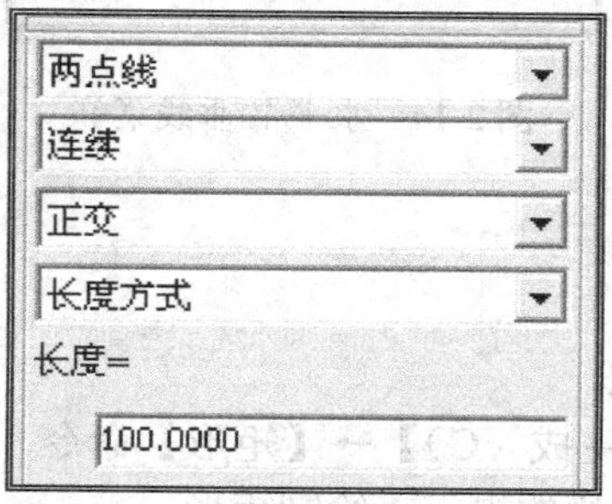

图 2-9 两点线菜单

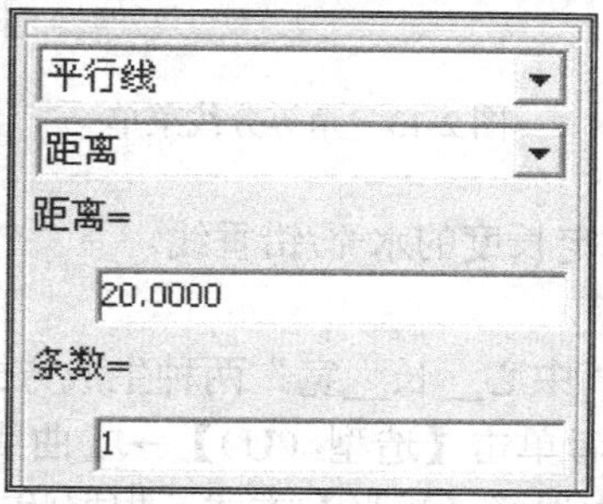

图 2-10 平行线菜单

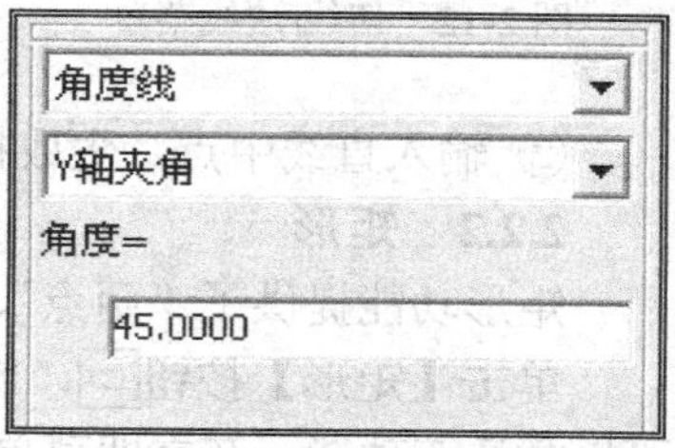

图 2-11 角度线菜单

② 设置夹角类型和角度值，按状态栏提示，给出第一点，给出第二点或输入角度线长度，生成角度线。

（3）参数

【夹角类型】：包括与 X 轴夹角、与 Y 轴夹角、与直线夹角。

【角度】：与所选方向夹角的大小。X 轴正向到 Y 轴正向的成角方向为正值。

- 注意

当前平面为 XY 面时，选项中 X 轴表示坐标系的 X 轴、选项中 Y 轴表示坐标系的 Y 轴。
当前平面为 YZ 面时，选项中 X 轴表示坐标系的 Y 轴、选项中 Y 轴表示坐标系的 Z 轴。
当前平面为 XZ 面时，选项中 X 轴表示坐标系的 X 轴、选项中 Y 轴表示坐标系的 Z 轴。

4. 切线/法线

（1）功能 指生成与已知直线、圆弧、圆和样条曲线给定位置相切或垂直的直线。

（2）操作

① 单击【直线】按钮，在立即菜单（图 2-12）中选择【切线/法线】。

② 选择切线或法线，给出长度值。

③ 拾取曲线，输入直线中点，生成指定长度的切线或法线。

5. 角等分线

（1）功能　指生成等分已知两条直线夹角的给定长度的直线。

（2）操作

① 单击【直线】按钮，在立即菜单（图 2-13）中选择【角等分线】。

② 拾取第一条直线和第二条直线，生成等分线。

6. 水平/铅垂线

（1）功能　指生成指定长度且平行/垂直于当前面中 X 轴/Y 轴的直线。

（2）操作

① 单击【直线】按钮，在立即菜单（图 2-14）中选择【水平/铅垂线】，设置正交线类型（包括水平、铅垂、水平+铅垂三种类型），给出长度值。

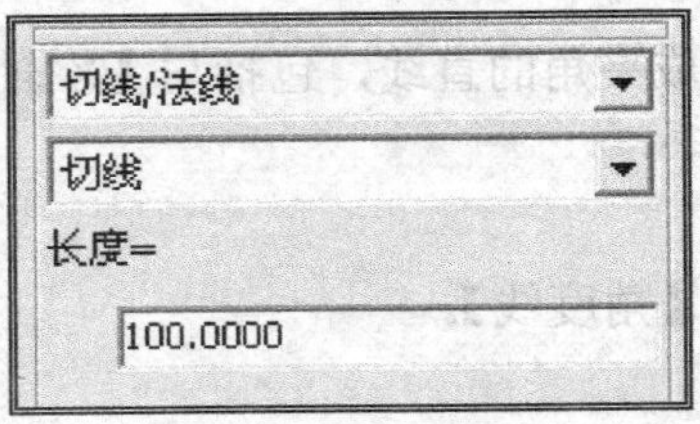

图 2-12　切线/法线菜单

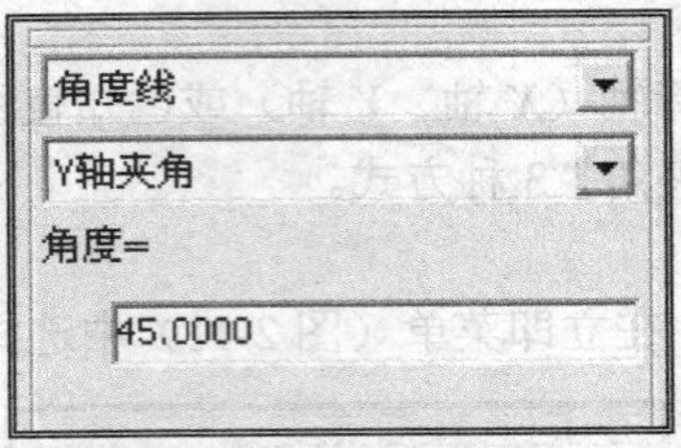

图 2-13　角等分线菜单

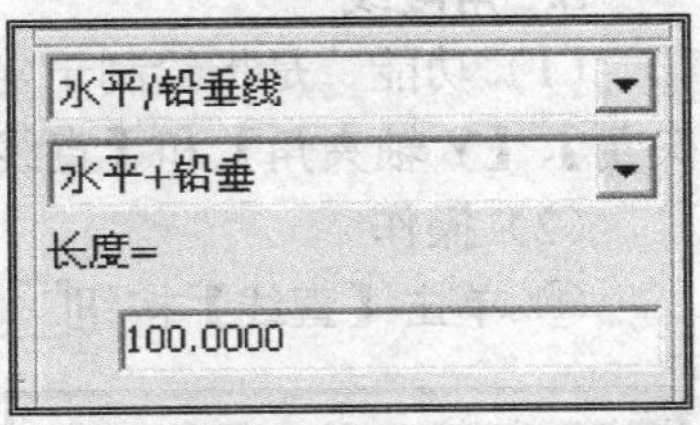

图 2-14　水平/铅垂线菜单

② 输入直线中点，生成指定长度的水平/铅垂线。

2.2.2　矩形

矩形功能提供了“两点”、“中心＿长＿宽”两种生成方式。

单击【矩形】按钮，或者单击【造型（U）】→【曲线生成（C）】→【矩形】命令，可以激活该功能，在立即菜单中选择【矩形】方式，根据状态栏的提示，绘制矩形。

1.“两点”矩形

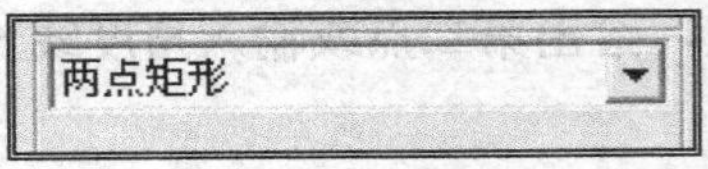

图 2-15　“两点”矩形菜单

（1）功能　指定矩形的对角线的两个点绘制矩形。

（2）操作

① 单击【矩形】按钮，在立即菜单（图 2-15）中选择【两点矩形】。

② 给出起点和终点，移动光标至绘图区中，选择矩形中心的放置位置，生成矩形。

2.“中心＿长＿宽”矩形

（1）功能　指定矩形的几何中心坐标和两条边的长度绘制矩形。

（2）操作

① 单击【矩形】按钮，在立即菜单（图 2-16）中选择【中心＿长＿宽】。

② 给出矩形中心的坐标和两条边的长度，生成矩形。

【例 2-2】 绘制图 2-17 所示的平面图形（点画线不必画出）。

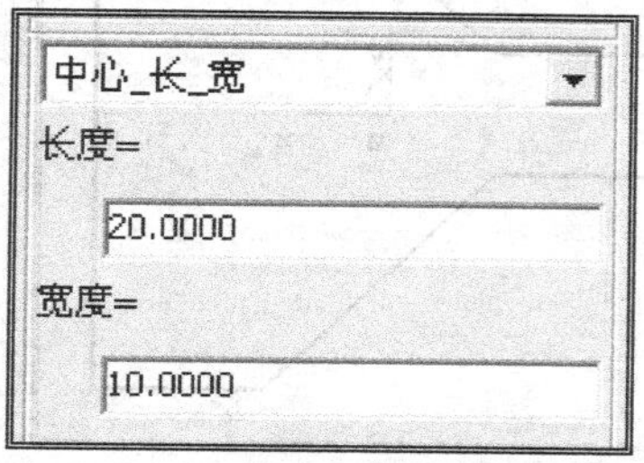

图 2-16 “中心__长__宽”矩形菜单

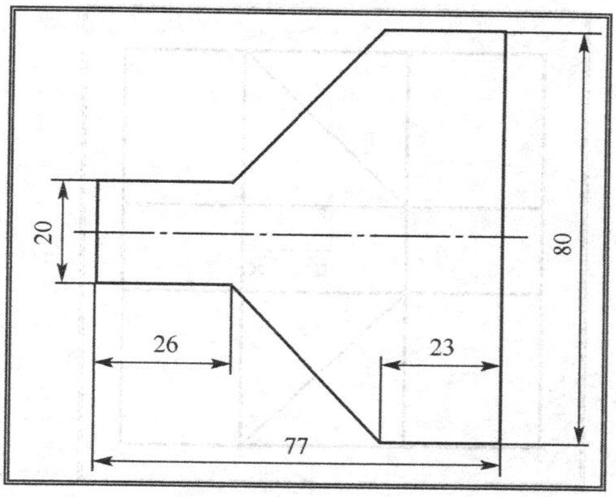

图 2-17 平面图形

绘图步骤：

① 单击【矩形】按钮，在立即菜单中选择【中心__长__宽】绘制方式，在【长度】输入框中输入“77”，在【宽度】输入框中输入“80”，光标移至坐标原点右击（图 2-18）。

② 单击【直线】按钮，在立即菜单中选择【平行线】绘制方式，设置距离为 30。条数为 1，选择水平线上的双向箭头方向，生成平行线。同理，设置距离为 26 和 23，绘制竖直两条平行线（图 2-19）。

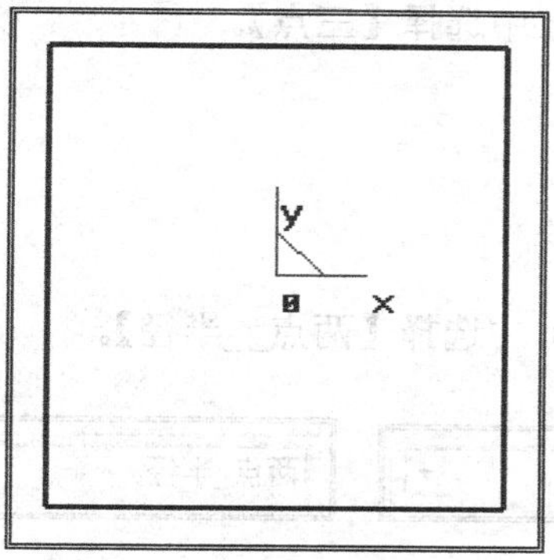

图 2-18 绘制矩形

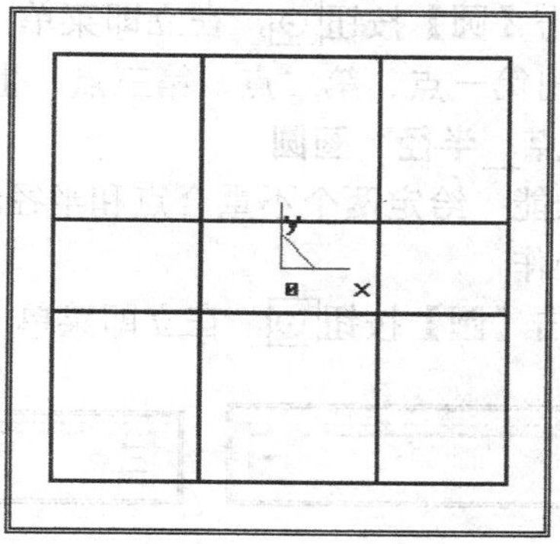

图 2-19 绘制平行线

③ 单击【直线】按钮，在立即菜单中选择【两点线】绘制方式，拾取四个交点，绘制两条斜线（图 2-20）。

④ 单击【曲线裁剪】按钮，在立即菜单中选择【快速裁剪】，选择需要裁剪的部分，进行裁剪。

⑤ 单击【删除】按钮，拾取所有需要删除的辅助线。点击鼠标右键确认。重复使用该命令删除全部需要删除的辅助线，得到图 2-21 所示的图形。

2.2.3 圆

圆功能提供了“圆心__半径”、“三点”、“两点__半径”3 种生成方式。

单击【圆】按钮，或者单击【造型（U）】→【曲线生成（C）】→【圆】命令，可以激活该功能，在立即菜单中选择【圆】方式，根据状态栏的提示，绘制整圆。

1.“圆心__半径”画圆

（1）功能 给定圆心坐标和半径绘制圆。

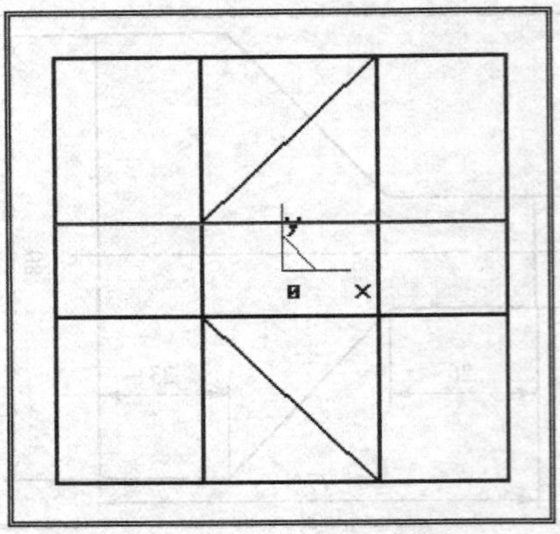

图 2-20 绘制斜线

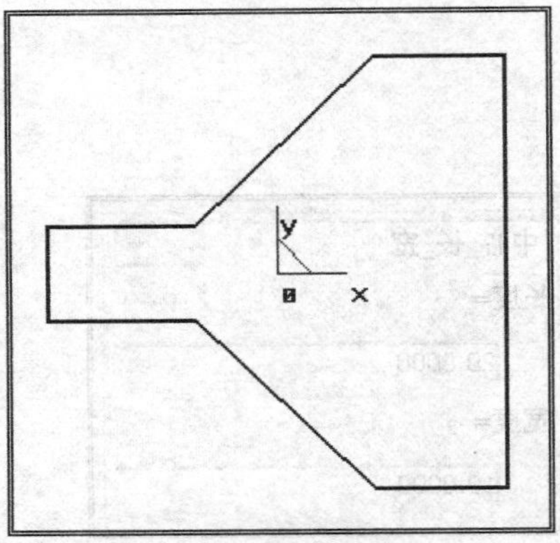

图 2-21 曲线裁剪和删除

（2）操作

① 单击【圆】按钮，在立即菜单（图 2-22）中选择【圆心__半径】。

② 给出圆心的坐标值，输入圆上一点或圆上一点或圆的半径，生成整圆。

2.“三点”画圆

（1）功能 给定三个不重合、不共线的点和半径绘制圆。

（2）操作

① 单击【圆】按钮，在立即菜单（图 2-23）中选择【三点】。

② 给出第一点、第二点、第三点，生成整圆。

3.“两点__半径”画圆

（1）功能 给定两个不重合点和半径绘制圆。

（2）操作

① 单击【圆】按钮，在立即菜单（图 2-24）中选择【两点__半径】。

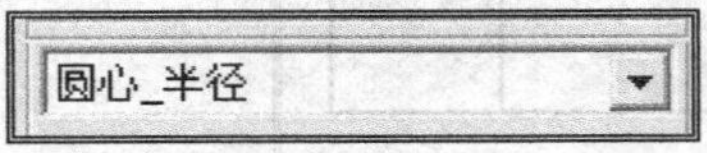

图 2-22 “圆心__半径”菜单

图 2-23 “三点”菜单

图 2-24 “两点__半径” 菜单

② 给出第一点、第二点和第三点或半径，生成整圆。

2.2.4 圆弧

圆弧功能提供了“三点圆弧”、“圆心__起点__圆心角”、“圆心__半径__起终角”、“两点__半径”、“起点__终点__圆形角”、“起点__半径__圆形角”6 种生成方式。

单击【圆弧】按钮，或者单击【造型（U）】→【曲线生成（C）】→【圆弧】命令，可以激活该功能，在立即菜单中选择“圆弧”方式，根据状态栏的提示，绘制圆弧。

1. “三点圆弧”画圆弧

（1）功能 过已知三点画圆弧，其中第一个点为起点、第三个点为终点，第二个点决定圆弧的位置和方向。

（2）操作

① 单击【圆弧】按钮，在立即菜单（图 2-25）中选择【三点圆弧】。

② 给定第一个点、第二个点和第三个点，生成圆弧。

2. “圆心__起点__圆心角”画圆弧

（1）功能　绘制已知圆心、起点及圆心角或终点的圆弧。

（2）操作

① 单击【圆弧】按钮，在立即菜单（图 2-26）中选择【圆心__起点__圆心角】。

② 给定圆心、起点、圆心角和弧终点所确定射线上的点，生成圆弧。

3.“圆心__半径__起终角”画圆弧

（1）功能　由圆心、半径和起终角画圆弧。

（2）操作

① 单击【圆弧】按钮，在立即菜单（图 2-27）中选择【圆心__半径__起终角】。

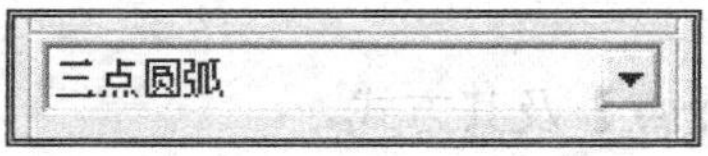

图 2-25　三点圆弧菜单

图 2-26　圆心__起点__圆心角菜单

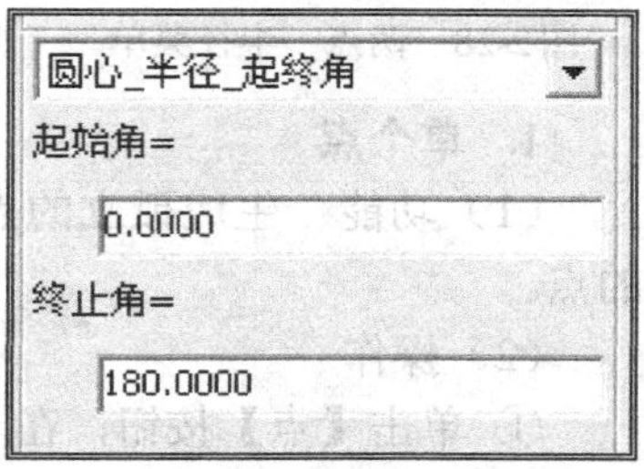

图 2-27　圆心__半径__起终角菜单

② 给定起始角和终止角的数值。

③ 给定圆心，输入圆上一点或半径，生成圆弧。

4.“两点__半径”画圆弧

（1）功能　过已知两点，按给定半径画圆弧。

（2）操作

① 单击【圆弧】按钮，在立即菜单（图 2-28）中选择【两点__半径】。

② 给定第一点、第二点和第三点或半径，生成圆弧。

5.“起点__终点__圆心角”画圆弧

（1）功能　过已知起点，终点、圆心角画圆弧。

（2）操作

① 单击【圆弧】按钮，在立即菜单（图 2-29）选择【起点__终点__圆心角】。

② 给定起点、终点，生成圆弧。

6.“起点__半径__起终角”画圆弧

（1）功能　过已知起点，半径和起终角，画圆弧。

（2）操作

① 单击【圆弧】按钮，在立即菜单（图 2-30）中选择【起点__半径__起终角】。

② 给定起点和半径，生成圆弧。

2.2.5　点

在绘制图形过程中，经常需要绘制辅助点，以帮助曲线、特征、加工轨迹等定位。CAXA 制造工程师提供了多种点的绘制方式。

单击【点】按钮，或者单击【造型（U）】→【曲线生成（C）】→【点】命令，可以激活该功能，在立即菜单中选择“点”方式，根据状态栏的提示，绘制点。

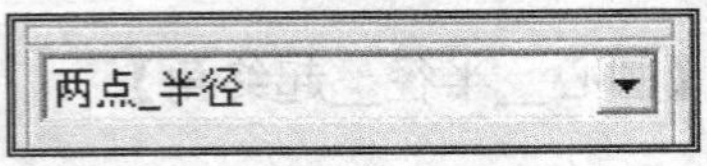

图2-28　两点__半径菜单

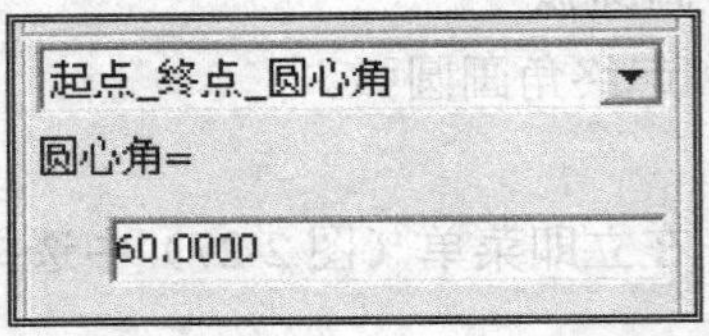

图2-29　起点__终点__圆心角菜单

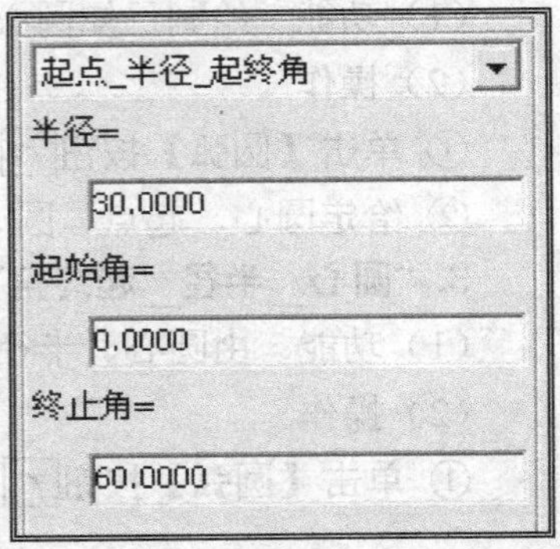

图2-30　起点__半径__起终角菜单

1. 单个点

（1）功能　生成孤立的点，即所绘制的点不是已有曲线上的特征值点，而是独立存在的点。

（2）操作

① 单击【点】按钮，在立即菜单（图2-31）中选择【单个点】及其方式。

② 按状态栏提示操作，绘制孤立点。

（3）参数

【工具点】：利用点工具菜单生成单个点。

【曲线投影交点】：对于两条不相交的空间曲线生成该投影交点。如果它们在当前平面的投影有交点。

【曲面上投影点】：对于一个给定位置的点，通过矢量工具菜单给定一个投影方向在一张曲面上得到一个投影点。

【曲线、曲面交点】：可以求一条曲线和一个曲面的交点。

2. 批量点

（1）功能　生成多个等分点、等距点或角度角点。

（2）操作

① 单击【点】按钮，在立即菜单（图2-32）中选择【批量点】及其方式，输入值。

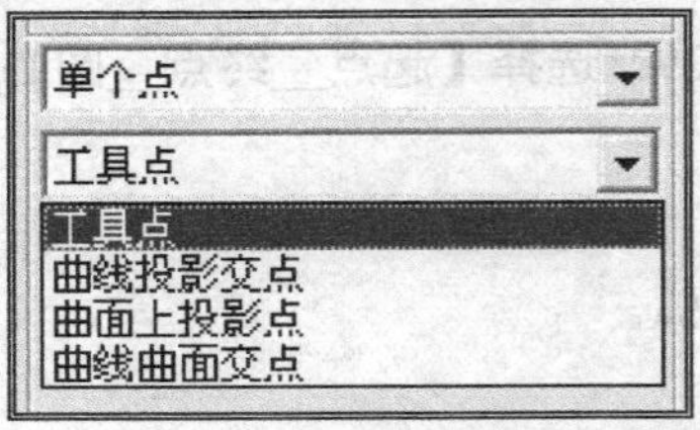

图2-31　单个点菜单

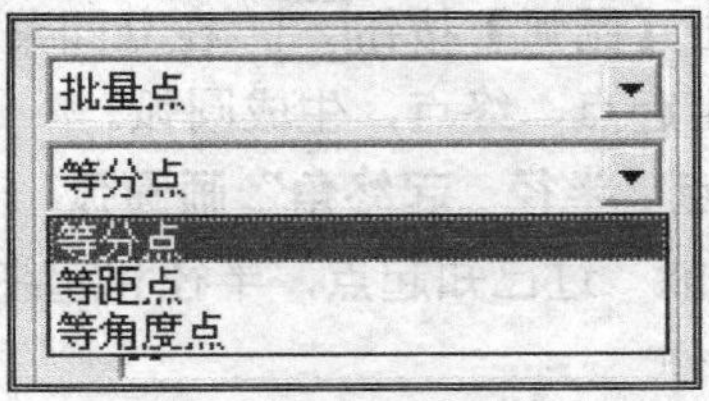

图2-32　批量点菜单

② 按状态栏提示操作，生成点。

2.2.6　椭圆

（1）功能　按给定的参数绘制椭圆或椭圆弧。

（2）操作

① 单击【椭圆】按钮，在立即菜单（图2-33）中设置参数。

② 使用鼠标捕捉或使用键盘输入椭圆中心，生成椭圆或椭圆弧。

（3）参数

【长半轴】：椭圆的长半轴尺寸值。

【短半轴】：椭圆的短半轴尺寸值。

【旋转角】：椭圆的长轴与默认起始基准间夹角。

【起始角】：画椭圆弧时起始位置与默认起始基准所夹的角度。

【终止角】：画椭圆弧时终止位置与默认起始基准所夹的角度。

【例 2-3】 绘制图 2-34 所示的图形，不绘制点画线，不标注尺寸。

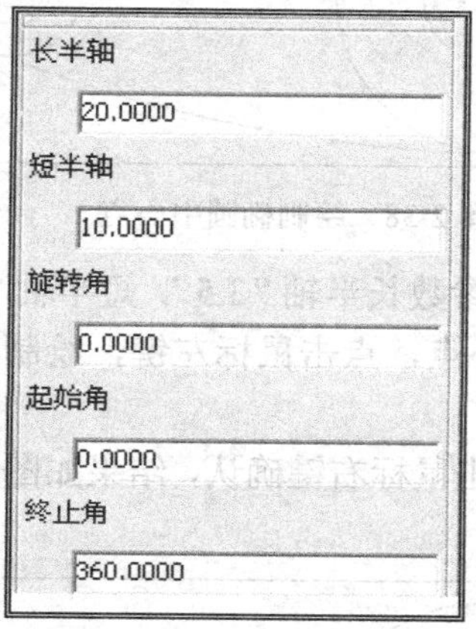

图 2-33 绘制椭圆菜单

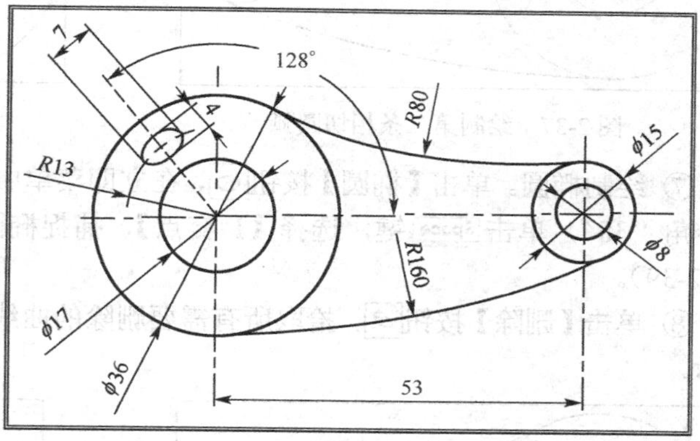

图 2-34 例 3 图形

绘图步骤：

① 绘制直径ϕ36 和ϕ17 的同心圆。单击【圆】按钮，在立即菜单中选择【圆心__半径】方式，移动光标至坐标原点，捕捉到坐标原点，单击鼠标左键，根据状态栏提示，输入半径 18 和 8.5。

② 绘制ϕ15 和ϕ8 的同心圆。点击鼠标右键，将画圆的命令回退一步，键入圆心坐标“53”，输入半径 7.5 和 4。生成同心圆，结果如图 2-35 所示。

③ 绘制 *R*80 的圆弧。单击【圆弧】按钮，在立即菜单中选择【两点__半径】，单击 Space 键，选择【T 切点】或直接按 T 键，移动光标至大圆的 *P*1 点处，捕捉到圆后，单击鼠标左键，拾取第一个切点，同样方法拾取另一个圆的切点，拖动光标预显圆弧时，键入圆弧半径 80，生成相切圆弧（图 2-36）。

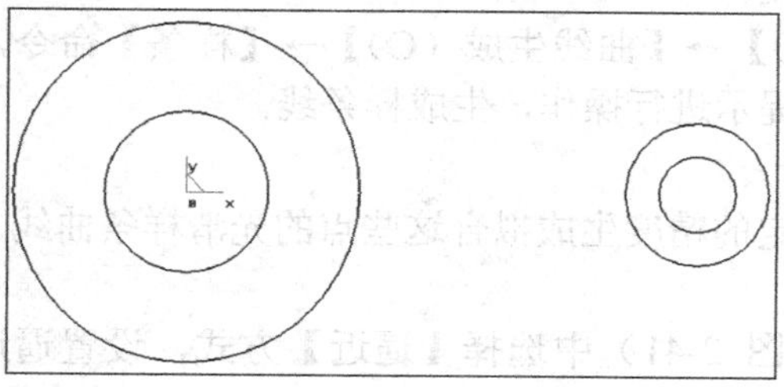

图 2-35 绘制圆

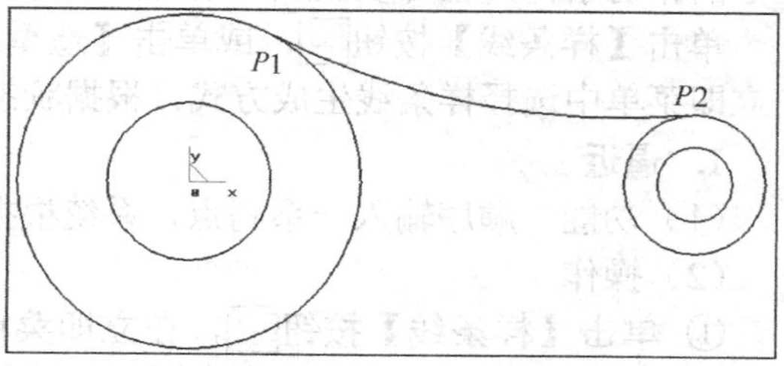

图 2-36 绘制第一条相切圆弧

④ 点击鼠标右键，返回圆弧绘制命令。

⑤ 生成 *R*160 的圆弧。步骤和③相同，生成相切圆弧（图 2-37）。

⑥ 绘制椭圆中心点。绘制椭圆之前，首先绘制椭圆中心点的辅助线，单击【直线】按钮，在立即菜单中选择【角度线】，选择【X 轴夹角】角度值输入“128”。光标移至坐标原点，捕捉到该原点，在第二象限绘制直线；单击【圆弧】按钮，在立即菜单中选择【圆心__半径__起终角】，起始角输入“110”，终止角输入“140”，回车输入半径“13”，绘制圆弧。圆弧和角度线的交点为椭圆的中心点（图 2-38）。

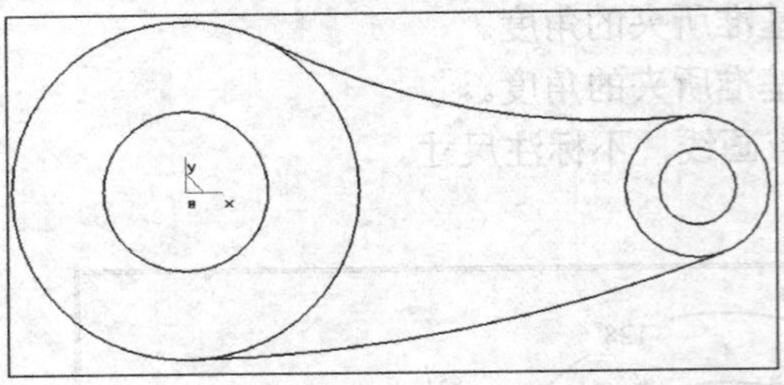

图 2-37　绘制第二条相切圆弧

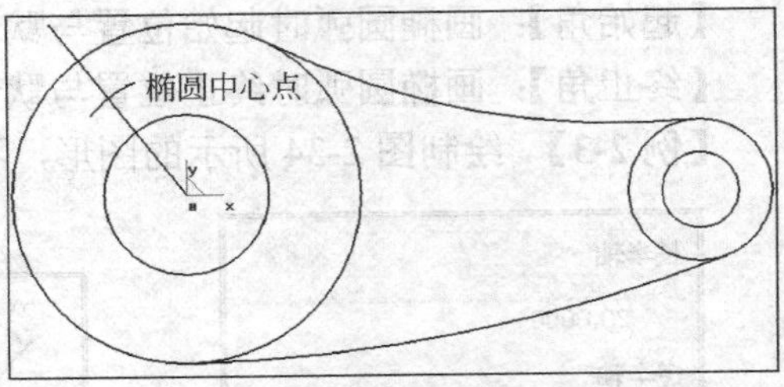

图 2-38　绘制椭圆中心点

⑦ 绘制椭圆。单击【椭圆】按钮，在立即菜单中设置参数长半轴“3.5”，短半轴“2”，旋转角“38”，单击 Space 键，选择【I 交点】，捕捉椭圆中心点，点击鼠标左键，绘制椭圆（图 2-39）。

⑧ 单击【删除】按钮，拾取所有需要删除的曲线，点击鼠标右键确认，结果如图 2-40 所示。

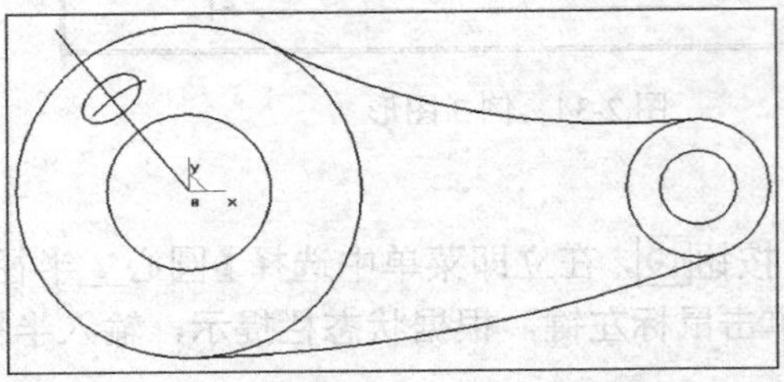

图 2-39　绘制椭圆

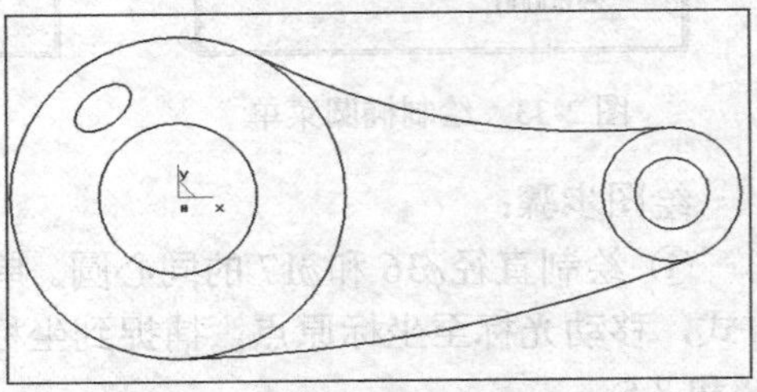

图 2-40　删除辅助线

2.2.7 样条曲线

生成过给定顶点（样条插值点）的样条曲线。CAXA 制造工程师提供了逼近和插值两种方式生成样条曲线。

采用逼近方式生成的样条曲线有比较少的控制顶点，并且曲线品质比较好，适用于数据点比较多的情况；采用插值方式生成的样条曲线，可以控制生成样条的端点切矢，使其满足一定的相切条件，也可以生成一条封闭的样条曲线。

单击【样条线】按钮，或单击【造型（U）】→【曲线生成（C）】→【样条】命令，在立即菜单中选择样条线生成方式，根据状态栏提示进行操作，生成样条线。

1. 逼近

（1）功能　顺序输入一系列点，系统根据给定的精度生成拟合这些点的光滑样条曲线。

（2）操作

① 单击【样条线】按钮，在立即菜单（图 2-41）中选择【逼近】方式，设置逼近精度。

② 拾取多个点，单击鼠标右键确认，生成样条曲线。

2. 插值

（1）功能　顺序通过数据点，生成一条光滑的样条曲线。

（2）操作

① 单击【样条线】按钮，在立即菜单（图 2-42）中选择【插值】方式，缺省切矢或给定切矢、开曲线或闭曲线，按顺序输入一系列点。

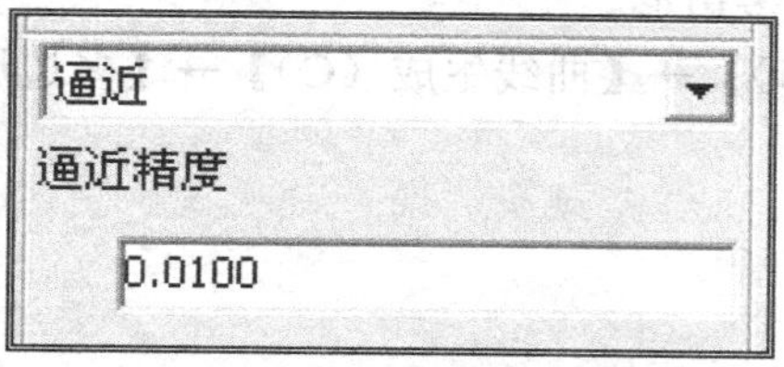

图 2-41　逼近样条菜单

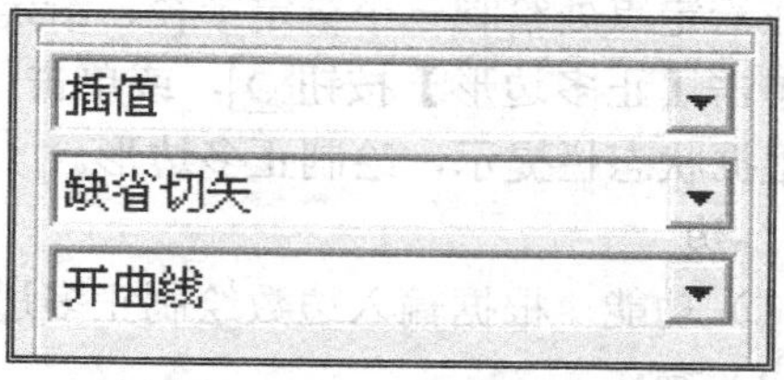

图 2-42　插值样条菜单

② 若选择缺省切矢，拾取多个点，点击鼠标右键确认，生成样条曲线。

③ 若选择缺省切矢，拾取多个点，点击鼠标右键确认，根据状态栏提示，给定终点切矢和起点切矢，生成样条曲线。

（3）参数

【缺省切矢】：按照系统默认的切矢绘制样条线。

【给定切矢】：按照需要给定切矢方向绘制样条线。

【闭曲线】：是指首尾相接的样条线。

【开曲线】：是指首尾不相接的样条线。

2.2.8　公式曲线

公式曲线是根据数学表达式或参数表达式所绘制的数学曲线，在 CAXA 制造工程师提供的曲线绘制方式可以方便精确绘制复杂的样条曲线。

（1）功能　根据数学表达式或参数表达式绘制样条曲线。

（2）操作

① 单击【公式曲线】按钮，或单击【造型（U）】→【曲线生成（C）】→【公式曲线】命令，系统弹出【公式曲线】对话框（图 2-43）。

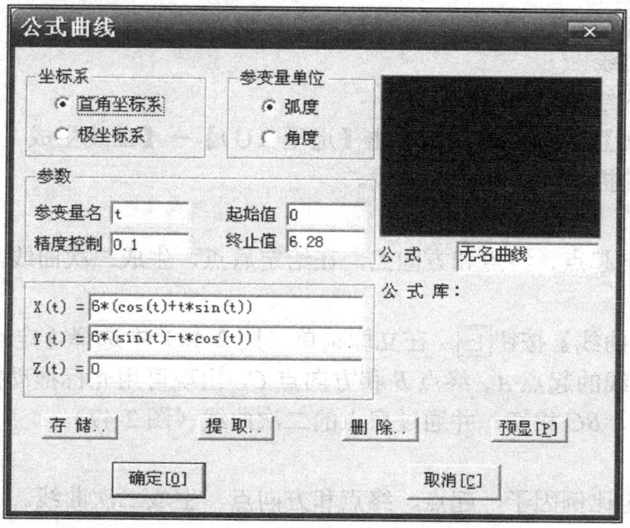

图 2-43　“公式曲线”对话框

② 选择坐标系和参变量单位类型，给出参数和参数方程，单击【确定】按钮。

③ 在绘图区中给出公式曲线定位点，生成公式曲线。

2.2.9 正多边形

在给定点处绘制一个给定半径，给定边数的正多边形。

单击【正多边形】按钮，或单击【造型（U）】→【曲线生成（C）】→【多边形】命令，根据状态栏提示，绘制正多边形。

1. 边

（1）功能　根据输入边数绘制正多边形。

（2）操作

① 单击【正多边形】按钮，在立即菜单（图 2-44）中选择多边形类型为【边】，输入边数。

② 输入边的起点和终点，生成正多边形。

2. 中心

（1）功能　以输入点为中心，绘制内切或外接多边形。

（2）操作

① 单击【正多边形】按钮，在立即菜单（图 2-45）中选择多边形类型为【中心】，内接或外接，输入边数。

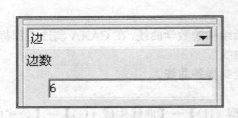

图 2-44　边绘制正多边形菜单

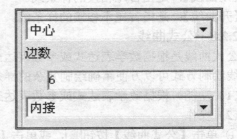

图 2-45　中心绘制正多边形菜单

② 输入中心和边终点，生成正多边形。

2.2.10 二次曲线

根据给定的方式绘制二次曲线。

单击【二次曲线】按钮，或者单击【造型（U）】→【曲线生成（C）】→【二次曲线】命令，根据状态栏的提示，绘制二次曲线。

1. 定点

（1）功能　给定起点、终点和方向点，在给定肩点，生成二次曲线。

（2）操作

① 单击【二次曲线】按钮，在立即菜单（图 2-46）中选择【定点】方式。

② 给定二次曲线的起点 *A*、终点 *B* 和方向点 *C*，出现可用光标拖动的二次曲线，给定肩点，生成与直线 *AC*、*BC* 相切，并通过肩点的二次曲线（图 2-47）。

2. 比例

（1）功能　给定比例因子，起点、终点和方向点，生成二次曲线。

（2）操作

① 单击【二次曲线】按钮，在立即菜单（图 2-48）中选择【比例】方式，输入比例

因子的值。

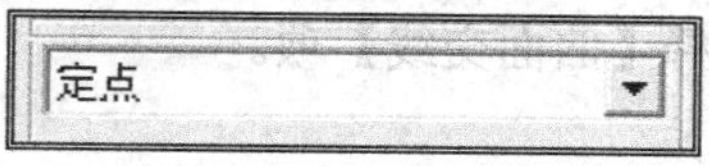

图 2-46 定点绘制二次曲线菜单

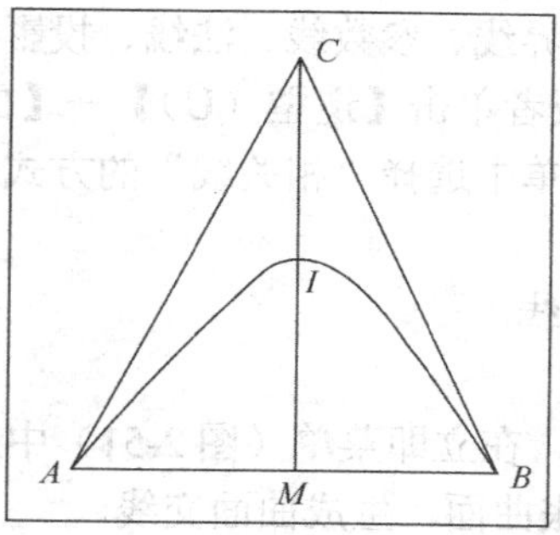

图 2-47 二次曲线示例

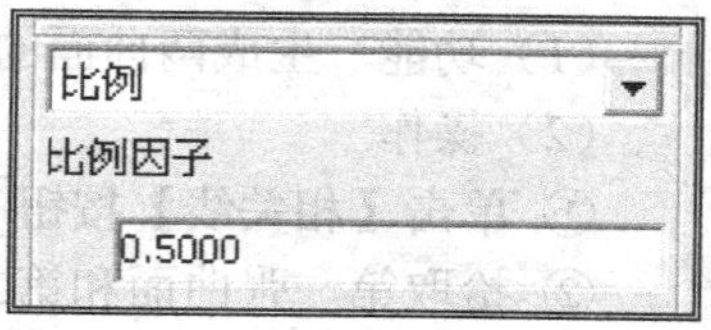

图 2-48 比例绘制二次曲线菜单

② 给定二次曲线的起点 A、终点 B 和方向点 C，生成与直线 AC、BC 相切，比例因子=MI/MC（M 为直线的中点）的二次曲线（图 2-48）。

2.2.11 等距线

绘制给定曲线的等距线。

单击【等距线】按钮，或者单击【造型（U）】→【曲线生成（C）】→【等距线】命令，可以激活该功能，在立即菜单中选择【等距线】方式，根据状态栏的提示，绘制等距线。

1. 组合曲线

（1）功能 按照给定的距离作组合曲线的等距线。

（2）操作

① 单击【等距线】按钮，在立即菜单（图 2-49）中选择【组合曲线】项，输入距离。

② 单击 Space 键，选择串连方式，拾取曲线，给出搜索方向和等距方向，生成等距线。

2. 单根曲线

（1）功能 按照不同给定的距离的方式（等距或变等距）作单个曲线的等距线。

（2）操作

① 单击【等距线】按钮，在立即菜单（图 2-50）中选择【等距】项，输入距离。

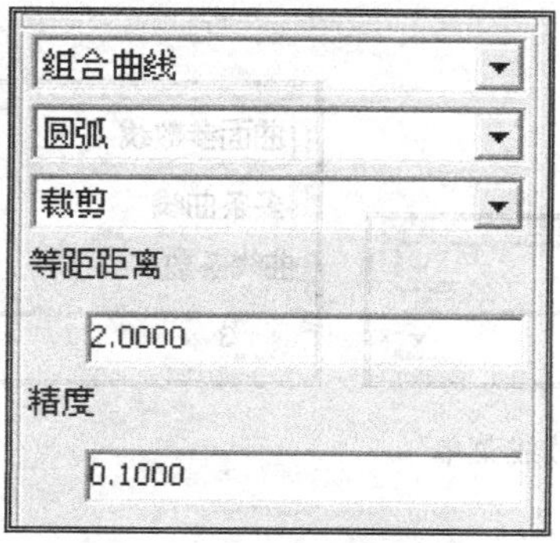

图 2-49 绘制组合曲线菜单

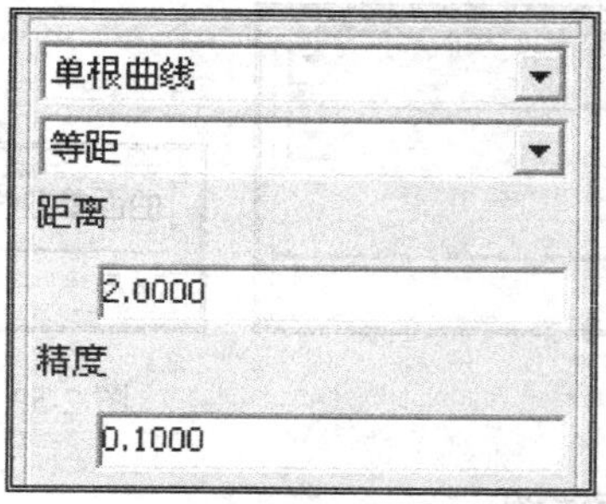

图 2-50 绘制单根曲线菜单

② 拾取曲线，给出等距方向，生成等距线。

（3）参数

【等距】：按照给定的距离作单个曲线的等距线。

【变等距】：按照给定的起始和终止距离，作沿给定方向变化距离的曲线的变等距线。

2.4.12 相关线

绘制曲面或实体的交线、边界线、参数线、法线、投影线和实体边界。

单击【相关线】按钮，或者单击【造型（U）】→【曲线生成（C）】→【相关线】命令，可以激活该功能，在立即菜单中选择“相关线”的方式进行绘制。

1. 曲面交线

（1）功能 生成两曲面的交线。

（2）操作

① 单击【相关线】按钮，在立即菜单（图 2-51）中选择【曲面交线】项。

② 拾取第一张曲面和第二张曲面，生成曲面交线。

2. 曲面边界线

（1）功能 生成曲面的外边界线和内边界线。

（2）操作

① 单击【相关线】按钮，在立即菜单（图 2-52）中选择【曲面边界线】。

② 拾取曲面，生成曲面边界线。

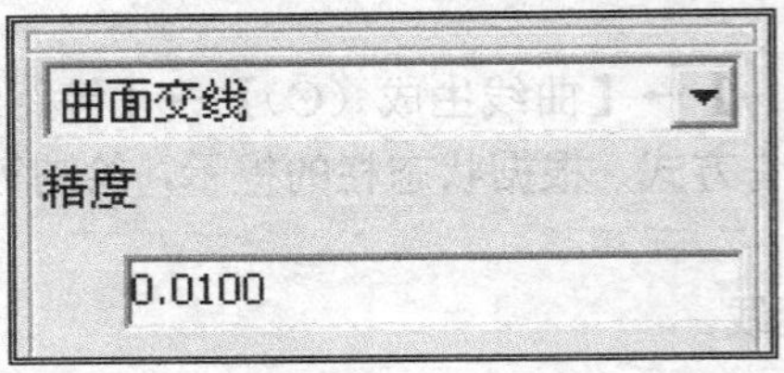

图 2-51 曲面交线菜单

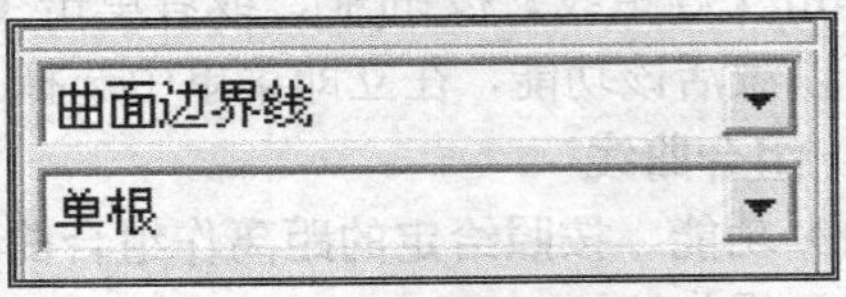

图 2-52 曲面边界线菜单

3. 曲面参数线

（1）功能 生成曲面的 U 向或 W 向的参数线。

（2）操作

① 单击【相关线】按钮，在立即菜单（图 2-53）中选择【曲面参数线】，指定参数线（过点或多条曲线）、等 W 参数线（等 U 参数线）。

② 按状态栏提示操作，生成曲面参数线。

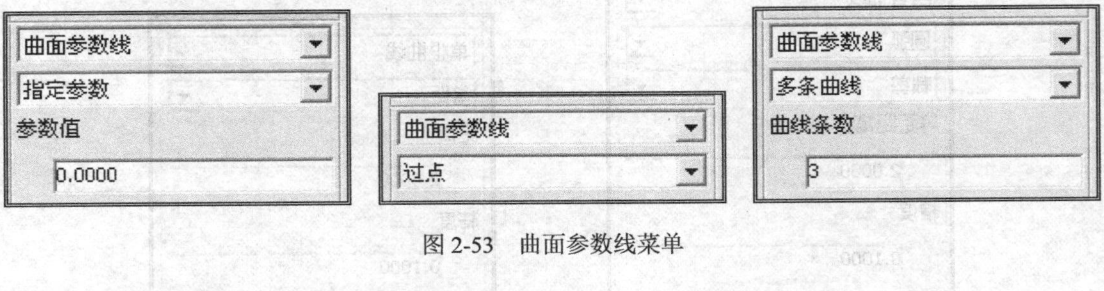

图 2-53 曲面参数线菜单

4. 曲面法线

（1）功能 生成曲面指定点处的法线。

（2）操作

① 单击【相关线】按钮，在立即菜单（图 2-54）中选择【曲面法线】，输入长度值。

② 拾取曲面和点，生成曲面法线。

5. **曲面投影线**

（1）功能　生成曲面在曲面上的投影线。

（2）操作

① 单击【相关线】按钮，在立即菜单（图 2-55）中选择【曲面投影线】。

② 拾取曲面，给出投影方向，拾取曲线，生成曲面投影线。

6. **实体边界**

（1）功能　生成已有的实体的边界线。

（2）操作

① 单击【相关线】按钮，在立即菜单（图 2-56）中选择【实体边界】。

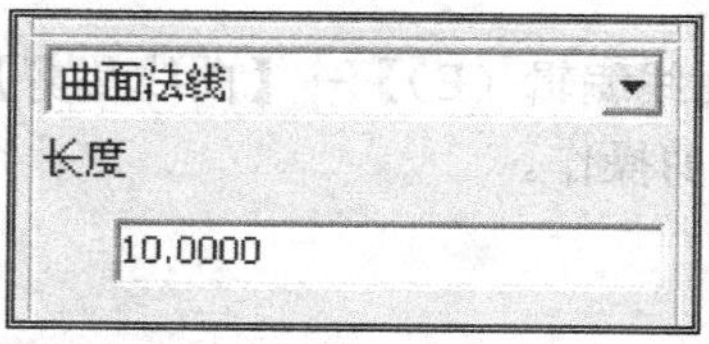

图 2-54　曲面法线菜单

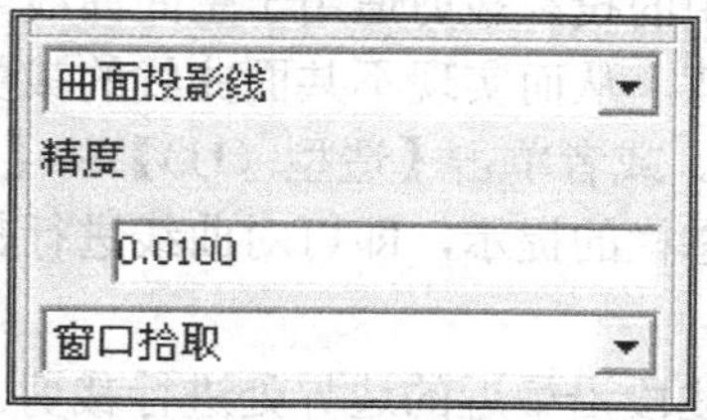

图 2-55　曲面投影线菜单

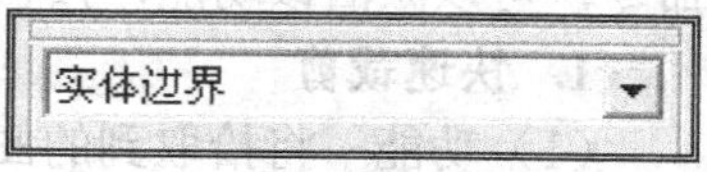

图 2-56　实体边界菜单

② 拾取实体边界，生成实体边界线。

2.4.13　文字

（1）功能　在当前平面或其平行平面上绘制文字形状的图线。

（2）操作

① 单击【文字】按钮A，或者单击【造型（U）】→【文字】命令，可以激活该功能。

② 指定文字输入点，弹出【文字输入】对话框（图 2-57）。

③ 单击【设置】按钮，弹出【字体设置】对话框（图 2-58），修改设置，单击【确定】按钮，回到【文字输入】对话框中，输入文字，单击【确定】按钮，生成文字。

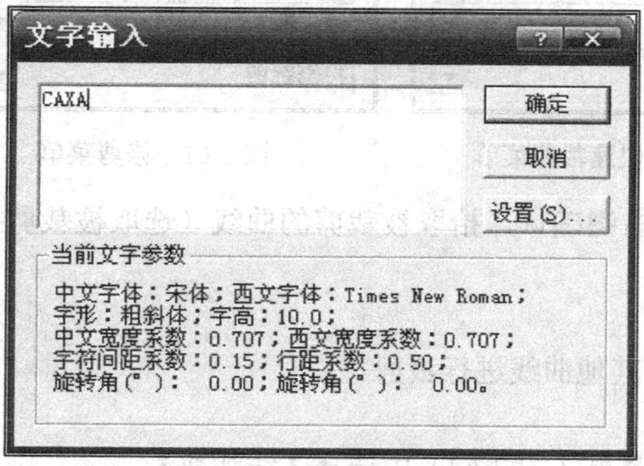

图 2-57　文字输入对话框

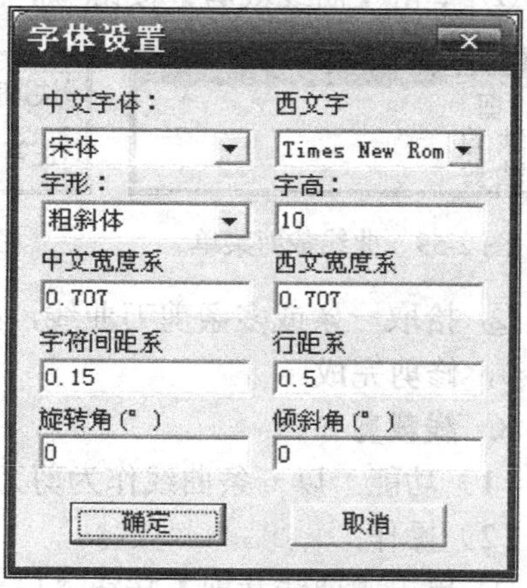

图 2-58　字体设置对话框

2.3　曲 线 编 辑

CAXA 制造工程师提供了多种曲线编辑功能，主要包括：曲线裁剪、曲线过渡、曲线打断、曲线组合、曲线拉伸、曲线优化、样条编辑。这些曲线编辑功能可以有效地提高作图的速度。本节主要介绍这七种曲线编辑的命令和操作方法。

2.3.1 曲线裁剪

使用曲线做剪刀，裁掉曲线上不需要的部分。即利用一个或多个几何元素（曲线或点，称为剪刀）对给定曲线（称为被裁剪线）进行修整，删除不需要的部分，得到新的曲线。曲线裁剪共有四种方式：快速裁剪、线裁剪、点裁剪、修剪（图 2-59）。

线裁剪和点裁剪具有延伸特性，如果剪刀线和被裁剪曲线之间没有实际交点，系统在分别依次自动延长被裁剪线和剪刀线后进行求交，在得到的交点处进行裁剪。延伸的规则是：直线和样条线按端点切线方向延伸，圆弧按整圆处理。

快速裁剪、修剪和线裁剪中的投影裁剪适用于空间曲线之间的裁剪。曲线在当前坐标平面上施行投影后，进行求交裁剪，从而实现不共面曲线的裁剪。

单击【曲线裁剪】按钮。或者单击【造型（U）】→【曲线编辑（E）】→【曲线裁剪】命令，可以激活该功能，按状态栏的提示，即可对曲线进行裁剪操作。

1. 快速裁剪

（1）功能　将拾取到的曲线段沿最近的边界处进行裁剪。

（2）操作

① 单击【曲线裁剪】按钮，在立即菜单（图 2-60）中选择【快速裁剪】。

② 拾取被裁剪线（选取被裁剪掉的部分），快速裁剪完成。

• 注意

需要裁剪的曲线交点较多时，使用快速裁剪会使系统计算量过大，降低工作效率。

对于其他曲线不相交的曲线裁剪删除时，不能使用裁剪命令，只能用删除命令。

2. 修剪

（1）功能　拾取一条曲线或多条曲线作为剪刀线，对一系列被裁剪曲线进行裁剪。

（2）操作

① 单击【曲线裁剪】按钮，在立即菜单（图 2-61）中选择【修剪】。

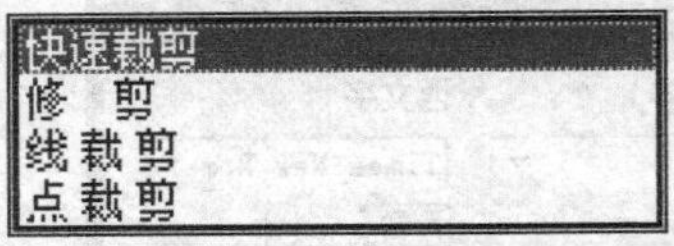

图 2-59　曲线裁剪菜单

图 2-60　快速裁剪菜单

图 2-61　修剪菜单

② 拾取一条或多条剪刀曲线，按鼠标右键确认，拾取被裁剪的曲线（选取被裁剪掉的部分），修剪完成。

3. 线裁剪

（1）功能　以一条曲线作为剪刀线，对其他曲线进行裁剪。

（2）操作

① 单击【曲线裁剪】按钮，在立即菜单（图 2-62）中选择【线裁剪】。

② 拾取一条直线作为剪刀线，拾取被裁剪的线（选取保留的部分），完成裁剪操作。

4. 点裁剪

（1）功能　以点作为剪刀，在曲线离剪刀点最近处进行裁剪。

（2）操作

① 单击【曲线裁剪】按钮，在立即菜单（图 2-63）中选择【点裁剪】。

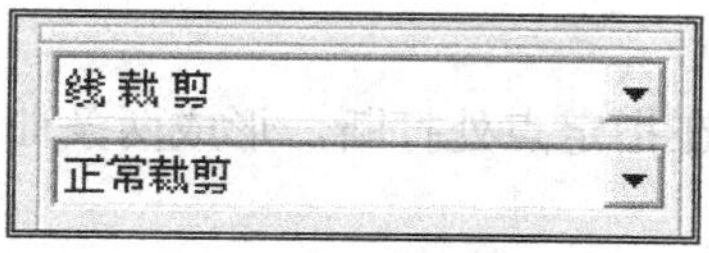

图 2-62 线裁剪菜单

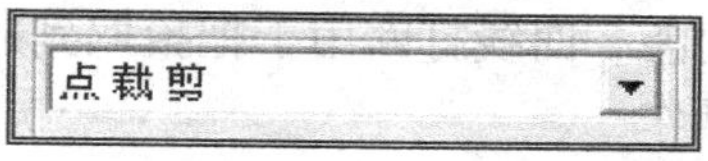

图 2-63 点裁剪菜单

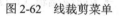

② 拾取被裁剪的线（选取保留的部分），拾取剪刀点，完成裁剪操作。

2.3.2 曲线过渡

对指定的两条曲线进行圆弧过渡、尖角过渡或倒角过渡。

单击【曲线过渡】按钮，或单击【造型（U）】→【曲线编辑（E）】→【曲线过渡】按命令态栏提示操作，即可完成曲线过渡操作。

1. 圆弧过渡

（1）功能 用于在两根曲线之间进行给定半径的圆弧光滑过渡。

（2）操作

① 单击【曲线过渡】按钮，在立即菜单（图 2-64）中选择【圆弧过渡】，并设置参数。

② 拾取第一条曲线、第二条曲线，形成圆弧过渡。

2. 倒角过渡

（1）功能 用在给定的两直线之间形成倒角过渡，过渡后两直线之间生成给定角度和长度的直线。

（2）操作

① 单击【曲线过渡】按钮，在立即菜单（图 2-65）中选择【倒角】，并设置角度和距离值。选择是否裁剪曲线 1 和曲线 2。

② 拾取第一条曲线、第二条曲线，形成倒角过渡。

3. 尖角过渡

（1）功能 用于在给定的两曲线之间形成尖角过渡，过渡后两曲线相互裁剪或延伸，在交点处形成尖角。

（2）操作

① 单击【曲线过渡】按钮，在立即菜单（图 2-66）中选择【尖角】。

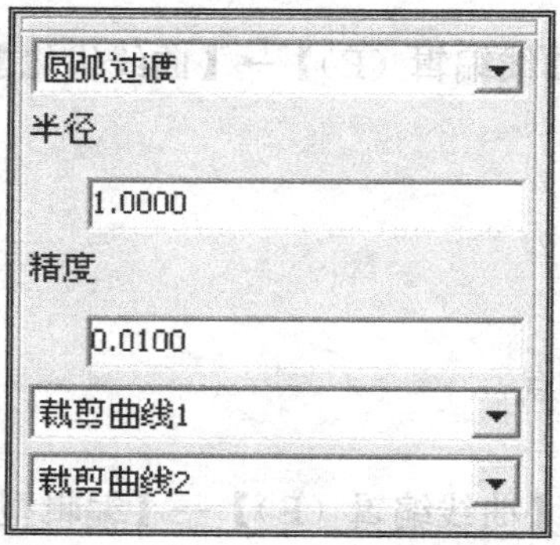

图 2-64 圆弧过渡菜单

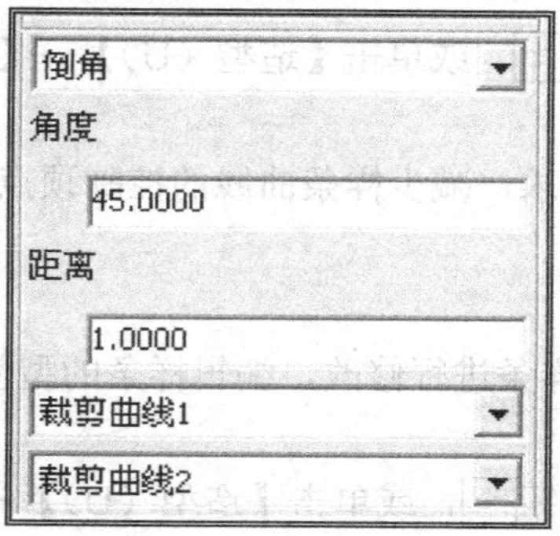

图 2-65 倒角过渡菜单

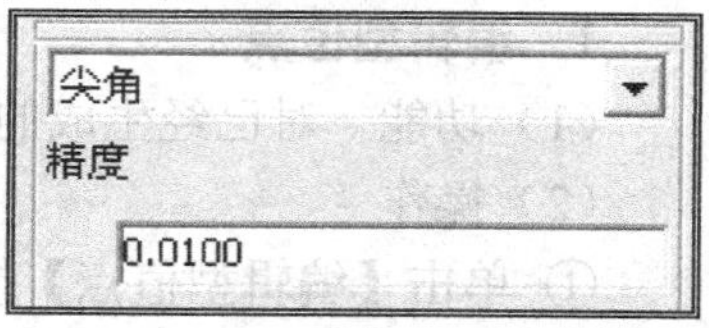

图 2-66 尖角过渡菜单

② 拾取第一条曲线、第二条曲线，形成尖角过渡。

2.3.3 曲线打断

（1）功能 曲线打断用于把拾取到的一条曲线在指定点处打断，形成两条曲线。

（2）操作

① 单击【曲线打断】按钮，或单击【造型（U）】→【曲线编辑（E）】→【曲线打断】命令。

② 拾取被打断的曲线，拾取打断点，将曲线打断成两段。

2.3.4 曲线组合

（1）功能 曲线组合用于把拾取到的多条相连曲线组合成一条样条曲线。

曲线组合有两种方式：保留原曲线和删除原曲线。

把多条曲线组成一条曲线可以得到两种结果：一种是把多条曲线用一个样条曲线表示。这种表示要求首尾相连的曲线是光滑的。如果首尾相连的曲线有尖点，系统会自动生成一条光顺的样条曲线。

（2）操作

① 单击【曲线组合】按钮，或单击【造型（U）】→【曲线编辑（E）】→【曲线组合】命令。

② 按空格键，弹出拾取快捷菜单，选择拾取方式。

③ 按状态栏中提示拾取曲线，点击鼠标右键确认，曲线组合完成。

2.3.5 曲线拉伸

（1）功能 曲线拉伸用于将指定曲线拉伸到指定点。拉伸有伸缩和非伸缩两种方式。伸缩方式就是沿曲线的方向进行拉伸，而非伸缩方式是以曲线的一个端点为定点，不受曲线原方向的限制进行自由拉伸。

（2）操作

① 单击【曲线拉伸】按钮，或单击【造型（U）】→【曲线编辑（E）】→【曲线拉伸】命令。

② 拾取需要拉伸的曲线，指定终止点，完成拉伸曲线操作。

2.3.6 曲线优化

（1）功能 对控制顶点太密的样条曲线在给定的精度范围内进行优化处理，减少其控制顶点。

（2）操作

① 单击【曲线优化】按钮，或单击【造型（U）】→【曲线编辑（E）】→【曲线优化】命令。

② 系统根据给定的境地要求，减少样条曲线的控制顶点。

2.3.7 样条编辑

1. 编辑型值点

（1）功能 对已经生成的样条进行修改，编辑样条的型值点。

（2）操作

① 单击【编辑型值点】按钮，或单击【造型（U）】→【曲线编辑（E）】→【编辑型值点】命令。

② 拾取需要编辑的样条曲线，拾取样条线上某一插值点，点击新位置或直接输入坐标点（图2-67）。

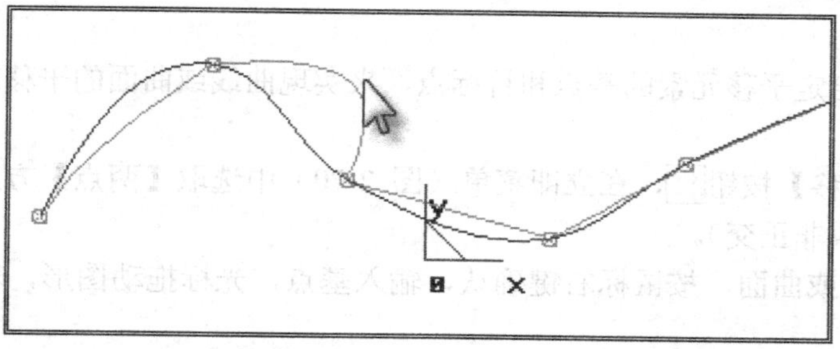

图 2-67 编辑型值点

2. 编辑控制顶点

(1) 功能 对已经生成的样条进行修改，编辑样条的控制顶点。

(2) 操作

① 单击【编辑控制顶点】按钮，或单击【造型（U）】→【曲线编辑（E）】→【编辑控制顶点】命令。

② 拾取需要编辑的样条曲线，拾取样条线上某一控制点，点击新位置或直接输入坐标点（图 2-68）。

3. 编辑端点切矢

(1) 功能 对已经生成的样条进行修改，编辑样条的端点切矢。

(2) 操作

① 单击【编辑端点切矢】按钮，或单击【造型（U）】→【曲线编辑（E）】→【编辑端点切矢】命令。

② 拾取需要编辑的样条曲线，拾取样条线上某一端点，点击新位置或直接输入坐标点（图 2-69）。

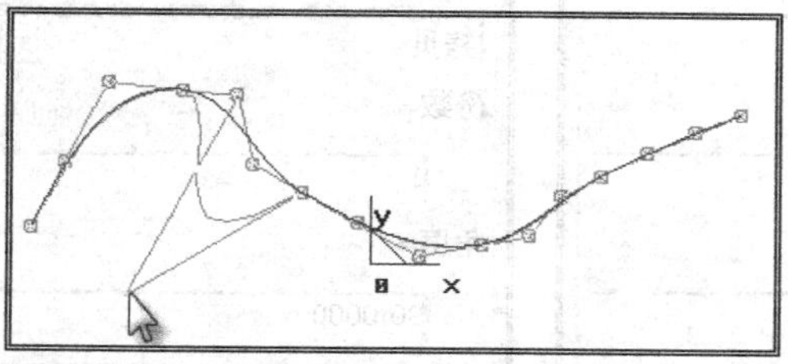

图 2-68 编辑端点控制顶点

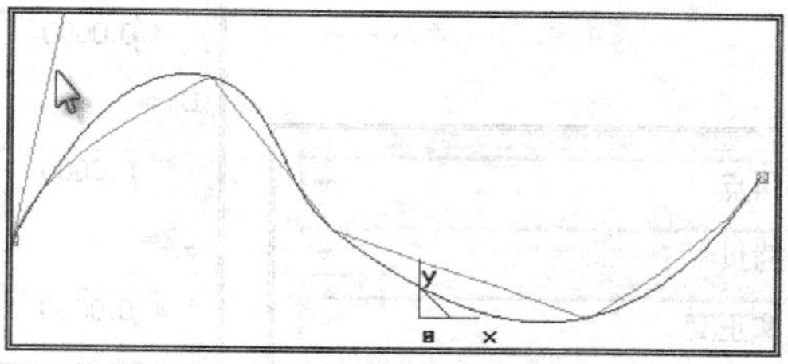

图 2-69 编辑端点切矢

2.4 几 何 变 换

几何变换是指对线、面进行变换，对造型实体无效，而且几何变换前后线、面的颜色、图层等属性不发生变换。几何变换共有七种功能：平移、平面旋转、旋转、平面镜像、镜像、阵列和缩放。

2.4.1 平移

对拾取到的曲线或曲面进行平移或拷贝。平移有两种方式：两点或偏移量。

单击【平移】按钮，或单击【造型（U）】→【几何变换（G）】→【平移】命令，在立即菜单中设置参数，根据状态栏提示操作，即可完成平移操作。

1. 两点

（1）功能　给定平移元素的基点和目标点，来实现曲线或曲面的平移或拷贝。

（2）操作

① 单击【平移】按钮，在立即菜单（图 2-70）中选取【两点】方式，设置参数（拷贝或平移，正交或非正交）。

② 拾取曲线或曲面，按鼠标右键确认，输入基点，光标拖动图形，输入目标点，完成平移操作。

2. 偏移量

（1）功能　根据给定的偏移量，来实现曲线或曲面的平移或拷贝。

（2）操作

① 单击【平移】按钮，在立即菜单（图 2-71）中选取【偏移量】方式，输入 *X*、*Y*、*Z* 三轴上的偏移量值。

② 拾取曲线或曲面，按鼠标右键确认，完成平移操作。

2.4.2　平面旋转

（1）功能　对拾取到的曲线或曲面进行同一平面上的旋转或旋转拷贝。平面旋转有拷贝和平移两种方式。拷贝方式除了可以指定旋转角度外，还可以指定拷贝份数。

（2）操作

① 单击【平面旋转】按钮，或单击【造型（U）】→【几何变换（G）】→【平面旋转】命令，在立即菜单（图 2-72）中选择【移动】或【拷贝】输入旋转角度值。

图 2-70　两点平移菜单

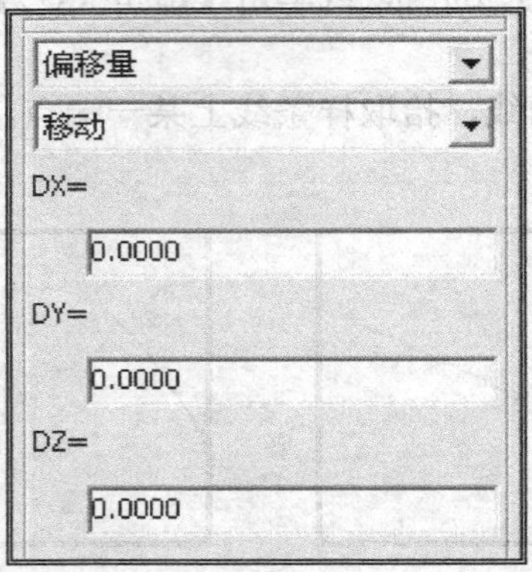

图 2-71　偏移量菜单

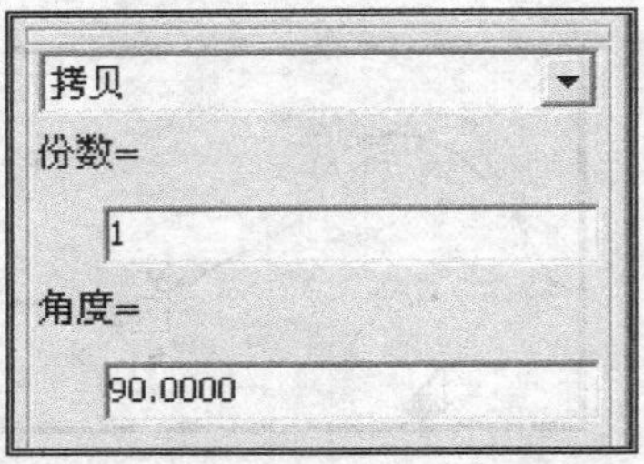

图 2-72　平面旋转菜单

② 指定旋转中心，拾取旋转对象，选择完成后点击鼠标右键确认，完成平面旋转操作。

- 注意

旋转角度以逆时针旋向为正，顺时针旋向为负（相当于面向当前平面的视向而言）。

2.4.3　旋转

（1）功能　对拾取到的曲线或曲面进行空间的旋转或旋转拷贝。

（2）操作

① 单击【旋转】按钮，或单击【造型（U）】→【几何变换（G）】→【旋转】命令，在立即菜单（图 2-73）中选择旋转方式（移动或拷贝）输入旋转角度值。

② 指定旋转轴起点、选转轴终点，拾取旋转对象，选择完成后点击鼠标右键确认，完成旋转操作。

- 注意

旋转角度遵循右手螺旋法则，即以拇指指向旋转轴正向，四指指向为旋转方向的正向。

2.4.4　平面镜像

（1）功能　对拾取到的直线或曲面以某一条直线为对称轴，进行同一平面的对称镜像或对称复制。

（2）操作

① 单击【平面镜像】按钮，或单击【造型（U）】→【几何变换（G）】→【平面镜像】命令，在立即菜单（图 2-74）中选择 【移动】或【拷贝】。

② 指定镜像的首点、镜像轴末点，拾取镜像元素，拾取完成后点击鼠标右键确认，完成平面镜像操作。

2.4.5　镜像

（1）功能　对拾取到的直线或曲面以某一条平面为对称面，进行空间的对称镜像或对称复制。

（2）操作

① 单击【镜像】按钮，或单击【造型（U）】→【几何变换（G）】→【镜像】命令，在立即菜单（图 2-75）中选择镜像方式【移动】或【拷贝】。

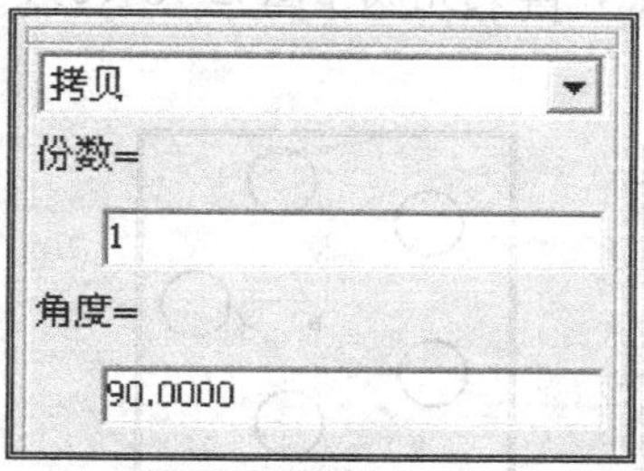

图 2-73　旋转菜单

图 2-74　平面镜像菜单

图 2-75　镜像菜单

② 拾取镜像平面上的第一点，第二点，第三点，确定一个平面。

③ 拾取镜像元素，点击右键确认，完成元素对三点确定的平面镜像。

2.4.6　阵列

对拾取到的曲线或曲面，按圆形或矩形方式进行阵列拷贝。

单击【阵列】按钮，或单击【造型（U）】→【几何变换（G）】→【阵列】命令，在立即菜单中设置参数，根据状态栏提示操作，即可完成阵列操作。

1. 矩形阵列

（1）功能　对拾取到的曲线或曲面，按矩形方式进行阵列拷贝。

（2）操作

① 单击【阵列】按钮，在立即菜单（图 2-76）中选取【矩形】方式，输入阵列参数。

② 拾取需要阵列的元素，点击鼠标右键确认，阵列完成（图 2-77）。

2. 圆形阵列

（1）功能　对拾取到的曲线或曲面，按圆形方式进行阵列拷贝。

（2）操作

① 单击【阵列】按钮，在立即菜单中选取【圆形/矩形】方式，输入阵列参数［图 2-78

(a)、图2-79(a)]。

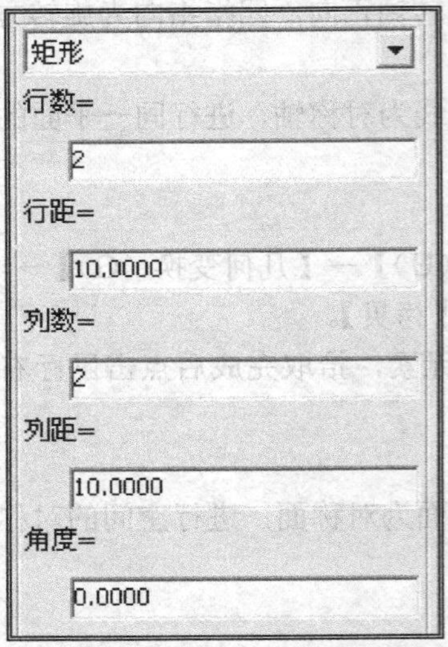

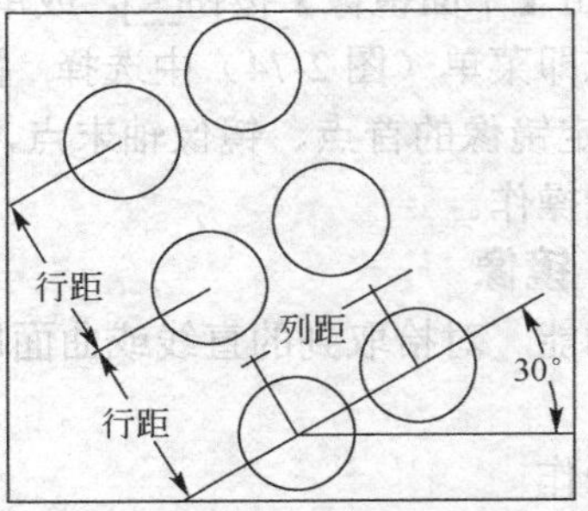

图2-76　矩形阵列菜单　　　　图2-77　阵列结果

② 拾取需要阵列的元素，点击鼠标右键确认，输入中心点，阵列完成[图2-78(c)、图2-79(c)]。

(a) 圆形阵列菜单

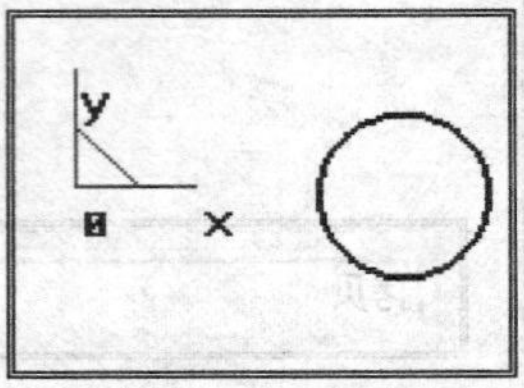

(b) 待阵列图形

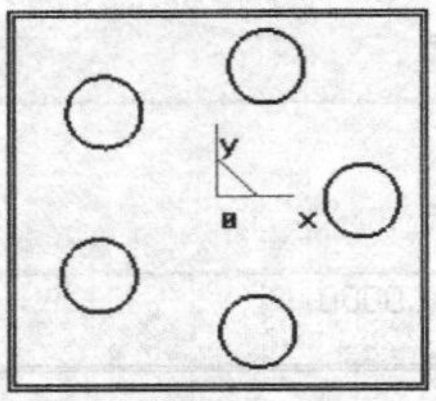

(c) 阵列结果

图2-78　均布方式圆形阵列

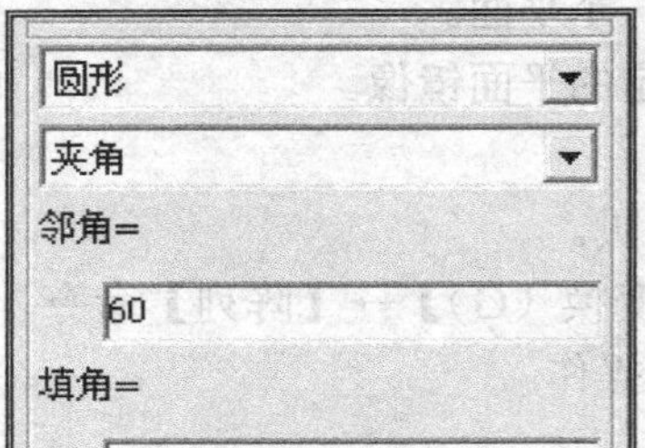

(a) 圆形阵列菜单

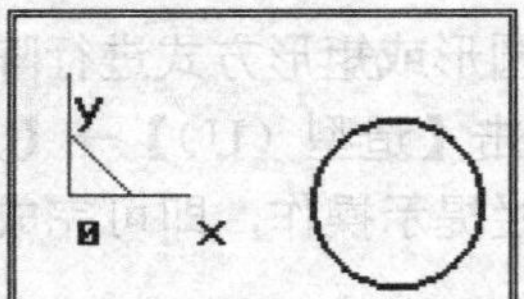

(b) 待阵列图形

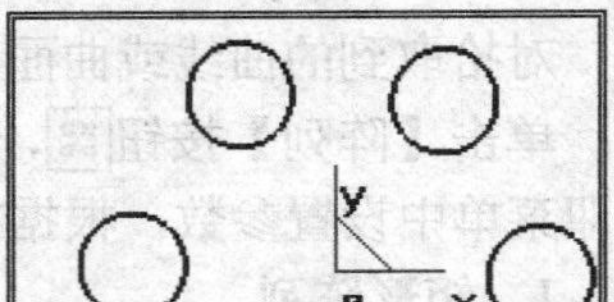

(c) 阵列结果

图2-79　夹角方式圆形阵列

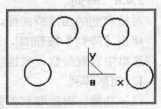

【例2-4】 绘制如图2-80所示的垫片（不绘制点画线、不标注尺寸）。

绘图步骤：

① 按F5键，单击【圆】按钮⊙，选择【圆心_半径】方式。

② 按字母键“S”，拾取坐标圆点，回车，输入半径“10”，回车，输入半径“30”，点击鼠标右键，输入圆心坐标“22.5，0”，回车，输入半径“3”，点击鼠标右键，输入圆心坐

标“30，0”，回车，输入半径“6”。结果如图 2-81 所示。

③ 单击【平面旋转】按钮，选择【移动】，在【角度=】栏中输入“60”；拾取坐标原点，拾取半径为 6 的圆，点击鼠标右键，结果如图 2-82 所示。在立即菜单中选择【角度=】栏中输入“20”；拾取坐标原点，拾取半径为 3 的圆，点击鼠标右键，结果如图 2-83 所示。

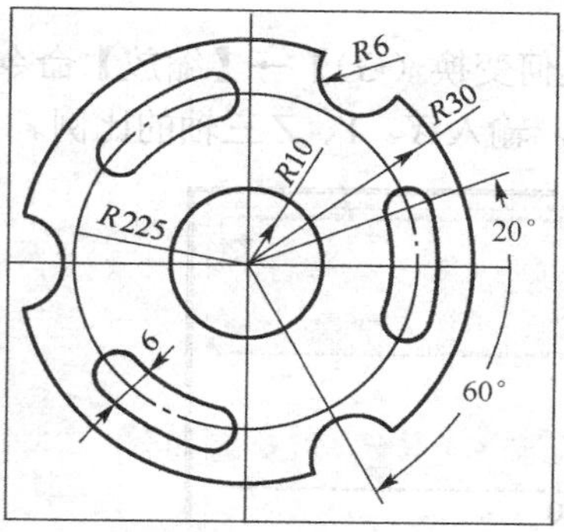

图 2-80　垫片

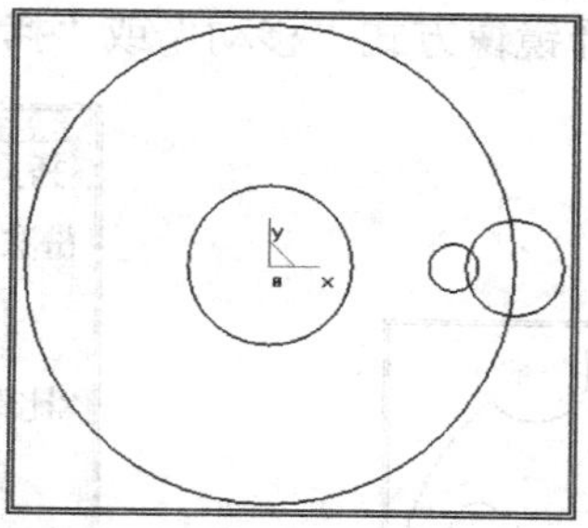

图 2-81　绘制圆

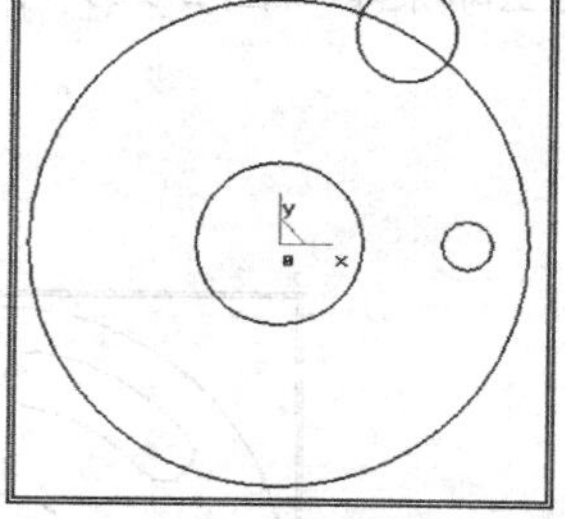

图 2-82　平面旋转圆

④ 单击【阵列】按钮，选择【圆形】、【均布】，并在【份数=】栏中输入“3”；拾取半径为“6”的圆，点击鼠标右键，拾取坐标原点，结果如图 2-84 所示。在立即菜单【份数=】栏中输入“9”；拾取半径为 3 的圆，点击鼠标右键，拾取坐标原点，结果如图 2-85 所示。

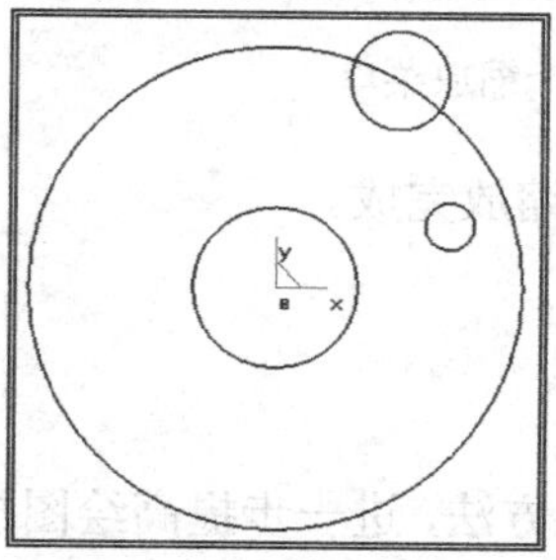

图 2-83　平面旋转

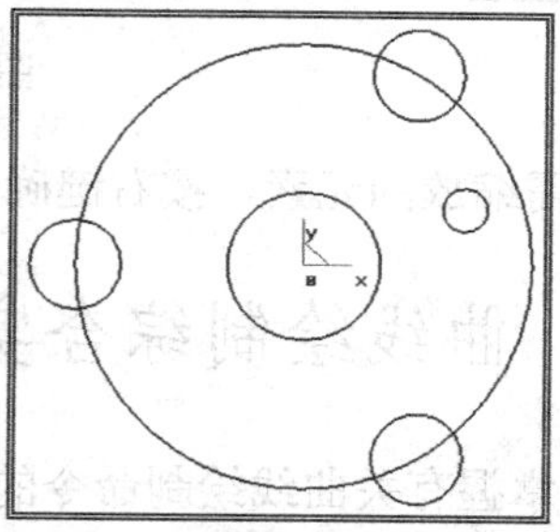

图 2-84　阵列半径为 6 的圆

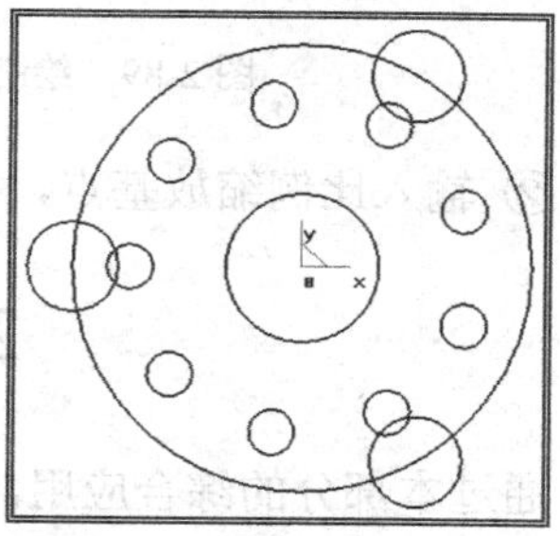

图 2-85　阵列半径为 3 的圆

⑤ 单击【删除】按钮，拾取多余的、半径为 3 的圆（共 3 个），点击鼠标右键，结果如图 2-86 所示。

⑥ 单击【圆】按钮，选择【圆心__半径】方式，拾取坐标圆点，按字母键“T”，拾取半径“3”的圆（6 个中的任一个），靠近坐标原点一侧的任一点，结果如图 2-87 所示。拾取半径“3”的圆（6 个中的任一个）远离坐标原点一侧的任一点，结果如图 2-88 所示。

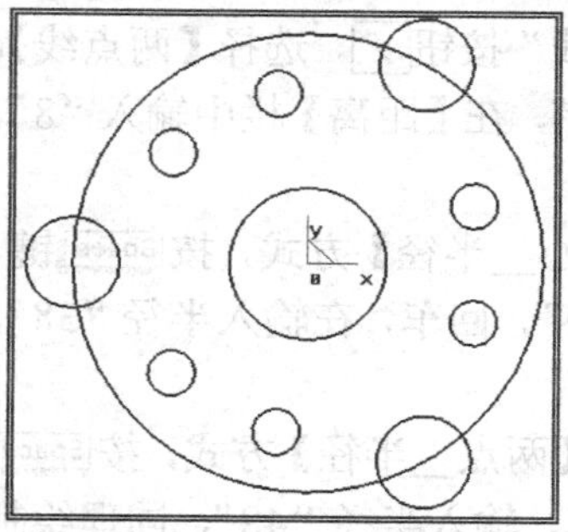

图 2-86　删除

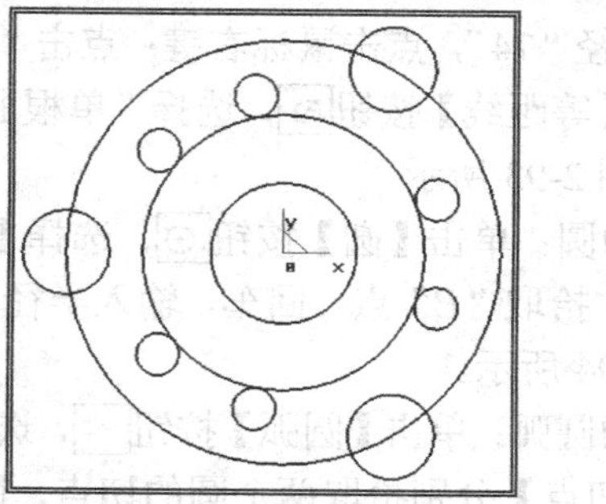

图 2-87　绘制相切的圆（1）

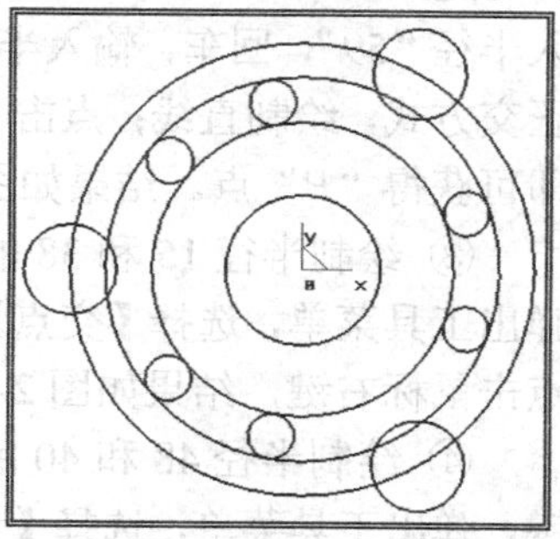

图 2-88　绘制相切的圆（2）

⑦ 单击【曲线裁剪】按钮，选择【快速裁剪】、【正常裁剪】，拾取图（图2-88）需要剪掉的部分，得到图2-89所示的图形（无点画线和标注尺寸）。

2.4.7 缩放

（1）功能 对拾取到的曲线或曲面进行按比例放大或缩小。缩放有拷贝和移动两种方式。

（2）操作

① 单击【缩放】按钮，或单击【造型（U）】→【几何变换（G）】→【缩放】命令，在立即菜单（图2-90）中选择镜像方式“移动”或“拷贝”，输入*X*、*Y*、*Z*三轴的比例。

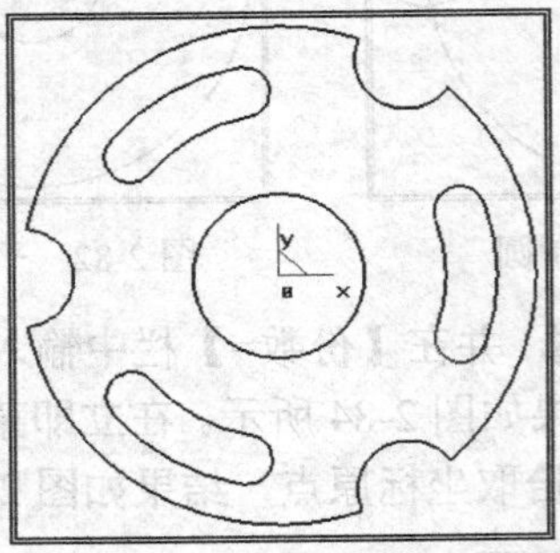

图2-89 绘制结果

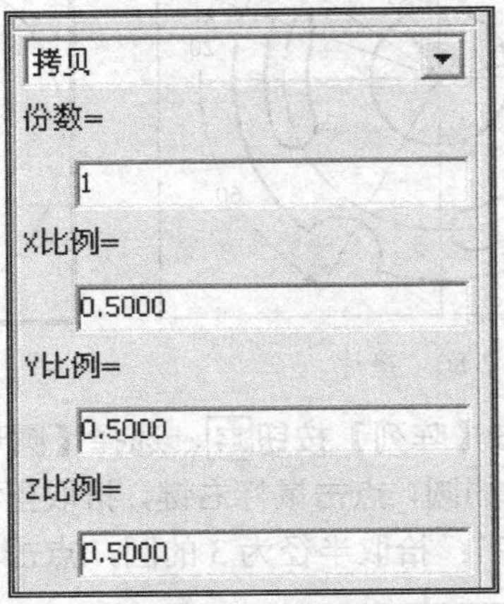

图2-90 缩放菜单

② 输入比例缩放基点，拾取需缩放的元素，按右键确认，缩放完成。

2.5 曲线绘制综合实例

通过本部分的综合应用，熟练掌握有关曲线绘制命令的使用方法，进一步提高绘图技巧。

【例2-5】 绘制图2-91所示的吊钩图形（不绘制点画线、不标注尺寸）。

绘图步骤：

① 绘制$\phi36$与$\phi20$的同心圆：按F5键，单击【圆】按钮，选择【圆心_半径】方式，按字母键“S”，拾取坐标圆点，回车，输入半径“18”，回车，输入半径“10”，点击鼠标右键结果如图2-92所示。

② 绘制P点的参考辅助线：单击【圆弧】按钮，选择【圆心__半径__起终角】方式，在【起始角=】栏中输入“225”，在【终止角=】栏中输入“320”，拾取坐标圆点，回车，输入半径“59”，回车，输入半径“74”，点击鼠标右键；点击“直线”按钮，选择【两点线】，正交方式，绘制直线；点击【等距线】按钮，选择“单根曲线”，在【距离】栏中输入“8”，即可获得“*P*”点。结果如图2-93所示。

③ 绘制半径15和38的圆：单击【圆】按钮，选择【圆心__半径】方式，按Space键，弹出工具菜单，选择【交点】拾取“*P*”点，回车，输入半径“15”，回车，在输入半径“38”，点击鼠标右键，结果如图2-94所示。

④ 绘制半径48和40的圆弧：单击【圆弧】按钮，选择【两点__半径】方式，按Space键，弹出工具菜单，选择【切点】分别拾取两个圆的切点，回车，输入半径“48”，同理绘制半径40的圆，点击鼠标右键，结果如图2-95所示。

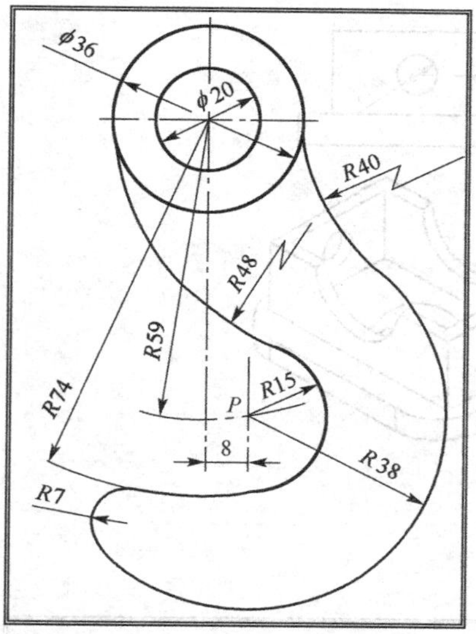

图 2-91　吊钩图形

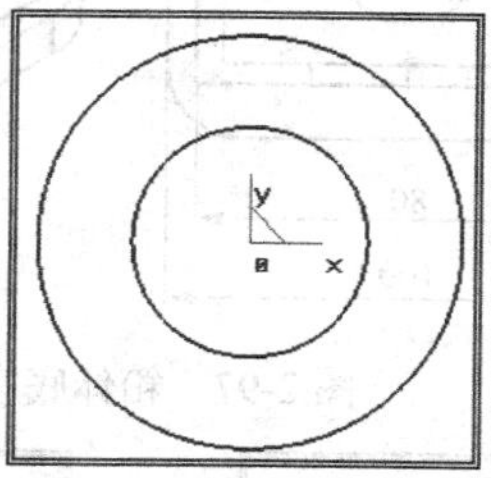

图 2-92　绘制同心圆

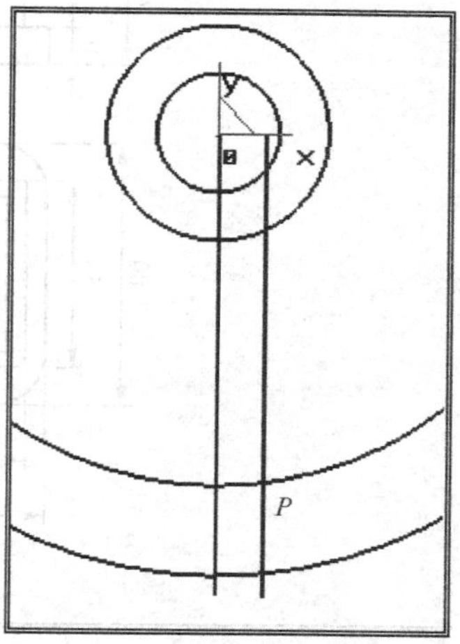

图 2-93　绘制 *P* 点的参考线

⑤ 裁剪多余的曲线：单击【曲线裁剪】按钮，选择【快速裁剪】、【正常裁剪】，拾取图（图 2-95）需要剪掉的部分裁剪，单击删除按钮，拾取多余的曲线，点击鼠标右键，结果如图 2-96 所示。

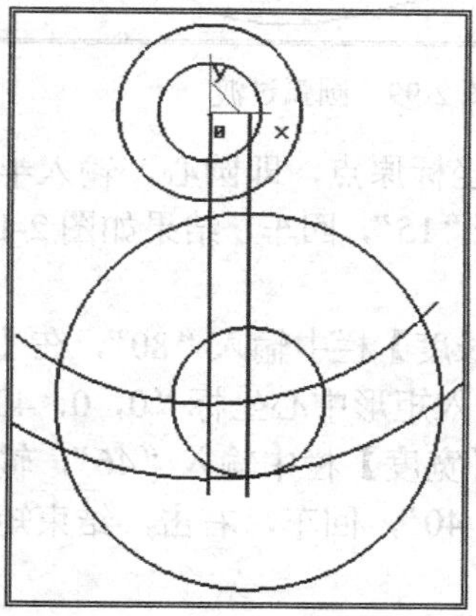
图 2-94　绘制半径 15 和 38 的圆

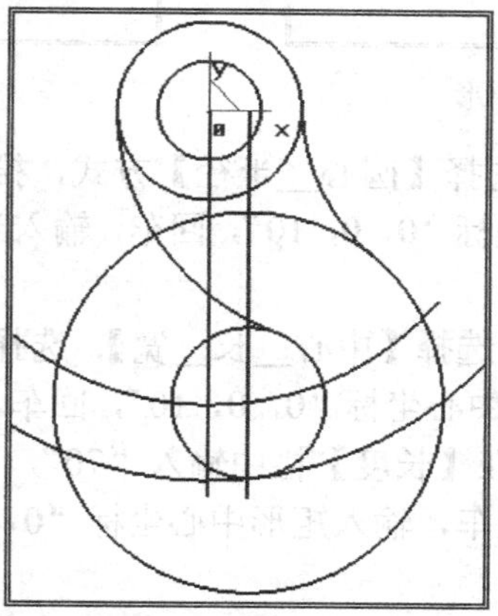
图 2-95　绘制半径 48 和 40 的圆弧

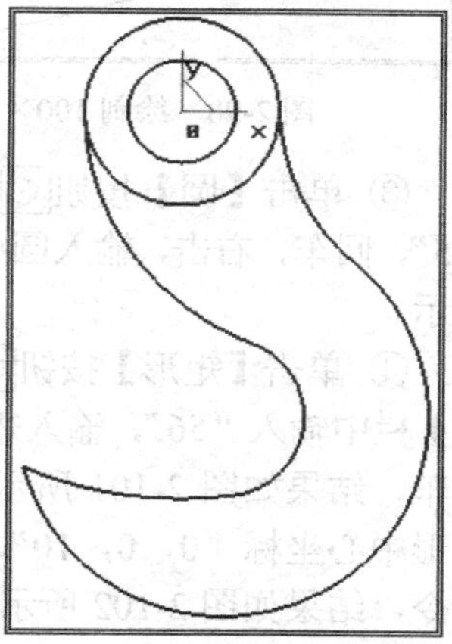
图 2-96　曲线裁剪结果

⑥ 曲线过渡与删除：单击【曲线过渡】按钮，选择【倒角】，并设置角度半径为“7”。选择裁剪曲线 1 和曲线 2，拾取第一条曲线、第二条曲线，形成倒角过渡，结果如图 2-91 图形。

【例 2-6】 对图 2-97 所示的箱体底座进行线框造型。

绘图步骤：

① 按 F5 键。单击【矩形】按钮，选择【中心__长__宽】，在【长度】栏中输入“100”，在【宽度】栏中输入“80”，回车；按字母键“S”拾取圆点坐标。输入矩形中心坐标“0，0，10”，回车，结果如图 2-98 所示。

② 单击【曲线过渡】按钮，选择【圆弧过渡】，在【半径】栏中输入“20”，【裁剪曲线 1】、【裁剪曲线 2】。拾取圆弧过渡边，结果如图 2-99 所示。

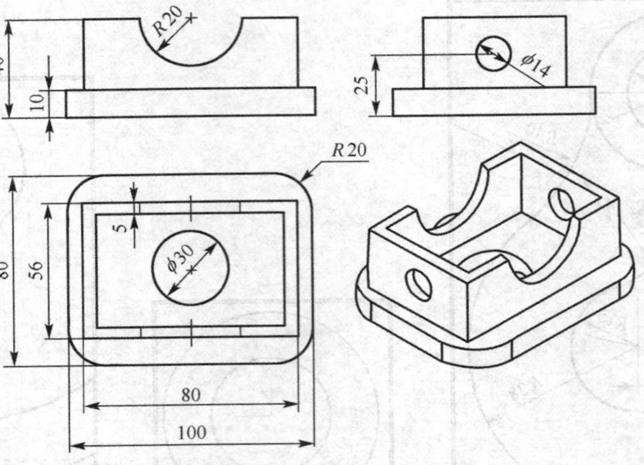

图 2-97 箱体底座

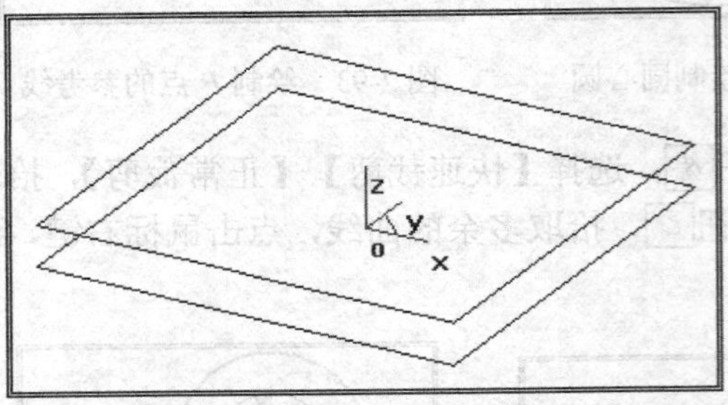

图 2-98 绘制 100×80 矩形

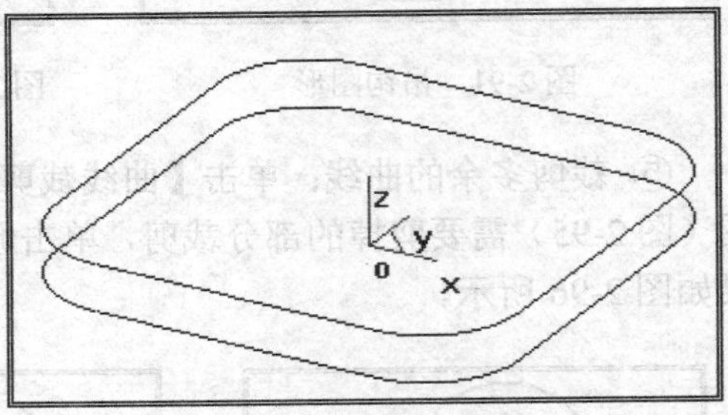

图 2-99 圆弧过渡

③ 单击【圆】按钮，选择【圆心__半径】方式，拾取坐标原点，即圆心，输入半径“15”，回车，右击，输入圆心坐标“0，0，10”，回车，输入半径“15”，回车，结果如图 2-100 所示。

④ 单击【矩形】按钮，选择【中心__长__宽】，选择【长度】栏中输入“80”，在【宽度】栏中输入“56”，输入矩形中心坐标“0，0，10”，回车，输入矩形中心坐标“0，0，40”，回车，结果如图 2-101 所示；在【长度】栏中输入“70”，在【宽度】栏中输入“46”，输入矩形中心坐标“0，0，10”，回车，输入矩形中心坐标“0，0，40”，回车，右击，结束矩形命令，结果如图 2-102 所示。

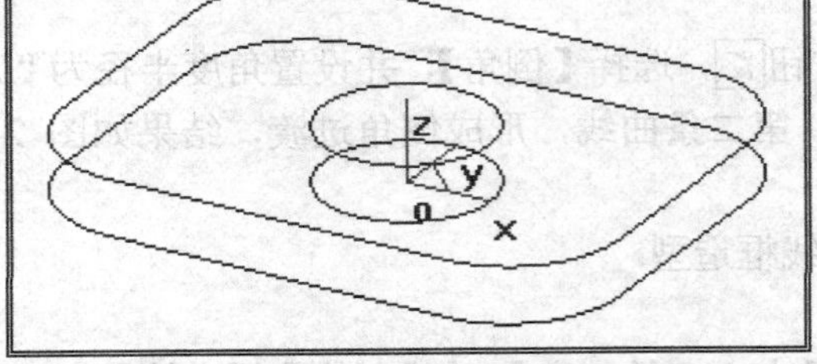

图 2-100 绘制半径 15 的圆

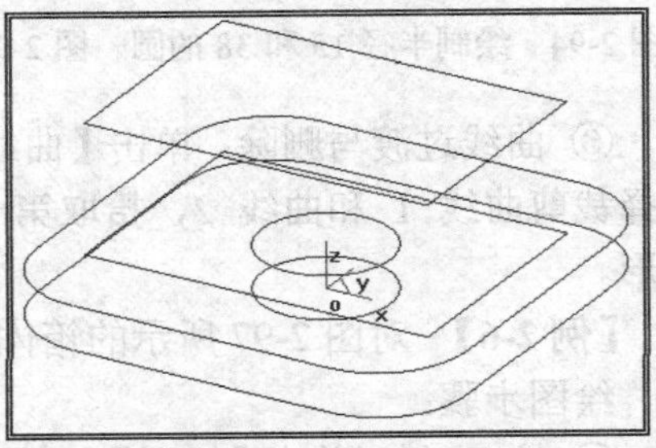

图 2-101 绘制 80×56 矩形

⑤ 按 F6 键，选择“*YOZ* 平面”为作图平面，按 F8 键，单击【圆】按钮，选择【圆心__半径】方式，输入圆形坐标“40，0，25”，回车，输入半径“7”，回车，右击，输入圆心坐标“35，0，25”，回车，输入半径“7”，回车。右击，输入圆心坐标“–40，0，25”，回

车，输入半径“7”，回车，右击，输入圆心坐标“–35，0，25”，回车，输入半径“7”，回车，结果如图 2-103 所示。

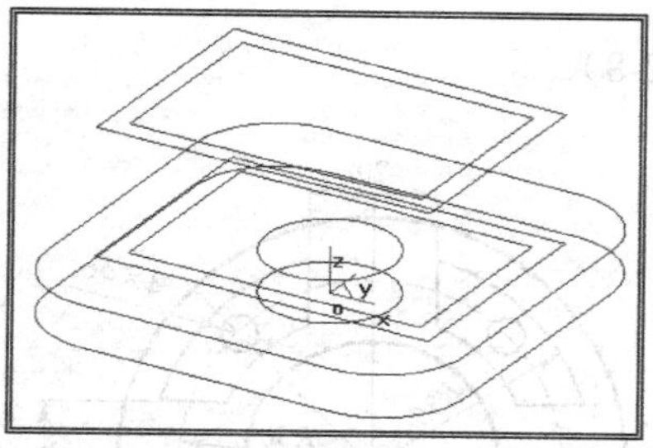

图 2-102 绘制 70×46 矩形

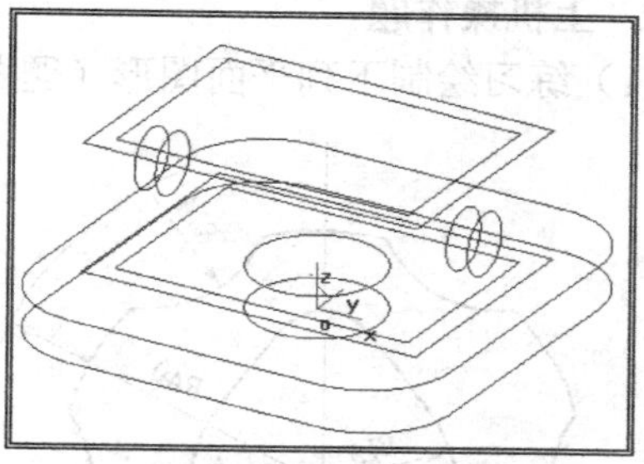

图 2-103 绘制半径 7 的四个圆

⑥ 按 F7 键，选择“*XOZ* 平面”为作图平面，按 F8 键，单击【圆】按钮，选择【圆心__半径】方式，输入圆形坐标“0，28，40”，回车，输入半径“20”，回车，右击，输入圆心坐标“0，23，40”，回车，输入半径“20”，回车。右击，输入圆心坐标“0，–28，40”，回车，输入半径“20”，回车，右击，输入圆心坐标“0，–23，40”，回车，输入半径“20”，回车，结果如图 2-104 所示。

⑦ 单击【曲线裁剪】按钮，选择【快速裁剪】、【正常裁剪】，按 PageUp 键，放大显示图形，移动光标，使图形处在便于操作的位置，拾取需剪掉的部分，按 F8 键,按 PageDown 键，结果如图 2-105 所示。

⑧ 按字母键“E”捕捉端点绘出全部连线，即可获得该图形，结果如图 2-106 所示。

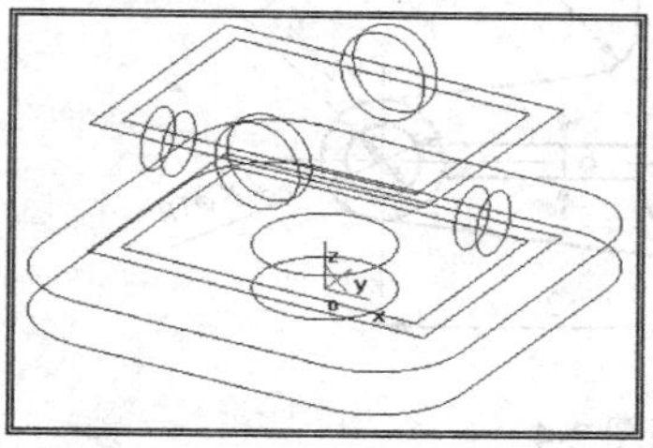

图 2-104 绘制半径 10 的四个圆

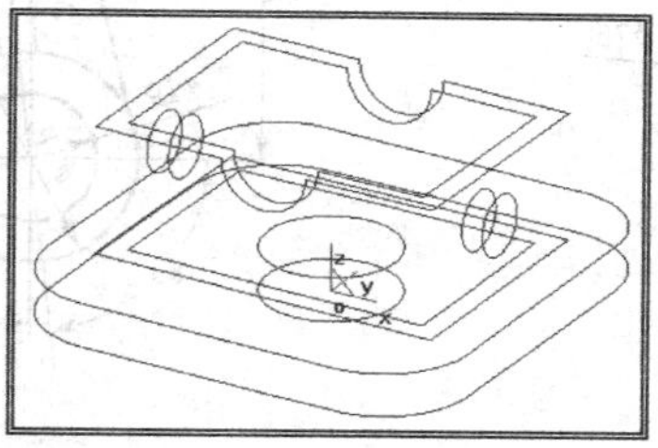

图 2-105 曲线裁剪

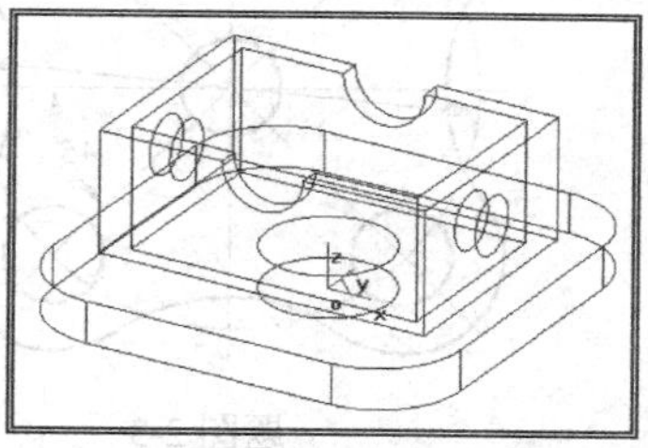

图 2-106 曲线连接

小　　结

所谓线架造型，就是直接使用空间的点、直线、圆、圆弧、样条等曲线的造型方法。

本章主要掌握以下内容：

1．直线、圆弧、圆、椭圆、样条、点、公式曲线、多边形、二次曲线、等距线、曲线投影、相关线和文字等功能的应用。

2．曲线裁剪、曲线过渡、曲线打断、曲线组合、曲线拉伸等曲线编辑功能。

思考与练习

1．思考题

（1）CAXA 制造工程师提供了几种绘制直线的方法？分别是什么？

（2）CAXA 制造工程师提供了几种绘制圆和圆弧的方法？分别是什么？

（3）曲线投影在什么状态可以使用？哪些图素可以作为投影曲线？

（4）等距线、平行线和平移变换三者有何异同？

2. 上机操作题

（1）练习绘制下列平面图形（题图 2-1 ～ 题图 2-8）

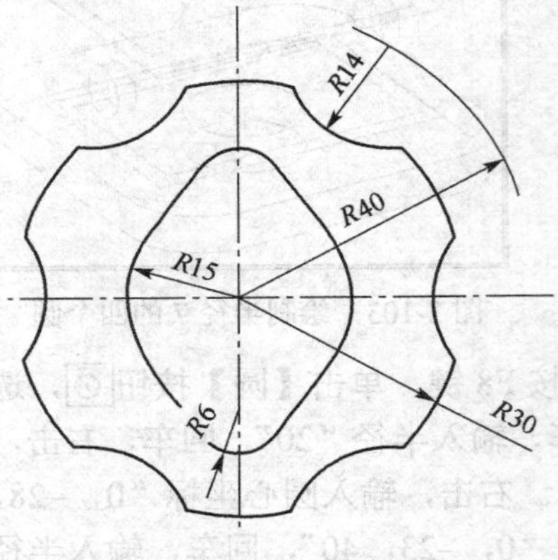

题图 2-1

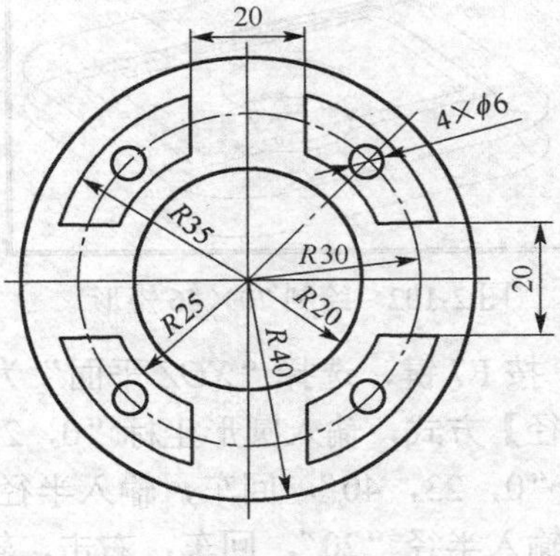

题图 2-2

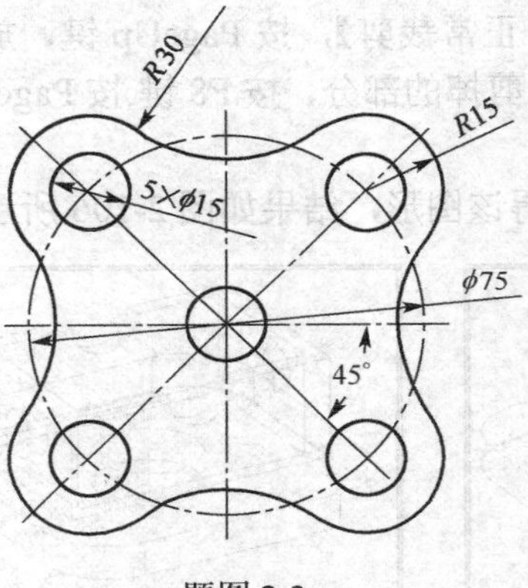

题图 2-3

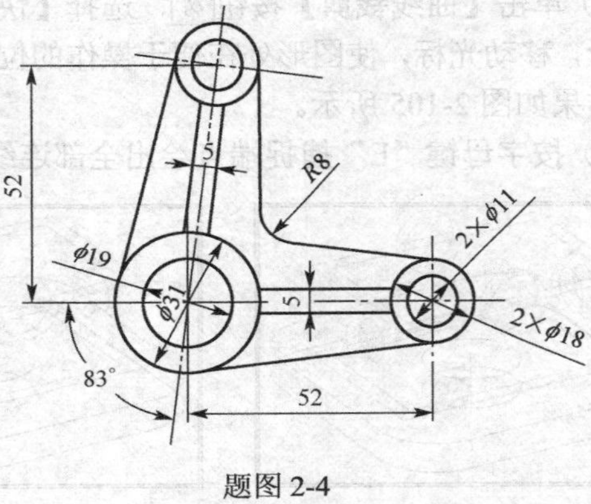

题图 2-4

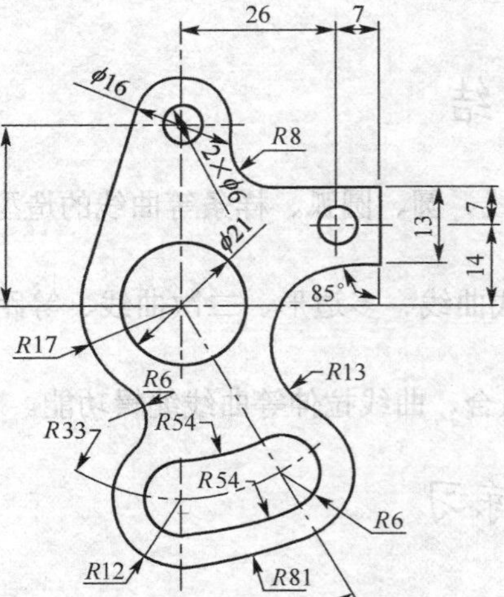

题图 2-5

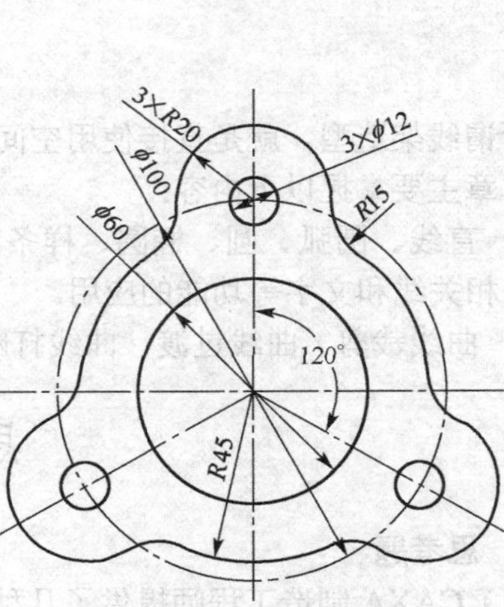

题图 2-6

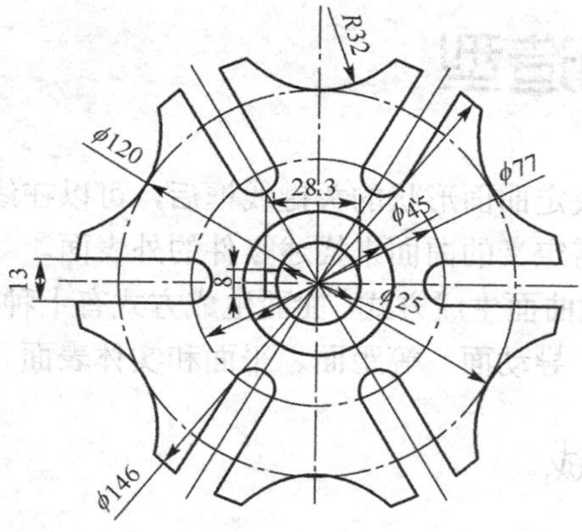

题图 2-7

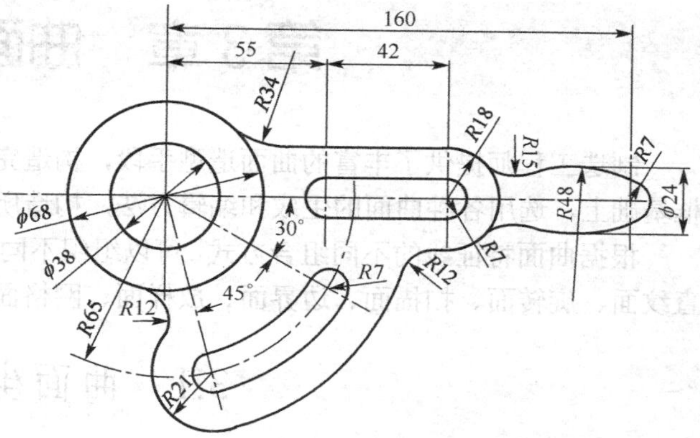

题图 2-8

（2）绘制下列图形的三维线架造型（题图 2-9～题图 2-10）

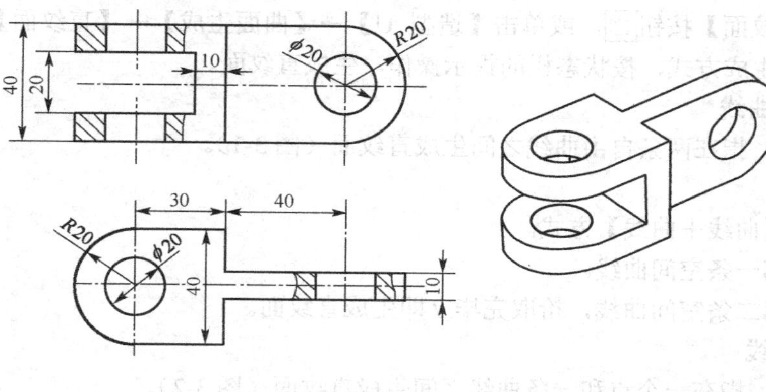

题图 2-9

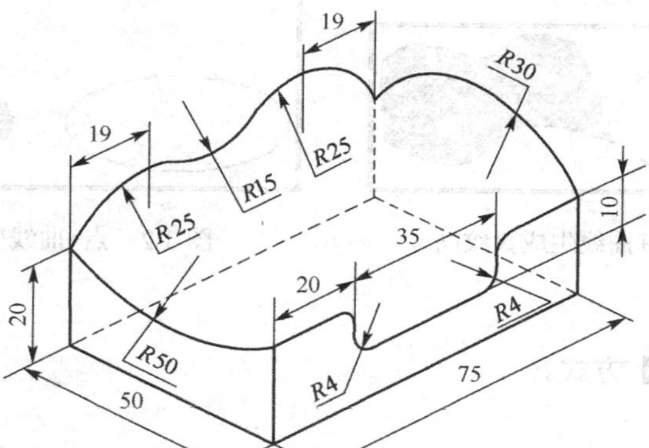

题图 2-10

第3章　曲面造型

制造工程师提供了丰富的曲面造型手段，构造完决定曲面形状的关键线框后，可以在线框基础上，选用各种曲面的生成和编辑方法，构造所需定义的曲面来描述零件的外表面。

根据曲面特征线的不同组合方式，可以组织不同的曲面生成方式。曲面生成方式有十种：直纹面、旋转面、扫描面、边界面、放样面、网格面、导动面、等距面、平面和实体表面。

3.1　曲面生成

3.1.1　直纹面

直纹面是由一根直线两端点分别在两曲线上匀速运动而形成的轨迹曲面。直纹面生成有三种方式："曲线+曲线"、"点+曲线"、"曲线+曲面"。

单击【直纹面】按钮，或单击【造型 U】→【曲面生成】→【直纹面】，在立即菜单中选择直纹面生成方式，按状态栏的提示操作，生成直纹面。

1. 曲线+曲线

（1）功能　指在两条自由曲线之间生成直纹面（图 3-1）。

（2）操作

① 选择【曲线＋曲线】方式。

② 拾取第一条空间曲线。

③ 拾取第二条空间曲线，拾取完毕立即生成直纹面。

2. 点+曲线

（1）功能　指在一个点和一条曲线之间生成直纹面（图 3-2）。

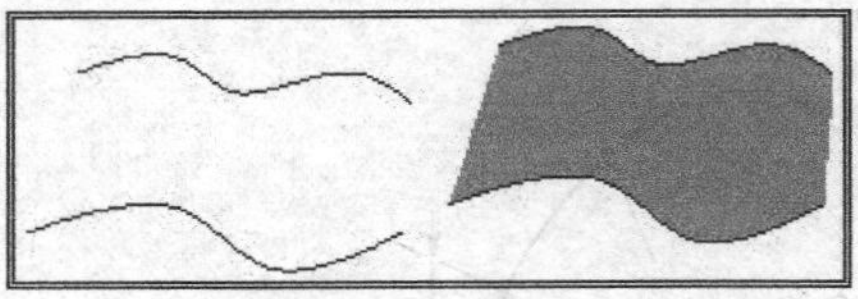

图 3-1　曲线+曲线生成直纹面

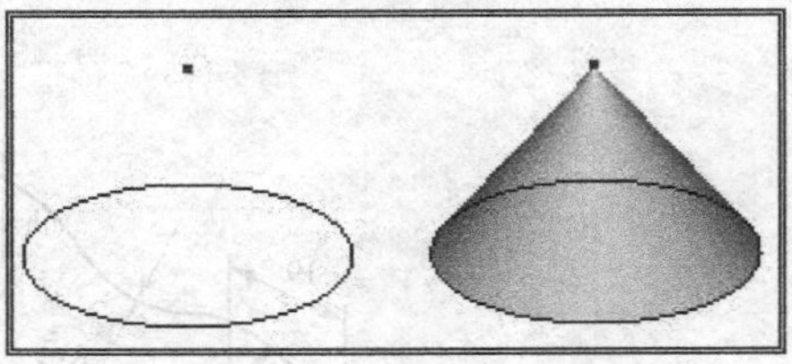

图 3-2　点+曲线生成直纹面

（2）操作

① 选择【点+曲线】方式。

② 拾取空间点。

③ 拾取空间曲线，拾取完毕立即生成直纹面。

3. 曲线+曲面

（1）功能　指在一条曲线和一个曲面之间生成直纹面（图 3-3）。

（2）操作

① 选择【曲线+曲面】方式。

② 填写角度和精度。

③ 拾取曲面。

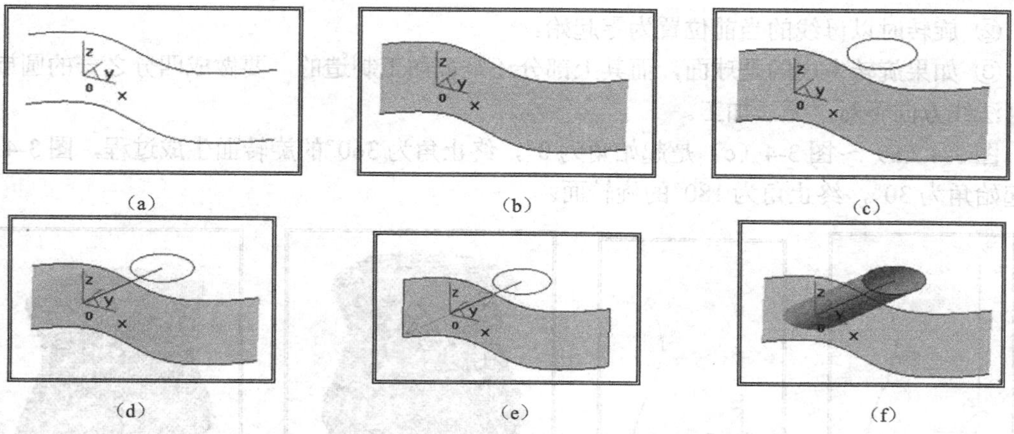

图 3-3 曲线+曲面生成直纹面的过程

④ 拾取空间曲线。

⑤ 输入投影方向。单击空格键弹出矢量工具，选择投影方向。

⑥ 选择锥度方向。单击箭头方向即可。

⑦ 生成直纹面。

- 注意

① 生成方式为【曲线+曲线】时，在拾取曲线时应注意拾取点的位置，应拾取曲线的同侧对应位置；否则将使两曲线的方向相反，生成的直纹面发生扭曲。

② 生成方式为【曲线+曲线】时，如系统提示【拾取失败】，可能是由于拾取设置中没有这种类型的曲线。解决方法是点取【设置】菜单中的【拾取过滤设置】，在【拾取过滤设置对话框】的【图形元素的类型】中选择【选中所有类型】。

③ 生成方式为【曲线+曲面】时，输入方向时可利用矢量工具菜单。在需要这些工具菜单时，按空格键或鼠标中键可以弹出工具菜单。

④ 生成方式为【曲线+曲面】时，当曲线沿指定方向，以一定的锥度向曲面投影作直纹面时，如曲线的投影不能全部落在曲面内时，直纹面将无法作出。

3.1.2 旋转面

（1）功能 按给定的起始角度、终止角度将曲线绕一旋转轴旋转而生成的轨迹曲面。

（2）操作

① 单击【旋转面】按钮，或单击【造型 U】→【曲面生成】→【旋转面】。

② 输入起始角和终止角的角度值。

③ 拾取空间直线为旋转轴，并选择方向。

④ 拾取空间曲线为母线，拾取完毕即可生成旋转面。

（3）参数

【起始角】：是指生成曲面的起始位置与母线和旋转轴构成平面的夹角。

【终止角】：是指生成曲面的终止位置与母线和旋转轴构成平面的夹角。

选择方向时的箭头方向与曲面旋转方向两者遵循右手螺旋法则。

- 注意

① 旋转轴的母线和旋转轴不能相交。

② 旋转时以母线的当前位置为零起始。

③ 如果旋转生成的是球面，而其上部分还是被加工制造的，要做成四分之一的圆旋转，否则法线方向不对，无法加工。

图 3-4（a）～图 3-4（c）是起始角为 0°，终止角为 360°的旋转面生成过程，图 3-4（d）为起始角为 30°，终止角为 180°的旋转面。

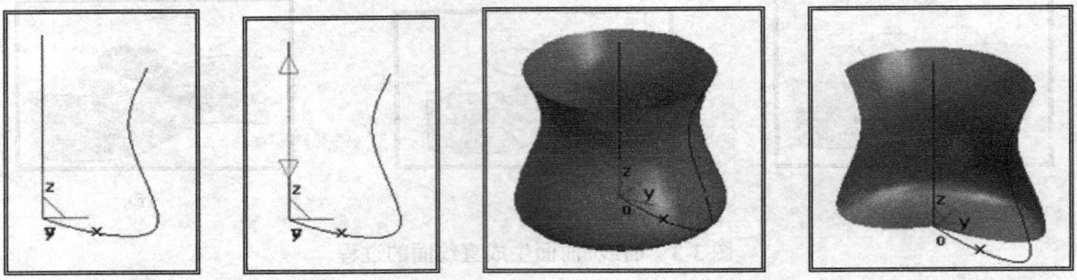

（a）（b）（c）（d）

图 3-4 旋转面生成过程

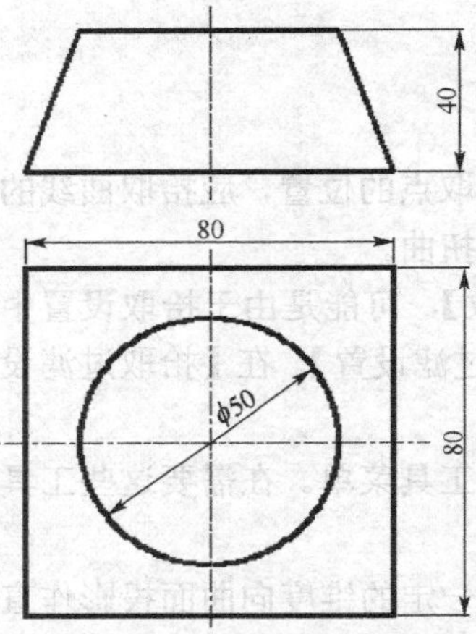

图 3-5 天圆地方

【例 3-1】 绘制图 3-5 所示天圆地方的曲面造型。

绘图步骤：

① 设置当前平面为 *XY* 面，单击【矩形】按钮，在立即菜单中选择【中心_长_宽】方式，设置矩形的长度和宽度均为 80，拾取原点为矩形中心点，矩形绘制完成，单击鼠标右键，退出当前命令。单击 F8 键，显示轴测图。

② 单击【圆】按钮，在立即菜单中选择【圆心_半径】方式，单击 Enter 键，在弹出的输入框中键入“,,40”，单击 Enter 键，键入 25，绘制 ϕ50 圆，如图 3-6 所示。

③ 单击【曲线打断】按钮，拾取 ϕ50 的圆，单击空格键，选择型值点，如图 3-7 所示拾取打断点，将圆打断为四个圆弧。

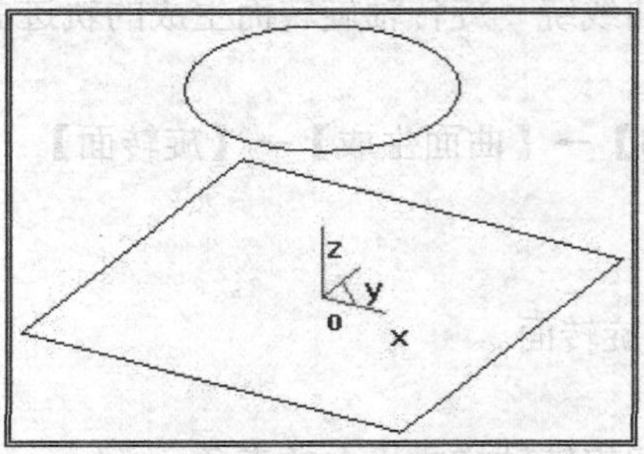

图 3-6 绘制框架

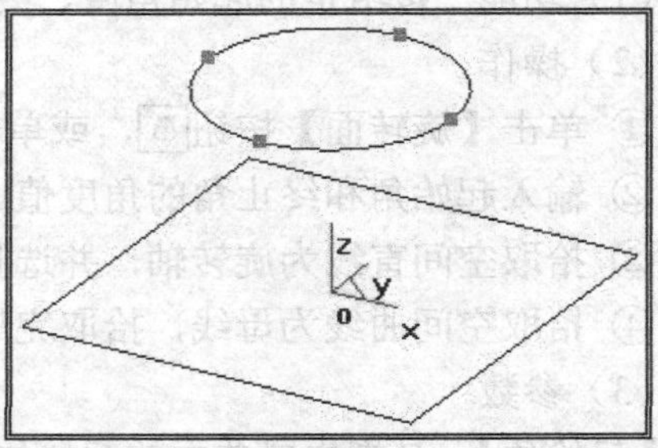

图 3-7 打断曲线

④ 单击【直纹面】按钮，在立即菜单中选择【点+曲线】方式，单击 S 键，切换点拾取方式为缺省点，如图 3-8 所示拾取点，拾取曲线，生成三角形平面。

⑤ 在图 3-9 中拾取点，拾取曲线，生成圆锥面。

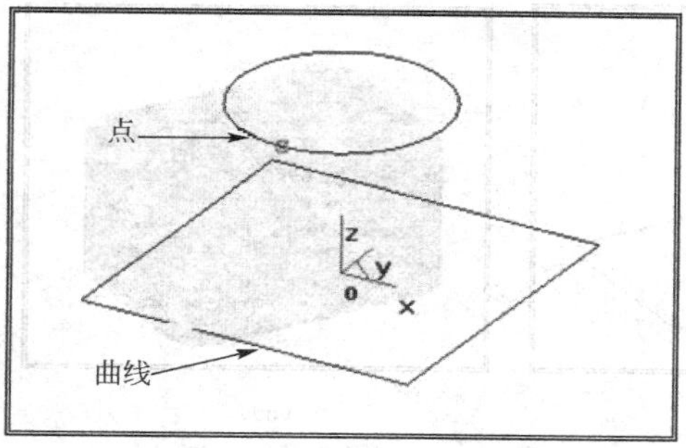

图 3-8 选择点和曲线

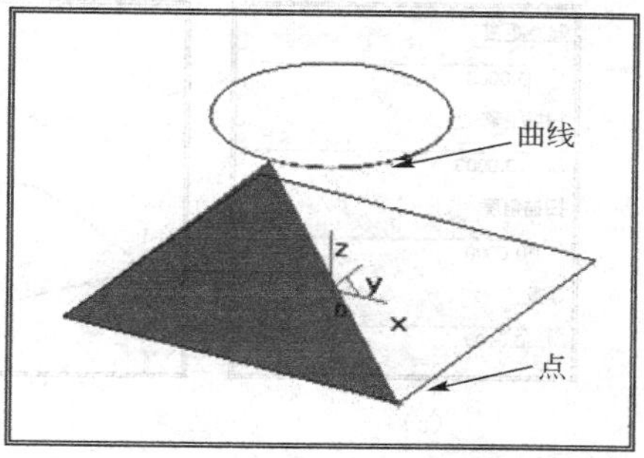

图 3-9 生成直纹面

⑥ 单击【平面旋转】按钮，如图 3-10 所示设置立即菜单，在绘图区中拾取原点为旋转中心，拾取两直纹面为旋转对象，点击鼠标右键确认，生成天圆地方的曲面造型，如图 3-11 所示。

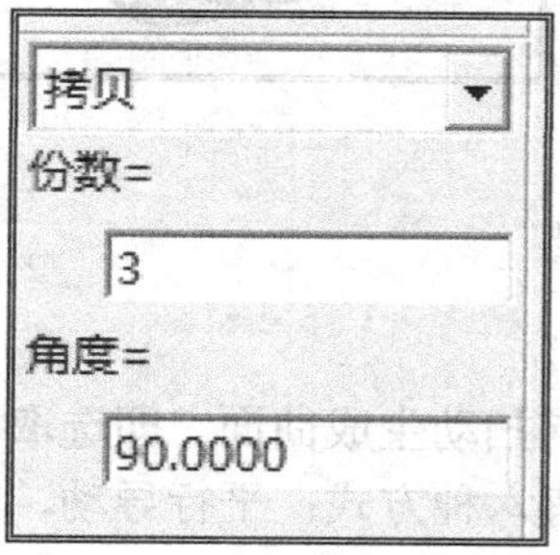

图 3-10 设置平面旋转参数

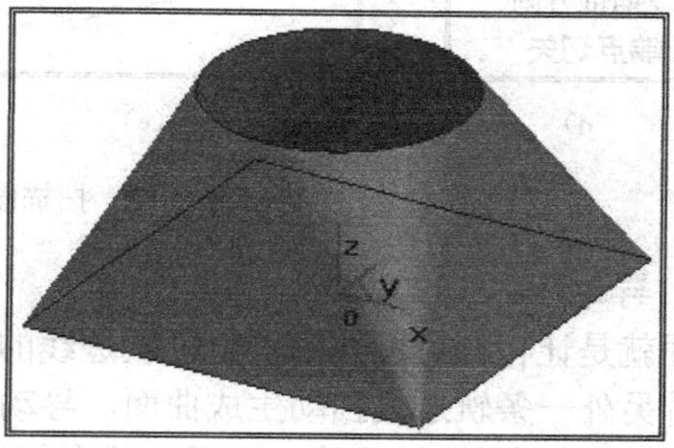

图 3-11 造型结果

3.1.3 扫描面

（1）功能 按照给定的起始位置和扫描距离将曲线沿指定方向以一定的锥度扫描生成曲面。

（2）操作

① 单击【扫描面】按钮，或单击【造型 U】→【曲面生成】→【扫描面】[图 3-12（a）]。

② 填入起始距离、扫描距离、扫描角度和精度等参数。

③ 按空格键弹出矢量工具，选择扫描方向[图 3-12（d）]。

④ 拾取空间曲线。

⑤ 若扫描角度不为零，选择扫描夹角方向[图 3-12（e）]，生成扫描面。

（3）参数

【起始距离】：指生成曲面的起始位置与曲线平面沿扫描方向上的间距。

【扫描距离】：指生成曲面的起始位置与终止位置沿扫描方向上的间距。

【扫描角度】：指生成的曲面母线与扫描方向的夹角。

• 注意

在拾取曲线时，可以利用曲线拾取工具菜单（按空格键），输入方向时可利用矢量工具菜单（空格键或鼠标中键）。

图 3-12（c）为扫描角度为零的情况，图 3-12（f）为扫描角度不为零情况。

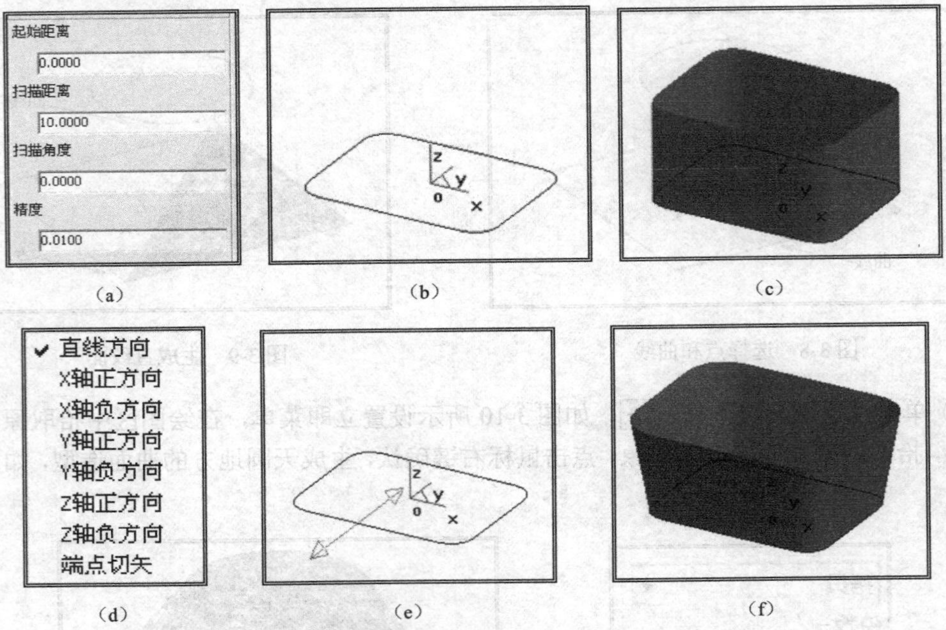

图 3-12 扫描面生成过程

3.1.4 导动面

导动面就是让特征截面线沿着特征轨迹线的某一方向扫动生成曲面。即选取截面曲线或轮廓线沿着另外一条轨迹线扫动生成曲面。导动面生成有六种方式：平行导动、固接导动、导动线&平面、导动线&边界线、双导动线和管道曲面。

单击【导动面】按钮，或单击【造型 U】→【曲面生成】→【导动面】命令，选择导动方式，根据不同的导动方式下的提示，完成操作。

1. 平行导动

（1）功能 指截面线沿导动线趋势始终平行它自身地移动而扫成生成曲面，截面线在运动过程中没有任何旋转（图 3-13）。

（2）操作

① 激活导动面功能，并选择【平行导动】方式。

② 拾取导动线，并选择方向，如图 3-13（b）所示。

③ 拾取截面曲线，即可生成导动面，如图 3-13（c）所示。

• 注意

平行导动是素线平行于母线，导动方向选取的不同，产生的导动面的效果也不同。

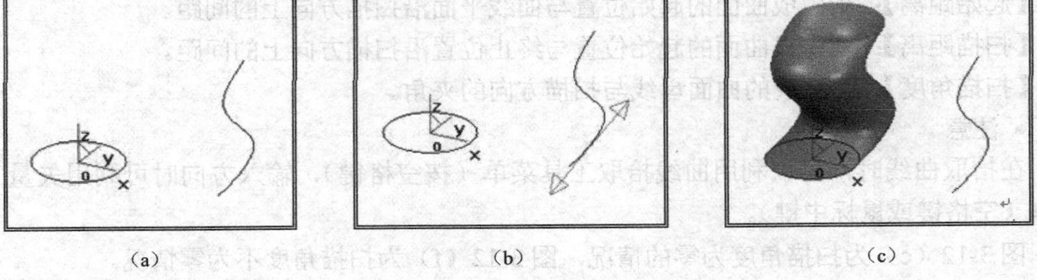

图 3-13 平行导动面的生成过程

2. 固接导动

（1）功能　指在导动过程中，截面线和导动线保持固接关系，即让截面线平面与导动线的切矢方向保持相对角度不变，而且截面线在自身相对坐标架中的位置关系保持不变，截面线沿导动线变化的趋势导动生成曲面。固接导动有单截面线（图 3-14）和双截面线（图 3-15）两种，也就是说截面线可以是一条或两条。

（2）操作

① 选择【固接导动】方式。

② 选择单截面线[图 3-14（a）]或者双截面线[图 3-15（a）]。

③ 拾取导动线，并选择导动方向[图 3-14（b），图 3-15（b）]。

④ 拾取截面线。如果是双截面线导动，应拾取两条截面线。

⑤ 生成导动面[图 3-14（c），图 3-15（c）]。

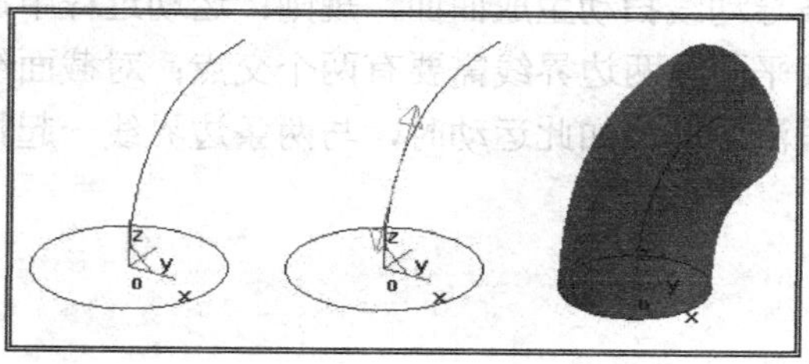

（a）　（b）　（c）

图 3-14　单截面线固接导动面生成过程

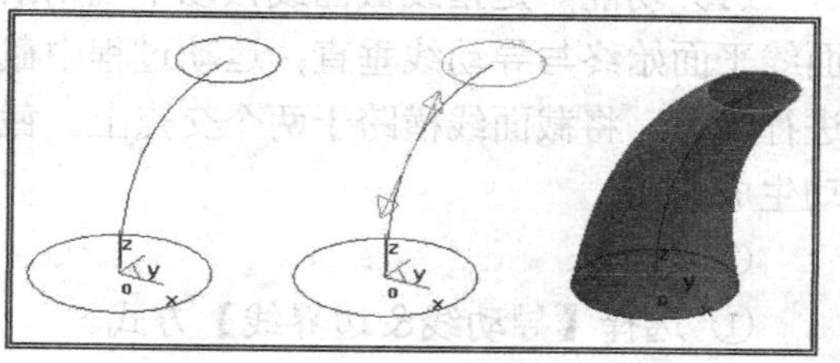

（a）　（b）　（c）

图 3-15　双截面线固接导动面生成过程

• 注意

① 导动曲线、截面线应当是光滑曲线。

② 固接导动时保持初始角不变。素线和导动线的夹角等于母线和导动线的夹角。

3. 导动线&平面

（1）功能　指截面线按一定规则沿一个平面或空间导动线（脊线）扫动生成曲面。

（2）操作

① 选择【导动线&平面】方式。

② 选择单截面线或者双截面线。

③ 输入平面法矢方向。按空格键，弹出矢量工具，选择方向[图 3-16（a）]。

④ 拾取导动线，并选择导动方向[图 3-16（c）]或[图 3-17（b）]。

⑤ 拾取截面线[图 3-16（b）]。如果是双截面线导动，应拾取两条截面线[图 3-17（a）]。

⑥ 生成导动面，单截面线导动面如图 3-16（d）所示，双截面线导动面如图 3-17（c）所示。

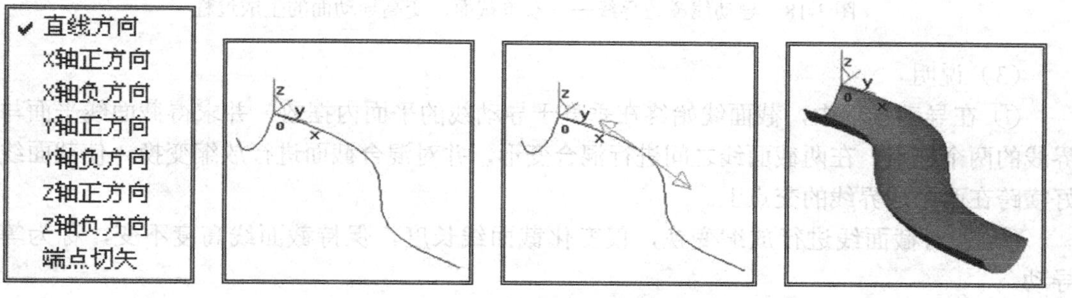

（a）　（b）　（c）　（d）

图 3-16　导动线&平面——单截面线导动面的生成过程

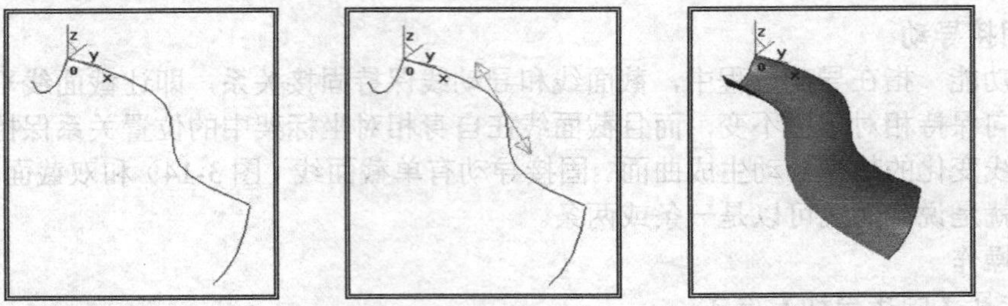
(a) (b) (c)

图 3-17 导动线&平面——双截面线导动面的生成过程

4. 导动线&边界

（1）功能 是指线截面线按以下规则沿一条导动线扫动生成曲面，规则：运动过程中截面线平面始终与导动线垂直；运动过程中截面线平面与两边界线需要有两个交点；对截面线进行放缩，将截面线横跨于两个交点上。截面线沿导动线如此运动时，与两条边界线一起扫动生成曲面。

（2）操作

① 选择【导动线＆边界线】方式。

② 选择单截面线或者双截面线。

③ 选择等高或者变高。

④ 拾取导动线，并选择导动方向如图 3-18（b）和图 3-19（b）所示。

⑤ 拾取第一条边界曲线。

⑥ 拾取第二条边界曲线。

⑦ 拾取截面曲线。如果是双截面线导动，拾取两条截面线（在第一条边界线附近）。

⑧ 生成导动面，如图 3-18（c）和图 3-19（c）所示。

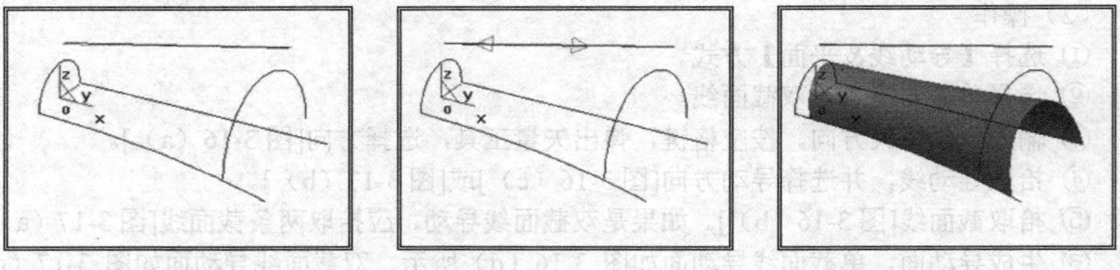
(a) (b) (c)

图 3-18 导动线＆边界线——双单截面、变高导动面的生成过程

（3）说明

① 在导动过程中，截面线始终在垂直于导动线的平面内摆放，并求得截面线平面与边界线的两个交点。在两截面线之间进行混合变形，并对混合截面进行放缩变换，使截面线正好横跨在两个边界线的交点上。

② 若对截面线进行放缩变换，仅变化截面线长度，保持截面线高度不变，称为等高导动。

③ 若对截面线，不仅变化截面线长度，同时等比例地变化截面线的高度，称为变高导动。

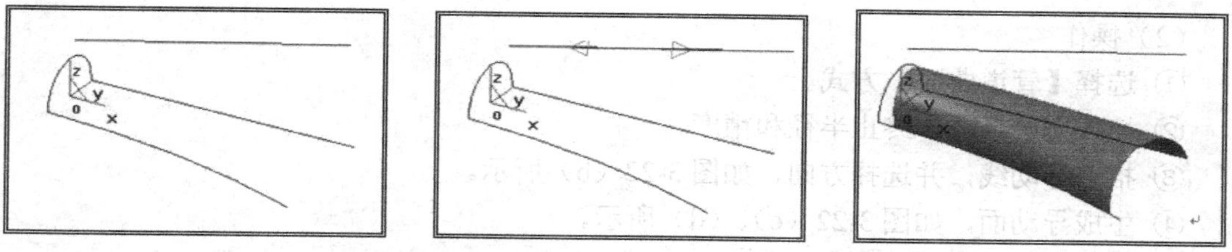

（a）（b）（c）

图 3-19　导动线＆边界线——单截面、等高导动面的生成过程

5. 双导动线

（1）功能　将一条或两条截面线沿着两条导动线匀速地扫动生成曲面。

（2）操作

① 选择【双导动线】方式。

② 选择单截面线或者双截面线。

③ 选择等高或者变高。

④ 拾取第一条导动线，并选择方向。

⑤ 拾取第二条导动线，并选择方向，如图 3-20（b）和图 3-21（b）所示。

⑥ 拾取截面曲线（在第一条导动线附近）。如果是双截面线导动，拾取两条截面线（在第一条导动线附近）。生成导动面，如图 3-20（c）和图 3-21（c）所示。

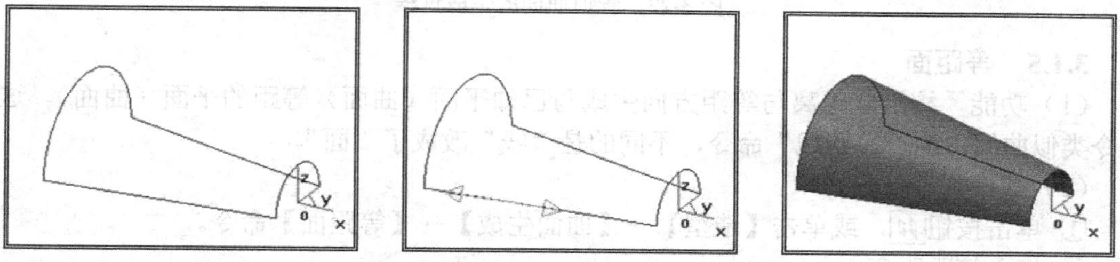

（a）（b）（c）

图 3-20　双导动线——双截面、等高导动线生成过程

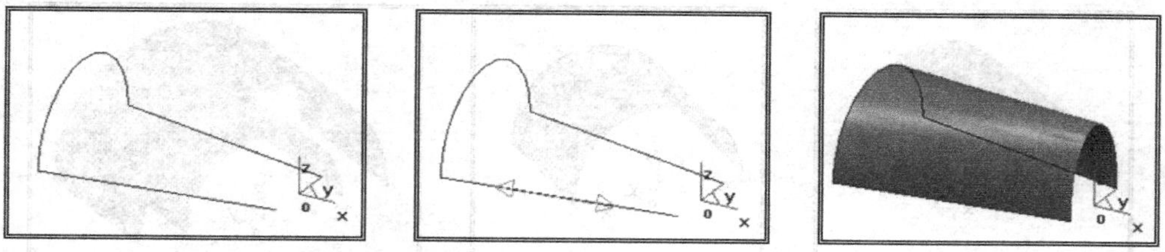

（a）（b）（c）

图 3-21　双导动线——单截面、等高导动线生成过程

• 注意

① 拾取截面线时，拾取点应在第一条导动线附近。

②“变高”导动出来的参数线仍然保持原状，以保持曲率半径的一致性；而“等高”导动出来的参数线不是原状，不能保证曲率的一致性。

6. 管道曲面

（1）功能　是指给定起始半径和终止半径的圆形截面沿指定的中心线扫动生成曲面。

（2）操作

① 选择【管道曲面】方式。

② 填入起始半径、终止半径和精度。

③ 拾取导动线，并选择方向，如图 3-22（b）所示。

④ 生成导动面，如图 3-22（c）、（d）所示。

（3）说明

① 导动曲线、截面曲线应当是光滑曲线。

② 在两根截面线之间进行导动时，拾取两根截面线时应使得它们方向一致，否则曲面将发生扭曲，形状不可预料。

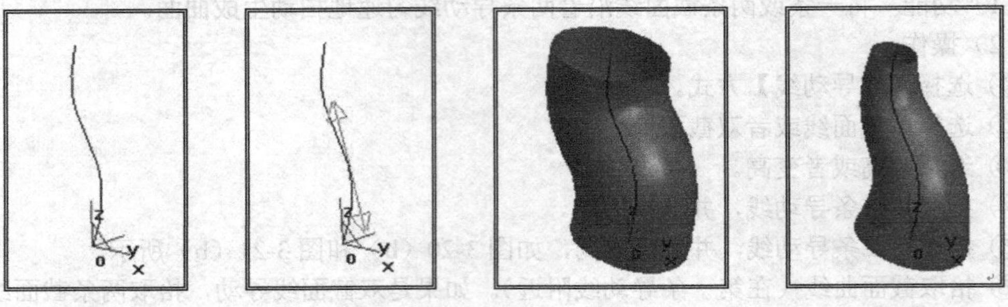

（a）　（b）　（c）　（d）

图 3-22　管道曲面的生成过程

3.1.5　等距面

（1）功能　按给定距离与等距方向生成与已知平面（曲面）等距的平面（曲面）。这个命令类似曲线中的“等距线”命令，不同的是“线”改成了“面”。

（2）操作

① 单击按钮，或单击【造型】→【曲面生成】→【等距面】命令。

② 填入等距距离。

③ 拾取平面，选择等距方向，如图 3-23（b）所示。

④ 生成等距面，如图 3-23（c）所示。

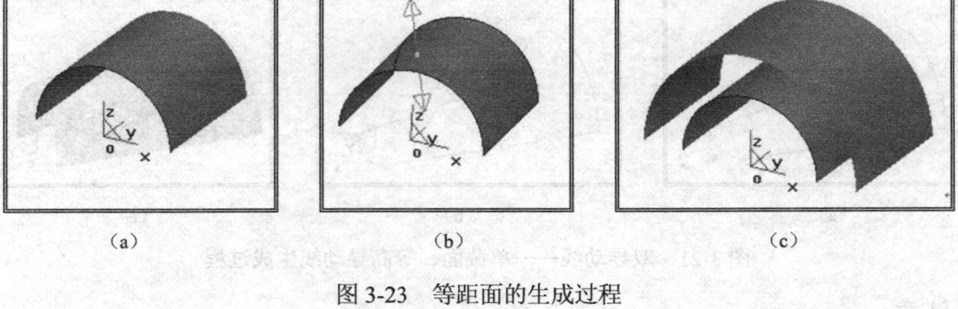

（a）　（b）　（c）

图 3-23　等距面的生成过程

（3）说明

【等距距离】：指生成平面在所选的方向上的离开已知平面的距离。

• 注意

① 如果曲面的曲率变化太大，等距的距离应当小于最小曲率半径。

② 等距面生成后，会扩大或缩小。

3.1.6 平面

利用多种方式生成所需平面。平面与基准面的比较：基准面是在绘制草图时的参考面，而平面则是一个实际存在的面。

单击按钮▱，或单击【造型 U】→【曲面生成】→【平面】命令，选择裁剪平面或者工具平面。按状态栏提示完成操作。

1. 裁剪平面

（1）功能　由封闭内轮廓进行裁剪形成的有一个或者多个边界的平面。封闭内轮廓可以有多个。

（2）操作

① 拾取平面外轮廓线，并确定链搜索方向，选择箭头方向即可[图 3-24（a）]。

② 拾取内轮廓线，并确定链搜索方向，每拾取一个内轮廓线确定一次链搜索方向[图 3-24（b）]。

③ 拾取完毕，单击鼠标右键，完成操作[图 3-24（c）]。

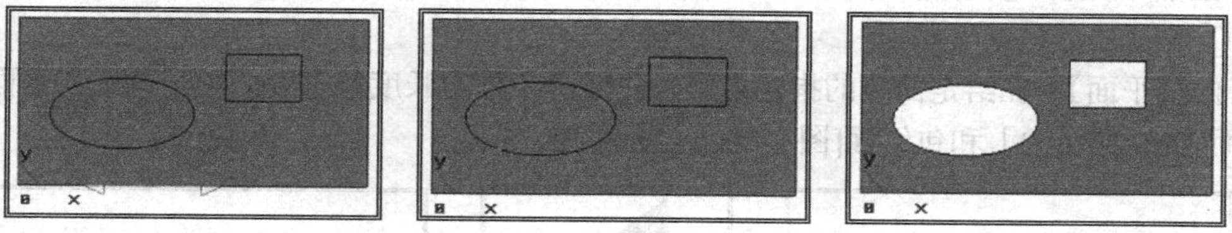

（a）　（b）　（c）

图 3-24　裁剪平面的生成过程

• 注意

① 轮廓线必须是密封。内轮廓线允许交叉。当拾取内轮廓线时，如果有内轮廓线，继续选取，否则单击右键结束。拾取轮廓线时，可以按空格键选取“链拾取”、“限制链拾取”、“单个拾取”。

② 对于无内轮廓线的外轮廓，可以直接选取外轮廓线，单击右键结束，生成平面。

2. 工具平面

（1）功能　生成与 *XOY* 平面、*YOZ* 平面、*ZOX* 平面平行或成一定角度的平面。包括 *XOY* 平面、*YOZ* 平面、*ZOX* 平面、三点平面、矢量平面、曲线平面和平行平面等 7 种方式。

（2）操作

① 单击【平面】按钮▱，或单击【造型】→【曲面生成】→【平面】命令。

② 选择【工具平面】方式，出现工具平面立即菜单。

③ 根据需要选择工具平面的不同方式。

④ 选择旋转轴，输入角度、长度、宽度。

⑤ 按状态栏提示完成操作。

（3）说明

【角度】：指生成平面绕旋转轴旋转，与参考平面所夹的锐角。

【长度】：指要生成平面的长度尺寸值。

【宽度】：指要生成平面的宽度尺寸值。

【XOY 平面】：绕 *X* 或 *Y* 轴旋转一定角度生成一个指定长度和宽度的平面[图 3-25（a）]。

【YOZ 平面】：绕 *Y* 或 *Z* 轴旋转一定角度生成一个指定长度和宽度的平面[图 3-25（b）]。

【ZOX 平面】：绕 *Z* 或 *X* 轴旋转一定角度生成一个指定长度和宽度的平面[图 3-25（c）]。

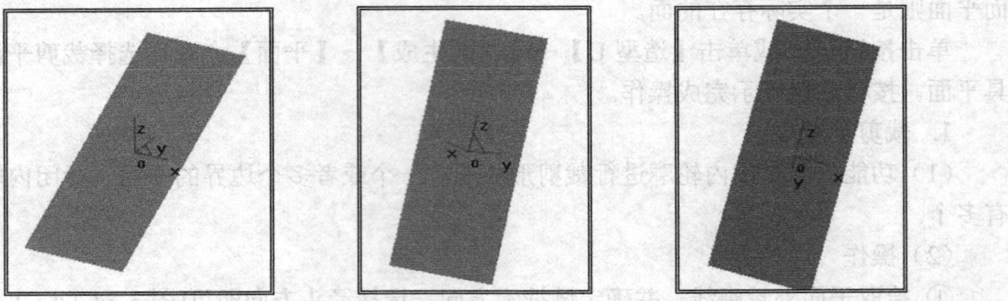

（a）*XOY* 平面　　（b）*YOZ* 平面　　（c）*ZOX* 平面

图 3-25　工具平面（1）

【三点平面】：按给定三点生成一指定长度和宽度的平面，其中第一点为平面中点[图 3-26（a）]。

【曲线平面】：在给定曲线的指定点上，生成一个指定长度和宽度的法平面或切平面。有法平面[图 3-26（b）] 和包络面[图 3-26（c）] 两种方式。

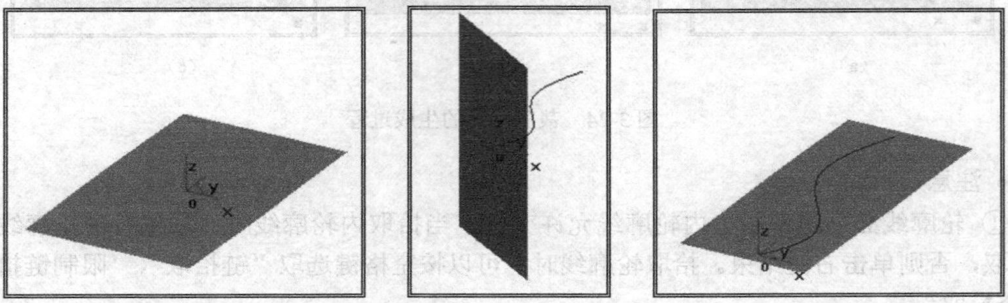

（a）三点平面　　（b）法平面　　（c）包络面

图 3-26　工具平面（2）

【矢量平面】：生成一个指定长度和宽度的平面，其法线的端点为给定的起点和终点[图 3-27（a）]。

【平行平面】：按指定距离，移动给定平面或生成一个拷贝平面（也可以是曲面）[图 3-27（b）]。

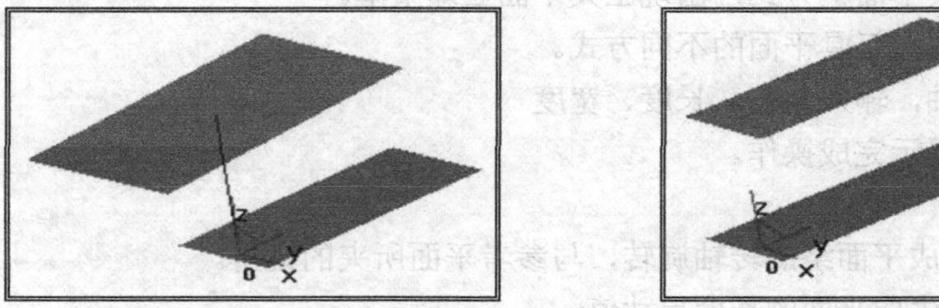

（a）矢量平面　　（b）平行平面

图 3-27　工具平面（3）

● 注意

① 生成的面为实际存在的面，其大小由给定的长度和宽度所决定。

② 三点决定一个平面，三点可以是任意面上的点。

③ 对于矢量平面，包络面的曲线必须为平面曲线。

【例 3-2】 生成图 3-28 所示零件的曲面造型。

绘图步骤：

① 单击 F5，单击矩形按钮，依次选择【中心_长_宽】，键入长度和宽度为 50，拾取原点为矩形中心点，生成矩形图线。单击【等距线】按钮，依次选择距离为 15 拾取直线 *L*1，选择等距方向，生成等距线 *L*3。采用同样的方法，生成与 *L*2 距离为 17.5 的等距线 *L*4（图 3-29）。

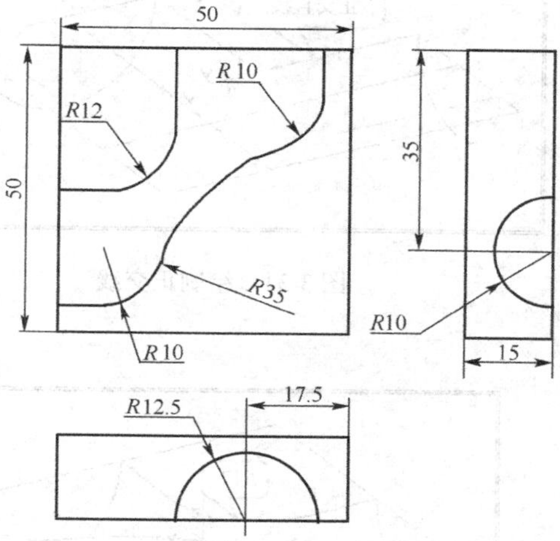

图 3-28 零件图

② 单击 F8，F9，将当前平面切换到 *YZ* 面，单击【圆】按钮，依次选择【圆心__半径】，圆心为直线 *L*3 的端点，键入半径“10”，按回车键，绘制圆 *C*3；单击 F9，将当前平面切换到 *XZ* 面，圆心为直线 *L*4 的端点，键入半径“12.5”，绘制圆 *C*4；结果如图 3-30 所示。删除 *L*2、*L*4，单击【修剪】按钮，将圆的上半部分剪切掉，如图 3-31 所示。

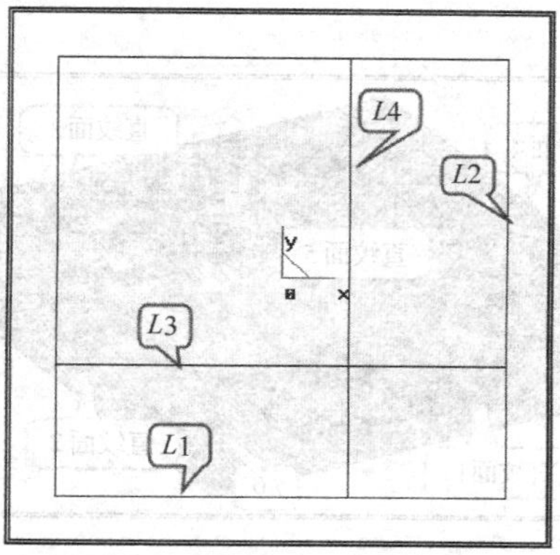

图 3-29 生成等距

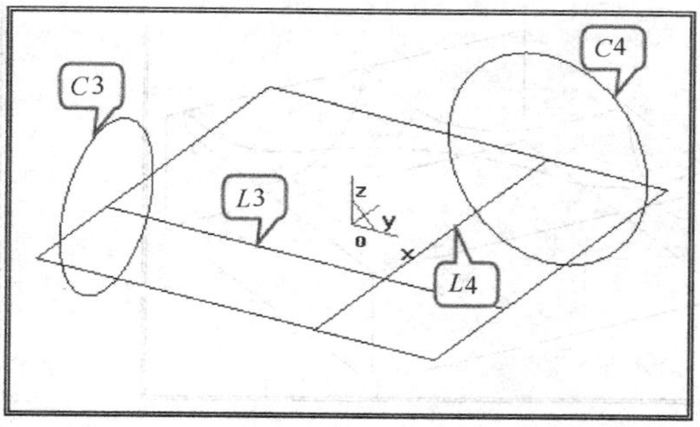

图 3-30 绘制圆

③ 单击 F9，切换当前平面为 *XY* 平面，单击【直线】按钮，依次选择【两点线】、【单个】、【正交】，绘制四条正交直线，结果如图 3-31 所示。

④ 单击【圆】按钮，依次选择【圆心_半径】，圆心为矩形端点 *P*5，输入半径“35”单击 Enter 键，单击【修剪】按钮，绘制圆 *C*5，结果如图 3-32 所示。单击【圆角过渡】按钮，依次选择半径为“12”，选取过渡曲线，生成过渡曲线，采用同样的方法，生成 *R*10 过渡，删除直线 *L*3、*L*5，结果如图 3-33 所示。

⑤ 单击【平移】按钮，依次选择【偏移量】、【拷贝】，键入偏移量：“DX=0，DY=0，DZ=–15”，选择矩形的四条边，单击鼠标右键，结果如图 3-34 所示。单击 F9，单击【直线】按钮，补齐四条竖边，结果如图 3-35 所示。

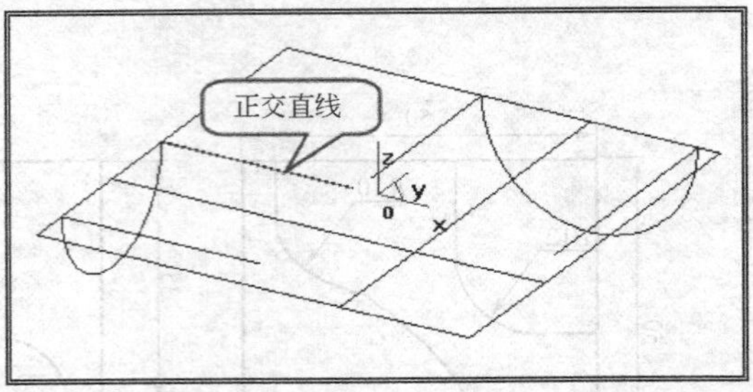

图 3-31　绘制正交线

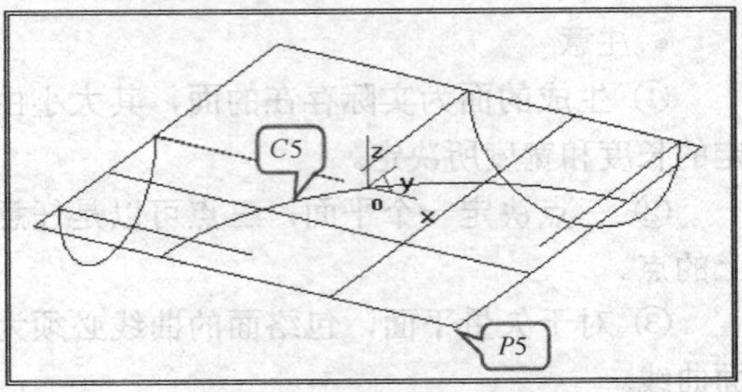

图 3-32　绘制圆弧

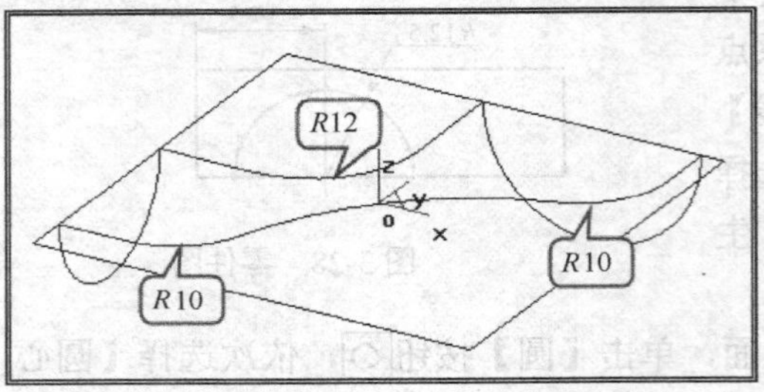

图 3-33　生成圆弧过渡

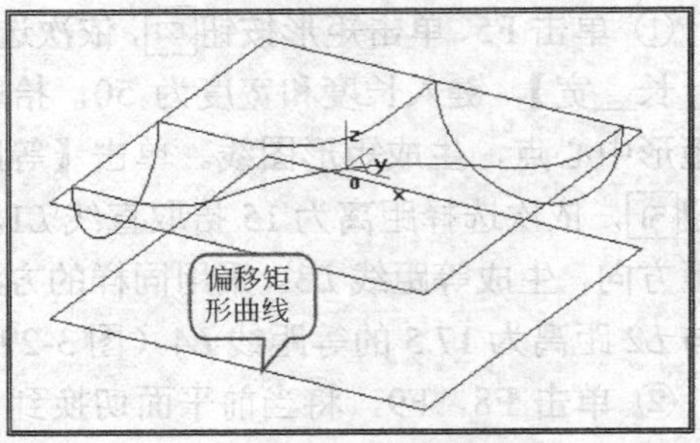

图 3-34　生成偏移曲线

⑥ 单击【直纹面】按钮，选择【曲线+曲线】，拾取直线 *L*5、*L*6，得到直纹面 1。同理得到其他直纹面，结果如图 3-36 所示。

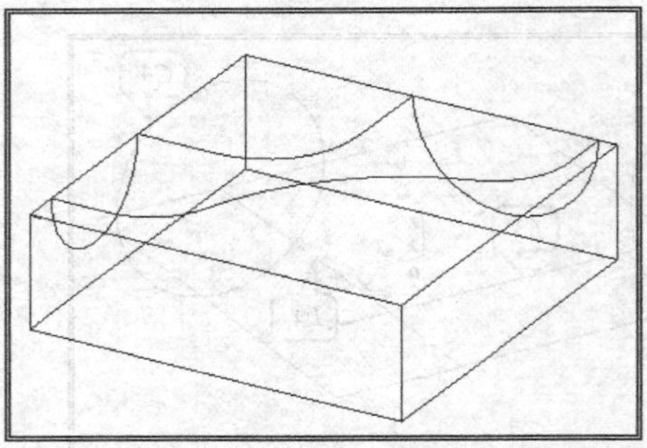

图 3-35　完成线架造型

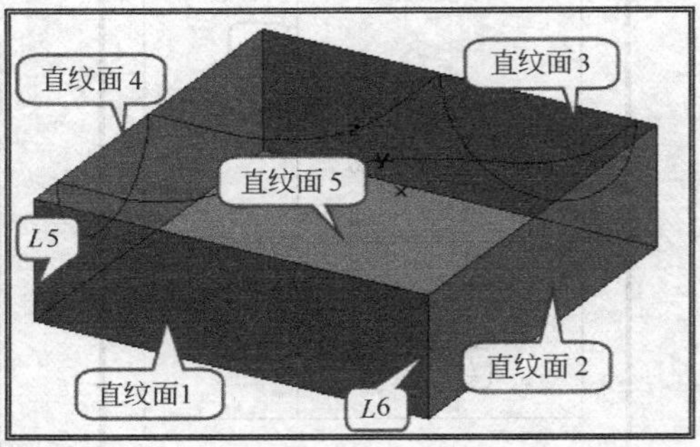

图 3-36　生成直纹面

⑦ 单击【曲面修剪】按钮，依次选择【线裁剪】、【裁剪】，拾取“直纹面 4”，单击空格键，选择“单个拾取”，选取“直纹面 4 上的半圆弧”，任意选择搜索方向，单击鼠标右键，该曲面被修剪。同理修剪直纹面 3。结果如图 3-37 所示。

⑧ 生成导动线。单击【曲线组合】按钮，依次选择【删除原曲线】，单击空格键，选择【单个拾取】，按照图 3-37 依次选取，拾取结束后，单击鼠标右键，获得导动线 *L*7。同理作出另一条导动线 *L*8。

⑨ 单击【导动面】按钮，依次选择【双导动线】、【双截面线】、【变高】，选取两条导动线 *L*7、*L*8，选取两个截面线（两个半圆弧），生成导动面，如图 3-38 所示。

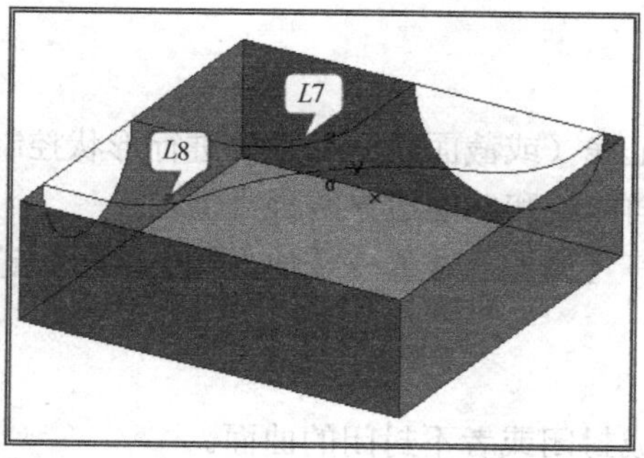

图 3-37 修剪曲面

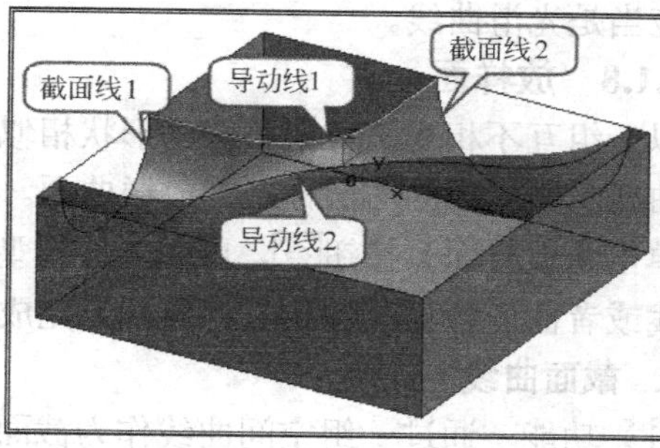

图 3-38 生成导动面

⑩ 单击【平面】按钮，依次选择【裁剪面】，按图 3-39 选取曲线 $L7$、$L9$、$L10$，选取结束后单击鼠标右键，生成裁剪面。同理生成另一个裁剪面（图 3-40）（若直线不能拾取部分曲线，可以把一条直线或曲线在交点处打断，打断后再拾取该部分曲线）。

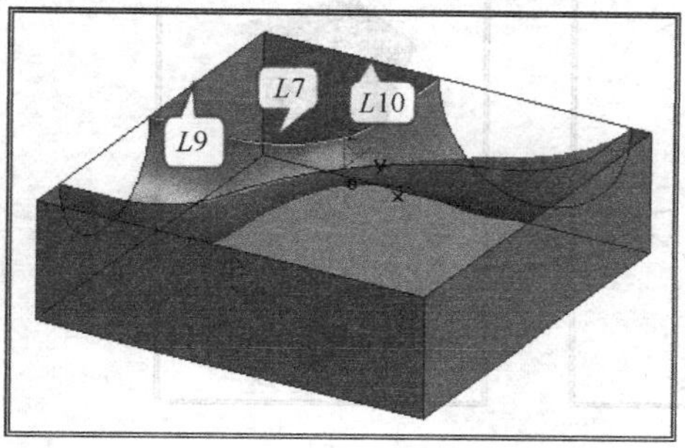

图 3-39 生成修剪曲面

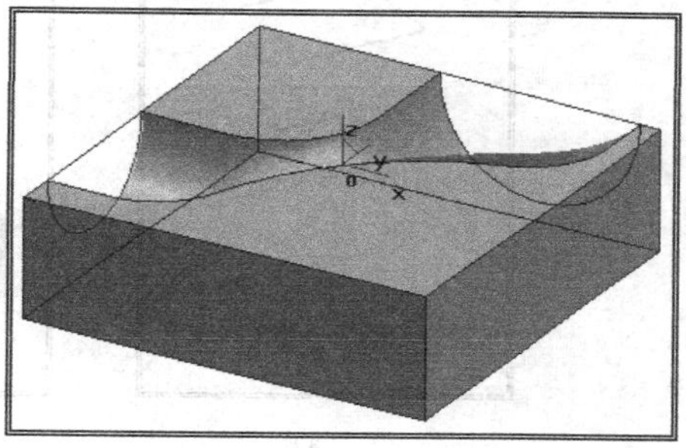

图 3-40 完成曲面造型

3.1.7 边界面

（1）功能 在由已知曲线围成的边界区域上生成曲面。边界面有两种类型：四边面和三边面。所谓四边面是指通过四条空间曲线生成平面；三边面是指通过三条空间曲线生成平面。

（2）操作

① 单击【边界面】按钮，或单击【造型】→【曲面生成】→【边界面】命令。

② 选择四边面或三边面。

③ 拾取空间曲线，完成操作，如图 3-41 所示。

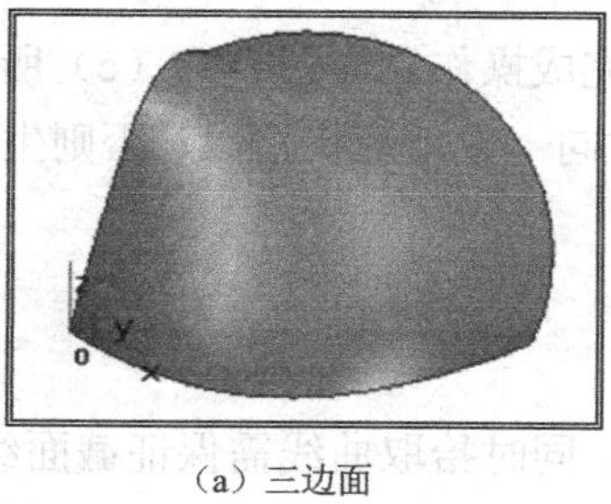

（a）三边面

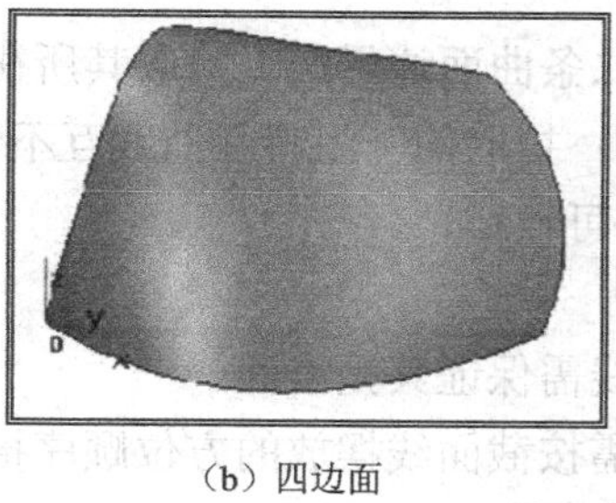

（b）四边面

图 3-41 边界面

• 注意

拾取的三条或四条曲线必须首尾相连成封闭环，才能作出三边面或四边面；并且拾取的曲线应当是光滑曲线。

3.1.8 放样面

以一组互不相交、方向相同、形状相似的特征线（或截面线）为骨架进行形状控制，过这些曲线蒙面生成的曲面称之为放样曲面。有截面曲线和曲面边界两种类型。

单击【放样面】按钮，或单击【造型 U】→【曲面生成】→【放样面】命令，选择截面曲线或者曲面边界，按状态栏提示，完成操作。

1. 截面曲线

（1）功能　通过一组空间曲线作为截面来生成封闭或者不封闭的曲面。

（2）操作

① 选择截面曲线方式。

② 选择封闭或者不封闭曲面。

③ 拾取空间曲线为截面曲线，拾取完毕后按鼠标右键确定，完成操作，如图 3-42 所示。

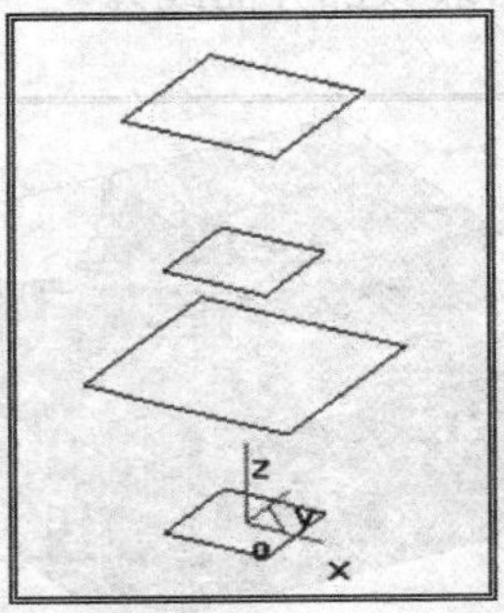

（a）

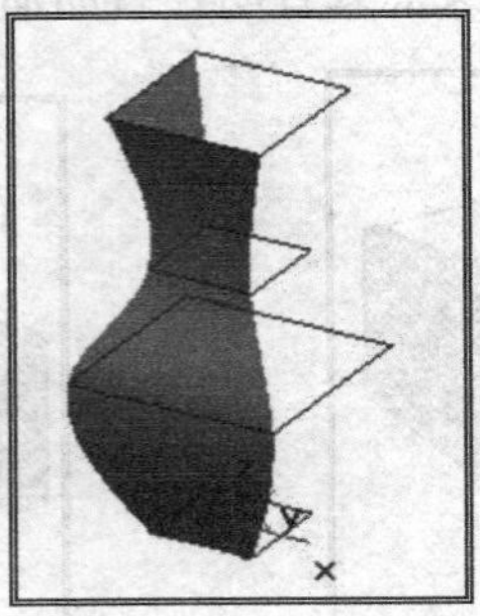

（b）

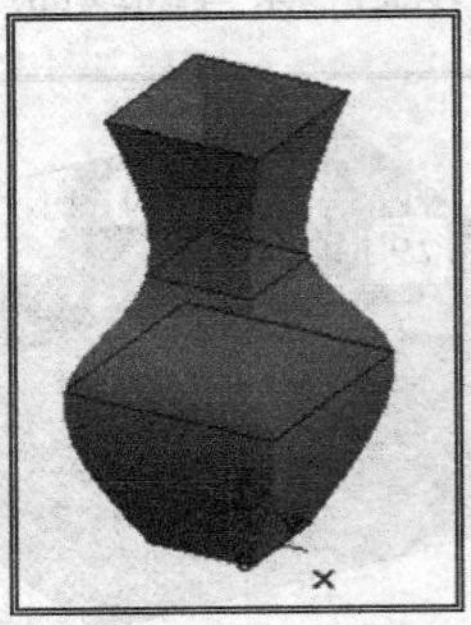

（c）

图 3-42　放样面——截面曲线方式生成过程

2. 曲面边界

（1）功能　以曲面的边界线和截面曲线并与曲面相切来生成曲面。

（2）操作

① 选择曲面边界方式。

② 在第一条曲面边界线上拾取其所在平面，如图 3-43（a）所示。

③ 拾取空间曲线为截面曲线，拾取完毕后按鼠标右键确定，完成操作，如图 3-43（b）所示。

④ 在第二条曲面边界线上拾取其所在平面，完成操作，如图 3-43（c）所示。

（3）说明　拾取的一组特征曲线互不相交，方向一致，形状相似，否则生成结果将发生扭曲，形状不可预料。

• 注意

① 截面线需保证其光滑性。

② 读者需按截面线摆放的方位顺序拾取曲线；同时拾取曲线需保证截面线方向一致性。

3.1.9 网格面

（1）功能　以网格曲线为骨架，蒙上自由曲面生成的曲面称为网格曲面。网格曲线是由特征线组成横竖相交线。

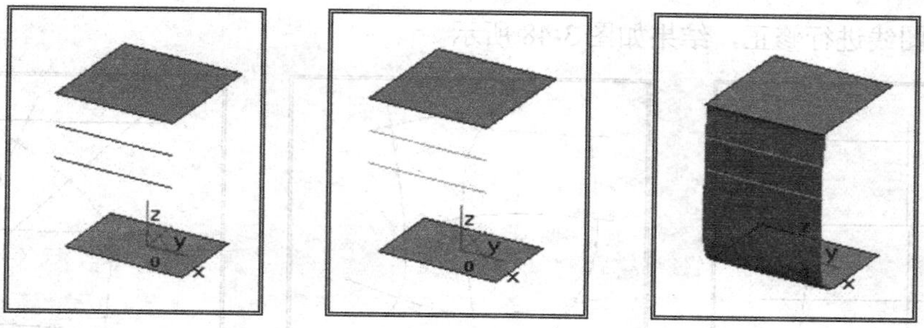

（a）（b）（c）

图 3-43 放样面——曲面边界方式生成过程

（2）操作

① 单击按钮，或单击【造型】→【曲面生成】→【网格面】命令。

② 拾取空间曲线为 U 向截面线[图 3-44（a）]，单击鼠标右键结束。

③ 拾取空间曲线为 V 向截面线[图 3-44（a）]，单击鼠标右键结束，完成操作[图 3-44（b）]。

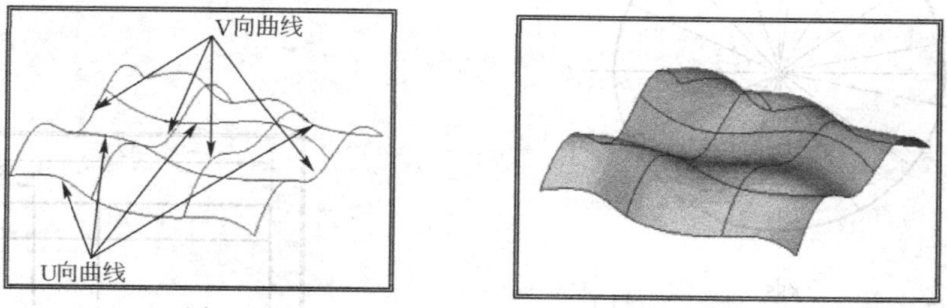

（a）（b）

图 3-44 网格面生成过程

（3）说明

① 网格面的生成思路：首先构造曲面的特征网格线确定曲面的初始骨架形状。然后用自由曲面插值特征网格线生成曲面。

② 特征网格线可以是曲面边界线或曲面截面线等。由于一组截面线只能反应一个方向的变化趋势，还可以引入另一组截面线来限定另一个方向的变化，这形成一个网格骨架，控制住两方向（U 和 V 两个方向）的变化趋势。

可以生成封闭的网格面。注意，此时拾取 U 向、V 向的曲线必须从靠近曲线端点的位置拾取，否则封闭网格面失败。

- 注意

① 每一组曲线都必须按其方位顺序拾取，而且曲线的方向必须保持一致。曲线的方向与放样面功能中一样，由拾取点的位置来确定曲线的起点。

② 拾取的每条 U 向曲线与所有 V 向曲线都必须有交点。

③ 拾取的曲线应当是光滑曲线。

④ 对特征网格线有以下要求：网格曲线组成网状四边形网格，规则四边网格与不规则四边网格均可。插值区域是四条边界曲线围成的[图 3-45（a）、（b）]，不允许有三边域、五边域和多边域[图 3-45（c）]。

【例 3-3】 绘制图 3-46 所示可乐瓶底的曲面造型。

绘图步骤：

① 切换当前平面为 *XZ* 平面，单击 F7 键，绘制图 3-47 所示的线框，利用曲线剪切和删

除功能，对图线进行修正，结果如图 3-48 所示。

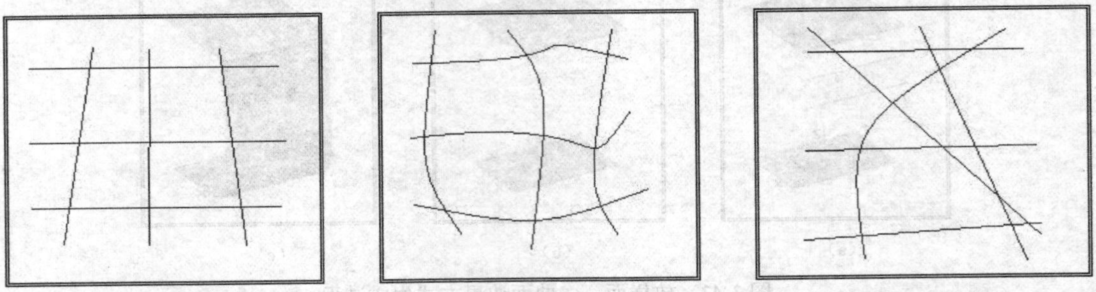

（a）规则四边网格　（b）不规则四边网格　（c）不规则网格

图 3-45　对网格的要求

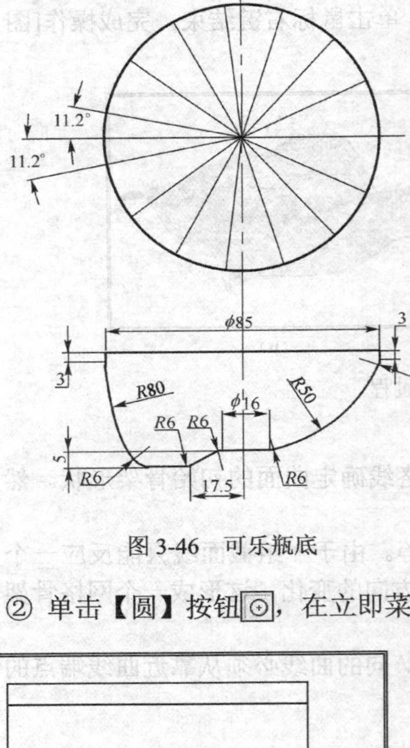

图 3-46　可乐瓶底

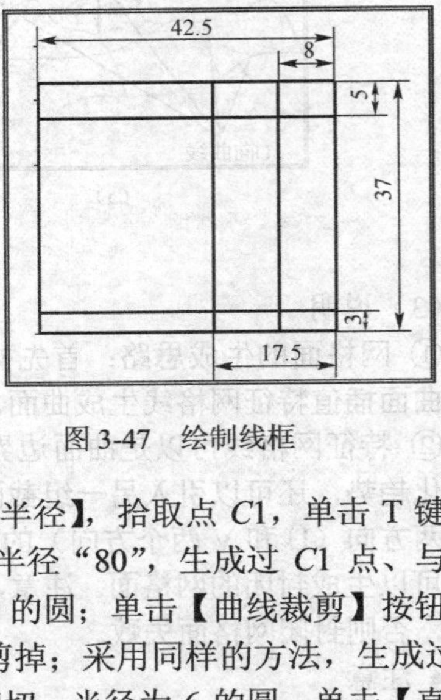

图 3-47　绘制线框

② 单击【圆】按钮，在立即菜单中选择【两点__半径】，拾取点 C1，单击 T 键，拾取直线 P1，键入半径“80”，生成过 C1 点、与直线 P1 相切、半径 80 的圆；单击【曲线裁剪】按钮，将圆的多余部分裁剪掉；采用同样的方法，生成过 C2 点、与直线 P2 相切、半径为 6 的圆；单击【直线】按钮，在立即菜单中选择【两点线】，拾取 C3 和 R6 圆的切点，生成直线（图 3-49）。

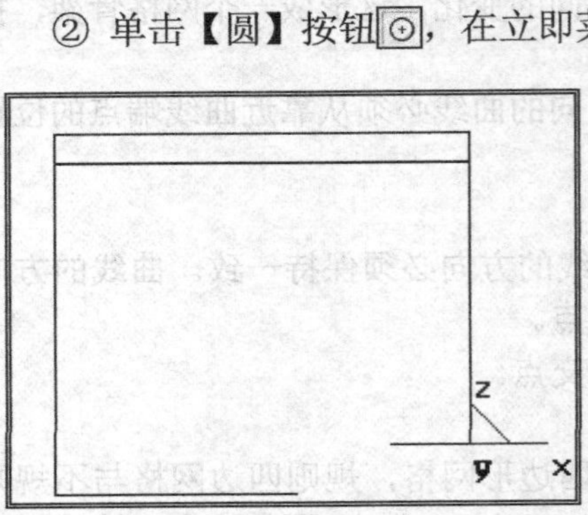

图 3-48　修剪线框

③ 单击【曲线过渡】按钮，在直线 P1、P2 之间生成 R6 的圆角过渡；在直线 P2、圆弧 P3 之间生成 R6 过渡，利用曲线裁剪和删除功能，对图线进行修整（图 3-50）。

④ 单击【平面镜像】按钮，在立即菜单中选择【拷贝】，拾取 C1、C2 点为镜像轴的首点和末点，拾取图线 P1、P2、P3、P4 为镜像对象，单击鼠标右键确认拾取，生成镜像图线（图 3-51）。

⑤ 单击【圆】按钮，在立即菜单中选择【两点_半径】，拾取 C1 点，单击 T 键，拾取圆弧 P1，输入半径为 6，生成过 C1 点、与圆弧 P1 相切、半径为 6 的圆 P3；采用相同方法，生成过 C2 点、与直线 P2 相切、半径为 6 的圆 P4；单击【圆弧】按钮，在立即菜单中选择【两点__半径】，拾取 P3 和 P4 的切点，移动鼠标至合适位置，输入半径 50，生成与圆 P3、P4 相切、半径为 50 的圆弧（图 3-52）。

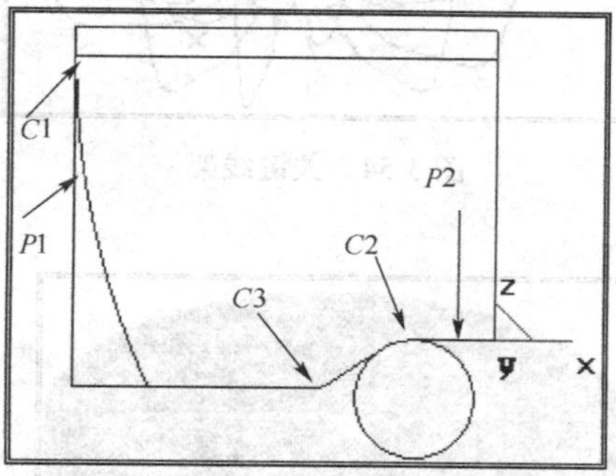

图 3-49 绘制线框

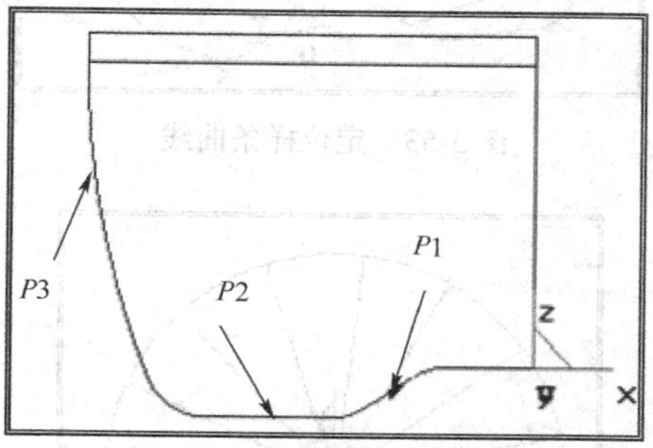

图 3-50 修剪线框

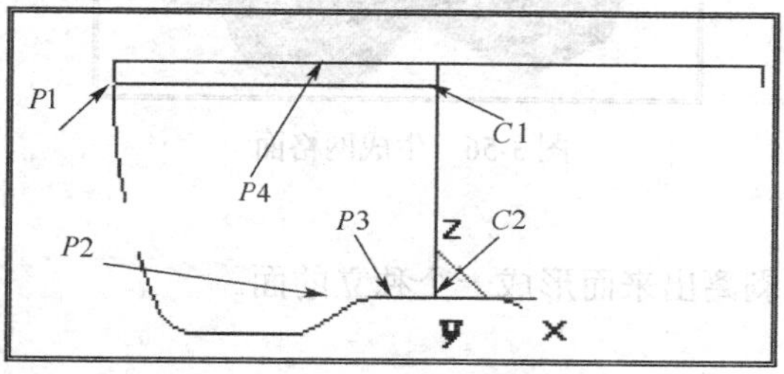

图 3-51 生成镜像曲线

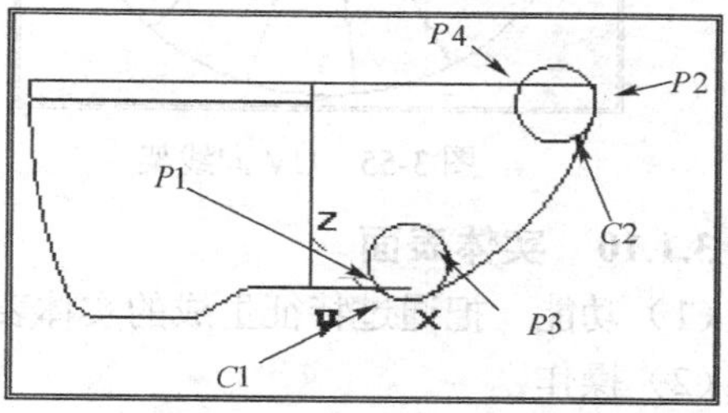

图 3-52 生成圆弧过渡

⑥ 单击【曲线裁剪】按钮，将曲线的多余部分裁掉，单击【删除】按钮，将多余的线删掉。单击【曲线组合】按钮，将多条曲线组合为两条样条曲线。

⑦ 单击 F9 键，将当前平面切换到 XY 面，单击【平面旋转】按钮，在立即菜单中选择【拷贝】、【份数】："1"、【角度】："11.2"，拾取原点为旋转中心，拾取图 3-53 所示的左侧样条线为旋转对象，单击鼠标右键确认，生成旋转图线；在立即菜单中选择【移动】、【角度】："–11.2"，拾取原点为旋转中心，拾取左侧样条线为旋转对象，单击鼠标右键确认，生成旋转图线（图 3-53）。

⑧ 单击【阵列】按钮，在立即菜单中选择【圆形】、【均布】、【份数】："5"，拾取三条样条线，单击鼠标右键确认；拾取原点为阵列中心，生成圆形阵列图线，单击【圆】按钮，在立即菜单中选择【圆心__半径】，拾取 C1 点为圆心，拾取任一样条线端点为圆上一点，生成 P1；采用同样方法，生成以原点为圆心的圆 P2，完成三维线架造型（图 3-54）。

⑨ 单击【平面】按钮，在立即菜单中选择【裁剪平面】，拾取圆 P2，生成曲面。

⑩ 单击【网格面】按钮，为了拾取方便，单击 F5 键，切换到 XY 视图。按图 3-55 所示顺序及拾取位置拾取 U 向线，拾取结束后单击鼠标右键确认，拾取 V 向线，拾取结束单击鼠标右键确认，生成网格面（图 3-56）。

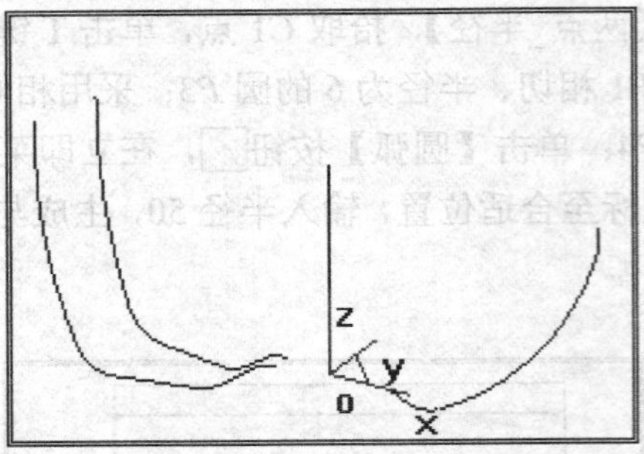

图 3-53 定位样条曲线

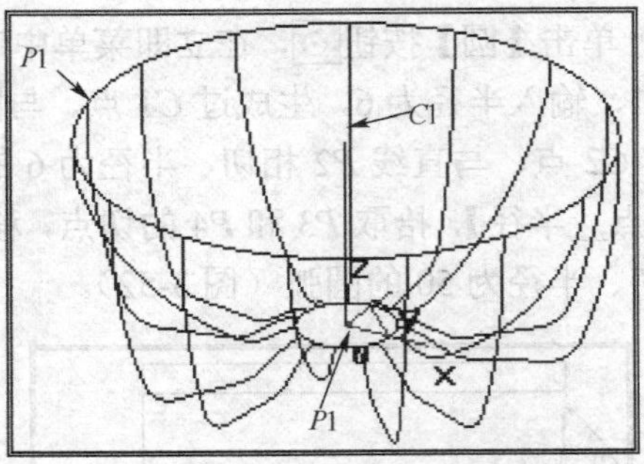

图 3-54 关键线架

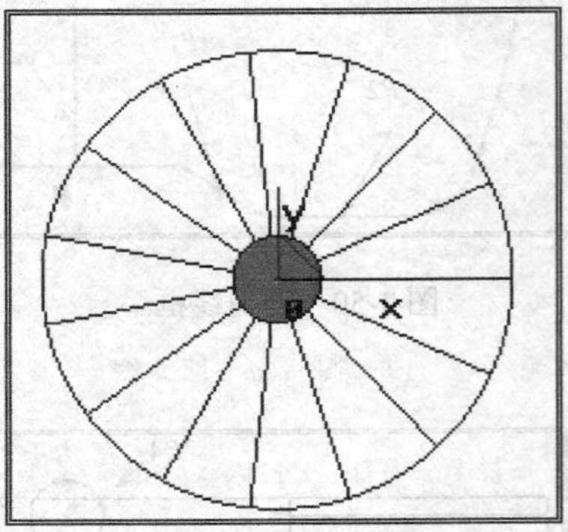

图 3-55 UV 向线架

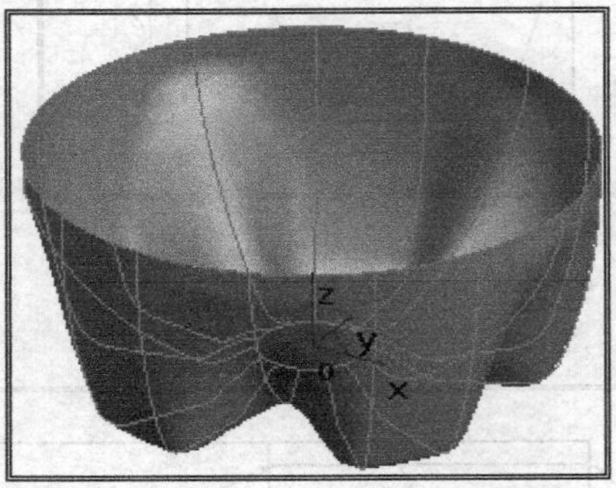

图 3-56 生成网格面

3.1.10 实体表面

（1）功能 把通过特征生成的实体表面剥离出来而形成一个独立的面。

（2）操作

① 单击按钮，单击【造型】→【曲面生成】→【实体表面】命令。

② 按提示拾取实体表面（图 3-57）。

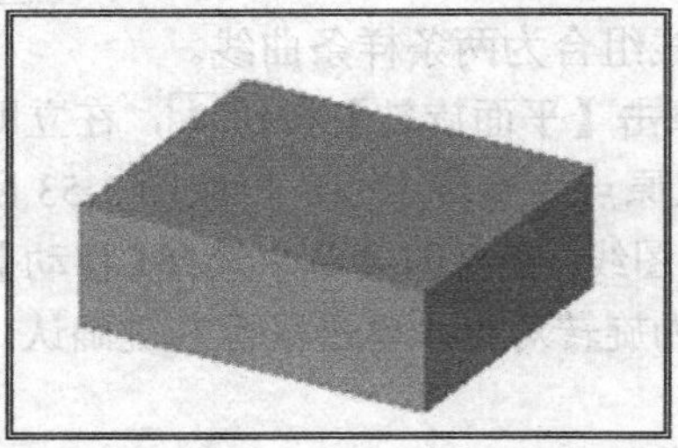

（a）

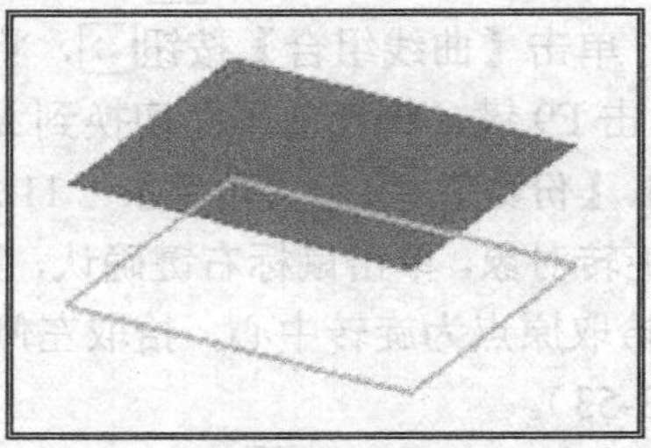

（b）

图 3-57 实体表面

3.2 曲面编辑

曲面编辑主要讲述有关曲面的常用编辑命令及操作方法，它是制造工程师的重要功能。曲面编辑包括曲面裁剪、曲面过渡、曲面缝合、曲面拼接和曲面延伸五种功能，另外还有曲面优化和曲面重拟合功能。

3.2.1 曲面裁剪

曲面裁剪对生成的曲面进行修剪，去掉不需要的部分。

在曲面裁剪功能中，可以选用各种元素，包括各种曲线和曲面来修理和剪裁曲面，获得所需要的曲面形态。也可以将被裁剪了的曲面恢复到原来的样子。

曲面裁剪有五种方式：投影线裁剪、等参数线裁剪、线裁剪、面裁剪和裁剪恢复。

在各种曲面裁剪方式中，都可以通过切换立即菜单来采用裁剪或分裂的方式。在分裂的方式中，系统用剪刀线将曲面分成多个部分，并保留裁剪生成的所有曲面部分。在裁剪方式中，系统只保留所需要的曲面部分，其他部分将都被裁剪掉。系统根据拾取曲面时鼠标的位置来确定所需要的部分，即剪刀线将曲面分成多个部分，在拾取曲面时鼠标单击在哪一个曲面部分上，就保留哪一部分。

1. 投影线裁剪

（1）功能　将空间曲线沿给定的固定方向投影到曲面上，形成剪刀线来裁剪曲面。

（2）操作

① 单击【曲面修剪】按钮，在立即菜单上选择【投影线裁剪】和【裁剪】方式。

② 拾取被裁剪的曲面（选取需保留的部分）。

③ 输入投影方向。按空格键，弹出矢量工具菜单，选择投影方向，如图 3-58（b）所示。

④ 拾取剪刀线。拾取曲线，曲线变红，如图 3-58（c）所示，裁剪结果如图 3-58（d）所示。

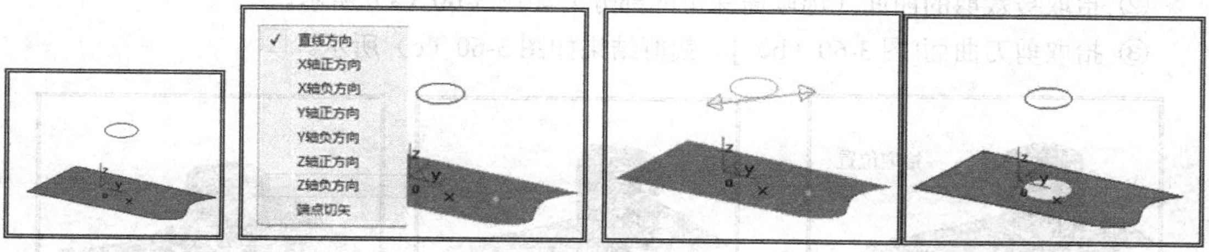

（a）　（b）　（c）　（d）

图 3-58　投影线裁剪过程

• 注意

与曲面边界线重合或部分重合以及相切的曲线对曲面进行裁剪时，可能得不到正确的结果，建议尽量避免这种情况。

在输入投影方向时，可以利用【矢量工具】菜单。

2. 线裁剪

（1）功能　指曲面上的曲线沿曲面法矢方向投影到曲面上，形成剪刀线来裁剪曲面。

（2）操作

① 单击【曲面修剪】按钮，在立即菜单上选择【线裁剪】和【裁剪】方式。

② 拾取被裁剪的曲面（选取需保留的部分）。

③ 拾取剪刀线。拾取曲线[图 3-59（b）]，曲线变红，裁剪结果如图 3-59（c）所示。

• 注意

① 裁剪时保留拾取点所在的那部分曲面。

② 若裁剪曲线不在曲面上，则系统将曲线按距离最近的方式投影到曲面上获得投影曲

线，然后利用投影曲线对曲面进行裁剪，此投影曲线不存在时，裁剪失败。一般应尽量避免此种情形。

③ 若裁剪曲线与曲面边界无交点，且不在曲面内部封闭，则系统将其延长到曲面边界后实行裁剪。

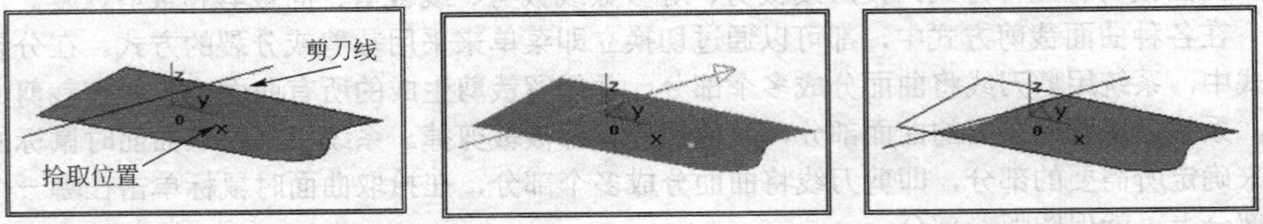

(a) (b) (c)

图 3-59 线裁剪过程

3. 面裁剪

（1）功能 指剪刀曲面和被裁剪曲面求交，用求得的交线作为剪刀线来裁剪曲面。

（2）操作

① 单击【曲面修剪】按钮，在立即菜单上选择【面裁剪】、【裁剪】或【分裂】、【相互裁剪】或【裁剪曲面 1】。

② 拾取被裁剪的曲面（选取需保留的部分）如图 3-60（a）所示。

③ 拾取剪刀曲面[图 3-60（b）]，裁剪结果如图 3-60（c）所示。

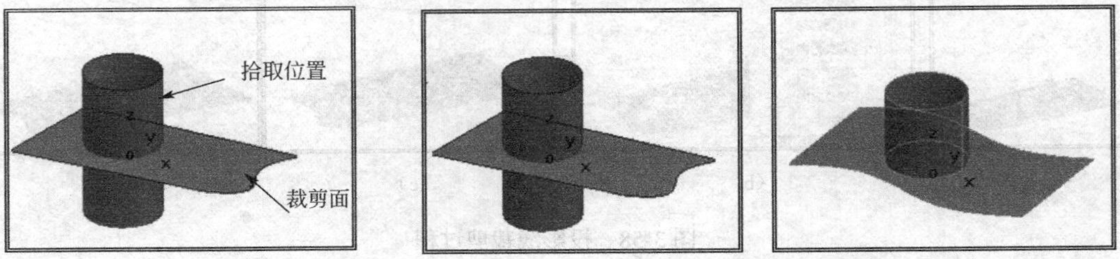

(a) (b) (c)

图 3-60 面裁剪过程

（3）说明

① 裁剪时保留拾取点所在的那部分曲面。

② 两曲面必须有交线，否则无法裁剪曲面。

• 注意

① 两曲面在边界线处相交或部分相交及相切时，可能得不到正确结果，建议尽量避免。

② 若曲面交线与被裁剪曲面边界无交点，且不在其内部封闭，则系统将交线延长到被裁剪曲面边界后实行裁剪。一般应尽量避免这种情况。

4. 等参数线裁剪

（1）功能 等参数线裁剪是指以曲面上给定的等参数线为剪刀线来裁剪曲面，有裁剪和分裂两种方式。参数线的给定可以通过立即菜单选择过点或者指定参数来确定。

（2）操作

① 单击【曲面修剪】按钮，在立即菜单上选择【等参线裁剪】方式。

② 选择【裁剪】或【分裂】、【过点】或【指定参数】。

③ 拾取曲面[图 3-61（a）]，选择方向[图 3-61（b）]，裁剪结果如图 3-61（c）所示。

• 注意

裁剪时保留拾取点所在的那部分曲面。

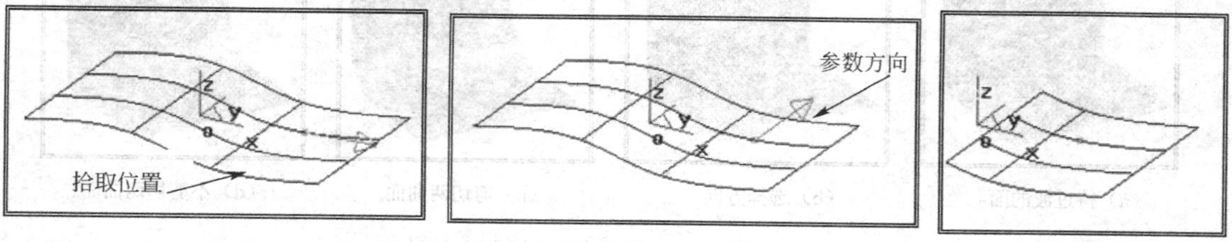

（a） （b） （c）

图 3-61 等参线裁剪过程

5. 裁剪恢复

（1）功能 指将拾取到的曲面裁剪部分恢复到没有裁剪的状态。如拾取的裁剪边界是内边界，系统将取消对该边界施加的裁剪。如拾取的是外边界，系统将把外边界回复到原始边界状态。

（2）操作

① 单击【曲面修剪】按钮，在立即菜单上选择【裁剪恢复】、选择【保留原裁剪面】或【删除原裁剪面】。

② 拾取需要恢复的裁剪曲面，完成操作。

3.2.2 曲面过渡

曲面过渡是指在给定的曲面之间以一定的方式作给定半径或半径规律的圆弧过渡面，以实现曲面之间的光滑过渡。曲面过渡就是用截面是圆弧的曲面将两张曲面光滑连接起来，过渡面不一定过原曲面的边界。

曲面过渡共有七种方式：两面过渡、三面过渡、系列面过渡、曲线曲面过渡、参考线过渡、曲面上线过渡和两线过渡。

曲面过渡支持等半径过渡和变半径过渡。变半径过渡是指沿着过渡面半径是变化的过渡方式。不管是线性变化半径还是非线性变化半径，系统都能提供有力的支持。用户可以通过给定导引边界线或给定半径变化规律的方式来实现变半径过渡。

单击【曲面过渡】按钮，或单击【造型】→【曲面编辑】→【曲面过渡】命令，在立即菜单中选择曲面过渡的方式，根据状态栏提示操作，生成过渡曲面。

1. 两面过渡

（1）功能 在两个曲面之间进行给定半径或给定半径变化规律的过渡，生成的过渡面的截面将沿两曲面的法矢方向摆放。两面过渡有两种方式，即等半径过渡、变半径过渡。

（2）操作

1）等半径过渡

① 单击【曲面过渡】按钮，在立即菜单中选择【两面过渡】、【等半径】和是否裁剪

曲面，输入半径值。

② 拾取第一张曲面，并选择方向，如图 3-62（b）所示。

③ 拾取第二张曲面，并选择方向，指定方向，曲面过渡结果如图 3-62（c）、图 3-62（d）所示。

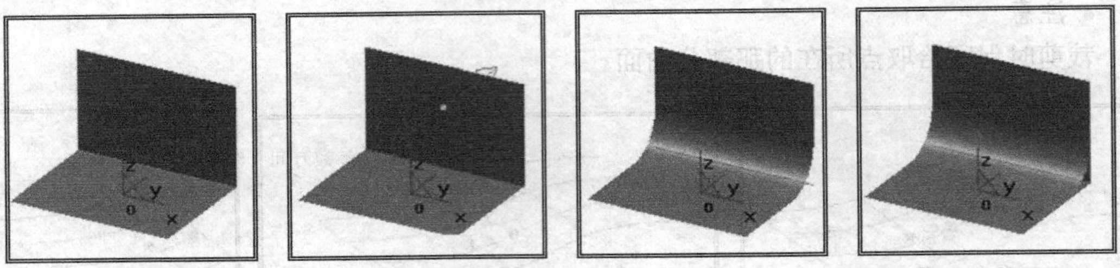

（a）待过渡的面　（b）选择方向　（c）剪切两曲面　（d）不剪切两曲面

图 3-62　等半径过渡过程

2）变半径过渡

① 在立即菜单中选择【两面过渡】、【变半径】和是否裁剪曲面。

② 拾取第一张曲面，并选择方向，如图 3-63（a）所示。

③ 拾取第二张曲面，并选择方向。

④ 拾取参考曲线，指定曲线，如图 3-63（b）所示。

⑤ 指定参考曲线上点并定义半径，指定点后，弹出立即菜单，在立即菜单中输入半径

⑥ 可以指定多点及其半径，所有点都指定完后，按右键确认，曲面过渡结果如图 3-63（c）、图 3-63（d）所示。

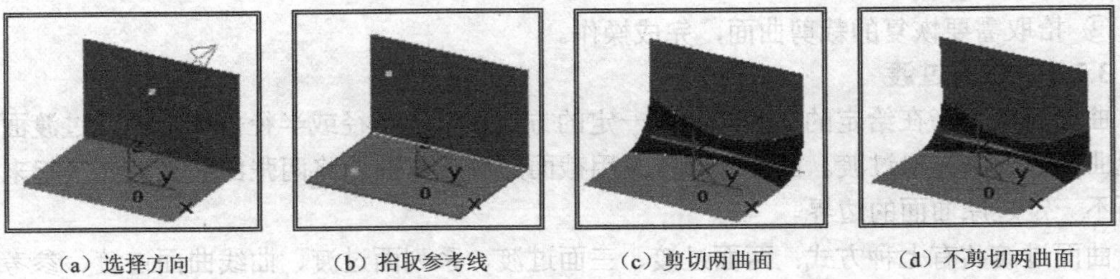

（a）选择方向　（b）拾取参考线　（c）剪切两曲面　（d）不剪切两曲面

图 3-63　等半径过渡过程

• 注意

① 用户需正确地指定曲面的方向，方向不同会导致完全不同的结果。

② 进行过渡的两曲面在指定方向上与距离等于半径的等距面必须相交，否则曲面过渡失败。

③ 若曲面形状复杂，变化过于剧烈，使得曲面的局部曲率小于过渡半径时，过渡面将发生自交，形状难以预料，应尽量避免这种情形。

2. 三面过渡

（1）功能　指在三张曲面之间对两两曲面进行过渡处理，并用一张角面将所得的三张过渡面连接起来。若两两曲面之间的三个过渡半径相等，称为三面等半径过渡；若两两曲面之间的三个过渡半径不相等，称为三面变半径过渡。

（2）操作

① 单击【曲面过渡】按钮，在立即菜单中选择【三面过渡】、【内过渡】或【外过渡】，【等半径】或【变半径】和是否裁剪曲面，输入半径值。

② 按状态栏中提示拾取曲面，选择方向，如图 3-64（b）、图 3-65（a）所示，曲面过渡结果如图 3-64（d）、图 3-64（e）、图 3-65（b）、图 3-65（c）所示。

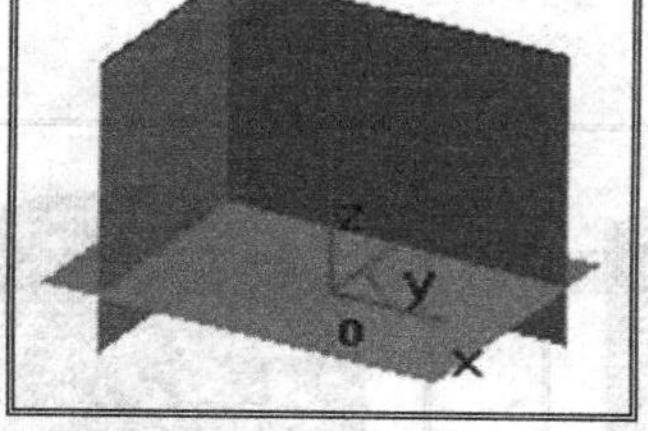

（a）待过渡的三曲面

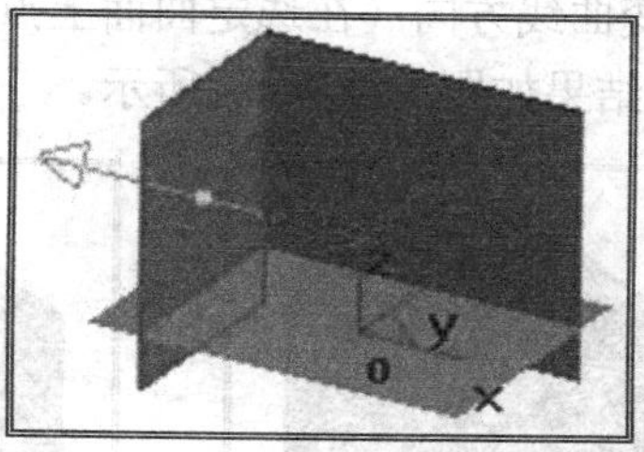

（b）选择方向

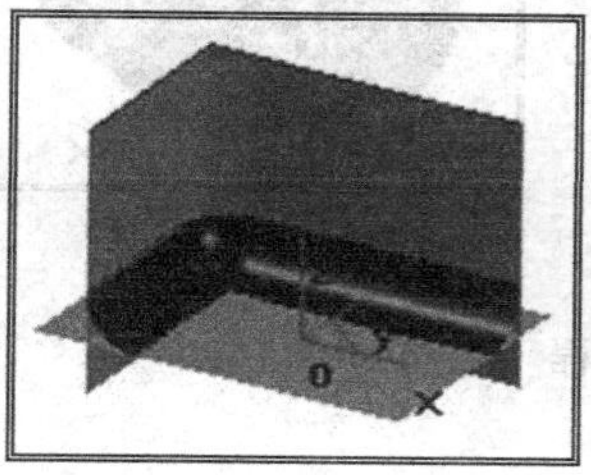

（c）不裁剪内过渡

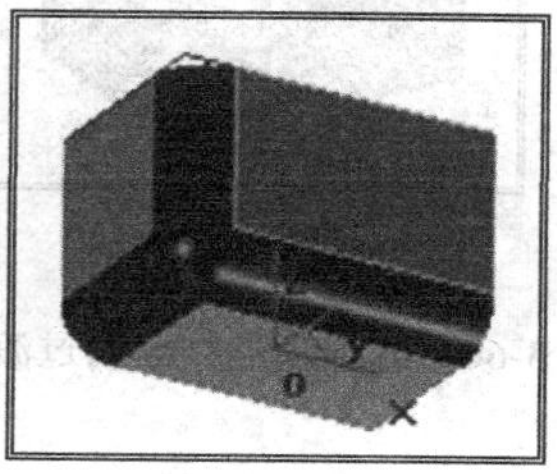

（d）裁剪内过渡

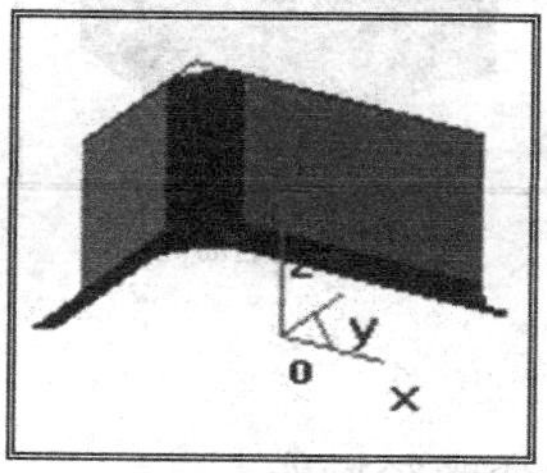

（e）裁剪外过渡

图 3-64　等半径三面内（外）过渡过程

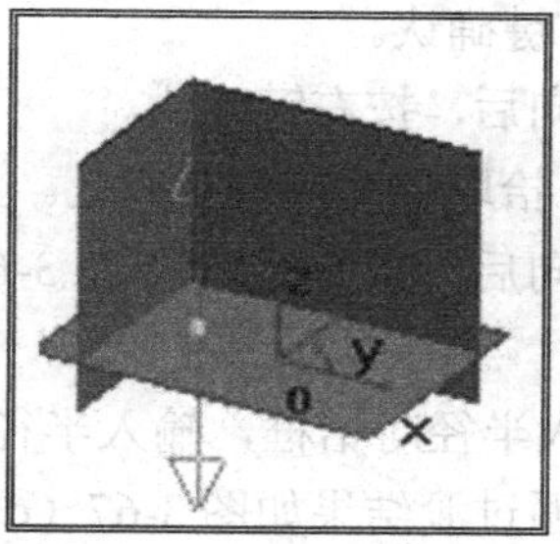

（a）拾取方向

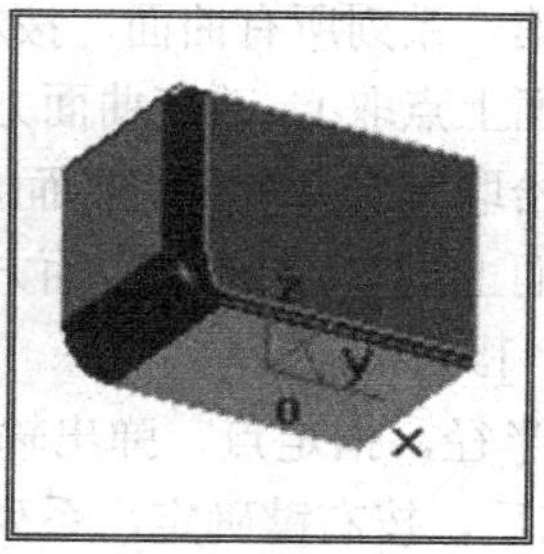

（b）裁剪内过渡

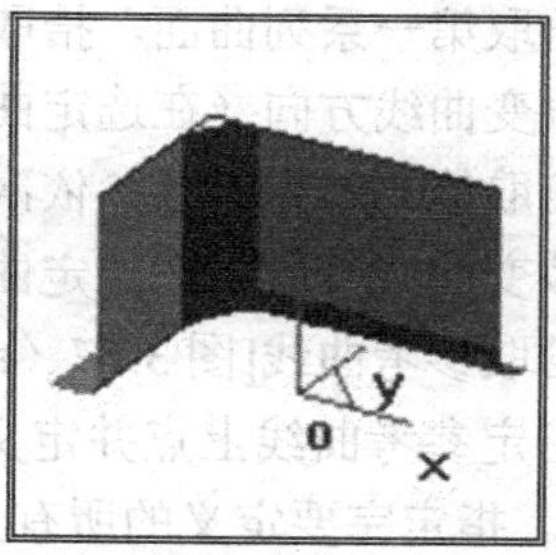

（c）裁剪外过渡

图 3-65　变半径三面内（外）过渡过程

• 注意

① 用户需正确地指定曲面的方向，方向不同会导致完全不同的结果。

② 若曲面形状复杂，变化过于剧烈，使得曲面的局部曲率小于过渡半径时，过渡面将发生自交，形状难以预料，应尽量避免这种情形。

3. 系列面过渡

（1）功能　指首尾相接、边界重合，并在重合边界处保持光滑连接的多张曲面的集合。系列面过渡就是在两个系列面之间进行过渡处理。

（2）操作

1）等半径

① 单击【曲面过渡】按钮，在立即菜单中选择【系列面过渡】、【等半径】和是否裁

剪曲面，输入半径值。

② 拾取第一系列曲面，依次拾取第一系列所有曲面，拾取完后按右键确认。

③ 改变曲线方向（在选定曲面上点取），当显示的曲面方向与所需的不同时，点取该曲面，曲面方向改变，改变完所有需改变曲面方向后，按右键确认。

④ 拾取第二系列曲面，依次拾取第二系列所有曲面，拾取完后按右键确认。

⑤ 改变曲线方向（在选定曲面上点取），改变曲面方向后[图 3-66（b）]，按右键确认，系列面过渡结果如图 3-66（c）所示。

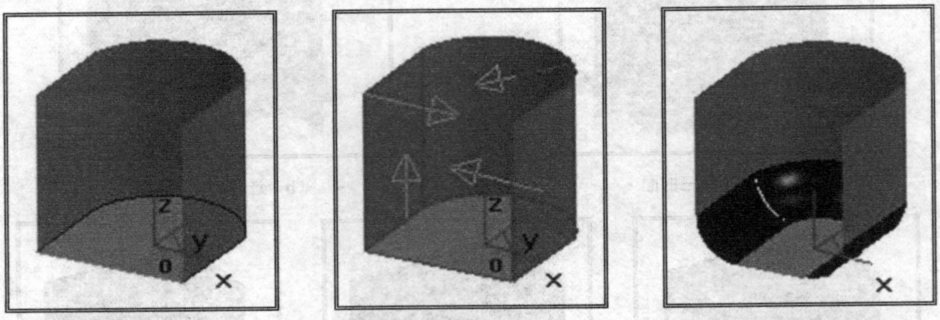

（a）待过渡的曲面　（b）选取过渡面方向　（c）裁剪面过渡

图 3-66　等半径系列曲面过渡过程

2）变半径操作

① 单击【曲面过渡】按钮，在立即菜单选择【系列面过渡】、【变半径】和是否裁剪曲面。

② 拾取第一系列曲面，拾取第一系列所有曲面，按右键确认。

③ 改变曲线方向（在选定曲面上点取），改变曲面方向后，按右键确认。

④ 拾取第二系列曲面，依次拾取第二系列所有曲面，拾取完后按右键确认。

⑤ 改变曲线方向（在选定曲面上点取），改变曲面方向后，按右键确认[图 3-67（b）]。

⑥ 拾取参考曲线[图 3-67（a）]。

⑦ 指定参考曲线上点并定义半径，指定点，弹出输入半径对话框，输入半径值，单击按钮确定。指定完要定义的所有点后，按右键确定，系列面过渡结果如图 3-67（d）所示。

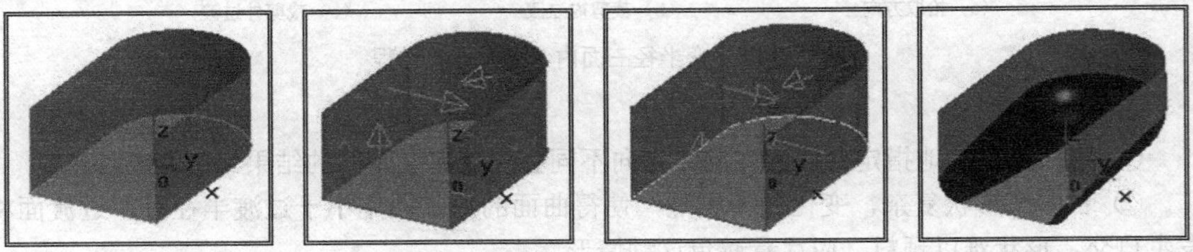

（a）待过渡的曲面　（b）选取过渡面方向　（c）选择参考线　（d）裁剪曲面过渡

图 3-67　变半径系列曲面过渡过程

• 注意

① 在变半径系列面过渡中，参考曲线只能指定一条曲线。因此，可将系列曲面上的多条相连的曲线组合成一条曲线，作为参考曲线。或者也可以指定不在曲面上的曲线。

② 在一个系列面中，曲面和曲面之间应当尽量保证首尾相连、光滑相接。用户需正确地指定曲面的方向，方向不同会导致完全不同的结果。

③ 若曲面形状复杂，变化过于剧烈，使得曲面的局部曲率小于过渡半径时，过渡面将发生自交，形状难以预料，应尽量避免这种情形。

4. 曲线曲面过渡

（1）功能　指过曲面外一条曲线，作曲线和曲面之间的等半径或变半径过渡面。

（2）操作

1）等半径曲线曲面过渡

① 单击【曲面过渡】按钮，在立即菜单中选择【曲线曲面过渡】、【等半径】和是否裁剪曲面，输入半径值。

② 拾取曲面。

③ 单击所选方向[图 3-68（b）]。

④ 拾取曲线，曲线曲面过渡完成，如图 3-68（c）所示。

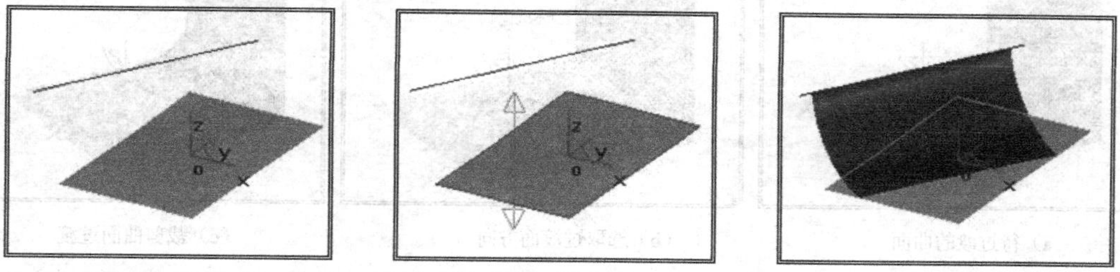

（a）待过渡的曲线曲面　（b）选取过渡面方向　（c）不裁剪曲面过渡

图 3-68　等半径曲线曲面过渡过程

2）变半径曲线曲面过渡

① 单击【曲面过渡】按钮，在立即菜单中选择【曲线曲面过渡】、【变半径】和是否裁剪曲面。

② 拾取曲面。

③ 单击所选方向[图 3-69（a）]。

④ 拾取曲线[图 3-69（b）]。

⑤ 指定参考曲线上点，输入半径值，单击按钮确定。指定完要定义的所有点后，按右键确定，过渡结果如图 3-69（c）所示。

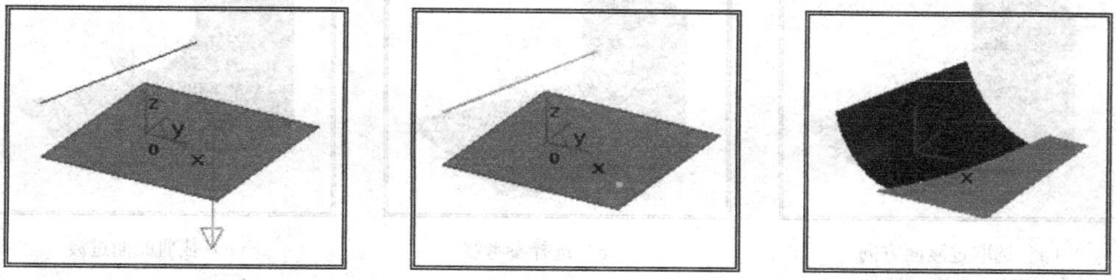

（a）选取过渡面方向　（b）选择参考线　（c）裁剪曲面过渡

图 3-69　变半径曲线曲面过渡过程

5. 参考线过渡

（1）功能 参考线过渡给的一条参考线，在两曲面之间作等半径或变半径过渡，生成的相切过渡面的截面将位于垂直于参考线的平面内。

（2）操作

1）等半径参考线过渡

① 单击【曲面过渡】按钮，在立即菜单中选择【参考线过渡】、【等半径】和是否裁剪曲面，输入半径值。

② 拾取第一张曲面，单击所选方向[图3-70（b）]。

③ 拾取第二张曲面。

④ 拾取参考曲线，参数线过渡结果如图3-70（c）所示。

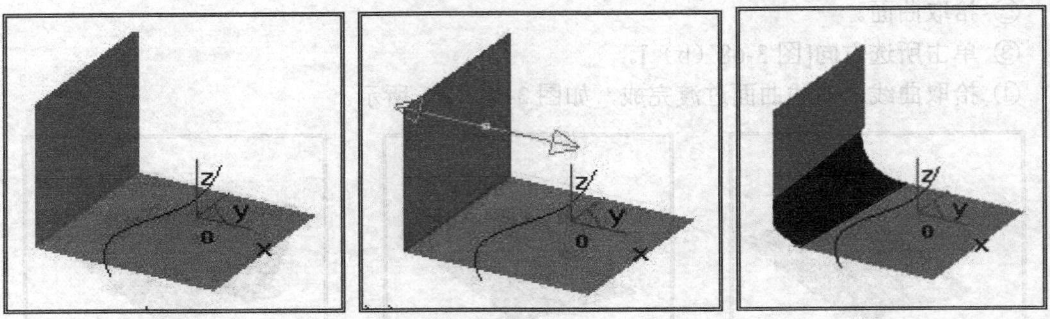

（a）待过渡的曲面　（b）选取过渡面方向　（c）裁剪曲面过渡

图3-70 等半径参考线过渡过程

2）变半径参考线过渡

① 单击【曲面过渡】按钮，在立即菜单中选择【参数线过渡】、【变半径】和是否裁剪。

② 拾取第一张曲面，单击选择方向。

③ 拾取第二张曲面[图3-71（a）]。

④ 拾取参考曲线[图3-71（b）]。

⑤ 指定参考曲线上点，输入半径值，单击按钮确定。指定完要定义的点后，按右键确定，参数线过渡结果如图3-71（c）所示。

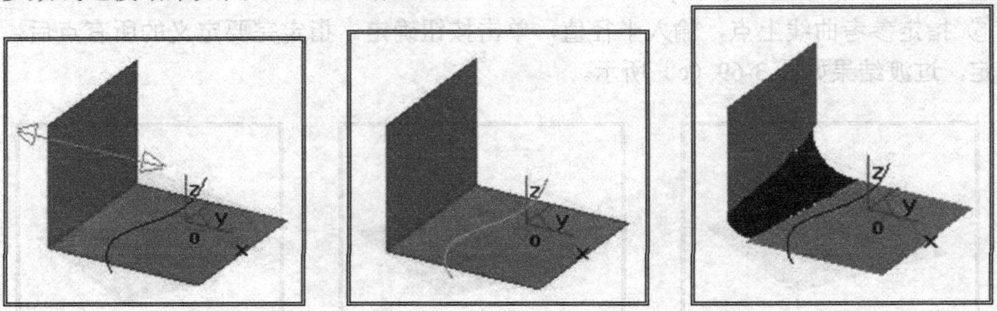

（a）选取过渡面方向　（b）选择参考线　（c）裁剪曲面过渡

图3-71 变半径参考线过渡过程

（3）说明

① 这种过渡方式尤其适用各种复杂多拐的曲面，其曲率半径较小且需要作大半径过渡

的情况。这种情况下，一般的两面过渡生成的过渡曲面将发生自交，不能生成出满意、完整的过渡曲面。

② 变半径过渡时，可以在参考线上选定一些位置点定义所需的过渡半径，以生成在给定截面位置处半径精确的过渡曲面。

6. 曲面上线过渡

（1）功能　指两曲面作过渡，指定第一曲面上的一条线为过渡面的导引边界线的过渡方式。系统生成的过渡面将和两张曲面相切，并以导引线为过渡面的一个边界，即过渡面过此导引线和第一曲面相切。

（2）操作

① 单击【曲面过渡】按钮，在立即菜单中选择【曲面上线过渡】。

② 拾取第一张曲面，单击所选方向，拾取曲面上曲线。

③ 拾取第二张曲面，单击所选方向，生成过渡曲面（图 3-72）。

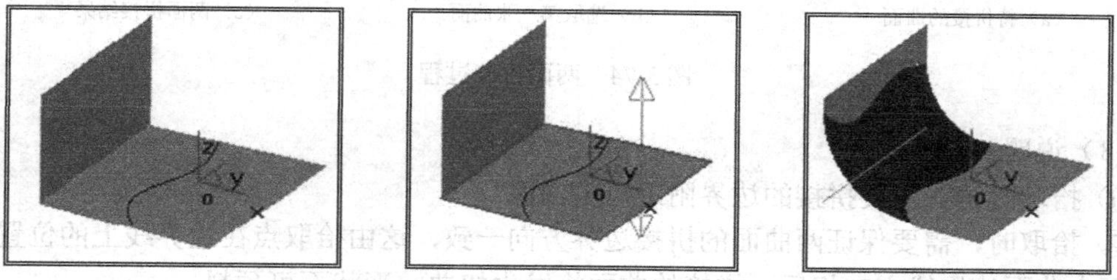

（a）待过渡的曲面　　（b）选取第一张曲面及过渡线　　（c）曲面上线过渡结果

图 3-72　曲面上线过渡过程

7. 两线过渡

（1）功能　指两曲线间作过渡，生成给定半径的以两曲面的两条边界线或者一个曲面的一条边界线和一条空间脊线为边生成过渡面。两线过渡有两种：脊线+边界线和两边界线。

（2）操作

① 单击【曲面过渡】按钮，在立即菜单中选择【两线过渡】、【脊线+边界线】或【两边界线】，输入半径值。

② 按状态栏中提示操作，如图 3-73 所示。

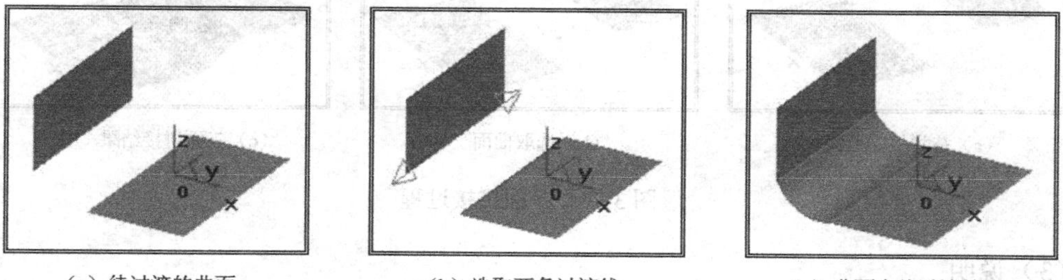

（a）待过渡的曲面　　（b）选取两条过渡线　　（c）曲面上线过渡结果

图 3-73　两线过渡过程

3.2.3　曲面拼接

曲面拼接是曲面光滑连接的一种方式，它可以通过多个曲面的对应边界，生成一张曲面与这些曲面光滑相接。曲面拼接共有三种方式：两面拼接、三面拼接和四面拼接。

1. 两面拼接

（1）功能　指作一曲面，使其连接两给定曲面的指定对应边界，并在连接处保证光滑。

（2）操作

① 单击【曲面拼接】按钮，在立即菜单中选择【两面拼接】。

② 拾取第一张曲面，再拾取第二张曲面，生成拼接曲面（图 3-74）。

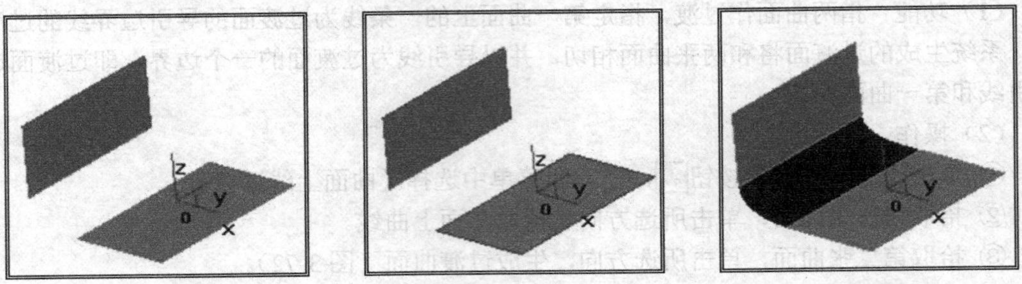

（a）待拼接的曲面　　（b）选取第一张曲面　　（c）两面拼接结果

图 3-74　两面拼接过程

（3）说明

① 拾取时请在需要拼接的边界附近单击曲面。

② 拾取时，需要保证两曲面的拼接边界方向一致，这由拾取点在边界线上的位置决定，如果两个曲面边界线方向相反，拼接的曲面将发生扭曲，形状不可预料。

2. 三面拼接

（1）功能　指作一曲面，使其连接三个给定曲面的指定对应边界，并在连接处保证光滑。

（2）操作

① 单击【曲面拼接】按钮，在立即菜单中选择【三面拼接】。

② 拾取第一张曲面，再拾取第二张曲面[图 3-75（b）]，最后拾取第三张曲面，生成拼接曲面[图 3-75（c）]。

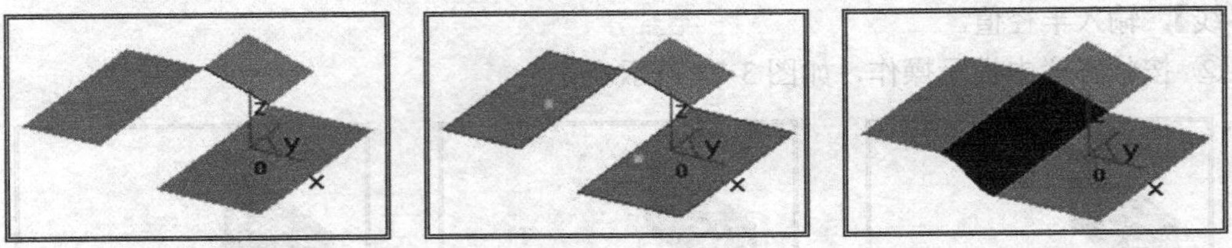

（a）待拼接的曲面　　（b）选取曲面　　（c）三面拼接结果

图 3-75　三面拼接过程

（3）说明

① 要拼接的三个曲面必须在角点相交，要拼接的三个边界应该首尾相连，形成一串曲线，它可以封闭，也可以不封闭。

② 三个曲面围成的区域可以是封闭的，也可以是不封闭的，在不封闭处，系统将根据拼接条件自动确定拼接曲面的边界形状。

③ 三面拼接不局限于曲面，还可以是曲线，即可以拼接曲面和曲线围成的区域，拼接

面和曲面保持光滑相接，并以曲线为界。需要注意的是：拾取曲线时，需先点击鼠标右键，再单击曲线才能选择曲线。

3. 四面拼接

（1）功能 指作一曲面，使其连接四个给定曲面的指定对应边界，并在连接处保证光滑。

（2）操作

① 在立即菜单中选择【四面拼接】方式。

② 拾取第一张曲面。

③ 拾取第二张曲面。

④ 拾取第三张曲面[图 3-76（b）]。

⑤ 拾取第四张曲面，曲面拼接完成，结果如图 3-76（c）所示。

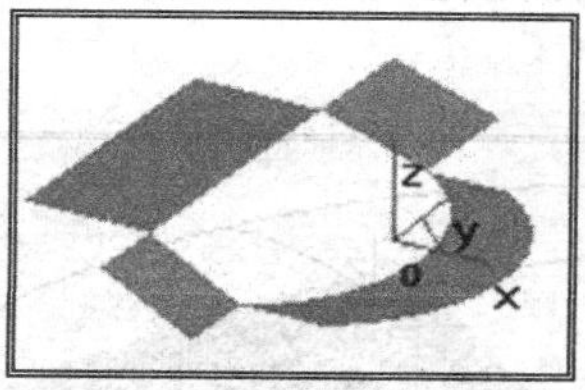
（a）待拼接的曲面

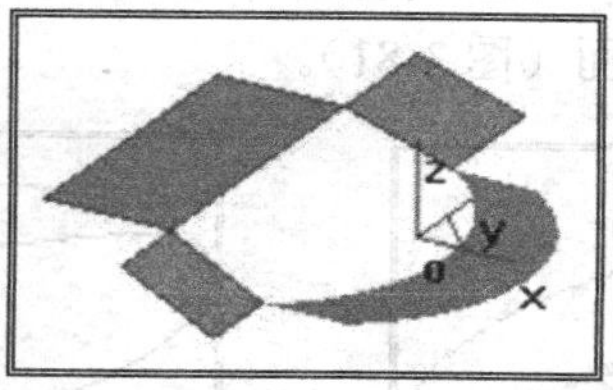
（b）依次选取曲面

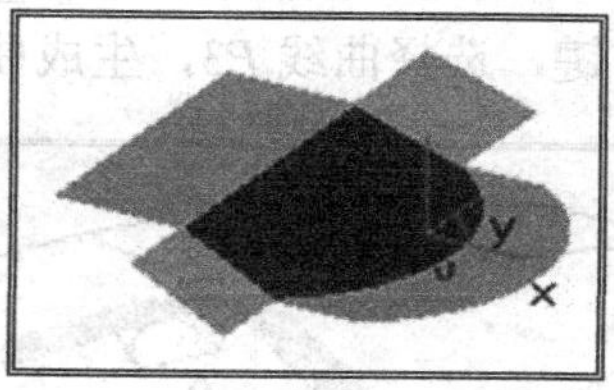
（c）四面拼接结果

图 3-76 四面拼接过程

（3）说明

① 要拼接的四个曲面必须在角点两两相交，要拼接的四个边界应该首尾相连，形成一串封闭曲线，围成一个封闭区域。

② 操作中，拾取曲线时需先按右键，再单击曲线才能选择曲线。

【例 3-4】 绘制图 3-77 所示的泡罩曲面。

绘图步骤：

① 确认当前坐标平面为 *XY* 面，单击【椭圆】按钮，在立即菜单中输入长轴为 100，短轴为 80，旋转角和起始角为 0，终止角为 360，拾取原点为椭圆中心点，结果如图 3-78 所示。

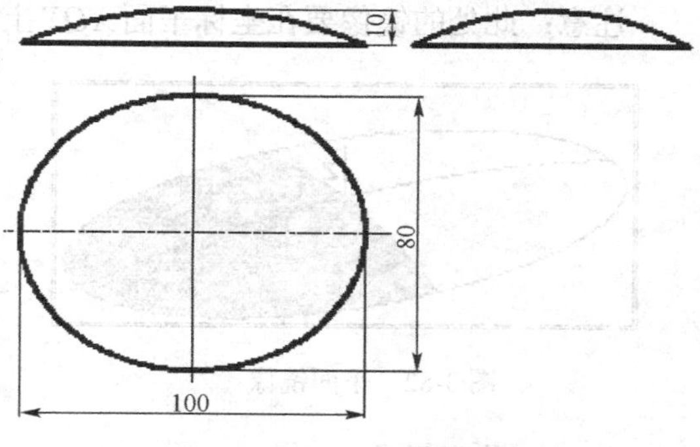

图 3-77 泡罩曲面

② 单击 F8 键，显示轴侧视图。按 F9 键，将当前坐标平面切换为 *YZ* 面，单击【直线】按钮，在立即菜单中选择【两点】、【正交】、【长度方式】，设置直线长度为 10，拾取原点为第一点，向下拖动鼠标，沿 *Z* 轴负向的正交直线。

③ 单击【圆弧】按钮，在立即菜单中选择【三点圆弧】，单击空格键，选择型值点，（图 3-49）依次拾取 *C*1、*C*2、*C*3 点，绘制圆弧 *P*1；同理，绘制圆弧 *P*2。

④ 单击【曲线打断】按钮，将圆弧 *P*1、*P*2 在点 *C*2 处打断；将椭圆在点 *C*4 处打断。如图 3-79 所示。

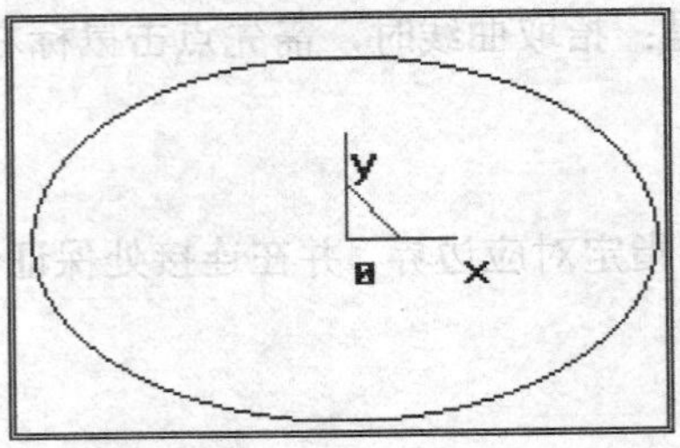

图 3-78　绘制椭圆

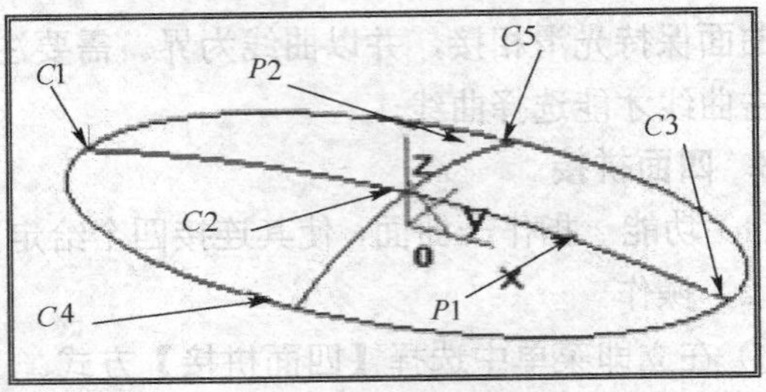

图 3-79　绘制圆弧

⑤ 单击【扫描面】按钮，在立即菜单中设置扫描距离为 10，单击空格键，选择 X 轴负向为扫描方向，拾取半段圆弧 $P2$，生成扫描面；同理，生成另一辅助面（图 3-80）。

⑥ 单击【曲面拼接】按钮，在立即菜单中选择【三面拼接】，依次选择两个扫描面，单击右键，选择曲线 $P3$，生成曲面（图 3-81）。

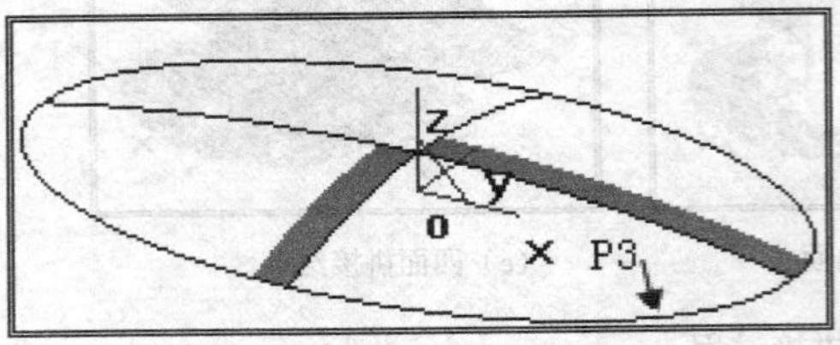

图 3-80　生成辅助面

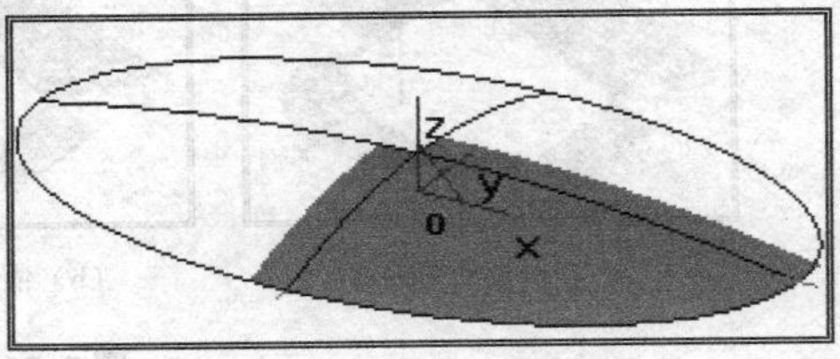

图 3-81　生成曲面拼接

⑦ 隐藏辅助面，单击【平面镜像】按钮，选择图 3-79 中的 $C1$ 和 $C2$，选择拼接曲面，单击右键，完成图像（图 3-82），同理选择图 3-79 中的 $C4$ 和 $C5$，选择拼接曲面和镜像曲面，单击右键，完成曲面造型，删除圆弧 $P1$ 和 $P2$，结果如图 3-83 所示。

注意：此处的镜像要在坐标平面 XOY 上进行。

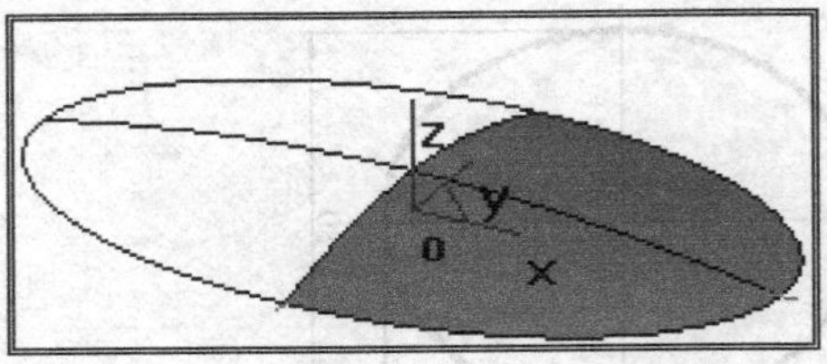

图 3-82　平面镜像

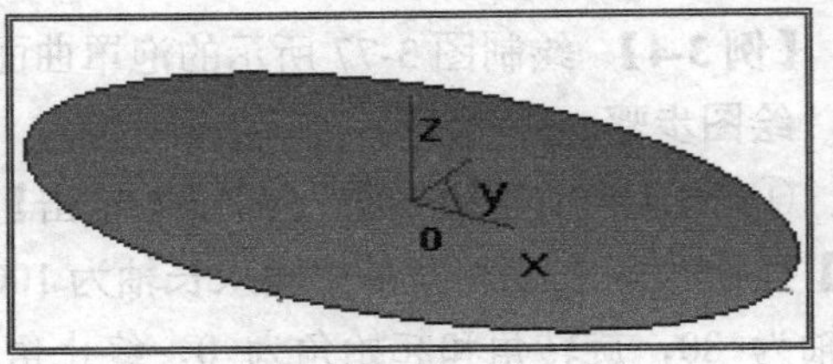

图 3-83　泡罩造型

3.2.4　曲面缝合

（1）功能　指将两张曲面光滑连接为一张曲面。曲面缝合有两种方式：通过曲面 1 的切矢进行光滑过渡连接；通过两曲面的平均切矢进行光滑过渡连接。

（2）操作

① 单击【曲面缝合】按钮，或单击【造型】→【曲面编辑】→【曲面缝合】命令。

② 选择曲面缝合的方式。

③ 根据状态栏提示完成操作。

1. 曲面切矢 1

曲面切矢 1 方式曲面缝合，即在第一张曲面的连接边界处按曲面 1 的切方向和第二张曲面进行连接，这样，最后生成的曲面仍保持有曲面 1 形状的部分[图 3-84（b）]。

2. 平均切矢

平均切矢方式曲面缝合，在第一张曲面的连接边界处按两曲面的平均切方向进行光滑连接。最后生成的曲面在曲面 1 和曲面 2 处都改变了形状[图 3-84（c）]。

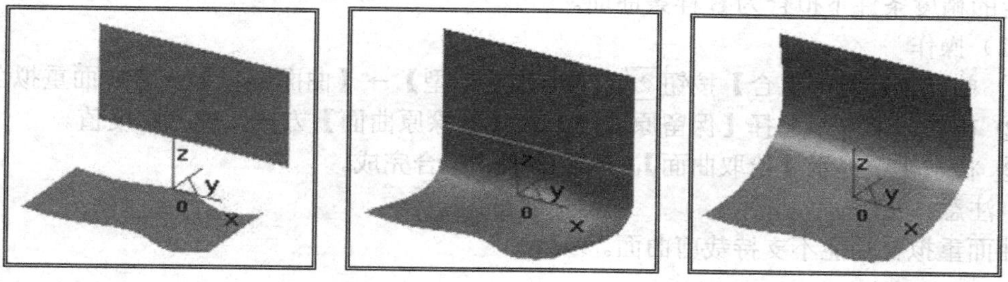

（a）待缝合的曲面　（b）曲面切矢 1 缝合结果　（c）平均切矢缝合结果

图 3-84　曲面缝合过程

3.2.5　曲面延伸

（1）功能　将原曲面按所给长度或比例，沿相切的方向延伸。

（2）操作

① 单击【曲面延伸】按钮，或单击【造型】→【曲面编辑】→【曲面延伸】命令。

② 在立即菜单中选择【长度延伸】或【比例延伸】方式，输入长度或比例值。

③ 状态栏中提示【拾取曲面】，单击曲面，延伸完成，如图 3-85 所示。

• 注意

曲面延伸功能不支持裁剪曲面的延伸。

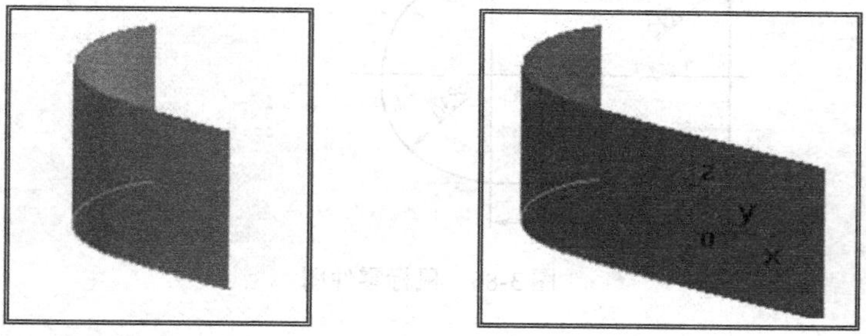

（a）待延伸的曲面　（b）曲面延伸结果

图 3-85　曲面延伸过程

3.2.6　曲面优化

（1）功能　在实际应用中，有时生成的曲面的控制顶点很密很多，会导致对这样的曲面处理起来很慢，甚至会出现问题。曲面优化功能就是在给定的精度范围之内，尽量去掉多余的控制顶点，使曲面的运算效率大大提高。

（2）操作

① 单击【曲面优化】按钮，或单击【造型】→【曲面编辑】→【曲面优化】命令。

② 在立即菜单中选择【保留原曲面】或【删除原曲面】方式，输入精度值。

③ 状态栏中提示【拾取曲面】，单击曲面，优化完成。

• 注意

曲面优化功能不支持裁剪曲面。

3.2.7　曲面重拟合

（1）功能　在很多情况下，生成的曲面是 NURBS 表达的（即控制顶点的权因子不全为 1），或者有重节点，这样的曲面在某些情况下不能完成运算。这时，需要把曲面修改为 B 样条表达形式（没有重节点，控制顶点权因子全部是 1）。曲面重拟合功能就是把 NURBS 曲面在给定的精度条件下拟合为 B 样条曲面。

（2）操作

① 单击【曲面重拟合】按钮，或单击【造型】→【曲面编辑】→【曲面重拟合】。

② 在立即菜单中选择【保留原曲面】或【删除原曲面】方式，输入精度值。

③ 状态栏中提示【拾取曲面】，单击曲面，拟合完成。

• 注意

曲面重拟合功能不支持裁剪曲面。

3.3　曲面综合实例

【例 3-5】　绘制图 3-86 所示的鼠标模型。

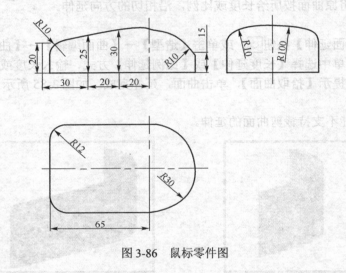

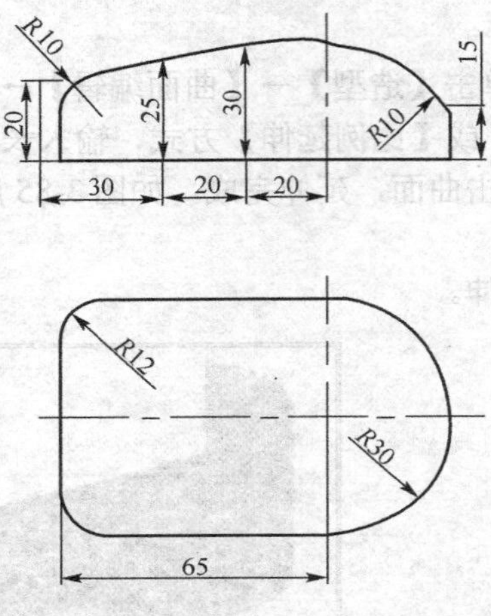

图 3-86　鼠标零件图

绘图步骤：

① 设置当前平面为 *XY* 面，绘制图 3-87 所示图线。

② 单击【扫描】按钮，依次选择起始距离“0”、扫描距离“40”、扫描角度“0”、单击空格键，选择【Z 轴正方向】，拾取所有曲线，生成扫描面，如图 3-88 所示。

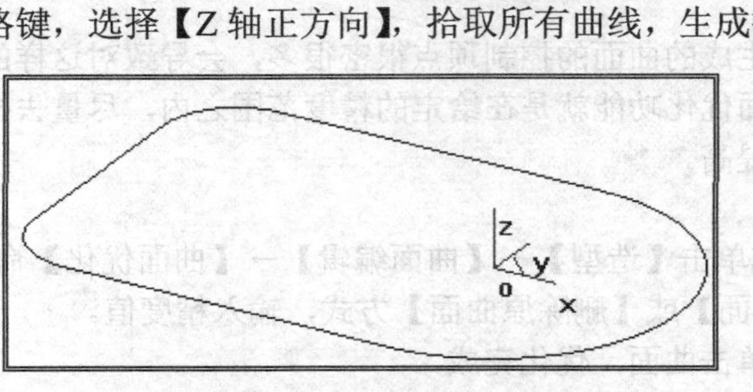

图 3-87　绘制线架

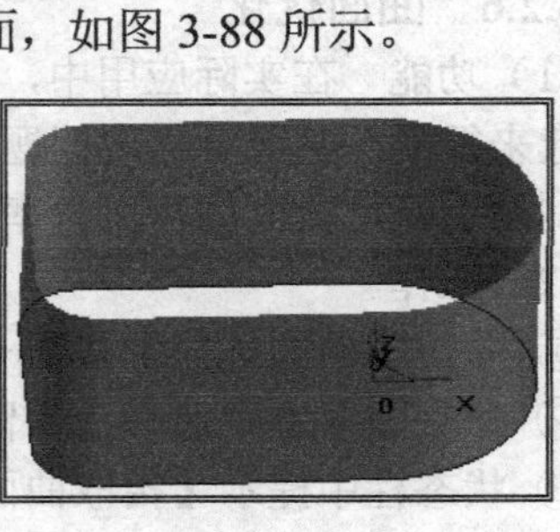

图 3-88　扫描曲面

③ 绘制样条曲线。单击【样条线】按钮，依次选择【插值】、【缺省切矢】、【开曲线】，键入“–70，0，20”，回车；“–40，0，25”，回车；“–20，0，30”，回车；“30，0，15”，回车；单击鼠标右键结束，生成样条曲线。

④ 单击【平面】按钮，依次选择【裁剪平面】，拾取底面任意一条曲线，选择任意搜索方向，单击鼠标右键，生成鼠标底面。单击F9键，切换当前平面为*YZ*面。单击【圆弧】按钮，依次选择【两点半径】，任意选取两点，移动光标到合适位置，键入半径“100”；单击【平移】按钮，依次选择【两点】、【移动】、【非正交】，拾取圆弧，单击鼠标右键，拾取圆弧中点为基点，拾取样条曲线终点为目标点，将圆弧移到正确位置，如图3-89所示。

⑤ 单击【导动面】按钮，依次选择【平行导动】，选取样条曲线为导动线，选取圆弧为截面线，生成导动面，结果如图3-90所示。

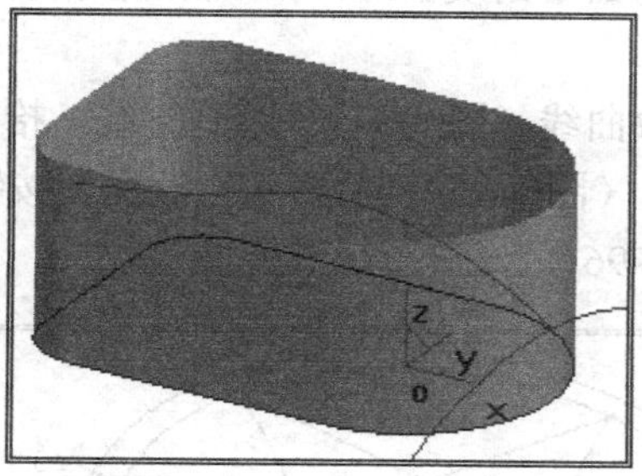

图3-89 生成导动线

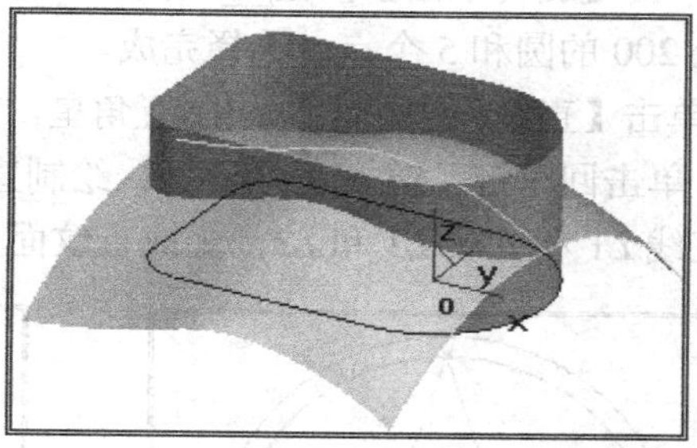

图3-90 生成导动面

⑥ 单击【曲面过渡】按钮，依次选择 【系列面】、【等半径】、【半径】：“10”、【裁剪两系列面】、【单个拾取】，拾取顶面，单击鼠标右键，查看曲率中心的方向，如果默认方向错误，在曲面上单击左键以切换方向，单击鼠标右键确认，系列面1选择完成。

⑦ 选择系列面2。依次拾取系列面2（第2步生成的面），更改曲率中心方向（图3-91）。

⑧ 单击鼠标右键确认选择结果，生成圆角过渡，完成曲面造型（图3-92）。

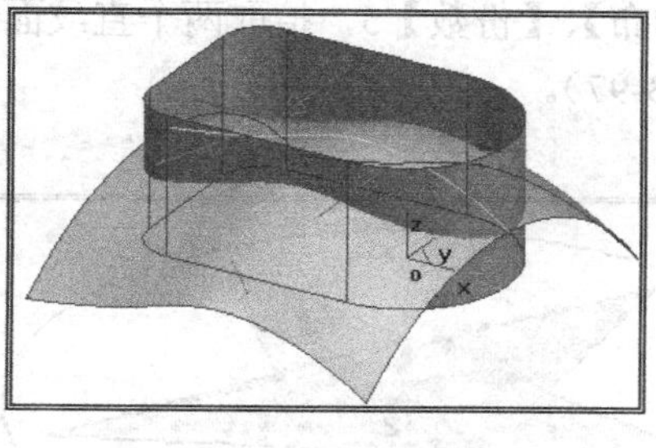

图3-91 选择倒圆面

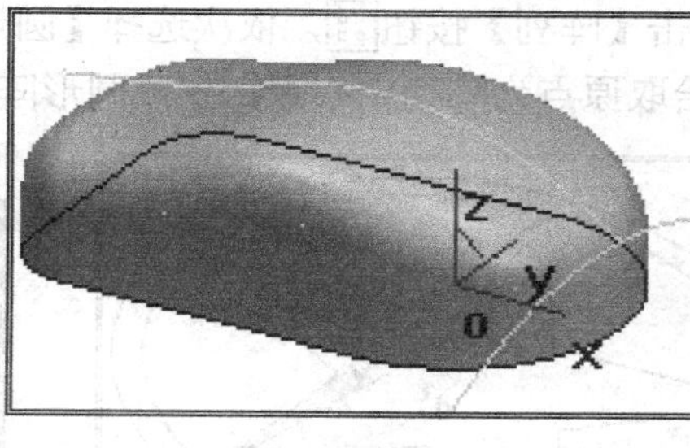

图3-92 完成曲面造型

【例3-6】 对图3-93所示零件进行实体造型。

绘图步骤：

① 确认当前坐标面为*XY*面，单击【圆】按钮，选择【圆心半径】方式，拾取原点为圆心，回车键，键入110，100，绘制两个圆。

② 单击【点】按钮，依次选择【批量点】、【等分点】、【段数】5，拾取直径200的圆，生成等分点。

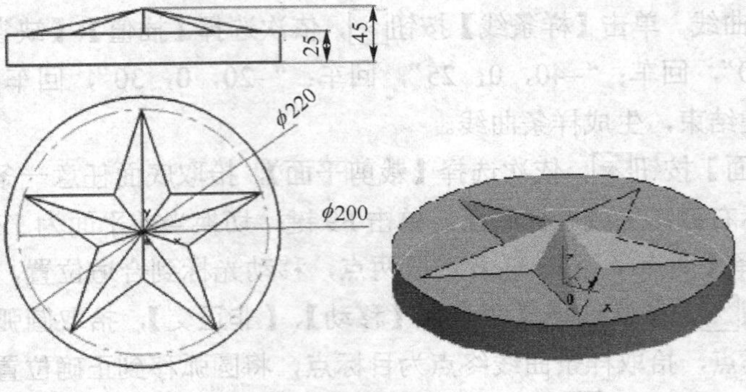

图 3-93 五角星零件图

③ 单击【旋转平面】按钮，依次选择【移动】、【角度】90，拾取原点为旋转中心点，拾取直径 200 的圆和 5 个点，选择完成。

④ 单击【直线】按钮，绘制五角星，并修改曲线（图 3-94）。绘制直线，拾取任意一个角点，单击回车键，键入 0，0，20，绘制直线 $L1$（图 3-95）；单击【直纹面】按钮，分别选取直线 $L1$ 和 $L2$，$L1$ 和 $L3$，生成直纹面（图 3-96）。

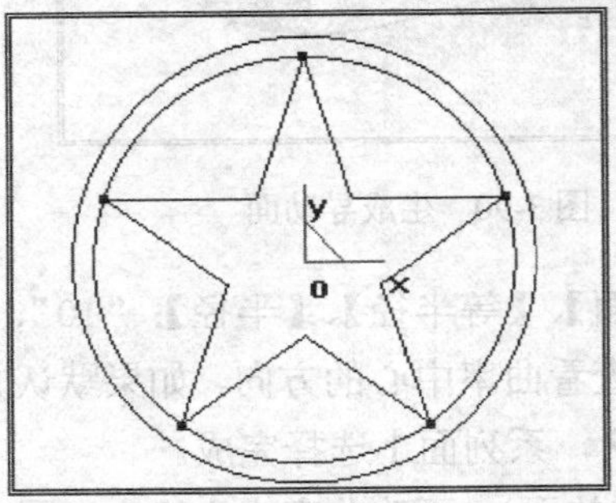

图 3-94 绘制五角星

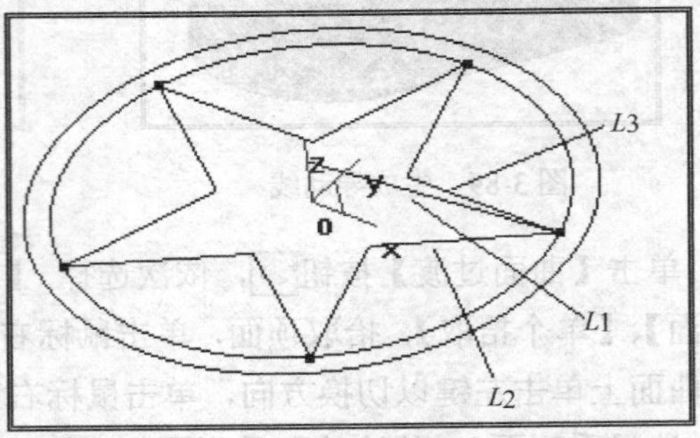

图 3-95 绘制直线

⑤ 单击【阵列】按钮，依次选择【圆形】、【均布】、【份数】5，拾取两个直纹面，单击右键，拾取原点为阵列中心点，生成圆形阵列（图 3-97）。

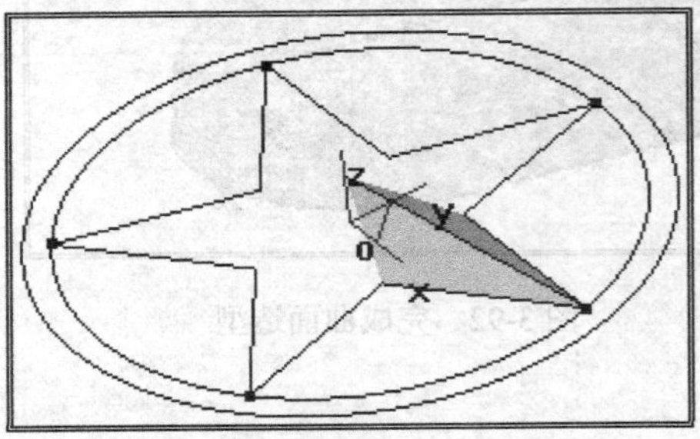

图 3-96 生成直纹面

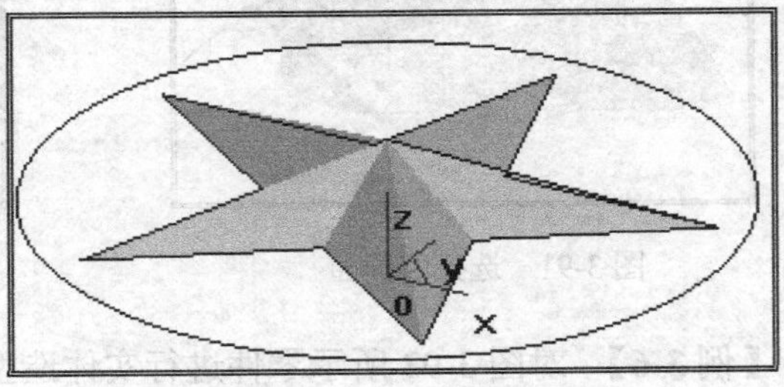

图 3-97 圆形阵列

⑥ 单击【平移】按钮，将所有图素沿 Z 轴正上移 25。将所有点和直径 200 的圆隐藏。

⑦ 单击【平面】按钮，依次选择【裁剪平面】，拾取【直径 220 的圆弧】为平面的外轮廓线，选取“五角星为内轮廓线”，单击右键，生成裁剪平面（图 3-98）。

⑧ 单击【扫描面】按钮，利用直径 220 的圆生成高为 25 的圆柱面，结果如图 3-99 所示；单击按钮，利用【裁剪面】生成直径 220 的底面（图 3-100）。

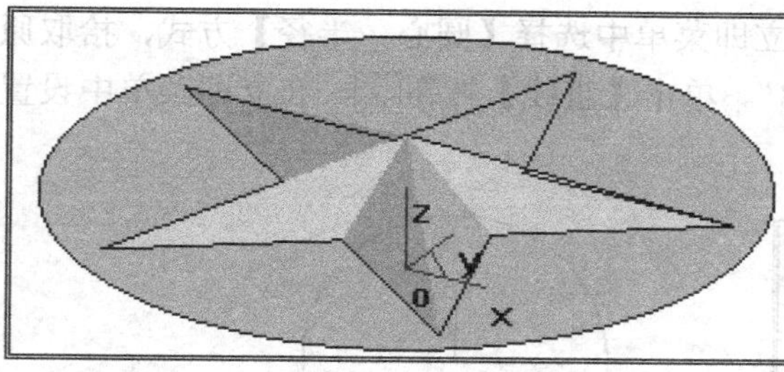

图 3-98 生成裁剪平面

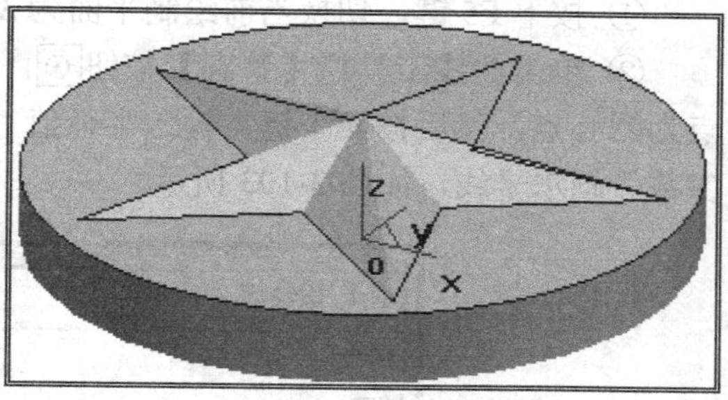

图 3-99 生成扫描面

⑨ 单击【曲面加厚】、【增料】按钮，依次选择【闭合曲线填充】、“设置精度为 0.02”、“框选所有平面（共 13 个）”，单击“确定”，生成实体造型 （图 3-101）。

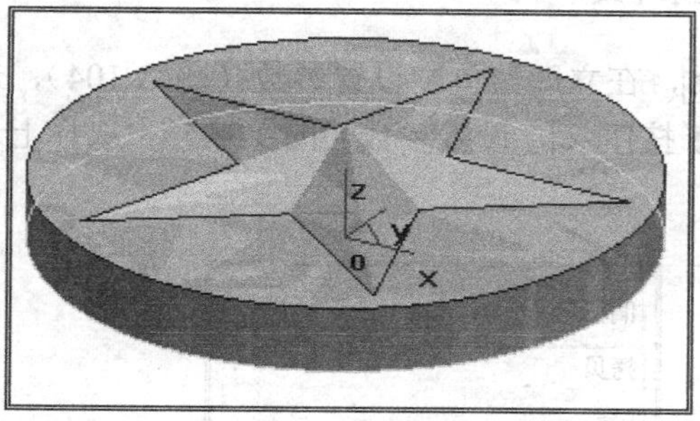

图 3-100 生成底面裁剪面

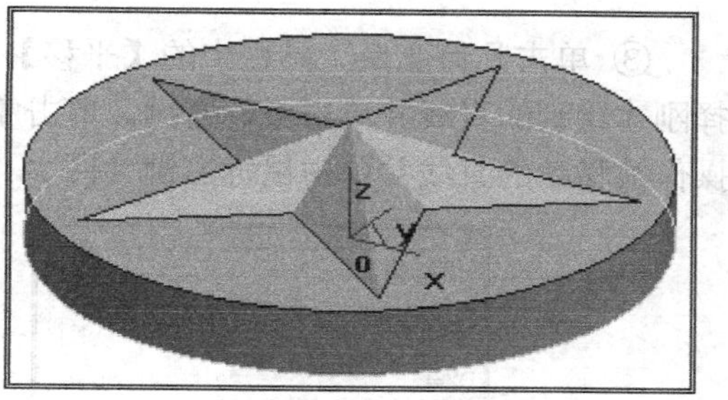

图 3-101 曲面加厚增料

【例 3-7】 生成图 3-102 所示的曲面造型。

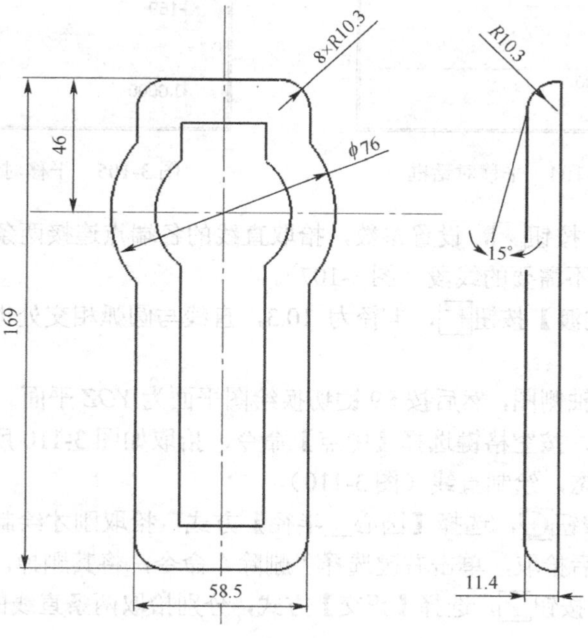

图 3-102 零件图

绘图步骤：

（1）绘制截面线

① 按下 F5 键，切换当前绘制平面为 *XOY* 平面。

② 单击曲线工具栏【整圆】按钮，在立即菜单中选择【圆心__半径】方式，拾取原点为圆心点，然后按回车键，输入半径值“38”。单击【直线】按钮，在立即菜单中设置参数，画水平线，如图 3-103 所示。

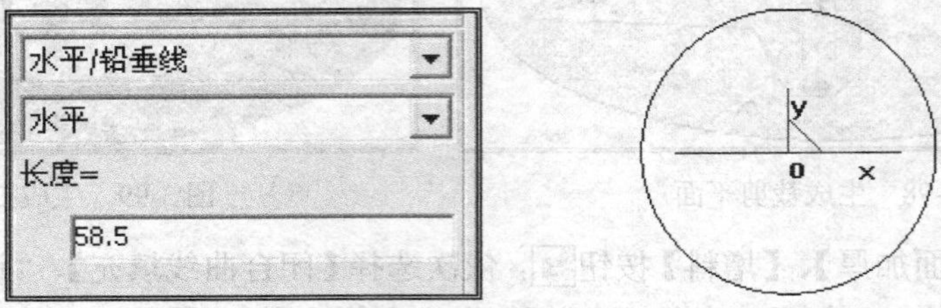

图 3-103　绘制水平线

③ 单击几何变换工具栏中的【平移】按钮，在立即菜单中设置参数（图 3-104），选择刚才绘制的直线并单击鼠标右键。单击【平移】按钮，设置参数（图 3-105），选择上步操作被移动的直线并单击鼠标右键（图 3-106）。

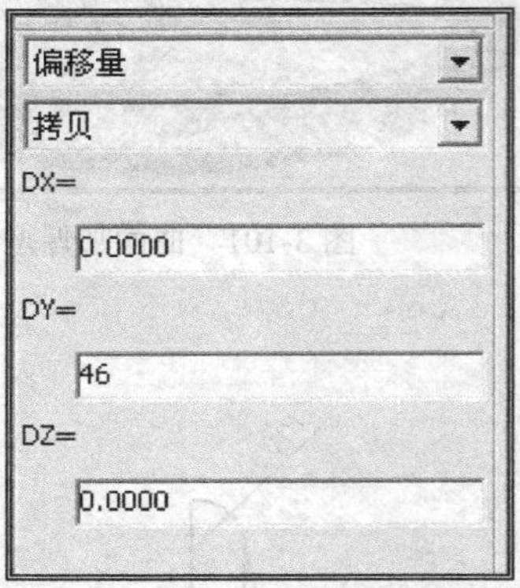

图 3-104　平移对话框

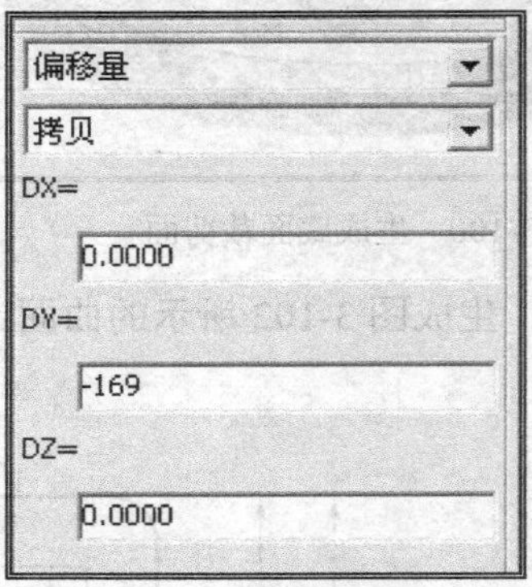

图 3-105　平移对话框

④ 单击【直线】按钮，设置参数，拾取直线的各端点连接两条直线，单击【曲线裁剪】按钮，裁剪掉不需要的线段（图 3-107）。

⑤ 单击【曲线过渡】按钮，半径为 10.3，直线与圆弧相交处也要进行过渡，过渡曲线如图 3-108 所示。

⑥ 按 F8 键显示轴侧图，然后按 F9 键切换绘图平面为 *YOZ* 平面。选择【直线】按钮，设置参数（图 3-109），按空格键选择【中点】命令，拾取如图 3-110 所示直线的中点，然后按 S 键回到缺省点状态，绘制直线（图 3-110）。

⑦ 单击【圆】按钮，选择【圆心__半径】方式，拾取刚才绘制直线的两个端点，绘圆形（图 3-111）。然后拾取，单击右键选择“删除”命令，将其删掉。

⑧ 单击【直线】按钮，选择【正交】方式，分别拾取两条直线的中点，绘制直线（图 3-112）。

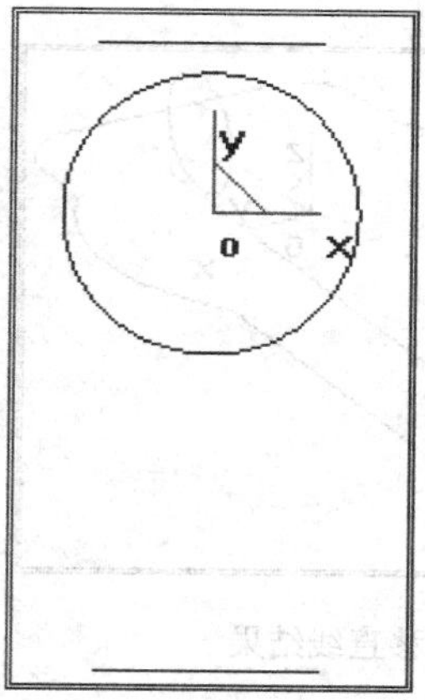

图 3-106　平移结果

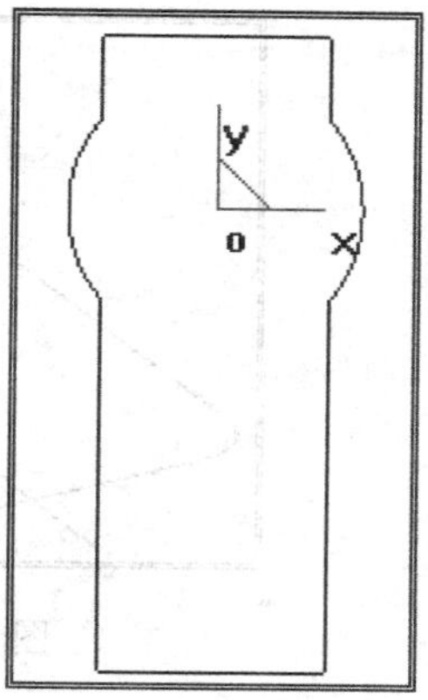

图 3-107　修剪结果

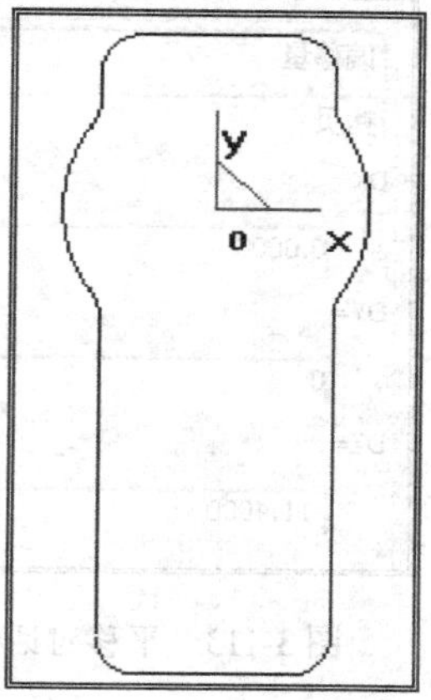

图 3-108　倒圆角结果

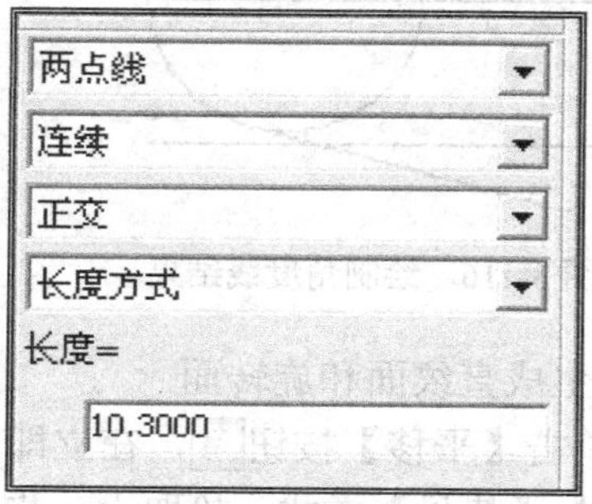

图 3-109　直线对话框

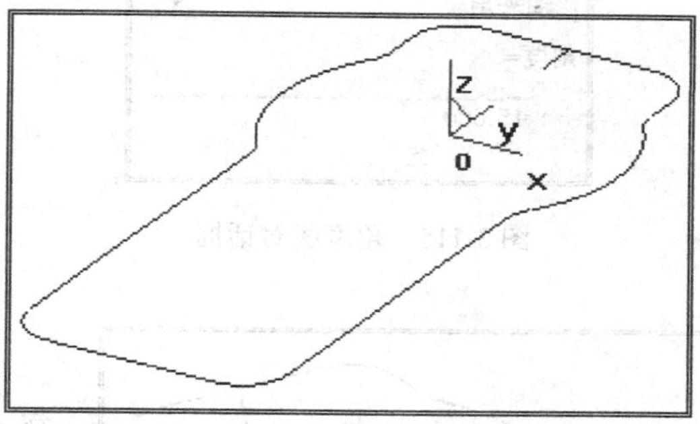

图 3-110　绘制直线结果

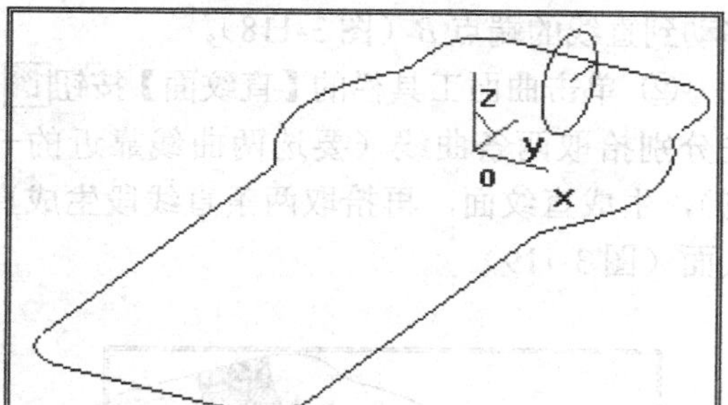

图 3-111　绘制圆

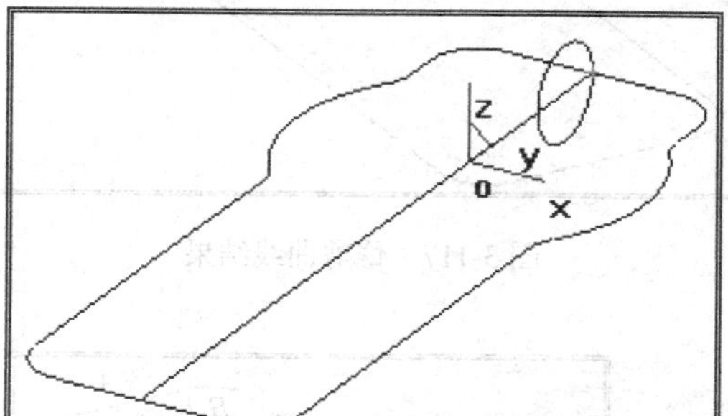

图 3-112　绘制直线

⑨ 单击【平移】按钮，设置参数（图 3-113），选择上步操作绘制的直线并单击鼠标右键，直线移动到图 3-114 所示位置。

⑩ 按 F6 键，将绘图平面切换到 *YOZ* 面，单击【直线】按钮，在立即菜单中设置参数（图 3-115），按“空格”键，在弹出的立即菜单中选择【切点】，然后拾取圆，按 S 键回到“缺省点”状态，得到角度线（图 3-116）。按 F8 键显示轴侧图，单击【曲线裁剪】按钮，裁剪掉不需要的线段（图 3-117）。

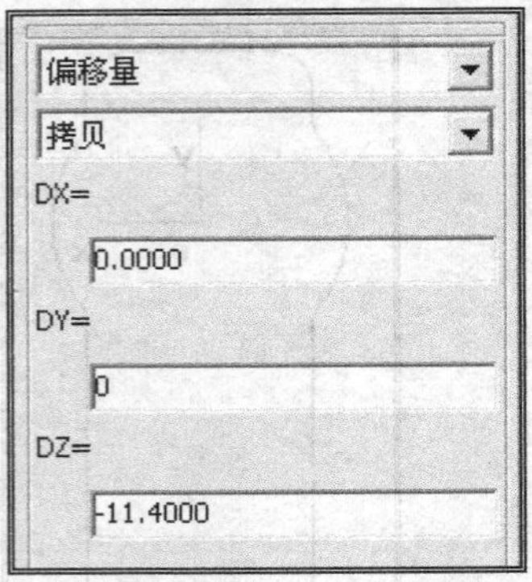

图 3-113 平移对话框

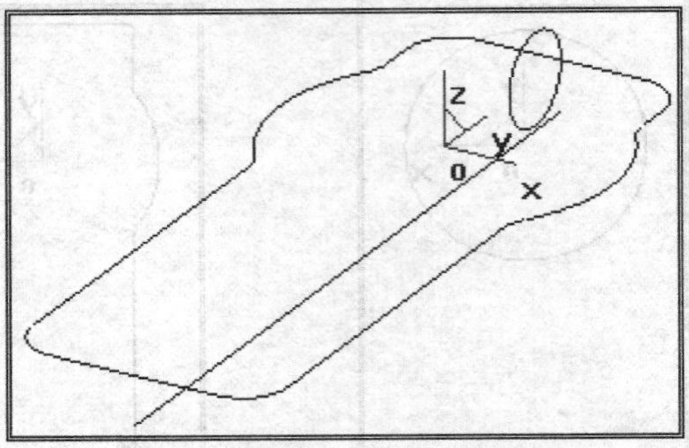

图 3-114 平移直线结果

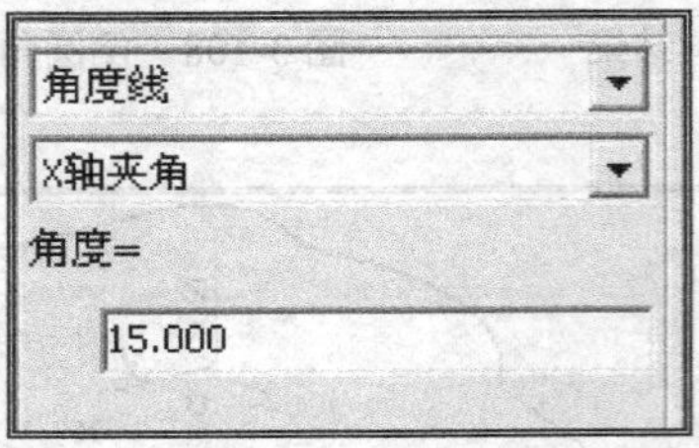

图 3-115 角度线对话框

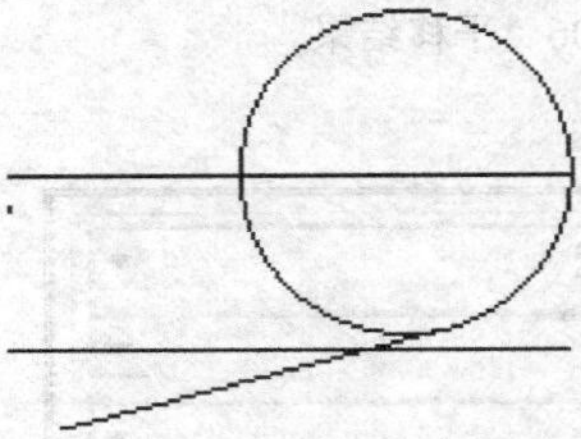

图 3-116 绘制角度线结果

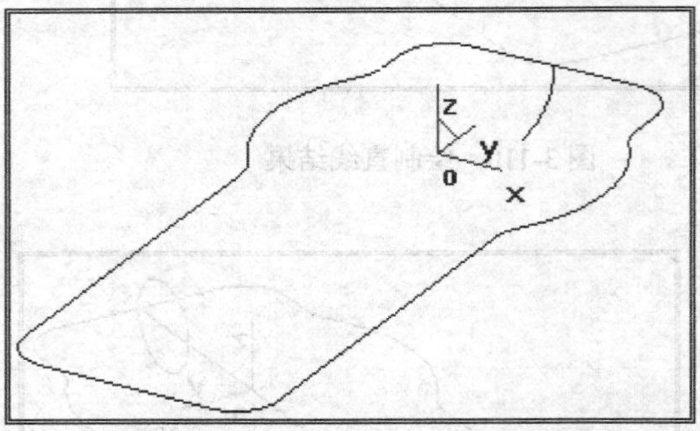

图 3-117 修剪曲线结果

（2）生成直纹面和旋转面

① 单击【平移】按钮，在立即菜单选择【两点】、【拷贝】方式，拾取上一步中的曲线和直线段，单击鼠标右键确认。状态栏提示“输入基点”，拾取曲线的端点 *A*，然后将鼠标移动到直线的端点 *B*（图 3-118）。

② 单击曲面工具栏的【直纹面】按钮，先分别拾取两条曲线（要选两曲线靠近的一侧），生成直纹面，再拾取两条直线段生成直纹面（图 3-119）。

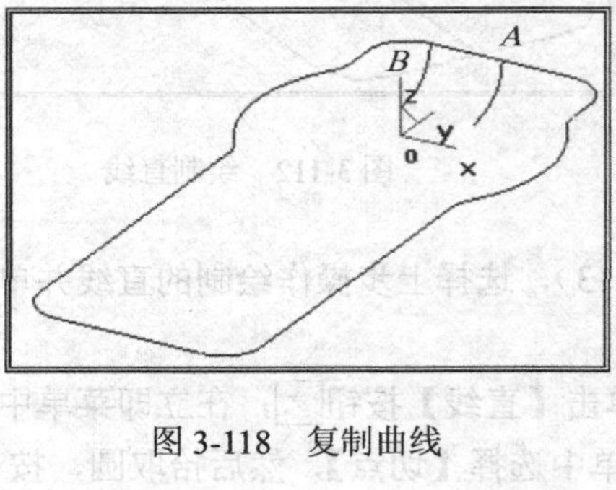

图 3-118 复制曲线

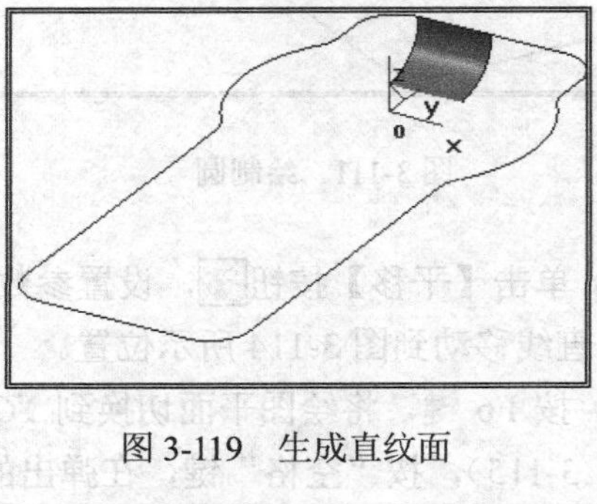

图 3-119 生成直纹面

③ 按 F9 键切换绘图平面为 *YOZ* 面，单击【直线】按钮，选择【两点线】、【正交】方式，按空格键，在弹出的立即菜单中选择【圆心】，拾取图 3-120 所示圆弧；按 S 键切换为

“缺省点”状态，绘制直线 L（图 3-120）。

④ 单击【旋转面】按钮，在立即菜单中输入终止角 90°，此时状态栏拾取刚绘制的直线 L，选择向上的箭头方向。拾取图 3-121 所示圆弧为母线。

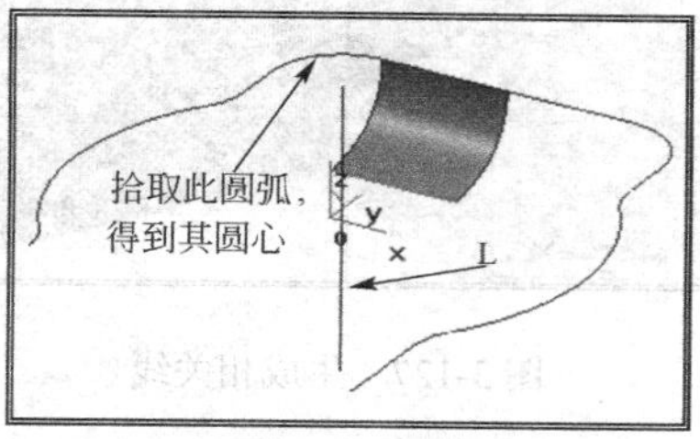

图 3-120　绘制直线

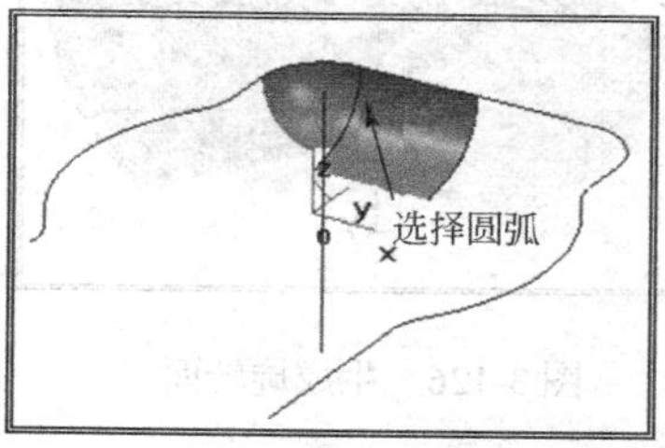

图 3-121　生成旋转面

⑤ 单击【曲线打断】按钮，拾取（图 3-122）将被打断的直线。此时状态栏提示“拾取点”，拾取直线的交点为打断点，此时直线被分成两个部分（图 3-122）。

⑥ 单击【旋转面】按钮，在立即菜单中输入终止角 90°，拾取同一旋转轴直线 L，并选择向上箭头方向，然后拾取图 3-122 所示直线上段为母线。旋转面如图 3-123 所示。

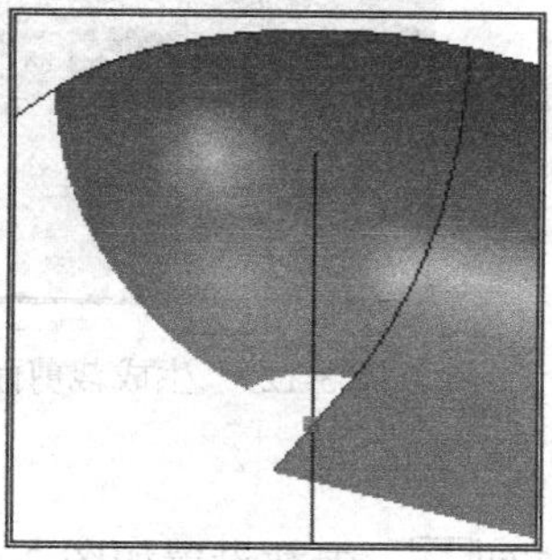
图 3-122　绘制直线

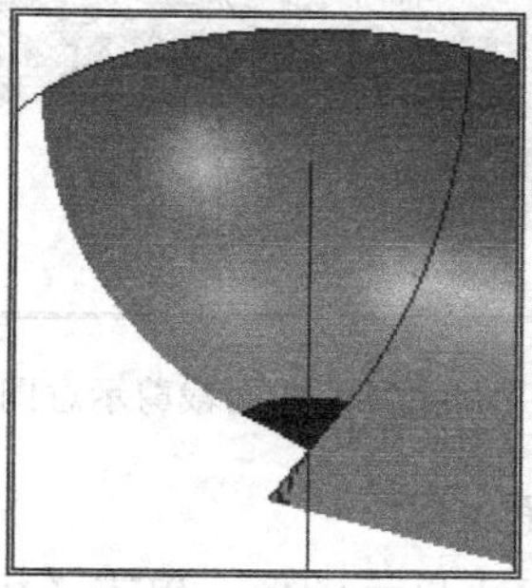
图 3-123　生成旋转面

⑦ 绘制交叉处面。按 F9 键将绘图平面切换到 *XOY* 平面，单击【平面镜像】按钮，选择【拷贝】方式。根据状态栏提示，拾取图 3-124 所示的直线两端点作为旋转轴的起点和末点。拾取两个面作为要旋转的元素，单击鼠标右键确认，平面镜像如图 3-125 所示。

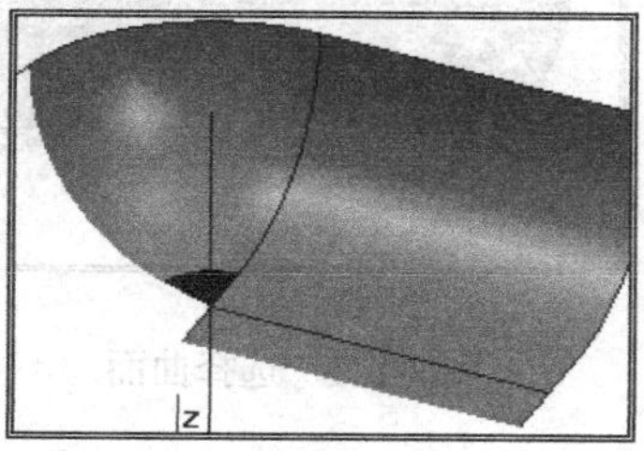

图 3-124　镜像直线

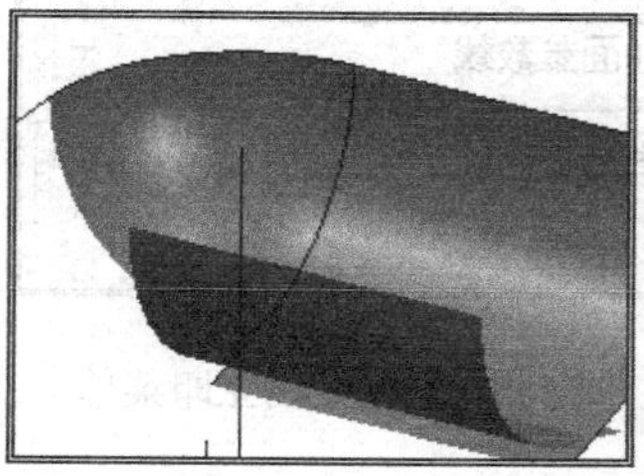
图 3-125　生成镜像面

⑧ 单击【平面旋转】按钮，选择旋转中心点，然后选择镜像形成的两个面，单击鼠标右键确认，两个面移动到位置（图 3-126）。

⑨ 单击【相关线】按钮，选择【曲面交线】，根据提示选取相交的两个面，两个曲面

的相交处形成一条线，结果如图 3-127 所示。

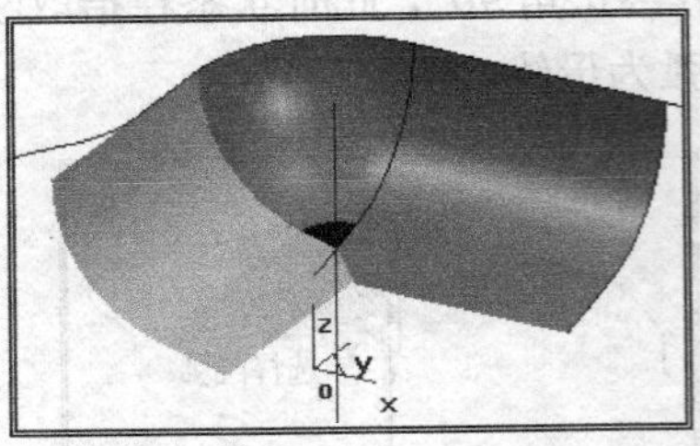

图 3-126 生成旋转面

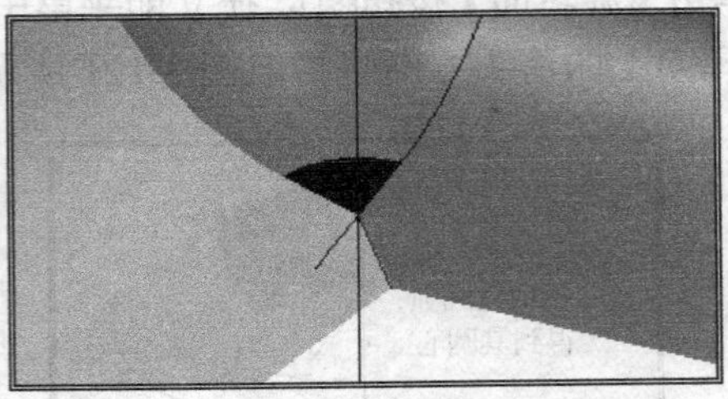

图 3-127 生成相关线

⑩ 单击【曲面裁剪】按钮，选择【线裁剪】、【裁剪】。选择其中的一个相交面，选择上步操作生成的交线作为“剪刀线”（图 3-128），选择其中一个箭头并单击鼠标右键。同理操作将另一曲面裁剪，裁剪结果如图 3-129 所示。

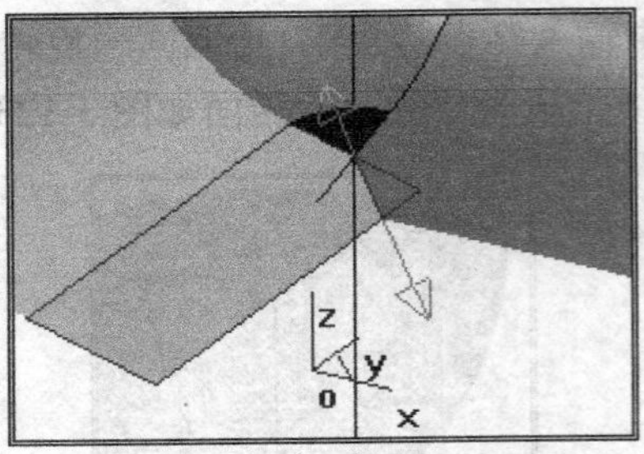

图 3-128 曲面裁剪示意图

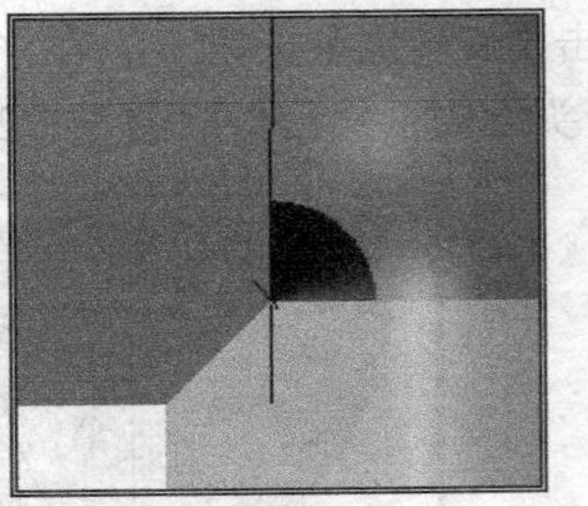

图 3-129 生成裁剪面

（3）裁剪曲面 a

① 按 F8 和 F3 显示图形，单击【相关线】按钮，参数设置如图 3-130 所示，选择图 3-131 所示曲面。

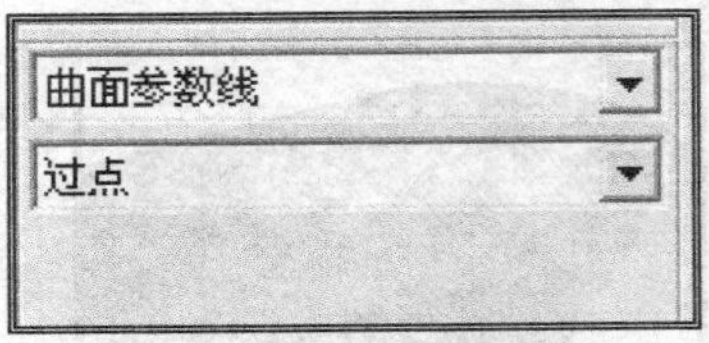

图 3-130 相关线立即菜单

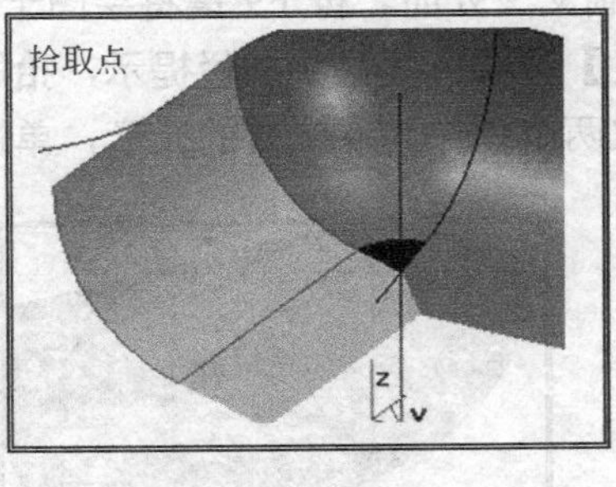

图 3-131 选择曲面

② 选择图 3-131 所示点，选择图 3-132 所示方向，单击鼠标右键，生成参数线，同理生成另一个曲面的参数线（图 3-133）。

③ 单击【曲面裁剪】按钮，选择【线裁剪】、【裁剪】。根据提示选择曲面（图 3-131）。根据提示选择图 3-134 所示剪刀线并选择其中一个箭头。单击鼠标右键，同理裁剪下面的曲面，如图 3-135 所示。

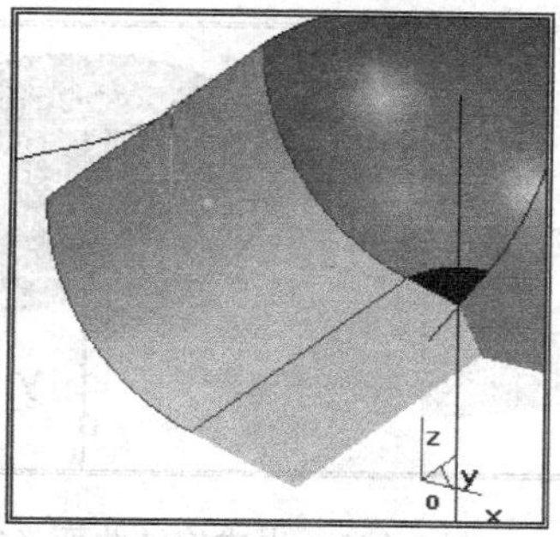

图 3-132　选择方向

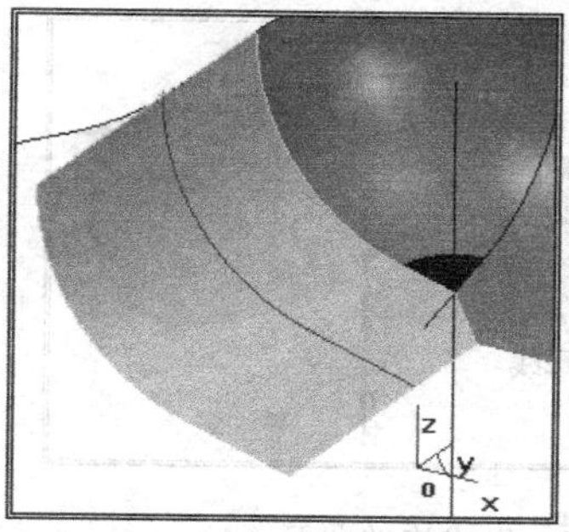

图 3-133　生成相关线

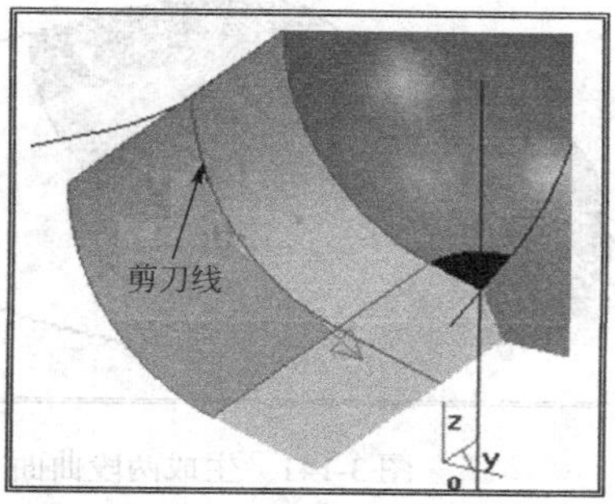

图 3-134　选择曲面与剪刀线

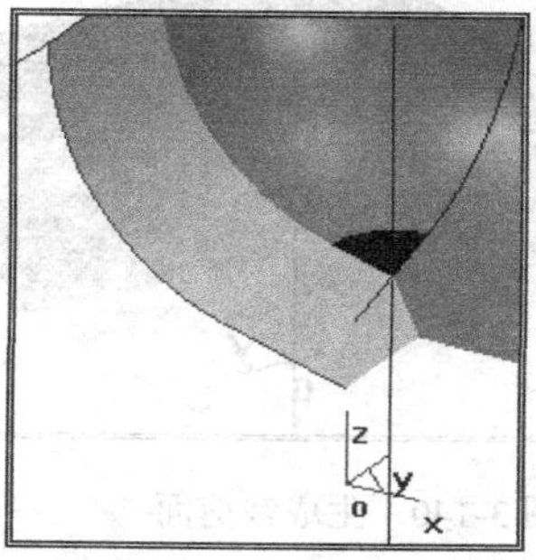

图 3-135　生成修剪曲面

（4）生成旋转平面 b

① 按 F9 选择当前工作平面为 *YOZ* 平面，单击【直线】按钮，选择【正交】，按空格键，在弹出的立即菜单中选择【圆心】，单击图 3-136 所示圆弧，按空格键选择【缺省点】，绘制平行 *Z* 轴的直线（图 3-137）。

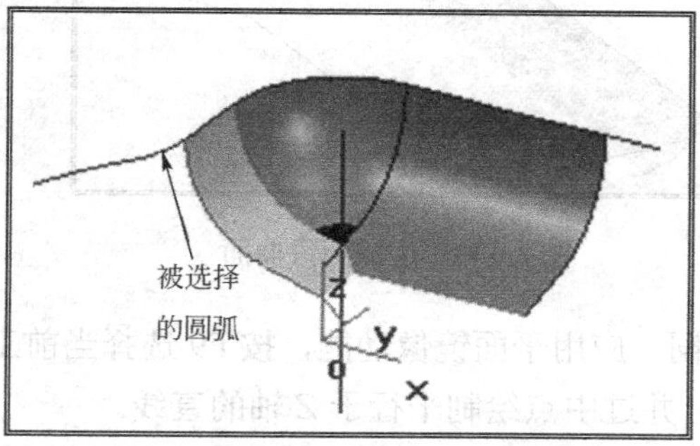

图 3-136　选择圆弧线

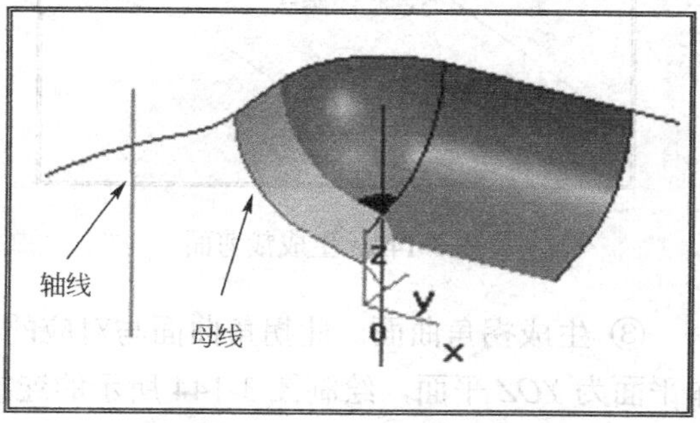

图 3-137　生成直线

② 单击【旋转面】按钮，设置起始角为 0，终止角为 90，按照图 3-138 选择旋转轴和母线，生成旋转曲面（图 3-138），同理生成下半部的曲面（图 3-139）。

③ 裁剪曲面 b。如同“裁剪曲面 a”操作将刚生成的曲面裁剪（图 3-140）。

④ 旋转曲面并裁剪同上述“生成旋转面 b”和“裁剪曲面 a”操作，生成两段圆弧处的曲面（图 3-141）。

（5）平面镜像和裁剪平面

① 单击【平移】按钮，选择【两点】方式（图 3-142），选择偏移线、基点和目标点。

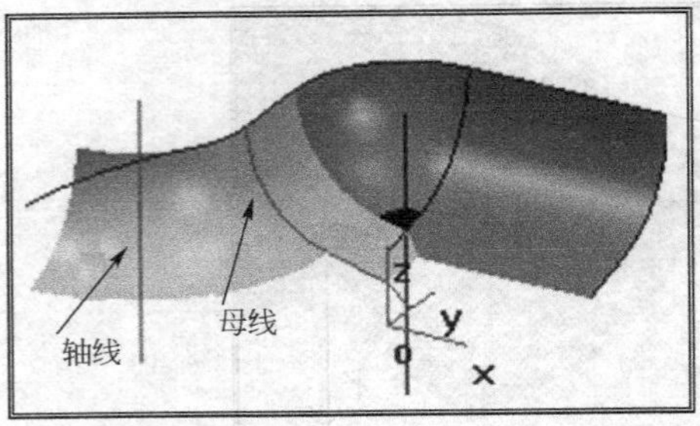

图 3-138　生成旋转曲面（1）

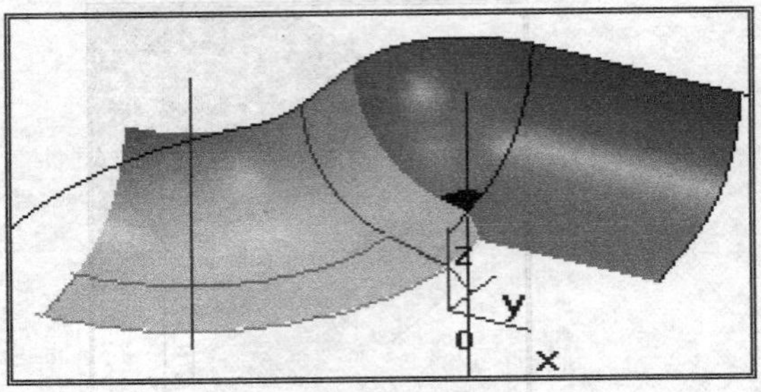

图 3-139　生成旋转曲面（2）

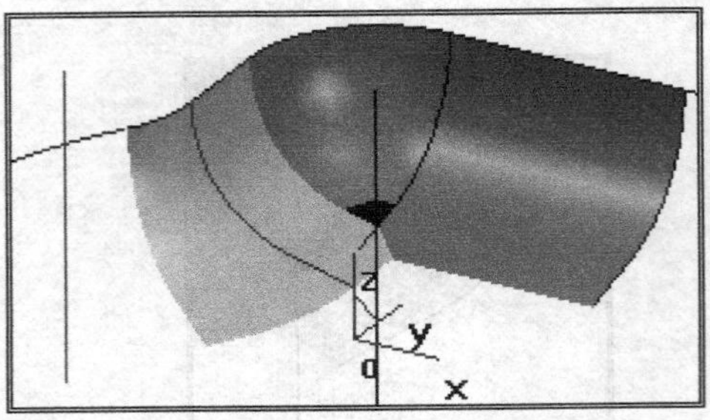

图 3-140　生成裁剪面

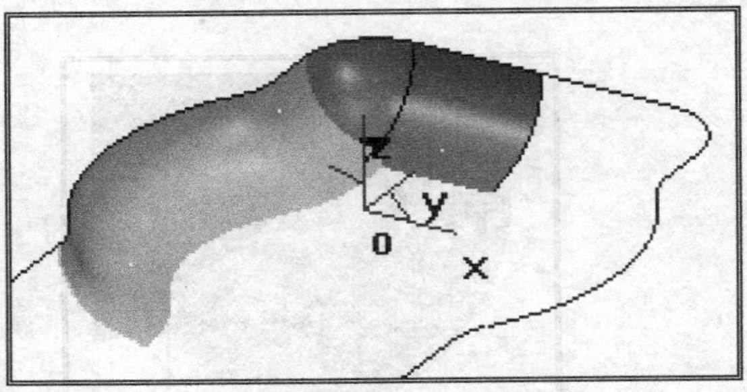

图 3-141　生成两段曲面

② 单击【直纹面】按钮，选择【曲线+曲线】方式，选择图 3-142 所示的两对曲线，即生成曲面（图 3-143）。

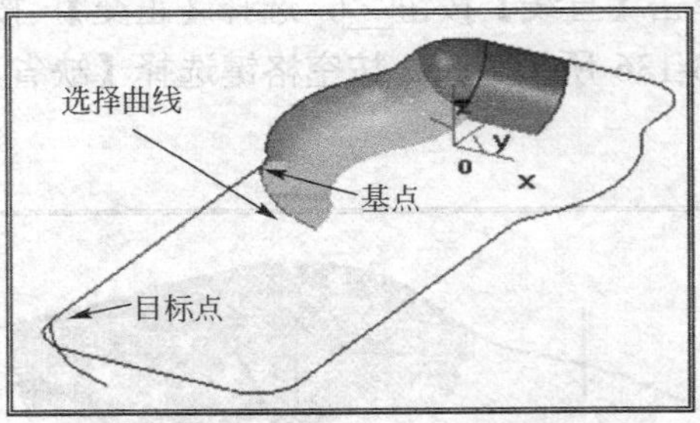

图 3-142　生成裁剪面

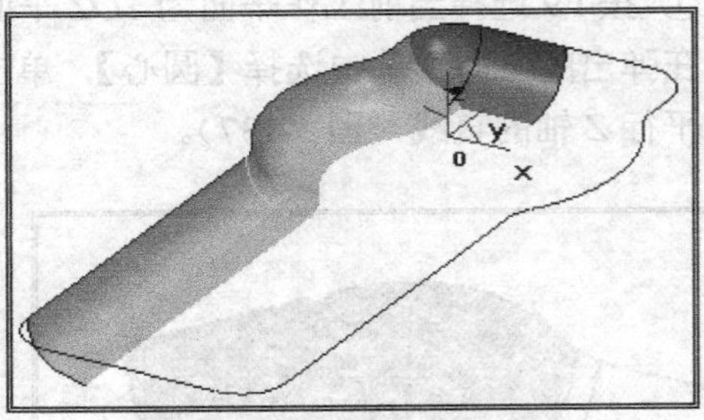

图 3-143　生成两段曲面

③ 生成拐角曲面。此拐角曲面与对应的面相同，应用平面镜像功能，按 F9 选择当前工作平面为 *YOZ* 平面，绘制图 3-144 所示的连接线，并过中点绘制平行于 *Z* 轴的直线。

④ 单击【平面镜像】按钮，设置为【拷贝】形式，选择上步操作绘制的直线始末点，然后选择对应的四个面，单击鼠标右键，镜像曲面（图 3-145）。

⑤ 镜像曲面。选择当前绘图平面为 *XOY* 面，如同④的镜像操作，将整个图形作镜像操作。选择图 3-146 所示轴线，选择所有曲面，单击右键，结果如图 3-147 所示。

⑥ 生成裁剪平面。单击【相关线】按钮，在立即菜单中选择【曲面边界线】且【全部】方式，拾取曲面，得到所有的边界线（图 3-148）。

⑦ 单击【平面】按钮，在立即菜单中选择【裁剪平面】方式，状态栏提示：拾取平面外轮廓，则拾取底面的所有曲面边界线，按右键确认，立即生成裁剪平面（图 3-149）。

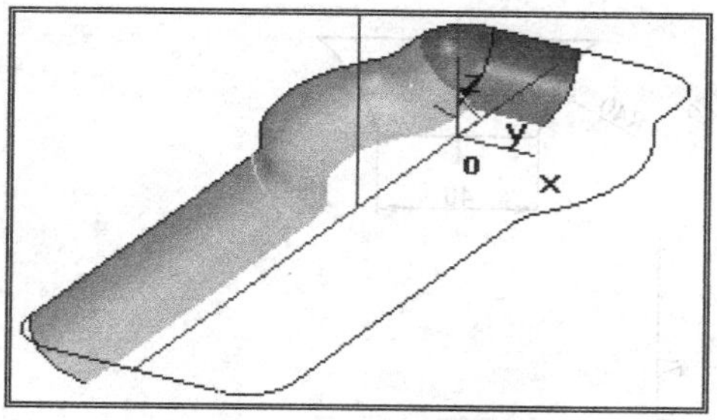

图 3-144 生成直线

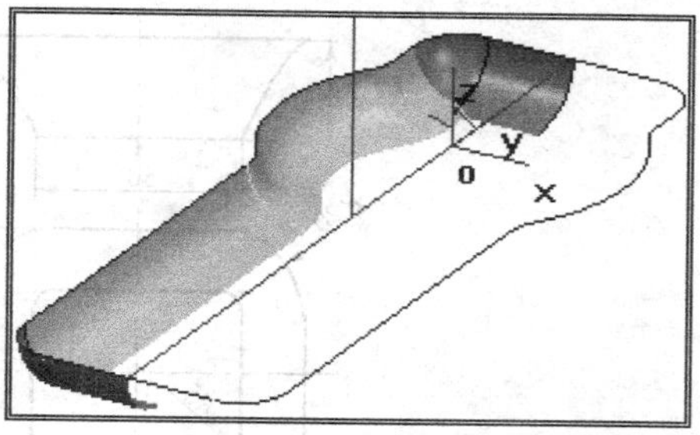

图 3-145 生成镜像面

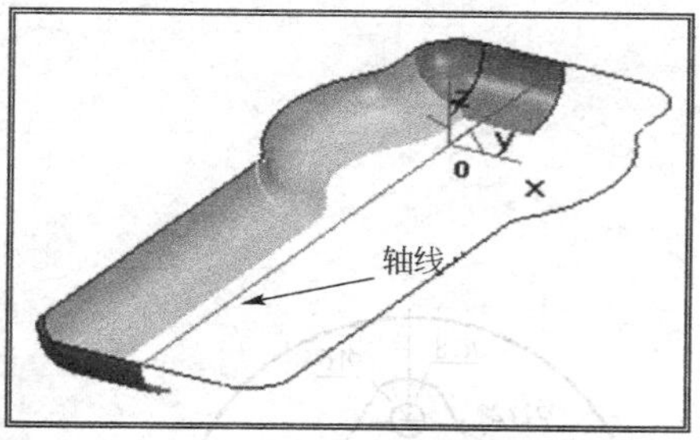

图 3-146 选择轴线

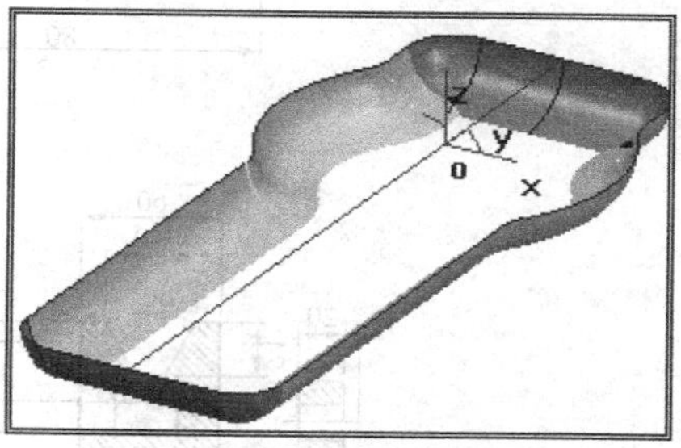

图 3-147 生成镜像面

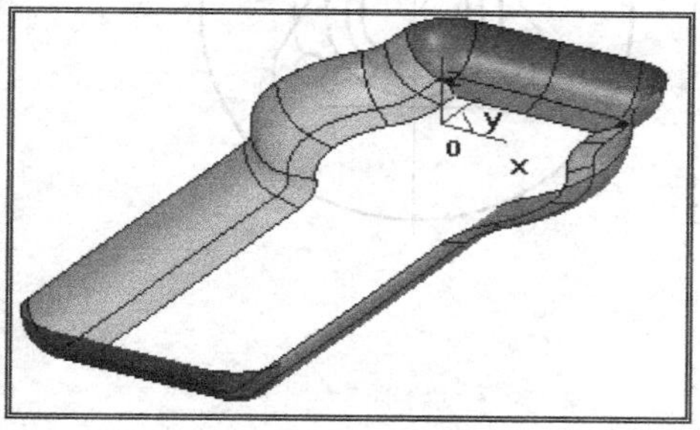

图 3-148 选择边界线

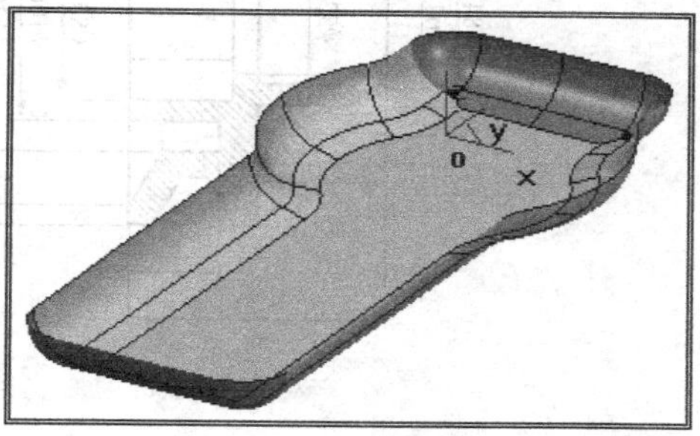

图 3-149 生成镜像面

小 结

CAXA 制造工程师 2008 软件提供了强大的曲面造型功能，本章主要根据曲面不同的造型形式，详细说明了直纹面、扫描面、旋转面、边界面、放样面、网格面、导动面、等距面、平面和实体表面等曲面的生成方式，并利用实例说明了这些曲面功能的应用方法。

思考与练习

1. 思考题

（1）CAXA 制造工程师提供了哪些曲面生成和曲面编辑的方法？

（2）平行导动、固接导动、导动线和平面导动有哪些区别？

（3）CAXA 制造工程师提供了哪些曲面实体复合造型的方法？

2. 练习题

（1）根据零件的二维视图，生成零件的曲面造型，如题图 3-1。

（2）根据零件的二维视图，生成零件的曲面造型，如题图 3-2。

（3）根据零件的二维视图，生成零件的曲面造型，如题图 3-3。

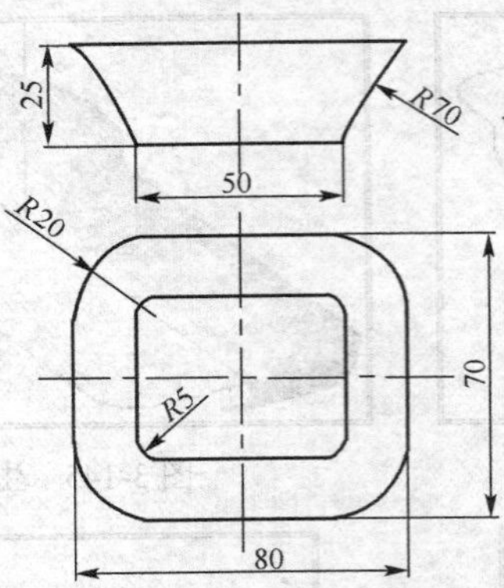

题图 3-1

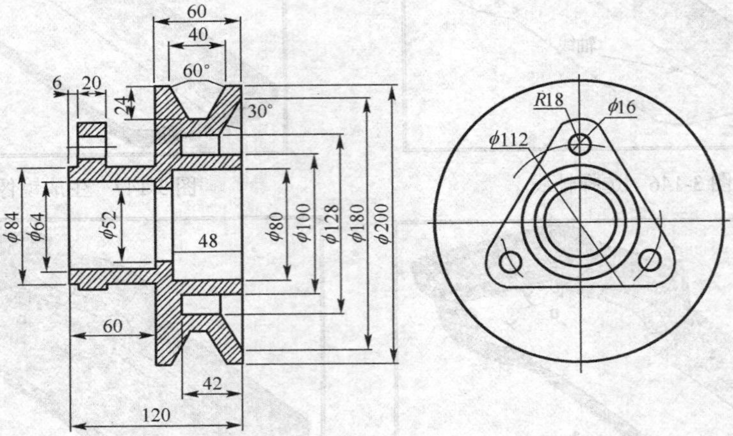

题图 3-2

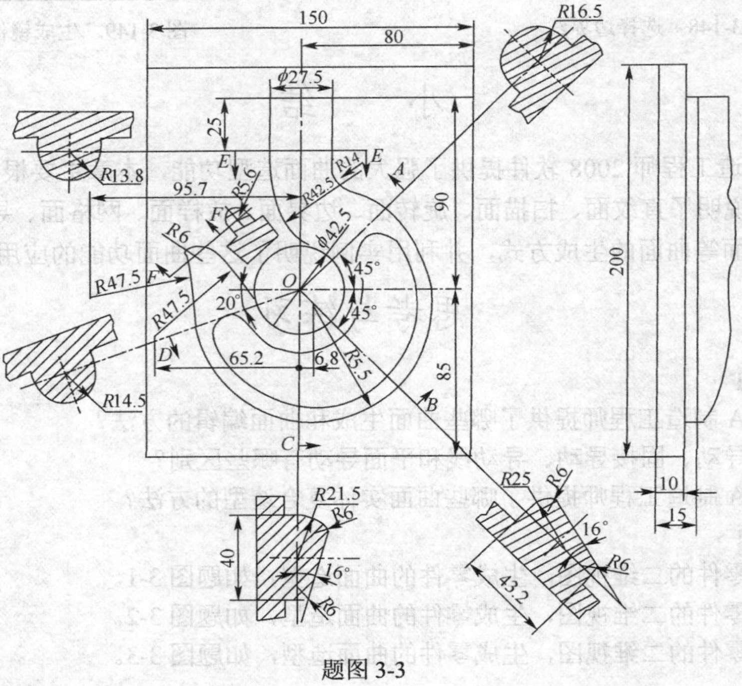

题图 3-3

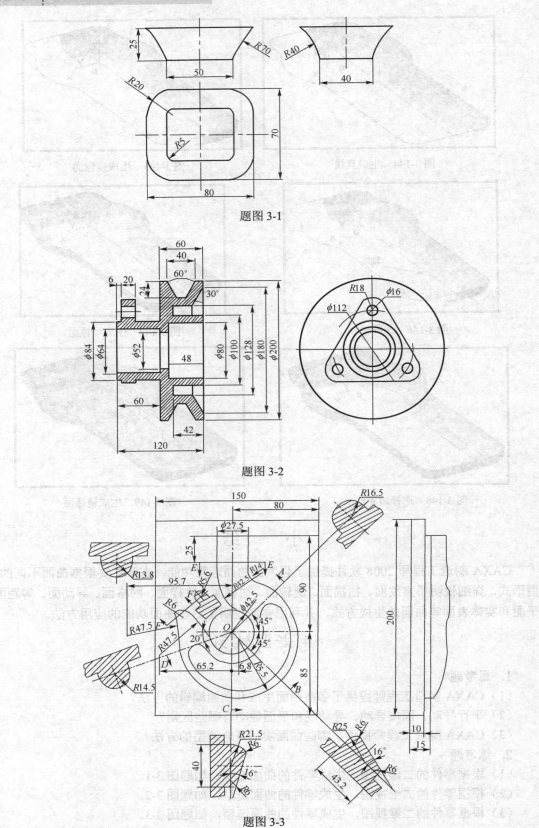

（4）根据零件的二维视图，生成零件的曲面造型，如题图 3-4。

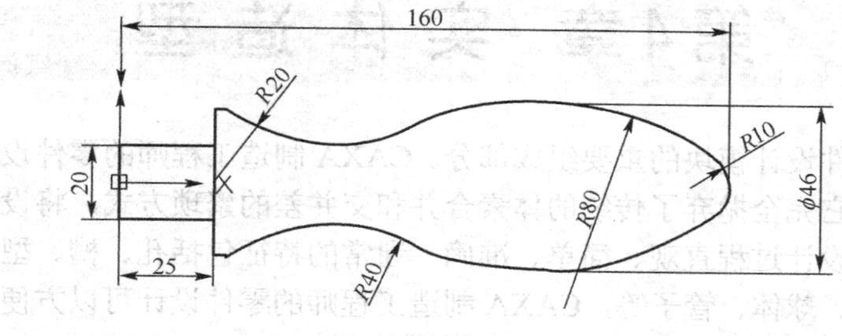

题图 3-4

（5）根据零件的二维视图，生成零件的曲面造型，如题图 3-5。

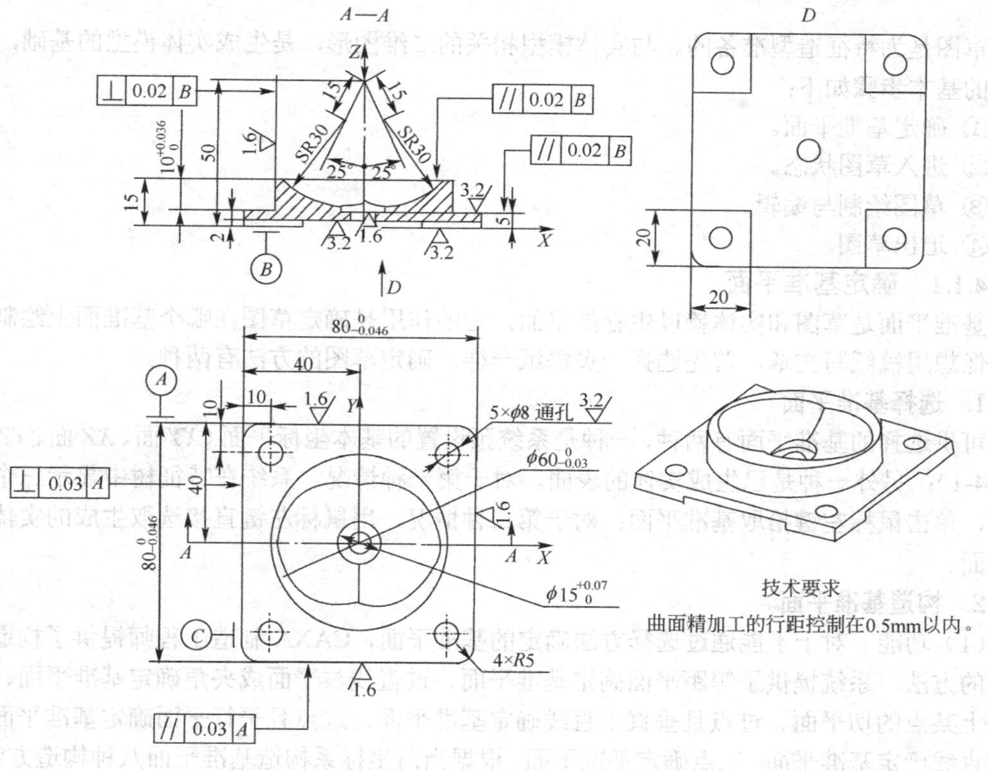

题图 3-5

第4章 实体造型

特征设计是零件设计模块的重要组成部分。CAXA 制造工程师的零件设计采用精确的特征实体造型技术，它完全抛弃了传统的体素合并和交并差的繁琐方式，将设计信息用特征术语来描述，使整个设计过程直观、简单、准确。通常的特征包括孔、槽、型腔、点、凸台、圆柱体、块、锥体、球体、管子等，CAXA 制造工程师的零件设计可以方便地建立和管理这些特征信息。通过对本章学习，掌握构建实体的方法和技巧。

4.1 草图的绘制

草图是为特征造型准备的、与实体模型相关的二维图形，是生成实体模型的基础，绘制草图的基本步骤如下：

① 确定基准平面。

② 进入草图状态。

③ 草图绘制与编辑。

④ 退出草图。

4.1.1 确定基准平面

基准平面是草图和实体赖以生存的平面，它的作用是确定草图在哪个基准面上绘制，这就好像想用稿纸写文章，首先选择一页稿纸一样。确定草图的方法有两种。

1. 选择基准平面

可供选择的基准平面有两种，一种是系统预设置的基本坐标平面（*XY* 面、*XZ* 面、*YZ* 面），（图 4-1）；另外一种是已生成实体的表面。对于第一种情况，系统在特征树中显示三个基准平面，单击鼠标左键拾取基准平面；对于第二种情况，用鼠标左键直接选取生成的实体的某个平面。

2. 构造基准平面

（1）功能　对于不能通过选择方法确定的基准平面，CAXA 制造工程师提供了构造基准平面的方法。系统提供了等距平面确定基准平面、过直线与平面成夹角确定基准平面、生成曲面上某点的切平面、过点且垂直于直线确定基准平面、过点且平行平面确定基准平面、过点和直线确定基准平面、三点确定基准平面、根据当前坐标系构造基准平面八种构造方法（图 4-2）。

（2）操作

① 单击按钮，或单击【造型】→【特征生成】→【基准面】命令，弹出基准面对话框。

② 根据构造条件，需要时填入距离或角度，单击【确定】完成操作。

（3）说明

【距离】：指生成平面距参照平面尺寸值，可以直接输入所需数值，也可单击按钮调节。

【向相反方向】：指与默认的方向相反的方向。

【角度】：指生成平面与参照平面的所夹锐角的尺寸值，可以直接输入所需数值，也可以单击按钮来调节。

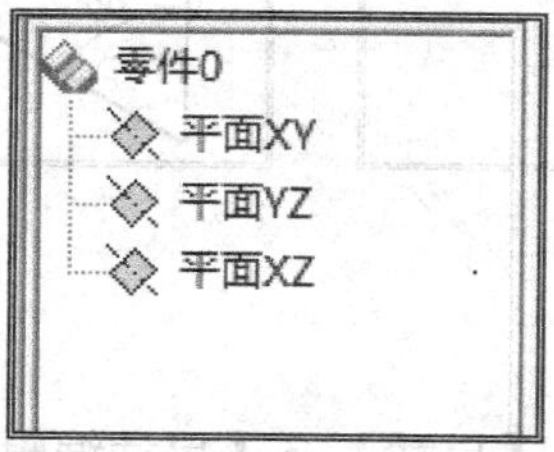

图 4-1 预置基准平面

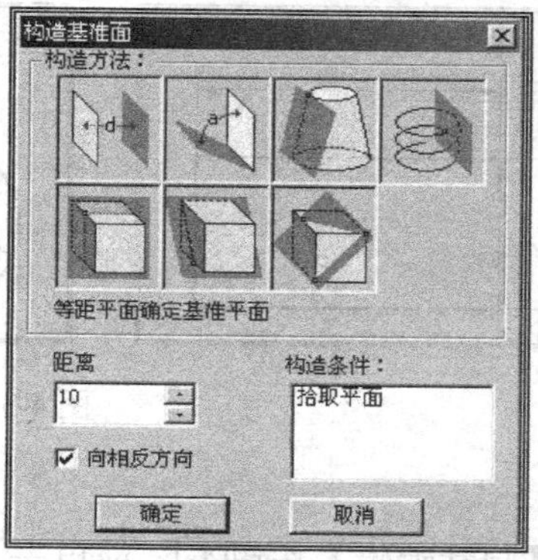

图 4-2 “构造基准面”对话框

【例 4-1】 构造一个在 Z 轴负向与 XY 平面相距 30mm 的基准平面。

绘图步骤：

① 单击 F8 键，显示轴侧图状态。

② 单击【构造基准面】按钮，出现（图 4-2）对话框。先单击【构造条件】中的【拾取平面】，然后选择特征树中的 XY 平面。这时，构造条件中的【拾取平面】显示【平面准备好】。同时，在绘图区显示的红色虚线框代表 XY 平面，绿色线框表示将要构造的基准平面。

③ 在【距离】中输入 30。

④ 选中【向相反方向】复选框，单击【确认】按钮，系统就生成了一个在 Z 轴负向与 XY 平面相距 30mm 的基准平面。

4.1.2 进入草图状态

只有在草图状态下，才可以对草图进行绘制和编辑。进入草图状态的方式有两种：第一种方法是在特征树上选择一个基准平面后，单击【绘制草图】按钮，或单击 F2 键，在特征树中添加了一个草图分支，表示进入草图状态；另一种方法是选择特征树中已经存在的草图，单击【绘制草图】按钮，或单击 F2 键，即打开了草图，进入草图编辑状态。

4.1.3 草图的绘制与编辑

进入草图状态后，才可以使用曲线功能对草图进行绘制和编辑操作，有关曲线绘制和编辑等功能在前面的章节已经介绍了。下面主要介绍 CAXA 制造工程师提供的专门用于草图的功能。

1. 尺寸模块

尺寸模块中共有三个功能：尺寸标注、尺寸编辑和尺寸驱动。

（1）尺寸标注

1）功能 指在草图状态下，对所绘制的图形标注尺寸。

2）操作

① 单击【尺寸标注】按钮，或单击【造型】→【尺寸】→【尺寸标注】命令。

② 拾取尺寸标注元素，拾取另一尺寸标注元素或指定尺寸线位置，操作完成（图 4-3）。

• 注意

在非草图状态下，不能标注尺寸。

（2）尺寸编辑

1）功能 指在草图状态下，对标注的尺寸进行标注位置上的修改。

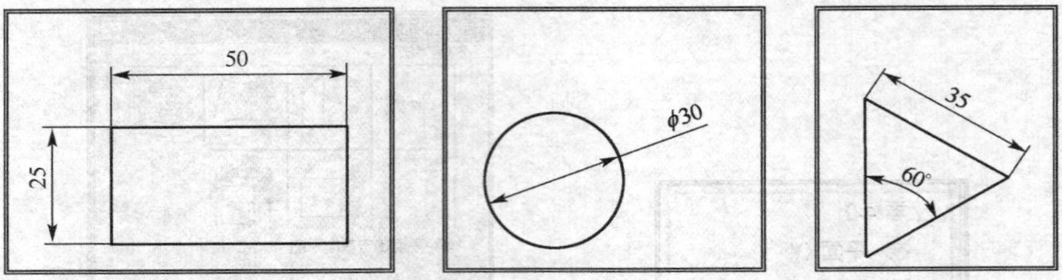

图4-3 尺寸标注

2）操作

① 单击【尺寸编辑】按钮，或单击【造型】→【尺寸】→【尺寸编辑】命令。

② 拾取需要编辑的尺寸元素，修改尺寸线位置，尺寸编辑完成（图4-4）。

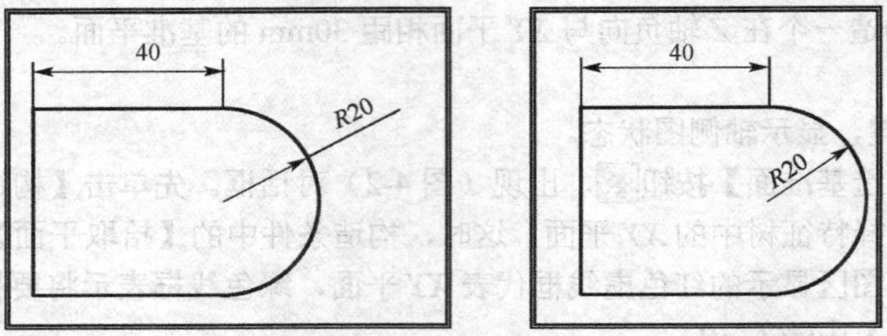

图4-4 尺寸编辑

• 注意

在非草图状态下，不能编辑尺寸。

（3）尺寸驱动

1）功能 尺寸驱动用于修改某一尺寸，而图形的几何关系保持不变。

2）操作

① 单击【尺寸驱动】按钮，或单击【造型】→【尺寸】→【尺寸驱动】命令。

② 拾取要驱动的尺寸，弹出半径对话框。输入新的尺寸值，尺寸驱动完成（图4-5）。

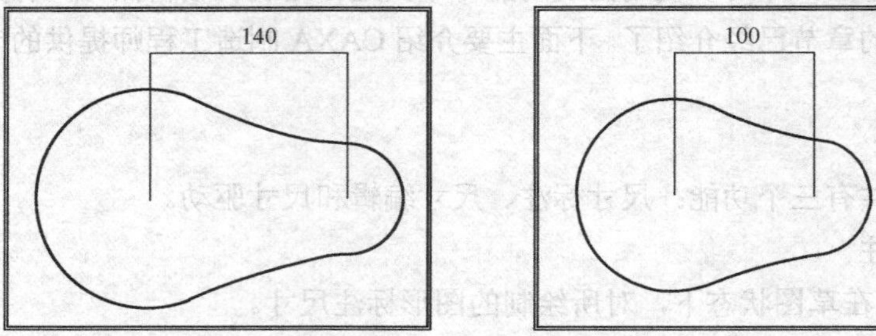

图4-5 尺寸驱动

• 注意

在非草图状态下，不能驱动尺寸。

2. 曲线投影

（1）功能 指将曲线沿草图基准平面的法向投影到草图平面上，生成曲线在草图平面上的投影线。

（2）操作

① 单击【曲线投影】按钮，或单击【造型】→【曲线生成】→【曲线投影】命令。

② 拾取曲线，生成投影线。

● 注意

只有在草图状态下，曲线投影才能使用。

3. 草图环检查

（1）功能　指用来检查草图环是否是封闭的。

（2）操作　单击【草图环检查】按钮，或单击【造型】→【草图环检查】命令，系统弹出草图是否封闭的提示（图4-6）。

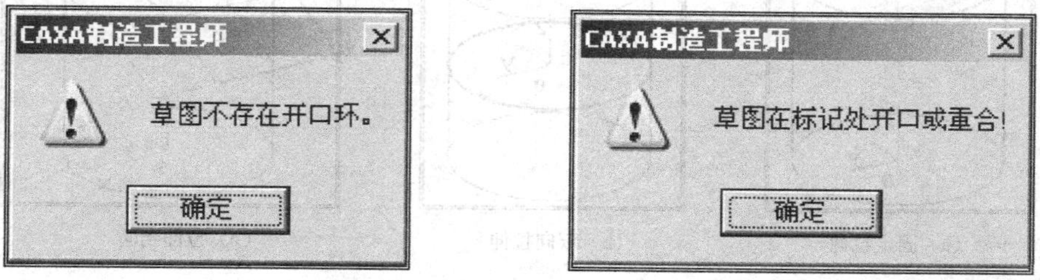

图4-6　草图环检查

4. 退出草图

当草图编辑完成后，单击【绘制草图】按钮，或单击F2键，按钮弹起表示退出草图状态。只有退出草图状态后才可以利用该草图生成特征实体。

4.2 特 征 造 型

4.2.1 拉伸特征

1. 拉伸增料

（1）功能　拉伸增料将一个轮廓曲线根据指定的距离做拉伸操作，用以生成一个增加材料的特征。拉伸类型包括固定深度、双向拉伸和拉伸到面。

（2）操作

① 单击【拉伸增料】按钮，或单击【造型】→【特征生成】→【拉伸增料】命令（图4-7）。

② 选取拉伸类型，填入深度，拾取草图，单击【确定】完成操作。

（3）说明

【固定深度】：是指按照给定的深度数值进行单向的拉伸[图4-8（a）]。

【深度】：是指拉伸的尺寸值，可以直接输入所需数值，也可以单击按钮来调节。

【拉伸对象】：是指对需要拉伸的草图的选取。

【反向拉伸】：是指与默认方向相反的方向进行拉伸。

【增加拔模斜度】：是指使拉伸的实体带有

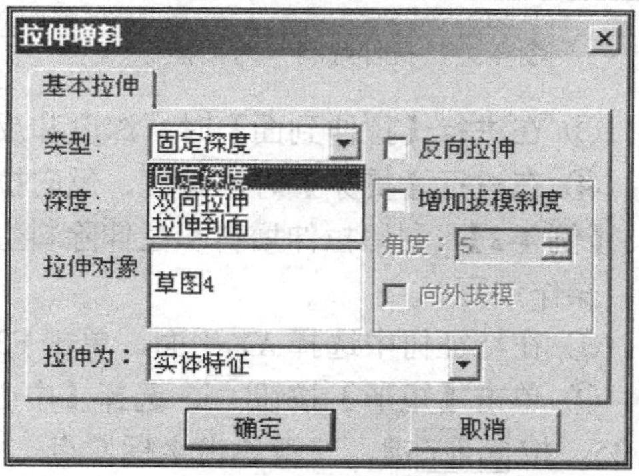

图4-7　“拉伸增料”对话框

锥度。

【角度】：是指拔模时母线与中心线的夹角。

【向外拔模】：是指与默认方向相反的方向进行操作。

【双向拉伸】：是指以草图为中心，向相反的两个方向进行拉伸，深度值以草图为中心平分，可以生成实体[图4-8（b）]。

【拉伸到面】：是指拉伸位置以曲面为结束点进行拉伸，需要选择要拉伸的草图和拉伸到的曲面[图4-8（c）]。

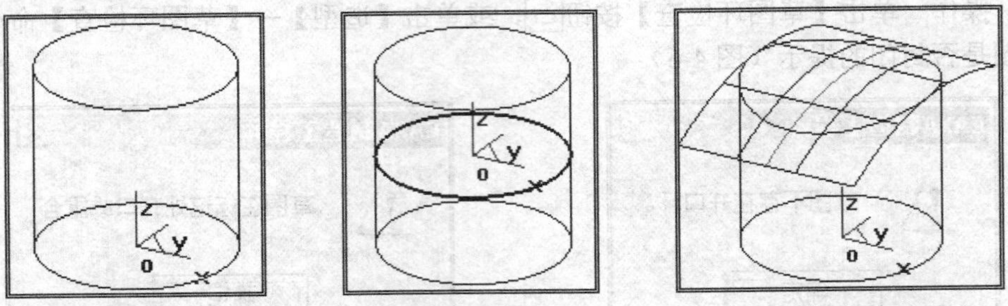

（a）固定拉伸　（b）双向拉伸　（c）拉伸到面

图4-8　拉伸增料类型

2. **拉伸除料**

（1）功能　将一个轮廓曲线根据指定的距离做拉伸操作，用以生成一个减去材料的特征。拉伸类型包括固定深度、双向拉伸、拉伸到面和贯穿，如图4-8所示。

（2）操作

① 单击【拉伸除料】按钮，或单击【应用】→【特征生成】→【除料】命令，弹出“拉伸除料”对话框（图4-9）。

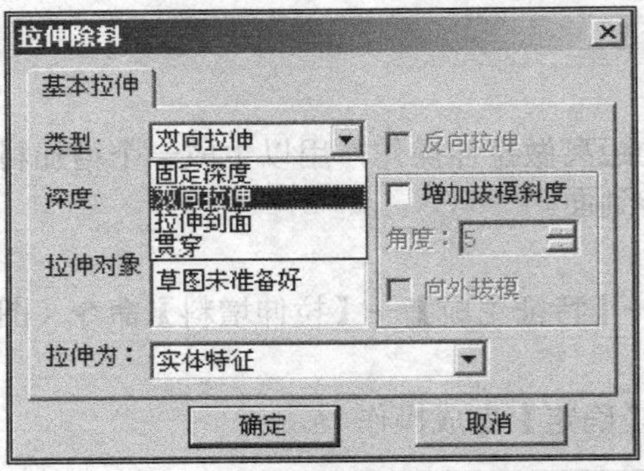

图4-9　“拉伸除料”对话框

② 选取拉伸类型，填入【深度】值，拾取草图，单击【确定】完成操作。

（3）说明

【贯穿】：是指草图拉伸后，将基体整个穿透。其余参数和拉伸增料相同，不再详述。

● 注意

① 在进行【双向拉伸】时，拔模斜度不可用。

② 在进行【拉伸到面】时，要使草图能够完全投影到这个面上，如果面的范围比草图小，会产生操作失败。

③ 在进行【拉伸到面】时，深度和反向拉伸不可用。

④ 在进行【贯穿】时，深度、反向拉伸和拔模斜度不可用。

【例4-2】　利用拉伸增料和拉伸除料生成图4-10所示的支架模型。

操作过程：

① 在特征树中选择 *XY* 平面，单击F2进入草图。

② 单击【矩形】按钮，选择【中心_长_宽】，长度输入110，按Enter键，宽度输入35，按Enter键，左键单击坐标原点。

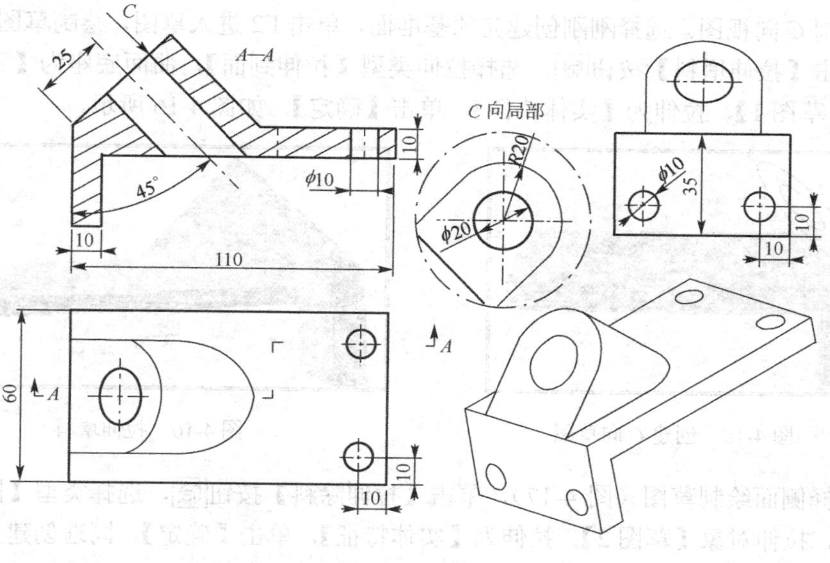

图 4-10 支架

③ 单击【矩形】按钮，选择【两点方式】，第一点选择步骤②绘制矩形的右下定点，输入“@–100，25”，按 Enter 键并修剪，如图 4-11 所示。

④ 单击【拉伸增料】按钮，选择拉伸类型【固定深度】，深度 60，拉伸对象【草图 0】，拉伸为【实体特征】，单击【确定】(图 4-12)。

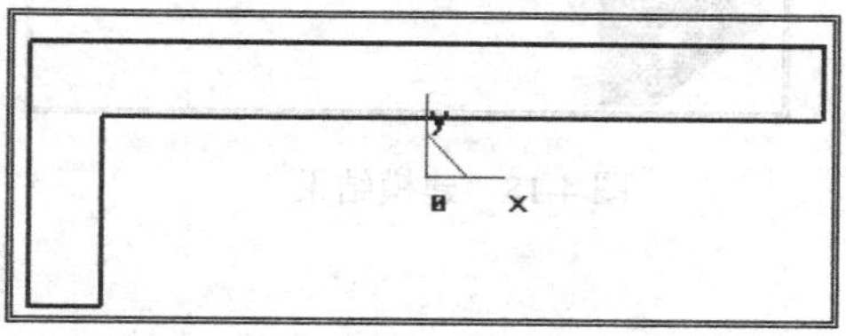

图 4-11 绘制草图

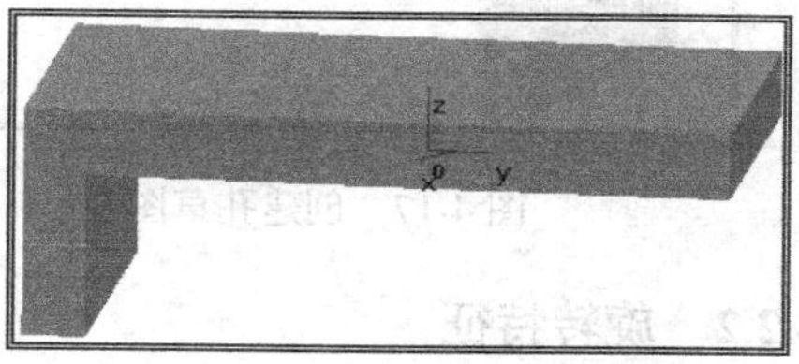

图 4-12 底板实体

⑤ 创建基准面，绘制 *C* 向视图。单击【构造基准平面】按钮，选择过直线与平面成夹角确定基准平面（图 4-13），键入角度“45”，选择上表面为参考平面（图 4-14），拾取直线 *L* 为旋转轴，单击【确定】，基准面创建完成。

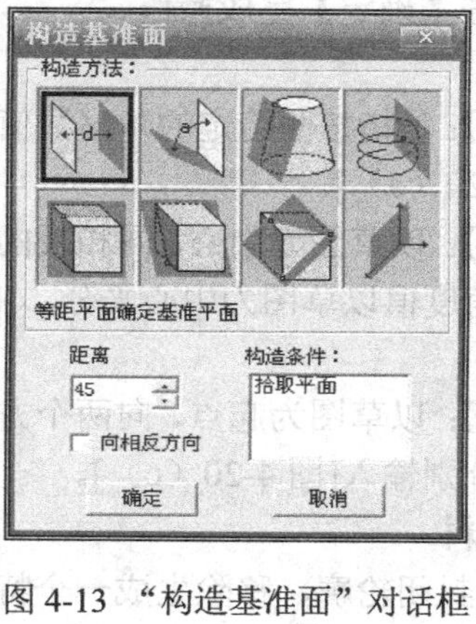

图 4-13 “构造基准面”对话框

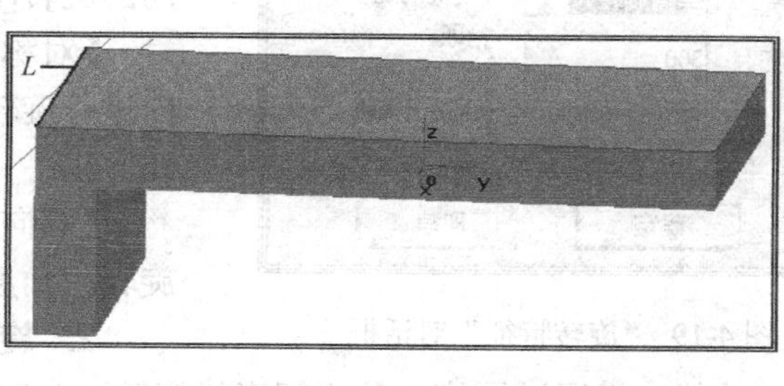

图 4-14 选择基准面和直线

⑥ 绘制 C 向视图。选择刚刚创建完的基准面，单击 F2 进入草图，绘制草图（图 4-15）。

⑦ 单击【拉伸增料】按钮，选择拉伸类型【拉伸到面】，曲面底座为【下表面】，拉伸对象为【草图 1】，拉伸为【实体特征】，单击【确定】，如图 4-16 所示。

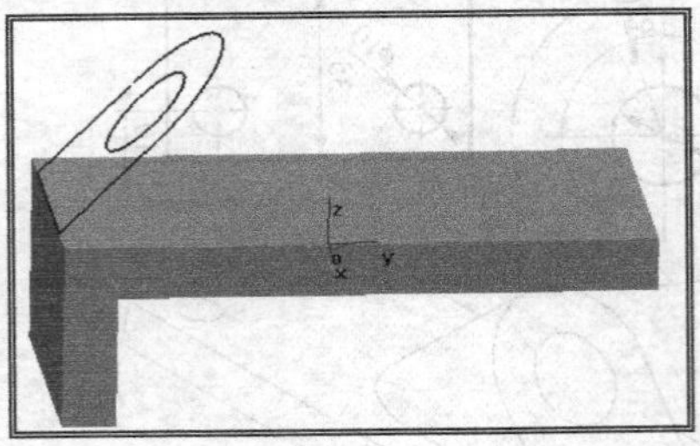

图 4-15 创建 C 向草图

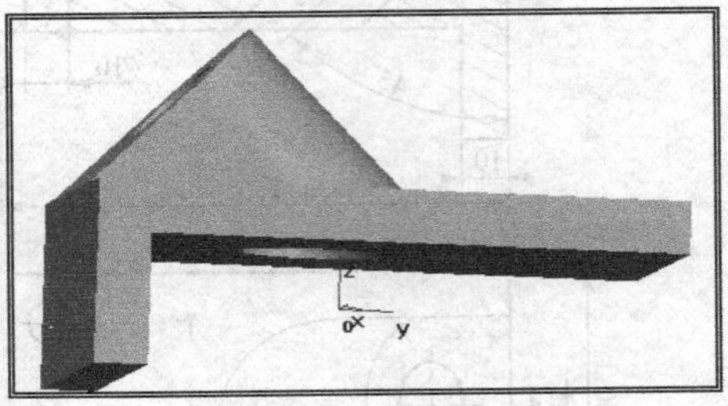

图 4-16 拉伸增料

⑧ 选择侧面绘制草图（图 4-17），单击【拉伸除料】按钮，选择类型【固定深度】，深度“20”，拉伸对象【草图 2】，拉伸为【实体特征】，单击【确定】。同理创建上表面的孔，结果如图 4-18 所示。

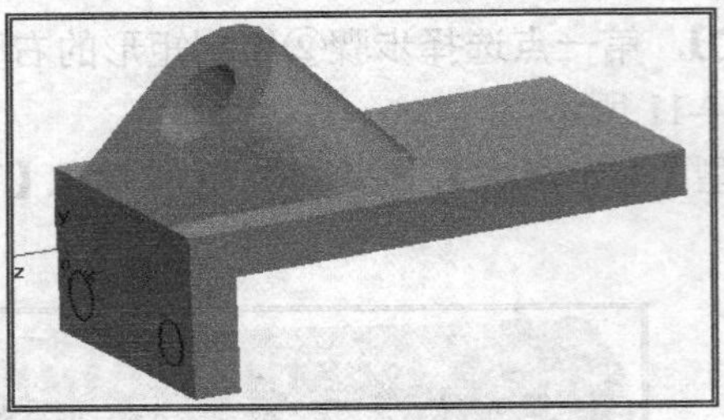

图 4-17 创建孔草图

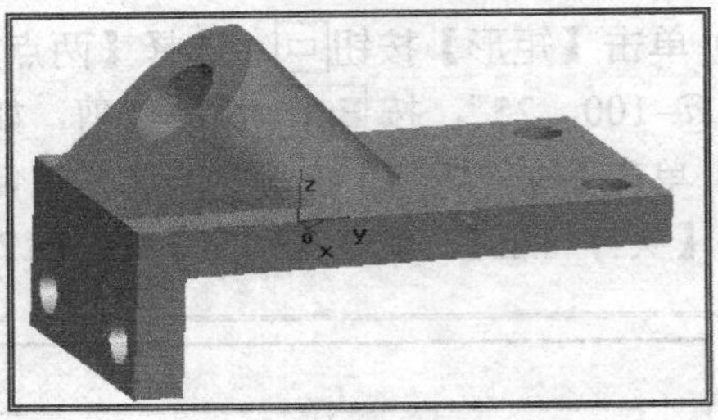

图 4-18 建模结果

4.2.2 旋转特征

1. 旋转增料

（1）功能 指通过围绕一条空间直线旋转一个或多个封闭轮廓，增加生成一个特征。

（2）操作

① 单击【旋转增料】按钮，或单击【造型】→【特征生成】→【增料】→【旋转】命令，弹出旋转特征对话框（图 4-19）。

② 选取旋转类型，填入角度，拾取草图和轴线，单击【确定】完成操作。

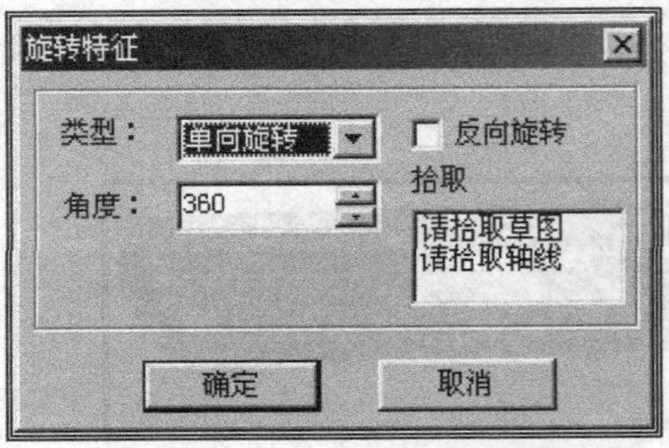

图 4-19 “旋转特征”对话框

（3）说明

【单向旋转】：是指按照给定的角度数值进行单向的旋转[图 4-20（a）]。

【对称旋转】：以草图为中心，向相反的两个方向进行旋转，角度值以草图为中心平分，[图 4-20（b）]。

【双向旋转】：以草图为起点，向两个方向进行旋转，角度值分别输入[图 4-20（c）]。

2. 旋转除料

（1）功能 指通过围绕一条空间直线旋转一个或多个封闭轮廓，移除生成一个特征。

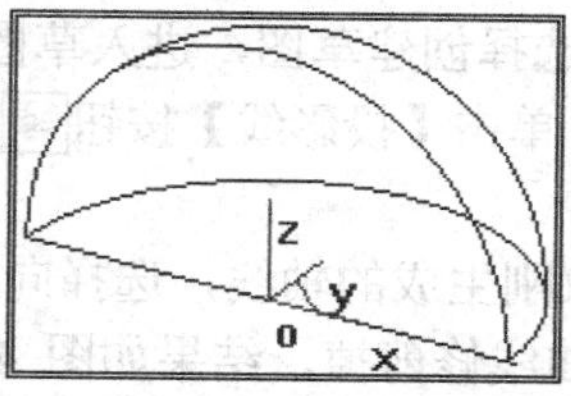

（a）单向旋转

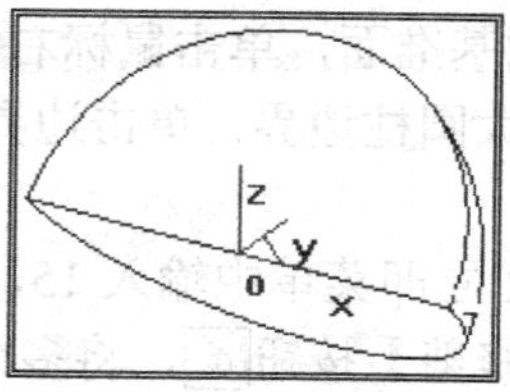

（b）对称旋转

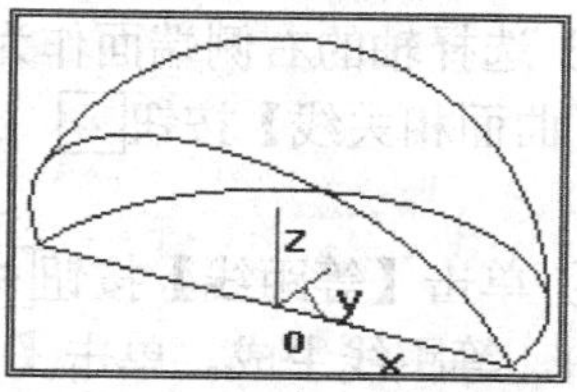

（c）双向旋转

图 4-20　旋转增料

（2）操作

① 单击【旋转除料】按钮，或单击【造型】→【特征生成】→【旋转除料】命令，弹出对话框，对话框与旋转增料相似。

② 选取旋转类型，填入角度，拾取草图和轴线，单击【确定】完成操作。

• 注意

轴线是空间曲线，需要退出草图状态后绘制。

【例 4-3】 利用旋转增料和旋转除料生成小轴实体（图 4-21）。

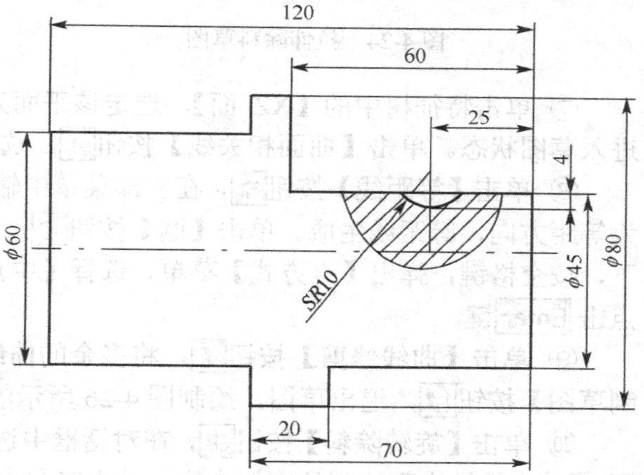

图 4-21　小轴

绘图步骤：

① 单击【直线】按钮，选择【水平/铅锤】和【水平+铅锤】方式。在【输入直线中心点】提示下，选择坐标原点，轴线绘制完成。单击特征树中的“*XY*”面，单击绘制草图按钮，进入草图状态。单击【投影线】按钮，拾取轴线，完成投影。

② 单击【等距线】按钮，在立即菜单中输入距离 60，鼠标拾取 *Y* 向的投影线，选择向右的方向，生成一条等距线。同理采用相同的方法，绘制多条等距线。单击曲线修剪按钮，将多余的曲线裁剪掉。单击绘制草图按钮或单击 F2 键，退出草图（图 4-22）。

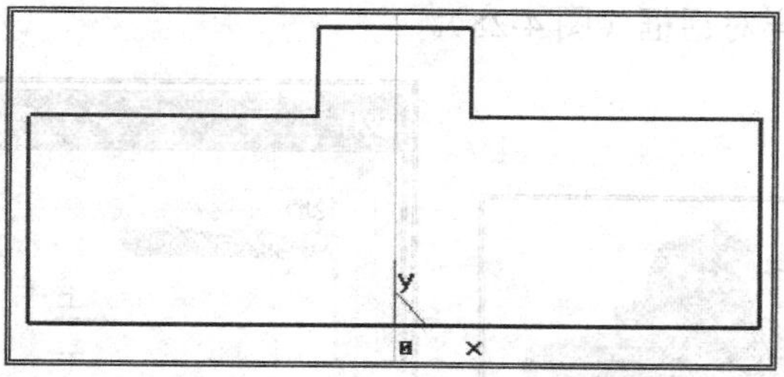

图 4-22　轴草图

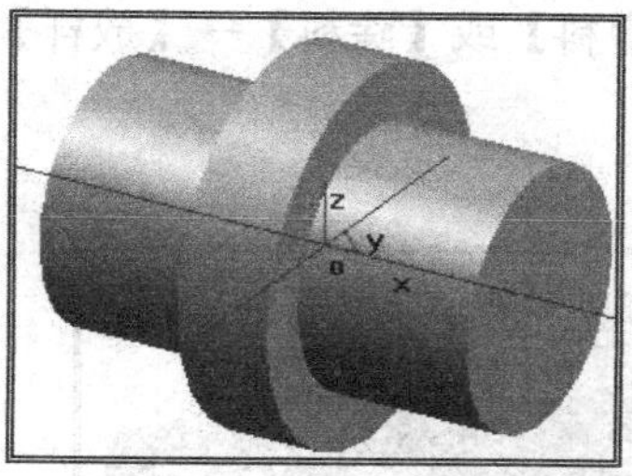

图 4-23　轴旋转结果

③ 单击【旋转增料】按钮，在对话框中选择【单向旋转】方式，拾取旋转对象为【草图 0】，轴线为 *X* 轴向的直线，单击【确定】按钮，旋转结果如图 4-23 所示。

④ 选择轴的右侧端面作为草图基准面，单击鼠标右键，选择创建草图，进入草图状态。单击【曲面相关线】按钮，选择大圆柱边界，单击边界线。单击【投影线】按钮，拾取轴线。

⑤ 单击【等距线】按钮，在立即菜单中输入 15，拾取刚生成的轴线，选择向上的等距方向，等距线生成。单击【曲线修剪】按钮，将多余的曲线修剪掉，结果如图 4-24 所示，单击 F2 键，退出草图状态。

⑥ 单击【拉伸除料】按钮，在立即菜单中选择【固定深度】方式，深度为 60，拉伸对象为【草图 1】，单击确定按钮，结果如图 4-25 所示。

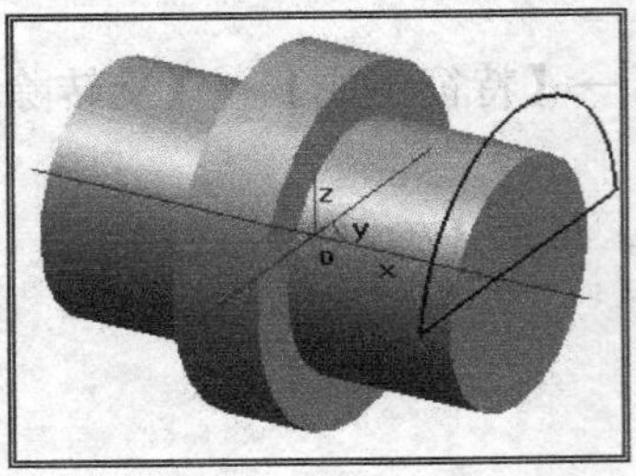

图 4-24 拉伸除料草图

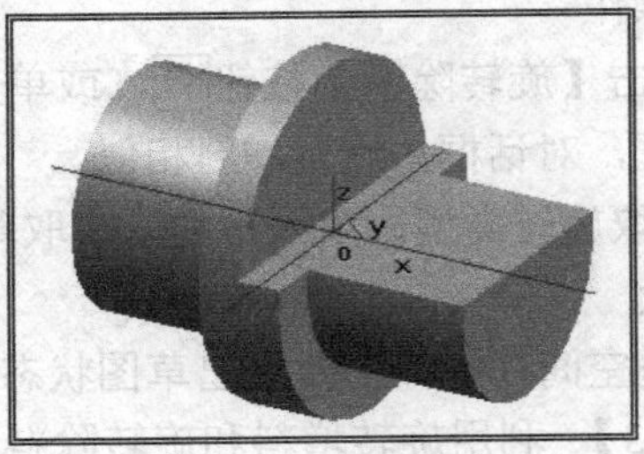

图 4-25 轴拉伸除料结果

⑦ 单击特征树中的【XZ 面】，选定该平面为草图基准面。单击【绘制草图】按钮，进入草图状态。单击【曲面相关线】按钮，选择圆柱平面边界，单击边界线。

⑧ 单击【等距线】按钮，在立即菜单中输入距离为 6，选取刚生成的直线，选择向上为等距方向，等距线生成。单击【圆】按钮，选择【圆心__半径】方式。在输入圆心提示下，按空格键，弹出【点方式】菜单，选择【中点】，拾取刚生成的等距线，输入半径为 10，点击 Enter 键。

⑨ 单击【曲线修剪】按钮，将多余的曲线修剪掉，并将多余的直线删掉。单击【绘制草图】按钮，退出草图。绘制图 4-26 所示的轴线。

⑩ 单击【旋转除料】按钮，在对话框中选择【单向旋转】方式，拾取旋转对象为【草图 2】、旋转轴为刚绘制的空间直线，单击确定按钮，旋转结果如图 4-27 所示。

4.2.3 放样特征

（1）功能 放样增料或放样除料是指根据多个截面线轮廓生成或去除一个实体。

（2）操作

① 单击【放样增料】按钮或者【放样除料】按钮，或单击【造型】→【特征生成】→【增料】或【除料】→【放样】弹出放样对话框（图 4-28）。

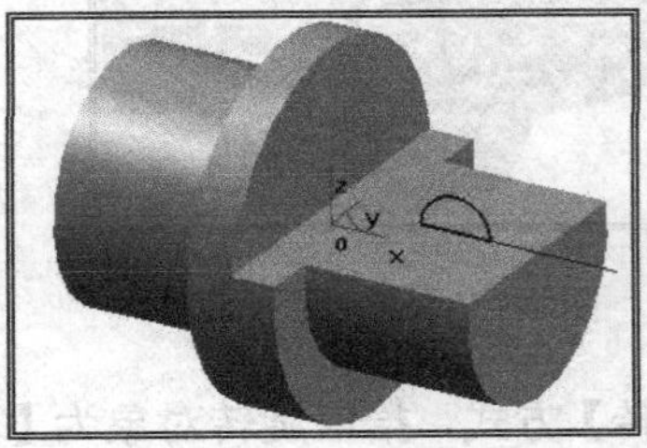

图 4-26 旋转除料草图和轴

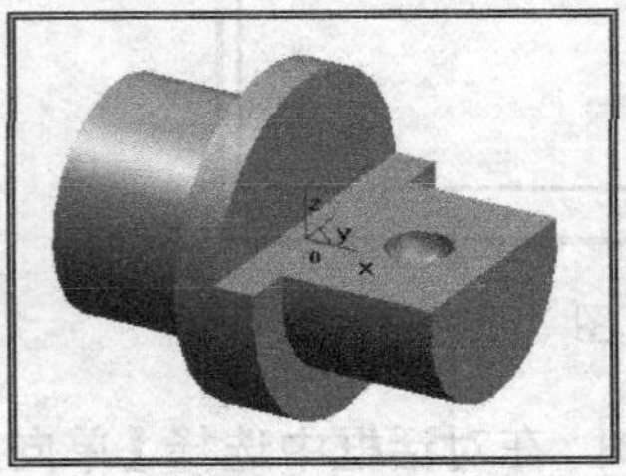

图 4-27 旋转除料结果

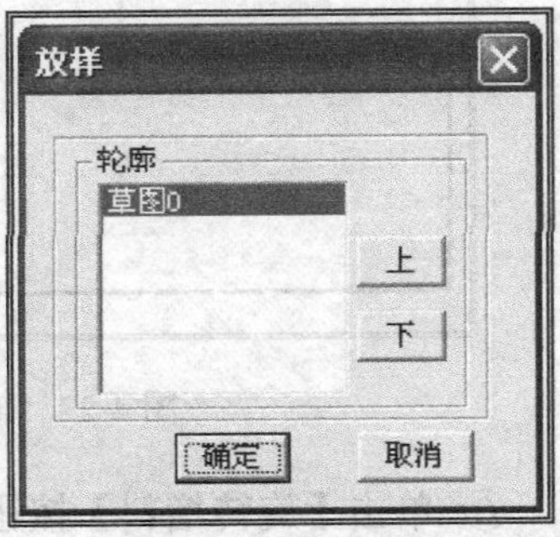

图 4-28 放样对话框

② 选取轮廓线，单击【确定】完成操作。

（3）说明

【轮廓】：是指对需要放样的草图。

【上和下】：是指调节拾取草图的顺序。

● 注意

① 轮廓按照操作中的拾取顺序排列。

② 拾取轮廓时，要注意状态栏指示，拾取不同边，不同位置，产生不同的结果（图 4-29）

③ 截面线应为草图轮廓。

【例 4-4】 绘制图 4-30 所示的造型。

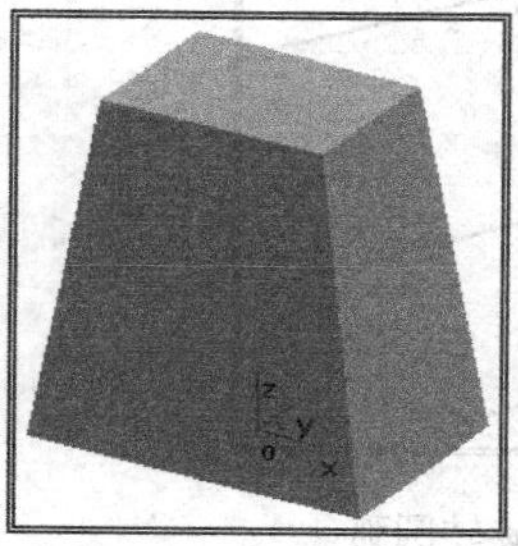

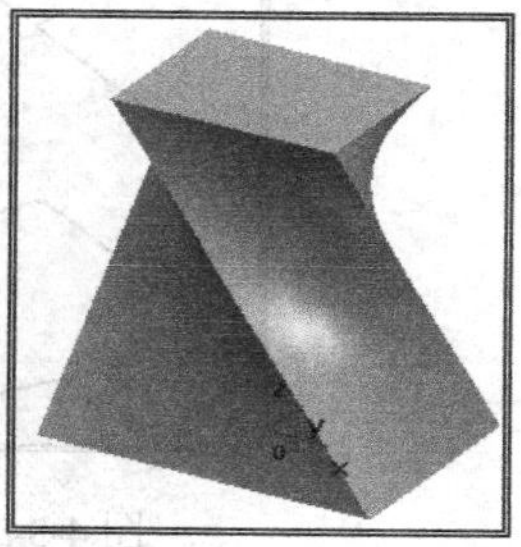

图 4-29 不同拾取位置的放样增料特征实体

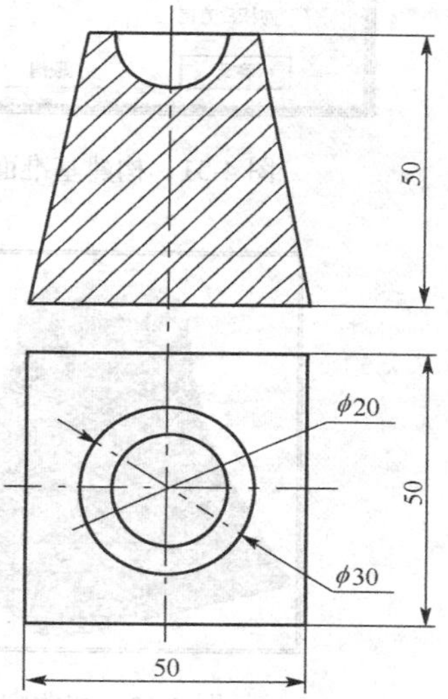

图 4-30 天圆地方

绘图步骤：

① 在特征树中，选择平面 *XY*，单击【绘制草图】按钮，或单击 F2，进入草图。单击【矩形】按钮，选择【中心_长_宽】，长度输入 50，单击回车键，宽度输入 50，单击回车键，左键单击坐标原点。

② 单击【绘制草图】按钮，或单击 F2，退出草图，单击 F8。单击【构造基准面按钮】，如图 4-31 所示。选择【等距平面确定基准面】、【距离】“50”、构造条件【平面 XY】，单击【确定】，生成平面 1。

③ 在特征树中，选择平面 1，单击【绘制草图】按钮，或单击 F2，进入草图，单击 F5。绘制半径为 15 的圆，圆心为坐标原点，单击 F2、F8（图 4-32）。

④ 单击【放样增料】按钮，依次选择上下两个草图，单击确定（图 4-33）。实体发生了扭曲，和图纸不符。单击【取消上一次】按钮，回到图 4-32。

⑤ 在特征树中，选择草图 1，单击右键，选择编辑草图。单击【直线】按钮，选择【水平/铅垂线】，【水平+铅垂】，【长度】“100”，直线中心点为圆心（图 4-34）。单击【打断】按钮，选择【圆弧】，单击空格键选取【交点】，单击直线和圆的交点，重复 3 次，选择其他交点，圆弧被分为均等的 4 段（图 4-34）。删除水平/铅垂线。

⑥ 单击【旋转】按钮，单击空格键，拾取【缺省点】，选择【圆心点】为上圆弧的圆

心，选择四段圆弧、【移动】、【角度】“45”，单击右键（圆弧已旋转了45°角）。单击F2、F8。

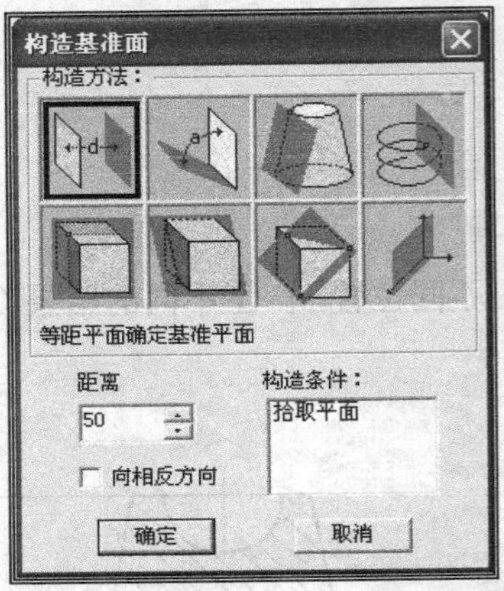

图 4-31　构建基准面

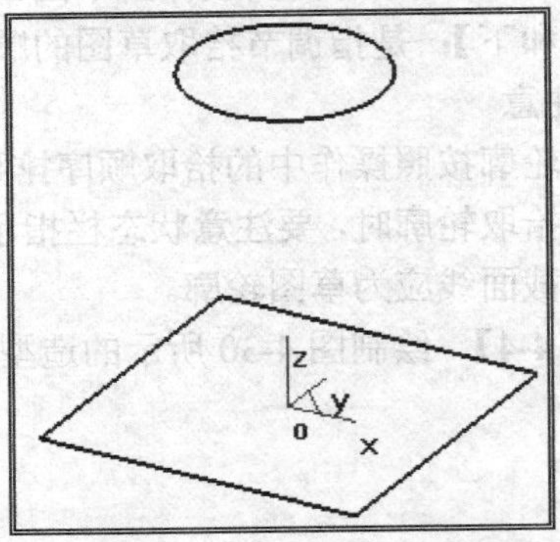

图 4-32　构造轮廓线

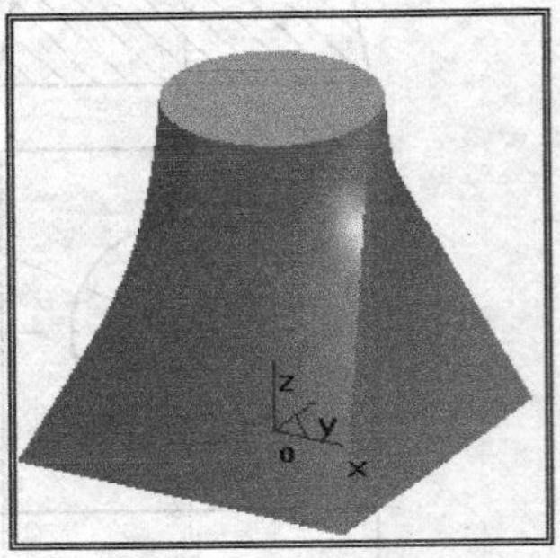

图 4-33　扭曲实体

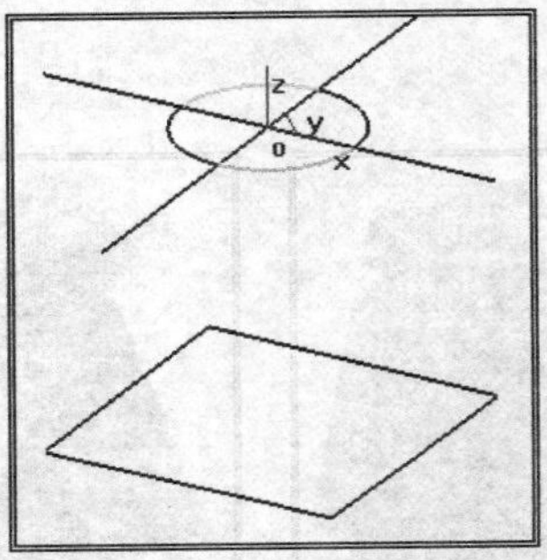

图 4-34 旋转圆弧

⑦ 单击【放样增料】按钮，依次选择上下两个草图，单击【确定】（图 4-35、图 4-36）。

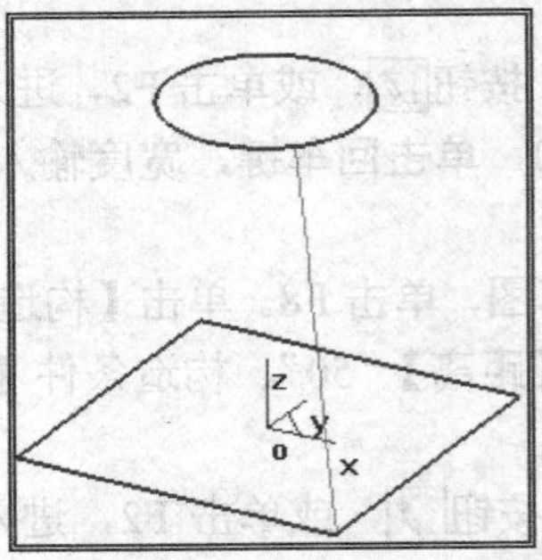

图 4-35　选择轮廓线

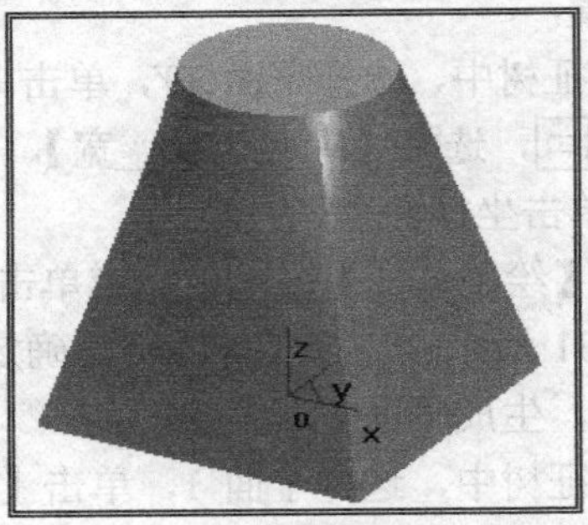

图 4-36　放样实体

⑧ 在特征树中，选择平面 *XZ*，单击绘制草图按钮，或单击F2，进入草图。

⑨ 单击圆按钮，Enter 键，输入圆心坐标“50，0”，半径为“10”。连接圆的两个型值点，修剪曲线，形成一个封闭的半圆。单击【绘制草图】按钮，或单击F2，退出草图。

⑩ 单击【直线】按钮，绘制直线 *L*1，依次选择【两点】、【连续】、【正交】、【长度】“50”，选择圆弧的一个端点，沿水平方向任意单击一下，结果如图 4-37 所示。单击【旋转除料】按钮，依次选择草图 2（半圆弧），轴线为“直线 *L*1”，单击【确定】，并删除直线 *L*1，

结果如图 4-38 所示。保存文件。

4.2.4 导动特征

（1）功能 导动增料或导动除料是指将某一截面曲线或轮廓线沿着另外一条轨迹线运动生成或去除一个特征实体。

（2）操作

① 单击【导动增料】按钮或【导动除料】按钮，或单击【造型】→【特征生成】→【增料】或【除料】，弹出导动特征对话框（图 4-39）。

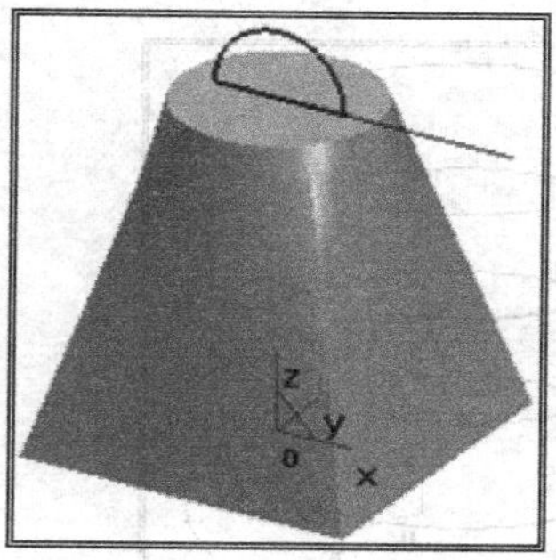

图 4-37 绘制草图与轴线

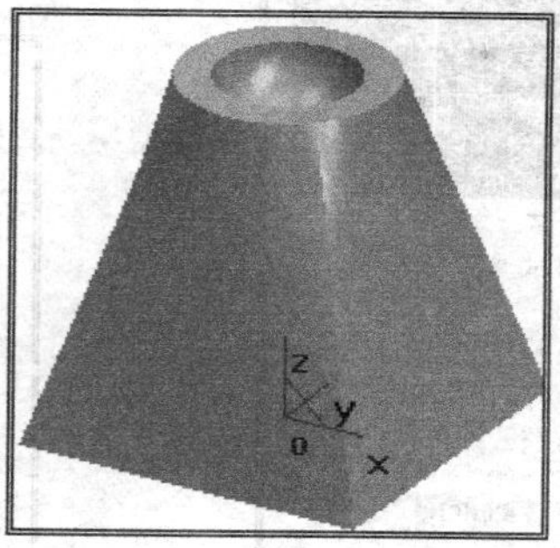

图 4-38 实体造型

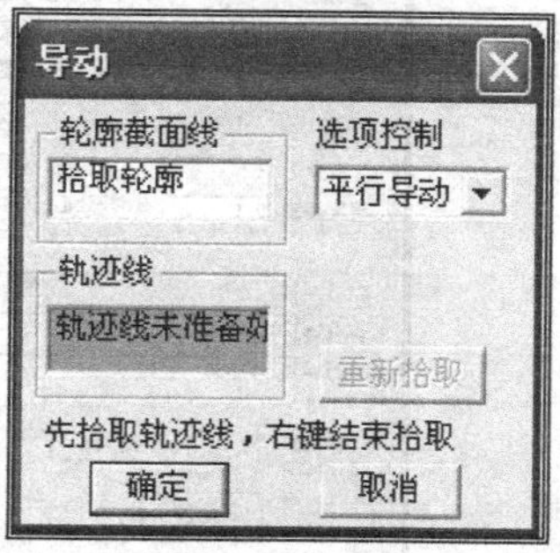

图 4-39 导动特征对话框

② 选取轮廓截面线和轨迹线，确定导动方式，单击【确定】完成操作。

（3）说明

①【轮廓截面线】：指需要导动的草图，截面线应为封闭的草图轮廓。

②【轨迹线】：指草图导动所沿的路径。

③【选型控制】：包括【平行导动】和【固接导动】两种方式。

【固接导动】：指在导动过程中，截面线和导动线保持固接关系，即让截面线平面与导动线的切矢方向保持相对角度不变，且截面线在自身相对坐标架中位置关系保持不变，截面线沿导动线变化趋势导动生成特征实体（图 4-40）。

【平行导动】：指截面线沿导动线趋势始终平行它自身地移动而生成的特征实体（图 4-41）。

④【导动反向】：是指与默认方向相反的方向进行导动。

⑤【重新拾取】：指重新拾取截面线和轨迹线。

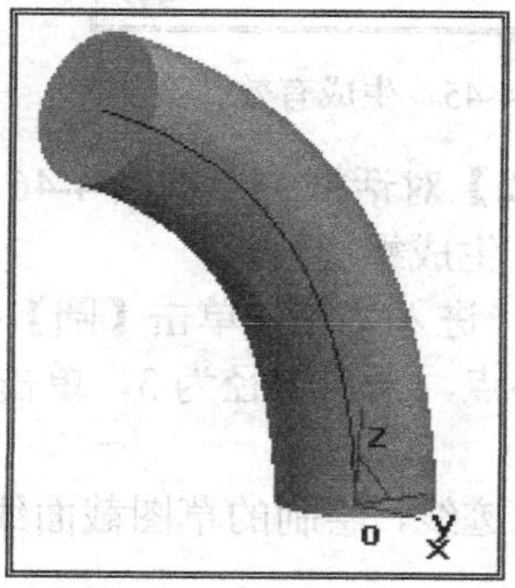

图 4-40 固接导动

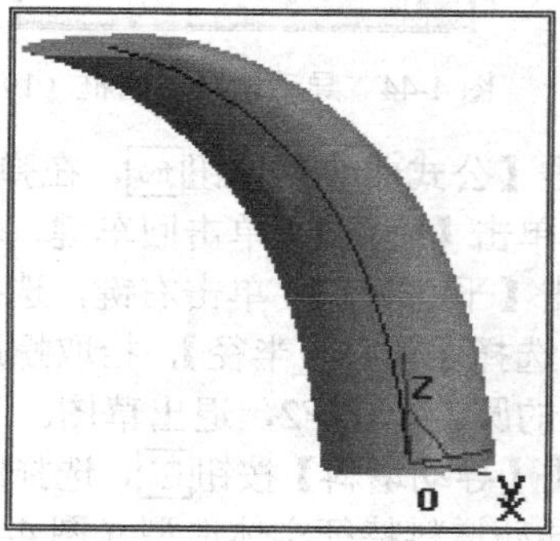

图 4-41 平行导动

• 注意

导动方向选择要正确。

【例 4-5】 作出弹簧的实体造型。已知弹簧的直径 d=6mm，中径 D_2=40mm，节距 t=10mm，有效圈数 n=4，支承圈数 n_2=2.5。

绘图步骤：

① 单击【公式曲线】按钮f(x)，在弹出的【公式曲线】对话框中，按图 4-42 所示对话框输入参数。单击确定，选择原点，生成如图 4-43 所示的螺旋线。

提示：当前的工作平面为 *XY* 面；起始值为 0，终止值为 360×4=1440。

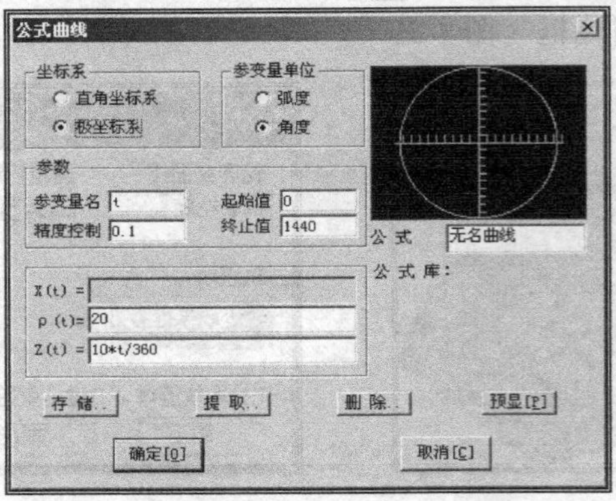

图 4-42 公式曲线对话框

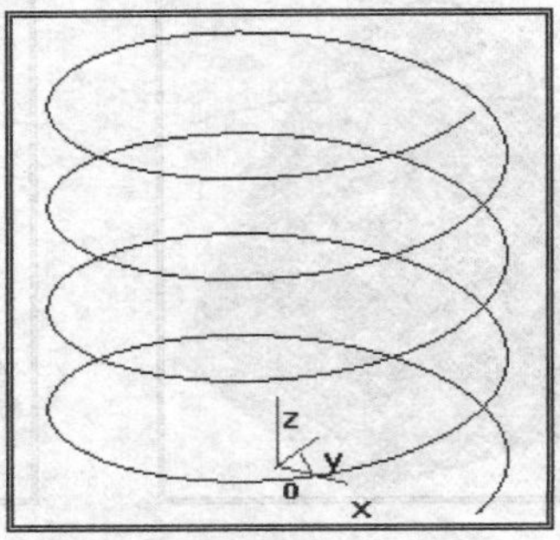

图 4-43 螺旋线

② 单击【平面 XZ】，单击右键，选择【创建草图】，进入草图，单击【圆】按钮，在立即菜单中选择【圆心__半径】，拾取螺旋线起点为圆心点，输入半径为 3，单击 Enter 键，生成直径为 6 的圆。单击 F2，退出草图。

③ 单击【导动增料】按钮，弹出导动增料对话框（图 4-44），选择轨迹线和导动线，单击【确定】，生成导动增料特征实体造型（图 4-45）。

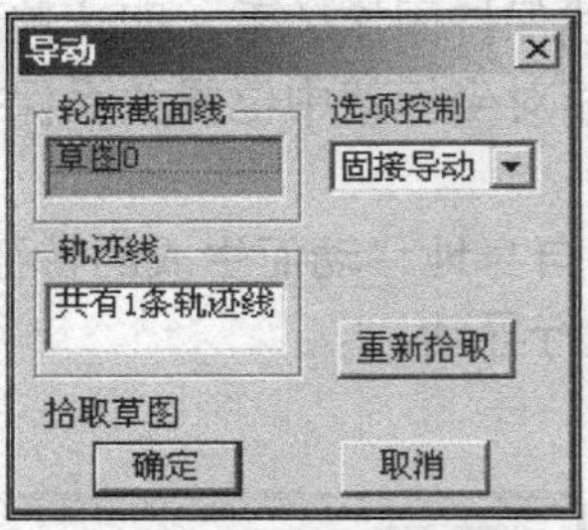

图 4-44 导动增料对话框（1）

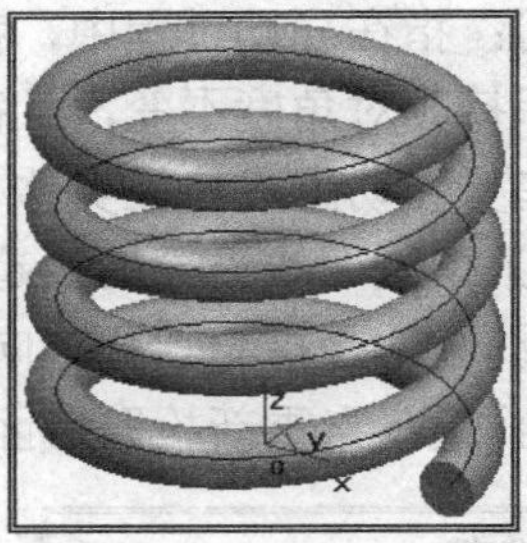

图 4-45 生成有效弹簧部分

④ 单击【公式曲线】按钮f(x)，在弹出的【公式曲线】对话框中，按图 4-46 所示对话框输入参数。单击【确定】，单击回车键，输入“，，40”，生成螺旋线。

⑤ 单击【平面 XZ】，单击右键，选择【创建草图】，进入草图，单击【圆】按钮，在立即菜单中选择【圆心__半径】，拾取螺旋线起点为圆心点，输入半径为 3，单击回车键，生成直径为 6 的圆。单击 F2，退出草图。

⑥ 单击【导动增料】按钮，选择绘制螺旋线为轨迹线，绘制的草图截面线，单击【确定】，生成导动增料特征实体造型（图 4-47）。

⑦ 同理，按照图 4-48 所示生成下半部分的压缩弹簧，结果如图 4-49 所示。

⑧ 单击【平面 XZ】，单击右键，选择【创建草图】按钮，进入草图状态，过螺旋线的上下两个端点，绘制如图 4-50 所示的草图。

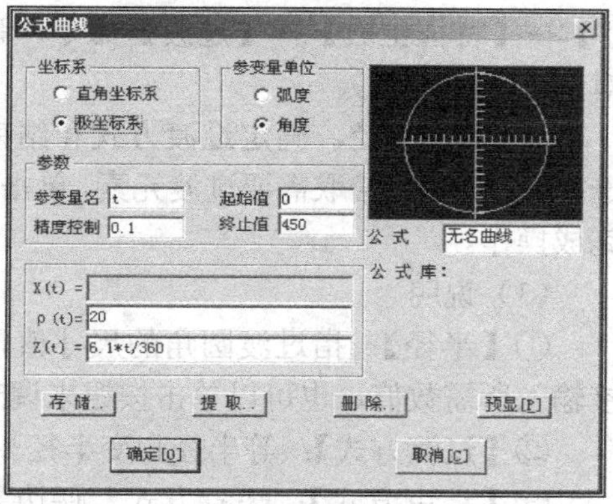

图 4-46　导动增料对话框（2）

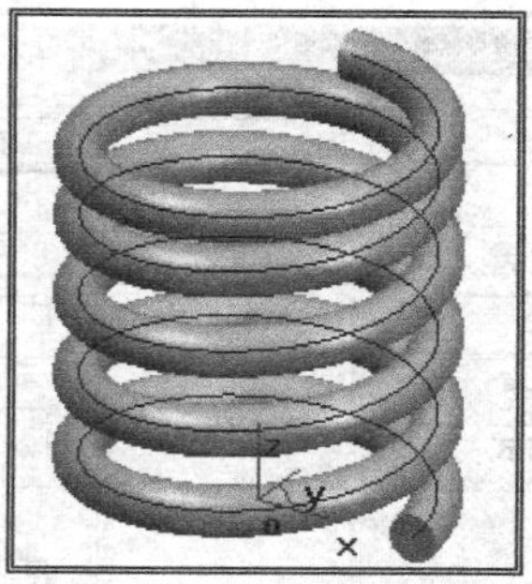

图 4-47　生成压缩弹簧部分（1）

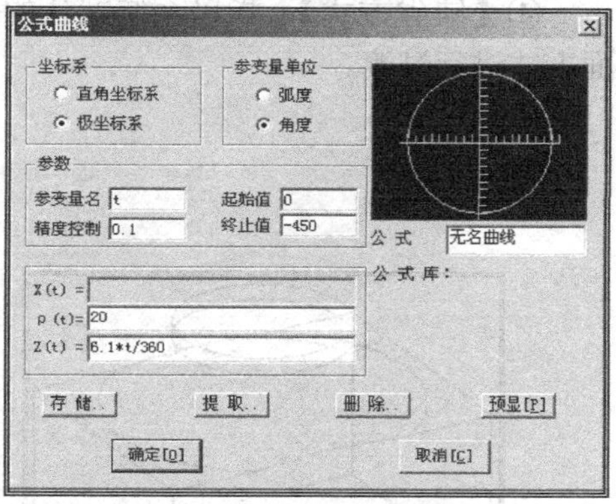

图 4-48　导动增料对话框（3）

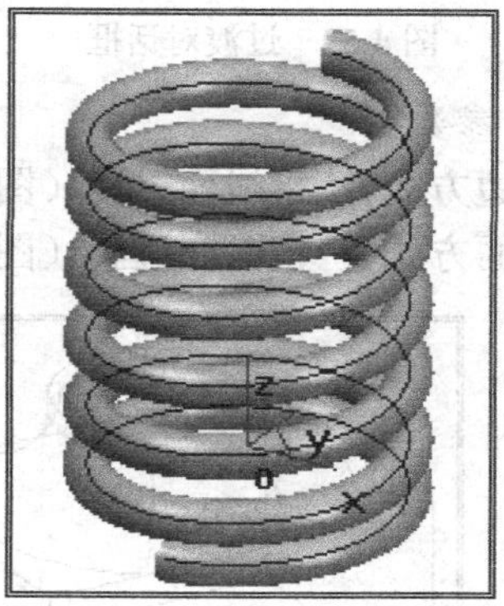

图 4-49　生成压缩弹簧部分（2）

⑨ 单击【拉伸除料】按钮，在立即菜单中选择【双向拉伸】，深度为 100，单击【确定】，将螺旋线隐藏（图 4-51）。

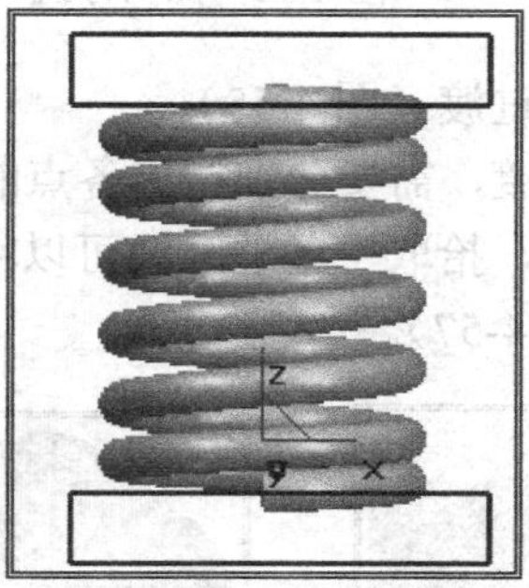

图 4-50　绘制草图

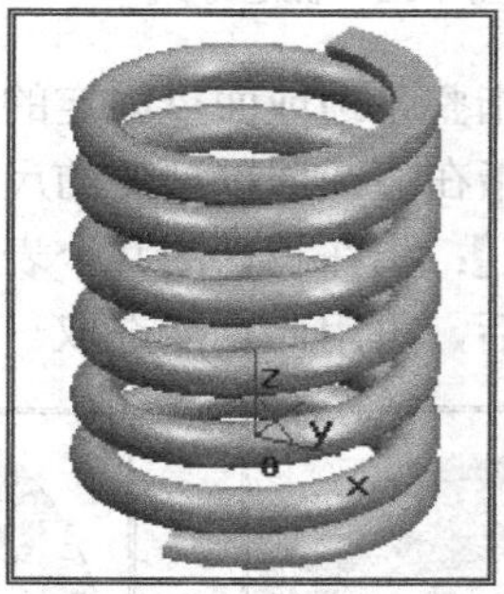

图 4-51　生成弹簧

4.3 特征操作

4.3.1 过渡

（1）功能　指以给定半径或半径规律在实体间作光滑过渡。

（2）操作

① 单击【过渡】按钮，或单击【造型】→【特征生成】→【过渡】命令，弹出过渡对话框（图 4-52）。

② 填入半径，确定过渡方式和结束方式，选择变化方式，拾取需要过渡元素，单击【确定】，完成操作。

（3）说明

①【半径】：指过渡圆角的尺寸值，可以直接输入所需数值，也可以单击按钮来调节。

②【过渡方式】：等半径和变半径。

③【结束方式】：缺省方式、保边方式和保面方式。

④【缺省方式】：指以系统默认的保边或保面方式进行过渡。

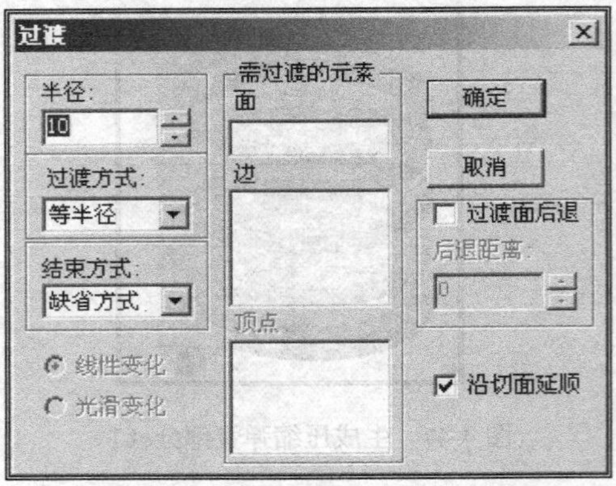

图 4-52　过渡对话框

（4）参数

【保边方式】：指线面过渡（图 4-53）。

【保面方式】：指面面过渡（图 4-54）。

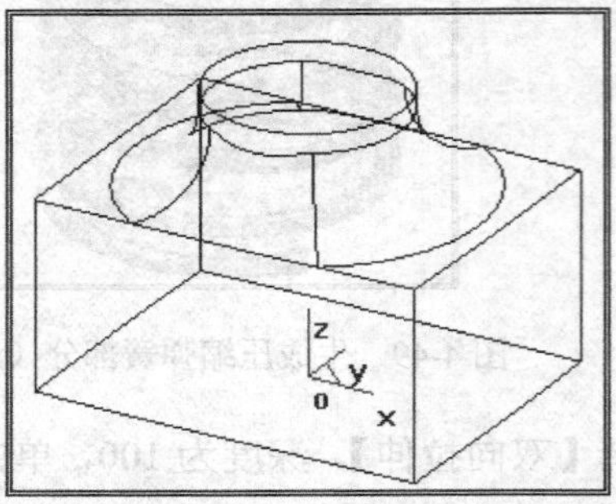

图 4-53　保边方式

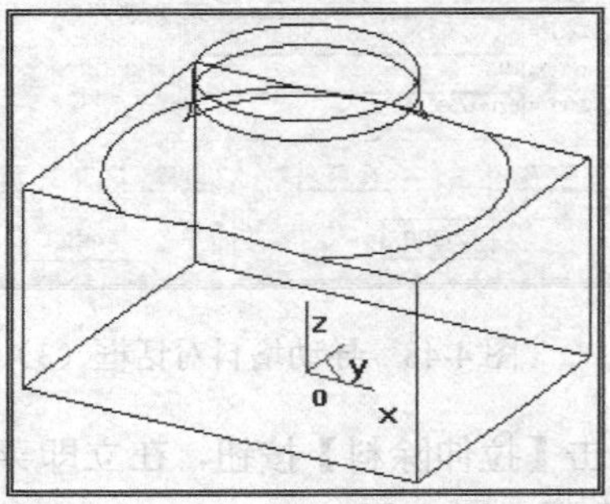

图 4-54　保面方式

【等半径】：指整条边或面以固定的尺寸值进行过渡（图 4-55）。

【变半径】：指在边或面以渐变的尺寸值进行过渡，需要分别指定各点的半径（图 4-56）。

【沿切面顺延】：指在相切的几个表面的边界上，拾取一条边时，可以将边界全部过渡，先将竖的边过渡后，再用此功能选取一条横边（图 4-57）。

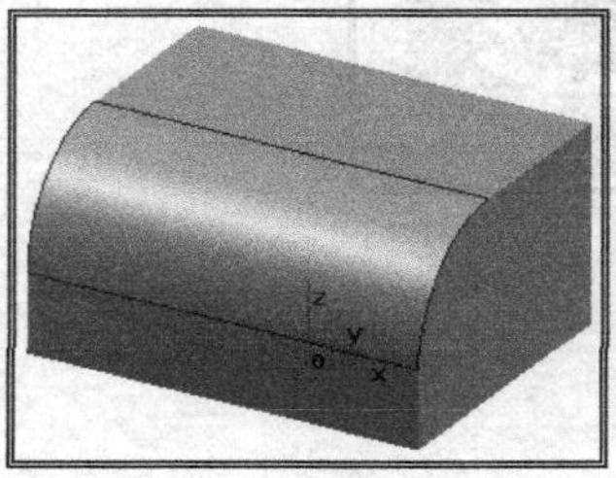

图 4-55　等半径过渡

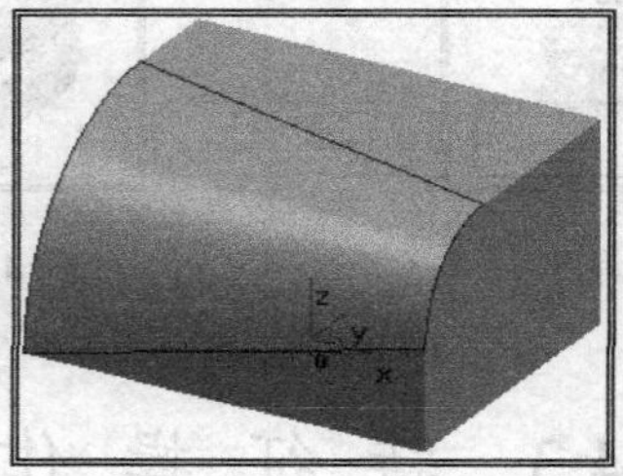

图 4-56　变半径过渡

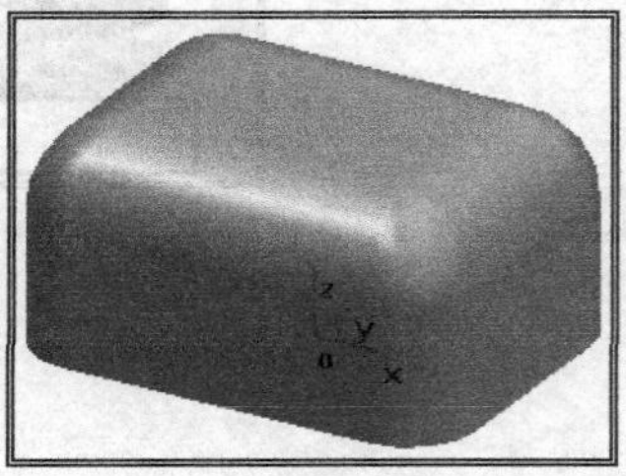

图 4-57　沿切面顺延过渡

【线性变化】：指在变半径过渡时，过渡边界为直线。

【光滑变化】：指在变半径过渡时，过渡边界为光滑的曲线。

【需要过渡的元素】：指对需要过渡的实体上的边或者面的选取。

【顶点】：指在边半径过渡时，所拾取的边上的顶点。

【过渡面后退】：零件在使用过渡特征时，可以使用【过渡面后退】使过渡变缓慢光滑，如图 4-58 和图 4-59 所示。

• 注意

① 在进行变半径过渡时，只能拾取边，不能拾取面。

② 变半径过渡时，注意控制点的顺序。

4.3.2 倒角

（1）功能　指对实体的棱边进行光滑过渡。

（2）操作

① 单击【倒角】按钮，或单击【造型】→【特征生成】→【倒角】命令，弹出对话框（图 4-60）。

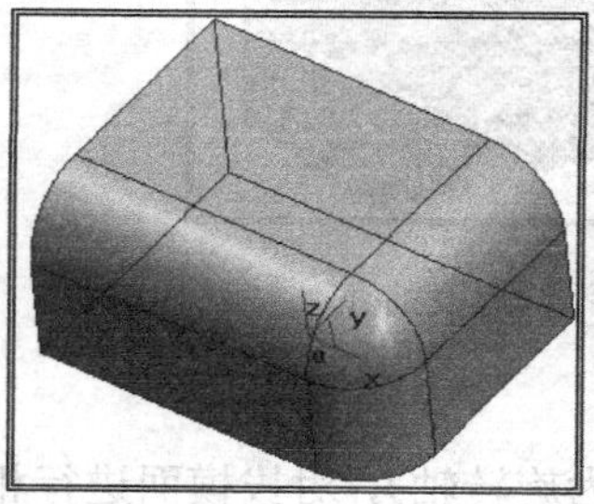

图 4-58　无过渡面后退情况

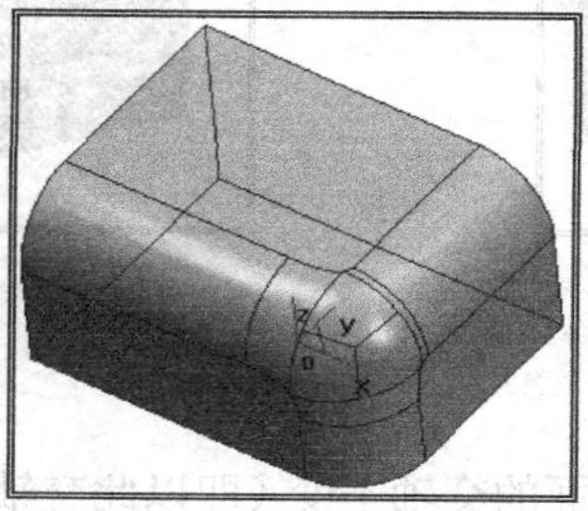

图 4-59　有过渡面后退情况图

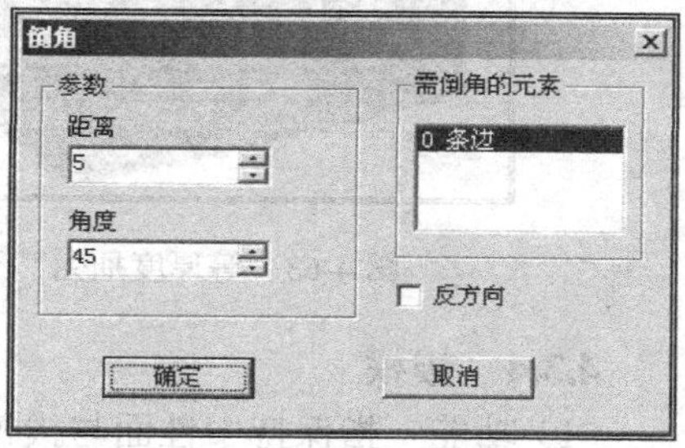

4-60　倒角对话框

② 填入距离和角度，拾取需要倒角的元素，单击【确定】完成操作。

（3）说明

【距离】：指倒角的边尺寸值，可以直接输入所需数值，也可以单击按钮来调节。

【角度】：指所倒角度的尺寸值，可以直接输入所需数值，也可以单击按钮来调节，如图 4-61 和图 4-62 所示。

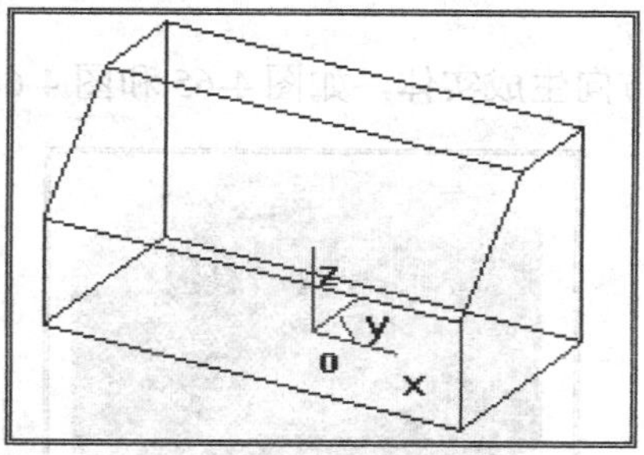

图 4-61　45° 倒角

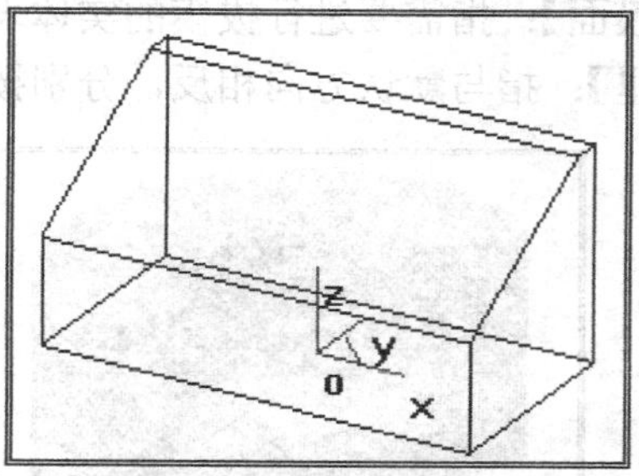

图 4-62　60° 倒角

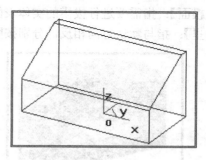

【需倒角的元素】：指对需要过渡的实体上的边的选取。

【反方向】：指与默认方向相反的方向进行操作，分别按照两个方向生成实体。

• 注意

两个平面的棱边才可以倒角。

4.3.3 抽壳

（1）功能 根据指定壳体的厚度将实心物体抽成内空的薄壳体。

（2）操作

① 单击【抽壳】按钮，或单击【造型】→【特征生成】→【抽壳】命令。

② 填入抽壳厚度，选取需抽去的面，单击【确定】完成操作。

（3）说明

【厚度】：指抽壳后实体的壁厚。

【需抽去的面】：指要拾取，去除材料的实体表面。

【向外抽壳】：指与默认抽壳方向相反，在同一个实体上分别按照两个方向生成实体，结果是尺寸不同，如图 4-63 和图 4-64 所示。

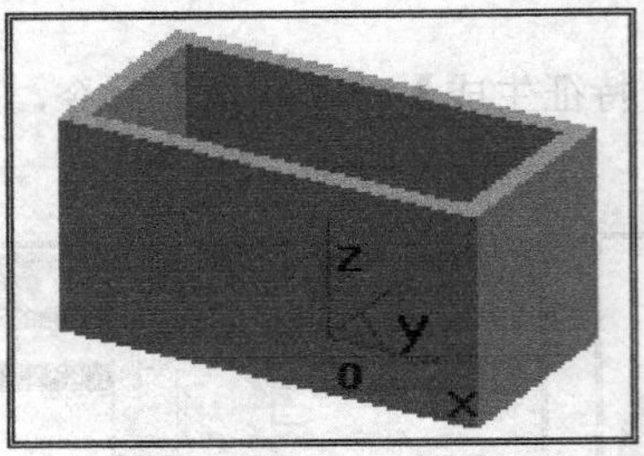

图 4-63 等厚度抽壳

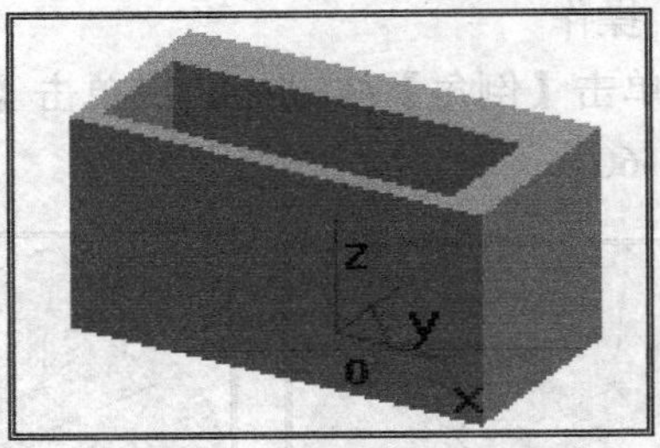

图 4-64 不同厚度抽壳

4.3.4 拔模

（1）功能 指保持中性面与拔模面的交轴不变（即以此交轴为旋转轴），对拔模面进行相应拔模角度的旋转操作。

（2）操作

① 单击【拔模】按钮，或单击【造型】→【特征生成】→【拔模】命令。

② 填入拔模角度，选取中立面和拔模面，单击【确定】完成操作。

（3）说明

【拔模角度】：指拔模面法线与中立面所夹的锐角。

【中立面】：指拔模起始的位置。

【拔模面】：指需要进行拔模的实体表面。

【向里】：指与默认方向相反，分别按照两个方向生成实体，如图 4-65 和图 4-66 所示。

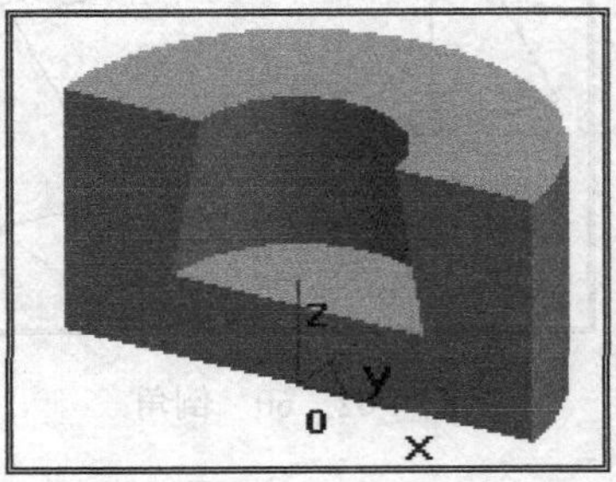

图 4-65 向里拔模

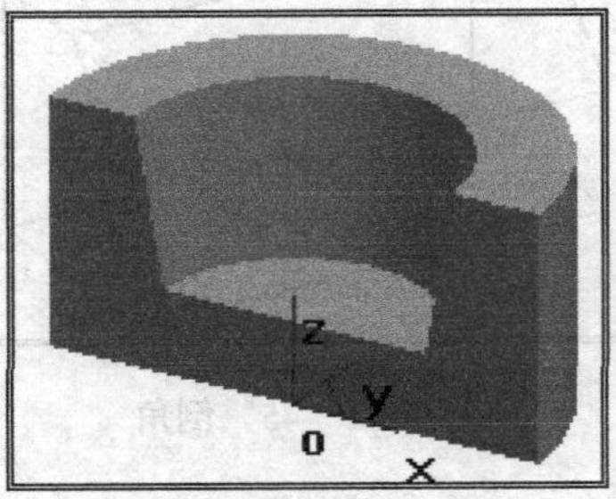

图 4-66 向外拔模

4.3.5 筋板

（1）功能 指在指定位置增加加强筋。

（2）操作

① 单击【筋板】按钮，或单击【造型】→【特征生成】→【筋板】命令。

② 选取筋板加厚方式，填入厚度，拾取草图，单击【确定】完成操作。

（3）说明

【单向加厚】：指按照固定的方向和厚度生成实体（图 4-67）。

【反向】：与默认给定的单向加厚方向相反（图 4-68）。

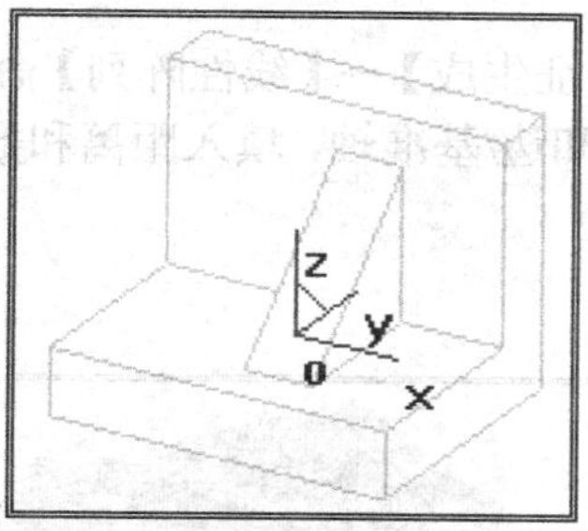

图 4-67　单向加厚

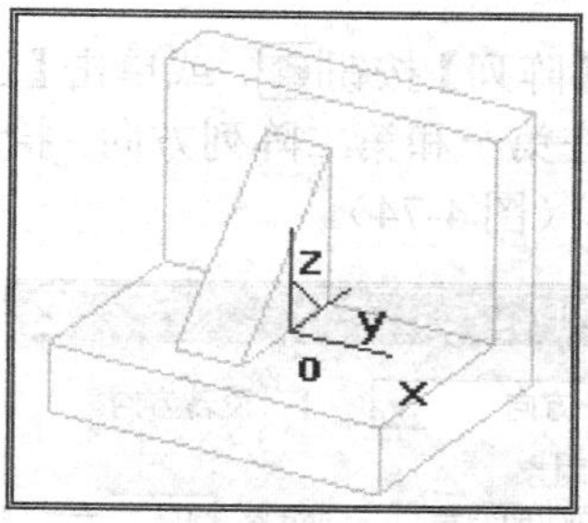

图 4-68　与单向加厚方向相反

【双向加厚】：指按照相反的方向生成给定厚度的实体，厚度以草图平分（图 4-69）。

【加固方向反向】：指与默认加固方向相反，为按照不同加固方向所作的筋板（图 4-70）。

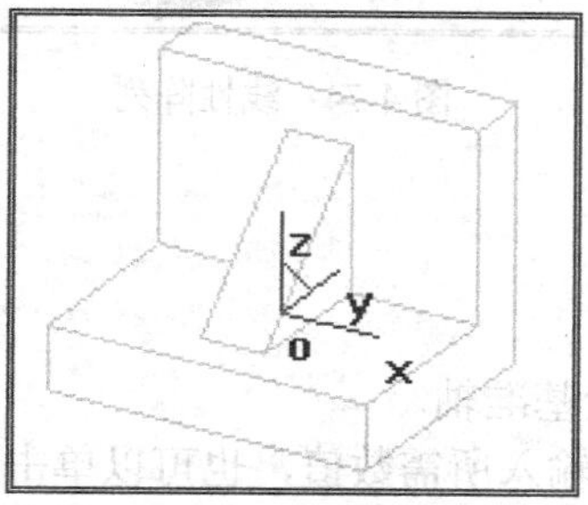

图 4-69　双向加厚

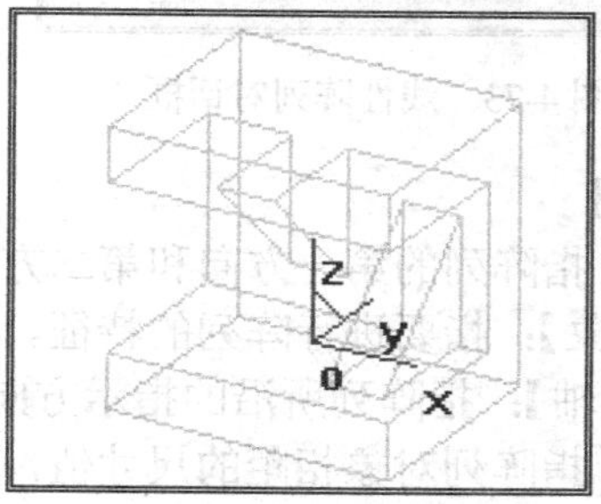

图 4-70　加固方向反向

4.3.6　孔

（1）功能　指在平面上直接去除材料生成各种类型的孔，如图 4-71 所示。

（2）操作

① 单击【孔】按钮，或单击【造型】→【特征生成】→【孔】命令，弹出孔对话框。

② 拾取打孔平面，选择孔的类型（图 4-72），指定孔的定位点，单击【下一步】。

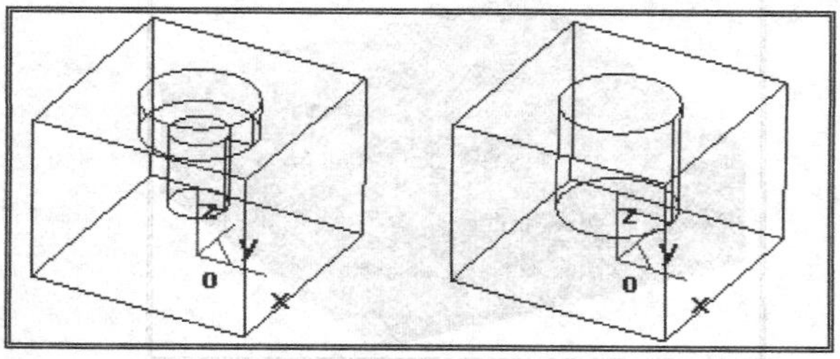

图 4-71　打孔示意图

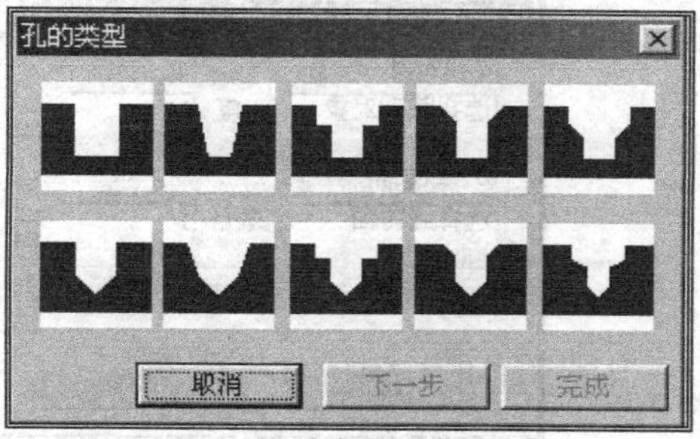

图 4-72　孔的类型

③ 填入孔的参数，单击【确定】完成操作。

（3）说明 主要是不同的孔的直径、深度，沉孔和钻头的参数等。

【通孔】：指将整个实体贯穿。

4.3.7 阵列

1. 线性阵列

（1）功能 线性阵列可以沿一个方向或多个方向快速进行特征的复制。

（2）操作

① 单击【阵列】按钮，或单击【造型】→【特征生成】→【线性阵列】命令（图 4-73）。

② 分别在第一和第二阵列方向，拾取阵列对象和边/基准轴，填入距离和数目，单击【确定】完成操作（图 4-74）。

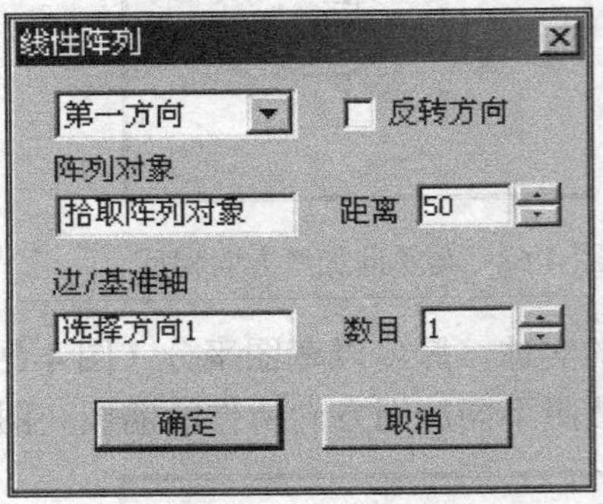

图 4-73 线性阵列对话框

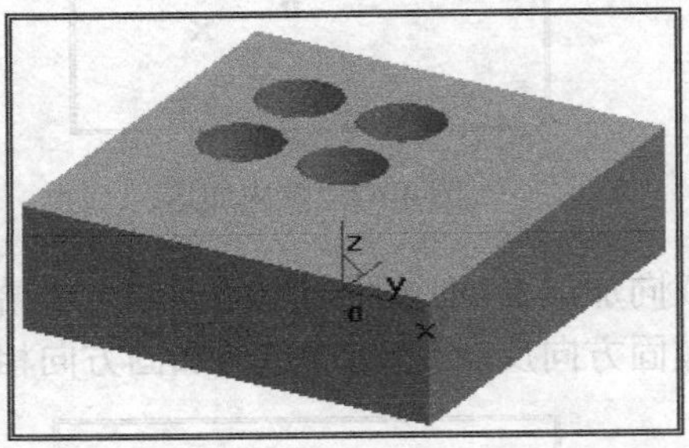

图 4-74 线性阵列

（3）说明

【方向】：指阵列的第一方向和第二方向。

【阵列对象】：指要进行阵列的特征。

【边/基准轴】：指阵列所沿的指示方向的边或者基准轴。

【距离】：指阵列对象相距的尺寸值，可以直接输入所需数值，也可以单击按钮来调节。

【数目】：指阵列对象的个数，可以直接输入所需数值，也可以单击按钮来调节。

【反转方向】：指与默认方向相反的方向进行阵列。

2. 环形阵列

（1）功能 绕某基准轴旋转将特征阵列为多个特征。基准轴应为空间直线。

（2）操作

① 单击【环形阵列】按钮，或单击【造型】→【特征生成】→【环形阵列】（图 4-75）。

② 拾取阵列对象和边/基准轴，填入角度和数目，单击【确定】完成操作（图 4-76）。

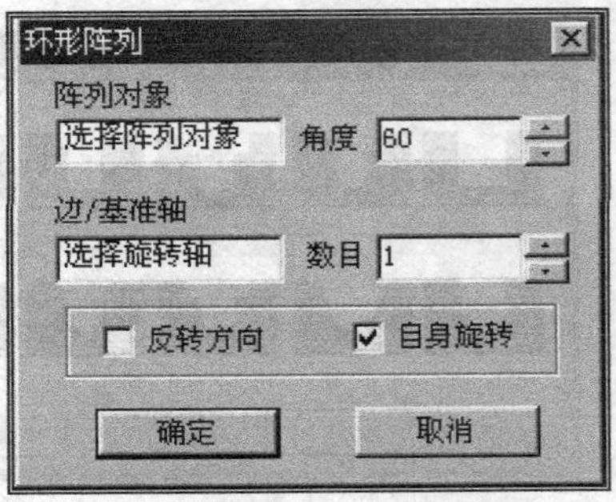

图 4-75 环形阵列对话框

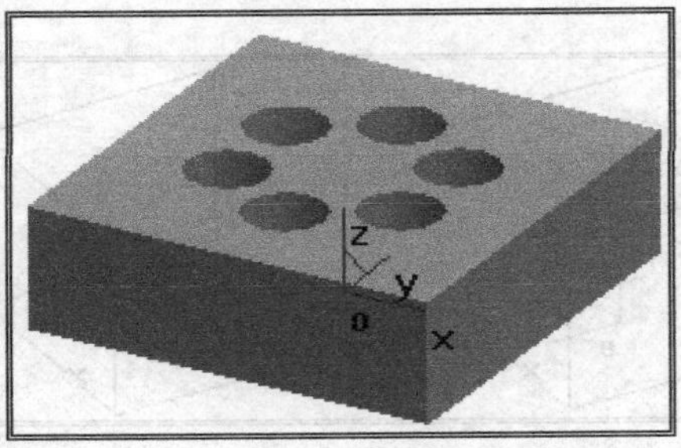

图 4-76 环形阵列

（3）说明

【阵列对象】：指要进行阵列的特征。

【边/基准轴】：指阵列所沿的指示方向的边或者基准轴。

【角度】：指阵列对象所夹的角度值，可以直接输入所需数值，也可以单击按钮来调节。

【数目】：指阵列对象的个数，可以直接输入所需数值，也可以单击按钮来调节。

【反转方向】：指与默认方向相反的方向进行阵列。

【自身旋转】：指在阵列过程中，阵列对象在绕阵列中心选旋转的过程中，绕自身的中心旋转，否则，将互相平行。

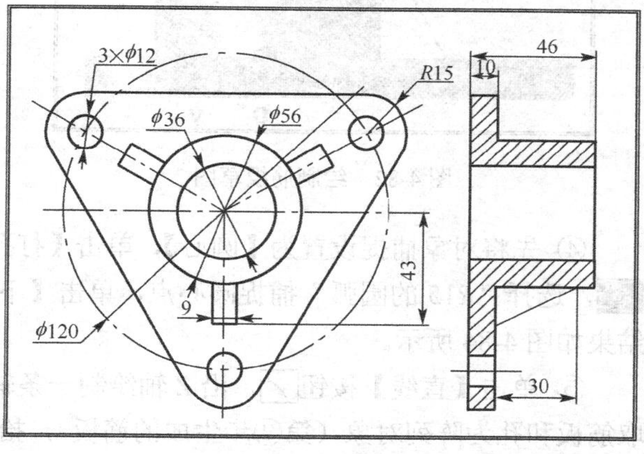

图4-77 轴架

【例4-6】 对图4-77所示轴架实体造型。

绘图步骤：

① 以*XY*面为基准面，单击F2键，进入草图状态，绘制图4-78所示的轮廓线，单击F2退出草图，单击F8键，单击【拉伸增料】按钮，选择【固定深度】、【深度】“10”，单击【确定】，结果如图4-79所示。

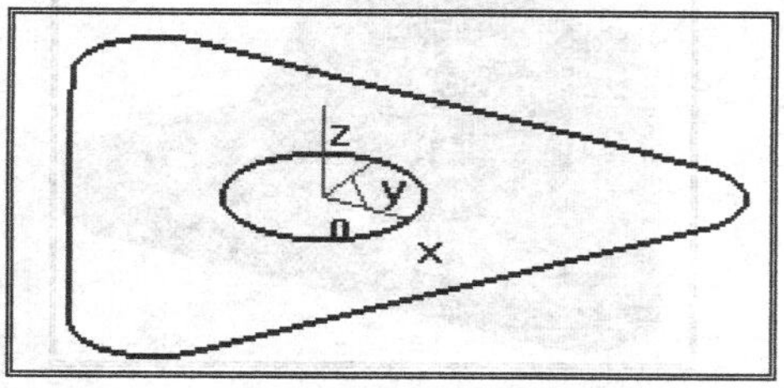
图4-78 绘制底座草图

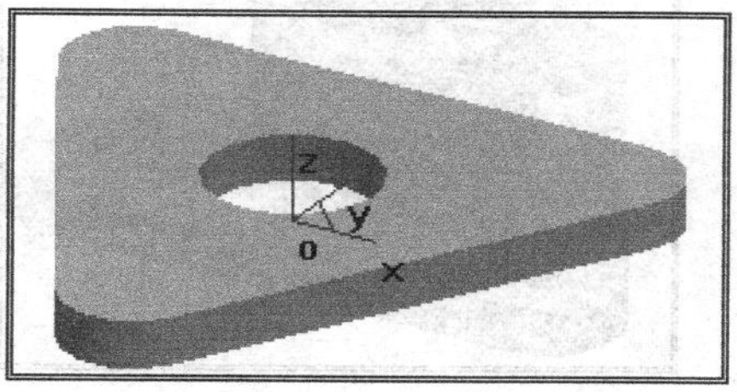
图4-79 拉伸底座特征

② 选择实体的上表面，单击右键，选择【创建草图】，进入草图状态，单击【圆】按钮，选择【两点__半径】、拾取原点为圆心、键入半径“18”和“28”，绘制两直径为36和56的同心圆，结果如图4-80所示，单击F2退出草图。单击【拉伸增料】按钮，选择【固定深度】、【深度】“36”，单击【确定】，结果如图4-81所示。

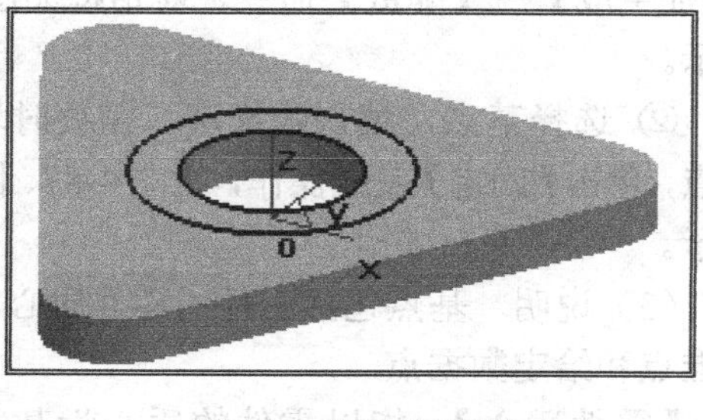
图4-80 绘制轴草图

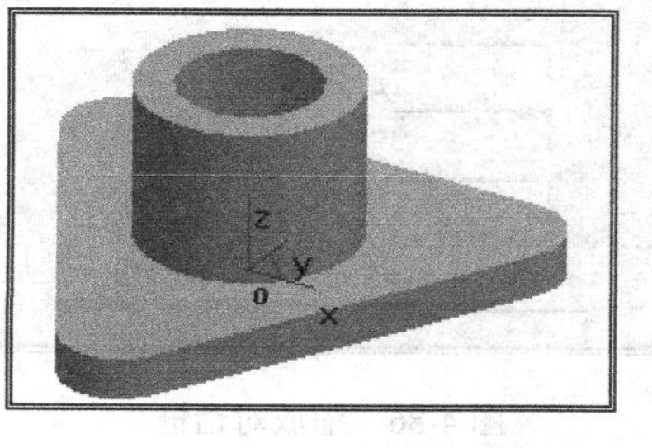
图4-81 拉伸轴特征

③ 以*YZ*面为基准面，单击F2进入草图，单击【直线】按钮，键入“–43，0”，键入“@（43–56/2），30”，生成直线；单击【平移】按钮，选择【偏移量】、【移动】、“DX：0”、

"DY：10"，拾取直线，将其上移 10，结果如图 4-82 所示，单击 F2 退出草图。单击【筋板】按钮，选择【双向加厚】、厚度"9"，拾取草图，单击【确定】，结果如图 4-83 所示。

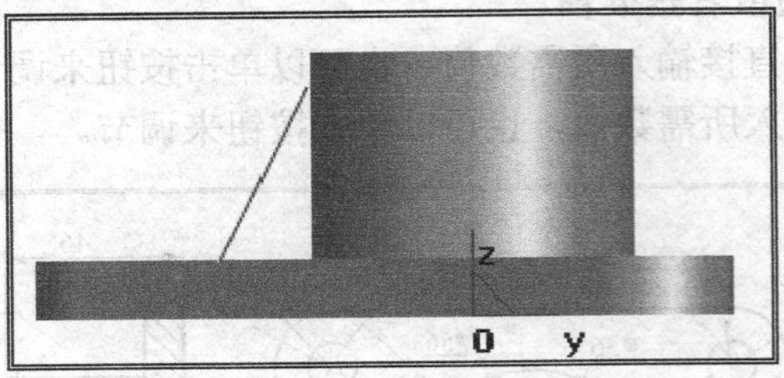

图 4-82　绘制筋板草图

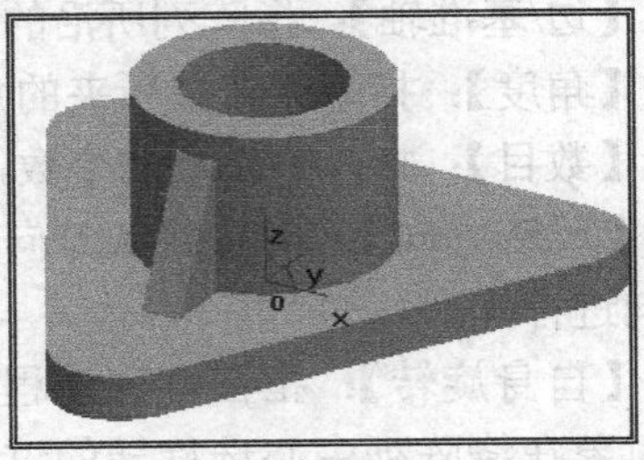

图 4-83　生成筋板特征

④ 先将对象捕捉设置为【圆心】，单击【打孔】按钮，依次选择底板上表面、类型为，选择"*R*15 的圆弧"捕捉圆心点，单击【下一步】，输入直径"12"，通孔，单击完成，结果如图 4-84 所示。

⑤ 单击【直线】按钮，沿 *Z* 轴绘制一条辅助线，单击【环形阵列】按钮，选择选取筋板和孔为阵列对象（第③步生成的筋板），拾取 *Z* 向直线为基准轴、角度"120"、数目"3"、【自身旋转】、【单个阵列】，单击【确定】，结果如图 4-85 所示，删除辅助线。

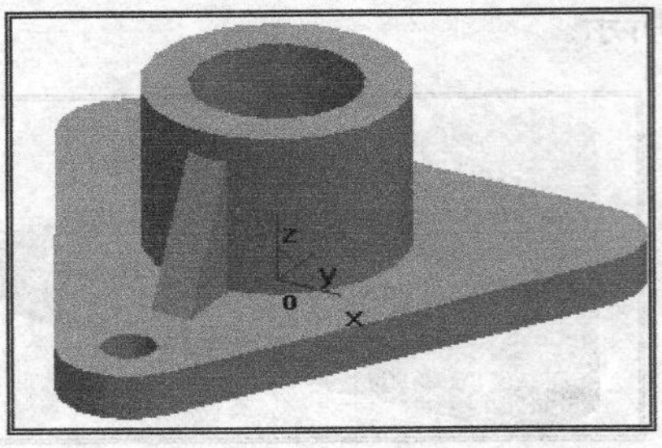

图 4-84　生成孔特征

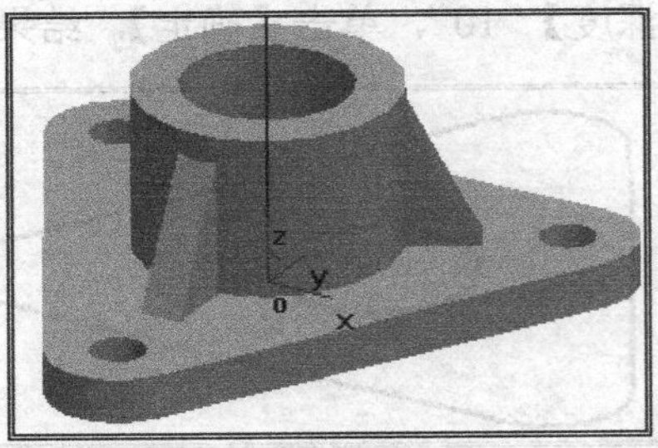

图 4-85　生成阵列特征

4.3.8 缩放

（1）功能　指给定基准点对零件进行放大或缩小。

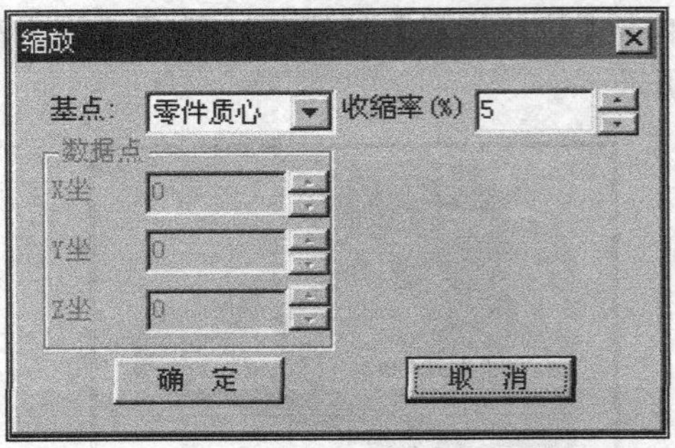

图 4-86　缩放对话框

（2）操作

① 单击【缩放】按钮，或单击【造型】→【特征生成】→【缩放】命令，对话框如图 4-86 所示。

② 选择基点，填入收缩率，需要时填入数据点，单击【确定】完成操作，如图 4-87、图 4-88 所示。

（3）说明　基点包括三种：零件质心、拾取基准点和给定数据点。

【零件质心】：指以零件的质心为基点进行缩放。

【拾取基准点】：指根据拾取的工具点为基点进行缩放。

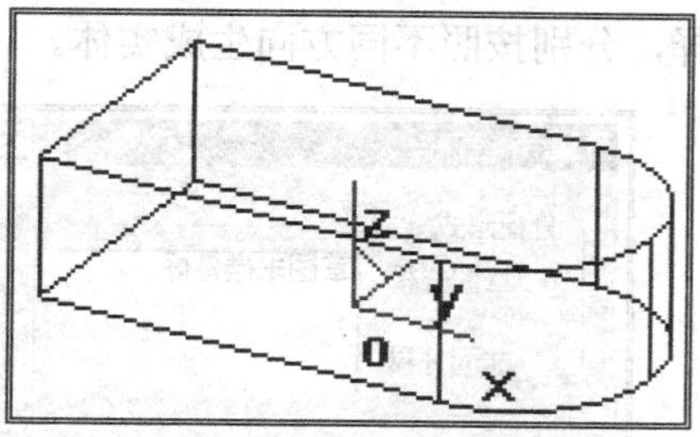

图 4-87 缩放前的模型

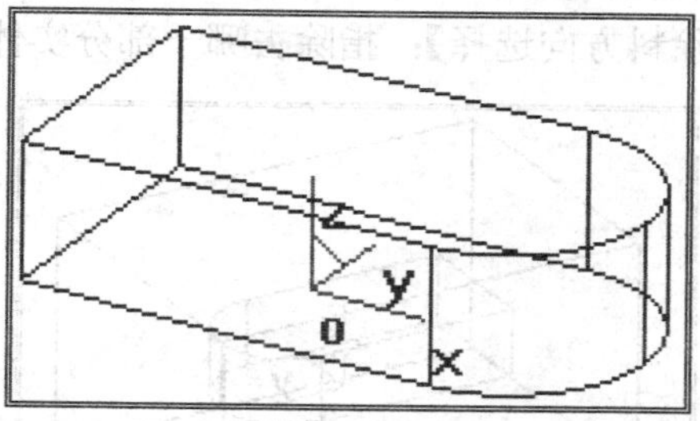

图 4-88 缩放后的模型

【给定数据点】：指以输入的具体数值为基点进行缩放。

【收缩率】：指放大或缩小的比率。此时零件的缩放基点为零件模型的质心。

4.3.9 型腔

（1）功能 指以零件为型腔生成包围此零件的模具。

（2）操作

① 单击【型腔】按钮，或单击【造型】→【特征生成】→【型腔】命令，弹出对话框（图 4-89）。

② 分别填入收缩率和毛坯放大尺寸，单击【确定】完成操作。

（3）说明

【收缩率】：指放大或缩小的比率。

【毛坯放大尺寸】：指可以直接输入所需数值，也可以单击按钮来调节。下面是对同一物体收缩率为 0 和–20%的情况，如图 4-90、图 4-91 所示。

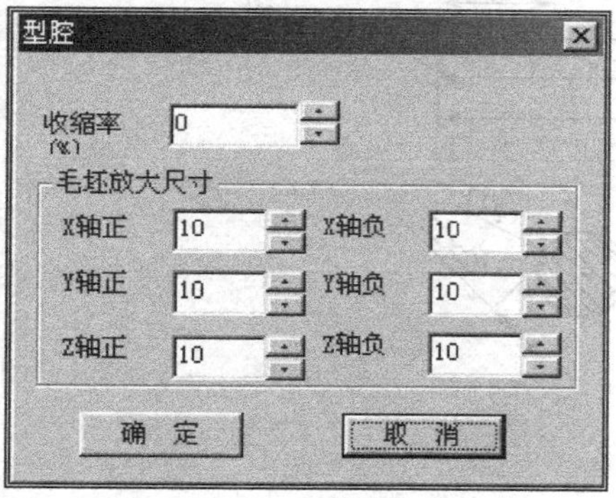

图 4-89 型腔对话框

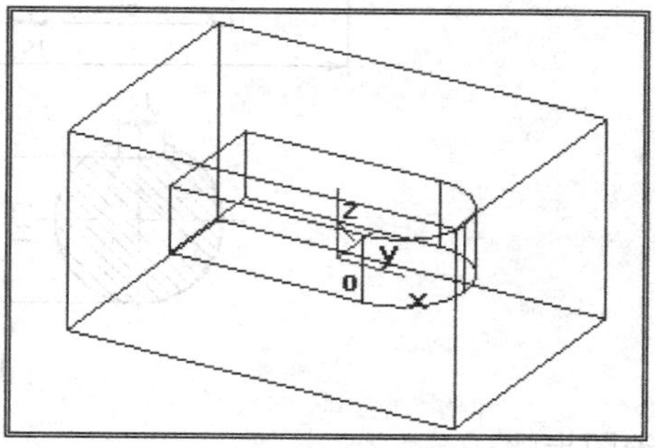

图 4-90 收缩率为 0 的情况

4.3.10 分模

（1）功能 指型腔生成后，通过分模，使模具按照给定的方式分成几个部分。

（2）操作

① 单击【分模】按钮，或单击【造型】→【特征生成】→【分模】命令，弹出分模对话框（图 4-92）。

② 选择分模形式和除料方向，拾取草图，单击【确定】完成操作。

（3）说明 分模形式包括两种：草图分模和曲面分模。

【草图分模】：指通过所绘制的草图进行分模。

【曲面分模】：指通过曲面进行分模，参与分模的曲面可以是多张边界相连的曲面。

【除料方向选择】：指除去哪一部分实体的选择，分别按照不同方向生成实体。

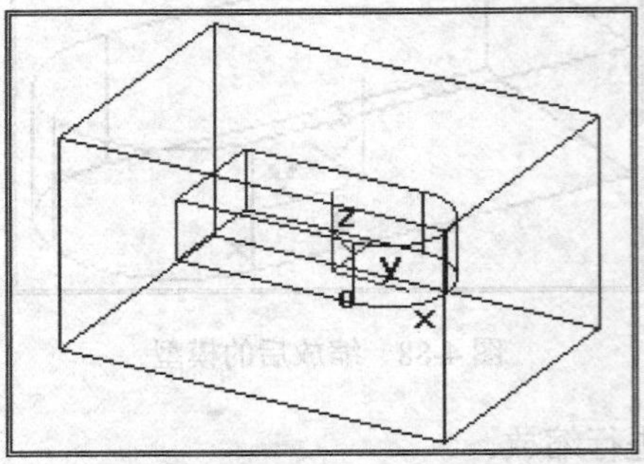

图 4-91 收缩率为–20%的情况

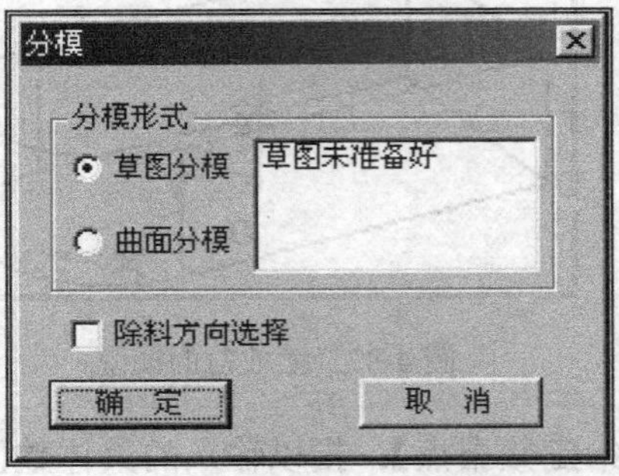

图 4-92 分模对话框

4.4 特征生成综合实例

【例 4-7】 创建图 4-93 所示的模型。

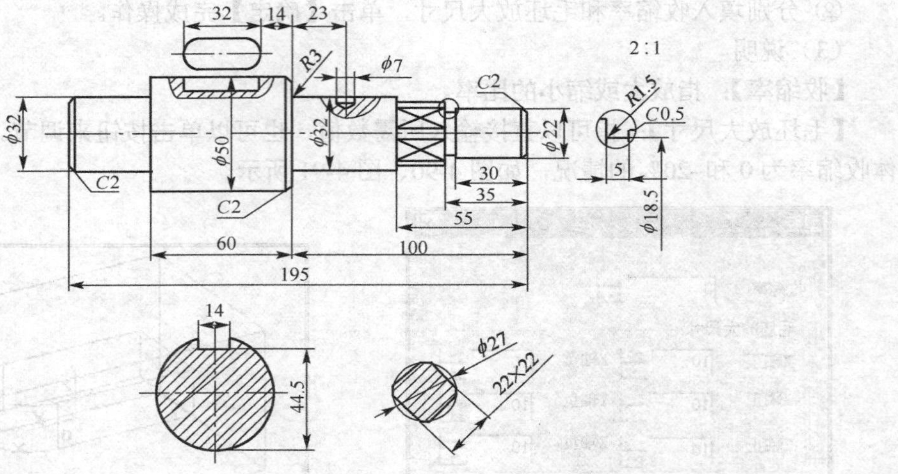

图 4-93

绘图步骤：

① 以 YZ 面为基准面，进入草图状态，绘制直径 22 圆，单击【拉伸增料】按钮，在对话框中选择【固定深度】“深度 30”，选中【反向拉伸】，单击【确定】按钮，生成圆柱体。采用相同的方法，生成图 4-94 所示的模型。

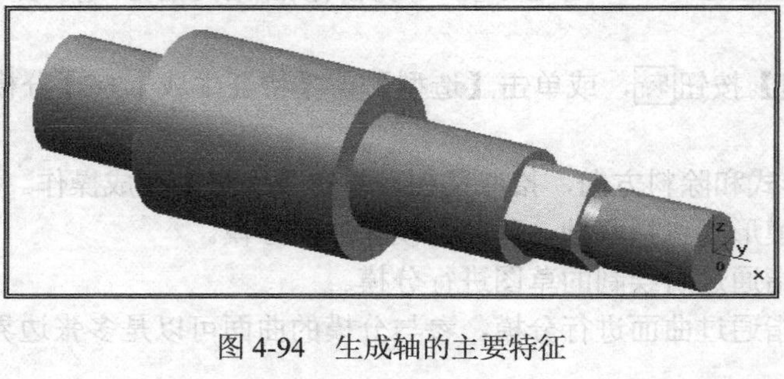

图 4-94 生成轴的主要特征

② 生成键槽基准面。单击【构造基准面】按钮，依次选择【等距离平面确定基准面】、距离“19.5”、构造条件【XY 面】，单击【确定】。

③ 绘制键槽草图。单击 F2 键，进入草图状态，单击【矩形】按钮，绘制 32×14 的矩形，将其放置在原点，利用过渡功能生成两侧圆角，单击【平移】按钮，依次选择【两点】、【移动】，拾取所有的草图图线，单击右键确认，拾取右侧圆弧中点为基点，单击 C 键，移动光标，拾取图 4-95 所示的实体边界，图线被平移到该实体边的圆心，在草图平面的投影位置；在立即菜单中选择【偏移量】、【移动】、“DX:–14”，选取所有的草图曲线，单击右键确认，结果如图 4-96 所示。

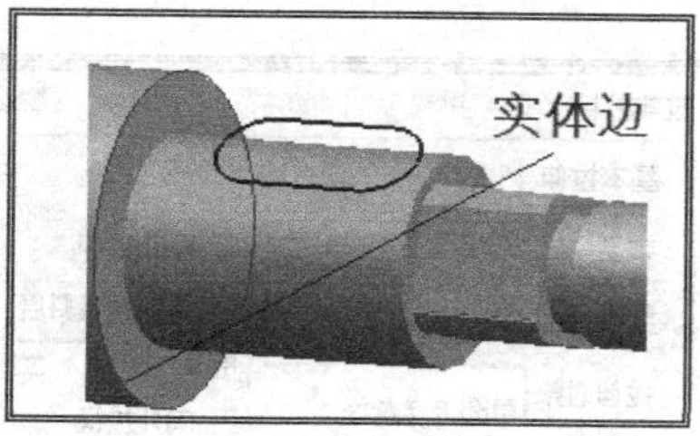

图 4-95　绘制键槽草图

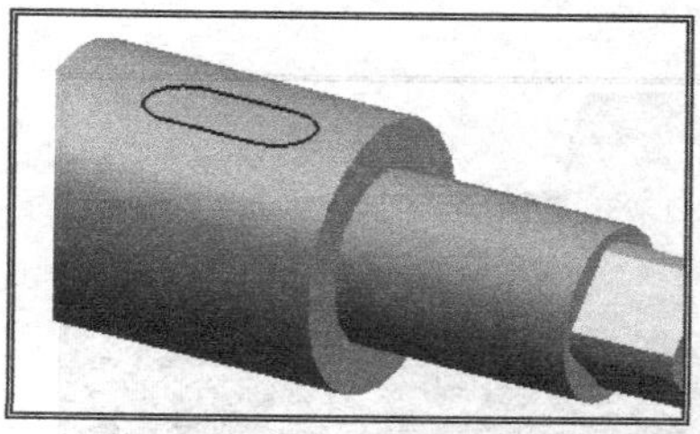

图 4-96　平移键槽草图

④ 生成键槽。单击【拉伸除料】按钮，使用【拉伸除料】，深度为 5.5，生成键槽，结果如图 4-97 所示。

⑤ 生成轴孔的基准面。单击【构造基准面】按钮，依次选择【等距离平面确定基准面】、距离“16”，构造条件【XY 面】，单击【确定】。

⑥ 绘制草图。单击 F2 键，进入草图状态，绘制直径为 7 的圆，圆心放在原点，参考步骤③将圆移到图 4-98 所示位置。

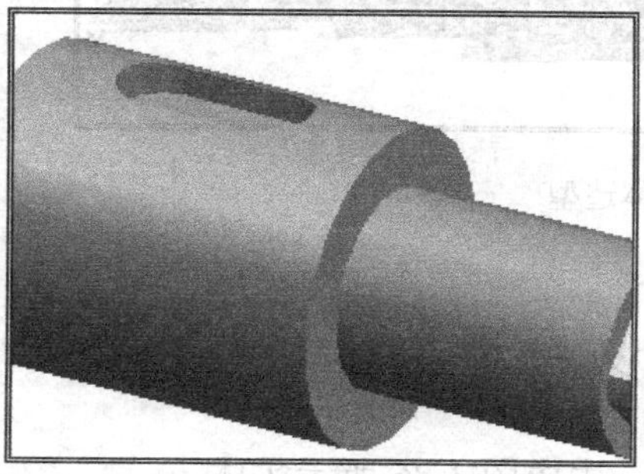

图 4-97　生成键槽特征

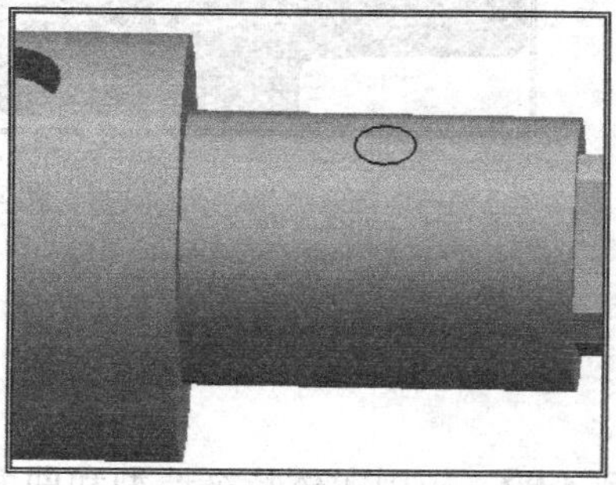

图 4-98　绘制孔草图

⑦ 生成特征。单击【拉伸除料】按钮，深度为 3，结果如图 4-99 所示。

⑧ 绘制钻头孔草图。选择孔底面单击鼠标右键，选择【创建草图】命令（图 4-100）。单击【曲线投影】按钮，拾取图 4-101 所示实体边界，生成投影线，单击 F2，退出草图。

⑨ 生成除料特征。单击【拉伸除料】按钮，按图 4-102 设置参数，单击确定。

⑩ 生成圆角过渡和倒角过渡，参照图 4-93 进行参数设置，结果如图 4-103 所示。

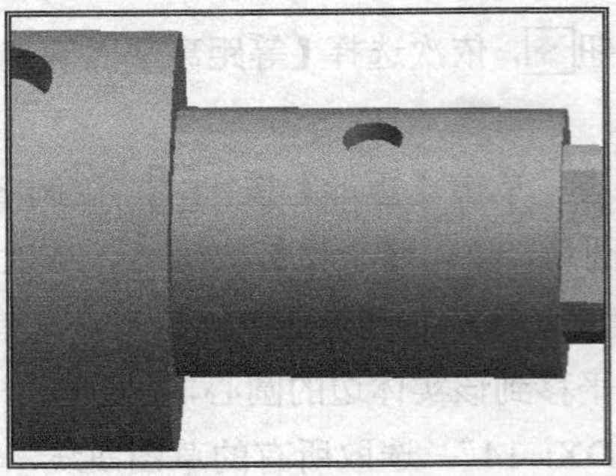

图 4-99　生成孔特征

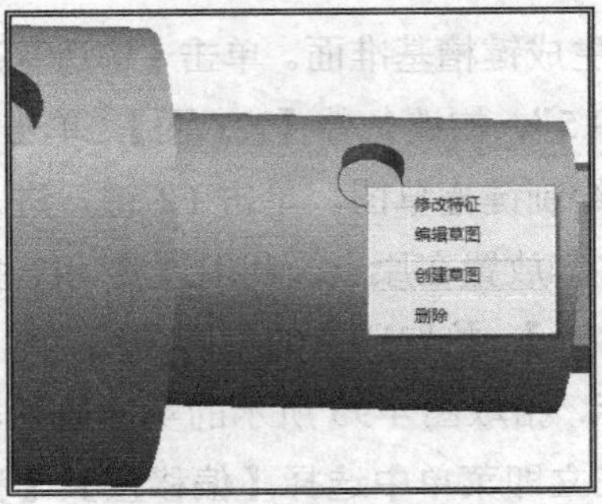

图 4-100　创建钻头孔草图

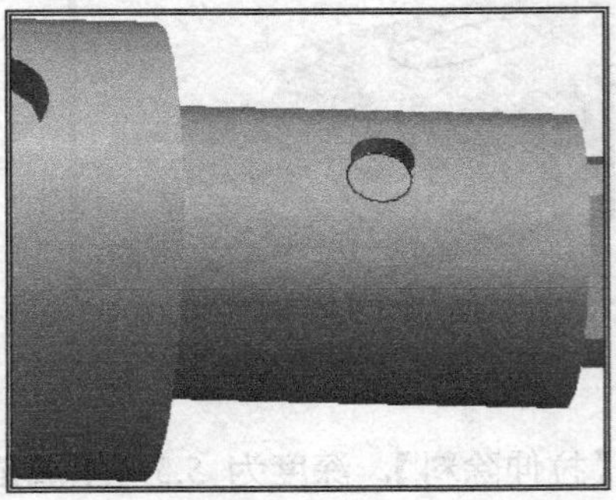

图 4-101　生成钻头孔草图

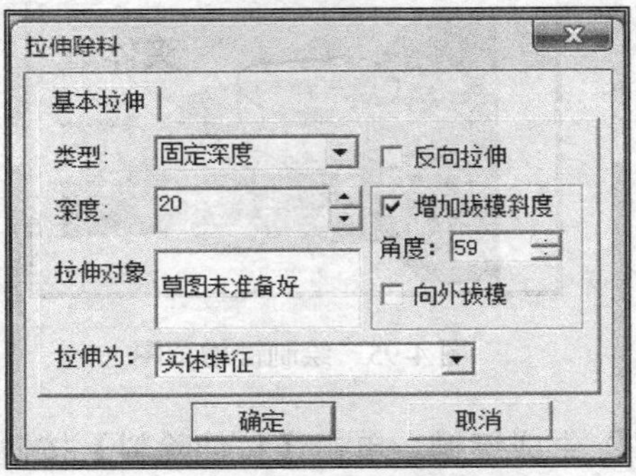

图 4-102　拉伸除料对话框

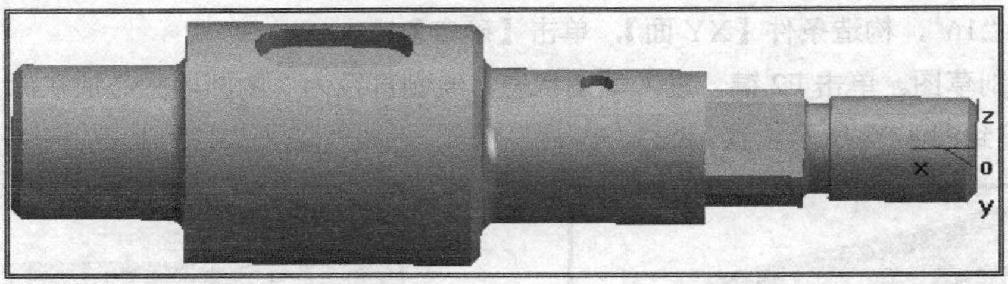

图 4-103　轴实体造型

4.5　曲面实体复合造型

【例 4-8】 应用实体特征造型和曲面造型方法，生成图 3-86 所示实体。

绘图步骤：

① 创建草图。选择 *XY* 面，单击【创建草图】按钮，或单击 F2 进入草图，单击 F5。

② 绘制图 4-104 所示的草图，单击 F2，退出草图。

③ 单击【拉伸增料】按钮，依次选择【固定深度】、深度“40”，单击【确定】，结果如图 4-105 所示。

④ 单击 F8,单击 F9，将工作平面切换到 *XZ* 面。

⑤ 绘制样条曲线。单击【样条线】按钮，依次选择【插值】、【缺省切矢】、【开曲线】，键入“–70，0，20”，回车；“–40，0，25”，回车；“–20，0，30”，回车；“30，0，15”回车；

单击鼠标右键结束，生成样条曲线。

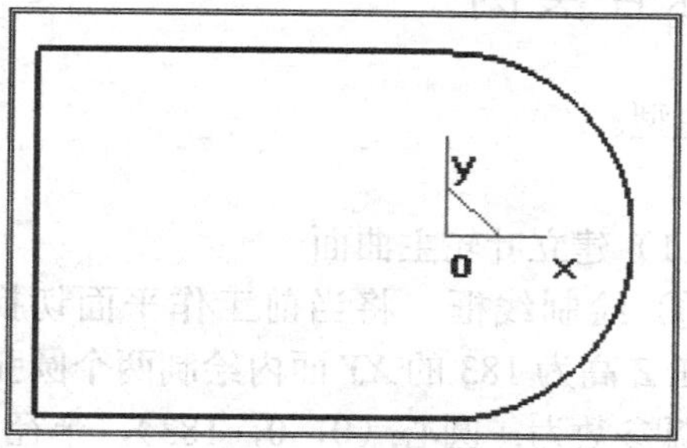

图 4-104 绘制草图

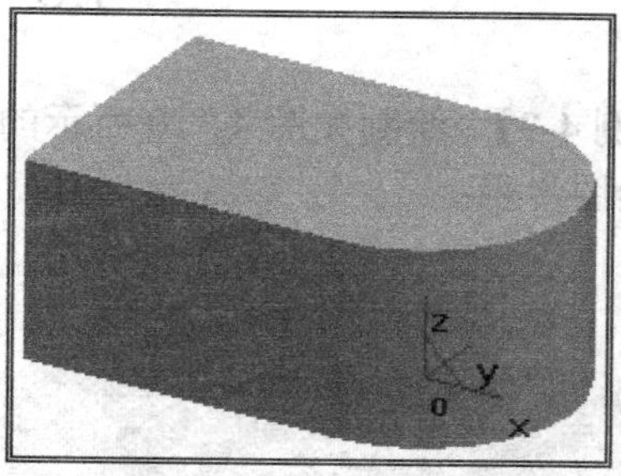

图 4-105 拉伸特征

⑥ 单击【圆弧】按钮，依次选择【两点半径】，任意选取两点，移动光标到合适位置，键入半径“100”；单击【平移】按钮，依次选择【两点】、【移动】、【非正交】，拾取圆弧，单击鼠标右键，拾取圆弧中点为基点，拾取样条曲线终点为目标点，将圆弧移到正确位置，结果如图 4-106 所示。

⑦ 单击【导动面】按钮，依次选择【平行导动】，选取样条曲线为导动线，选取圆弧为截面线，生成导动面，结果如图 4-107 所示。

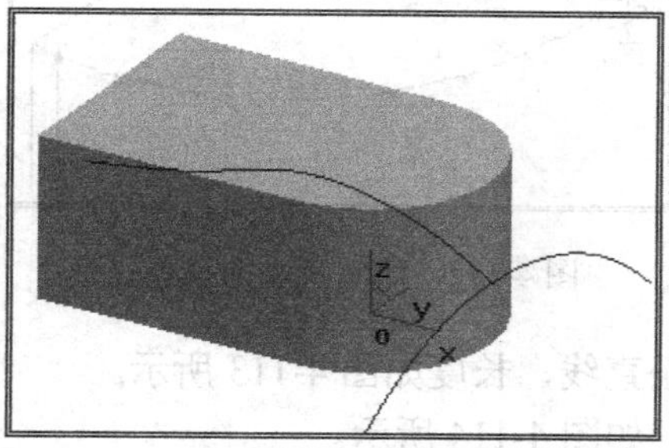

图 4-106 绘制空间曲线

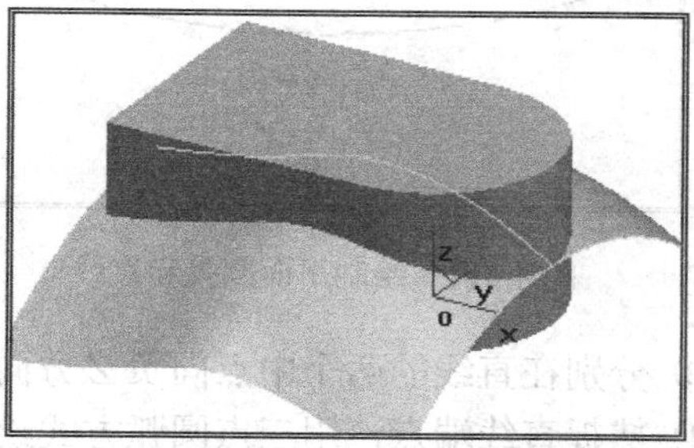

图 4-107 生成导动面

⑧ 单击【曲面裁剪除料】按钮，依次选择曲面，选择去料方向，单击【确定】，结果如图 4-108 所示。

⑨ 隐藏曲面、曲线。单击【圆角过渡】按钮，依次选择【半径】“12”、过渡方式【等半径】、结束方式【缺省方式】，选择两个竖边，单击【确定】。同理过渡 $R10$ 的圆角，结果如图 4-109 所示。

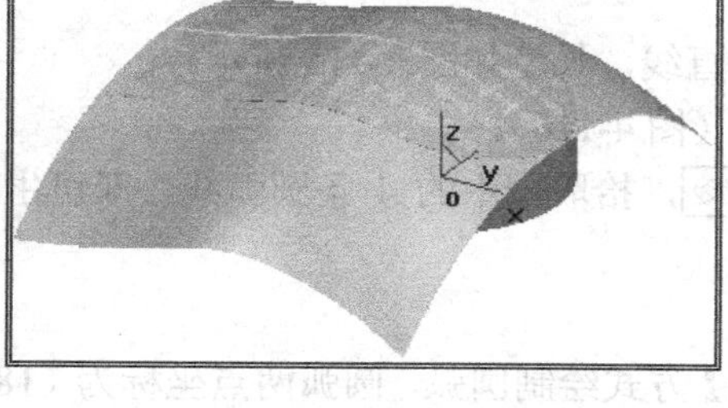

图 4-108 修剪曲面

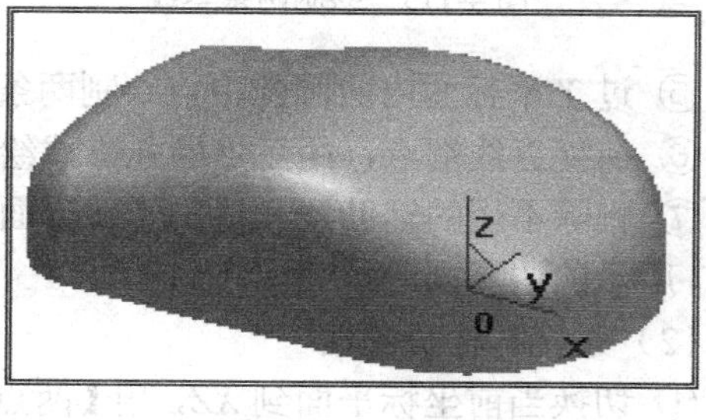

图 4-109 生成过渡特征

4.6 造型综合实例

【例 4-9】 绘制如图 4-110 所示的叶轮动模造型。

绘图步骤：

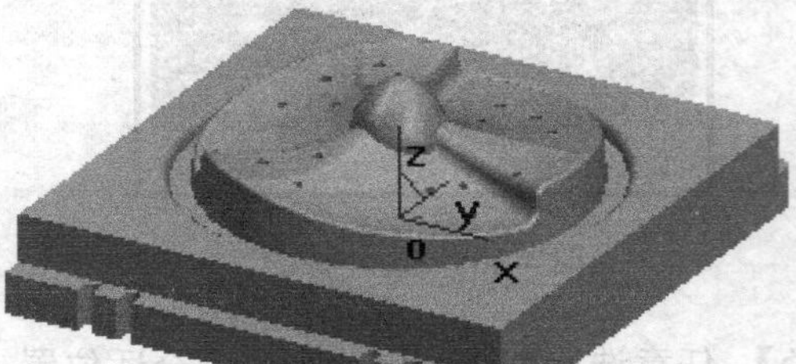

图 4-110 叶轮动模图形

（1）建立叶轮主曲面

① 绘制线框。将当前工作平面切换为 *XY* 面，在 *Z* 高为 183 的 *XY* 面内绘制两个圆弧，第一个圆弧参数为：圆心（0，0，183），半径为 240，起始角度 245，终止角为 355；第二个圆弧参数为：圆心（0，0，183），半径为 12，起始角度 245，终止角为 355。用直线连接两圆弧端点，结果如图 4-111 所示。

② 在 4 个端点作负 *Z* 向垂线，长度如图 4-112 所示。

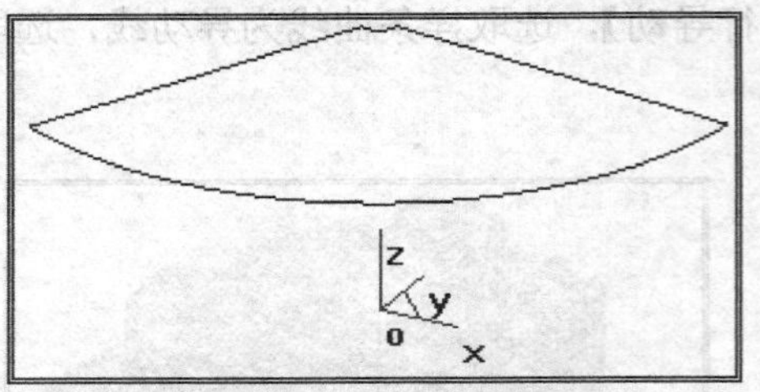

图 4-111 绘制平面圆弧和直线

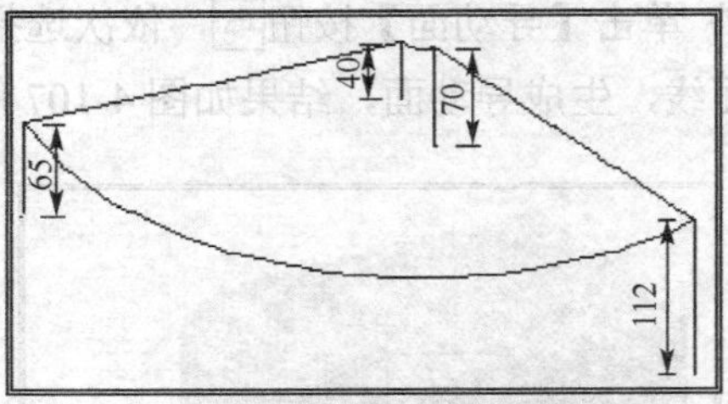

图 4-112 绘制负 *Z* 向垂直线

③ 分别在直线的两个中点向负 *Z* 方向绘制两条直线，长度如图 4-113 所示。

④ 捕捉直线端点，用三点圆弧方式绘制圆弧，如图 4-114 所示。

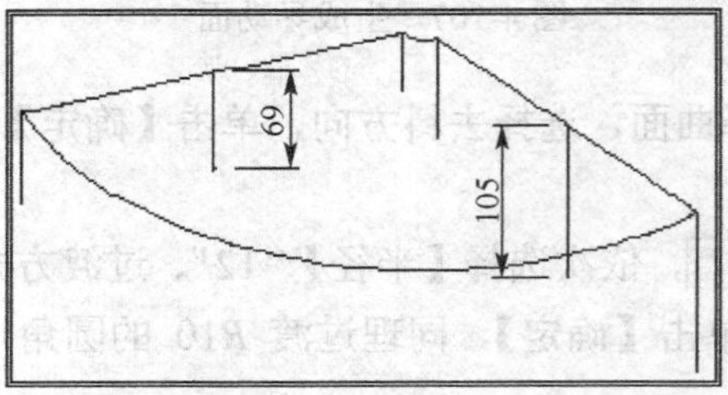

图 4-113 绘制两条垂线

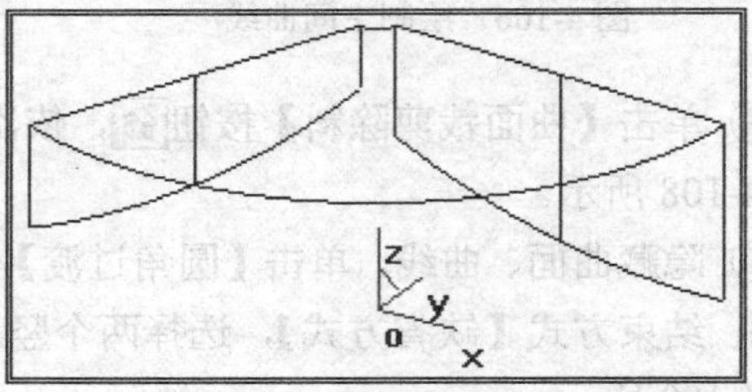

图 4-114 过端点绘制圆弧

⑤ 过 *Y* 平行面内两圆弧中点绘制两条负 *Z* 向直线，长度如图 4-115 所示。

⑥ 捕捉直线端点，用三点圆弧方式绘制圆弧（图 4-116）。

⑦ 删除不用的辅助线，单击【边界面】按钮，拾取图中的 4 条圆弧线，即可生成图 4-117 所示的边界面。

（2）建立叶轮负曲面

① 切换当前坐标平面到 *XZ*，用【两点__半径】方式绘制圆弧，圆弧两点坐标为（18，0，137）、（239，0，118），圆弧半径为 324。再绘制一条 *Z* 轴的铅垂线（图 4-118）。

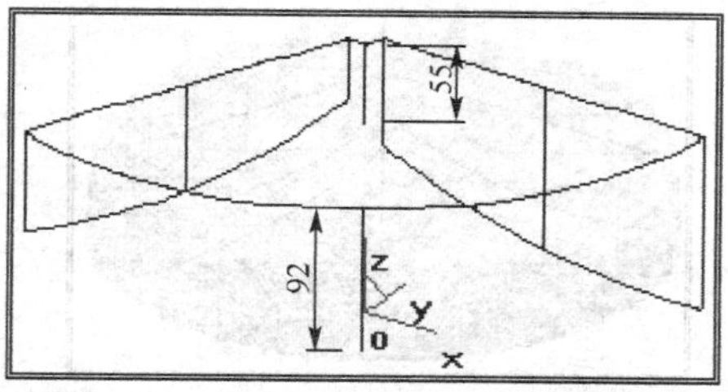

图 4-115　过圆弧中点绘制两条直线

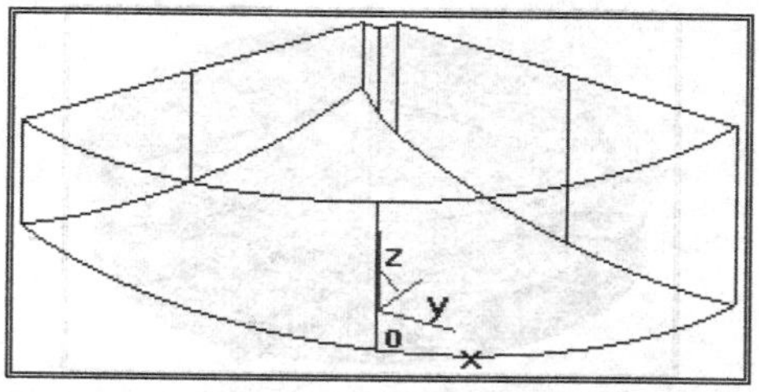

图 4-116　绘制圆弧连接线

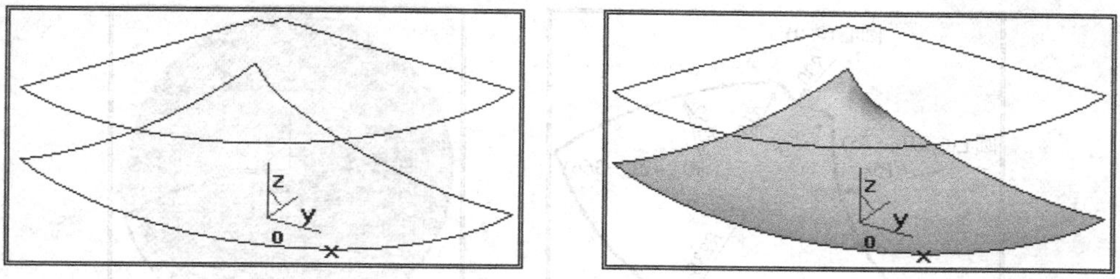

图 4-117　生成边界面

② 生成旋转曲面。用上步生成的圆弧为旋转母线，直线为旋转轴，作旋转曲面，旋转起始角度为 0，终止角度为 360。结果如图 4-119 所示。

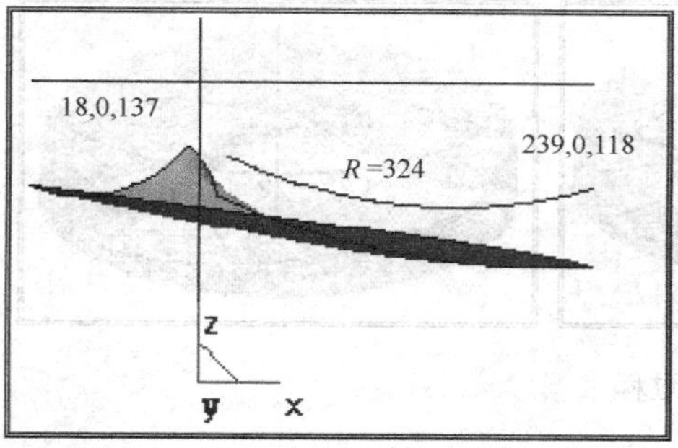

图 4-118　绘制圆弧与直线

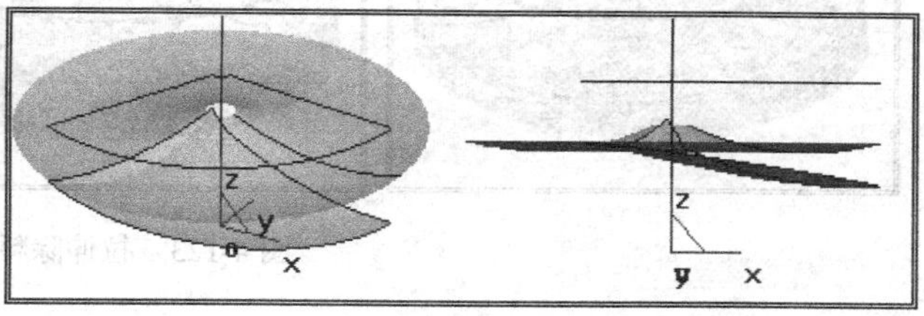

图 4-119　生成旋转曲面

（3）建立叶轮主体

① 单击【构建基准面】按钮，建立平行于 *XY* 的草图基准面，*Z* 正向距离为 45。单击 F2 键进入草图绘制，绘制一个圆心为（0，0），半径为 225 的圆。

② 对上步生成的草图应用拉伸增料，方向为 *Z* 正向。深度为 100，拔模斜度为 5。单击【打孔】按钮，在叶轮主体中心位置打孔，孔的直径为 40（图 4-120）。

③ 单击【曲面裁剪除料】按钮，用生成的旋转曲面裁剪拉伸特征主体的上半部分，结果如图 4-121 所示。

（4）修剪叶轮主体

① 建立裁剪草图基准面，基准面平行于 *XY* 面，*Z* 正向距离为 185。单击 F2，进入草图状态，绘制图 4-122 所示的草图。

② 单击【拉伸除料】按钮，选择【拉伸到面】的方式，用上步生成的草图向叶轮主曲面作拉伸除料，然后隐藏其他辅助线，生成过程如图 4-123 所示，结果如图 4-124 所示。

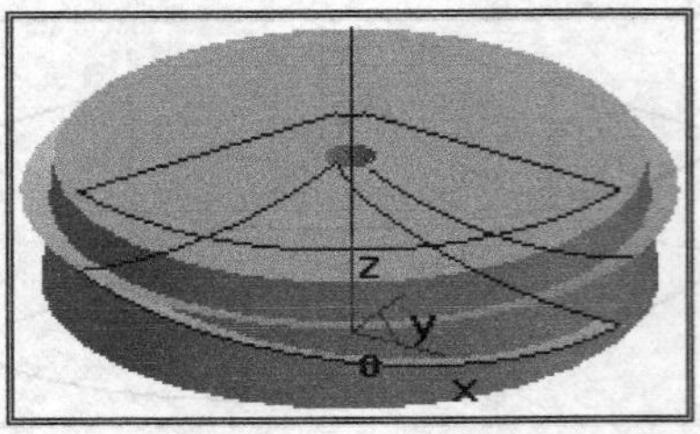

图 4-120　生成拉伸实体并打孔

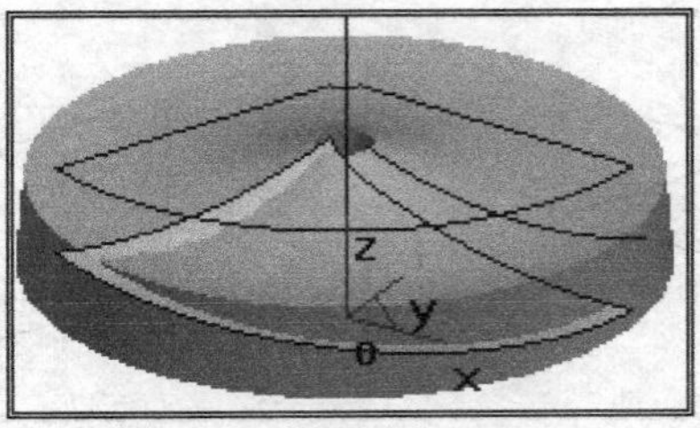

图 4-121　完成旋转曲面对拉伸体的裁剪除料

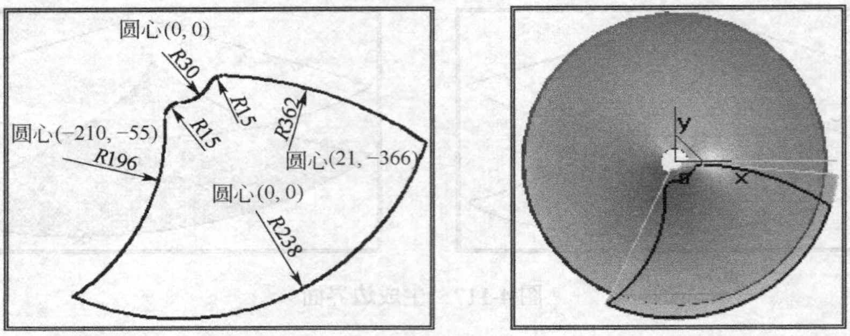

图 4-122　绘制草图

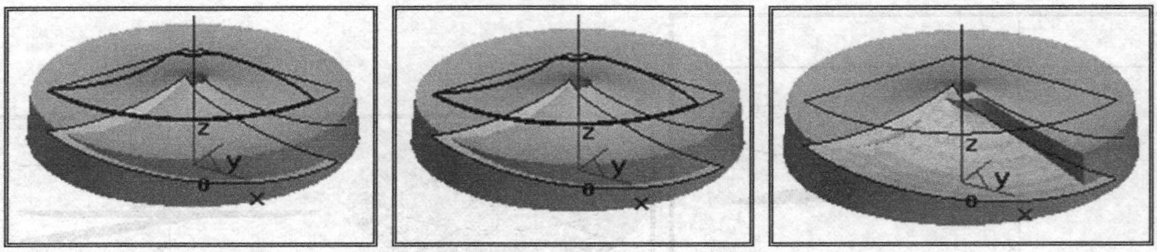

图 4-123　拉伸除料过程

③ 旋转阵列特征。过（0，0，0）、（0，0，20）两点绘制直线作为旋转轴，单击特征的【环形阵列】按钮，对上步拉伸除料特征进行阵列，设置旋转角度为 120，阵列数目为 3，使用自身旋转方式，阵列结果如图 4-125 所示。

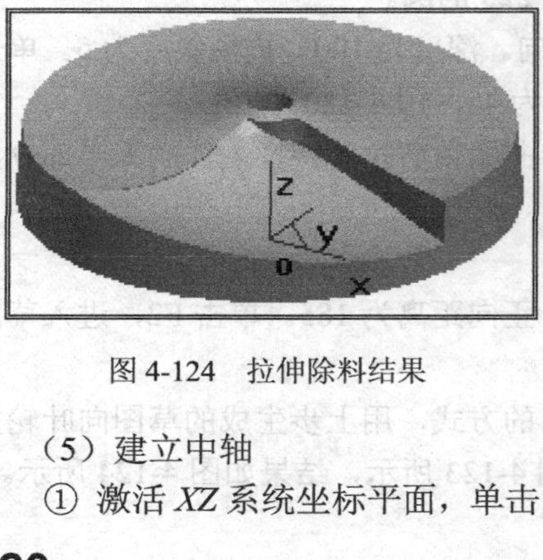

图 4-124　拉伸除料结果

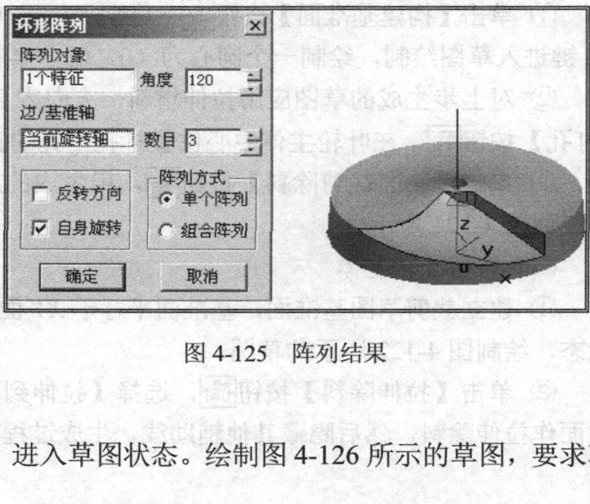

图 4-125　阵列结果

（5）建立中轴

① 激活 *XZ* 系统坐标平面，单击 F2，进入草图状态。绘制图 4-126 所示的草图，要求草

图轮廓线为实线，绘制完成退出草图。

② 旋转增料。单击【旋转增料】按钮，用上步得到的草图，沿 Z 轴旋转 360°。生成中轴实体，结果如图 4-127 所示。

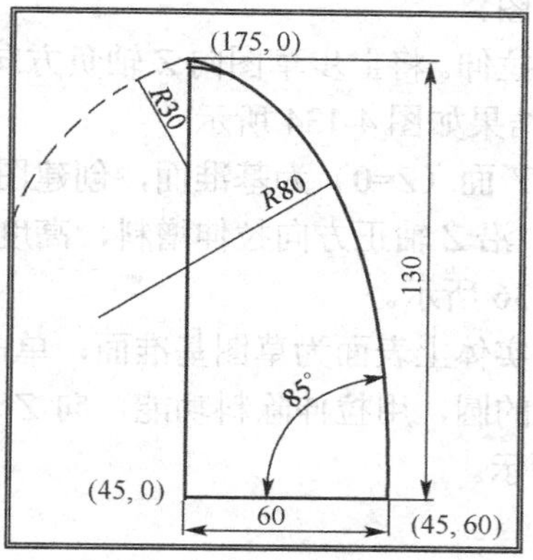

图 4-126　绘制草图

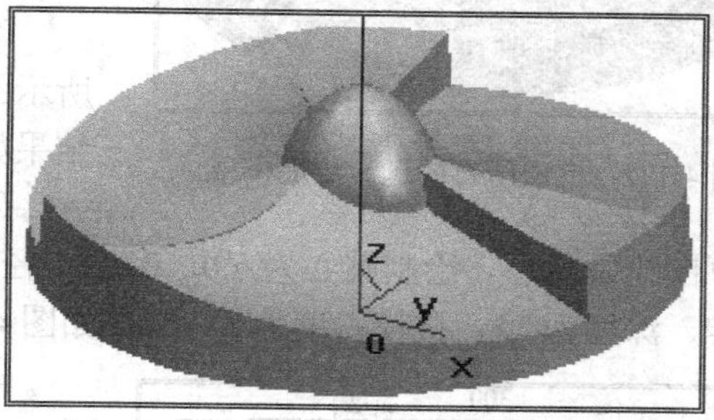
图 4-127　生成中轴

（6）棱边过渡

① 过渡图 4-128 所示的三个棱边（图中实线部分），过渡半径 $R20$。

② 过渡图 4-129 所示的三个棱边（图中实线部分），过渡半径 $R18$。

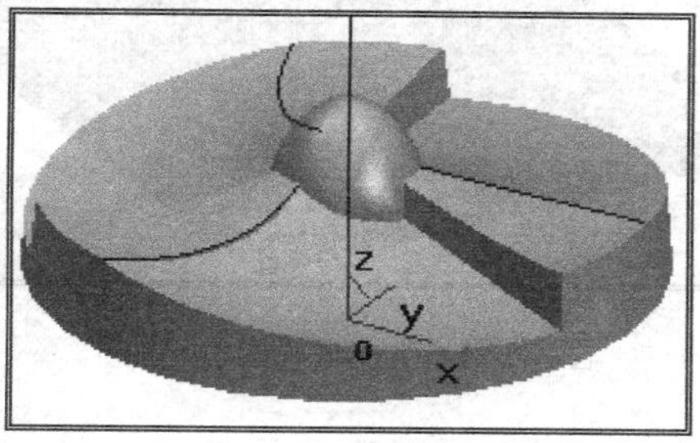
图 4-128　过渡 $R20$ 圆弧

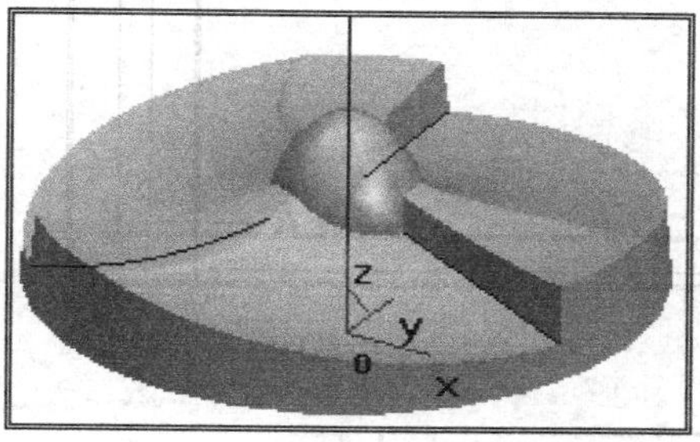
图 4-129　过渡 $R18$ 圆弧

③ 过渡图 4-130 所示的三个棱边（图中实线部分），过渡半径 $R15$，结果如图 4-131 所示。

④ 用 $R5$ 的圆角过渡图 4-131 所示的圆周棱边（图中实线部分），选择【沿相切面顺延】方式。其过渡的结果如图 4-132 所示。

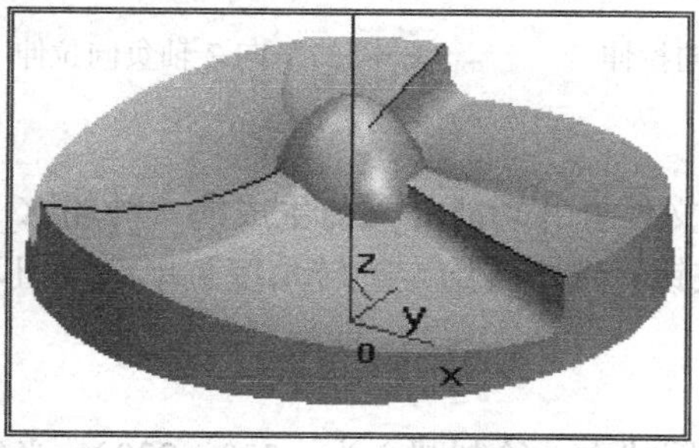
图 4-130　过渡 $R15$ 圆弧

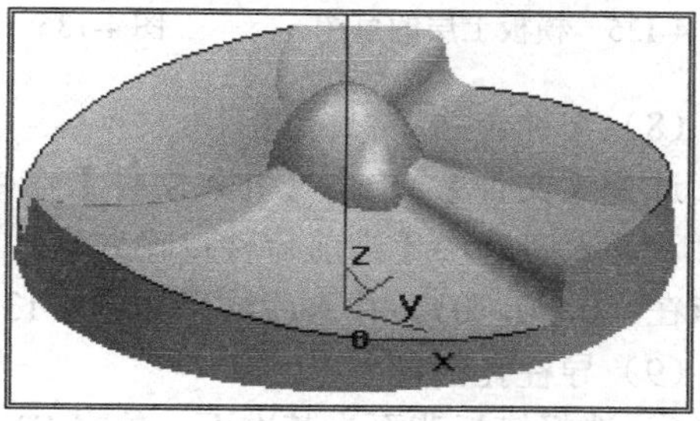
图 4-131　过渡 $R5$ 圆弧

⑤ 将上述文件存盘为*.X_T 格式的文件，文件名为“叶轮”。

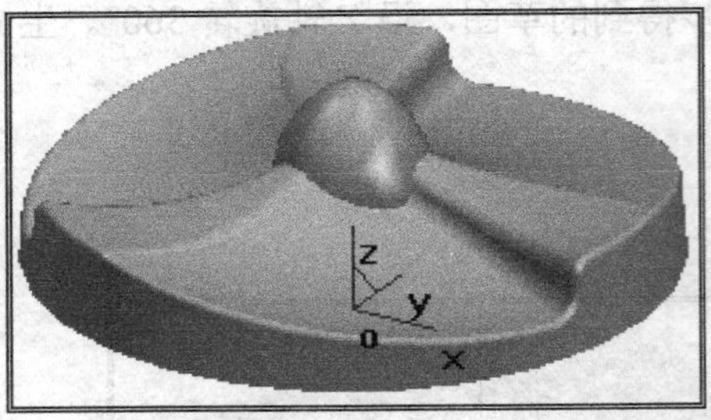

图 4-132　完成所有的过渡特征模型

（7）生成动模板

① 新建一个文件，在坐标的 *XY* 平面内绘制图 4-133 所示草图。

② 实体拉伸。将上步草图向 *Z* 轴负方向拉伸，深度为 50，结果如图 4-134 所示。

③ 以 *XY* 面（*Z*=0）为基准面，创建图 4-135 所示的草图，沿 *Z* 轴正方向拉伸增料，高度为 60，结果如图 4-136 所示。

④ 选择实体上表面为草图基准面，单击 F2，进入草图绘制状态。绘制圆心为（0，0），半径为 250 的圆，用拉伸除料功能，向 *Z* 轴负方向拉伸，深度为 15，拔模斜度为 5，结果如图 4-137 所示。

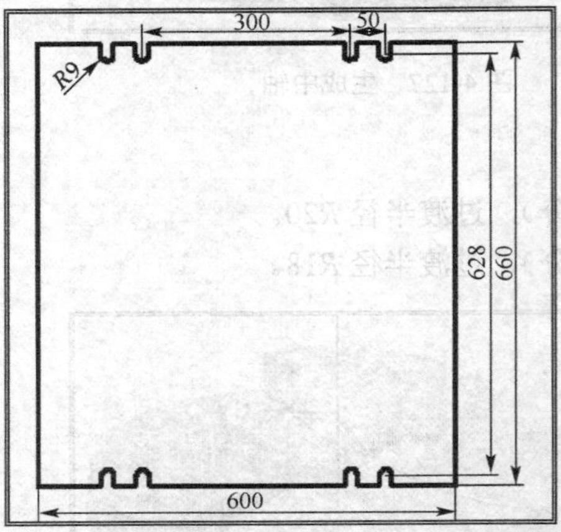

图 4-133　生成草图

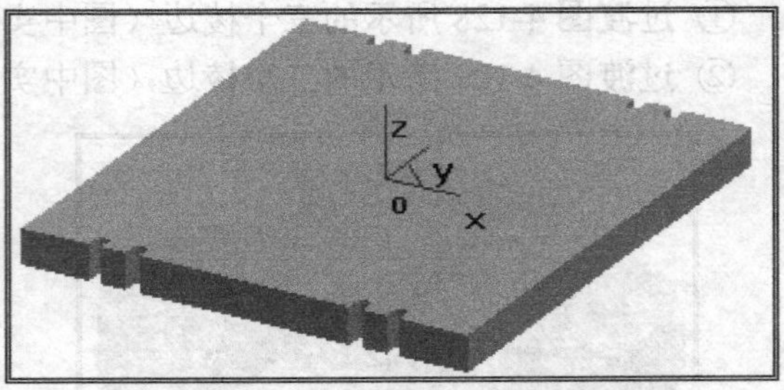

图 4-134　生成动模底板

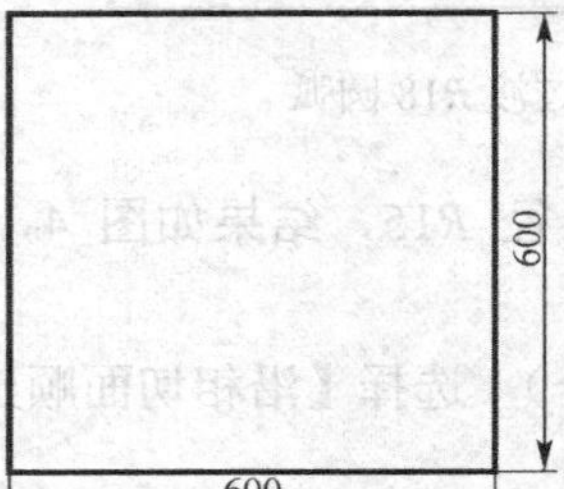

图 4-135　模板上层的草图

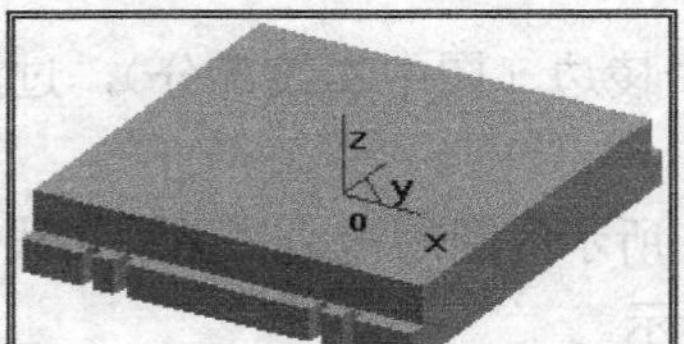
图 4-136　向 *Z* 轴正向拉伸

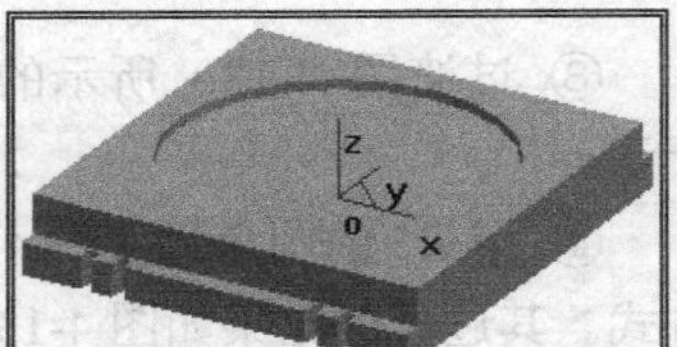
图 4-137　向 *Z* 轴负向拉伸

（8）文件合并

选择【文件】，单击【并入文件】命令，使用文件合并功能并入前生成的“叶轮.X_T”文件。并入时选中【当前零件∪输入零件】单选按钮，选中【给定旋转角度】单选按钮，插入点在（0，0，0）。并入后结果如图 4-138 所示。

（9）导柱孔创建

① 选择模板背面为基准面，单击 F2，进入草图状态。绘制圆心为（230，230），半径为 48 的圆，单击【拉伸除料】按钮，生成深度为 15 的孔，如图 4-139 所示。

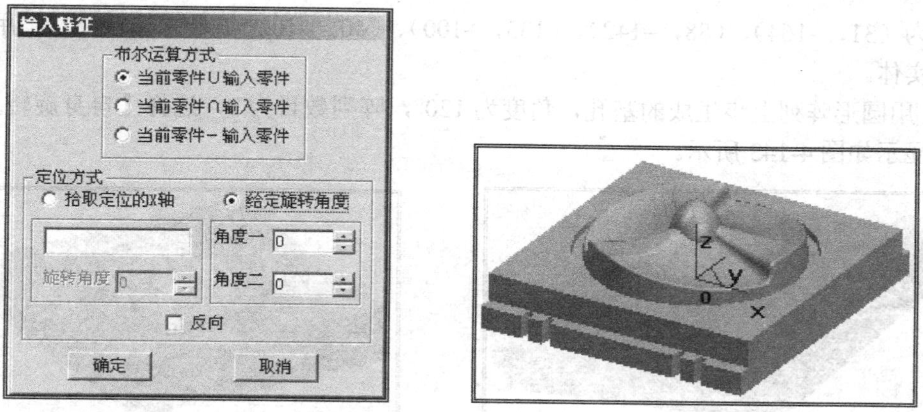

图 4-138　文件并入

② 再次选择模板背面为基准面，单击 F2，进入新的草图绘制，绘制圆心为（230，230），半径为 35 的圆，单击【拉伸除料】按钮来贯穿整个实体，结果如图 4-140 所示。

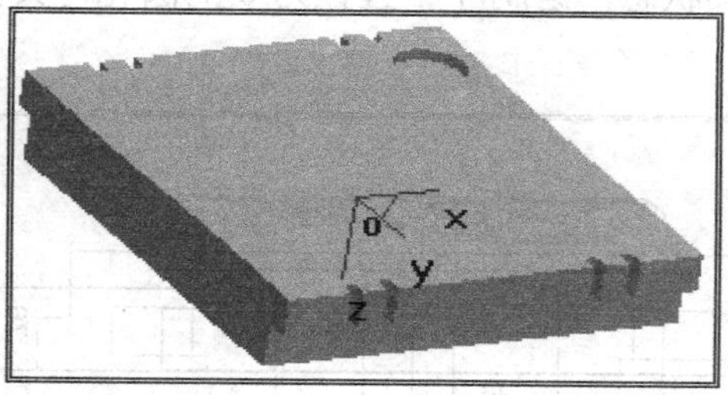

图 4-139　生成导柱沉孔

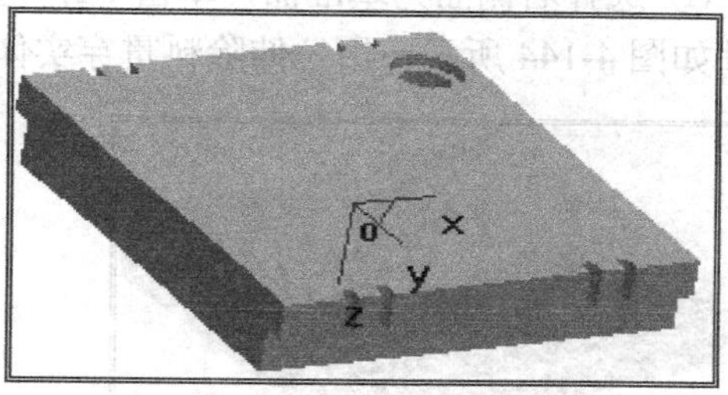

图 4-140　生成导柱通孔

③ 应用线性阵列功能。两个阵列方向为 *X* 和 *Y* 轴方向，两个方向上的距离都为 460，数量为两个。结果如图 4-141 所示。

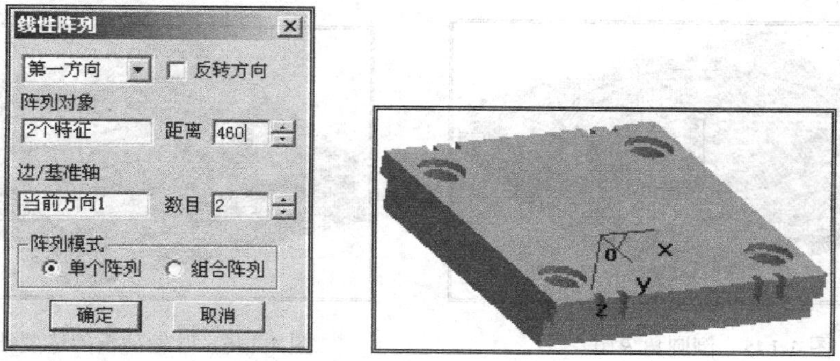

图 4-141　孔的阵列结果

（10）大过孔造型及背面工艺圆角

选择模板背面为基准面，单击 F2，进入草图绘制，绘制圆心为（0，0），半径为 220 的圆，单击【拉伸除料】按钮，生成深度为 58 的大过孔，并将背面所有棱边作工艺倒角为 2×45°，结果如图 4-142 所示。

（11）穿顶杆孔

① 选择模板背面为基准面，单击 F2，进入草图绘制状态。绘制 5 个 *R*6 的圆，其圆心位

置分别为（31，–164）、（88，–142）、（133，–100）、（40，–102.5）和（74，–81），用拉伸除料贯穿实体。

② 用圆形阵列上步生成的基孔，角度为 120°，阵列数目为 3，选择【自身旋转】方式。阵列后显示如图 4-143 所示。

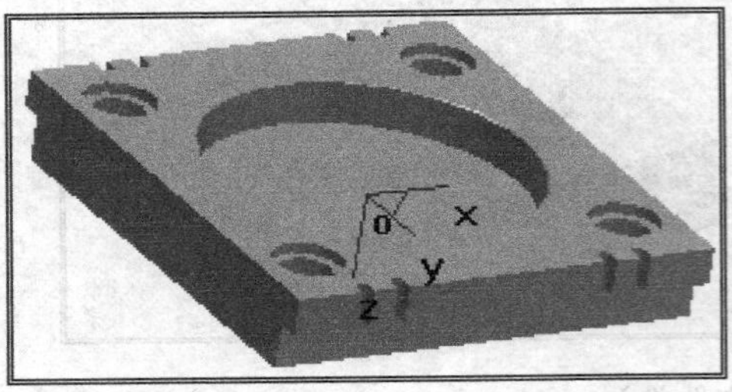

图 4-142 生成大过孔

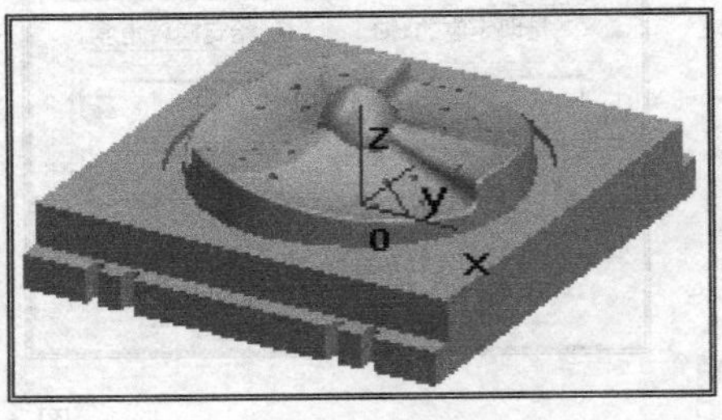

图 4-143 生成穿顶杆孔

（12）穿水道孔及工艺倒角

① 选择右侧面为基准面，单击 F2，进入草图状态，绘制 4 个直径为 6 的圆孔，其位置尺寸如图 4-144 所示，用拉伸除料贯穿实体。

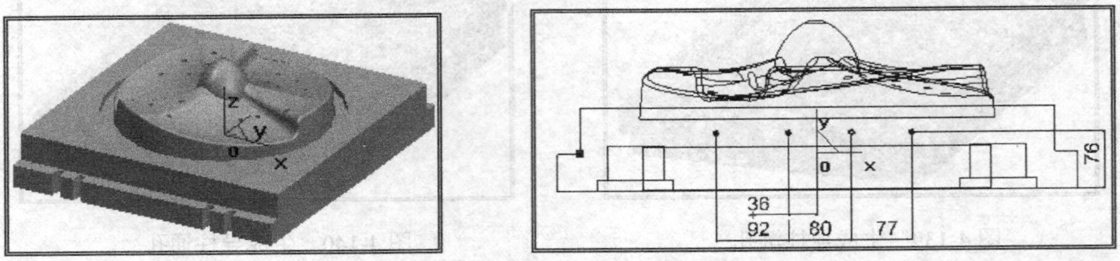

图 4-144 穿水道孔草图

② 倒到工艺圆角，将图 4-145 所示的圆棱边倒圆角 *R*10，完成结果如图 4-146 所示。

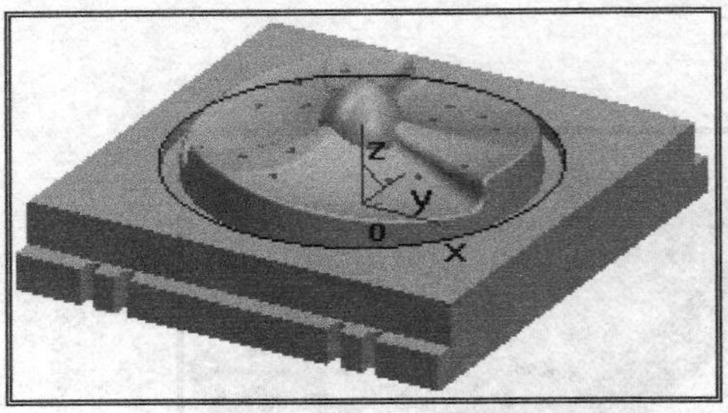

图 4-145 倒圆角 *R*10

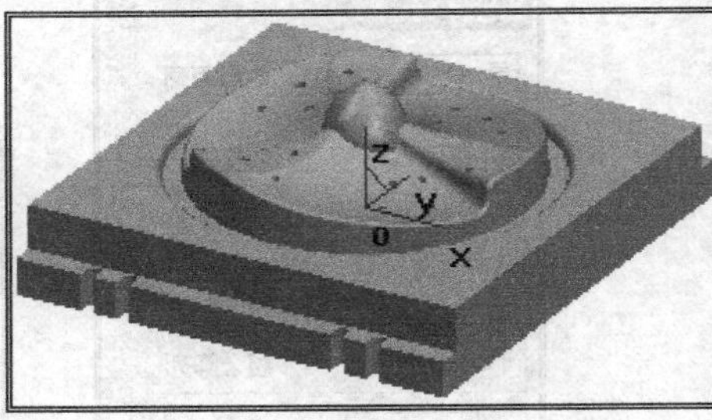

图 4-146 叶轮动模的造型结果

小 结

利用 CAXA 制造工程师提供的草图和特征编辑功能，不仅可以通过修改草图或特征参数来解决模型构建过程中出现的错误及调整设计中的部件参数，而且可以用来进行系列产品的建模或设计，极大地提高了设计的效率和准确性。

思考与练习

1. 思考题

（1）绘制草图包括哪些步骤？

（2）板筋特征功能对草图有何要求？板筋草图是否只能为直线？其草图基准面方位如何设定？

（3）抽壳厚度可以设置不同的厚度吗？

（4）使用变半径方式生成过渡特征时，半径的变化规律是否可任意设定？

（5）CAXA 制造工程师提供了哪四种特征生成方式？

（6）CAXA 制造工程师提供了哪三种模具生成的特征功能？

2. 练习题

（1）根据题图 4-1 和图 4-2 所示的零件图，练习草图功能等操作。

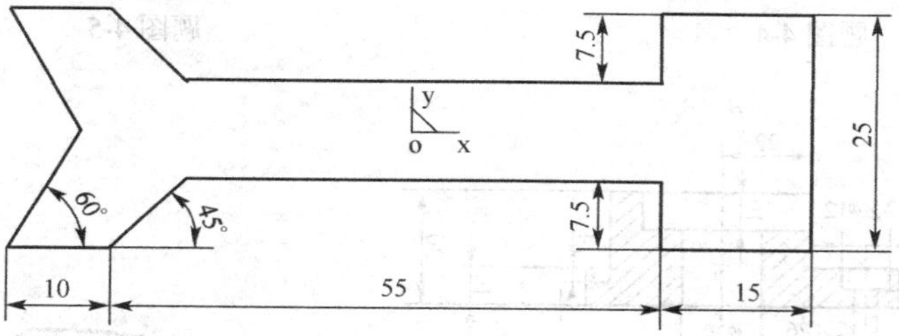

题图 4-1

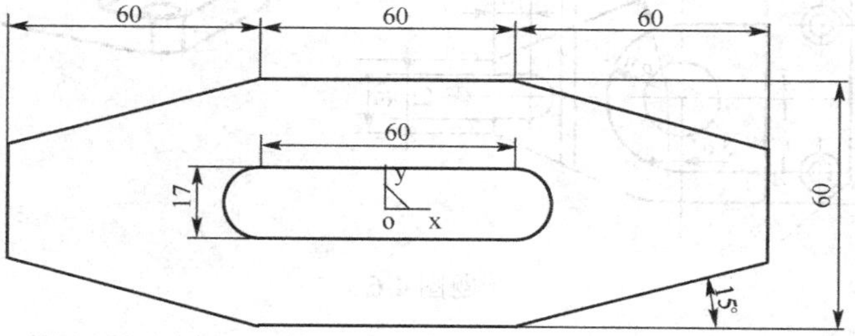

题图 4-2

（2）应用旋转特征造型方法对题图 4-3 所示的手柄进行造型。

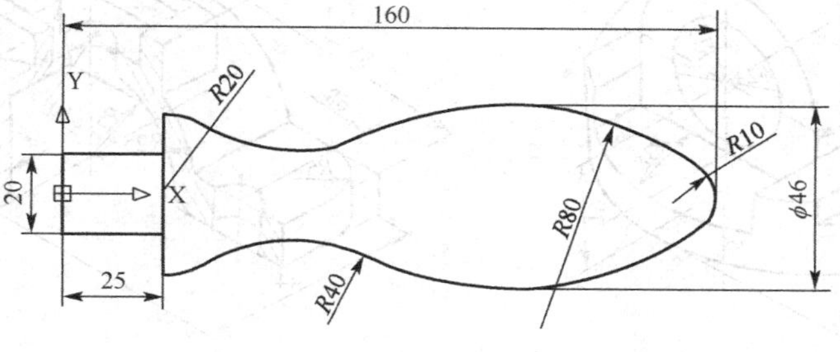

题图 4-3

（3）应用草图、拉伸、过渡等特征造型方法对题图 4-4 所示的图形进行造型。

（4）根据题图 4-5 生成零件实体造型。

（5）根据题图 4-6 生成零件实体造型。

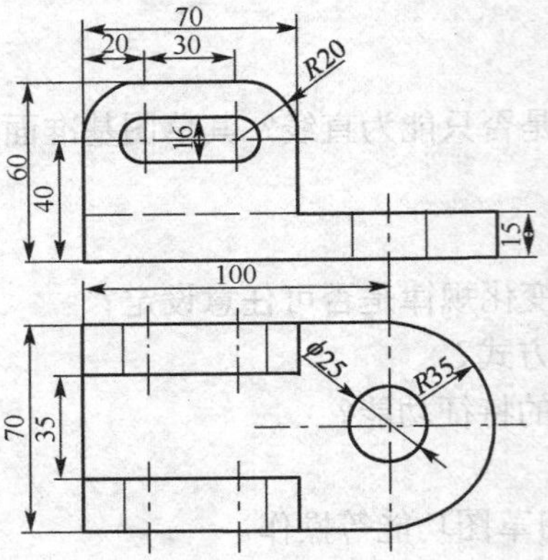

题图 4-4

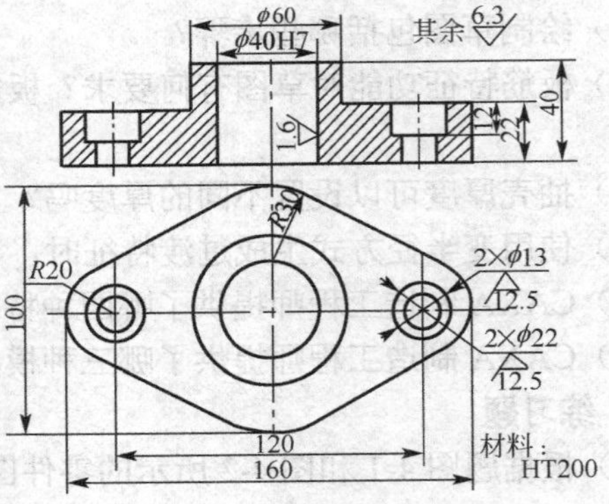

题图 4-5

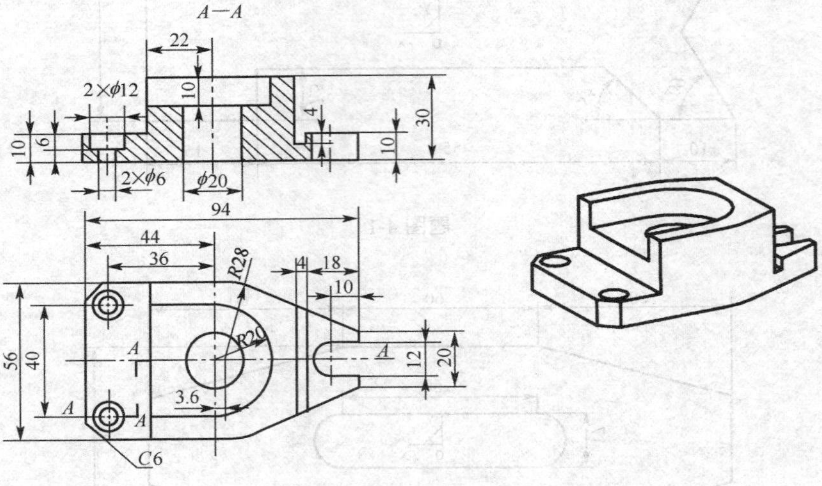

题图 4-6

（6）应用本章特征造型方法对题图 4-7～图 4-15 所示进行实体造型。

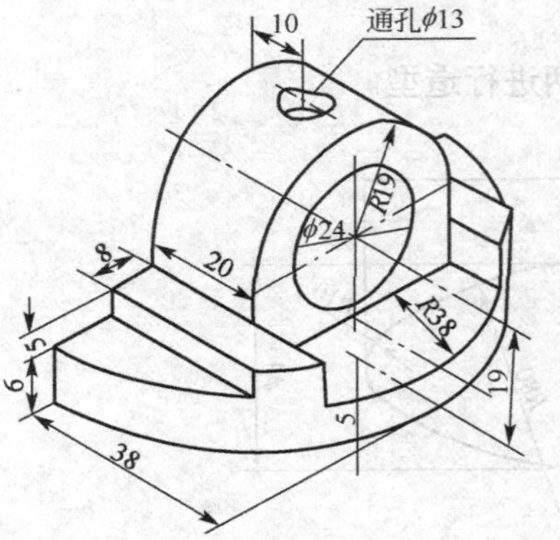

题图 4-7

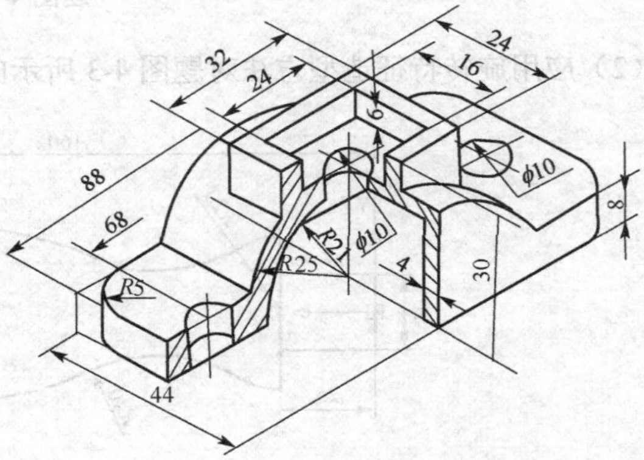

题图 4-8

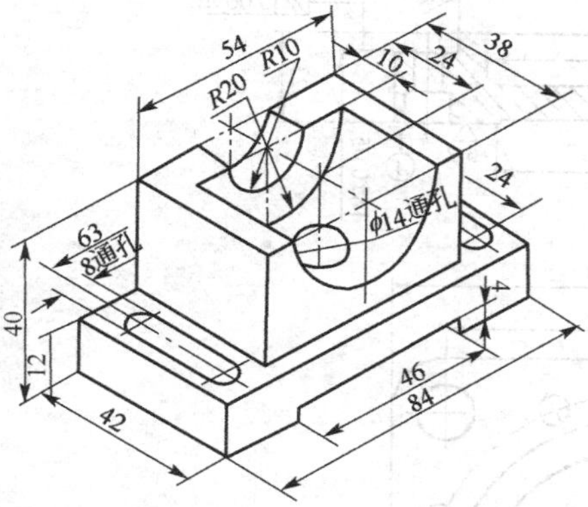

题图 4-9

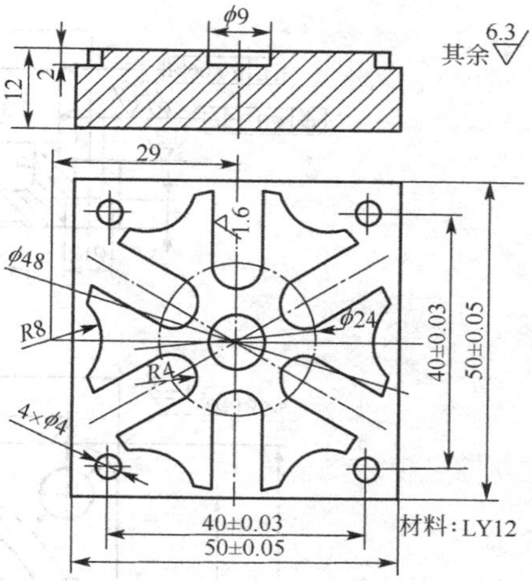

题图 4-10

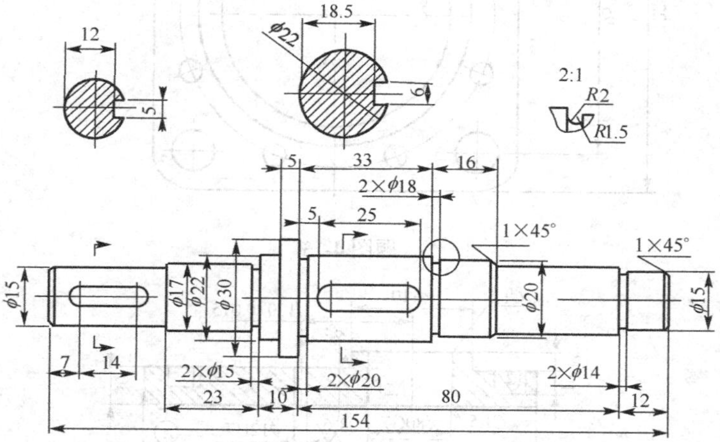

题图 4-11

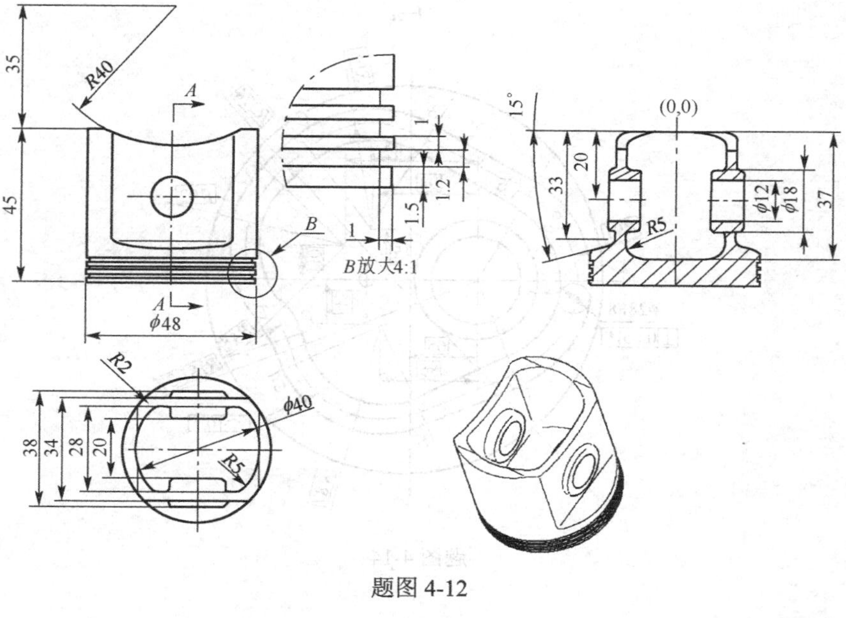

题图 4-12

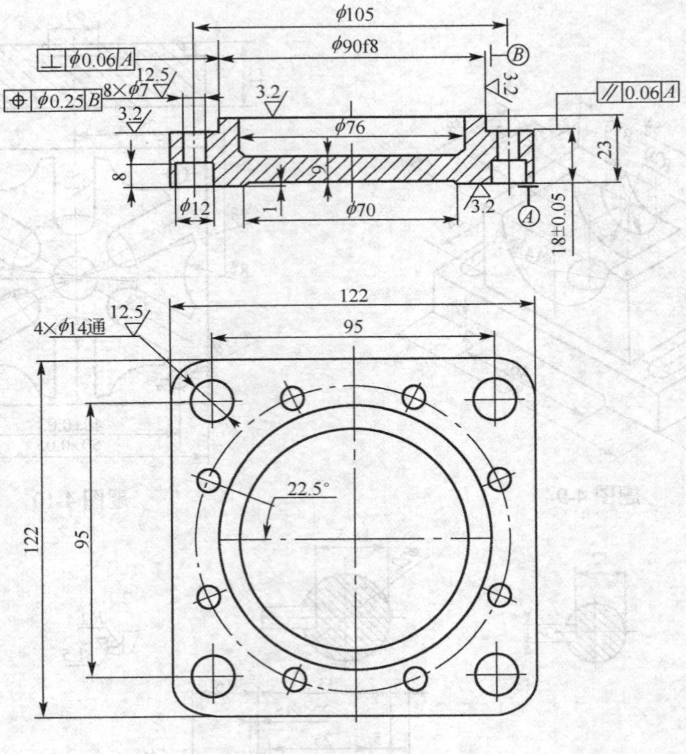
ϕ105
ϕ90f8
ϕ0.06 A
12.5
8×ϕ7
ϕ0.25 B
3.2
B
3.2
0.06 A
ϕ76
23
8
9
ϕ12
1
ϕ70
3.2
A
18±0.05
122
4×ϕ14通
12.5
95
22.5°
122
95

题图 4-13

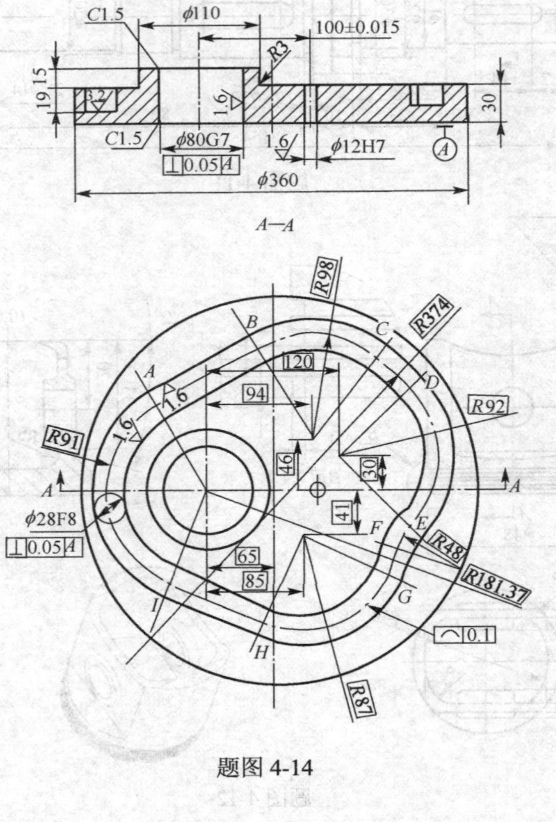
C1.5
ϕ110
100±0.015
R3
19
15
3.2
1.6
30
C1.5
ϕ80G7
1.6
ϕ12H7
0.05 A
A
ϕ360
A—A
R98
B
C
R374
120
A
D
94
R92
R91
46
30
A
A
41
ϕ28F8
0.05 A
E
F
R48
65
R181.37
85
G
I
0.1
H
R87

题图 4-14

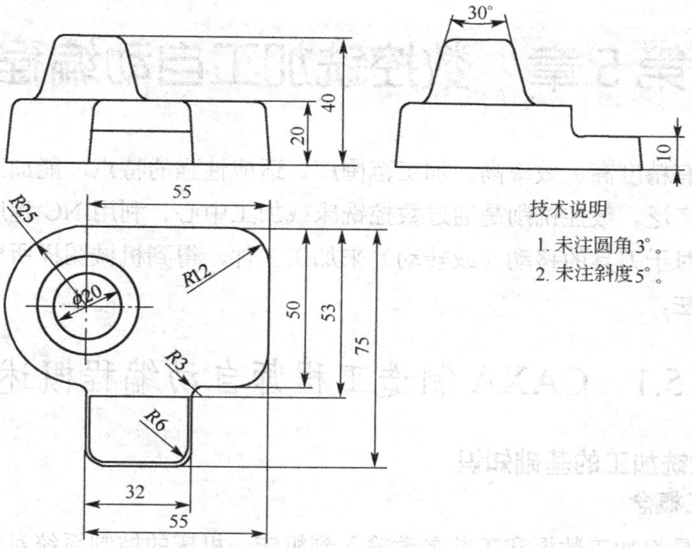

题图 4-15

第5章　数控铣加工自动编程

数控加工具有精度高、效率高、加工范围广、适应性强的特点，能加工各种形状复杂的零件，应用十分广泛。数控铣削是通过数控铣床或加工中心、利用NC程序来控制刀具的旋转运动和工件相对于刀具的移动（或转动）来加工工件，得到机械图样所要求的精度和表面粗糙度的加工方法。

5.1　CAXA制造工程师自动编程概述

5.1.1　数控铣加工的基础知识

1. 数控加工概念

数控加工就是将加工数据和工艺参数输入到机床，机床的控制系统对输入信息进行运算与控制，并不断地向直接指挥机床运动的机电功能转换部件——机床的伺服机构发送脉冲信号，伺服机构对脉冲信号进行转换与放大处理，然后由传动机构驱动机床加工零件。

数控加工的关键是加工数据和工艺参数的获取，即数控编程。

2. 数控加工顺序

在数控编程前需进行数控工艺分析，包括零件工艺分析、加工路线拟定、夹具和工具的选择、切削用量的确定等。

按工艺性质不同分为粗加工、半精加工、精加工三个阶段，且一般按工序集中原则划分工序。根据零件形状的不同，通常采用不同的数控加工工序。

（1）型腔：一般为粗加工、清角加工、半精加工、精加工四道工序。

（2）型芯、电极、滑块等：一般采用粗加工、清角加工、精加工工序。

（3）若工件形状简单，或圆角足够大，可省略清角加工；若工件尺寸较小，也可省略半精加工；若工件粗加工后余量不均，可增加半精加工工序。

（4）除非加工余量极小，不得只用一个精加工程序进行加工。

5.1.2　CAXA制造工程师加工方法简介

CAXA制造工程师2008提供了2～5轴的数控铣加工功能，20多种生成数控加工轨迹的方法，包括粗加工、精加工、补加工、孔加工等，可以完成平面、曲面和孔等零件的加工编程。加工菜单如图5-1所示，加工工具条如图5-2所示。

（1）两轴加工　机床坐标系的X和Y轴两轴联动，而Z轴固定，即机床在同一高度下对工件进行切削。两轴加工适合于铣削平面图形。

（2）两轴半加工　两轴半加工在二轴的基础上增加了Z轴的移动，当机床坐标系的X和Y轴固定时，Z轴可以有上、下的移动。利用两轴半加工可以实现分层加工，即刀具在同一高度（指Z向高度，下同）上进行两轴加工，层间有Z向的移动。

（3）三轴加工　机床坐标系的X、Y和Z三轴联动。三轴加工适合于进行各种非平面图形，即一般曲面的加工。

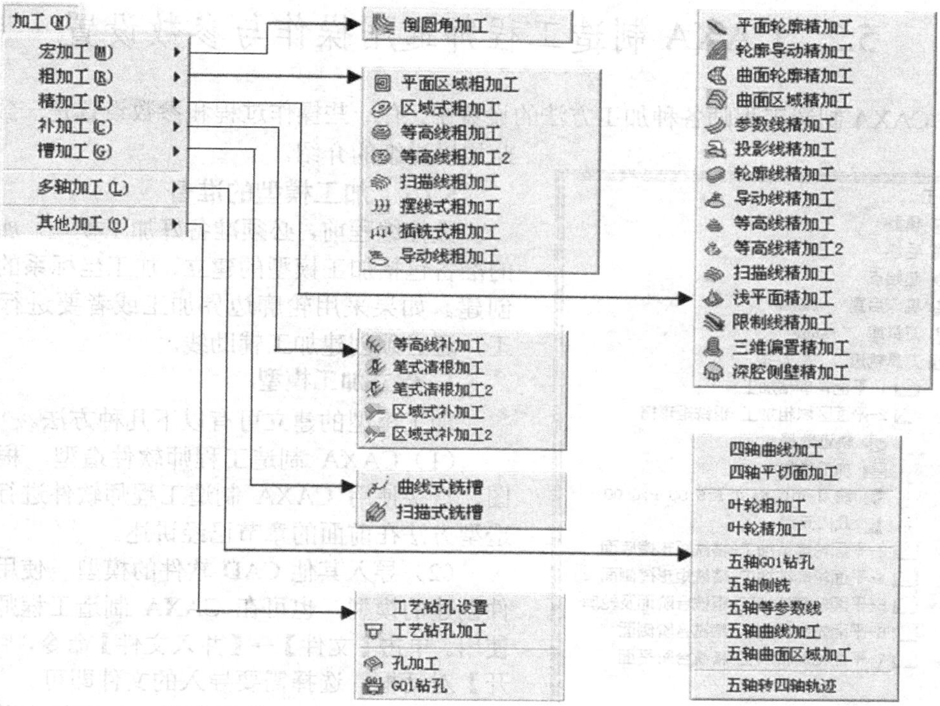

图 5-1 加工菜单

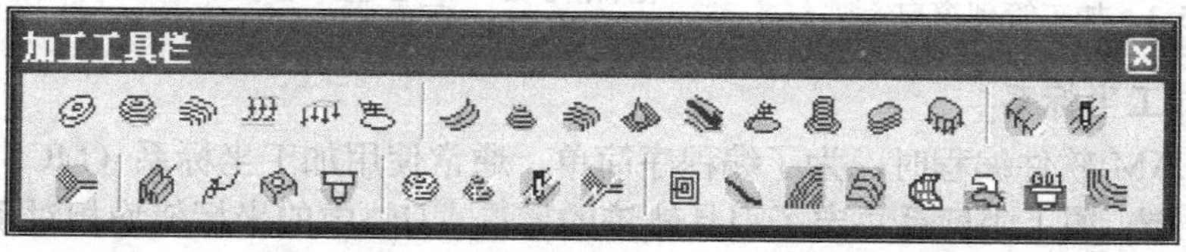

图 5-2 加工工具条

5.1.3 CAXA 制造工程师编程步骤

在进行必要的零件加工工艺分析之后，使用 CAXA 制造工程师软件进行数控铣自动编程的一般步骤如下：

（1）建立加工模型；

（2）建立毛坯；

（3）建立刀具；

（4）选择加工方法，填写加工参数；

（5）轨迹生成与仿真；

（6）后置处理，生成 G 代码。

5.1.4 CAXA 制造工程师加工管理窗口

在绘图区的左侧，单击【加工管理】标签，将显示加工管理窗口，如图 5-3 所示，用户可以通过操作加工管理树，对毛坯、刀具、加工参数等进行修改，还可以实现轨迹的拷贝、删除、显示、隐藏等操作。

5.2　CAXA 制造工程师通用操作与参数设置

在 CAXA 制造工程师各种加工方法的设置中，有一些操作过程和参数设置是一致的，在此加以详细的介绍。

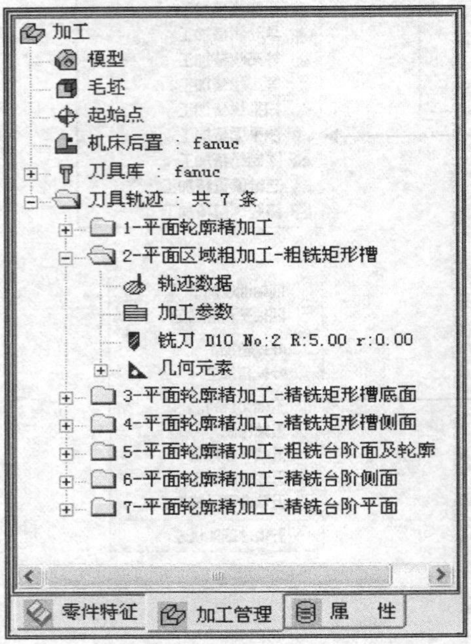

图 5-3　加工管理窗口

5.2.1　加工模型的准备

数控编程前，必须准备好加工模型。加工模型的准备包括加工模型的建立、加工坐标系的检查与创建。如果采用轮廓边界加工或者要进行局部加工，还必须创建加工辅助线。

1. 建立加工模型

加工模型的建立可有以下几种方法。

（1）CAXA 制造工程师软件造型　根据工程图，直接使用 CAXA 制造工程师软件进行造型。造型方法在前面的章节已经讲述。

（2）导入其他 CAD 软件的模型　使用其他软件创建的模型，也可在 CAXA 制造工程师软件中使用。单击【文件】→【并入文件】命令，弹出【打开】对话框，选择需要导入的文件即可。

虽然 CAXA 制造工程师软件支持多种文件格式模型的导入，但笔者建议先使用其他软件将文件存储为【*.x_t】格式后再导入 CAXA 制造工程师软件中使用。

2. 建立加工坐标系

在使用 CAM 软件编程时，为了编程序简单，通常使用加工坐标系（MCS）确定被加工零件的原点位置。加工坐标系决定了刀具轨迹的零点，刀轨中的坐标值均相对于加工坐标系。

为了便于对刀，加工坐标系的原点通常设置在毛坯的上表面的中心或靠近操作者一侧的顶角处（矩形毛坯），加工坐标系的 *Z* 轴方向必须和机床坐标系 *Z* 轴方向一致。

在使用 CAXA 制造工程师软件进行编程时，可以选择造型时使用的系统坐标系（sys）或其他辅助坐标系作为加工坐标系。

（1）新建坐标系　如图 5-4（a）所示零件，造型时的系统坐标系原点位于零件底面中心。为编程方便，可在零件上表面中心新建一个坐标系作为加工坐标系[图 5-4（b）]。

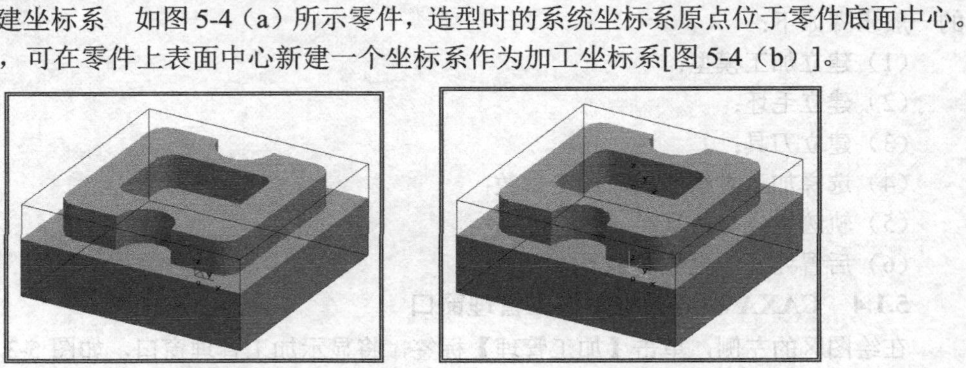

（a）系统坐标系　　（b）新建坐标系

图 5-4　新建加工坐标系

（2）变换坐标系　零件模型坐标系的 *Z* 轴方向最好和机床坐标系的 *Z* 轴方向一致，否则生成的数控程序可能会产生错误。如果两者的坐标系不一致，编程前必须进行坐标系的变换。变换的方法是使用【布尔并】运算将 Z 轴旋转相应的角度，使零件模型的 Z 轴方向与机床坐标系的 Z 轴方向一致。下面用一个例子来说明变换坐标系的方法。

例：图 5-5（a）所示塑料盒凹模零件，模型坐标系的 Z 轴方向和机床坐标系的方向不一致，须进行坐标方向的变换，如图 5-5（b）所示。操作步骤如下：

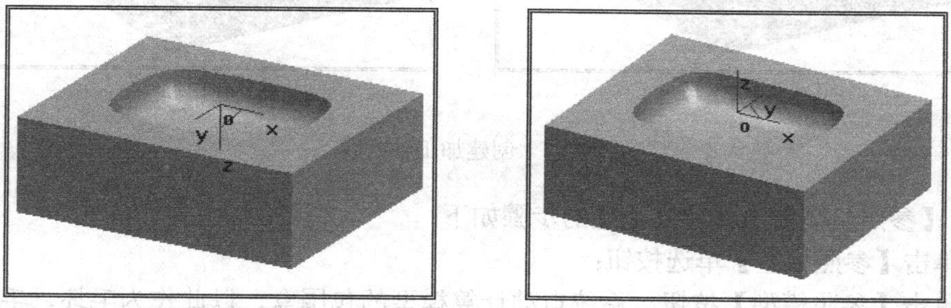

（a）坐标变换前　　（b）坐标变换后

图 5-5　变换坐标系

① 先将文件另保存为【*.x_t】格式。单击【文件】→【另存为】命令，弹出【另存为】对话框，将凹模保存为【凹模.x_t】格式。

② 新建文件。单击【文件】→【新建】命令，新建一空白文件。

③ 并入文件。单击【文件】→【并入文件】命令，弹出【打开】对话框，选择文件【凹模.x_t】，单击【确定】按钮，弹出【输入特征】对话框，如图 5-6 所示。

④ 选择并入方式。选择布尔运算方式为【当前零件 U 输入零件】。

⑤ 给出定位点。在绘图区，点击坐标系原点，将其指定模型定位点。

⑥ 选择定位方式。点选【给定旋转角度】定位方式。

⑦ 输入角度值。在【角度二】一栏输入 180。

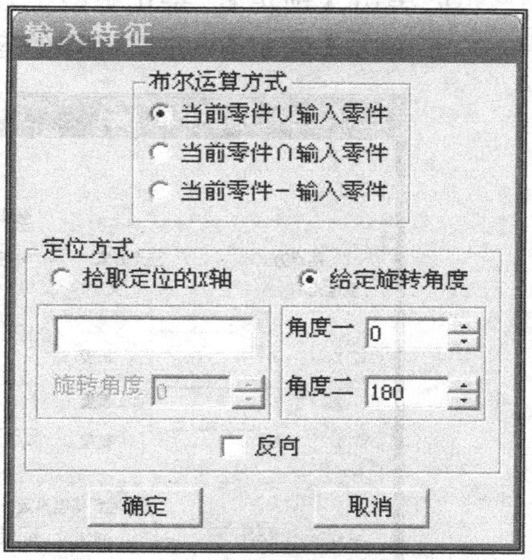

图 5-6　输入特征对话框

单击【确定】按钮，完成坐标系的变换，如图 5-5（b）所示。

3. 创建加工辅助线

创建加工辅助线可以使用【曲线生成】命令，通常可以使用【相关线】→【实体边界】方法来创建。操作步骤如下：

（1）在【曲线生成】工具条中，单击【相关线】→【实体边界】命令；

（2）拾取零件模型棱边，得到加工辅助线如图 5-7 所示。

5.2.2　建立毛坯

使用 CAXA 制造工程师软件编程时必须定义毛坯，用于轨迹仿真和检查过切。目前，只支持长方体毛坯。

在【加工管理】窗口，双击【毛坯】按钮，系统弹出【定义毛坯】对话框。系统提供了三种毛坯定义的方式，分别是【两点方式】、【三点方式】、【参照模型】，如果已经绘制了模型，通常使用【参照模型】方式。

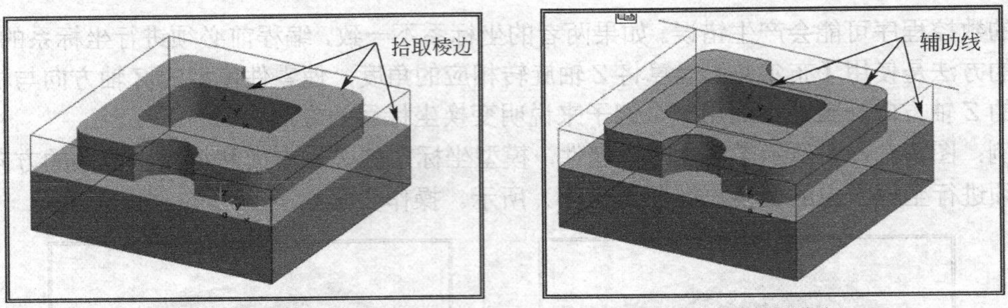

（a）拾取零件棱边　　　（b）加工辅助线

图 5-7　创建加工辅助线

使用【参照模型】方式建立毛坯的步骤如下：

① 单击【参照模型】单选按钮；

② 单击【参照模型】按钮，系统自动计算模型的包围盒，以此作为毛坯，毛坯的长宽高数值显示于对话框中[图 5-8（a）]。可以通过修改长宽高的数值调整毛坯的大小。

③ 选择【毛坯类型】，主要是写工艺清单时需要。

④ 选择【显示毛坯】，设定是否在工作区中显示毛坯。

⑤ 单击【锁定】，禁止更改毛坯参数。

⑥ 单击【确定】，完成毛坯的定义，如图 5-8（b）所示蓝色线框。

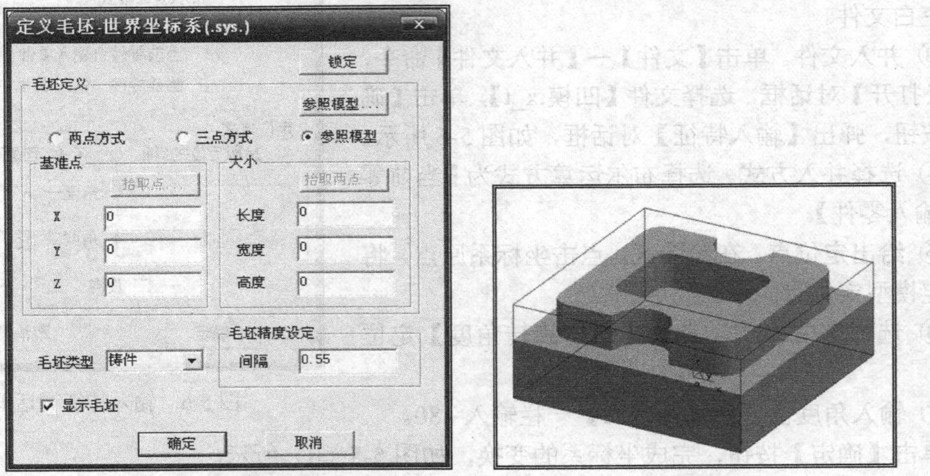

（a）操作步骤　　　（b）毛坯模型

图 5-8　毛坯的建立

5.2.3　建立刀具

在实际生产中，一个零件的加工不可能只使用一把刀，因此必须根据加工需要创建刀具。

CAXA 制造工程师目前提供三种铣刀：球刀（r=R），R 刀（r<R），端刀（r=0）（图 5-9），其中 R 为刀具的半径，r 为刀角半径，刀具参数还有刀杆长度 L 和切削刃长度 l（图 5-10）。

1. 刀具的管理

在【加工管理】窗口，双击【刀具库】图标，系统弹出【刀具库管理】对话框（图 5-11）。

在【刀具库管理】对话框中，单击【选择编辑刀具库】下拉列表框，从中选择需要编辑的刀具库，可进行刀具的建立、编辑、删除等操作。

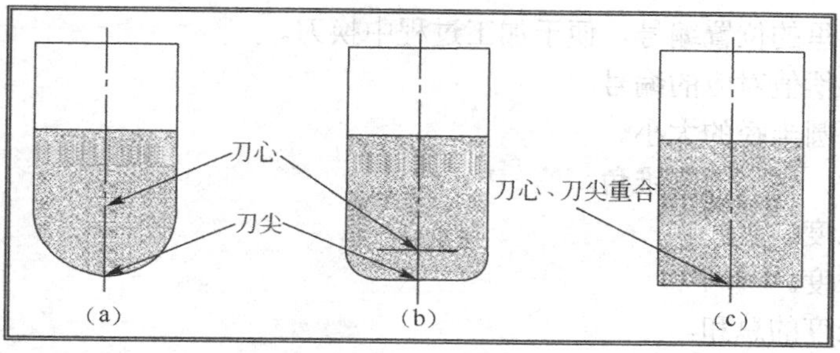

图 5-9　数控铣刀

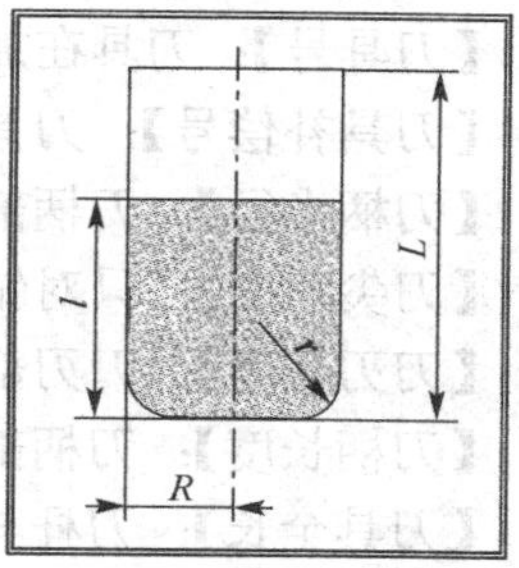

图 5-10　刀具参数

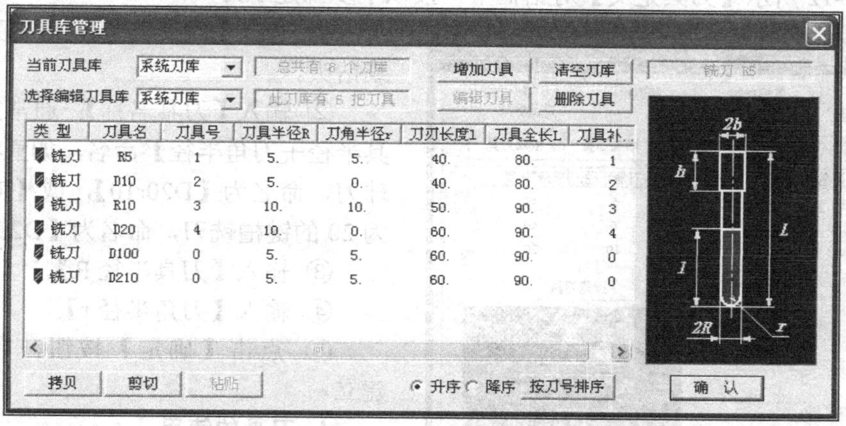

图 5-11　刀具库管理对话框

2. 刀具的参数

在【刀具库管理】对话框中，单击【增加刀具】按钮，弹出【刀具定义】对话框（图 5-12），刀具参数含义如下。

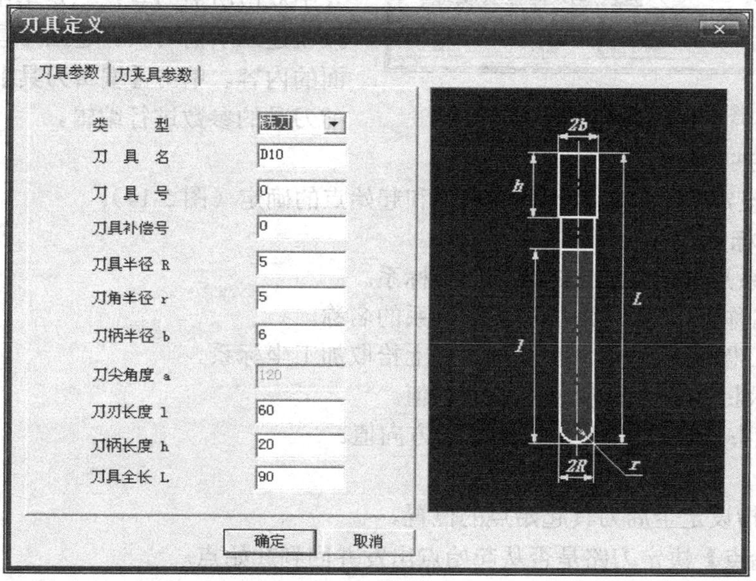

图 5-12　“刀具定义”对话框

【刀具号】：刀具在加工中心里的位置编号，便于加工过程中换刀。
【刀具补偿号】：刀具半径补偿值对应的编号。
【刀柄半径】：刀柄部分截面圆半径的大小。
【刀尖角度】：只对钻头有效，钻尖的圆锥角。
【刀刃长度】：刀刃部分的长度。
【刀柄长度】：刀柄部分的长度。
【刀具全长】：刀杆与刀柄长度的总和。

3. 刀具的建立

在图 5-12 所示【刀具定义】对话框中，按以下步骤建立刀具：

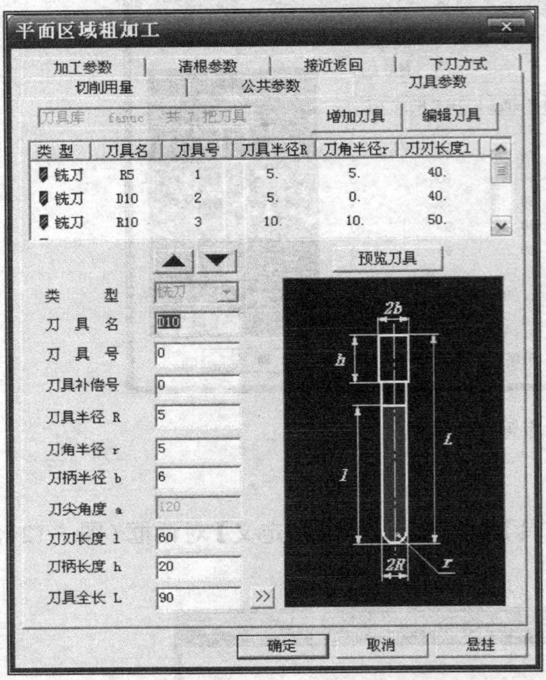

图 5-13 刀具参数

① 选择【刀具类型】：确定刀具是铣刀或钻头。

② 输入【刀具名称】：通常刀具以【刀具半径＋刀角半径】命名，如直径为 20 的球刀，命名为【D20r10】，或【R10】，直径为 20 的键槽铣刀，命名为【D20】。

③ 输入【刀具半径 R】。

④ 输入【刀角半径 r】。

⑤ 点击【确定】按钮，完成刀具的建立。

4. 刀具的使用

CAXA 制造工程师的每个编程方法都包含【刀具参数】选项（图 5-13），其作用就是确定加工中所使用的刀具。

刀具的调用方法有两种：一是在刀具列表中双击所需刀具；二是单击【增加刀具】按钮建立所需刀具。建立刀具的方法参见前面的内容。单击【编辑刀具】按钮可以对当前刀具的参数进行编辑。

5.2.4 公共参数

公共参数设定包括加工坐标系的选择和起始点的确定（图 5-14）。

1. 加工坐标系

加工坐标系是指建立加工时所需的坐标系。
【坐标系名称】：显示刀路的加工坐标系的名称。
【拾取加工坐标系】：用户可以在屏幕上拾取加工坐标系。
【原点坐标】：显示加工坐标系的原点值。
【Z 轴矢量】：显示加工坐标系的 Z 轴方向值。

2. 起始点

起始点是指设定全局刀具起始点的位置。
【使用起始点】决定刀路是否从起始点出发并回到起始点。
【起始点坐标】显示起始点坐标信息。
【拾取起始点】用户可以在屏幕上拾取点作为刀路的起始点。

5.2.5 切削用量

切削用量的设定包括轨迹各位置的相关进给速度及主轴转速等，切削用量参数见图 5-15，各个参数的含义见图 5-16。

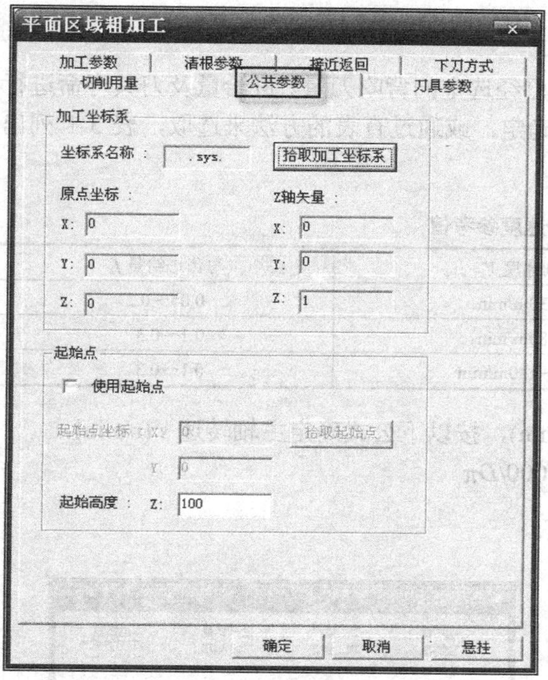

图 5-14 公共参数

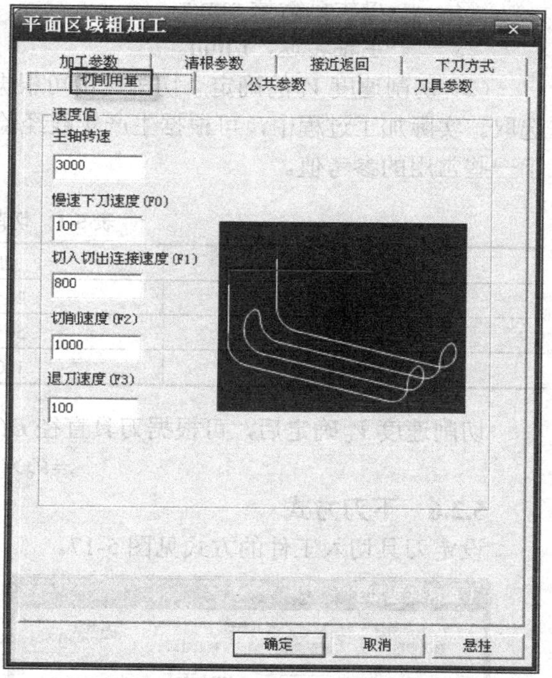

图 5-15 切削用量

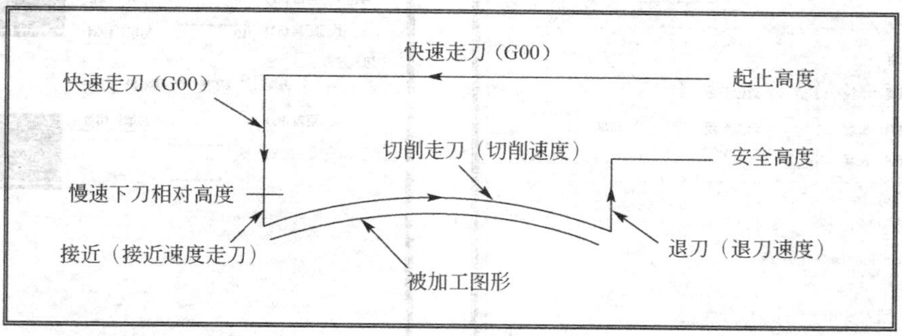

图 5-16 切削用量参数示意图

【主轴转速】：设定主轴转速的大小，单位 r/min（转/分）。

【慢速下刀速度（F0）】：设定慢速下刀轨迹段的进给速度的大小，单位 mm/min。

【切入切出连接速度（F1）】：设定切入轨迹段，切出轨迹段，连接轨迹段，接近轨迹段，返回轨迹段的进给速度的大小，单位 mm/min。

【切削速度（F2）】：设定切削轨迹段的进给速度的大小，单位 mm/min。

【退刀速度（F3）】：设定退刀轨迹段的进给速度的大小，单位 mm/min。

主要参数确定方法：

（1）进给速度 F（进给量）的确定　进给速度主要根据零件的加工精度和表面粗糙度要

求以及刀具、工件的材料性质选取。按以下公式计算：

$$F=f_z ns \text{ (mm/min)}$$

式中 n ——切削刃数量；

f_z——每齿进给量 mm/z；

s ——主轴转速，r/min。

（2）切削速度 V_c 的确定　切削速度可根据已经选定的背吃刀量、进给量及刀具寿命进行选取。实际加工过程中，可根据生产实践经验确定，或通过查表的方法来选取，表 5-1 列出了一些常用的参考值。

表 5-1　切削速度参考值

刀 具 材 料	切削速度 V_c	每齿进给量 f_z
高速钢刀	20～30m/min	0.05～0.2
硬质合金刀	50～80m/min	0.1～0.3
硬质合金涂层刀	100～130m/min	0.1～0.3

切削速度 V_c 确定后，可根据刀具直径 D(mm)，按以下公式确定主轴转速 s (r/min)：

$$s=V_c\times 1000/D\pi$$

5.2.6　下刀方式

设定刀具切入工件的方式见图 5-17。

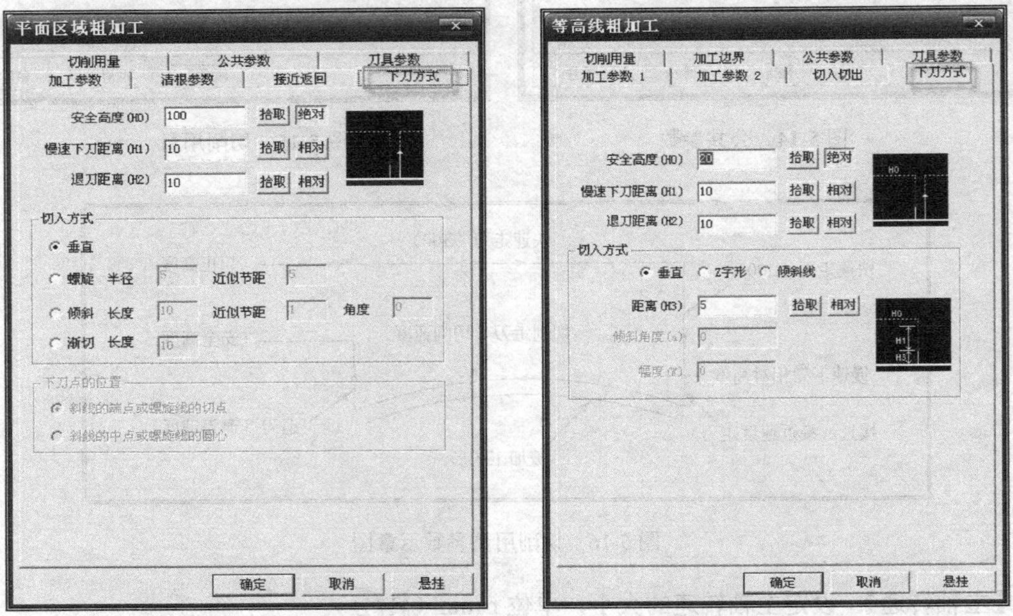

图 5-17　下刀方式

1. 距离参数

【安全高度】：刀具快速移动而不会与毛坯或模型发生干涉的高度，有相对与绝对两种模式，单击相对或绝对按钮可以实现二者的互换。

【相对】：以切入或切出或切削开始或切削结束位置的刀位点为参考点。

【绝对】：以当前加工坐标系的 XOY 平面为参考平面。

【拾取】：单击后可以从工作区选择安全高度的绝对位置高度点。

【慢速下刀距离】：在切入或切削开始前的一段刀位轨迹的位置长度，如图 5-18 所示，这段轨迹以慢速下刀速度垂直向下进给。有相对与绝对两种模式，单击相对或绝对按钮可以实现二者的互换。

【退刀距离】：在切出或切削结束后的一段刀位轨迹的位置长度，如图 5-19 所示，这段轨迹以退刀速度垂直向上进给。有相对与绝对两种模式，单击相对或绝对按钮可以实现二者的互换。

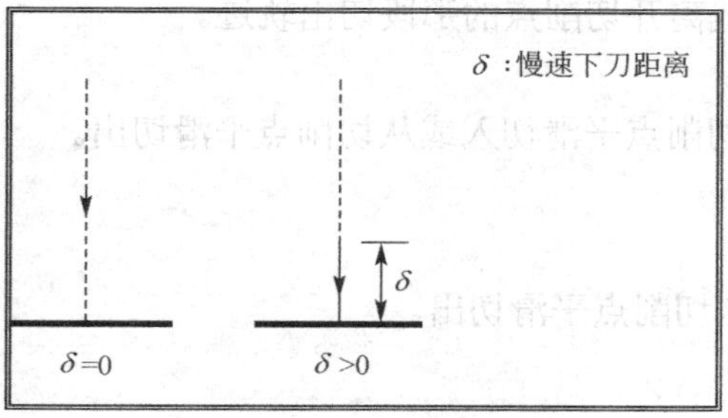

图 5-18　慢速下刀距离

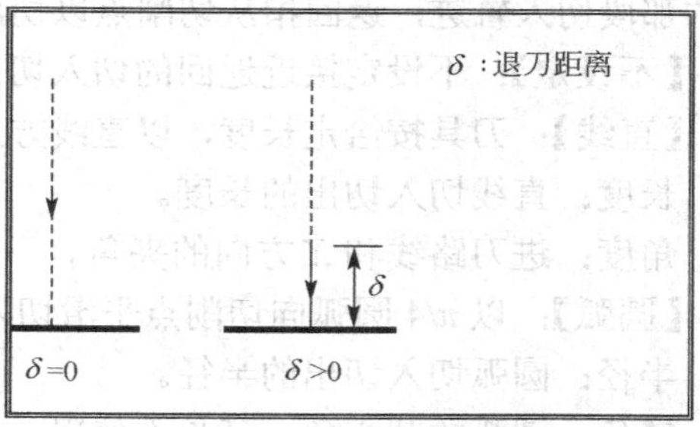

图 5-19　退刀距离

2. 切入方式

CAXA 提供了多种切入方式（图 5-20）。几乎适用于所有的铣削加工策略，其中的一些切削加工策略有其特殊的切入切出方式（在切入切出属性页面中可以设定）。如果在切入切出属性页面里设定了特殊的切入切出方式后，此处通用切入方式将不会起作用。

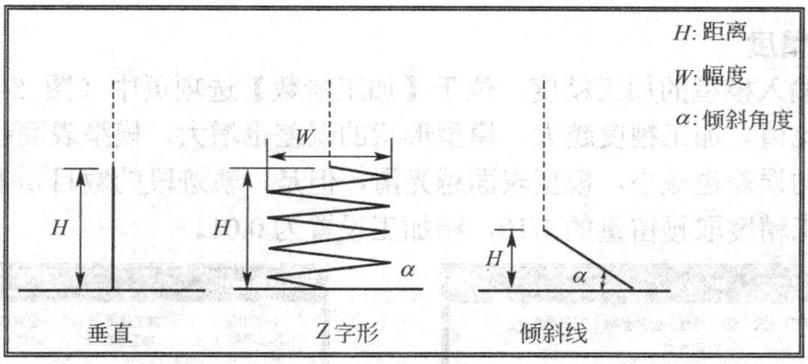

图 5-20　切入方式

【垂直】：在两个切削层之间，刀具从上一层沿 Z 轴垂直方向直接切入下一层。

【螺旋】：在两个切削层之间，刀具从上一层沿螺旋线以渐进的方式切入下一层。

半径：螺旋线的半径。

近似节距：刀具每折返一次，刀具下降的高度。

【倾斜】：在两个切削层之间，刀具从上一层沿斜向折线以渐进的方式切入下一层。

长度：折线在 XY 面投影线的长度。

近似节距：刀具每折返一次，刀具下降的高度。

角度：折线与进刀段的夹角。

【渐切】：在两个切削层之间，刀具从上一层沿斜线以渐进的方式切入下一层。

长度：折线在 XY 面投影线的长度。

【Z 字形】：刀具以 Z 字形方式切入。

【下刀点的位置】：对于螺旋和倾斜时的下刀点位置，提供两种方式。

斜线端点或螺旋线切点：选择此项后，下刀点位置将在斜线端点或螺旋线切点处下刀。

斜线中点或螺旋线圆心：选择此项后，下刀点位置将在斜线中点或螺旋线圆心处下刀。

通常，下刀方式与切削区域的形式、刀具的种类等因素有关。

5.2.7 接近返回

接近返回用于指定每一次进退刀的方式，避免刀具和工件的碰撞，并得到较好的接刀质量，其参数表如图 5-21 所示。一般地，接近指从刀具起始点快速移动后以切入方式逼近切削点的那段切入轨迹，返回指从切削点以切出方式离开切削点的那段切出轨迹。

【不设定】：不设定接近返回的切入切出。

【直线】：刀具按给定长度，以直线方式向切削点平滑切入或从切削点平滑切出。

长度：直线切入切出的长度。

角度：进刀路线和 X 方向的夹角。

【圆弧】：以 $\pi/4$ 圆弧向切削点平滑切入或从切削点平滑切出。

半径：圆弧切入切出的半径。

转角：圆弧的圆心角，延长不使用。

【强制】：刀具从指定点直线切入到切削点，或强制从切削点直线切出到指定点。

x、y、z：指定点空间位置的三分量。

5.2.8 加工余量

加工余量是指预留给下道工序的切削量，位于【加工参数】选项页中（图 5-22）。

一般粗加工时加工余量设为 0.5～1.5，半精加工时加工余量设为 0.2～0.5，精加工时加工余量设为 0。

5.2.9 加工精度

加工精度指输入模型的加工精度，位于【加工参数】选项页中（图 5-22）。计算模型的轨迹的误差小于此值。加工精度越大，模型形状的误差也增大，模型表面越粗糙。加工精度越小，模型形状的误差也减小，模型表面越光滑，但是，轨迹段的数目增多，轨迹数据量变大。通常，粗加工精度取预留量的 1/10，精加工设置为 0.01。

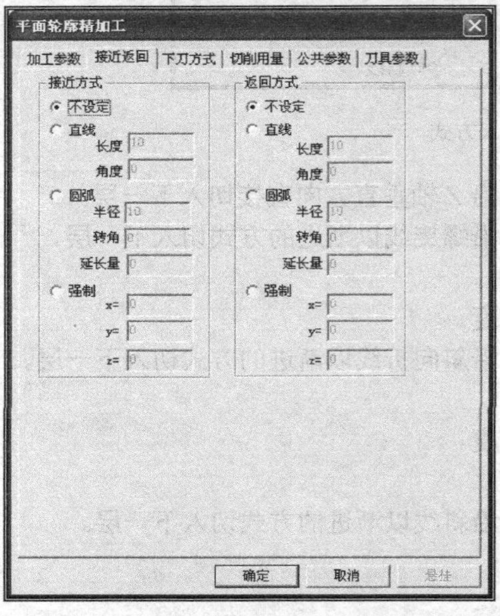

图 5-21 接近返回

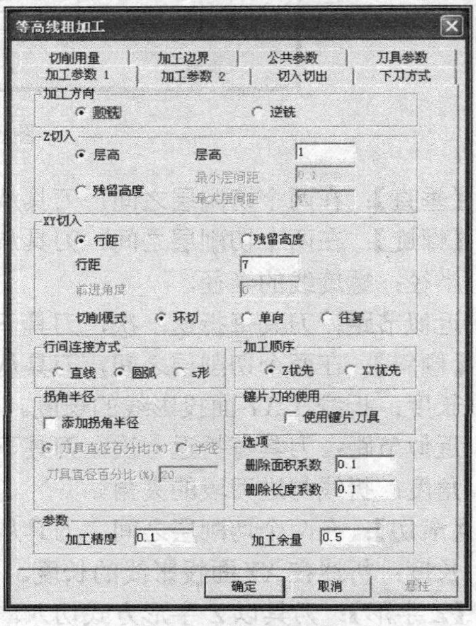

图 5-22 加工余量和加工精度

5.3 常用加工方法介绍

CAXA 制造工程师 2008 提供了 20 多种生成数控加工轨迹的方法，在此只介绍其中应用较多的、典型的几种加工方法，重点介绍其应用与特殊参数的含义，其他通用参数的含义请参考“5.2 节”。

要注意的是，所谓粗加工功能和精加工功能，仅仅指生成的轨迹是单层的还是多层的，并非完全针对零件的某道工序，比如，用区域式粗加工功能，完全可以生成某个零件平面区域的粗加工以及精加工轨迹，加工精度和加工余量是通过设置加工参数来实现的。每一种加工轨迹的生成方式，并不是孤立的，而是有联系的，可以互相配合，互相补充，要根据零件的结构和技术要求，综合考虑，以加工出合格零件为最终目的。

另外，软件只是一个工具，要学好数控加工自动编程，除了熟练掌握本软件所提供的各种加工方法外，更重要的是要有一个正确的加工工艺思想，有一个扎实的机械加工基础知识和生产实践经验，能够综合应用有关刀具、夹具、工艺和材料等相关知识，培养正确的分析和解决生产实际问题的能力。

5.3.1 平面区域粗加工

1. 功能说明

平面区域粗加工主要应用于平面轮廓零件的粗加工。该方法可根据给定的轮廓和岛屿生成分层的加工轨迹。它的优点是不需要进行 3D 实体的造型，直接使用 2D 曲线就可以生成加工轨迹，且计算速度快。

注意区分轮廓、区域和岛的含义。

（1）轮廓　轮廓是一系列首尾相接曲线的集合（图 5-23）。CAXA 制造工程师的一些加工方法用轮廓来界定被加工的区域或被加工的图形本身，如果轮廓是用来界定被加工区域的，则要求指定的轮廓是闭合的；如果加工的是轮廓本身，则轮廓也可以不闭合。

轮廓曲线应该是空间曲线，且不应有自交点。

（2）区域和岛　区域是指由一个闭合轮廓围成的内部空间，其内部可以有岛。岛也是由闭合轮廓界定的。

区域指外轮廓和岛之间的部分。由外轮廓和岛共同指定待加工的区域，外轮廓用来界定加工区域的外部边界，岛用来屏蔽其内部不需加工或需保护的部分（图 5-24）。

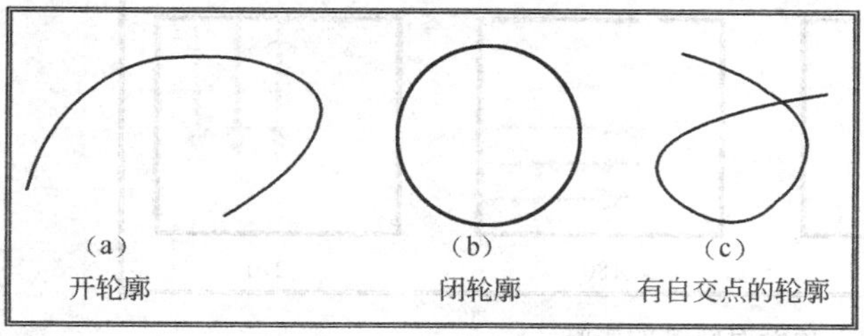

图 5-23　轮廓示例图

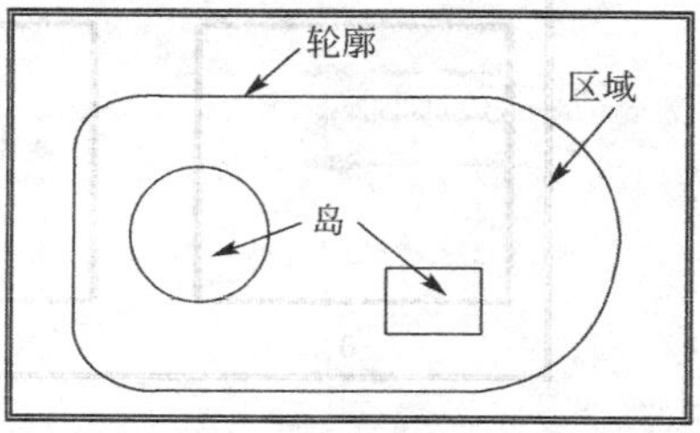

5-24　轮廓与岛的关系

2. 加工参数

平面区域粗加工的参数表如图 5-25 和图 5-26 所示。

（1）加工参数

① 走刀方式。即指定刀具在 *XY* 方向的走刀方式，有环切和平行两种。

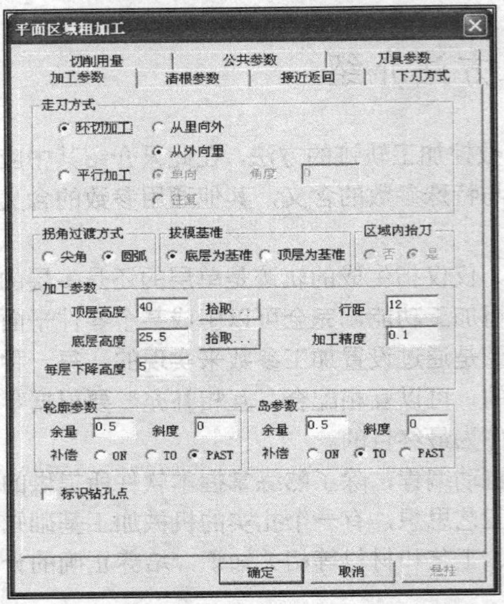

图 5-25 加工参数

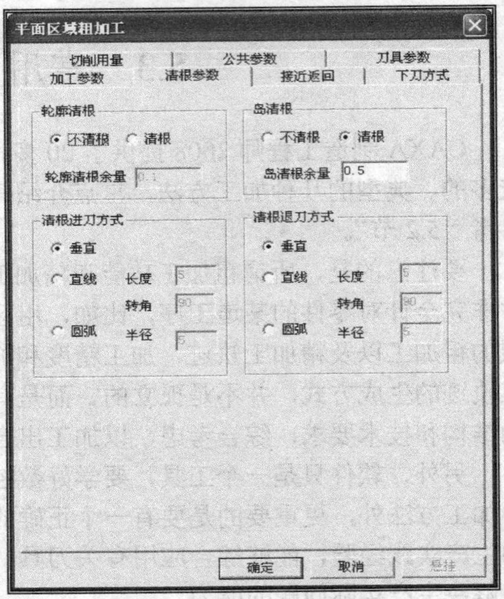

图 5-26 清根参数

【环切加工】：刀具以环状走刀方式切削工件。可选择从里向外还是从外向里的方式，如图 5-27（a）所示。

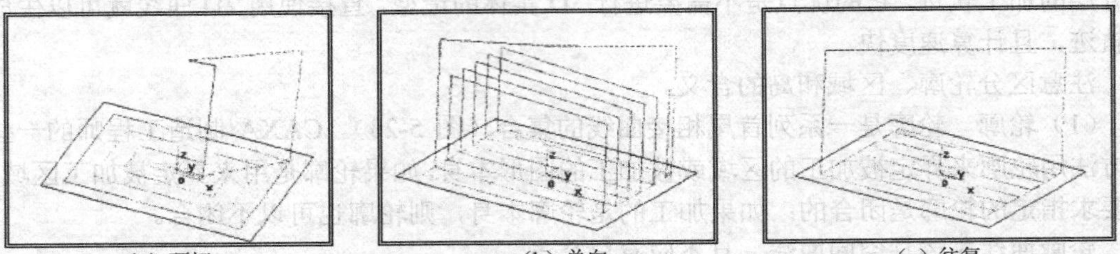

（a）环切 （b）单向 （c）往复

图 5-27 走刀方式

【平行加工】：刀具以平行走刀方式切削工件。可选择单向还是往复方式，如图 5-27（b）、（c）所示。可以设置角度改变生成的刀位行与 X 轴的夹角，如图 5-28 所示。

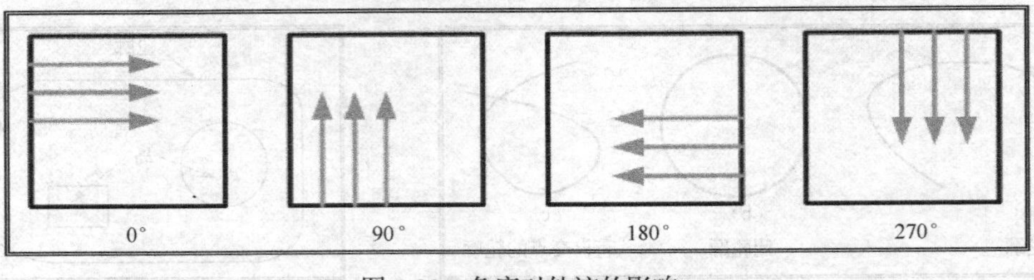

图 5-28 角度对轨迹的影响

② 拐角过渡方式。即在切削过程遇到拐角时的处理方式，有尖角和圆弧两种方式（图 5-29）。

③ 拔模基准。当加工的工件带有拔模斜度时，选择以底层还是顶层为拔模基准。

④ 区域内抬刀。在加工有岛屿的区域时，轨迹经过岛屿时是否抬刀，选【是】就抬刀，选【否】就不抬刀。此项只对平行加工的单向有用。

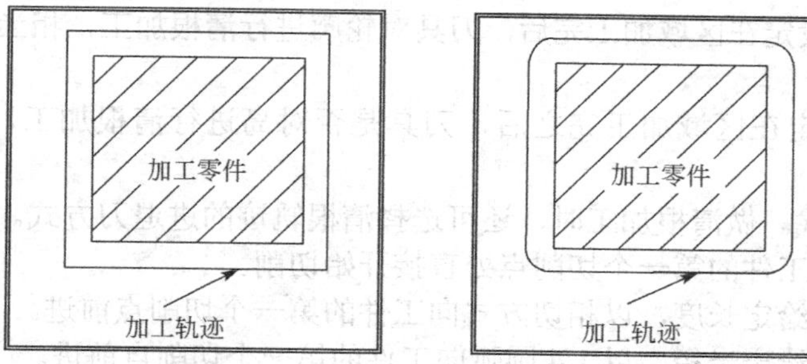

（a）尖角过渡　　（b）圆弧过渡

图 5-29　拐角过渡方式

⑤ 加工参数。此处几个参数可确定加工范围，*XY* 向走刀行距，以及 *Z* 向切削层的高度（即背吃刀量）。

【顶层高度】：零件加工时起始高度值，一般来说，就是零件最高点，即 *Z* 最大值。

【底层高度】：零件加工时所要加工到的深度，也就是 *Z* 最小值。通过设定 *Z* 值可以指定 *Z* 向加工余量。

【每层下降高度】：刀具轨迹层与层之间的高度差，即 *Z* 向切削层的高度。每层的高度从输入的顶层高度开始计算。

【行距】：指加工轨迹相邻两行刀具轨迹之间的距离，即 *XY* 向走刀行距。

【加工精度】：参见“通用参数设置”一节。

⑥ 轮廓参数。此处几个参数用于设定 *XY* 向加工余量，以及轨迹相对于轮廓或岛的偏置位置。

【余量】：给轮廓加工预留的切削量。

【斜度】：以多大的拔模斜度来加工。

【补偿】：有三种方式（图 5-30）。ON：刀心线与轮廓重合。TO：刀心线未到轮廓一个刀具半径。PAST：刀心线超过轮廓一个刀具半径。

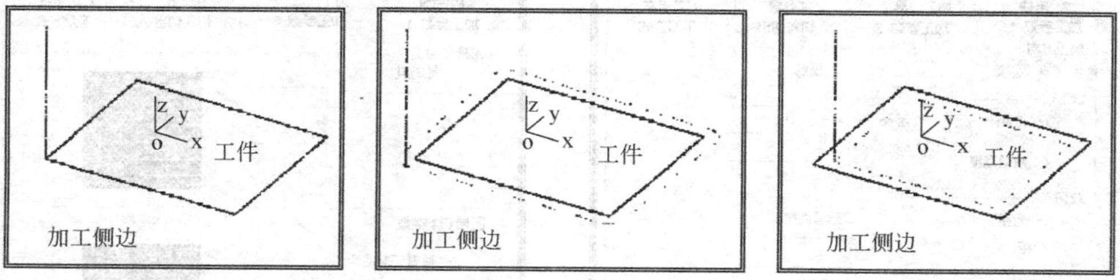

（a）ON　　（b）TO　　（c）PAST

图 5-30　轮廓补偿方式

⑦ 岛参数

【余量】：给岛加工预留的切削量。

【斜度】：以多大的拔模斜度来加工。

【补偿】：有三种方式。ON：刀心线与岛屿线重合。TO：刀心线超过岛屿线一个刀具半径。PAST：刀心线未到岛屿线一个刀具半径。注意与轮廓补偿的区别。

⑧ 标识钻孔点。选择该项自动显示出下刀打孔的点。

（2）清根参数　设定平面区域粗加工的清根参数，如图 5-26 所示。

① 轮廓清根。设定在区域加工完后，刀具对轮廓进行清根加工，相当于最后的精加工，还可设置清根余量。

② 岛清根。设定在区域加工完之后，刀具是否对岛进行清根加工，还可以设置清根余量。

③ 清根进刀方式。做清根加工时，还可选择清根轨迹的进退刀方式。

【垂直】：刀具在工件的第一个切削点处直接开始切削。

【直线】：刀具按给定长度，以相切方式向工件的第一个切削点前进。

【圆弧】：刀具按给定半径，以 1/4 圆弧向工件的第一个切削点前进。

④ 清根退刀方式。

【垂直】：刀具从工件的最后一个切削点直接退刀。

【直线】：刀具按给定长度，以相切方式从工件的最后一个切削点退刀。

【圆弧】：刀具从工件的最后一个切削点按给定半径，以 1/4 圆弧退刀。

清根进/退刀方式可参见“通用参数设置”一节中的“接近和返回”参数的设定。

（3）其他参数　接近返回、下刀方式、切削用量、公共参数、刀具参数的含义参考“5.2 通用操作与通用参数设置”一节相关部分。

3. 操作步骤

操作步骤请参考“5.5.1 平面轮廓零件的加工”一节相关内容。

4. 知识拓展

CAXA 制造工程师的【区域式粗加工】功能和【平面区域粗加工】相似，此处不再赘述。

5.3.2　等高线粗加工

1. 功能说明

等高线粗加工生成分层等高式轨迹，应用于任何形状零件的粗加工。它只对 3D 实体模型生成加工轨迹，并可通过选择曲线指定局部区域的加工。

2. 加工参数

等高线粗加工的参数表如图 5-31～图 5-34 所示。

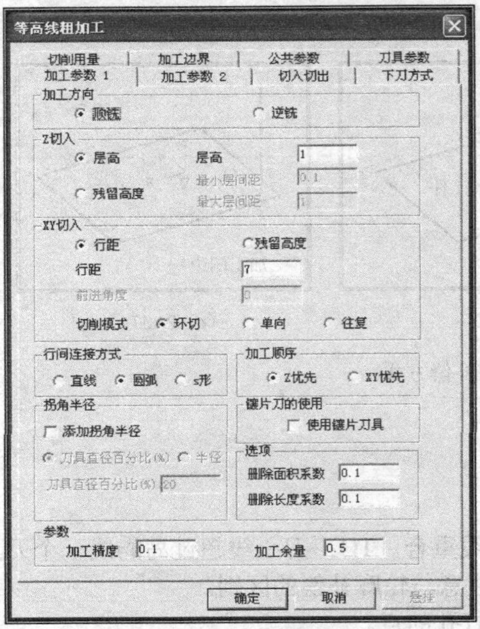

图 5-31　加工参数 1

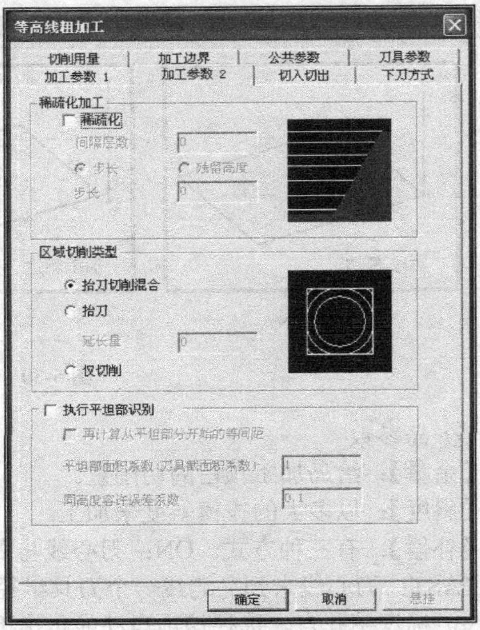

图 5-32　加工参数 2

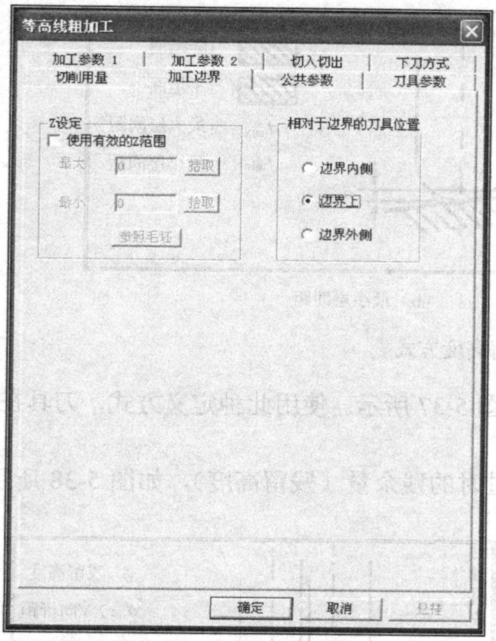

图 5-33 加工边界

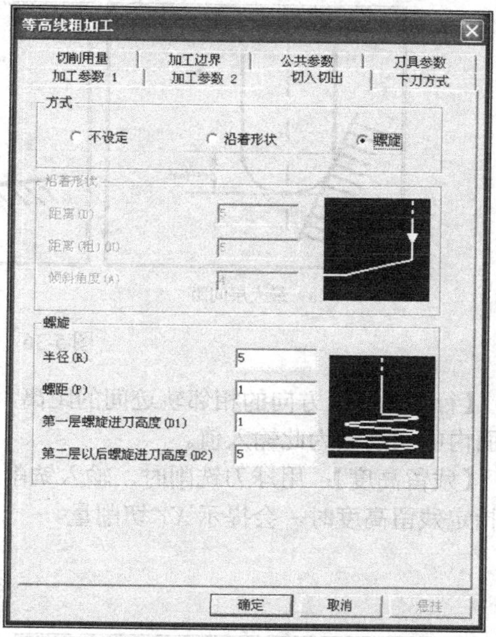

图 5-34 切入切出

(1) 加工参数 1

① 加工方向：指定加工方向是顺铣还是逆铣（图 5-35）。

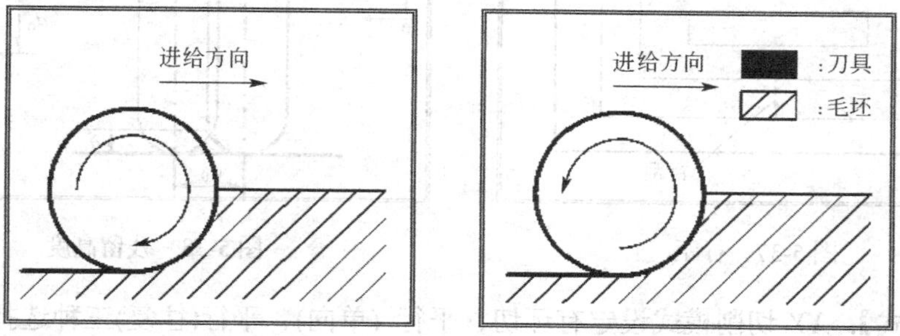

(a) 顺铣　　(b) 逆铣

图 5-35 加工方向

② Z 切入：设定切削层厚度的控制方式，有层高和残留高度两种定义方式。

【层高】：Z 向每加工层的切削深度。在整个加工高度范围内，每层切削深度为固定值。

【残留高度】：系统会根据输入的残留高度的大小计算 Z 向层高。在整个加工高度范围内，每层的切削深度有可能会不同。此种方式常用于球头刀切削时。

【最大层间距】：输入最大 Z 向切削深度。根据残留高度值在求得 Z 向的层高时，为防止在加工较陡斜面时可能层高过大，限制层高在最大层间距的设定值之下[图 5-36（a）]。

【最小层间距】：输入最小 Z 向切削深度。根据残留高度值在求得 Z 向的层高时，为防止在加工较平坦面时可能层高过小，限制层高在最小层间距的设定值之上[图 5-36（b）]。

③ XY 切入：设定 XY 平面内的切削量，即刀具轨迹的间距，有行距和残留高度两种定义方式。

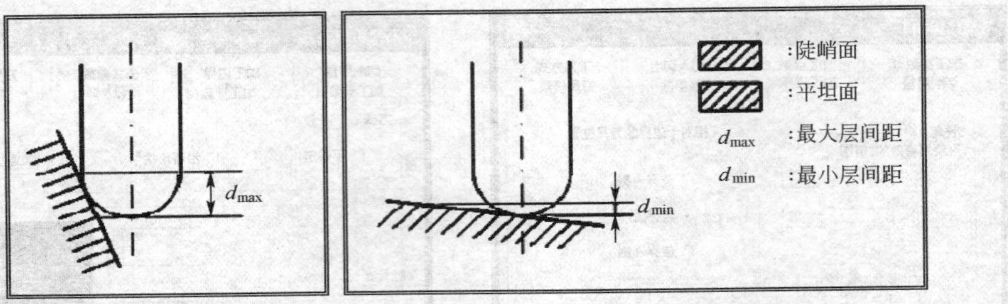

（a）最大层间距　　（b）最小层间距

图 5-36　残留高度方式

【行距】：*XY* 方向的相邻轨迹间的距离，如图 5-37 所示。使用此种定义方式，刀具在 *XY* 平面内的切削量为此输入值。

【残留高度】：用球刀铣削时，输入铣削通过时的残余量（残留高度），如图 5-38 所示。当指定残留高度时，会提示 *XY* 切削量。

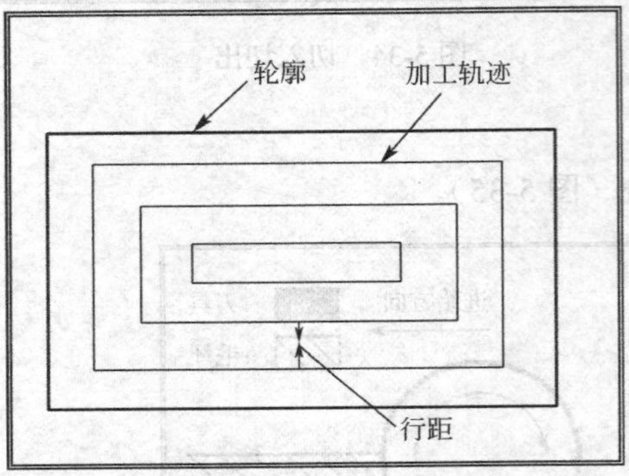

图 5-37　行距

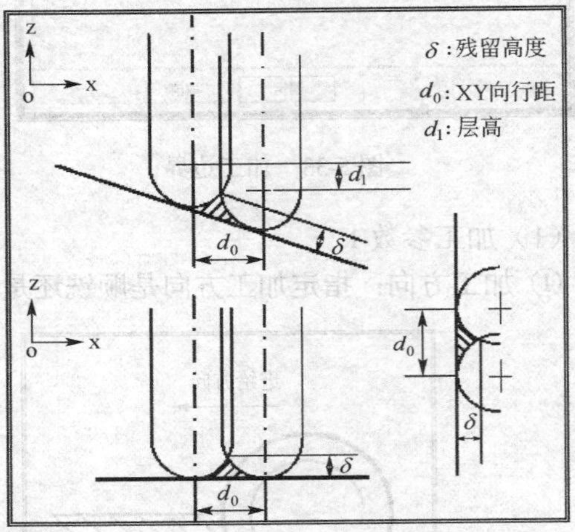

图 5-38　残留高度

【切削模式】：*XY* 切削模式设定有环切、平行（单向）、平行(往复)三种选择。当【*XY* 切削模式】为【平行】时，可使用【前进角度】选项改变走刀方向，角度范围是 0°～360°。

④ 行间连接方式：设定 *XY* 平面内行间连接方式，有直线、圆弧、S 形 3 种类型，如图 5-39 所示。

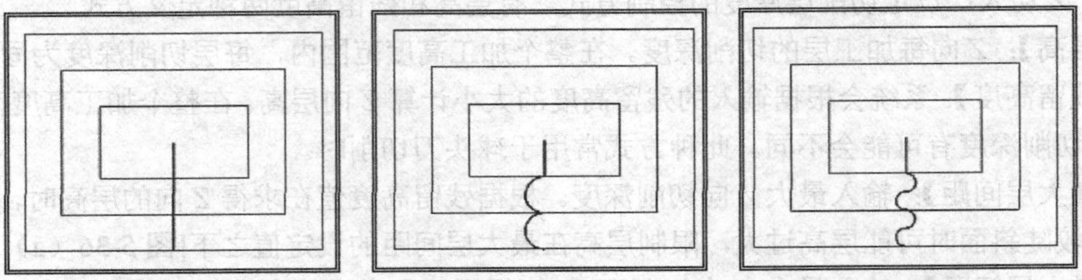

（a）直线　　（b）圆弧　　（c）S 形

图 5-39　行间连接方式

⑤ 加工顺序：有多区域要进行加工时，设定加工的顺序，有 *Z* 优先和 *XY* 优先，如图 5-40 所示。

【Z 优先】：自动区分出山和谷，逐个进行由高到低的加工。

【XY 优先】：按照 Z 向进刀的高度顺序加工。

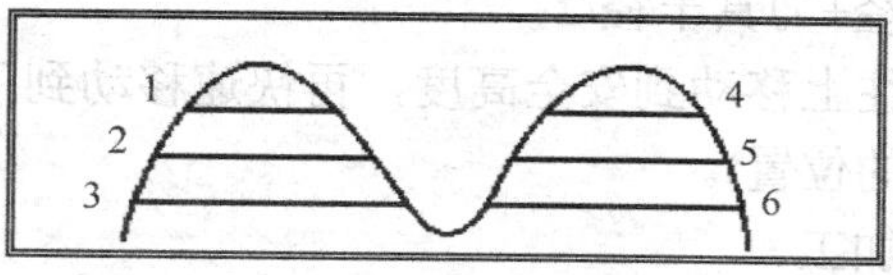

（a）Z 优先

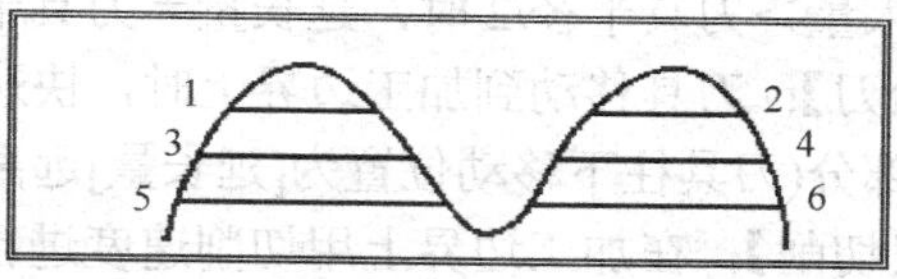

（b）XY 优先

图 5-40 加工顺序

⑥ 拐角半径：设定是否在拐角处添加上圆弧。切削时，为防止拐角处的过切，应添加拐角圆弧，如图 5-41 所示。拐角半径的可通过【工具直径百分比】和【半径】两种方式设定。

⑦ 镶片刀的使用：在使用镶片刀具时，将生成最优化路径。因为考虑到镶片刀具的底部存在不能切割的部分，如图 5-42 所示，选中本选项可以生成最合适加工路径。

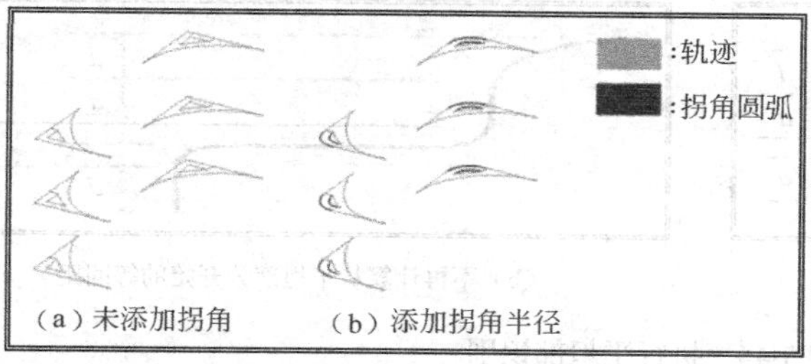

图 5-41 拐角半径

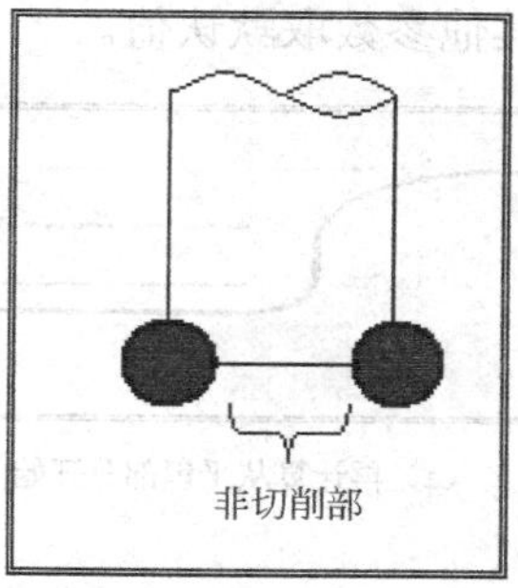

图 5-42 镶片刀具

⑧ 选项：该项设定是否生成微小轨迹。要删除微小轨迹时，该值比较大。相反，要生成微小轨迹时，设定小一点的值。通常使用初始值。

（2）加工参数 2

① 稀疏化加工：粗加工后的残余部分，用相同的刀具从下往上生成加工路径。不建议使用该选项。参数含义参见帮助文件。

② 区域切削类型：设定在加工边界上重复刀具路径的切削类型，有以下 3 种选择（图 5-43）。

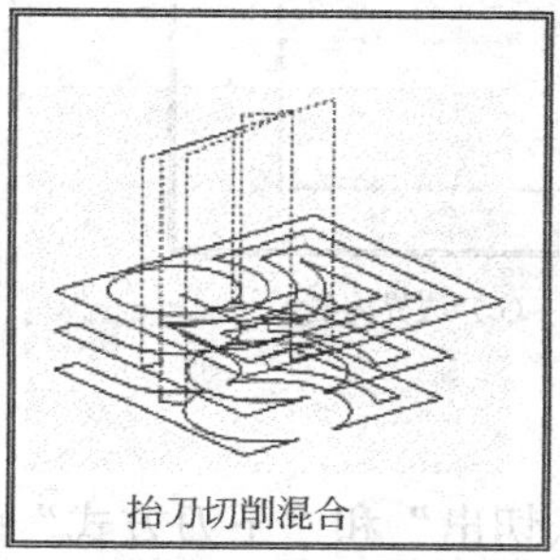

（a）抬刀切削混合

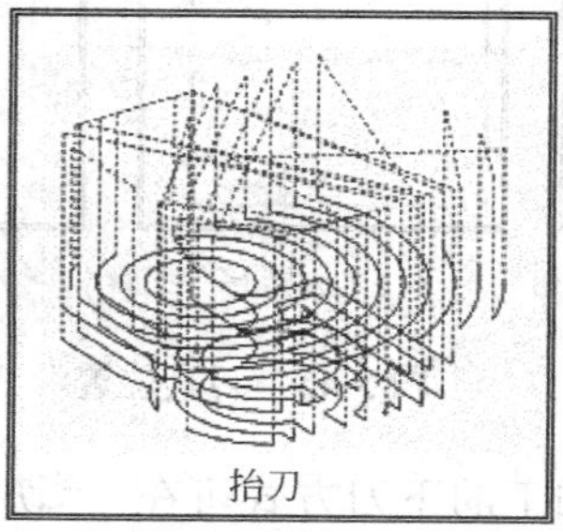

（b）抬刀

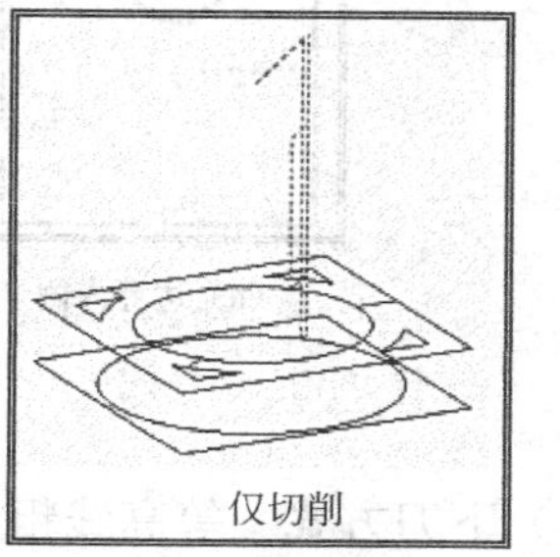

（c）仅切削

图 5-43 区域切削类型

【抬刀切削混合】：在加工对象范围中没有开放形状时，在加工边界上以切削移动进行加工。有开放形状时，回避全部的段。此时的延长量如下所示。

切入量＜刀具半径/2 时，延长量＝刀具半径+行距

切入量＞刀具半径/2 时，延长量＝刀具半径+刀具半径/2

【抬刀】：刀具移动到加工边界上时，快速往上移动到安全高度，再快速移动到下一个未切削的部分(刀具往下移动位置为[延长量]远离的位置)。

【仅切削】：在加工边界上用切削速度进行加工。

注意：加工边界（没有时为工件形状）和凸模形状的距离在刀具半径之内时，会产生残余量。对此，加工边界和凸模形状的距离要设定比刀具半径大一点，这样可以设定【区域切削类型】为【抬刀切削混合】以外的设定。

③ 执行平坦部识别：自动识别模型的平坦区域，选择是否根据该区域所在高度生成轨迹。

【再计算从平坦部分开始的等间距】：设定是否根据平坦部区域所在高度重新度量 Z 向层高，生成轨迹。选择不再计算时，在 Z 向层高的路径间，插入平坦部分的轨迹，如图 5-44 所示。其他参数取默认值。

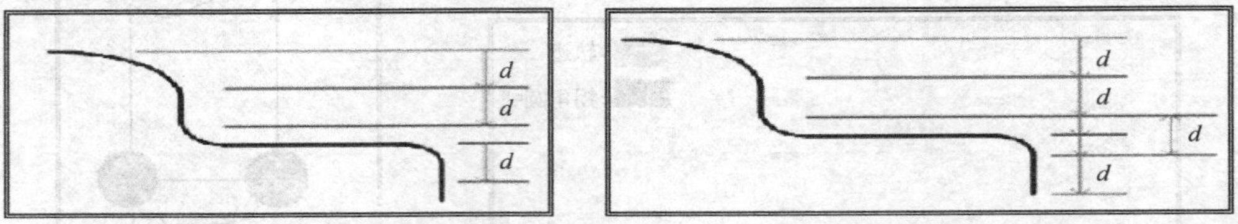

（a）再计算从平坦部分开始的等间距　　（b）不再计算从平坦部分开始的等间距

图 5-44　执行平坦部识别

（3）加工边界

① Z 设定：指是否设定指定 Z 向切削范围。勾选时，使用指定的最大、最小 Z 值所限定的毛坯的范围进行计算；否则使用定义的毛坯的高度范围进行计算。

② 相对于边界的刀具位置：设定刀具相对于边界的位置，有边界内侧、边界上、边界外侧 3 种形式，如图 5-45 所示。

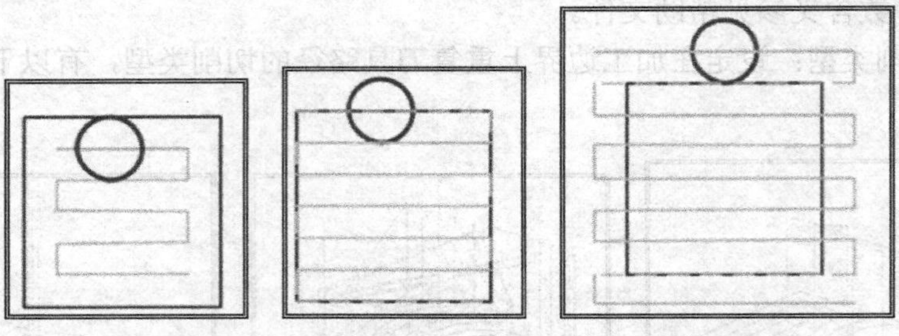

（a）边界内侧　　（b）边界上　　（c）边界内侧

图 5-45　刀具位置

（4）下刀方式　等高线粗加工的下刀方式可在 “切入切出”和“下刀方式”两个选项页中定义。当“切入切出”选项页中定义下刀方式为“沿着形状”或“螺旋”时，“下刀方式”选项页中的“切入方式”不可用。“切入切出”选项页中选择“不设定”选项时，“下刀方式”选项页中的“切入方式”可用，此时可定义下刀方式为“垂直”、“Z 字形”、“倾斜线”三者

之一。下刀方式的设定请参考“5.2 通用操作与通用参数设置”一节的内容。

（5）其他参数 接近返回、下刀方式、切削用量、公共参数、刀具参数的含义参考“5.2 通用操作与通用参数设置”一节相关部分。

3. 操作步骤

操作步骤请参考“5.5.2 曲面零件的加工”一节相关内容。

4. 知识拓展

CAXA 制造工程师的【等高线粗加工 2】的功能和【等高线粗加工】相似，不同在于等高线粗加工 2 可以分别定义 *XY* 方向和 *Z* 方向的加工余量，读者可尝试该功能的应用，此处不再赘述。

5.3.3 平面轮廓精加工

1. 功能说明

平面轮廓精加工主要应用于平面轮廓零件底平面、垂直侧壁的精加工，支持具有一定拔模斜度的轮廓轨迹，通过定义加工参数也可实现粗加工功能。

它的优点是不需要进行 3D 实体的造型，直接使用 2D 曲线生成加工轨迹，且计算速度快。

2. 加工参数

平面轮廓精加工的加工参数，如图 5-46 所示。

（1）加工参数

① 加工参数

【拔模斜度】：工件有拔模的角度时，可将此值设为非零。

【刀次】：设定 *XY* 平面内生成的刀具轨迹的行数。

【顶层高度】：加工的第一层所在高度。

【底层高度】：加工的最后一层所在高度。

【每层下降高度】：两层之间的间隔高度。

② 拐角过渡方式：拐角过渡就是在切削过程遇到拐角时的处理方式，本系统提供尖角和圆弧两种过渡方法，参见“5.3.1 平面区域粗加工”相应内容。

③ 走刀方式：走刀方式是指刀具轨迹行与行之间的连接方式，本系统提供单向和往复两种方式。

【单向】：在刀次大于 1 时，同一层的刀迹轨迹沿着同一方向，这时，最好在抬刀的选项中选择抬刀，以防过切。

【往复】：在刀次大于 1 时，同一层的刀迹轨迹方向可以往复。

④ 轮廓补偿：参见“5.3.1 平面区域粗加工”相应内容。

⑤ 行距定义方式：确定加工刀次后，刀具加工的行距有两种方式。

【行距方式】：确定最后加工完工件的余量及每次加工之间的行距，也称等行距加工。

【余量方式】：定义每次加工完所留的余量，也称不等行距加工，余量的次数在刀次中定义，最多可定义 10 次加工的余量。

⑥ 拔模基准：拔模基准用来确定轮廓是工件的顶层轮廓或是底层轮廓。

⑦ 层间走刀：层间走刀是指刀具轨迹层与层之间的连接方式，本系统提供单向和往复两种方式。

【单向】：在刀具轨迹层数大于 1 时，层之间的刀迹轨迹沿着同一方向。

【往复】：在刀具轨迹层数大于 1 时，层之间的刀迹轨迹方向可以往复。

⑧ 抬刀：在刀具轨迹层数大于 1 时，设定刀具在层与层之间过渡时是否抬刀。

⑨ 刀具半径补偿：选择该项机床自动偏置刀具半径，那么在输出的代码中会自动加上 G41/G42（左偏/右偏）、G40（取消补偿）。输出代码中是自动加 G41 还是 G42，与拾取轮廓时的方向有关系。

（2）其他参数　接近返回、下刀方式、切削用量、公共参数、刀具参数的含义参考“5.2 通用操作与通用参数设置”一节相关部分。

3. 知识拓展

CAXA 制造工程师的【轮廓线精加工】的功能和【平面轮廓精加工】相似，读者可尝试该功能的应用，此处不再赘述。

5.3.4　等高线精加工

1. 功能说明

等高线精加工可以生成分层等高式精加工轨迹。主要应用于斜度较大的曲面的精加工，对较平坦曲面的加工不理想。

2. 加工参数

等高线精加工的加工参数表如图 5-47 所示。

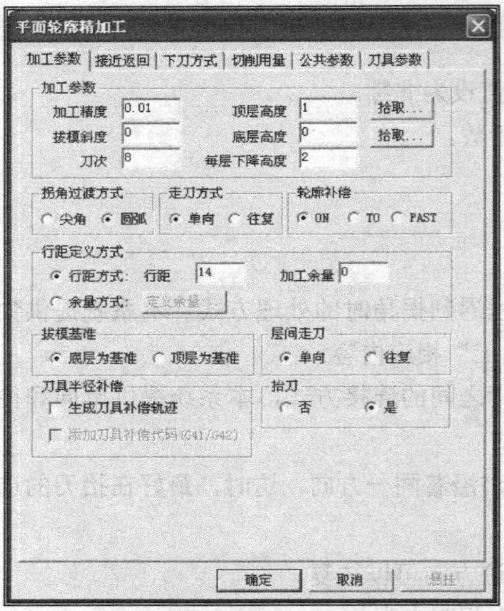

图 5-46　加工参数的设定

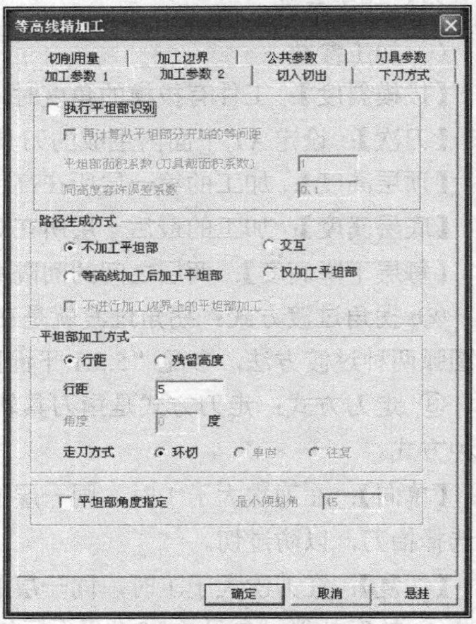

图 5-47　等高线精加工—加工参数 2

（1）加工参数 1

【加工参数 1】中各参数的含义请参考“5.3.2 等高线粗加工”相关内容。

（2）加工参数 2

① 路径生成方式：设置是否对平坦部加工，以及在什么时候加工，有如下 4 种选择。

【不加工平坦部】：仅仅生成等高线路径，不加工平坦部。

【交互】：将等高线断面和平坦部分交互进行加工。这种加工方式可以减少对刀具的磨损，以及热膨胀引起的段差现象。

【等高线加工后加工平坦部】：生成等高线路径和平坦部路径连接起来的加工路径。

【仅加工平坦部】：仅仅生成平坦部分的加工。

② 平坦部加工方式：平坦面加工方式有【行距】、【残留高度】2 种。

走刀方式：设置 XY 向的走刀方式，参见“5.3.2 等高线粗加工”→“切削模式”的内容。

平坦部角度指定：设定是否指定被认识为平坦部的面。

（3）加工边界　参见“5.3.2 等高线粗加工”相应的内容。

对于未加工部分加工来说，在凹模模型上面部分不想加工时，加工范围的 Z 最大值设定为模型的 Z 最大值减小步长。反之，若对凹模模型上面部分加工时，加工范围的 Z 最大值可以设定比模型的 Z 最大值更高。对凸模模型的底面部分不想加工时，加工范围的 Z 最小值可以设定为模型的底面一样的高度。对凸模模型的底面部分加工时，加工范围的 Z 最小值可以设定比模型的底面更低。

3. 操作步骤

操作步骤请参考“5.5.2 曲面零件的加工”一节相关内容。

4. 知识拓展

CAXA 制造工程师的【等高线精加工 2】的功能和【等高线精加工】相似，不同在于等高线精加工 2 可以分别定义 XY 方向和 Z 方向的加工余量，读者可尝试该功能的应用，此处不再赘述。

5.3.5　三维偏置精加工

1. 功能说明

通过对指定的零件几何体进行偏置来产生刀具轨迹，即沿零件外形切削，主要应用于曲面的精加工。

2. 加工参数

三维偏置精加工参数表（图 5-48）。

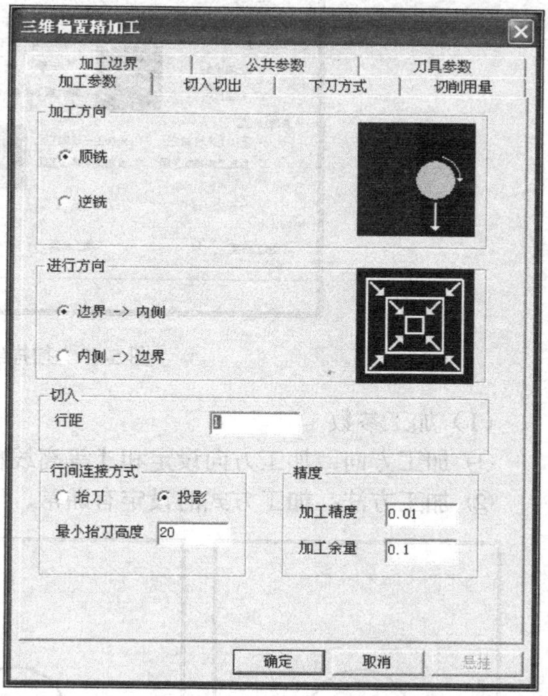

图 5-48　三维偏置精加工

① 加工方向：加工方向设定和【等高线粗加工】相应的加工参数含义相同。

② 进行方向：切削进行方向的设定，有两种方式：

【边界->内侧】：生成从加工边界到内侧收缩型的加工轨迹。

【内侧->边界】：生成从内侧到加工边界扩展型的加工轨迹。

③ 行距：即输入切削行距。

④ 行间连接方式：行间连接有如下两种方式。

【抬刀】：通过抬刀，快速移动，下刀完成相邻切削行间的连接。

【投影】：在需要连接的相邻切削行间生成切削轨迹，通过切削移动来完成连接。

【最小抬刀高度】：当行间连接距离（*XY* 向）≤最小抬刀高度时，采用投影方式连接，否则，采用抬刀方式连接。

3. 操作步骤

操作步骤请参考“5.5.2 曲面零件的加工”一节相关内容。

5.3.6　扫描线精加工

1. 功能说明

扫描线精加工生成始终平行某方向的精加工轨迹，主要应用于曲面的精加工。

2. 加工参数

扫描线精加工参数表如图 5-49 所示。

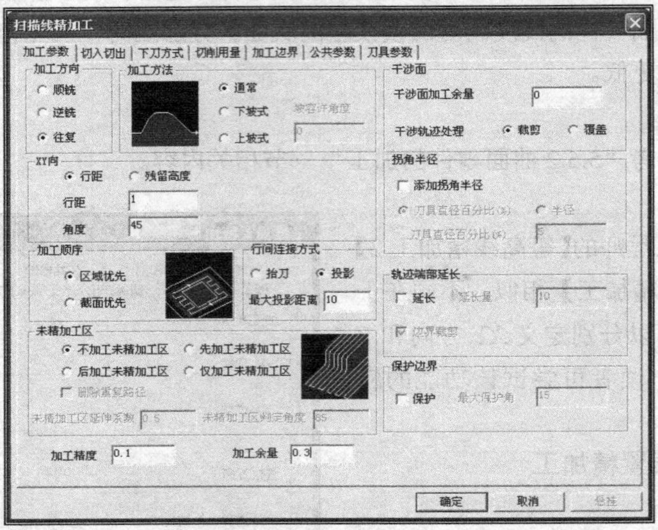

图 5-49　扫描线精加工参数表

（1）加工参数

① 加工方向：加工方向设定和【等高线粗加工】相应的加工参数含义相同。

② 加工方法：加工方式的设定有通常、下坡式和上坡式三种选择（图 5-50）。

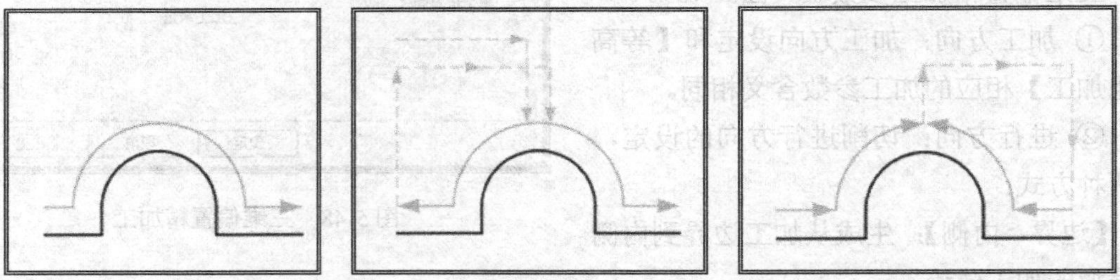

（a）通常　　（b）下坡式　　（c）上坡式

图 5-50　加工方法

【坡容许角度】：上坡式和下坡式的容许角度。如在上坡式中即使一部分轨迹向下走，但小于坡容许角度，仍被视为向上，生成上坡式轨迹。在下坡式中即使一部分轨迹向上走，但小于坡容许角度，仍被视为向下，生成下坡式轨迹，如图 5-51 所示。

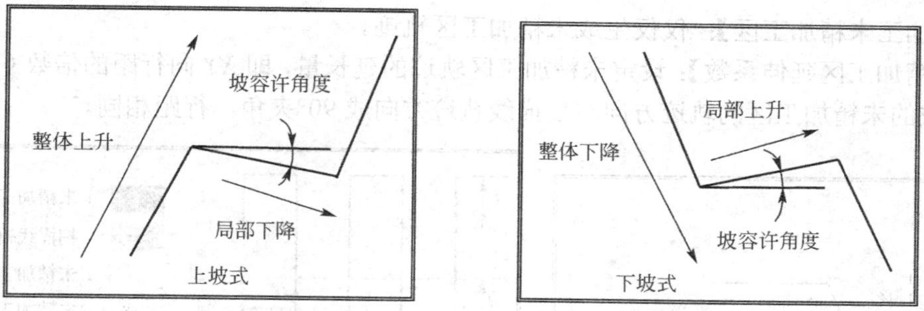

（a）上坡式　　（b）下坡式

图 5-51　坡容许角度

③ *XY* 向：设定 *XY* 平面内的切削量，即刀具轨迹的间距，有行距和残留高度两种定义方式，可设定行进角度。

④ 加工顺序：设置加工顺序，和【等高线粗加工】中的“*Z* 优先”、“*XY* 优先”类似，有“区域优先”、“截面优先”两种选择方式，如图 5-52 所示。

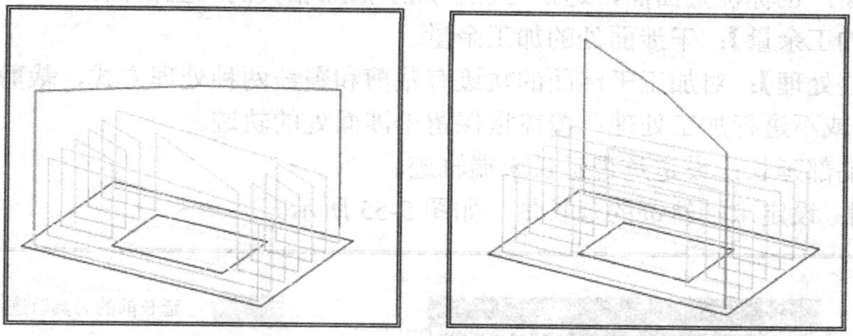

（a）区域优先　　（b）截面优先

图 5-52　加工顺序

【区域优先】：当判明加工方向截面后，生成区域优先的轨迹。

【截面优先】：当判明加工方向截面后，抬刀后快速移动然后下刀，生成截面优先轨迹。

⑤ 行间连接方式：设置行间连接，有抬刀和投影两种行间连接方式。

【抬刀】：通过抬刀、快速移动、下刀完成相邻切削行间的连接。

【投影】：在需要连接的相邻切削行间生成切削轨迹，通过切削移动来完成连接。

【最大投影距离】：投影连接的最大距离，当行间连接距离（*XY* 向）≤最大投影距离时，采用投影方式连接，否则，采用抬刀方式连接。

⑥ 未精加工区：未精加工区与行距及曲面的坡度有关，行距较大时，行间容易产生较大的残余量，达不到加工精度的要求，这些区域就会被视为未精加工区；坡度较大时，行间的空间距离较大，也容易产生较大的残余量，这些区域也被视为未精加工区。

未精加工区是由行距及未精加工区判定角度联合决定的。将大于“未精加工区判定角度”的范围视为未精加工区（图 5-53）。加工未精加工区有以下四种选择：

【不加工未精加工区】：只生成扫描线轨迹，不加工未精加工区。

【先加工未精加工区】：生成未精加工区轨迹后再生成扫描线轨迹。

【后加工未精加工区】：生成扫描线轨迹后再生成未精加工区轨迹。

【仅加工未精加工区】：仅仅生成未精加工区轨迹。

【未精加工区延伸系数】：设定未精加工区轨迹的延长量，即 *XY* 向行距的倍数（图 5-54）。生成的未精加工区的轨迹方向与扫描线轨迹方向成 90°夹角，行距相同。

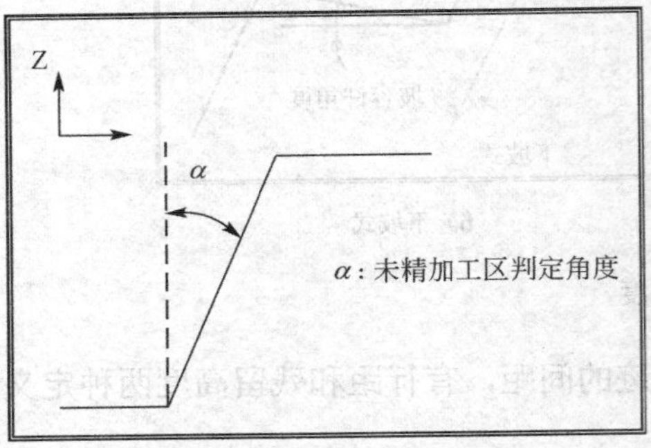

图 5-53　未精加工区判定角度

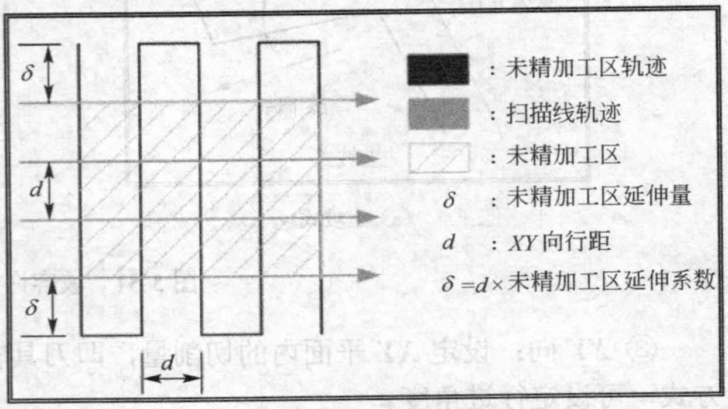

图 5-54　未精加工区延伸系数

⑦ 干涉面：也称检查曲面，这是与保护加工曲面相关的一些曲面。

【干涉面加工余量】：干涉面处的加工余量。

【干涉轨迹处理】：对加工干涉面的轨迹有裁剪和覆盖两种处理方式，裁剪指在加工干涉面处进行抬刀或不进行加工处理；覆盖指保留干涉面处的轨迹。

⑧ 轨迹端部延长：设定是否延长末端轨迹。

【延长量】：设定末端轨迹的延长量，如图 5-55 所示。

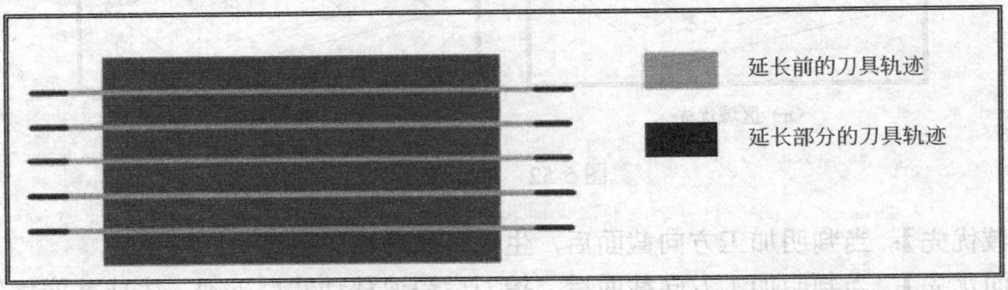

图 5-55　延长量

【边界裁剪】：加工曲面的边界外保留延长量延长的轨迹，多余部分将进行裁剪处理（图 5-56）。若把加工曲面或干涉曲面看作一个整体的话，此处的边界为该整体的边界，这个边界与加工边界是不同的，使用时请注意。

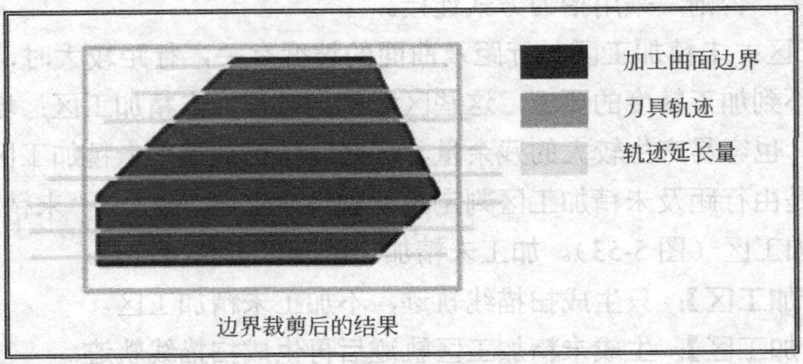

图 5-56　边界裁剪

⑨ 保护边界：设定是否对边界进行保护（图 5-57）。

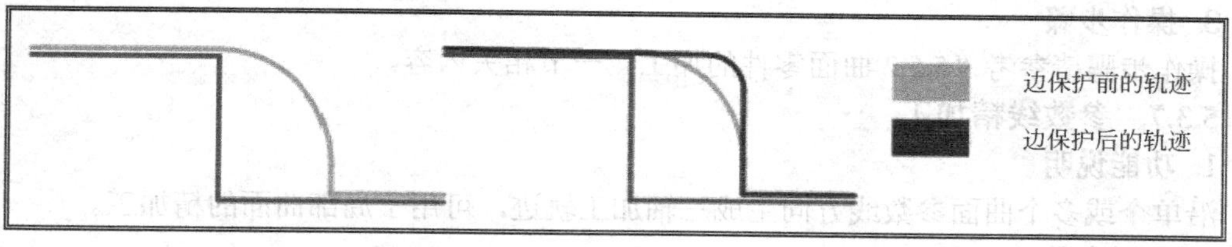

图 5-57 保护边界

（2）切入切出 设定切入切出类型，有“3D 圆弧”和“水平”两种方式。

① 3D 圆弧：设定 3D 圆弧的切入切出。

【添加】：设定是否添加 3D 圆弧切入切出连接方式。

【半径】：设定 3D 圆弧切入切出的半径。

【插补最小半径、插补最大半径】：3D 圆弧之间连接插补的参考值（图 5-58）。设 L=行距/2，L<最小插补半径时，用直线插补连接。插补最小半径≤L≤插补最大半径时，以 L 为半径的圆弧插补连接。L>插补最大半径时，以插补最大半径为半径插补连接。

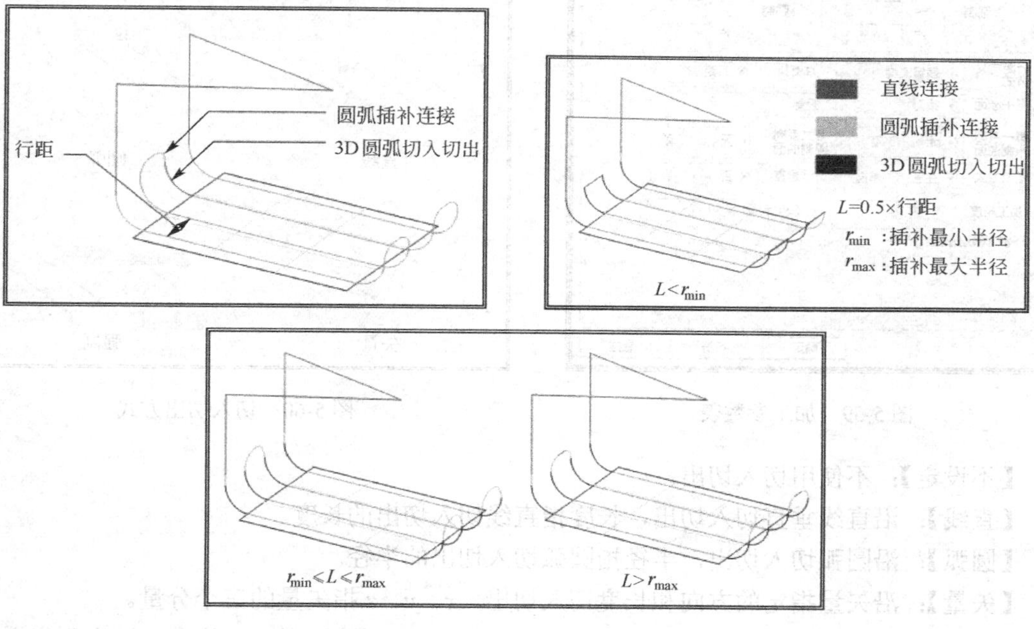

图 5-58 3D 圆弧

注意：采用 3D 圆弧方式时，实现圆弧插补的必要条件为：加工方向往复，行间连接方式投影，最大投影距离≥行距（XY 向）。

② 切入切出：设定水平切入切出。

【无】：不使用切入切出连接方式。

【水平】：切入切出连接部分采用水平直线方式。

【长度】：水平直线切入切出的长度大小。

（3）其他参数 接近返回、下刀方式、切削用量、公共参数、刀具参数的含义参考“5.2

通用操作与通用参数设置”一节相关部分。

3. 操作步骤

操作步骤请参考“5.5.2 曲面零件的加工”一节相关内容。

5.3.7 参数线精加工

1. 功能说明

沿单个或多个曲面参数线方向生成三轴加工轨迹，可用于局部曲面的精加工。

2. 加工参数

参数线精加工参数表如图 5-59 所示。

① 切入切出方式：切入切出方式有以下几种方式（图 5-60）。

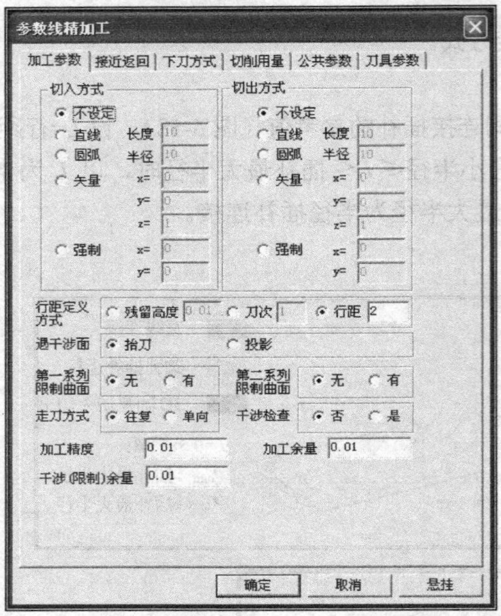

图 5-59 加工参数表

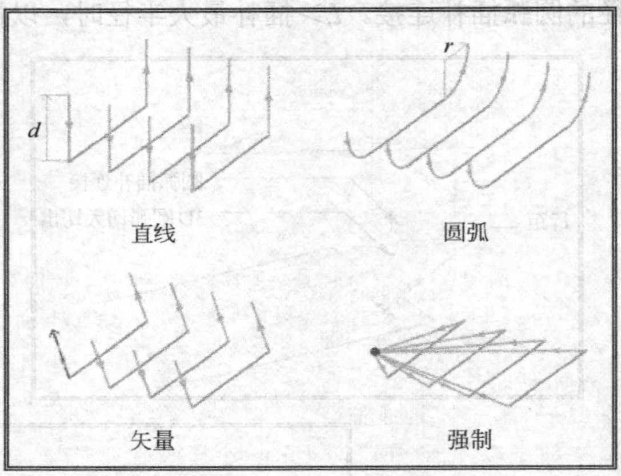

图 5-60 切入切出方式

【不设定】：不使用切入切出。

【直线】：沿直线垂直切入切出，长度指直线切入切出的长度。

【圆弧】：沿圆弧切入切出，半径指圆弧切入切出的半径。

【矢量】：沿矢量指定的方向和长度切入切出，x、y、z 指矢量的三个分量。

【强制】：强制从指定点直线水平切入到切削点，或强制从切削点直线水平切出到指定点，x、y 指在与切削点相同高度的指定点的水平位置分量。

② 行距定义方式。

【残留高度】：切削行间残留量距加工曲面的最大距离。

【刀次】：切削行的数目。

【行距】：相邻切削行的间隔。

③ 遇干涉面。

【抬刀】：通过抬刀，快速移动，下刀完成相邻切削行间的连接。

【投影】：在需要连接的相邻切削行间生成切削轨迹，通过切削移动来完成连接。

④ 限制面：限制加工曲面范围的边界面，作用类似于加工边界，通过定义第一和第二系列限制面可以将加工轨迹限制在一定的加工区域内。

【第一系列限制面】：定义是否使用第一系列限制面。

【第二系列限制面】：定义是否使用第二系列限制面。

⑤ 干涉检查：定义是否使用干涉检查，防止过切。

3. 操作步骤

操作步骤请参考“5.5.2 曲面零件的加工”一节相关内容。

5.3.8 区域式补加工

1. 功能说明

主要用于型腔和型芯内圆角的补加工，对大直径刀具未切削到的圆角处进行补加工。补加工区域可以分为平坦区和垂直区，区域式补加工方法将在垂直区生成等高线加工轨迹，在平坦区生成类似于三维偏置的轨迹。

2. 加工参数

区域式补加工参数，如图 5-61 所示。

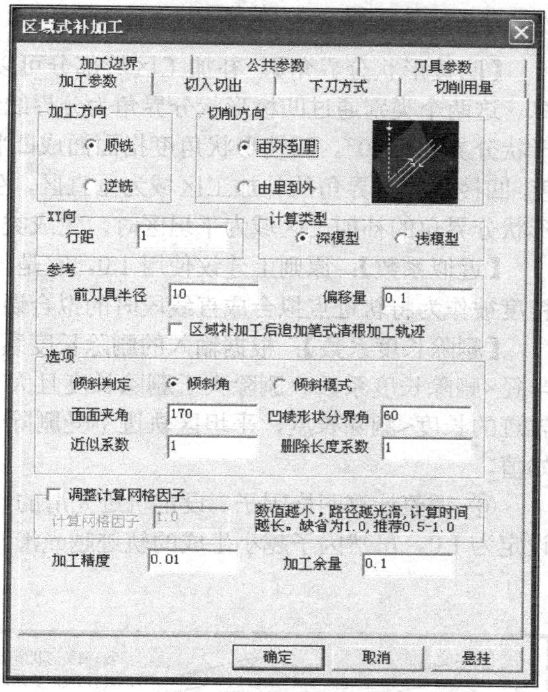

图 5-61 区域式补加工参数

① 切削方向。

【由外到里】：生成从外往里的轨迹。

【由里到外】：生成从里往外的轨迹。

② *XY* 向。设置 *XY* 向相邻切削行间的切削间隔。

③ 计算类型。

【深模型】：生成适合具有深沟的模型或者极端浅沟的模型的轨迹。

【浅模型】：生成适合大型模型，和深模型相比，计算时间短。

④ 参考。

【前刀具半径】：即前一次加工策略采用的刀具的直径（球刀）。

【偏移量】：通过加大前把刀具的半径，来扩大未加工区域的范围。偏移量即前把刀具半径的增量（图 5-62），若前刀具半径为 10mm，偏移量指定为 2mm 时，加工区域的范围就和前刀具 12mm 时产生的未加工区域的范围一致。

【区域补加工后追加笔式清根加工轨迹】：设定是否在区域补加工后追加笔式清根加工轨迹。

⑤ 选项。

【倾斜判定】：如果采用倾斜角则根据凹棱形状分界角的数值来判断是垂直区域还是水平区域。如果采用倾斜模式则根据深模型和浅模型来判断垂直区域和水平区域。

【面面夹角】：如果面面夹角大时并不希望在这里作出补加工轨迹（图 5-63）。所以系统计算出的面面之间夹角小于面面夹角的凹棱线处才会作出补加工轨迹。角度范围为 0°≤面面夹角≤180°。

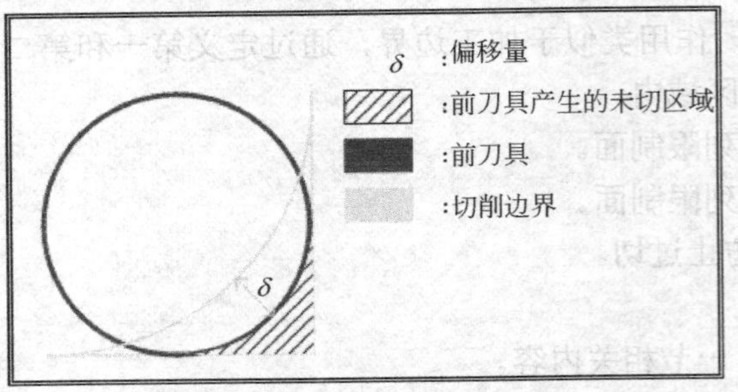

图 5-62 偏移量

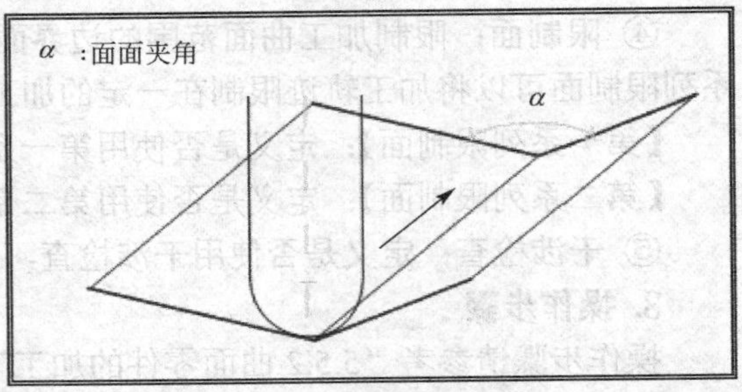

图 5-63 面面夹角

【凹棱形状分界角】：补加工区域部分可以分为平坦区和垂直区两个类别进行轨迹的计算。这两个类别通过凹棱形状分界角为分界线进行区分。凹棱形状分界角的范围，0°≤凹棱形状分界角≤90°。凹棱形状角度指面面成凹状的棱线与水平面所成的角度，当凹棱形状角度>凹棱形状分界角的补加工区域为垂直区，生成等高线加工轨迹。当凹棱形状角度≤凹棱形状分界角的补加工区域为平坦区时，生成类似于三维偏置的轨迹（图 5-64）。

【近似系数】：原则上建议使用 1.0。它是一个调整计算加工精度的系数。近似系数×加工精度被作为将轨迹点拟合成直线段时的拟合误差（图 5-65）。

【删除长度系数】：根据输入的删除长度系数，设定是否生成微小轨迹。删除长度=刀具半径×删除长度系数。删除大于删除长度且大于凹棱形状分界角的轨迹。也就是说，垂直区轨迹的长度<删除长度，平坦区轨迹不受删除长度系数的影响，一般采用删除长度系数的初始值。

⑥ 调整计算网格因子。设定轨迹光滑的计算间隔因子，因子的推荐值为 0.5～1.0。一般设定为 1.0。虽然因子越小生成的轨迹越光滑，但计算时间会越长。

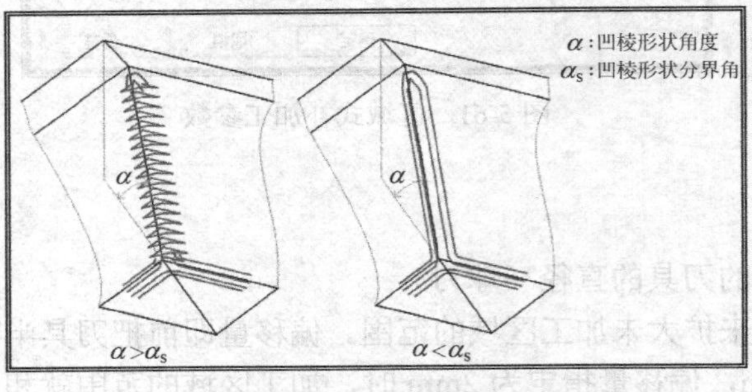

图 5-64 凹棱形状分界角

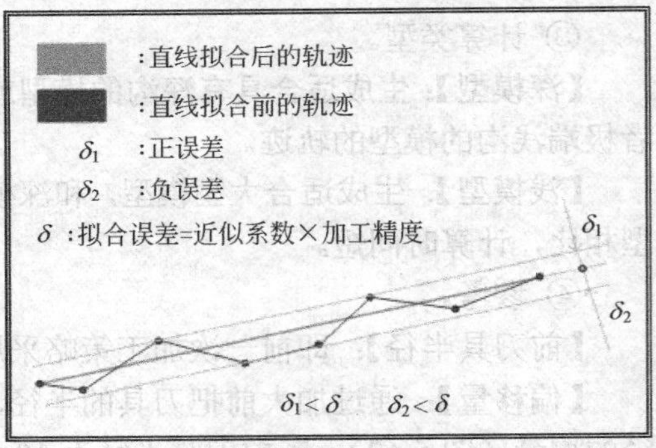

图 5-65 近似系数

3. 操作步骤

操作步骤请参考“5.5.2 曲面零件的加工”一节相关内容。

4. 知识拓展

CAXA 制造工程师还提供了【等高线补加工】和【笔式清根加工】两种补加工方法。【等高线补加工】主要用于垂直区域的清角加工，【笔式清根加工】多用在平坦区域的清角加工。【区域式补加 2】可以分别指定 *XY* 向、*Z* 向的余量。

5.3.9 孔加工

1. 孔加工

即对孔进行加工，包括钻孔、铰孔、镗孔等的加工，孔加工参数如图 5-66 所示。

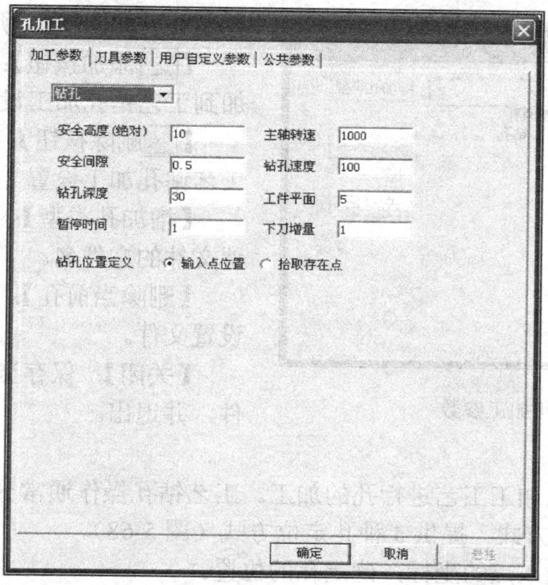

图 5-66　孔加工参数

① 钻孔模式。提供 12 种钻孔模式，如表 5-2 所示。

表 5-2　钻孔模式

序号	孔加工方式	数控系统指令	序号	孔加工方式	数控系统指令
1	高速啄式孔钻	G73	7	逆攻丝	G84
2	左攻丝	G74	8	镗孔	G85
3	精镗孔	G76	9	镗孔（主轴停）	G86
4	钻孔	G81	10	反镗孔	G87
5	钻孔+反镗孔	G82	11	镗孔（暂停+手动）	G88
6	啄式钻孔	G83	12	镗孔（暂停）	G89

② 参数。

【安全高度】：刀具在此高度以上任何位置，均不会碰伤工件和夹具。

【主轴转速】：机床主轴的转速。

【安全间隙】：钻孔前距离工件表面的安全高度。

【钻孔速度】：钻孔刀具的进给速度。

【钻孔深度】：孔的加工深度。

【工件表面】：工件表面高度，也就是钻孔切削开始点的高度。

【暂停时间】：攻丝时刀具在工件底部的停留时间。

【下刀增量】：孔钻时每次钻孔深度的增量值。

③ 钻孔位置定义。

【输入点位置】：用户可以根据需要，输入点的坐标，确定孔的位置。

【拾取存在点】：拾取屏幕上的存在点，确定孔的位置。

2. 工艺孔设置

孔的加工一般都需要多道工序，使用工艺孔设置功能可以设置孔的加工工艺。工艺孔设

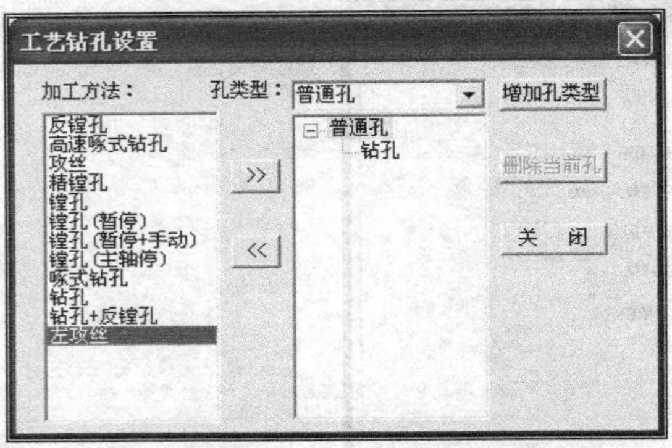

图 5-67 孔加工参数

置参数表如图 5-67 所示。

【>>添加按钮】：将选中的孔加工方式添加到工艺钻孔加工设置文件中。

【<<删除按钮】：将选中的孔加工方式从工艺钻孔加工设置文件中删除。

【增加孔类型】：设置新工艺钻孔加工设置文件的文件名。

【删除当前孔】：删除当前工艺钻孔加工设置文件。

【关闭】：保存当前工艺钻孔加工设置文件，并退出。

3. 工艺钻孔加工

根据设置的工艺孔加工工艺进行孔的加工。工艺钻孔操作通常分为 4 步。

（1）步骤 1—定位方式 提供 3 种孔定位方式（图 5-68）。

【输入点】：根据输入点的坐标，确定孔的位置。

【拾取点】：通过拾取屏幕上的存在点，确定孔的位置。

【拾取圆】：通过拾取屏幕上的圆，确定孔的位置。

（2）步骤 2—路径优化 提供 3 种路径优化方式（图 5-69）。

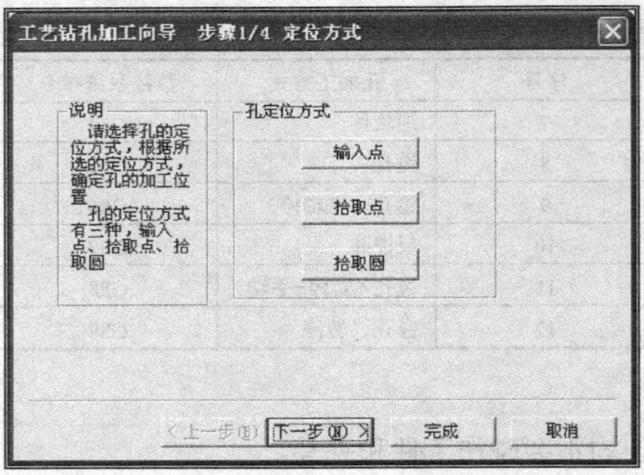

图 5-68 定位方式

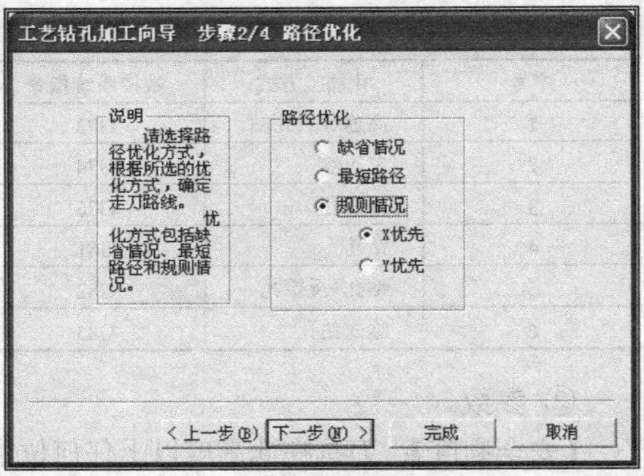

图 5-69 路径优化

【缺省情况】：不进行路径优化。

【最短路径】：依据拾取点间距离和的最小值进行优化。

【规则情况】：该方式主要用于矩形阵列情况，有两种方式（图 5-70）。

【X 优先】：依据各点 X 坐标值的大小排列。

【Y 优先】：依据各点 Y 坐标值的大小排列。

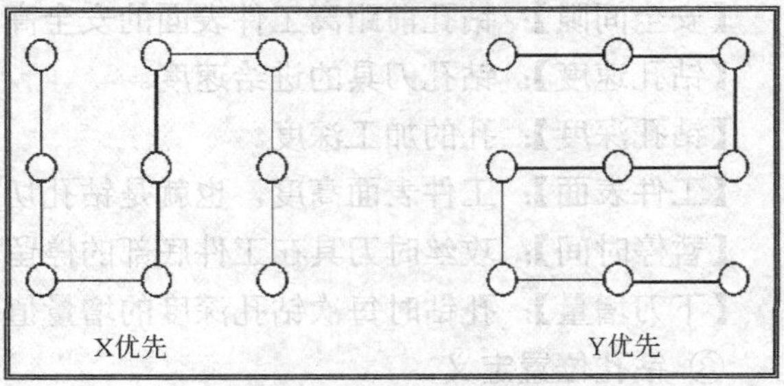

图 5-70 路径优化方式

（3）步骤 3—选择孔类型 选择已经设计好的工艺加工文件（图 5-71）。工艺加工文件在工艺孔设置功能中设置，具体方法参照工艺孔设置。

（4）步骤 4—设定参数 设定参数孔加工参数（图 5-72）。单击【完成】按钮，完成工艺钻孔加工，在加工管理树中自动生成加工轨迹，展开工艺文件选择对话框内工艺加工文件，用户可以设置每个钻孔子项的参数。钻孔子项参数设置请参考孔加工。

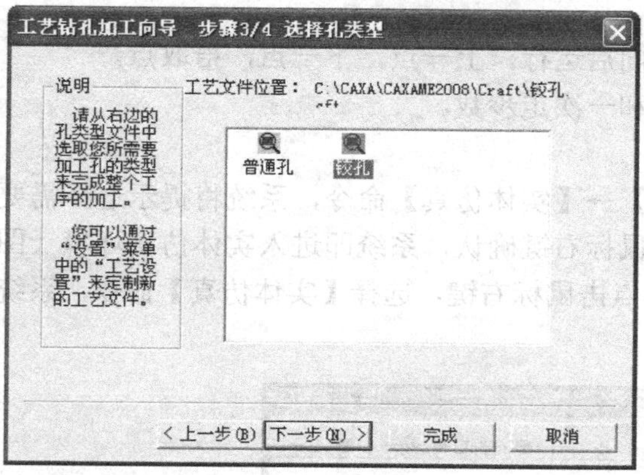

图 5-71 选择孔类型

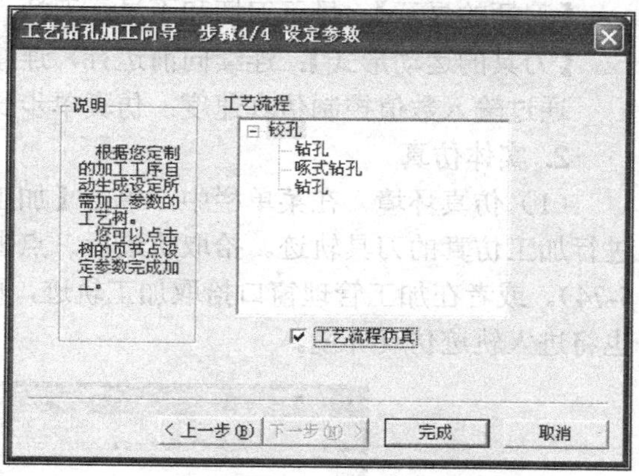

图 5-72 设定参数

5.4 轨迹仿真与后置处理

轨迹仿真就是在三维真实感显示状态下，模拟刀具运动，切削毛坯、去除材料的过程。在生成加工轨迹后，通常需要对加工轨迹进行加工仿真，通过模拟实际切削过程和加工结果，检查生成的加工轨迹的正确性。

后置处理就是结合特定机床把系统生成的刀具轨迹转化成机床能够识别的 G 代码指令，输入数控机床用于加工。考虑到生成程序的通用性，CAXA 软件针对不同的机床，可以设置不同的机床参数和特定的数控代码程序格式，还可以对生成的机床代码正确性进行校核。

后置处理模块包括后置设置、生成 G 代码、校验 G 代码和生成工艺卡功能。

5.4.1 轨迹仿真

生成加工刀具轨迹后，通常要进行加工轨迹仿真，以检查加工轨迹的正确性。轨迹仿真有线框仿真和实体仿真两种形式。

1. 线框仿真

线框仿真是一种快速的仿真方式，仿真时只显示刀具和刀具轨迹。

在菜单栏中，单击【加工】→【线框仿真】命令，系统将提示选择需要进行加工仿真的刀具轨迹。拾取轨迹后，单击鼠标右键确认，系统即进入轨迹仿真环境（图 5-73）。

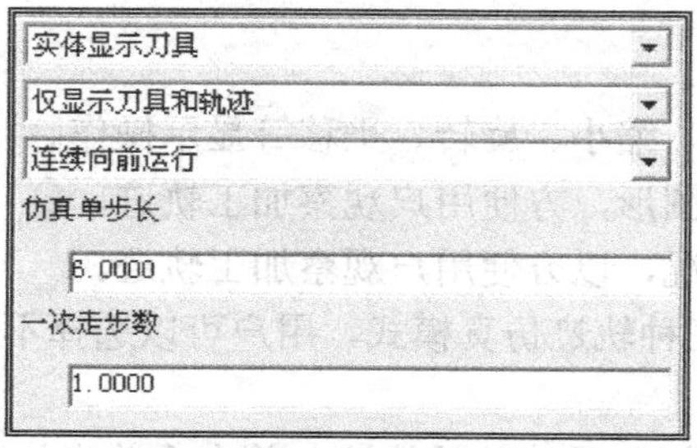

（a）线框仿真快捷菜单

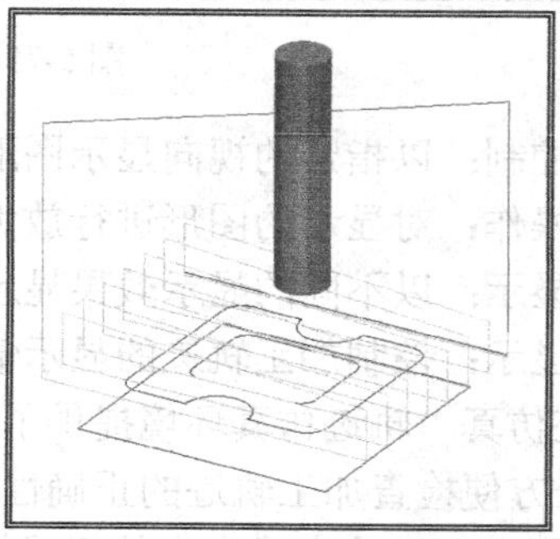

（b）线框仿真模式

图 5-73 线框仿真

在线框仿真对话框中，通过单击下拉箭头可以实现以下控制。

【刀具的显示】：实体显示和线框显示。

【刀柄的显示】：显示刀柄和不显示刀柄。

【刀具的运动形式】：连续向前运行，连续向后运行，上一点，下一点，拾取点。

通过输入数值控制仿真速度：仿真单步长和一次走步数。

2. 实体仿真

（1）仿真环境　在菜单栏中，单击【加工】→【实体仿真】命令，系统将提示选择需要进行加工仿真的刀具轨迹。拾取轨迹后，点击鼠标右键确认，系统即进入实体仿真环境（图 5-74）。或者在加工管理窗口拾取加工轨迹，再点击鼠标右键，选择【实体仿真】命令，系统也将进入轨迹仿真环境。

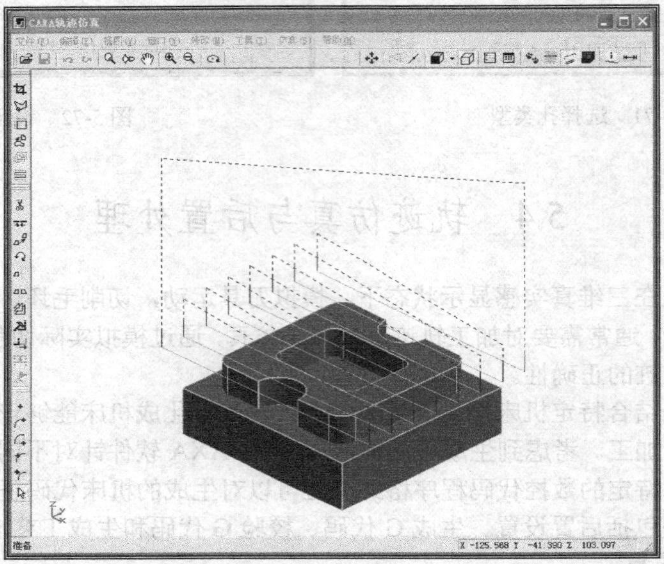

图 5-74　实体仿真

（2）显示控制　显示控制工具条（图 5-75），包括以下内容。

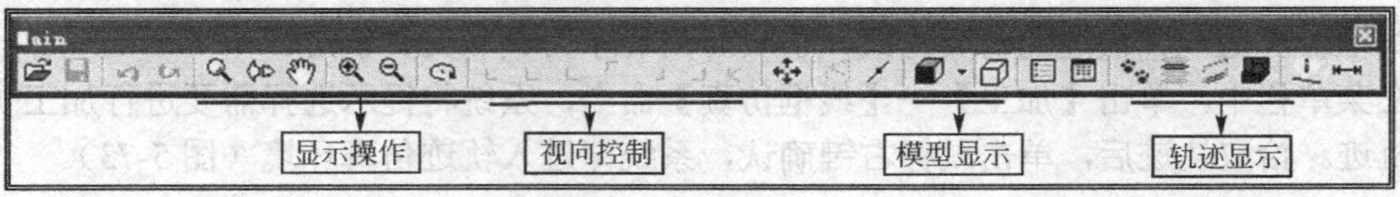

图 5-75　实体仿真工具条

① 视向控制：以指定的视向显示图形。

② 显示操作：对显示的图形进行放大、缩小、旋转、平移等显示操作。

③ 模型显示：以不同的显示效果显示图形，方便用户观察加工轨迹。

④ 轨迹显示：控制加工轨迹的显示情况，以方便用户观察加工轨迹。

（3）轨迹仿真　轨迹仿真环境提供了三种轨迹仿真模式，用户可以选择不同的方式进行轨迹仿真，以方便检查加工轨迹的正确性。

① 单步仿真。以单步或多步的形式模拟刀具运动的轨迹。单击【单步仿真】按钮，或单击【工具】→【单步仿真】命令，系统弹出【单步仿真】对话框（图 5-76）。

② 等高线仿真。只对指定高度的截面加工轨迹进行仿真。特别适合对轨迹密集的粗加工轨迹进行仿真，可以方便观察分层加工轨迹的情况，检查轨迹的正确性。

单击【等高线仿真】按钮，或单击【工具】→【等高线仿真】命令，系统弹出【等高线仿真】对话框（图 5-77）。

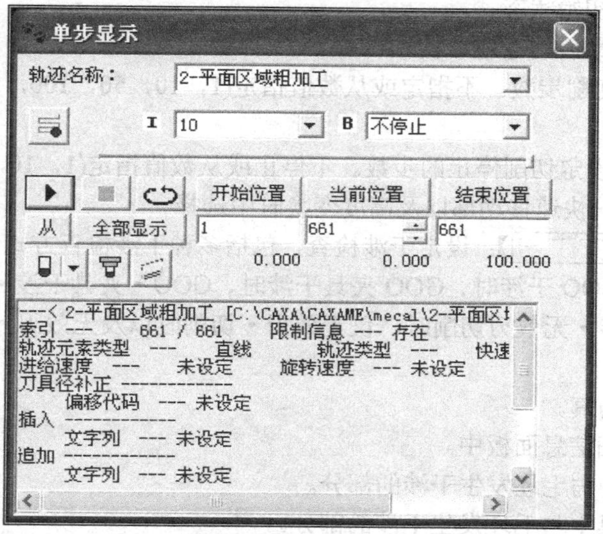

图 5-76　单步仿真

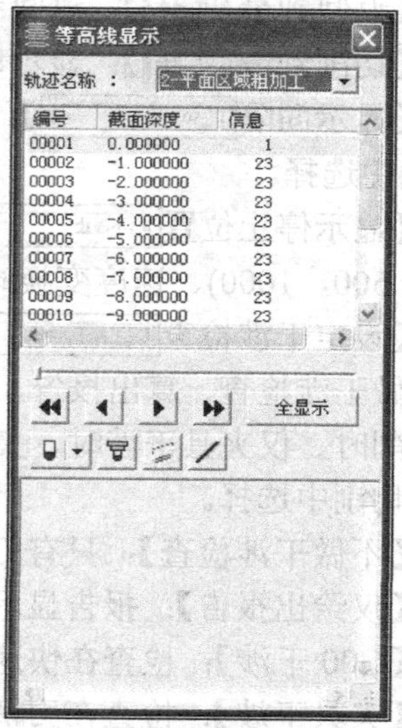

图 5-77　等高线仿真

③ 仿真加工。仿真加工可以模拟刀具切削工件的过程和加工结果。单击【仿真加工】按钮，或单击【工具】→【仿真】命令，系统弹出【仿真加工】对话框（图 5-78）。

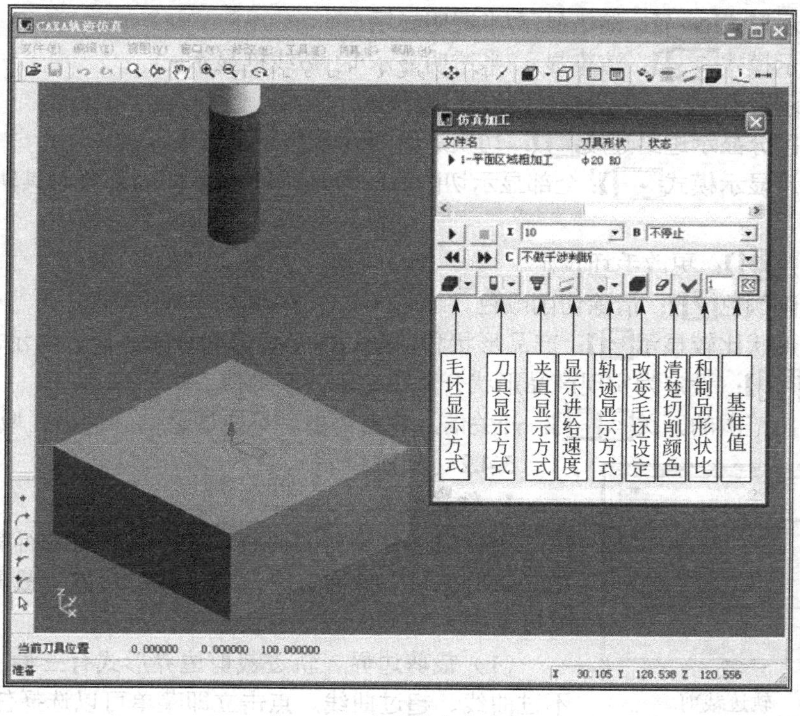

图 5-78　实体仿真主窗口

在对话框中设定仿真选项，单击【播放】按钮，系统开始仿真加工过程，同时在对话框上方显示正在仿真的轨迹名称，在对话框下方显示当前刀位点的属性信息。

【播放】：模拟显示每一步切削后的毛坯形状。

【停止】：停止模拟切削。

【返回到最初】：返回毛坯的初始状态。

【切削到最后】：显示切削到最后的毛坯形状。

【显示间隔】：指定切削步数。不指定或从数值指定(1，10，50，100，500，1000)中选择。

【显示停止位置】：设定切削停止的步数。不停止或从数值指定(1，10，50，100，500，1000)、速度变换时，下一快速移动部以及高度变换时中选择。

【设定干涉检查】：设定干涉检查，包括多种干涉检查方式包括：从不做干涉检查、算出报告、仅在 GOO 干涉时、GOO 夹具干涉时、GOO・夹具干涉・无效刃切削时、仅夹具干涉时、夹具干涉・无效刃切削时、仅无效刃・切削时以及无效刃・夹具强行切削中选择。

【不做干涉检查】：只有刃尖的仿真。

【仅给出报告】：报告显示在详细信息面板中。

【G00 干涉】：检查在快速移动中与毛坯发生干涉的部分。

【夹具干涉】：检查在刀柄、夹具中与毛坯发生干涉的部分。

【无齿刃切削】：检查无效刃切削中，与毛坯发生的干涉。无效刃由首下长度-刃长部分构成。

【无效刃・夹具的强行切削】：无效刃・夹具与毛坯发生干涉，也能强行切削。可以方便确认干涉到什么程度。

【毛坯显示模式】：渲染显示/半透明显示。

【刀具显示模式】：渲染显示/半透明显示/隐藏/线框显示。

【是否显示夹具】：切换夹具的显示/隐藏。

【用颜色区分显示进给速度】：切换进给速度分色显示模式。

【刀具轨迹显示模式】：全部显示切削后的刀具轨迹/显示间隔部分刀具轨迹/隐藏刀具轨迹。

【毛坯设定】：更改毛坯设定。

【清除切削颜色】：清除切削颜色。

【和产品形状比较显示】：产品形状和切削后的毛坯形状分颜色比较显示。

【基准值】：设定为实现产品形状分颜色显示的基准值。

【信息输出范围的开关】：开关信息输出范围。不能调整信息输出区域的大小。

5.4.2 轨迹编辑

1. 轨迹裁剪

用曲线（称为剪刀曲线）对刀具轨迹进行裁剪，截取其中一部分轨迹。共有三个选项，裁剪边界、裁剪平面和裁剪精度（图 5-79）。

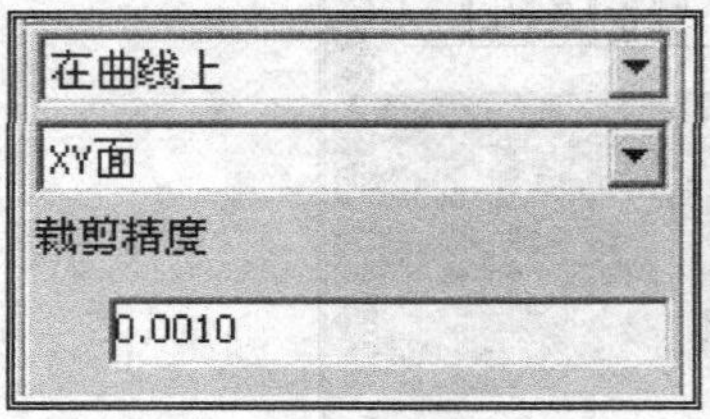

图 6-79 轨迹裁剪

（1）裁剪边界 轨迹裁剪边界形式有三种：在曲线上、不过曲线、超过曲线。点击立即菜单可以选择任意一种。

【在曲线上】：轨迹裁剪后，临界刀位点在剪刀曲线上。

【不过曲线】：轨迹裁剪后，临界刀位点未到剪刀曲线，投影距离为一个刀具半径。

【超过曲线】：轨迹裁剪后，临界刀位点超过裁剪线，投影距离为一个刀具半径。

以上三种裁剪边界方式（图 5-80），图 5-80 (a)为裁剪前的刀具轨迹，图 5-80 (b)、(c)、(d)为裁剪后的刀具轨迹。

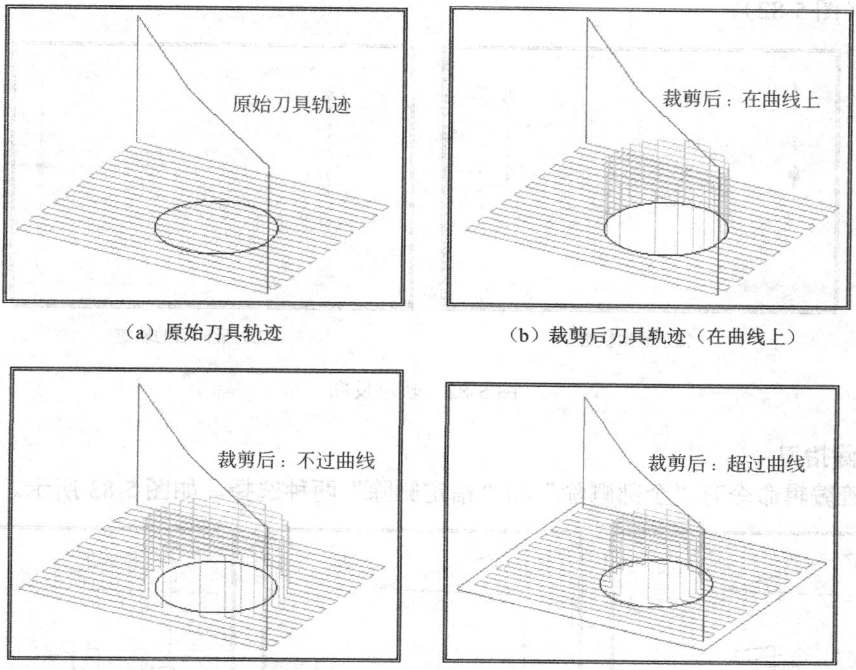

（a）原始刀具轨迹　（b）裁剪后刀具轨迹（在曲线上）

（c）裁剪后刀具轨迹（不过曲线）　（d）裁剪后刀具轨迹（超过曲线）

图 5-80　裁剪方式

剪刀曲线可以是封闭的，也可以是不封闭的。对于不封闭的剪刀曲线，系统自动将其卷成封闭曲线。卷动的原则是沿不封闭的曲线两端切矢各延长 100 单位，再沿裁剪方向垂直延长 1000 单位，然后将其封闭（图 5-81）。

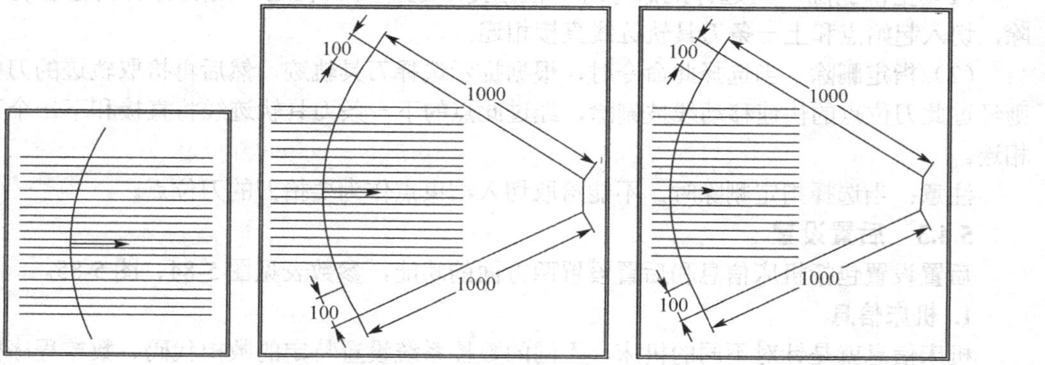

图 5-81　不封闭的剪刀线

（2）裁剪平面　在指定坐标面内当前坐标系的 *XY*、*YZ*、*ZX* 面。点击立即菜单可以选择在哪个面上裁剪。

（3）裁剪精度　裁剪精度表示当剪刀曲线为圆弧和样条时用此裁剪精度离散该剪刀曲线。

2. 轨迹反向

对刀具轨迹进行反向处理。按照提示拾取刀具轨迹后，刀具轨迹的方向为原来刀具轨迹的反方向（图 5-82）。

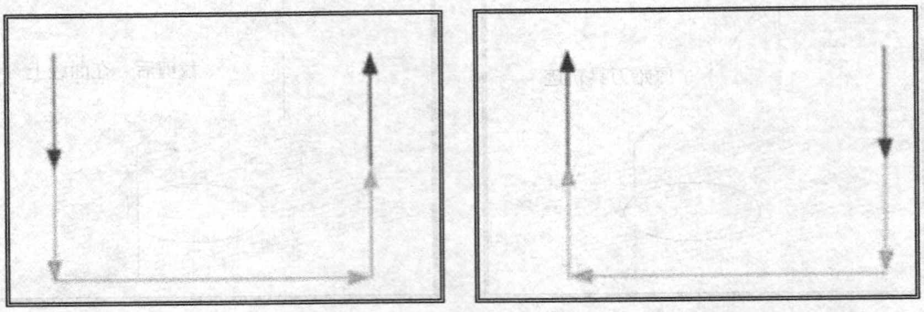

（a）原始轨迹　（b）反向后的轨迹

图 5-82　轨迹反向

3. 清除抬刀

此轨迹编辑命令有“全部删除”和“指定删除”两种选择，如图 5-83 所示。

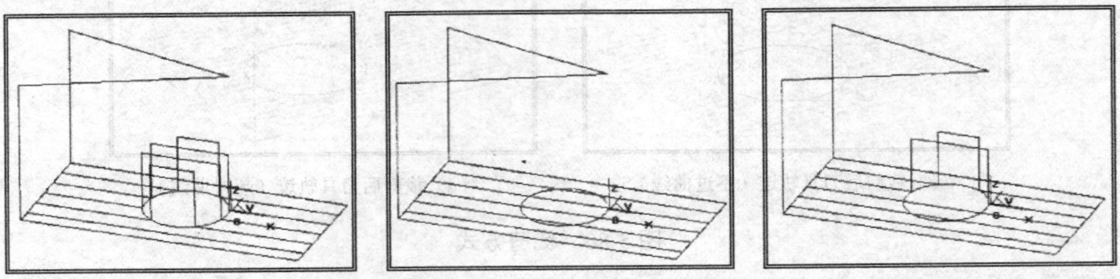

（a）原始轨迹　（b）全部删除后的轨迹　（c）指定删除后的轨迹

图 5-83　清除抬刀

（1）全部删除　当选择此命令时，根据提示选择刀具轨迹，则所有的快速移动线被删除，切入起始点和上一条刀具轨迹线直接相连。

（2）指定删除　当选择此命令时，根据提示选择刀具轨迹，然后再拾取轨迹的刀位点，则经过此刀位点的快速移动线被删除，经过此点的下一条刀具轨迹线将直接和下一个刀位点相连。

注意：当选择指定删除时，不能拾取切入结束点作为要抬刀的刀位点。

5.4.3　后置设置

后置设置包括机床信息和后置设置两方面的功能，参数表见图 5-84、图 5-85。

1. 机床信息

机床信息就是针对不同的机床、不同的数控系统设置特定的数控代码、数控程序格式及参数，并生成配置文件。参数表见图 5-84。生成数控程序时，系统根据该配置文件生成用户所需要的加工程序。

（1）当前机床　显示当前使用的机床信息。

可通过单击【当前机床】列表框，选择系统提供的机床，后置处理将按此机床格式生成加工程序。若系统未提供所需要的机床，可通过单击【增加机床】按钮，建立相应的机床，并进行信息配置。单击【删除当前机床】按钮将删除当前使用的机床。

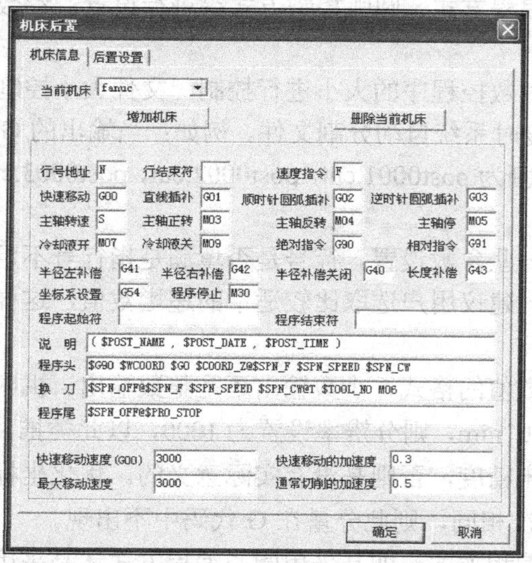

图 5-84 机床信息参数表

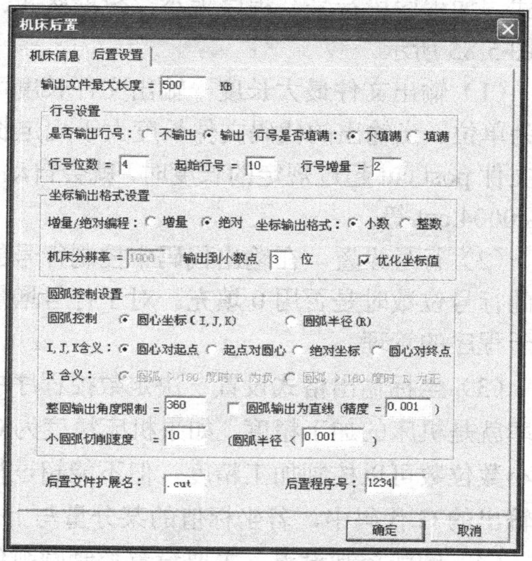

图 5-85 后置设置参数表

（2）机床参数设置 设置相应机床的各种指令地址及数控程序代码的规格设置，还包括设置要生成的 G 代码程序格式。

（3）程序格式设置 程序格式设置就是对 G 代码各程序段格式进行设置。用户可以对以下程序段进行格式设置：程序起始符号、程序结束符号、程序说明、程序头、程序尾、换刀等。

① 程序说明。说明部分是对程序的名称，与此程序对应的零件名称编号，编制日期和时间等有关信息的记录。程序说明部分是为了管理的需要而设置的。

例如：(N126－60231，$POST_NAME，$POST_DATE，$POST_TIME）在生成的后置程序中的程序说明部分将输出如下说明：(N126－60231，O1261，1996，9，2，15：30：30）

② 程序头。针对特定的数控机床来说，其数控程序开头部分都是相对固定的，包括一些机床信息，如机床回零，工件零点设置，主轴启动，以及冷却液开启等。

例如：若快速移动指令内容为 G00，那么，$G0 的输出结果为 G00，同样$COOL_ON 的输出结果为 M07，$PRO_STOP 为 M30。依此类推。

例如：$G90$$WCOORD$G0$COORD_Z@G43H01@SPN_FSPN_SPEED$SPN_CW,在后置文件中的输出内容为：

G90G54G00Z30.00。

G43H01

S500M03

③ 换刀。换刀指令提示系统换刀，换刀指令可以由用户根据机床设定，换刀后系统要提取一些有关刀具的信息，以便于必要时进行刀具补偿。

（4）速度设置 速度设置包括快速移动速度、最大移动速度、快速进刀时的加速度、切削进刀加速度等，这些参数的设置必须符合具体的机床规格。

2. 后置设置

后置设置就是针对特定的机床，结合已经设置好的机床配置，对后置输出的数控程序的格式，如程序段行号、程序大小、数据格式、编程方式、圆弧控制方式等进行设置。参数表如图 5-85 所示。

（1）输出文件最大长度　输出文件长度可对数控程序的大小进行控制，文件大小控制以 K 为单位。当输出的代码文件长度大于规定长度时系统自动分割文件。例如：当输出的 G 代码文件 post.cut 超过规定的长度时，就会自动分割为 post0001.cut，post0002.cut，post0003.cut，post0004.cut 等。

（2）行号设置　在输出代码中控制行号的一些参数设置。行号是否填满是指行号不足规定的行号位数时是否用 0 填充。对于行号增量，建议用户选取比较适中的递增数值，这样有利于程序的管理。

（3）坐标输出格式设置　决定数控程序中数值的格式，小数输出还是整数输出。机床分辨率就是机床的加工精度，如果机床精度为 0.001mm，则分辨率设置为 1000，以此类推。输出小数位数可以控制加工精度，但不能超过机床精度，否则是没有实际意义的。优化坐标值指输出的 G 代码中，若坐标值的某分量与上一次相同，则此分量在 G 代码中不出现。

（4）圆弧控制设置　主要设置控制圆弧的编程方式。即是采用圆心编程方式还是采用半径编程方式。

当采用圆心编程方式时，圆心坐标（I，J，K）有四种含义。

① 绝对坐标：采用绝对编程方式，圆心坐标（I，J，K）的坐标值为相对于工件零点绝对坐标系的绝对值。

② 圆心对起点：I、J、K 的含义为圆心坐标相对于圆弧起点的增量值。

③ 起点对圆心：I、J、K 的含义为圆弧起点坐标相对于圆心坐标的增量值。

④ 圆心对终点：I、J、K 的含义为圆心坐标相对于圆弧终点坐标的增量值。

按圆心坐标编程时，圆心坐标的各种含义是针对不同的数控机床而言。不同机床之间其圆心坐标编程的含义不同，但对于特定的机床其含义只有其中一种。当采用半径编程时，采用半径正负区别的方法来控制圆弧是劣圆弧还是优圆弧。圆弧半径 R 的含义即表现为以下两种。

① 优圆弧：圆弧大于 180°，R 为负值。

② 劣圆弧：圆弧小于 180°，R 为正值。

要特别注意的是：用 R 来编程时，不能输出整圆，因为过一点可以作无数个圆，圆心的位置无法确定。所以在用 R 编程时，一定要在整圆输出角度限制中设为小于 360°。

整圆输出角度限制是整圆的输出选项，有的机床对整圆不认识，此时需要将整圆打散成几段，若整圆输出角度限制为 90°，则将整圆打散为 4 段。若为 360°，则对整圆限制没有限制。绝大多数机床没有限制，所以缺省值是 360°。

圆弧输出为直线选项指将圆弧按精度离散成直线段输出。有的机床不认圆弧，需要将圆弧离散成直线段。精度由用户输入。

（5）扩展名控制　后置文件扩展名是控制所生成的数控程序文件名的扩展名。有些机床对数控程序要求有扩展名，有些机床没有这个要求，应视不同的机床而定。

（6）后置程序号　后置程序号是记录后置设置的程序号，不同的机床其后置设置不同，所以采用程序号来记录这些设置，以便于用户日后使用。

5.4.4　生成 G 代码

1. 功能说明

生成 G 代码就是按照当前机床类型的配置要求，把已经生成的刀具轨迹转化生成 G 代码数据文件，即 CNC 数控程序，有了数控程序就可以直接输入机床进行数控加工。

2. 操作步骤

生成 G 代码对话框（图 5-86），详细操作步骤请参考“5.5.1 平面轮廓零件的加工”一节相关内容。

5.4.5　工艺清单

1. 功能说明

生成加工工艺清单的目的有三个：一是车间加工的需要，当加工程序较多时可以使加工有条理，不会产生混乱；二是方便编程者和机床操作者的交流，口述的东西总不如纸面上的文字更清楚；三是车间生产和技术管理上的需要，加工完的工件的图形档案、G 代码程序可以和加工工艺单一起保存，一年以后如需要再加工此工件，那么可以立即取出来就加工，一切都是很清楚的，不需要再做重复的劳动。

工艺清单为 HTML 格式，可以用 IE 浏览器来看，也可以用 WORD 来看并且可以用 WORD 来进行修改和添加。

2. 参数说明

【工艺清单】对话框如图 5-87 所示。

图 5-86　生成 G 代码

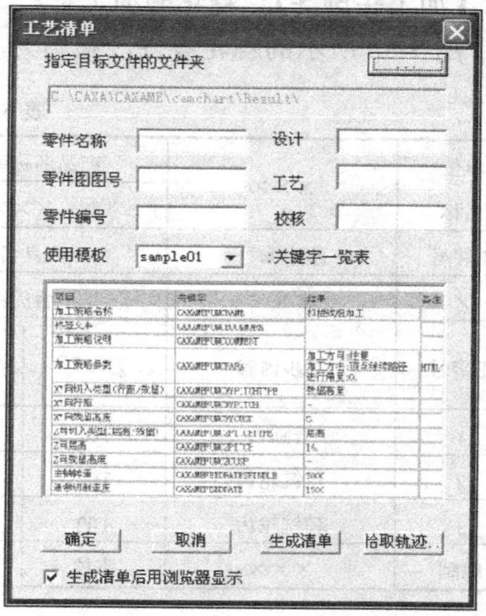

图 5-87　工艺清单

工艺清单的操作步骤如下：

（1）指定目标文件的文件夹　设定生成工艺清单文件的位置。

（2）明细表参数　包括零件名称、零件图图号、零件编号、设计、工艺、校核等。

（3）使用模板　系统提供了 8 个模板供用户选择。

① sample01：关键字一览表，提供了几乎所有生成加工轨迹相关的参数的关键字，包括明细表参数，模型，机床，刀具起始点，毛坯，加工策略参数，刀具，加工轨迹，NC 数

据等。

② sample02：NC 数据检查表，几乎与关键字一览表同，只是少了关键字说明。

③ sample03～sample08：系统缺省的用户模板区，用户可以自行制定自己的模板。

（4）生成清单　单击【生成清单】按钮后，系统会自动计算，生成工艺清单。

（5）拾取轨迹　单击拾取轨迹按钮后可以从工作区或 explorer 导航区选取相关的若干条加工轨迹，拾取后右键确认会重新弹出工艺清单的主对话框。

5.5　典型零件自动编程实例

5.5.1　平面轮廓零件的加工

【零件特点】

加工面平行或垂直于定位面，或加工面与水平面的夹角为定角的零件为平面类零件。目前在数控铣床上加工的大多数零件属于平面类零件，其特点是各个加工面是平面，或可以展开成平面。

【加工方法】

平面类零件是数控铣削加工中最简单的一类零件，一般只需用三坐标数控铣床的两坐标联动（即两轴半坐标联动）就可以把它们加工出来。可以使用 CAXA 制造工程师平面区域粗加工、轮廓线精加工方法对此类零件进行自动编程，这两个方法最大的优点是计算速度很快。

【加工实例 5-1：棘轮的加工】

图 5-88 所示的棘轮零件，材料为 45 钢，毛坯六面已加工。加工方案如表 5-3 所示。

表 5-3　数控加工工艺卡片

单位名称	×××	产品名称或代号		零件名称	材料	零件图号	
		×××		棘轮	45 钢	×××	
工序号	程序编号	夹具名称		夹具编号	使用设备	车间	
×××	×××	台虎钳		×××	×××	×××	
工步号	工步内容	刀具号	刀具规格/mm	主轴转速/(r/min)	进给速度/(mm/min)	背吃刀量/mm	备注
1	铣圆台	T01	D10	640	360	1	
2	粗铣轮齿	T02	D6	1000	300	0.5	
3	精铣轮齿	T02	D6	1000	300	0.2	
编制	×××	审核	×××	批准	×××	共 1 页	第 1 页

【操作过程】

1. 加工模型的准备

使用 CAXA 制造工程师打开光盘例题 5-1 的特征模型，在棘轮上表面建立加工坐标系 MSC，并创建三条加工辅助线，分别为矩形边界、齿顶圆和轮齿，绘制结果如图 5-89 所示。

2. 建立毛坯

在【加工管理】窗口，双击【毛坯】按钮，系统弹出【定义毛坯】对话框，使用【参照模型】方式建立毛坯。详细过程参见“5.2.2 建立毛坯”。

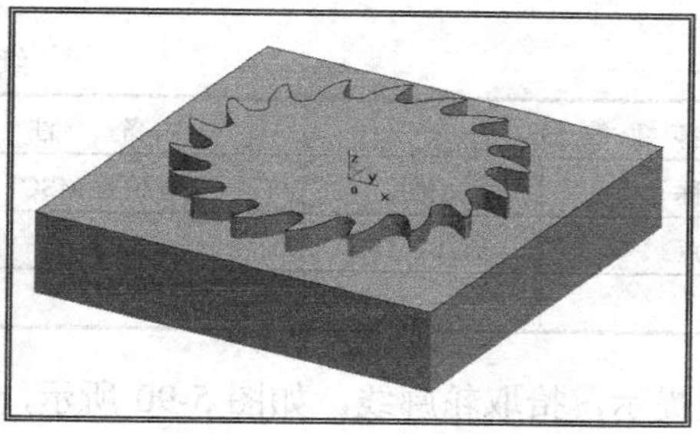

图 5-88 棘轮

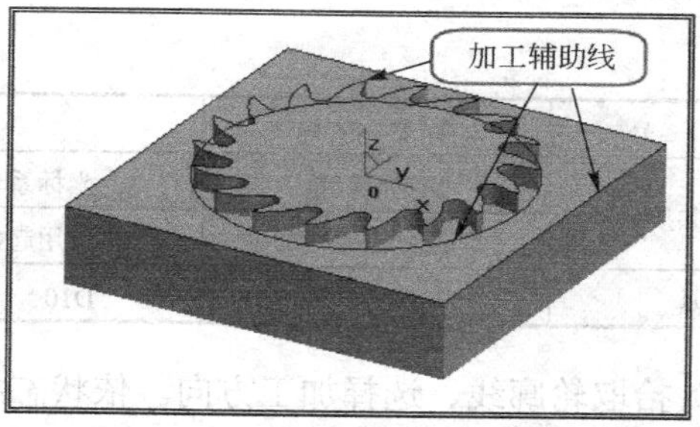

图 5-89 加工模型

3. 创建刀具

创建加工所需要的两把刀具 T01 和 T02。详细过程参见“5.2.3 创建刀具”。

4. 铣圆台

平面轮廓的粗加工通常使用平面区域粗加工方法，本例使用该方法对圆台进行加工，操作步骤如下：

① 启动加工方法。单击【平面区域粗加工】按钮，或单击【加工】→【粗加工】→【平面区域粗加工】菜单，系统弹出的【平面区域粗加工】对话框。

② 填写加工参数。按表 5-4 填写加工参数，完成后单击【确定】按钮。

表 5-4 加工工艺参数

序　　号	参 数 名 称	参 数 数 值		备　　注
1.加工参数	走刀方式	环切加工	由外向里	
	拐角过渡方式	圆弧		
	拔模基准	底层为基准		无斜度时，不用设置
	加工参数	顶层高度	0	
		底层高度	–8	底层加工余量 0
		每层下降高度	1	
		行距	7	
		加工精度	0.1	
	轮廓参数	余量	0	
		斜度	0	
		补偿	ON	
	岛参数	余量	0.5	槽侧面加工余量 0.5
		斜度	0	
		补偿	TO	
2.清根参数	轮廓清根	不清根		
	岛清根	清根		
3.接近返回	接近方式	不设定		
	返回方式	不设定		
4.下刀方式	安全高度	20		
	慢速下刀距离	10		
	退刀距离	10		
	切入方式	垂直		
5.切削用量	速度值	主轴转速	640	
		慢速下刀速度	100	
		切入切出连接速度	200	
		切削速度	360	
		退刀速度	100	

续表

序　　号	参 数 名 称	参 数 数 值		备　　注
6.公共参数	加工坐标系	坐标系名称	MCS	拾取 MSC
	起始点	使用起始点	0，0，100	
7.刀具	平底刀	D10		

③ 拾取轮廓线、选择加工方向。依状态栏提示，拾取轮廓线，如图 5-90 所示，并选择加工方向，系统自动搜索到封闭的外轮廓线。

说明：拾取轮廓线后，曲线变为红色，依状态栏提示选择方向。此方向表示刀具的加工方向，同时也表示链拾取轮廓线的方向。如线出现分叉，则需多次指定，直至形成封闭轮廓线。

④ 拾取岛、选择加工方向。拾取完区域轮廓线后，依状态栏提示，拾取岛屿曲线（图 5-90），并选择加工方向，系统会自动搜索岛到封闭的内轮廓线，拾取完成后点击鼠标右键确认。

说明：在拾取岛过程中，系统会自动判断岛自身的封闭性。如果所拾取的岛由一条封闭的曲线组成，则系统提示拾取第二个岛；如果所拾取的岛由二条以上的首尾连接的封闭曲线组合而成，当拾取到一条曲线后，系统提示继续拾取，直到到轮廓已经封闭。如果有多个岛，系统会继续提示选择岛，拾取完成后点击鼠标右键确认。

⑤ 生成加工轨迹。完成全部选择之后，系统生成刀具轨迹（图 5-91）。

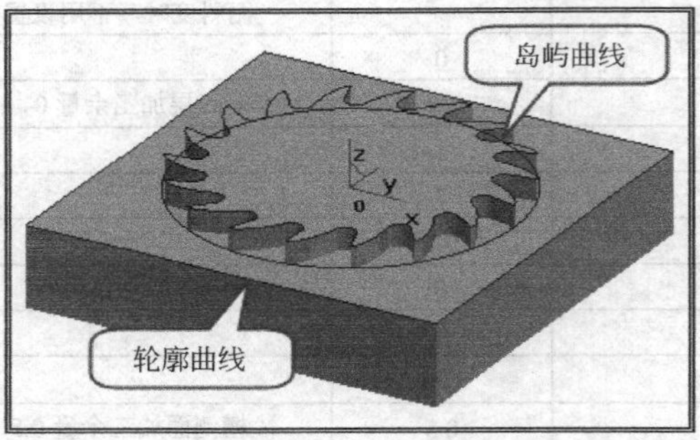

图 5-90　拾取轮廓曲线和岛屿曲线

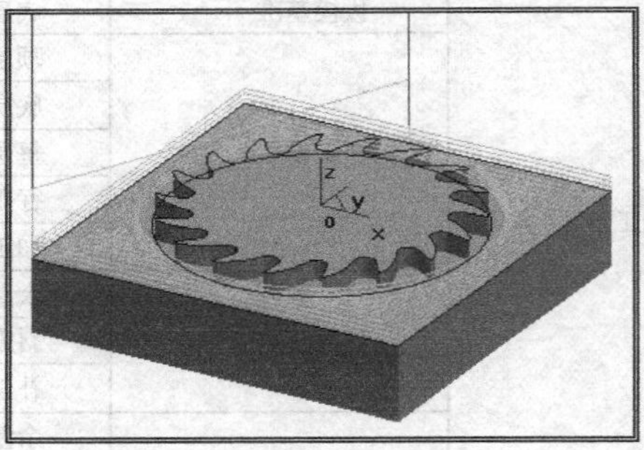

图 5-91　铣圆台刀具轨迹

⑥ 轨迹仿真。在菜单栏中，单击【加工】→【实体仿真】命令，系统将提示选择需要进行加工仿真的刀具轨迹。拾取轨迹后，点击鼠标右键确认，或者在加工管理窗口拾取加工轨迹，再单击鼠标右键，选择【仿真加工】命令，系统即进入轨迹仿真环境（图 5-92），单击【播放】按钮，进行轨迹仿真。轨迹仿真环境说明参见“5.4.1 轨迹仿真”。

5. 粗铣轮齿

棘轮轮齿的加工分粗加工、精加工两次进行。本例使用平面轮廓精加工方法对轮齿进行粗加工。操作步骤如下：

① 启动加工方法。单击【平面轮廓精加工】按钮，系统弹出的【平面轮廓精加工】对话框。

② 填写加工参数。按表 5-5 填写加工参数，完成后单击【确定】按钮。

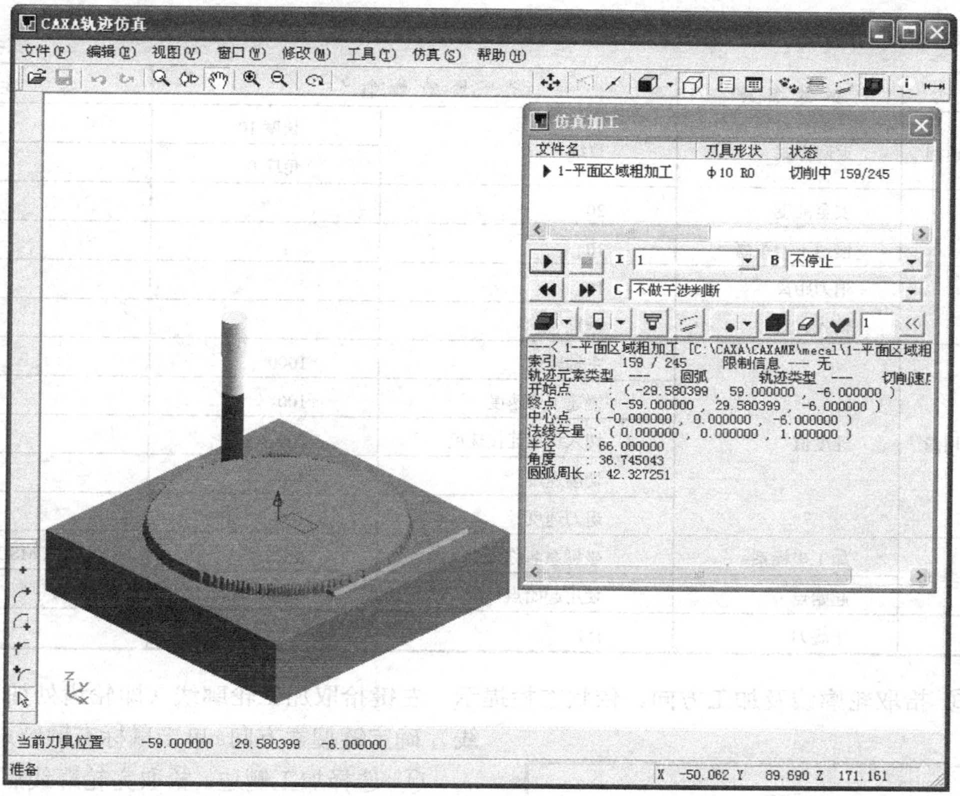

图 5-92　实体仿真

表 5-5　加工工艺参数

序　号	参数名称	参数数值		备　注
1.加工参数	加工参数	加工精度	0.01	
		拔模斜度	0	
		刀次	1	注意此参数
		顶层高度	0	
		底层高度	–8	加工到底面
		每层下降高度	1	
	拐角过渡方式	圆弧		
	走刀方式	单向		
	轮廓补偿	TO		
	行距定义方式	行距方式	行距 4	刀次>1 起作用
		加工余量	2	侧面加工余量 2
	拔模基准	底层为基准		无斜度时，不用设置
	层间走刀	往复		
	刀具半径补偿	暂不设置		
	抬刀	否		
2.接近返回	接近方式	直线	长度 10	
			角度 0	

续表

序　号	参数名称	参数数值		备　注
2.接近返回	返回方式	直线	长度 10	
			角度 0	
3.下刀方式	安全高度	20		
	慢速下刀距离	10		
	退刀距离	10		
	切入方式	垂直		
4.切削用量	速度值	主轴转速	1000	
		慢速下刀速度	100	
		切入切出连接速度	200	
		切削速度	400	
		退刀速度	100	
5.公共参数	加工坐标系	坐标系名称	MCS	拾取 MSC
	起始点	使用起始点	0，0，100	
6.刀具	平底刀	D6		

③ 拾取轮廓线及加工方向。依状态栏提示，左键拾取加工轮廓线（即轮齿处加工辅助线），确定链搜索方向。单击鼠标右键结束拾取。

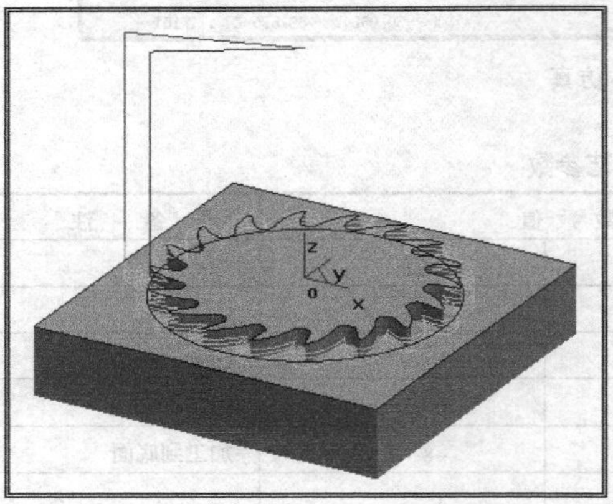

图 5-93　轮齿粗加工轨迹

④ 选择加工侧边。拾取完轮廓线后，系统要求继续选择方向。此方向表示要加工的侧边是轮廓线内侧还是轮廓线外侧，本例选择外侧。

⑤ 拾取进、退刀点。选择加工侧边后，系统要求选择进刀点，如果需要特别指定，使用左键拾取进刀点或键入坐标点位置，否则点击鼠标右键，使用系统默认的进刀点；采用同样方法，可指定退刀点。

⑥ 生成加工轨迹。完成全部选择之后，系统生成刀具轨迹（图 5-93）。

⑦ 加工轨迹仿真。

6. 精铣轮齿

精铣轮齿按以下步骤操作：

① 复制、粘贴轨迹。在加工管理树中，右键单击【平面轮廓精加工】轨迹，在快捷菜单中选择【拷贝】，如图 5-94（a）所示，再次单击右键单击，选择【粘贴】，将创建一个【平面轮廓精加工】轨迹，如图 5-94（b）所示。

② 编辑加工参数。在加工管理树中，双击刚创建的【平面轮廓精加工】轨迹[图 5-94（b）]，弹出【平面轮廓精加工】参数表，按表 5-6 编辑加工参数，其他参数不变，完成后点击【确定】按钮，重置加工轨迹，如图 5-95 所示。

③ 加工轨迹仿真。

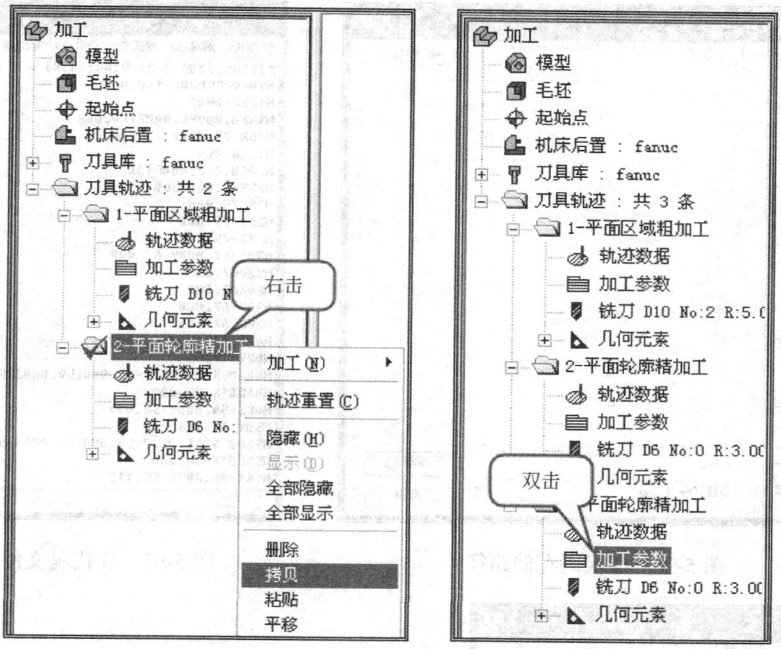

（a）拷贝、粘贴加工轨迹　　（b）修改加工参数

图 5-94　加工管理树的操作

表 5-6　加工工艺参数

序　号	参 数 名 称	参 数 数 值		备　注
1.加工参数	行距定义方式	加工余量	0	
2.切削用量	速度值	切削速度	300	

7. 后置设置

在生成 G 代码之前，必须进行后置设置。

在加工管理树中，双击【机床后置】，弹出【机床后置】对话框。按实际情况，选择机床类型，并修改参数。本例选择【FANUC 系统】，并使用默认参数。

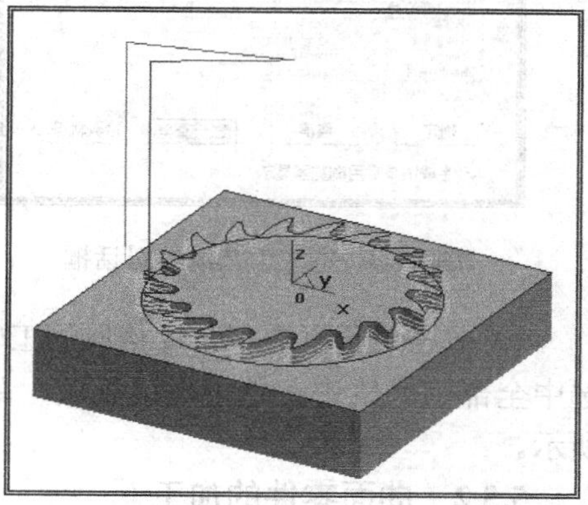

图 5-95　轮齿精加工轨迹

8. 生成 G 代码

生成 G 代码的操作步骤如下：

① 单击【加工】→【后置处理】→【生成 G 代码】，弹出【选择后置文件】对话框（图 5-96），填写 NC 代码文件名（pingmian.cut）及其存储路径，按【确定】退出。

② 分别拾取加工轨迹，按右键确定，生成加工 G 代码（图 5-97）。

9. 生成加工工艺清单

生成加工工艺清单的过程：

① 选择【加工】→【生成工序单】命令，弹出【工艺清单】对话框（图 5-98），填写相关信息。

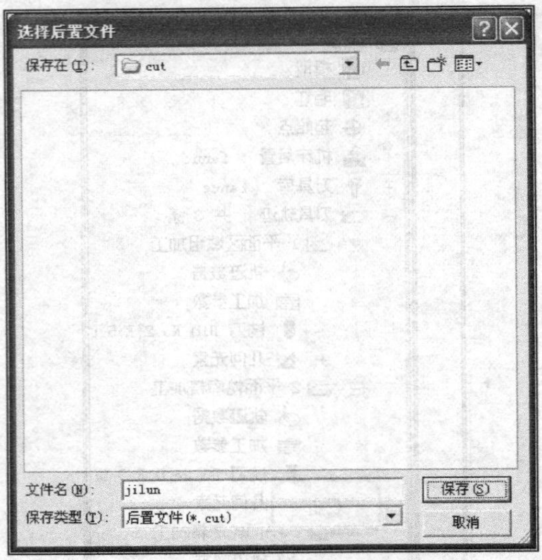

图 5-96　G 代码存储路径

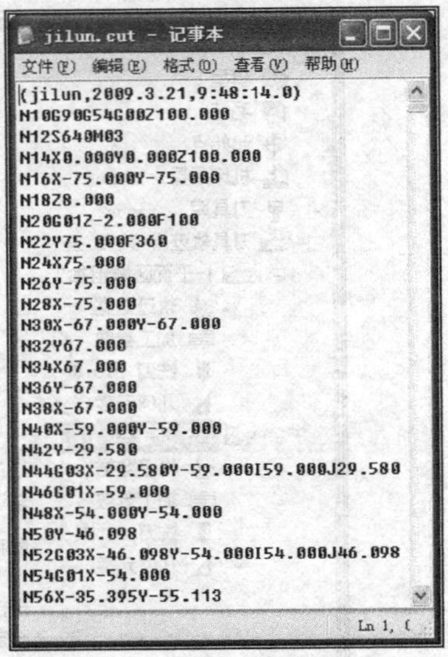

图 5-97　G 代码文件

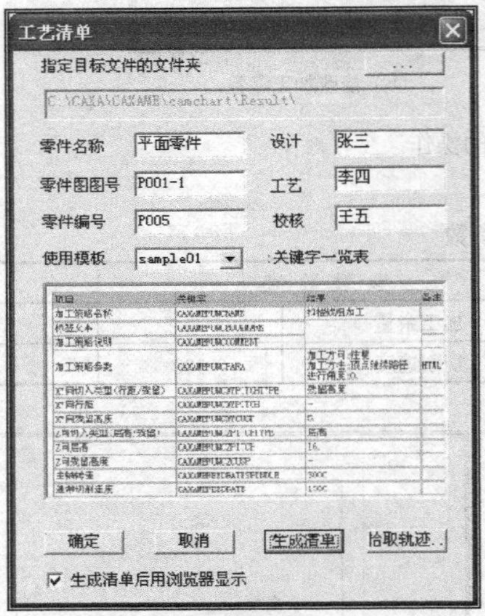

图 5-98　生成工艺清单对话框

图 5-99　工艺清单

② 单击对话框右下角【拾取加工轨迹】按钮，用鼠标选取或用窗口选取或按【W】键，选中全部刀具轨迹，单击右键确认，单击【生成清单】将生成加工工艺单，结果如图 5-99 所示。

5.5.2　曲面零件的加工

【零件特点】

加工面为空间曲面的零件称为曲面类零件，如模具、叶片、螺旋桨等。曲面类零件不能展开为平面。

【加工方法】

加工时，铣刀与加工面始终为点接触，一般采用球头刀在三轴联动数控铣床上加工。当曲面较复杂、通道较狭窄、会伤及相邻表面及需要刀具摆动时，要采用四坐标或五坐标铣床加工。可以使用 CAXA 制造工程师等高线粗加工方法进行粗加工，等高线精加工方法进行侧壁精加工，扫描线精加工方法进行曲面的加工，区域式补加工方法进行清角加工。

【加工实例 5-2：电极的加工】

如图 5-100 所示零件，材料为紫铜。加工方案如表 5-7。

表 5-7 数控加工工艺卡片

单位名称	×××	产品名称或代号		零件名称	材料	零件图号	
		×××		电极	紫铜	×××	
工序号	程序编号	夹具名称		夹具编号	使用设备	车间	
×××	×××	台虎钳		×××	×××	×××	
工步号	工步内容	刀具号	刀具规格 /mm	主轴转速 /(r/min)	进给速度 /(mm/min)	背吃刀量 /mm	备注
1	电极粗加工	T01	D10	1200	3500	0.5	
2	电极上表面精加工	T01	D10	1200	2000	—	
3	电极平面精加工	T01	D10	1200	2000	—	
4	电极座侧面精加工	T01	D10	1200	2000	—	
5	电极侧面精加工	T02	R3	1200	2000	—	
6	电极上表面圆角精加工	T02	R3	1200	2000	—	
编制	×××	审核	×××	批准	×××	共 1 页	第 1 页

【操作过程】

1. 加工模型的准备

使用 CAXA 制造工程师软件打开电极模型，在上表面的中心建立加工坐标系，并创建三条加工辅助线，结果如图 5-101 所示。

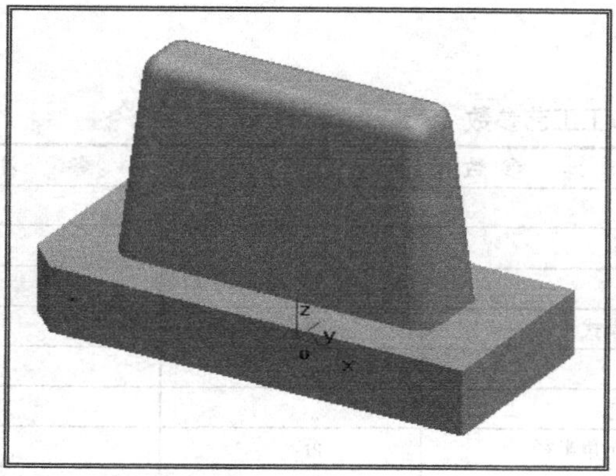

图 5-100 电极零件

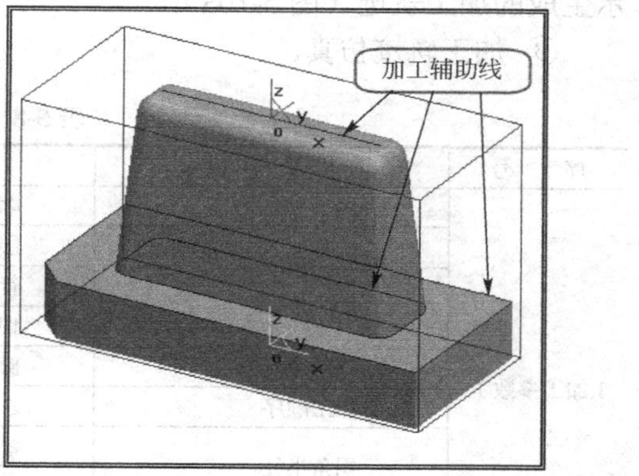

图 5-101 电极加工模型

2. 建立毛坯

在【加工管理】窗口，双击【毛坯】按钮，系统弹出【定义毛坯】对话框，使用【参照模型】方式建立毛坯。详细过程参见“5.2.2 建立毛坯”。通过修改长、宽、高度尺寸将毛坯向四周增大 1mm 的加工余量（图 5-102）。

3. 创建刀具

创建 D10 的立铣刀，*R*3 的球头刀。

4. 粗加工

曲面零件的粗加工通常使用等高线粗加工方法。

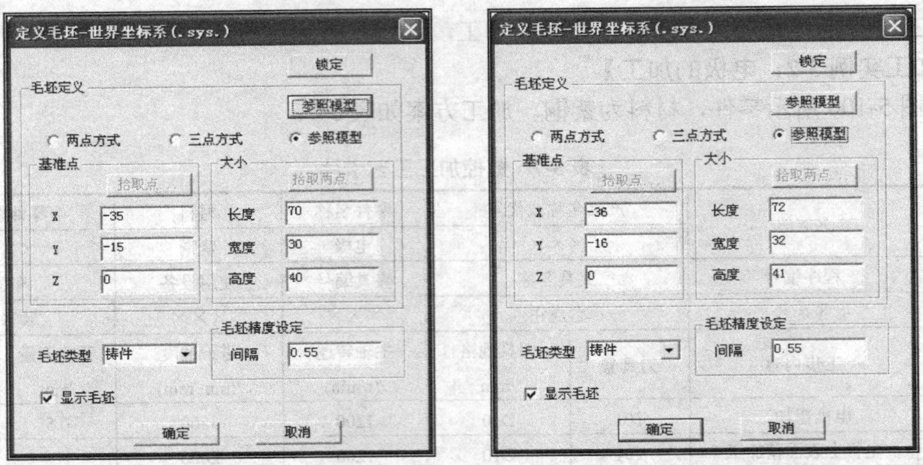

（a）修改前　　　　（b）修改后

图 5-102　毛坯尺寸的调整

① 启动加工方法。单击【等高线粗加工】按钮，或单击【加工】→【粗加工】→【等高线粗加工】菜单，系统弹出的【等高线粗加工】对话框。

② 填写加工参数。按表 5-8 所示填写加工参数，完成后点击【确定】按钮。

③ 系统提示【拾取加工对象】，按【空格】键，选择【拾取所有对象】，拾取完成后，点击鼠标右键确认。

④ 系统提示【拾取加工边界】，单击鼠标右键确认。

⑤ 系统开始计算加工轨迹，并提示【正在计算轨迹，请稍候】，计算完成后在屏幕上显示生成的加工轨迹（图 5-103）。

⑥ 加工轨迹仿真。

表 5-8　加工工艺参数

序　号	参 数 名 称	参 数 数 值		备　注
1.加工参数 1	加工方向	顺铣		
	Z 切入	层高	0.5	
	XY 切入	行距	7	
		切削模式	环切	
	行间连接方式	圆弧		
	加工顺序	Z 优先		
	拐角半径	添加拐角半径	否	
		刀具直径百分比	80	
	参数	加工精度	0.1	
		加工余量	0.5	
2.加工参数 2	稀疏化加工	否		不使用稀疏化加工
	区域切削类型	抬刀切削混合		
	执行平坦部识别	否		不执行平坦部识别
3.切入切出	方式	不设定		
4.下刀方式	安全高度	20		
	慢速下刀距离	10		
	退刀距离	10		
	切入方式	垂直	距离 5	

续表

序　号	参 数 名 称	参 数 数 值		备　注
5.切削用量	速度值	主轴转速	1200	
		慢速下刀速度	100	默认
		切入切出连接速度	800	默认
		切削速度	3500	
		退刀速度	100	默认
6.加工边界	Z 设定	使用有效的 Z 范围		
		最大	0	
		最小	–41	
	刀具位置	边界外侧		
7.公共参数	加工坐标系	坐标系名称	MSC	
	起始点	使用起始点	0，0，100	
8.刀具	立铣刀	D10		

5. 电极上表面精加工

平面的精加工通常使用平面轮廓精加工方法。操作步骤如下：

① 启动加工方法。单击【平面轮廓精加工】按钮，系统弹出的【平面轮廓精加工】对话框。

② 填写加工参数。按表 5-9 所示填写加工参数，完成后单击【确定】按钮。

表 5-9　加工工艺参数

序　号	参 数 名 称	参 数 数 值		备　注
1.加工参数	加工参数	加工精度	0.01	
		拔模斜度	0	
		刀次	1	
		顶层高度	0	
		底层高度	0	
		每层下降高度	3	只加工 1 层
	拐角过渡方式	圆弧		
	走刀方式	往复		
	轮廓补偿	ON		
	行距定义方式	行距方式	行距 7	
		加工余量	0	
	拔模基准	底层为基准		无斜度，不起作用
	层间走刀	往复		
	刀具半径补偿	不设置		
	抬刀	是		
2.接近返回	接近方式	直线	长度 10	
			角度 0	
	返回方式	直线	长度 10	
			角度 0	
3.下刀方式	安全高度	20		
	慢速下刀距离	10		
	退刀距离	10		
	切入方式	垂直		

续表

序　号	参数名称	参数数值		备　注
4.切削用量	速度值	主轴转速	1200	
		慢速下刀速度	100	
		切入切出连接速度	800	
		切削速度	3000	
		退刀速度	100	
5.公共参数	加工坐标系	坐标系名称	MCS	拾取 MSC
	起始点	使用起始点	0，0，100	
6.刀具	立铣刀	D10		

③ 拾取轮廓线及加工方向。依状态栏提示，左键拾取位于上表面的加工辅助线 1，确定链搜索方向。单击鼠标右键结束拾取。

④ 选择加工侧边。拾取完轮廓线后，系统要求继续选择方向。此方向表示要加工的侧边是轮廓线内侧还是轮廓线外侧。

⑤ 拾取进、退刀点。选择加工侧边后，系统要求选择进刀点，单击鼠标右键，使用系统默认的进刀点；采用同样方法，可指定退刀点。

⑥ 生成加工轨迹。完成全部选择之后，系统生成刀具轨迹（图 5-104）。

⑦ 加工轨迹仿真。

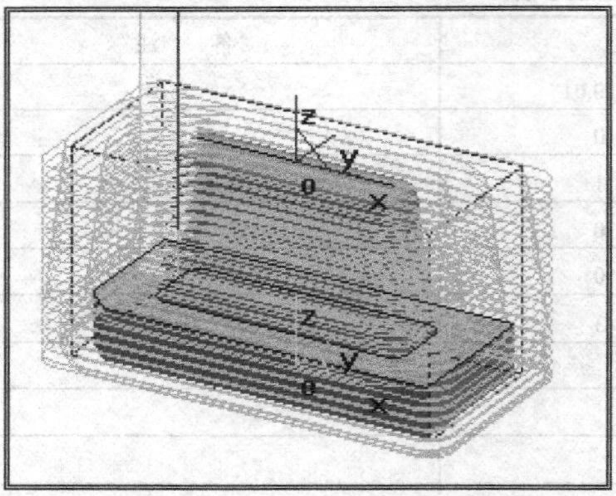

图 5-103　型芯粗加工刀具轨迹

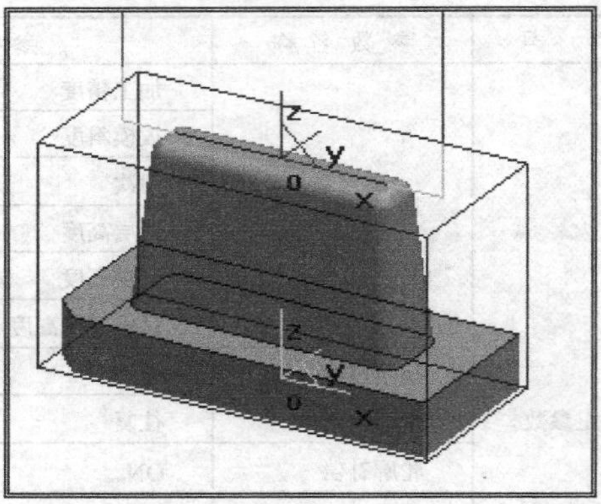

图 5-104　型芯侧面精加工刀具轨迹

6. 电极座平面精加工

电极座平面精加工的方法和上表面精加工的方法相同，操作步骤如下：

① 复制、粘贴轨迹。在加工管理树中，右键单击【平面轮廓精加工】轨迹，在快捷菜单中选择【拷贝】，再次单击右键单击，选择【粘贴】，将创建一个【平面轮廓精加工】轨迹。

② 编辑轮廓曲线。在加工管理树中，双击刚拷贝的【平面轮廓精加工】轨迹下的【几何元素】选项，弹出【轨迹几何编辑器】[图 5-105（a）]，按以下步骤重新确定轮廓曲线：

a. 选择【轮廓曲线】，单击【删除】按钮；

b. 单击【轮廓曲线】按钮，在绘图区选择底面矩形加工辅助线[图 5-105（b）]；

c. 单击【确定】按钮，弹出【是否重新生成刀具轨迹】对话框，单击【否】按钮[图 5-105（c）]。

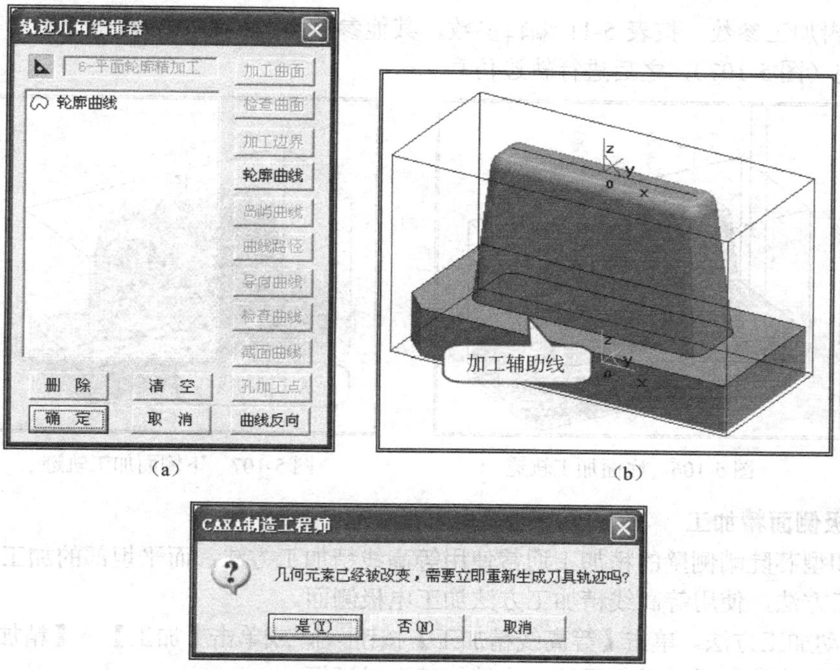

(a)　(b)

(c)

图 5-105　编辑轮廓曲线

③ 编辑加工参数。在加工管理树中，双击刚拷贝的【平面轮廓精加工】轨迹下的【加工参数】选项，弹出【平面轮廓精加工】参数表，按表 5-10 修改加工参数，其他参数不变，完成后点击【确定】按钮，重置加工轨迹（图 5-106）。之后进行加工轨迹仿真。

表 5-10　加工工艺参数

序　号	参 数 名 称	参 数 数 值		备　注
1.加工参数	加工参数	刀次	2	
		顶层高度	–30	
		底层高度	–30	
		每层下降高度	3	只加工 1 层
	轮廓补偿	TO		
2.接近返回	接近方式	不设定		
	返回方式	不设定		

7. 电极座侧面精加工

电极座侧面精加工的方法和上表面精加工的方法相同，操作步骤如下：

① 复制、粘贴轨迹。复制【底面加工轨迹】。

② 编辑轮廓曲线。将【轮廓曲线】更改为电极座侧面加工辅助线。

表 5-11　加工工艺参数

序　号	参 数 名 称	参 数 数 值		备　注
1.加工参数	加工参数	刀次	1	
		顶层高度	–30	
		底层高度	–41	加工到底面
		每层下降高度	0.5	

③ 编辑加工参数。按表 5-11 编辑参数，其他参数不变，完成后点击【确定】按钮，重置加工轨迹（图 5-107），之后进行轨迹仿真。

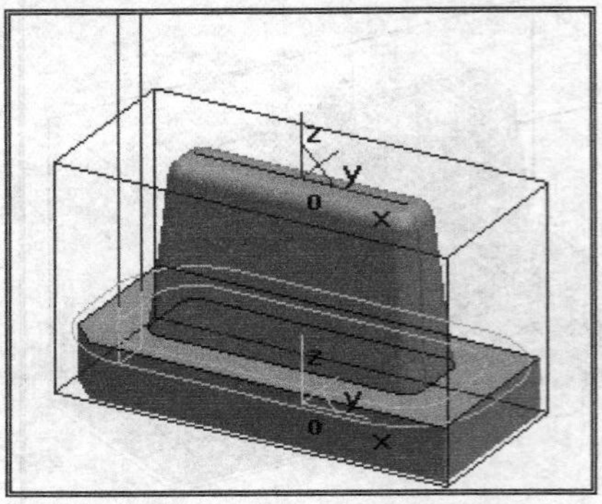

图 5-106 底面加工轨迹

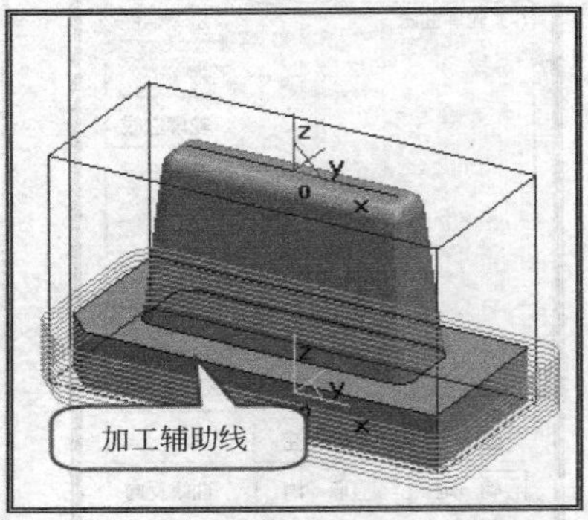

图 5-107 下侧面加工轨迹

8. 电极侧面精加工

型腔和型芯陡峭侧壁的精加工通常使用等高线精加工方法，而平坦部的加工不易使用等高线精加工方法，使用等高线精加工方法加工电极侧面。

① 启动加工方法。单击【等高线精加工】按钮，或单击【加工】→【精加工】→【等高线精加工】菜单，系统弹出【等高线精加工】对话框。

② 填写加工参数。按表 5-12 填写加工参数，完成后点击【确定】按钮。

表 5-12 加工工艺参数

序 号	参 数 名 称	参 数 数 值		备 注
1.加工参数 1	加工方向	顺铣		
	Z 向	层度	0.1	
	加工顺序	Z 优先		
	镶片刀具使用	否		
	拐角半径	添加拐角半径	否	
	选项	删除面积系数	0.1	
		删除面积系数	0.1	
		恢复公差长度	0.001	
	参数	加工精度	0.01	
		加工余量	0	
2.加工参数 2	执行平坦部识别	是		
	路径生成方式	不加工平坦部		
	平坦部加工方式	环切		
	平坦部角度指定	否		
3.切入切出	方式	沿着方向	距离 5	
			倾斜角度 4	
4.下刀方式	抬刀最优化	否		
	安全高度	20		
	慢速下刀距离	10		
	退刀距离	10		
	切入方式	垂直	距离 0	

续表

序　号	参数名称	参数数值		备　注
5.切削用量	速度值	主轴转速	1200	
		慢速下刀速度	100	默认
		切入切出连接速度	800	默认
		切削速度	2000	
		退刀速度	100	默认
6.加工边界	Z 设定	使用有效的 Z 范围	是	
		最大	0	
		最小	–30	
	刀具位置	边界上		
7.公共参数	加工坐标系	坐标系名称	MSC	
	起始点	使用起始点	0，0，100	
8.刀具	球头刀	R3		

③ 系统提示【拾取加工对象】，按【空格】键，选择【拾取所有对象】，拾取完成后，点击鼠标右键确认。系统提示【拾取加工边界】，点击鼠标右键确认。

④ 系统开始计算加工轨迹，并提示【正在计算轨迹，请稍候】，计算完成后在屏幕上显示生成的加工轨迹（图 5-108）。

⑤ 加工轨迹仿真。

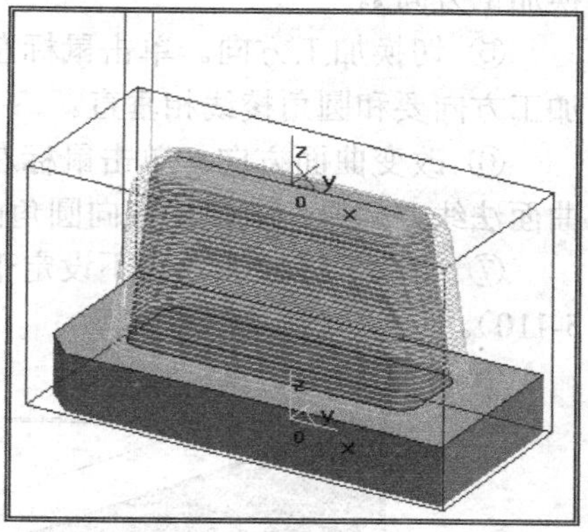

图 5-108　上侧面精加工轨迹

9. 电极上表面圆角精加工

型芯外圆角的精加工可使用参数线精加工方法，生成参数线精加工轨迹。

① 启动加工方法。单击【参数线精加工】按钮，或单击【加工】→【精加工】→【参数线精加工】菜单，系统弹出的【参数线精加工】对话框。

② 填写加工参数。按表 5-13 填写加工参数，完成后点击【确定】按钮。

表 5-13　加工工艺参数

序　号	参数名称	参数数值		备　注
1.加工参数	切入方式	不设定		
	切出方式	不设定		
	行距定义方式	行距	0.1	
	遇干涉面	默认		无干涉面
	限制面			无限制面
	走刀方式	往复		
	干涉检查	否		
	加工精度	0.01		
	加工余量	0		
	干涉余量	0		
2.接近返回	接近方式	不设定		
	返回方式	不设定		
3.下刀方式	安全高度	20		
	慢速下刀距离	10		
	退刀距离	10		

续表

序号	参数名称		参数数值		备注
4.切削用量	速度值		主轴转速	3000	
			慢速下刀速度	100	默认
			切入切出连接速度	800	默认
			切削速度	2000	
			退刀速度	100	默认
5.公共参数	加工坐标系		坐标系名称	MSC	
	起始点		使用起始点	0，0，100	
6.刀具	球头刀		R3		

③ 拾取加工对象。在绘图区依次拾取要加工的圆角曲面（图 5-109），拾取结束后单击鼠标右键结束。

④ 拾取进刀点。在拾取的第一个曲面上点击鼠标左键，拾取进刀点，之后系统提示【切换加工方向】。

⑤ 切换加工方向。单击鼠标左键可更改加工方向，单击鼠标右键确认加工方向。注意加工方向要和圆角棱线相垂直。

⑥ 改变曲面方向。单击鼠标左键可更改曲面方向，单击鼠标右键确认曲面方向。注意曲面法线方向要一致，均指向圆角曲面外侧。

⑦ 拾取干涉曲面。因不设定干涉曲面，故直接单击右键跳过。系统提示计算轨迹（图 5-110）。

⑧ 加工轨迹仿真。

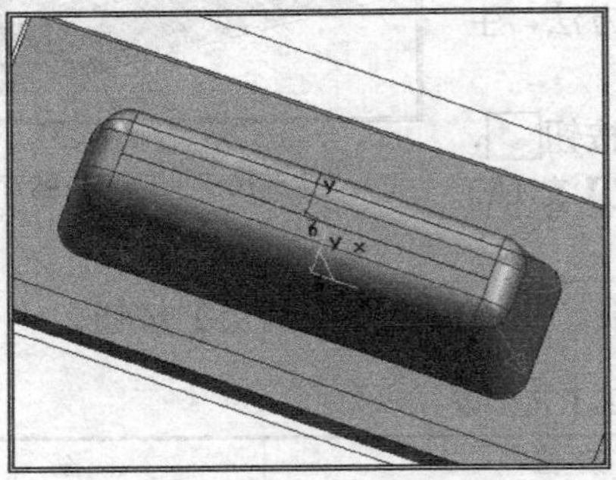

图 5-109 拾取上表面圆角

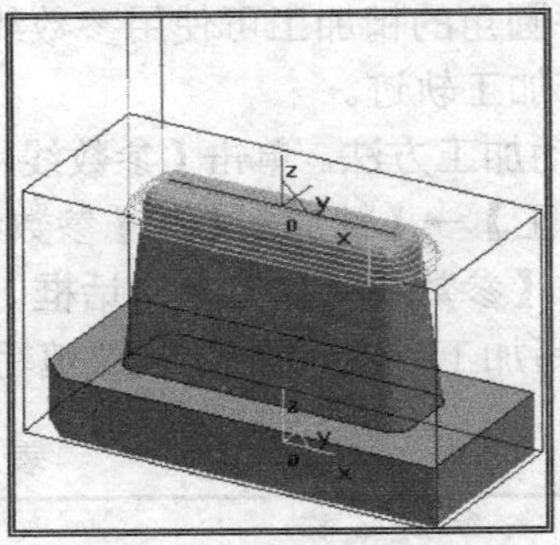

图 5-110 上表面圆角精加工轨迹

【加工实例 5-3：塑料盒底壳凹模的加工】

如图 5-111 所示塑料盒底壳，模具的凹模（图 5-112），毛坯六面已加工。

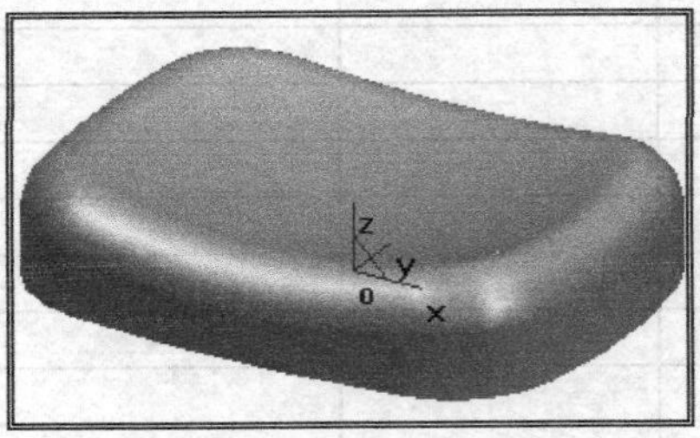

图 5-111 塑料盒底壳

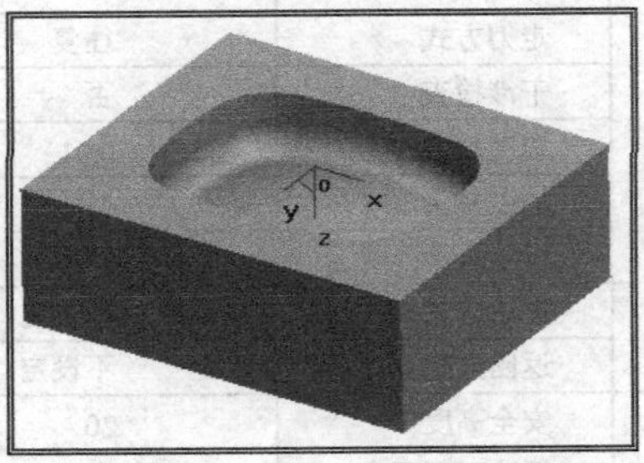

图 5-112 塑料盒底壳凹模

经分析，按表 5-14 数控加工工艺进行加工。

表 5-14　数控加工工艺卡片

单位名称	×××	产品名称或代号		零件名称	材料	零件图号	
		×××		凹模		×××	
工序号	程序编号	夹具名称		夹具编号	使用设备	车间	
×××	×××	台虎钳		×××	×××	×××	
工步号	工步内容	刀具号	刀具规格/mm	主轴转速/(r/min)	进给速度/(mm/min)	背吃刀量/mm	备注
1	粗加工	T01	D12	1200	1000		
2	侧壁与圆角半精加工	T02	D6	2000	1500		
3	底面半精加工	T02	D6	2000	1500		
4	侧壁精加工	T03	R3	3000	1000		
5	底面圆角精加工	T03	R3	3000	1000		
6	底面精加工	T03	R3	3000	1000		
编制	×××	审核	×××	批准	×××	共 1 页	第 1 页

【操作过程】

1. 加工模型

打开光盘中例题 5-3 的加工模型，首先进行坐标系变换，使 *Z* 轴方向垂直型腔向外侧，再建立加工坐标系，并创建加工辅助线，结果如图 5-113 所示。

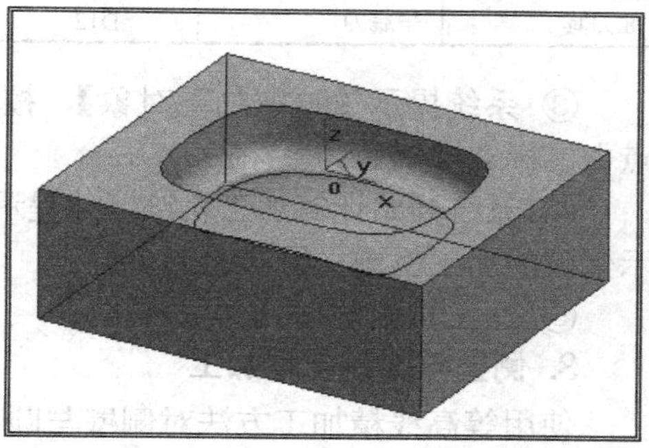

图 5-113　塑料盒加工模型

2. 粗加工

使用等高线粗加工方法进行粗加工。

① 启动加工方法。单击【等高线粗加工】按钮，或单击【加工】→【粗加工】→【等高线粗加工】菜单，系统弹出【等高线粗加工】对话框。

② 填写加工参数。按表 5-15 填写加工参数，完成后点击【确定】按钮。

表 5-15　加工工艺参数

序　号	参数名称	参数数值		备　注
1.加工参数 1	加工方向	顺铣		
	Z 切入	层高	0.5	
	XY 切入	行距	10	
		切削模式	环切	
	行间连接方式	圆弧		
	加工顺序	Z 优先		
	拐角半径	添加拐角半径	否	
		刀具直径百分比		
	参数	加工精度	0.1	
		加工余量	0.5	

续表

序　号	参数名称	参数数值		备　注
2.加工参数 2	稀疏加工	否		
	区域切削类型	抬刀切削混合		
	执行平坦部识别	否		
3.切入切出	螺旋	半径	5	
		螺距	1	
4.下刀方式	安全高度	20		
	慢速下刀距离	10		
	退刀距离	10		
5.切削用量	速度值	主轴转速	1200	
		慢速下刀速度	100	默认
		切入切出连接速度	800	默认
		切削速度	1000	
		退刀速度	100	默认
6.加工边界	Z 设定	使用有效的 Z 范围	否	
	刀具位置	边界上		
7.公共参数	加工坐标系	坐标系名称	SYS	
	起始点	使用起始点	0，0，100	
8.刀具	平底刀	D12		

③ 系统提示【拾取加工对象】，按【空格】键，选择【拾取所有对象】，拾取完成后，点击鼠标右键确认。

④ 系统开始计算加工轨迹，并提示【正在计算轨迹，请稍候】，计算完成后在屏幕上显示生成的加工轨迹（图 5-114）。

⑤ 加工轨迹仿真。

3. 侧壁与圆角半精加工

使用等高线精加工方法对侧壁与圆角进行半精加工。

① 启动加工方法。单击【等高线精加工】按钮，或单击【加工】→【精加工】→【等高线精加工】命令，系统弹出【等高线精加工】对话框。

② 填写加工参数。按表 5-16 填写加工参数，完成后点击【确定】按钮。

表 5-16　加工工艺参数

序　号	参数名称	参数数值		备　注
1.加工参数 1	加工方向	顺铣		
	Z 向	层度	0.5	
	加工顺序	Z 优先		
	镶片刀具使用	否		
	拐角半径	添加拐角半径	否	
	选项	删除面积系数	0.1	
		删除面积系数	0.1	
		恢复公差长度	0.001	
	参数	加工精度	0.01	
		加工余量	0.2	

续表

序 号	参数名称	参数数值		备 注
2.加工参数2	执行平坦部识别	否		
	路径生成方式	不加工平坦部		
	平坦部加工方式	行距	5	
	平坦部角度指定	最小倾斜角10		
3.切入切出	方式	XY向		
	XY向	不设定		
4.下刀方式	抬刀最优化	否		
	安全高度	20		
	慢速下刀距离	10		
	退刀距离	10		
	切入方式	垂直	距离0	
5.切削用量	速度值	主轴转速	2000	
		慢速下刀速度	100	默认
		切入切出连接速度	800	默认
		切削速度	1500	
		退刀速度	100	默认
6.加工边界	Z设定	使用有效的Z范围	否	
	刀具位置	边界上		
7.公共参数	加工坐标系	坐标系名称	SYS	
	起始点	使用起始点	0，0，100	
8.刀具	平底刀	D6		

③ 系统提示【拾取加工对象】，按【空格】键，选择【拾取所有对象】，拾取完成后，单击鼠标右键确认。

④ 系统提示【拾取加工边界】，依次拾取加工边界曲线1、边界曲线2，单击鼠标右键结束。

⑤ 系统开始计算加工轨迹，并提示【正在计算轨迹，请稍候】，计算完成后在屏幕上显示生成的加工轨迹（图5-115）。

⑥ 加工轨迹仿真。

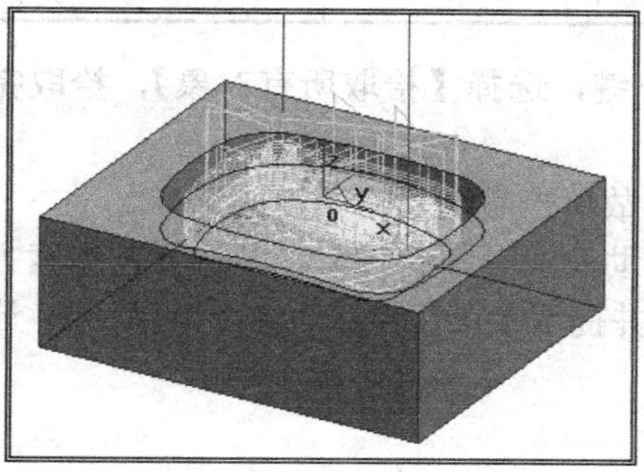

图5-114 粗加工轨迹

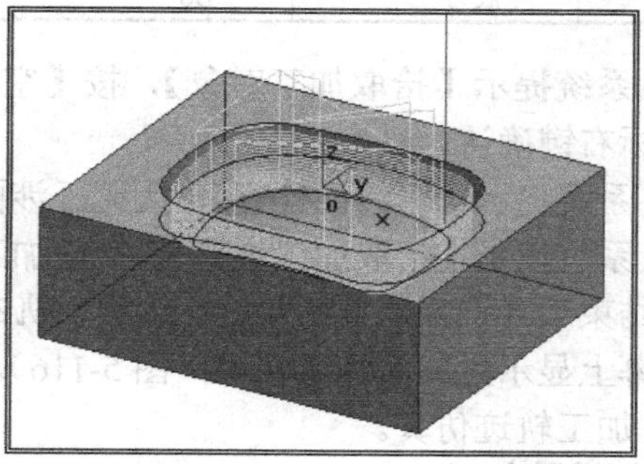

图5-115 侧壁与圆角半精加工轨迹

4. 底面半精加工

较平坦曲面的精加工通常采用扫描线精加工方法。

① 启动加工方法。单击【扫描线精加工】按钮，或单击【加工】→【精加工】→【扫描线精加工】菜单，系统弹出【扫描线精加工】对话框。

② 填写加工参数。按表 5-17 填写加工参数，完成后点击【确定】按钮。

表 5-17　加工工艺参数

序　号	参 数 名 称	参 数 数 值		备　注
1.加工参数	加工方向	往复		
	加工方法	通常		
	XY 切入	行距	4	
		角度	45	
	加工顺序	区域优先		
	行间连接方式	投影		
	未精加工区	不加工未精加工区		
	加工精度	0.1		
	加工余量	0.2		
	干涉面	不设定		无干涉面，故取默认值
	拐角半径	添加拐角半径	否	
	轨迹端部延长		否	默认值
	保护边界	不设定		默认值
2.切入切出	3D 圆弧	添加	是	其他参数取默认值
3.下刀方式	抬刀最优化	否		
	安全高度	20		
	慢速下刀距离	10		
	退刀距离	10		
4.切削用量	速度值	主轴转速	2000	
		慢速下刀速度	100	默认
		切入切出连接速度	800	默认
		切削速度	1500	
		退刀速度	100	默认
5.加工边界	Z 设定	使用有效的 Z 范围	否	
	刀具位置	边界上		
6.公共参数	加工坐标系	坐标系名称	SYS	
	起始点	使用起始点	0，0，100	
7.刀具	平底刀	D6		

③ 系统提示【拾取加工对象】，按【空格】键，选择【拾取所有对象】，拾取完成后，点击鼠标右键确认。

④ 系统提示【干涉面检查】，因无干涉面，故单击右键忽略干涉面选择。

⑤ 系统提示【拾取加工边界】，拾取加工辅助曲线（图 5-125），并选择链搜索方向，单击右键结束边界选择。系统开始计算加工轨迹，并提示【正在计算轨迹，请稍候】，计算完成后在屏幕上显示生成的加工轨迹（图 5-116）。

⑥ 加工轨迹仿真。

5. 侧壁精加工

使用等高线精加工方法对侧壁进行精加工。

复制【侧壁与圆角半精加工】轨迹，修改表 5-18 的加工参数，其他参数不变，生成侧壁精加工轨迹，如图 5-117 所示。

表 5-18　加工工艺参数

序　号	参数名称	参数数值		备　注
1.加工参数 1	Z 向参数	层度	0.2	
		加工余量	0	
2.刀具	球刀	R3		

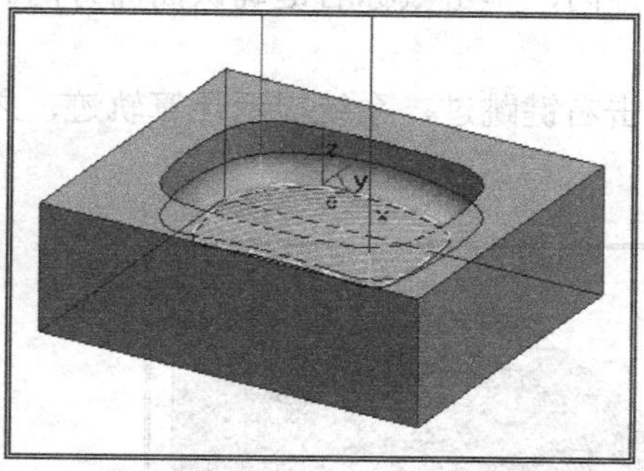

图 5-116　底面半精加工轨迹

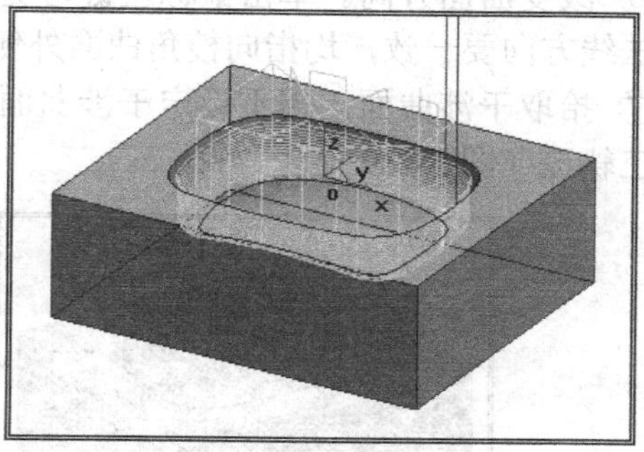

图 5-117　侧壁精加工轨迹

6. 底面圆角精加工

使用参数线精加工方法对底面圆角进行精加工。

① 启动加工方法。单击【参数线精加工】按钮，或单击【加工】→【精加工】→【参数线精加工】命令，系统弹出【参数线精加工】对话框。

② 填写加工参数。按表 5-19 填写加工参数，完成后点击【确定】按钮。

表 5-19　加工工艺参数

序　号	参数名称	参数数值		备　注
1.加工参数	切入方式	不设定		
	切出方式	不设定		
	行距定义方式	行距	0.1	
	遇干涉面	投影		无干涉面，取默认值
	限制面			无限制面，取默认值
	走刀方式	往复		
	干涉检查	否		
	加工精度	0.01		
	加工余量	0		
	干涉余量	0		
2.接近返回	接近方式	不设定		
	返回方式	不设定		
3.下刀方式	安全高度	20		
	慢速下刀距离	10		
	退刀距离	10		
4.切削用量	速度值	主轴转速	3000	
		慢速下刀速度	100	默认
		切入切出连接速度	800	默认
		切削速度	1000	
		退刀速度	100	默认
5.公共参数	加工坐标系	坐标系名称	sys	
	起始点	使用起始点	0，0，100	
6.刀具	球头刀	R3		

③ 拾取加工对象。在绘图区拾取要加工的圆角（图 5-118），拾取结束后单击鼠标右键。

④ 拾取进刀点。在拾取的第一个曲面上点击鼠标左键，拾取进刀点。之后系统提示【切换加工方向】。

⑤ 切换加工方向。单击鼠标左键可更改加工方向，单击鼠标右键确认加工方向。注意加工方向要和圆角边界线平行。

⑥ 改变曲面方向。单击鼠标左键可更改曲面方向，单击鼠标右键确认曲面方向。注意曲面法线方向要一致，均指向棱角曲面外侧。

⑦ 拾取干涉曲面。因不设定干涉曲面，故单击右键跳过，系统提示计算轨迹，之后生成加工轨迹（图 5-119）。

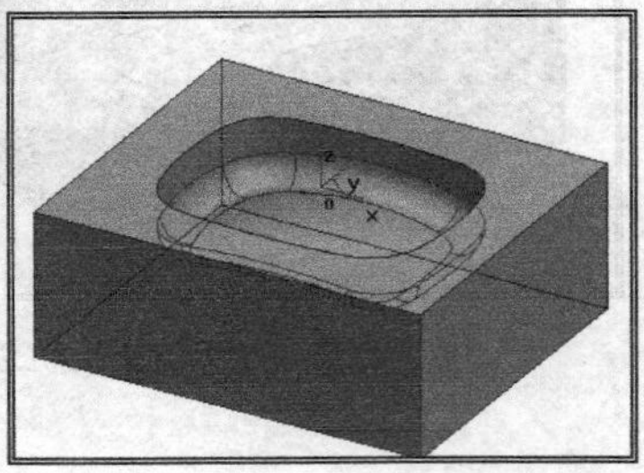

图 5-118 拾取底面圆角

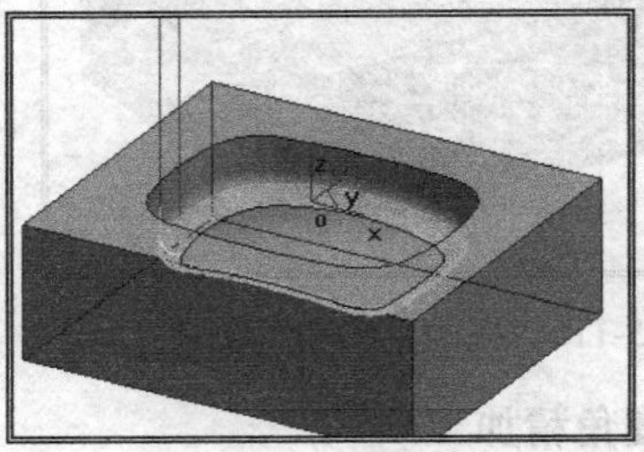

图 5-119 底面圆角精加工轨迹

⑧ 加工轨迹仿真。

7. 底面精加工

使用扫描线精加工方法对底面进行精加工。

复制【底面半精加工】轨迹，修改表 5-20 的加工参数，其他参数不变，生成底面精加工轨迹（图 5-120）。

表 5-20 加工工艺参数

序 号	参 数 名 称	参 数 数 值		备 注
1.加工参数	XY 切入	行距	0.1	
	加工精度	0.01		
	加工余量	0		
2.切入切出	3D 圆弧	添加	是	
		半径	5	
		插补最大半径	5	
		插补最小半径	0	
3.切削用量	速度值	主轴转速	3000	
		切削速度	1000	
4.刀具	球刀	R3		

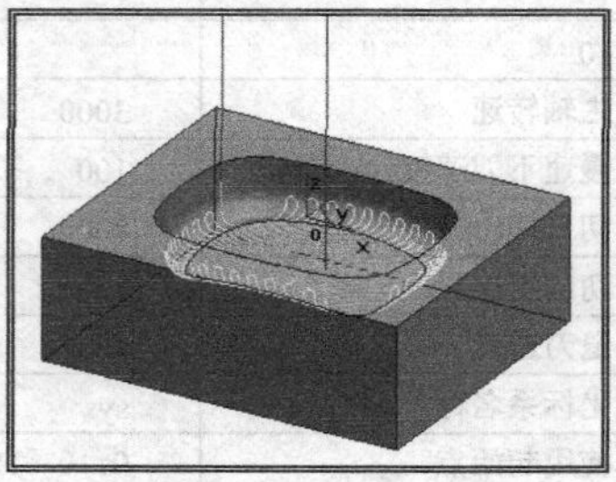

图 5-120 底面精加工轨迹

【加工实例 5-4：塑料盒底壳凸模的加工】

图 5-111 所示塑料盒底壳，模具的凸模如图 5-121 所示。经分析，按表 5-21 所示数控加工工序进行加工。

表 5-21 数控加工工艺卡片

单位名称	×××	产品名称或代号		零件名称	材料	零件图号	
		×××		凸模		×××	
工序号	程序编号	夹具名称		夹具编号	使用设备	车间	
×××	×××	台虎钳		×××	×××	×××	
工步号	工步内容	刀具号	刀具规格/mm	主轴转速/(r/min)	进给速度/(mm/min)	背吃刀量/mm	备注
1	粗加工	T01	D12	1200	1000		
2	底平面精加工	T01	D12	1200	1000		
3	直壁精加工	T01	D12	1200	1000		
4	顶面半精加工	T02	R3	3000	1000		
5	顶面精加工	T02	R3	3000	1000		
编制	×××	审核	×××	批准	×××	共 1 页	第 1 页

【操作过程】

1. 加工模型

打开光盘中例题 5-4 的加工模型，创建加工坐标系，设定毛坯，结果如图 5-122 所示。

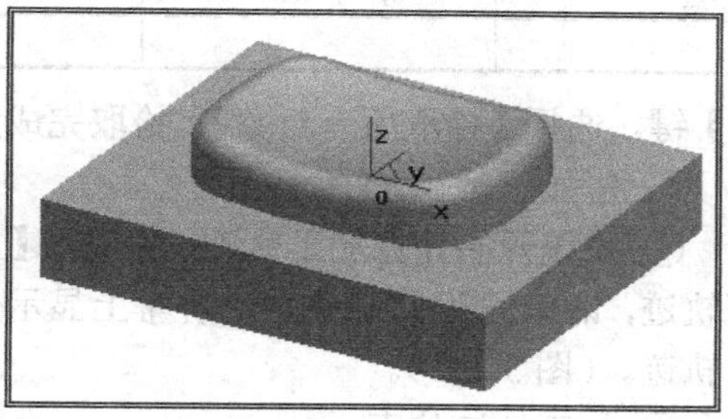

图 5-121 塑料盒底壳凹模

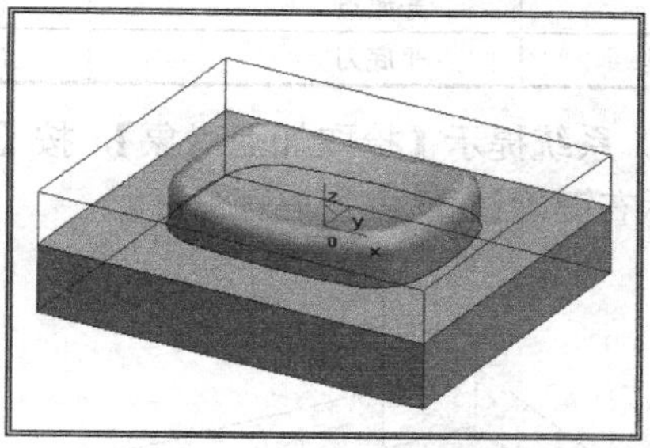

图 5-122 塑料盒加工模型

2. 粗加工

使用等高线粗加工方法进行粗加工。

① 启动加工方法。单击【等高线粗加工】按钮，或单击【加工】→【粗加工】→【等高线粗加工】菜单，系统弹出【等高线粗加工】对话框。

② 填写加工参数。按表 5-22 填写加工参数，完成后单击【确定】按钮。

表 5-22 加工工艺参数

序 号	参 数 名 称	参 数 数 值		备 注
1. 加工参数 1	加工方向	顺铣		
	Z 切入	层高	0.5	
	XY 切入	行距	10	
		切削模式	环切	

续表

序　号	参 数 名 称	参 数 数 值		备　注
1. 加工参数 1	行间连接方式	圆弧		
	加工顺序	Z 优先		
	拐角半径	添加拐角半径	否	
	参数	加工精度	0.1	
		加工余量	0.5	
2. 加工参数 2	稀疏加工	不选择		
	区域切削类型	抬刀切削混合		
	执行平坦部识别	否		
3. 切入切出	方式	否		
4. 下刀方式	安全高度	20		
	慢速下刀距离	10		
	退刀距离	10		
	切入方式	垂直		
5. 切削用量	速度值	主轴转速	1200	
		慢速下刀速度	100	默认
		切入切出连接速度	800	默认
		切削速度	1000	
		退刀速度	100	默认
6. 加工边界	Z 设定	使用有效的 Z 范围	否	
	刀具位置	边界上		
7. 公共参数	加工坐标系	坐标系名称	SYS	
	起始点	使用起始点	0，0，100	
8. 刀具	平底刀	D12		

③ 系统提示【拾取加工对象】，按【空格】键，选择【拾取所有对象】，拾取完成后，点击鼠标右键确认。

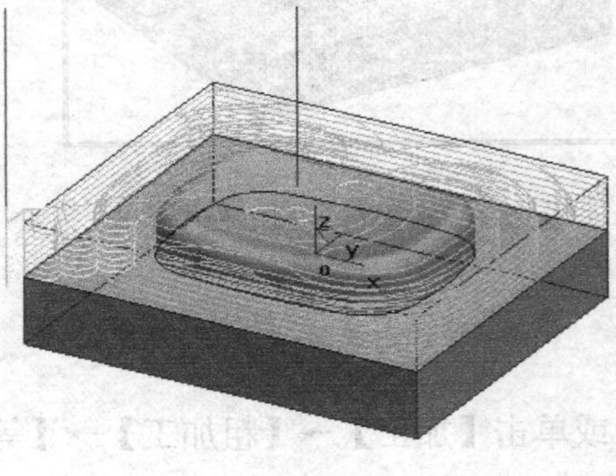

图 5-123　粗加工轨迹

④ 系统开始计算加工轨迹，并提示【正在计算轨迹，请稍候】，计算完成后屏幕上显示生成加工轨迹。（图 5-123）。

⑤ 加工轨迹仿真。

3. 底平面精加工

使用平面区域粗加工方法对底平面进行精加工。操作步骤如下：

① 启动加工方法。单击【平面区域粗加工】按钮▣，或单击【加工】→【粗加工】→【平面区域粗加工】命令，系统弹出【平面区域粗加工】对话框。

② 填写加工参数。按表 5-23 填写加工参数，完成后点击【按钮】。

表 5-23　加工工艺参数

序　号	参 数 名 称	参 数 数 值		备　注
1. 加工参数	走刀方式	环切加工	由外向里	
	拐角过渡方式	圆弧		
	拔模基准	底层为基准		无斜度时，不用设置

续表

序号	参数名称	参数数值		备注
1. 加工参数	加工参数	顶层高度	0	
		底层高度	0	
		每层下降高度	1	
		行距	10	
		加工精度	0.01	
	轮廓参数	余量	0	
		斜度	0	
		补偿	PAST	
	岛参数	余量	0.5	槽侧面留加工余量 0.5
		斜度	0	
		补偿	TO	
2. 清根参数	轮廓清根	不清根		
	岛清根	清根		
3. 接近返回	接近方式	不设定		
	返回方式	不设定		
4. 下刀方式	安全高度	20		
	慢速下刀距离	10		
	退刀距离	10		
	切入方式	垂直		
5. 切削用量	速度值	主轴转速	1200	
		慢速下刀速度	100	
		切入切出连接速度	800	
		切削速度	1000	
		退刀速度	100	
6. 公共参数	加工坐标系	坐标系名称	SYS	
	起始点	使用起始点	0，0，100	
7. 刀具	平底刀	D12		

③ 拾取轮廓线、选择加工方向。依状态栏提示，拾取加工辅助线并选择加工方向，系统自动搜索到封闭的外轮廓线。

④ 拾取岛、选择加工方向。拾取完区域轮廓线后，依状态栏提示，拾取加工辅助线并选择加工方向，系统会自动搜索岛到封闭的内轮廓线，拾取完成后单击鼠标右键确认。

⑤ 生成加工轨迹。完成全部选择之后，系统生成刀具轨迹（图 5-124）。

4. 直壁精加工

使用平面轮廓精加工方法对型芯垂直侧面进行精加工。操作步骤如下：

① 启动加工方法。单击【平面轮廓精加工】按钮，系统弹出【平面轮廓精加工】对话框。

② 填写加工参数。按表 5-24 所示填写加工参数，完成后点击【确定】按钮。

③ 拾取轮廓线及加工方向。依状态栏提示，拾取加工辅助线 2，确定链搜索方向。单击鼠标

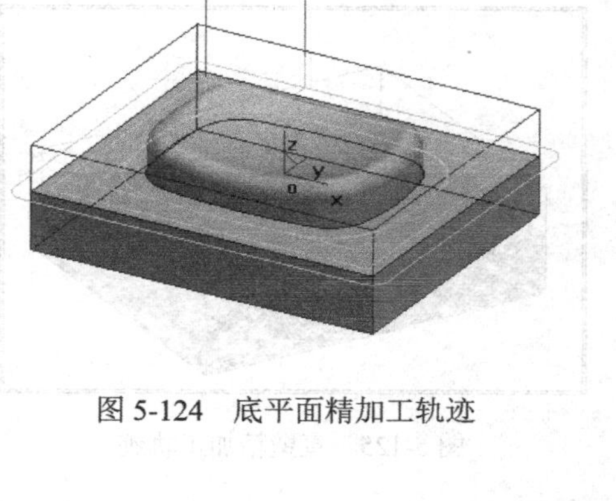

图 5-124　底平面精加工轨迹

右键结束拾取。

表 5-24　加工工艺参数

序　　号	参 数 名 称	参 数 数 值		备　　注
1. 加工参数	加工参数	加工精度	0.01	
		拔模斜度	0	
		刀次	1	
		顶层高度	12	
		底层高度	0	加工到底面
		每层下降高度	0.5	
	拐角过渡方式	圆弧		
	走刀方式	往复		
	轮廓补偿	TO		
	行距定义方式	行距式	行距 7	
		加工余量	0	
	拔模基准	底层为基准		
	层间走刀	往复		
	刀具半径补偿	不设置		
	抬刀	否		
2. 接近返回	接近方式	不设定		
	返回方式	不设定		
3. 下刀方式	安全高度	20		
	慢速下刀距离	10		
	退刀距离	10		
	切入方式	垂直		
4. 切削用量	速度值	主轴转速	1200	
		慢速下刀速度	100	
		切入切出连接速度	800	
		切削速度	1000	
		退刀速度	100	
5. 公共参数	加工坐标系	坐标系名称	SYS	
	起始点	使用起始点	0，0，100	
6. 刀具	平底刀	D12		

④ 选择加工侧边。拾取完轮廓线后，系统要求继续选择方向。此方向表示要加工的侧边是轮廓线内侧还是轮廓线外侧。

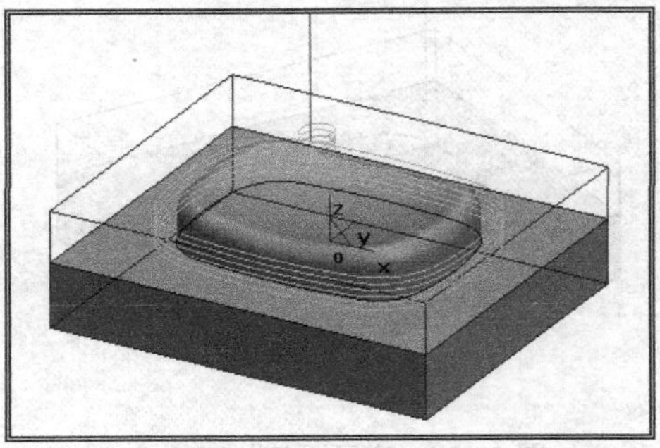

图 5-125　直壁精加工轨迹

⑤ 拾取进、退刀点。选择加工侧边后，系统要求选择进刀点，单击鼠标右键，采用系统默认的进刀点，采用同样方法，可指定退刀点。

⑥ 生成加工轨迹。完成全部选择之后，系统生成刀具轨迹（图 5-125）。

5. 顶面半精加工

使用三维偏置精加工方法对顶面进行半精加工。

① 启动加工方法。单击【三维偏置精加工】按钮，或单击【加工】→【精加工】→【三维偏置精加工】命令，系统弹出【三维偏置精加工】对话框。

② 填写加工参数。按表 5-25 填写加工参数，完成后点击【确定】按钮。

表 5-25 加工工艺参数

序 号	参 数 名 称	参 数 数 值		备 注
1. 加工参数 1	加工方向	顺铣		
	进行方向	边界—内侧		
	切入	行距	2	
	行间连接方式	投影	最小抬刀高度 20	
	精度	加工精度	0.01	
		加工余量	0.2	
2. 切入切出	3D 圆弧	否		
3. 下刀方式	抬刀最优化	否		
	安全高度	20		
	慢速下刀距离	10		
	退刀距离	10		
	切入方式	垂直	距离 0	
4. 切削用量	速度值	主轴转速	3000	
		慢速下刀速度	100	默认
		切入切出连接速度	800	默认
		切削速度	1500	
		退刀速度	100	默认
5. 加工边界	Z 设定	使用有效的 Z 范围	否	
	刀具位置	边界外侧		
6. 公共参数	加工坐标系	坐标系名称	SYS	
	起始点	使用起始点	0，0，100	
7. 刀具	球刀	R3		

③ 系统提示【拾取加工对象】，按【空格】键，选择【拾取所有对象】，拾取完成后，点击鼠标右键确认。

④ 系统提示【拾取加工边界】，左键点击加工辅助曲线 2，并选择链搜索方向，点击右键结束边界选择。系统开始计算加工轨迹，并提示【正在计算轨迹，请稍候】，计算完成后在屏幕上显示生成的加工轨迹（图 5-126）。

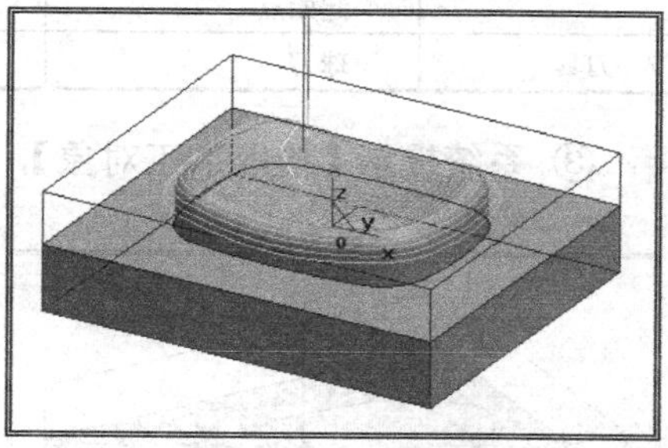

图 5-126 顶面半精加工轨迹

⑤ 加工轨迹仿真。

6. 顶面精加工

使用扫描线精加工方法对顶部曲面进行精加工。

① 启动加工方法。单击【扫描线精加工】按钮，或单击【加工】→【精加工】→【扫描线精加工】菜单，系统弹出【扫描线精加工】对话框。

② 填写加工参数。按表 5-26 填写加工参数，完成后点击【确定】按钮。

表 5-26 加工工艺参数

序　　号	参 数 名 称	参 数 数 值		备　注
1. 加工参数	加工方向	往复		
	加工方法	通常		
	XY 切入	行距	0.1	
		角度	45	
	加工顺序	区域优先		
	行间连接方式	投影		
	未精加工区	不加工未精加工区		
	加工精度	0.01		
	加工余量	0		
	干涉面			取默认值
	拐角半径	添加拐角半径	否	
	轨迹端部延长		否	
	保护边界	不设定	否	
2. 切入切出	3D 圆弧	添加	半径 2	插补最大、小半径 0～3
	切入切出	切入切出类型	无	
3. 下刀方式	抬刀最优化	否		
	安全高度	20		
	慢速下刀距离	10		
	退刀距离	10		
	切入方式	垂直		
4. 切削用量	速度值	主轴转速	3000	
		慢速下刀速度	100	默认
		切入切出连接速度	800	默认
		切削速度	1000	
		退刀速度	100	默认
5. 加工边界	Z 设定	使用有效的 Z 范围	否	
	刀具位置	边界外侧		
6. 公共参数	加工坐标系	坐标系名称	SYS	
	起始点	使用起始点	0，0，100	
7. 刀具	球刀	R3		

③ 系统提示【拾取加工对象】，按快捷键【W】键，选择【拾取所有对象】，拾取完成后，点击鼠标右键确认。

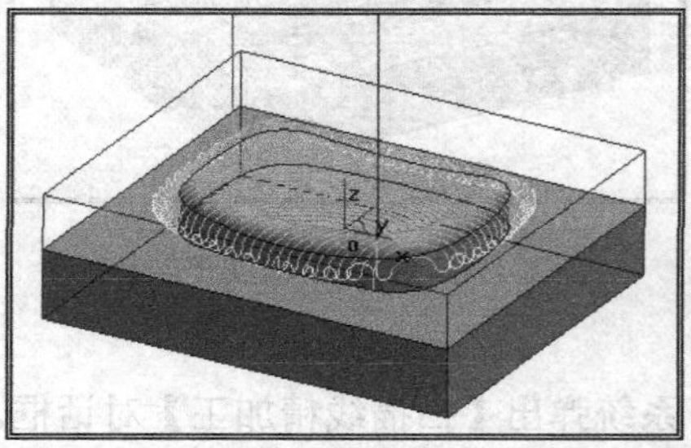

图 5-127　顶面精加工轨迹

④ 系统提示【干涉面检查】，因无干涉面，故单击右键忽略干涉面选择。

⑤ 系统提示【拾取加工边界】，拾取加工辅助曲线 2，并选择链搜索方向，单击右键结束边界选择。系统开始计算加工轨迹，并提示【正在计算轨迹，请稍候】，计算完成后在屏幕上显示生成的加工轨迹（图 5-127）。

⑥ 加工轨迹仿真。

【加工实例 5-5：圆角的加工】

加工图 5-128 所示的零件，材料为 45 钢，毛坯六面已加工。

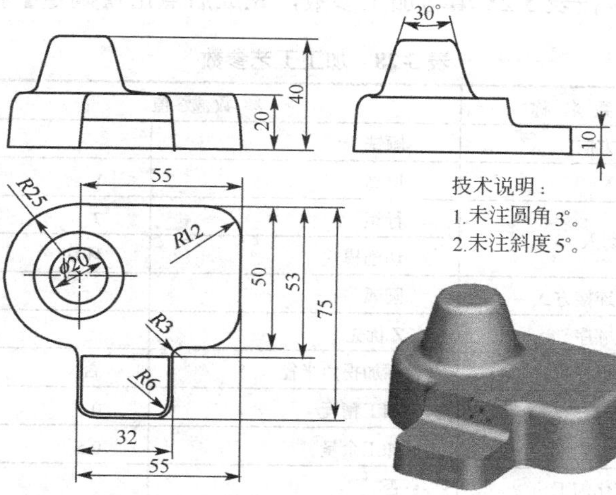

图 5-128 零件图

经分析，按表 5-27 所示数控加工工艺进行加工。

表 5-27 数控加工工艺卡片

单位名称	×××	产品名称或代号		零件名称	材料	零件图号	
		×××		某零件	45 钢	×××	
工序号	程序编号	夹具名称		夹具编号	使用设备	车间	
×××	×××	台虎钳		×××	×××	×××	
工步号	工步内容	刀具号	刀具规格/mm	主轴转速/(r/min)	进给速度/(mm/min)	背吃刀量/mm	备注
1	粗加工	T01	D20	640	360	1	
2	精加工分平型面	T01	D20	1000	300		
3	精加工侧面	T02	R5	1000	300		
4	精加工内圆角（清角）	T01	R3	1000	300		
5	精加工外圆角	T01	R5	1000	300		
编制	×××	审核	×××	批准	×××	共 1 页	第 1 页

1. 加工模型

根据工程图，直接使用 CAXA-ME 软件进行造型，在零件圆锥上表面的中心建立加工坐标系，并创建加工辅助线，详细过程参见“5.2.1 加工模型的准备”，结果如图 5-129 所示。

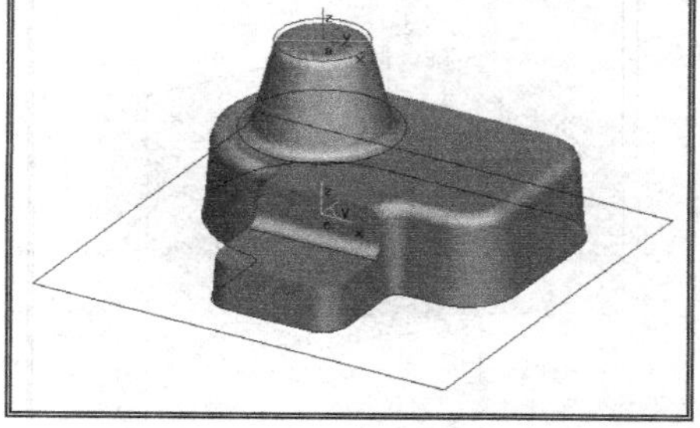

图 5-129 加工模型

2. 建立毛坯

使用【参照模型】方式创建毛坯。

3. 创建刀具

创建 D10 的立铣刀，R5 和 R3 的球头刀。

4. 粗加工

使用等高线粗加工方法进行加工。

① 启动加工方法。单击【等高线粗加工】按钮

，或单击【加工】→【粗加工】→【等高线粗加工】菜单，系统弹出【等高线粗加工】对话框。

② 填写加工参数。按表 5-28 填写加工参数，完成后点击【确定】按钮。

表 5-28 加工工艺参数

序号	参数名称	参数数值		备注
1. 加工参数 1	加工方向	顺铣		
	Z 切入	层高	1	
	XY 切入	行距	7	
		切削模式	环切	
	行间连接方式	圆弧		
	加工顺序	Z 优先		
	拐角半径	添加拐角半径	否	
	参数	加工精度	0.1	
		加工余量	0.5	
2. 加工参数 2	稀疏化加工	否		
	区域切削类型	抬刀切削混合		
	执行平坦部识别	否		
3. 切入切出	方式	否		
4. 下刀方式	安全高度	20		
	慢速下刀距离	10		
	退刀距离	10		
	切入方式	垂直	距离 0	
5. 切削用量	速度值	主轴转速	640	
		慢速下刀速度	100	默认
		切入切出连接速度	800	默认
		切削速度	360	
		退刀速度	100	默认
6. 加工边界	Z 设定	使用有效的 Z 范围	否	
	刀具位置	边界上		
7. 公共参数	加工坐标系	坐标系名称	MSC	
	起始点	使用起始点	0，0，100	
8. 刀具	平底刀	D10		

③ 系统提示【拾取加工对象】，按【空格】键，选择【拾取所有对象】，拾取完成后，单击鼠标右键确认。

④ 系统开始计算加工轨迹，并提示【正在计算轨迹，请稍候】，计算完成后在屏幕上显示生成的加工轨迹（图 5-130）。

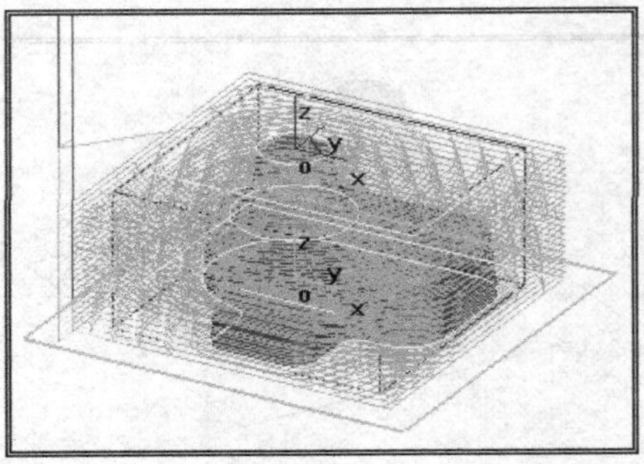

图 5-130 型芯粗加工刀具轨迹

⑤ 加工轨迹仿真。

5. 平面精加工

（1）轨迹生成 使用平面轮廓精加工方法对平面进行精加工，加工参数如表 5-29～表 5-31 所示，加工轨迹如图 5-131 所示。

表 5-29 加工工艺参数表

序号	参数名称	参数数值		备注
1. 加工参数	加工参数	加工精度	0.01	
		拔模斜度	0	
		刀次	1	
		顶层高度	2	
		底层高度	0	
		每层下降高度	2	
	拐角过渡方式	圆弧		
	走刀方式	单向		
	轮廓补偿	ON		
	行距定义方式	行距方式	行距 7	
		加工余量	0	
	拔模基准	底层为基准		
	层间走刀	单向		
	刀具半径补偿	否		
	抬刀	是		
2. 接近返回	接近方式	不设定		
	返回方式	不设定		
3. 下刀方式	安全高度	20		
	慢速下刀距离	10		
	退刀距离	10		
	切入方式	螺旋	半径 5	
			近似节距 5	
	下刀点的位置	斜线的中点或螺旋线的切点		
4. 切削用量	速度值	主轴转速	1000	
		慢速下刀速度	100	默认
		切入切出连接速度	800	默认
		切削速度	300	
		退刀速度	100	默认
5. 公共参数	加工坐标系	坐标系名称	MCS	拾取 MSC
	起始点	使用起始点	0，0，100	
6. 刀具	平底刀	D20		

表 5-30 加工工艺参数表

序号	参数名称	参数数值		备注
1. 加工参数	加工参数	刀次	3	
		顶层高度	–18	
		底层高度	–20	
		每层下降高度	3	
	行距定义方式	行距方式	行距 7	
		加工余量	0	
	拔模基准	底层为基准		
	层间走刀	单向		
	刀具半径补偿	否		
	抬刀	是		

表 5-31 加工工艺参数表

序 号	参数名称	参数数值		备 注
1. 加工参数	加工参数	刀次	1	
		顶层高度	–28	
		底层高度	–30	
		每层下降高度	3	
	行距定义方式	行距方式	行距 14	
		加工余量	0	
	拔模基准	底层为基准		
	层间走刀	单向		
	刀具半径补偿	否		
	抬刀	是		

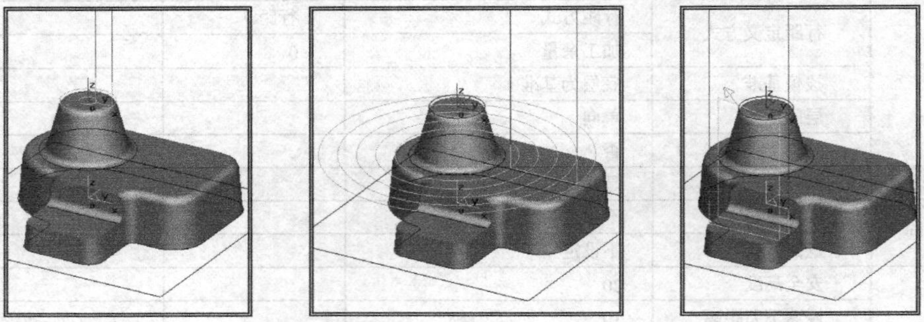

（a）　　（b）　　（c）

图 5-131 平面精加工刀具轨迹

（2）轨迹裁剪 对图 5-131 所示的刀具轨迹进行裁剪。首先，绘制图 5-132 所示曲线，作为裁剪边界。

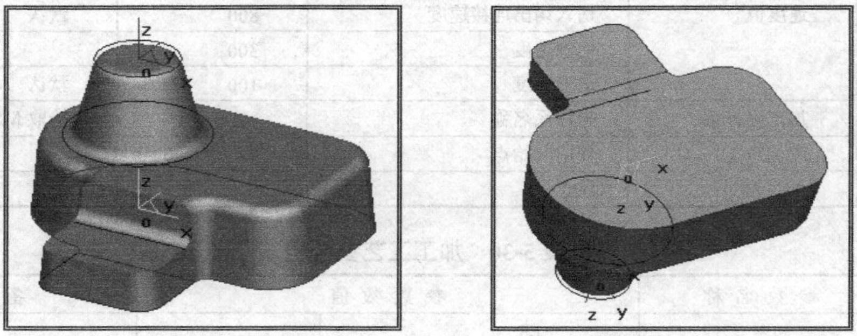

图 5-132 裁剪边界曲线

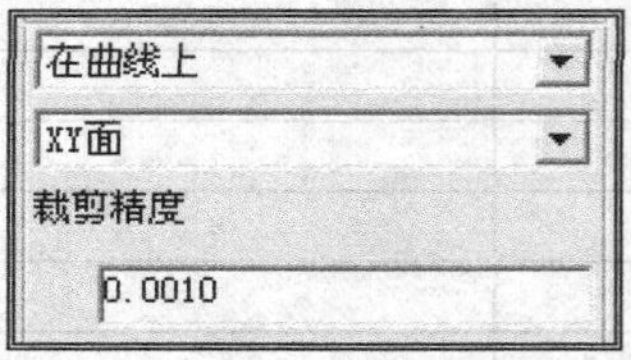

图 5-133 【轨迹裁剪】快捷菜单

轨迹裁剪操作过程如下：

① 启动轨迹裁剪操作。依次单击【加工】→【轨迹编辑】→【轨迹裁剪】命令，系统弹出【轨迹裁剪】快捷菜单，确定裁剪方式（图 5-133）。

② 拾取裁剪轨迹。系统提示【拾取刀具轨迹】，在绘图区拾取欲裁剪刀具轨迹（图 5-134）。

③ 拾取剪刀线。系统提示【拾取剪刀线】，在绘图区

拾取剪刀线，再选择链搜索方向，确定裁剪区域（图 5-135）。

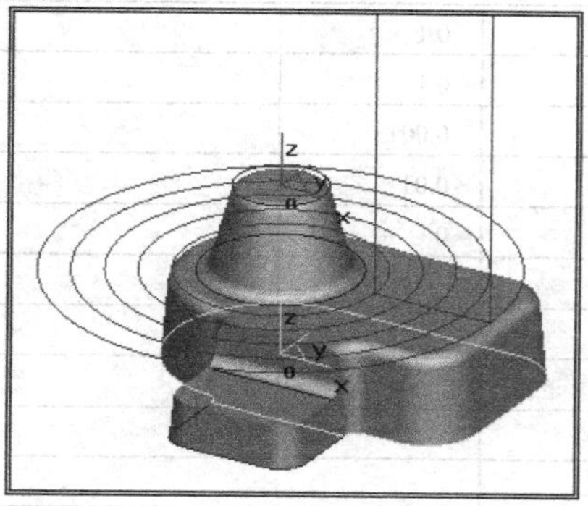

图 5-134　拾取裁剪轨迹

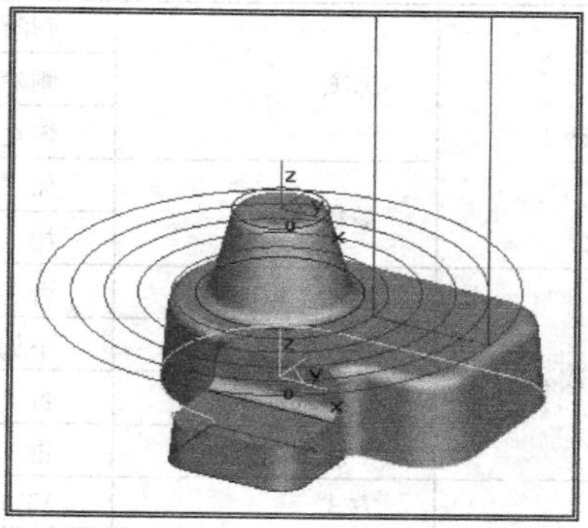

图 5-135　拾取剪刀线

④ 拾取裁剪方向。系统提示【拾取箭头方向（需保留部分）】，在绘图区拾取需保留的部分，系统将区域外面的刀具轨迹裁剪掉（图 5-136）。轨迹裁剪结果如图 5-137 所示。

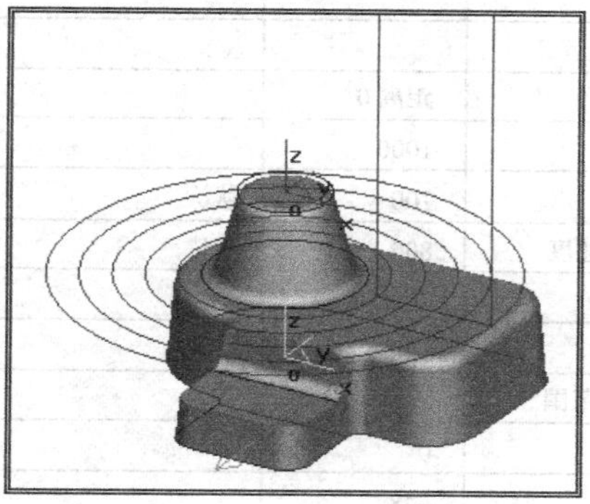

图 5-136　确定裁剪方向

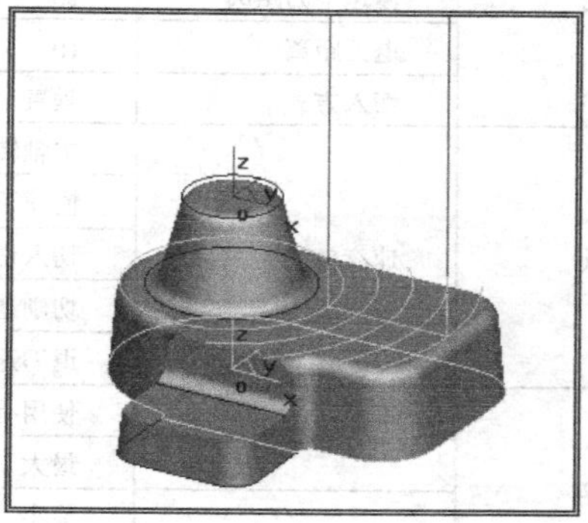

图 5-137　轨迹裁剪结果

6. 型芯侧面精加工

使用等高线精加工方法对侧面进行精加工。

① 启动加工方法。单击【等高线精加工】按钮，或单击【加工】→【精加工】→【等高线精加工】命令，系统弹出【等高线精加工】对话框。

② 填写加工参数。按表 5-32 填写加工参数，完成后点击【确定】按钮。

表 5-32　加工工艺参数

序　号	参数名称	参数数值		备　注
1. 加工参数 1	加工方向	顺铣		
	Z 向	残留高度	0.2	
	加工顺序	Z 优先		
	镶片刀具使用	否		
	拐角半径	添加拐角半径	是	
		刀具直径百分比	20	
		执行最终精加工	是	

续表

序号	参数名称	参数数值		备注
1. 加工参数 1	选项	删除面积系数	0.1	
		删除面积系数	0.1	
		恢复公差长度	0.001	
	参数	加工精度	0.01	
		加工余量	0	
2. 加工参数 2	执行平坦部识别	否		
	路径生成方式	不加工平坦部		
	平坦部加工方式	否		
	平坦部角度指定	否		
3. 切入切出	方式	*XY* 向		
	XY 向	圆弧	半径 10	
			角度 90	
	3D 圆弧			
4. 下刀方式	抬刀最优化	否		
	安全高度	20		
	慢速下刀距离	10		
	退刀距离	10		
	切入方式	垂直	距离 0	
5. 切削用量	速度值	主轴转速	1000	
		慢速下刀速度	100	默认
		切入切出连接速度	800	默认
		切削速度	300	
		退刀速度	100	默认
6. 加工边界	Z 设定	使用有效的 Z 范围		
		最大	0	
		最小	–48	
	刀具位置	边界上		
7. 公共参数	加工坐标系	坐标系名称	MSC	
	起始点	使用起始点	0，0，100	
8. 刀具	球头刀	R5		

③ 系统提示【拾取加工对象】，按【空格】键，选择【拾取所有对象】，拾取完成后，点击鼠标右键确认。系统提示【拾取加工边界】，点击鼠标右键确认。

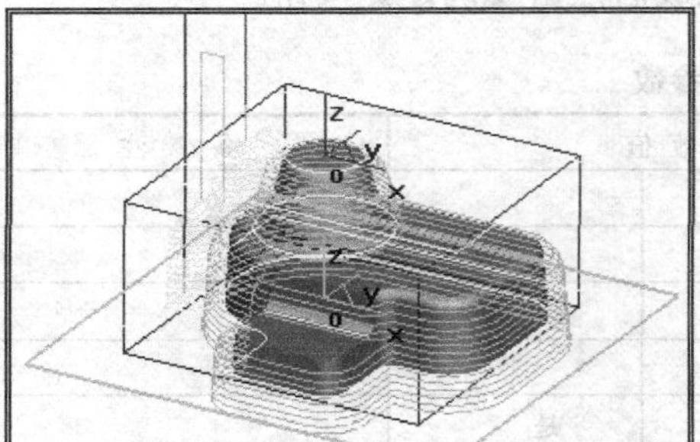

图 5-138 型芯侧面精加工刀具轨迹

④ 系统开始计算加工轨迹，并提示【正在计算轨迹，请稍候】，计算完成后在屏幕上显示生成的加工轨迹（图 5-138）。

⑤ 加工轨迹仿真。

7. 清角加工

型腔和型芯内圆角的精加工可使用区域式补加工方法。

① 启动加工方法。单击【区域式补加工】按钮，或单击【加工】→【补加工】→【区域式补加工】菜单，系统弹出【区域式补加工】对

话框。

② 填写加工参数。按表 5-33 填写加工参数，完成后点击【确定】按钮。

表 5-33　加工工艺参数

序　　号	参数名称	参数数值		备　注
1. 加工参数	加工方向	顺铣		
	切削方向	由外到里		
	XY 向	行距	0.2	
	计算类型	深模型		
	参考	前刀具半径	5	
		偏移量	0.1	
		追加笔式清根	否	
	选项	倾斜判定	倾斜角	
		面面夹角	170	
		凹棱形状分界角	60	
		近似系数	1	
		删除长度系数	1	
	加工精度	0.01		
	加工余量	0		
2. 切入切出	3D 圆弧	添加	否	
3. 下刀方式	抬刀最优化	否		
	安全高度	20		
	慢速下刀距离	10		
	退刀距离	10		
	切入方式	垂直		
		距离		
4. 切削用量	速度值	主轴转速	1000	
		慢速下刀速度	100	默认
		切入切出连接速度	800	默认
		切削速度	300	
		退刀速度	100	默认
5. 加工边界	Z 设定	使用有效的 Z 范围		
		最大	0	
		最小	–48	
	刀具位置	边界上		
6. 公共参数	加工坐标系	坐标系名称	MSC	
	起始点	使用起始点	0，0，100	
7. 刀具	球头刀	R3		

③ 系统提示【拾取加工对象】，按【空格】键，选择【拾取所有对象】，拾取完成后，单击鼠标右键确认。

④ 系统提示【拾取加工边界】，单击鼠标右键确认。

⑤ 系统开始计算加工轨迹，并提示【正在计算轨迹，请稍候】，计算完成后在屏幕上显示生成的加工轨迹（图 5-139）。

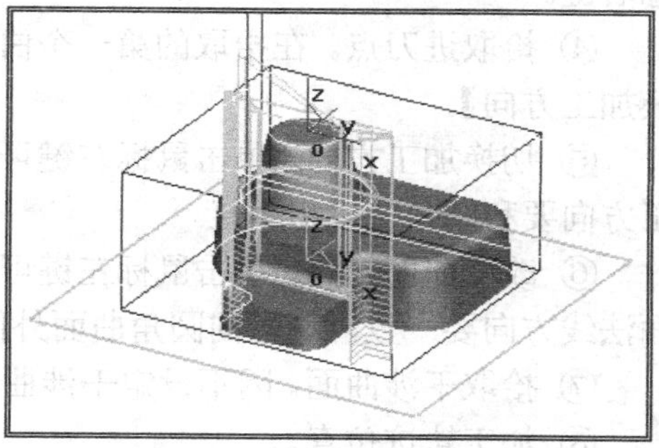

图 5-139　清角加工刀具轨迹

⑥ 加工轨迹仿真。

8. 外圆角的加工

外圆角的精加工可使用参数线精加工方法，生成参数线精加工轨迹。

① 启动加工方法。单击【参数线精加工】按钮，或单击【加工】→【精加工】→【参数线精加工】命令，系统弹出【参数线精加工】对话框。

② 填写加工参数。按表 5-34 填写加工参数，完成后点击【确定】按钮。

表 5-34　加工工艺参数

序　号	参数名称	参数数值		备　注
1. 加工参数	切入方式	不设定		
	切出方式	不设定		
	行距定义方式	行距	0.2	
	遇干涉面			无干涉面
	限制面			无限制面
	走刀方式	往复		
	干涉检查	否		
	加工精度	0.01		
	加工余量	0		
	干涉余量	0		
2. 接近返回	接近方式	不设定		
	返回方式	不设定		
3. 下刀方式	安全高度	20		
	慢速下刀距离	10		
	退刀距离	10		
4. 切削用量	速度值	主轴转速	1500	
		慢速下刀速度	100	默认
		切入切出连接速度	800	默认
		切削速度	300	
		退刀速度	100	默认
5. 公共参数	加工坐标系	坐标系名称	MSC	
	起始点	使用起始点	0，0，100	
6. 刀具	球头刀	R3		

③ 拾取加工对象。在绘图区拾取依次要加工的圆角（图 5-140），拾取结束后，单击鼠标右键。

④ 拾取进刀点。在拾取的第一个曲面上点击鼠标左键，拾取进刀点。之后系统提示【切换加工方向】。

⑤ 切换加工方向。单击鼠标左键可更改加工方向，单击鼠标右键确认加工方向。注意加工方向要和圆角棱线相垂直。

⑥ 改变曲面方向。单击鼠标左键可更改曲面方向，单击鼠标右键确认曲面方向。注意曲面法线方向要一致，均指向圆角曲面外侧。

⑦ 拾取干涉曲面。因不设定干涉曲面，故单击右键跳过。系统提示计算轨迹（图 5-141）。

⑧ 加工轨迹仿真。

使用相同的方法创建如图 5-142 所示圆角的曲面加工轨迹，如图 5-143 所示。

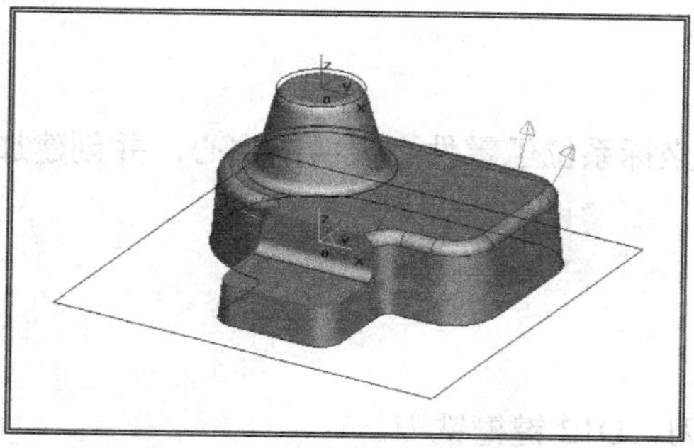

图 5-140 拾取圆角曲面

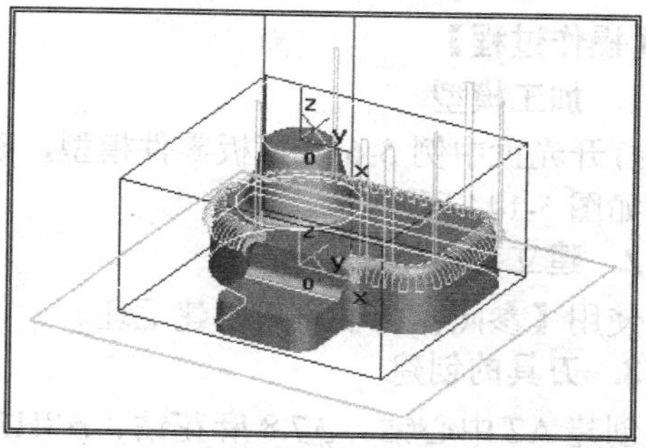

图 5-141 圆角加工轨迹（1）

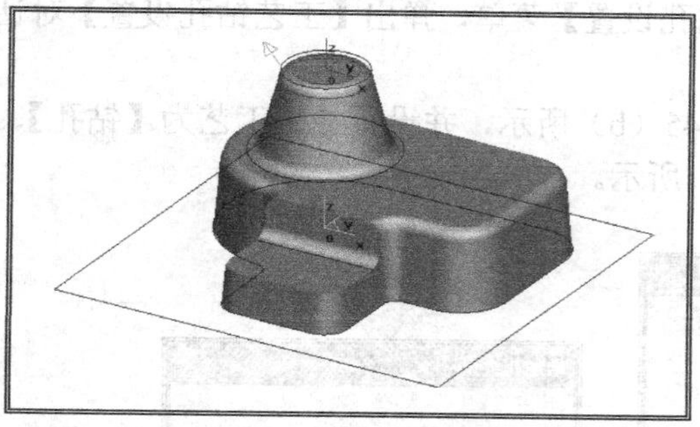

图 5-142 拾取圆角曲面

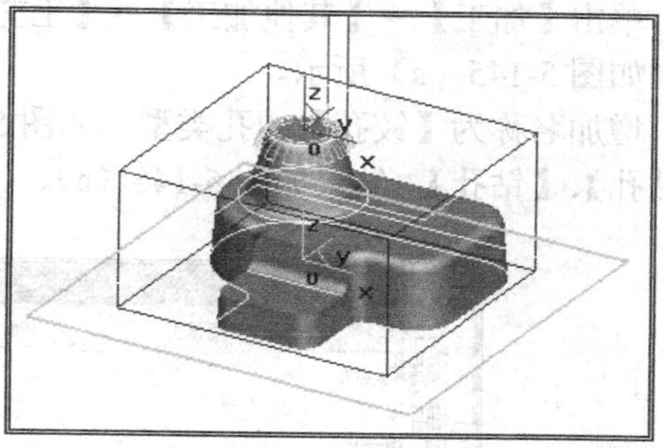

图 5-143 圆角加工轨迹（2）

5.5.3 孔系零件的加工

【零件特点】

孔系零件指以钻孔加工为主的零件，通常包括钻孔、扩孔、铰孔、锪孔、镗孔等。

【加工方法】

CAXA 制造工程师提供了各种孔加工编程的方法，并可以对孔加工进行工艺设置。

【加工实例 5-6：支撑板孔系加工】

图 5-144 所示的零件为注塑模支撑板，需要加工 4 个螺钉固定孔、2 个销钉孔和 1 个拉料杆孔，材料为 45 钢。

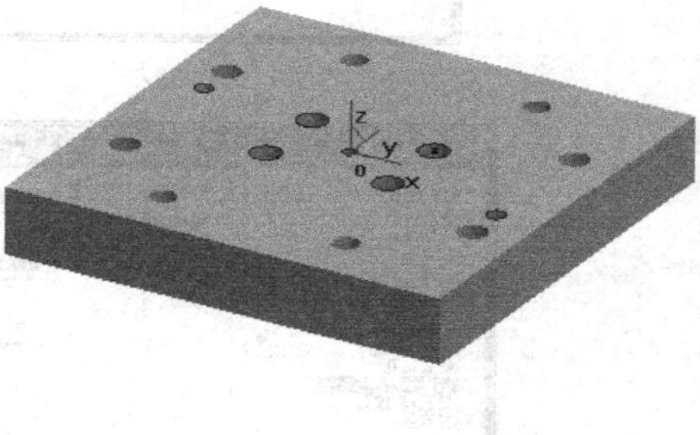

图 5-144 支撑板

【工艺分析】

经工艺分析，填写数控加工工艺卡片如表 5-35 所示。

表 5-35 数控加工工艺卡片

单位名称	×××	产品名称或代号		零件名称	材料	零件图号	
		×××		支撑板	45 钢	×××	
工序号	程序编号	夹具名称		夹具编号	使用设备	车间	
×××	×××	台虎钳		×××	×××	×××	
工步号	工步内容	刀具号	刀具规格/mm	主轴转速/(r/min)	进给速度/(mm/min)	背吃刀量/mm	备注
1	钻中心孔	T01	A2 中心钻	1000	100		
2	钻孔	T02	ϕ7.8 麻花钻	1000	100		
3	铰孔	T03	ϕ8H7 铰刀	1000	60		
4	铣螺钉头沉孔	T04	D12	1000	300		
编制	×××	审核	×××	批准	×××	共 1 页	第 1 页

【操作过程】

1. 加工模型

打开光盘中例 5-6 支撑板零件模型，确认坐标系位于零件上表面的中心，并创建加工辅助线如图 5-144 所示。

2. 建立毛坯

使用【参照模型】方式创建毛坯。

3. 刀具的创建

创建 A2 中心钻、ϕ7.8 麻花钻、ϕ8H7 铰刀，D12 键槽铣刀。

4. 钻孔工艺设置

单击【加工】→【其他加工】→【工艺钻孔设置】菜单，弹出【工艺钻孔设置】对话框，结果如图 5-145（a）所示。

增加名称为【铰孔】的孔类型，如图 5-145（b）所示，并设置加工工艺为【钻孔】、【啄式钻孔】、【钻孔】，结果如图 5-145（c）、（d）所示。

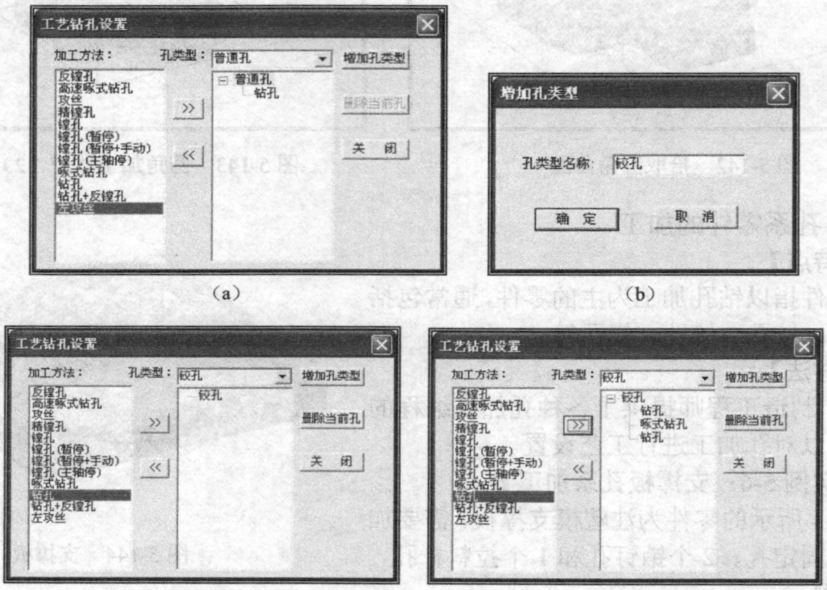

（a） （b） （c） （d）

图 5-145 钻孔工艺设置

5. 工艺钻孔加工

① 单击【加工】→【其他加工】→【工艺钻孔加工】菜单，弹出【工艺钻孔加工向导→步骤 1/4 定位方式】对话框，如图 5-146（a）所示。

② 在【工艺钻孔加工向导—步骤 1/4 定位方式】对话框中，单击【拾取圆】，提示【拾取圆或圆弧】信息，在绘图区依次拾取 4 个圆，单击【右键】结束选择。单击【下一步】，弹出【工艺钻孔加工向导—步骤 2/4 路径优化】对话框，如图 5-146（b）所示。

③ 在【工艺钻孔加工向导—步骤 2/4 路径优化】对话框中，选择【规则情况】→【X 优先】，单击【下一步】，弹出【工艺钻孔加工向导—步骤 3/4 选择孔类型】对话框，如图 5-146（c）所示。

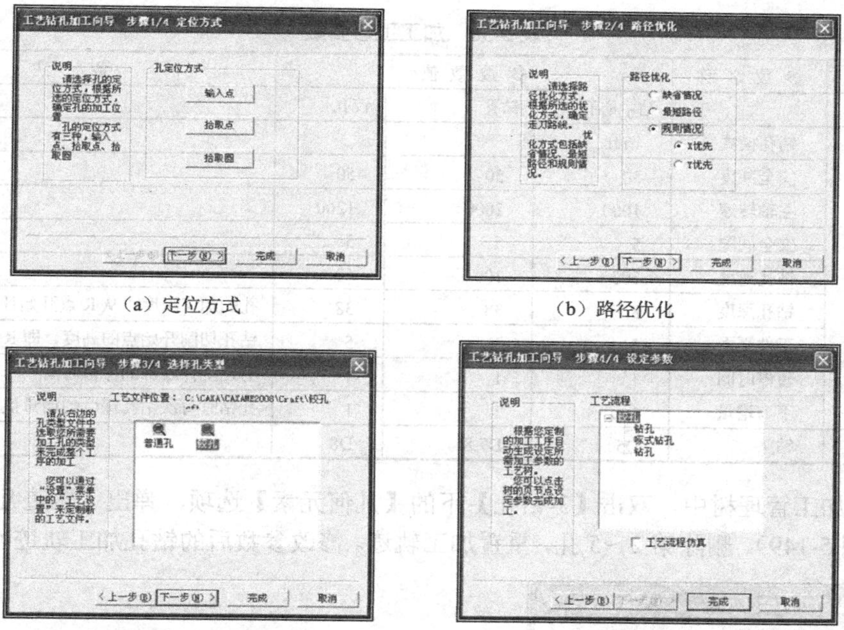

（a）定位方式　（b）路径优化　（c）选择孔类型　（d）设定参数

图 5-146　工艺钻孔

④ 在【工艺钻孔加工向导—步骤 3/4 选择孔类型】对话框中，选择【铰孔】，单击【下一步】，弹出【工艺钻孔加工向导—步骤 4/4 设定参数】对话框，如图 5-146（d）所示。

⑤ 在【工艺钻孔加工向导—步骤 4/4 设定参数】对话框中，单击【完成】按钮。在加工管理树中自动生成 3 个加工轨迹如图 5-147 所示，钻孔加工轨迹如图 5-148 所示。

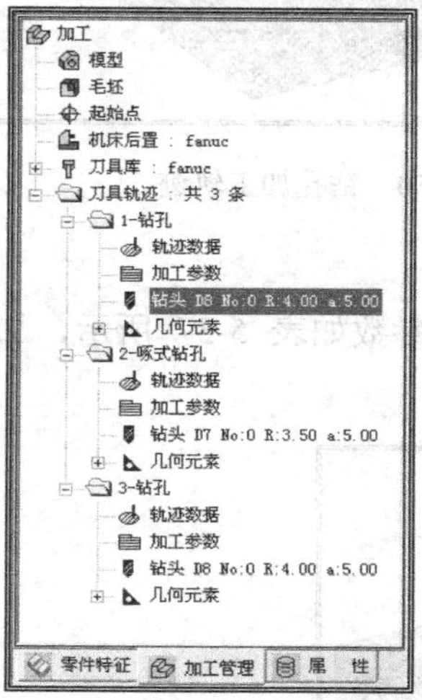

图 5-147　加工管理树

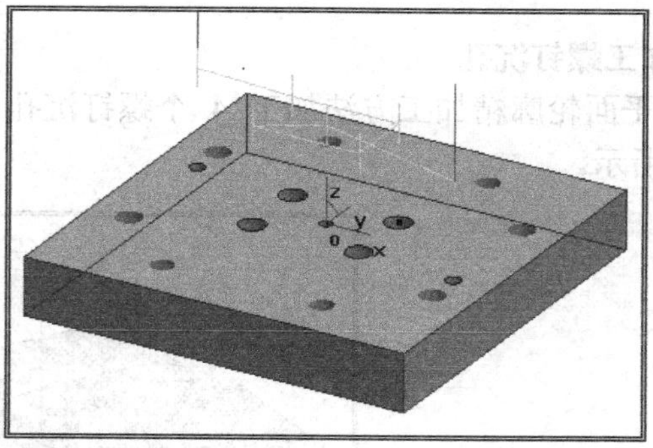

图 5-148　钻孔加工轨迹

6. 修改孔加工参数

① 在加工管理树中，双击【加工参数】，弹出【孔加工参数】对话框，按表 5-36 修改加工参数，完成孔加工操作。

表 5-36 加工工艺参数

序号	参数名称	参数数值			备注
		钻中心孔	钻孔	铰孔	
1. 加工参数	钻孔模式	钻孔			
	安全高度	50	50	50	
	主轴转速	1000	1000	1200	
	安全间隙	5	5	5	
	钻孔速度	100	100	60	
	钻孔深度	8	38	38	孔的加工深度，从 R 点开始计算的高度
	工件平面	5	5	5	钻孔切削开始点的高度，即 R 点位置
	暂停时间	1	1	1	刀在工件底部的停留时间
	下刀增量	1	1	1	孔钻时每次钻孔深度的增量值
2. 刀具参数	钻头	D5	D7.8	D8	

② 在加工管理树中，双击【3-钻孔】下的【几何元素】选项，弹出【轨迹几何编辑器】对话框（图 5-149），删除第 2～5 孔，重置加工轨迹。修改参数后的钻孔加工轨迹（图 5-150）。

图 5-149 轨迹几何编辑器

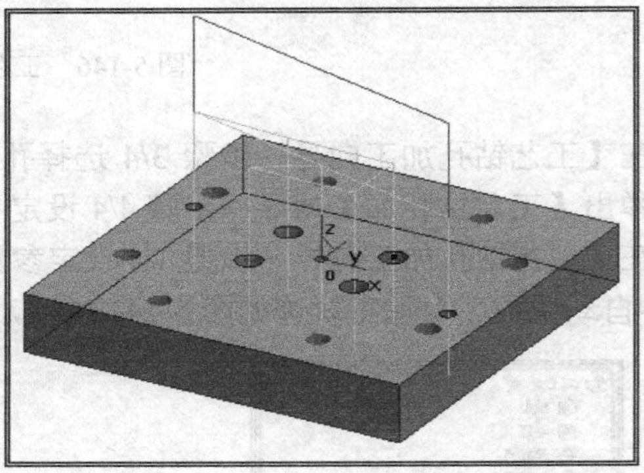

图 5-150 钻孔加工轨迹

7. 加工螺钉沉孔

使用平面轮廓精加工方法加工 4 个螺钉沉孔，加工参数如表 5-37 所示，加工轨迹如图 5-151 所示。

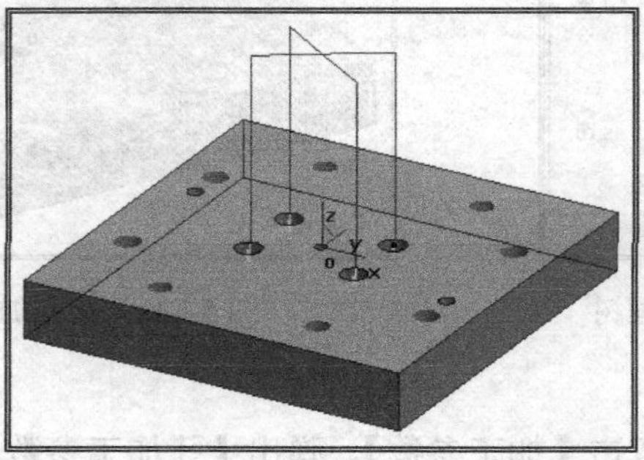

图 5-151 螺钉沉孔加工轨迹

表 5-37 加工工艺参数

序号	参数名称	参数数值		备注
1. 加工参数	加工参数	加工精度	0.01	
		拔模斜度	0	
		刀次	1	
		顶层高度	0	
		底层高度	–8	
		每层下降高度	1	
	拐角过渡方式	圆弧		
	走刀方式	往复		
	轮廓补偿	TO		
	行距定义方式	行距式	行距 10	
		加工余量	0	
	拔模基准	底层为基准		
	层间走刀	往复		
	刀具半径补偿	否		
	抬刀	否		
2. 接近返回	接近方式	不设定		
	返回方式	不设定		
3. 下刀方式	安全高度	20		
	慢速下刀距离	10		
	退刀距离	10		
	切入方式	垂直		
4. 切削用量	速度值	主轴转速	1000	
		慢速下刀速度	100	
		切入切出连接速度	800	
		切削速度	300	
		退刀速度	100	
5. 公共参数	加工坐标系	坐标系名称	SYS	
	起始点	使用起始点	0，0，100	
6. 刀具	平底刀	D12		

小结

CAXA 制造工程师 2008 提供了多种数控铣编程方法，对于平面轮廓零件，粗加工可以使用平面区域式粗加工方法，精加工可以使用平面轮廓精加工方法；对于曲面零件，粗加工通常使用等高线粗加工方法，半精加工和精加工则根据曲面特征的不同，采取不同的编程方法，如比较陡峭的曲面，采用等高线精加工方法比较合适，较平坦的曲面采用扫描线精加工、三维偏置的加工比较合适，圆角加工采用参数线或区域式补加工方法较合适；对于孔的加工常采用孔加工的方法。

思考与练习

1. 思考题

（1）等高线加工适用于什么场合？与曲面区域加工有什么不同？

（2）在粗加工里走刀类型的定义，何时采用层优先？何时采用深度优先？

（3）加工精度定义的大小对凸凹模的加工有何影响？有何不同？

（4）平面轮廓加工主要用于加工什么？单根曲线可以作为轮廓处理吗？

（5）慢速下刀高度和下刀速度有什么作用？

2. 上机操作题

（1）完成（题图 5-1～题图 5-4）零件的三维实体建模，选用合适的加工方案进行数控编程，并生成 G 代码。

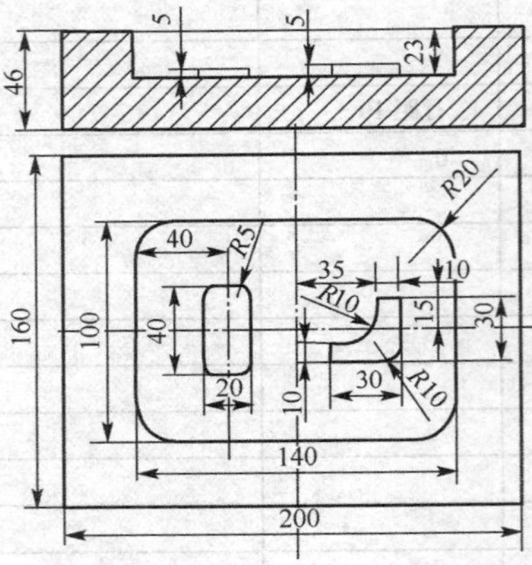

题图 5-1

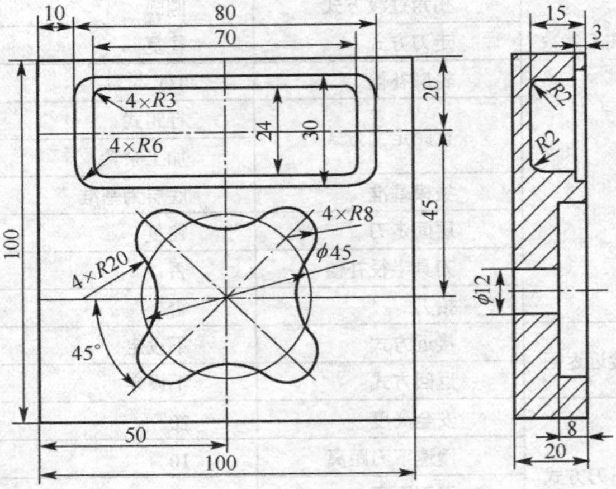

题图 5-2

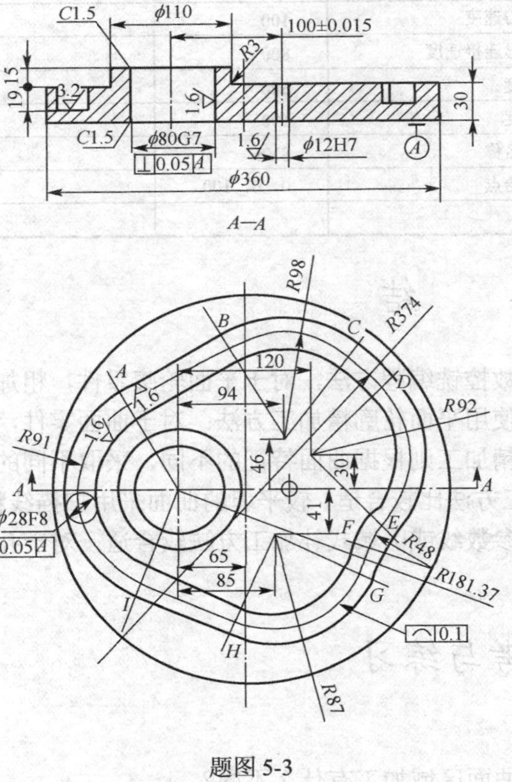

题图 5-3

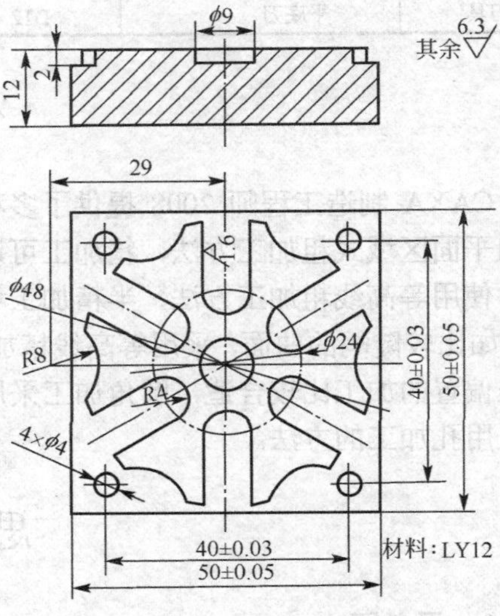

题图 5-4

（2）完成（题图 5-5～题图 5-9）零件的三维实体建模，选用合适的加工方案进行数控编程，并生成 G 代码。

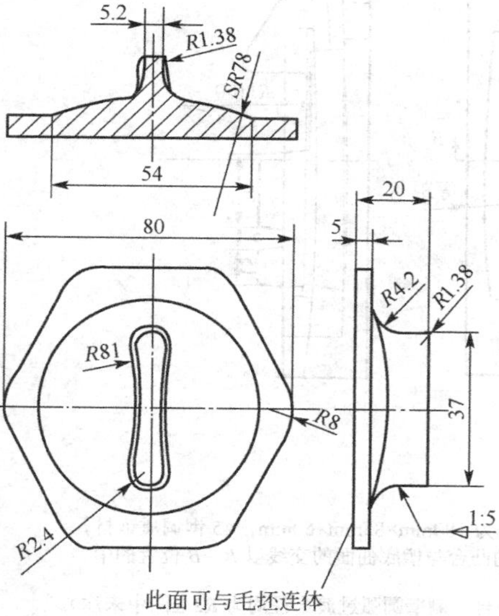

题图 5-5

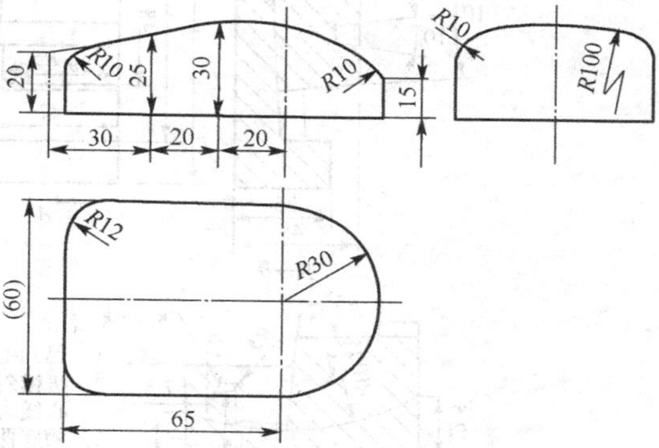

题图 5-6

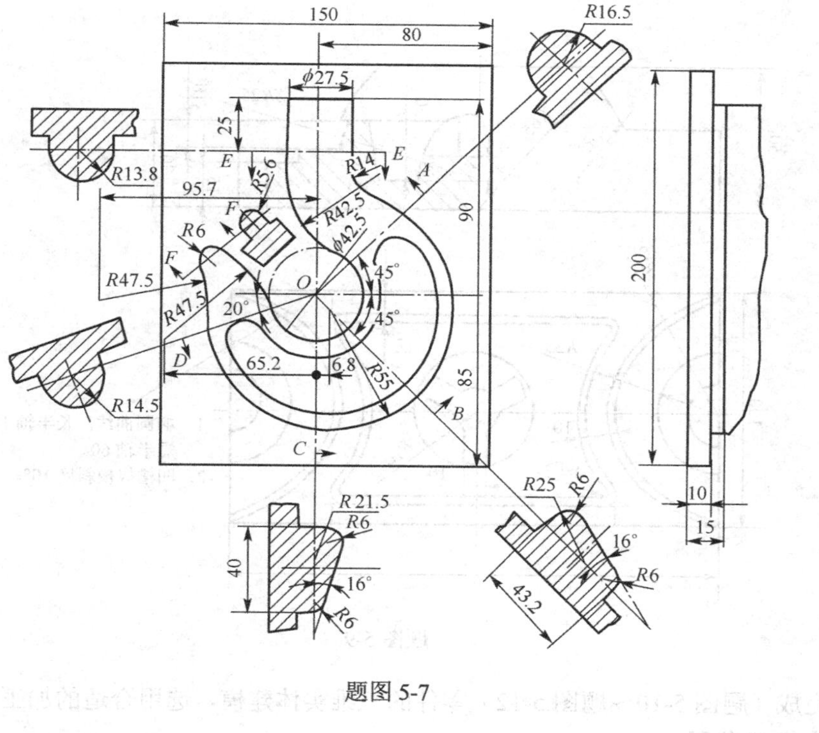

题图 5-7

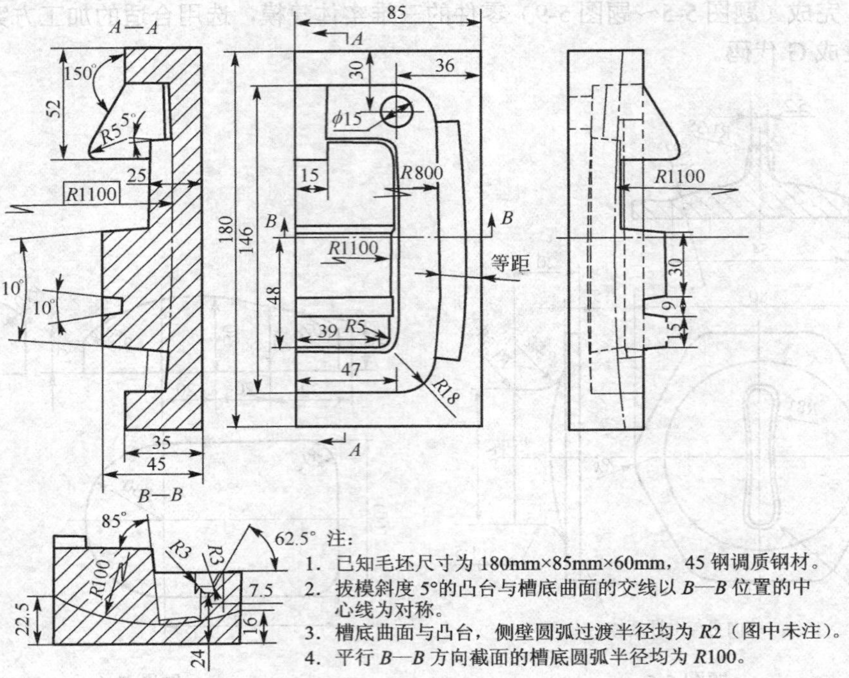

注：

1. 已知毛坯尺寸为 180mm×85mm×60mm，45 钢调质钢材。
2. 拔模斜度 5°的凸台与槽底曲面的交线以 B—B 位置的中心线为对称。
3. 槽底曲面与凸台，侧壁圆弧过渡半径均为 R2（图中未注）。
4. 平行 B—B 方向截面的槽底圆弧半径均为 R100。

题图 5-8

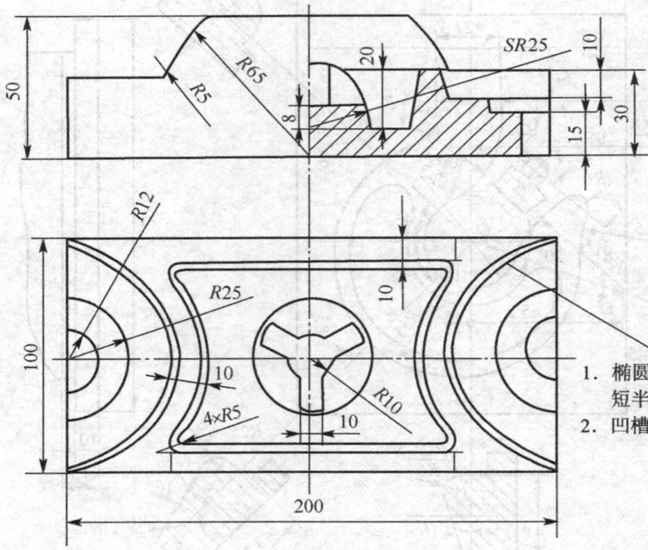

1. 椭圆曲线，长半轴 100，短半轴 60。
2. 凹槽拔模斜度 10°。

题图 5-9

（3）完成（题图 5-10～题图 5-12）零件的三维实体建模，选用合适的加工方案进行数控编程，并生成 G 代码。

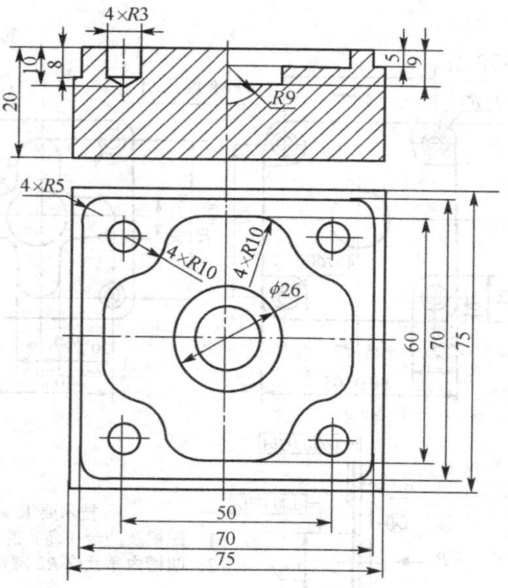

题图 5-10

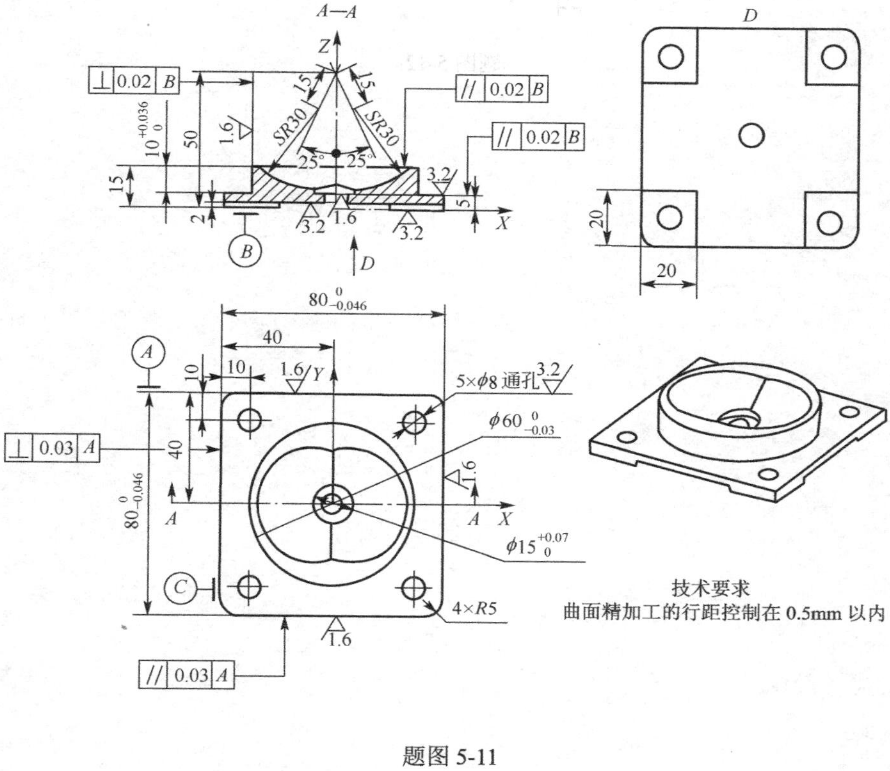

技术要求

曲面精加工的行距控制在 0.5mm 以内

题图 5-11

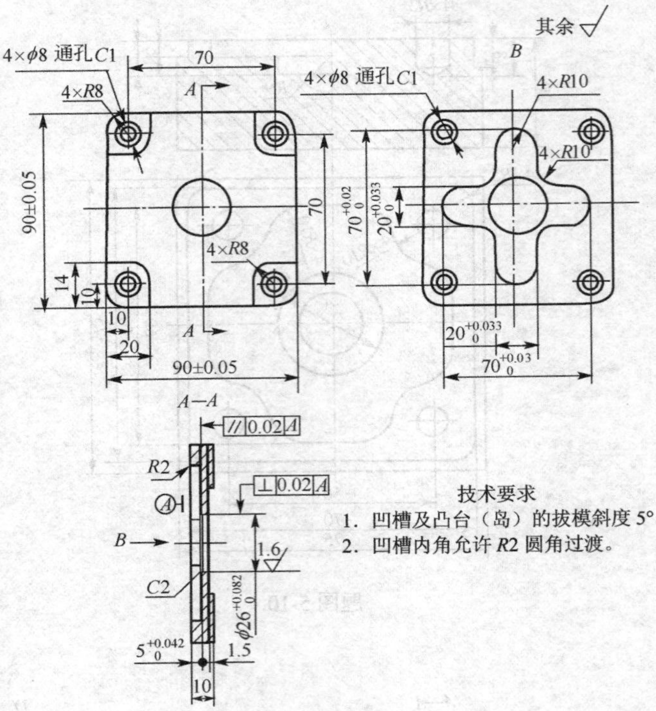

技术要求

1. 凹槽及凸台（岛）的拔模斜度 5°。
2. 凹槽内角允许 R2 圆角过渡。

题图 5-12

第 2 篇

CAXA 数控车

第 6 章　CAXA 数控车自动编程

CAXA 数控车是在全新的数控加工平台上开发的数控车床加工编程和二维图形设计软件。它具有 CAD 软件的强大绘图功能和完善的外部数据接口，可以绘制任意复杂的图形，可通过 DXF、IGES 等数据接口与其他系统交换数据。CAXA 数控车功能强大，可按加工要求生成各种复杂图形的加工轨迹。通用的后置处理模块可以满足各种机床的代码格式，可输出 G 代码，并可对生成的代码进行校验及加工仿真。

6.1　CAXA 数控车用户界面

启动 CAXA 数控车后，将出现图 6-1 所示的界面，和其他的 Windows 软件一样，主窗口包括标题栏、菜单栏、图形窗口、工具条、命令行和状态栏等。

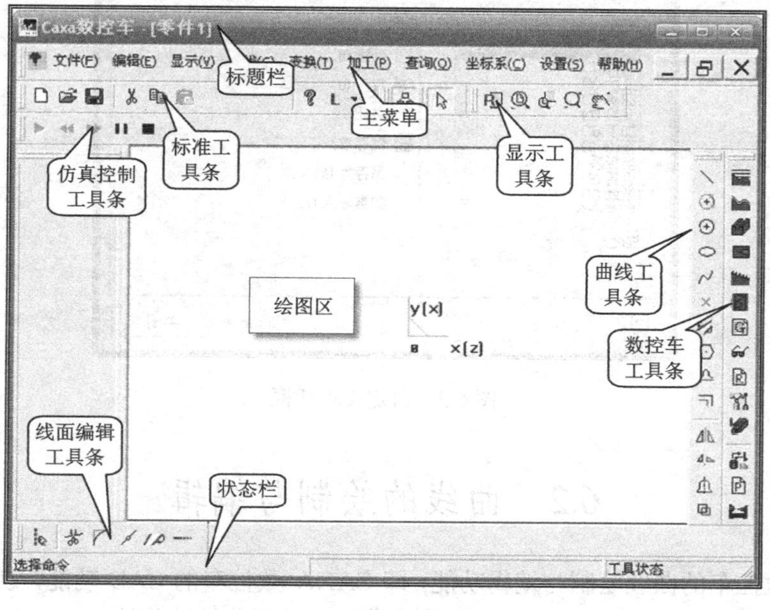

图 6-1　CAXA 数控车窗口

CAXA 数控车通过菜单来集成有关命令及选项的操作。

主菜单是界面最上方的菜单条。主菜单包括文件、编辑、显示、曲线、变换、加工、查询、坐标系、设置和帮助。每个部分都含有若干个下拉菜单。

1. 工具条

CAXA 数控车提供的工具条有：标准工具条、显示工具条、曲线生成工具条、数控车功能工具条和曲线编辑工具条。

（1）标准工具条包含了标准的“新建文件”、“打开文件”等按钮，也有与系统相关的“颜色设置”等按钮。

（2）仿真控制工具条包含了“继续仿真”、“上一步”、“下一步”、“暂停仿真”和“停止仿真”等仿真控制按钮。

（3）曲线工具条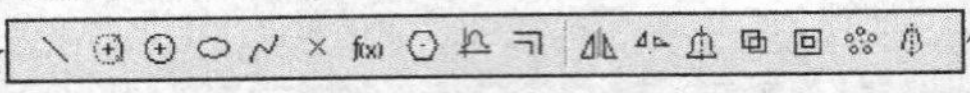包含了“直线”、“圆弧”等丰富的曲线绘制工具及“平面镜像”、“平面旋转”等曲线变换功能。

（4）数控车工具条包含了“轮廓粗车”、“轮廓精车”、“切槽”等相关数控车加工的控制按钮。

（5）显示工具条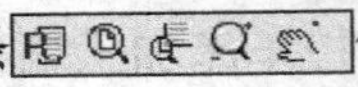包含了“全局观察”、“放大”、“远近显示”、“平移”等显示方式的按钮。

（6）线面编辑工具条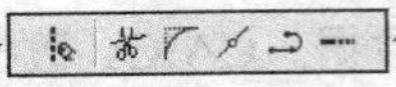包含了曲线的“删除”、“裁剪”、“过渡”、“打断”、“组合”、“拉伸”等编辑工具。

（7）状态工具条包含了“打开/关闭参数栏”和“选择”按钮。

2. 工具条的设置

CAXA 数控车的标准菜单提供了 8 种工具条，用户可以通过【工具条】对话框，自行设置（图 6-2）。方法是选中“设置”菜单中的“自定义”命令即可。

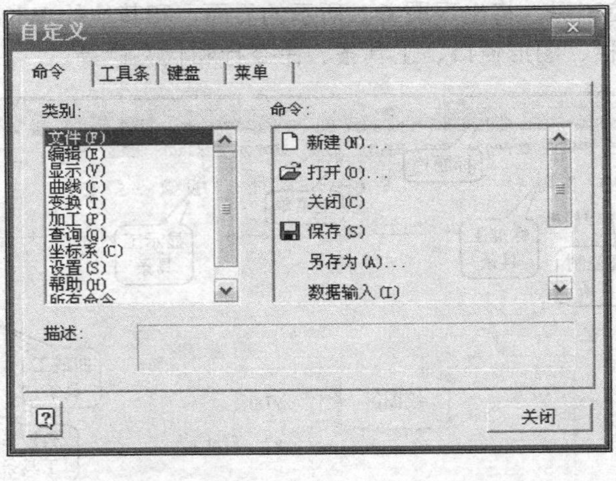

图 6-2 自定义对话框

6.2 曲线的绘制与编辑

CAXA 数控车的曲线绘制与编辑功能，即 CAXA 数控车的 CAD 功能，该功能的主要命令包括直线、圆弧、圆、样条曲线、点、公式曲线、等距曲线；此外，CAXA 数控车还提供了曲线编辑和几何变换功能。曲线编辑包括曲线裁剪、曲线过渡、曲线拉伸；几何变换包括平移、平面旋转、旋转、平面镜像、镜像、阵列和缩放。图 6-3 为曲线工具条。

图 6-3　曲线工具条

6.2.1　曲线的绘制

CAXA 数控车曲线的绘制功能和 CAXA 制造工程师有很多相同或类似的应用方法，因此，仅简单介绍本部分功能。

1. 点

在绘制图形过程中，经常需要绘制辅助点，以帮助曲线、特征、加工轨迹等定位。CAXA 数控车提供了多种点的绘制方式，可以“单个”或“批量”生成该点。

单击【点】按钮，或单击【曲线（C)】→【点】命令，可以激活该功能，在立即菜单中选择【点】方式，根据状态栏的提示，绘制点。

2. 直线

CAXA 数控车中共提供了“两点线”、“平行线”、“角度线”、“切线/法线”和“水平/铅垂线”6 种直线的绘制方式。

单击【直线】按钮，或单击主菜单中的【曲线（C)】→【直线】命令，可以激活该功能，在立即菜单中选择画线方式，根据状态栏的提示，绘制直线。

3. 圆和圆弧

（1）圆　CAXA 数控车中共提供了“圆心__半径”、“三点”和“两点__半径”3 种绘制圆的方法。

单击【圆】按钮，或单击主菜单中的【曲线（C)】→【圆】命令，可以激活该功能，在立即菜单中选择画圆的方式，根据状态栏的提示，绘制圆。

（2）圆弧　CAXA 数控车中共提供“三点圆弧”、“圆心__起点__圆心角”、“圆心__半径__起终角”、“两点__半径”、“起点__终点__圆形角”、“起点__半径__圆形角”6 种绘制圆弧的方法。

单击【圆弧】按钮，或单击主菜单中的【曲线（C)】→【圆弧】命令，可以激活该功能，在立即菜单中选择画圆弧的方式，根据状态栏的提示，绘制圆弧。

4. 其他曲线

其他曲线还包括“样条曲线”、“公式曲线”、“正多边形”、“等距曲线”、“二次曲线”等。这些曲线绘制方法和 CAXA 制造工程师中该方法的绘制方法相同，故不再详述。

6.2.2　曲线编辑

CAXA 数控车中的曲线编辑提供了“曲线裁剪”、“曲线过渡”、“曲线打断”、“曲线组合”、“曲线拉伸”四种命令。图 6-4 为线面编辑工具条。这些曲线编辑的命令和 CAXA 制造工程师中该命令相同，故只简单叙述曲线编辑的各种命令。

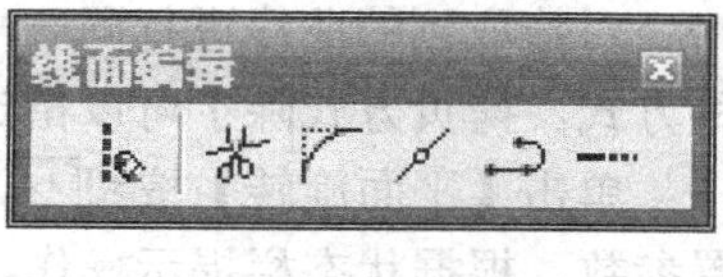

图 6-4　线面编辑工具条

1. 曲线的裁剪

使用曲线做剪刀，裁掉曲线上不需要的部分。即利用一个或多个几何元素（曲线或点，称为剪刀）对给定曲线（称为被裁剪线）进行修整，删除不需要的部分，得到新的曲线。曲线裁剪共有四种方式：“快速裁剪”、“线裁剪”、“点裁剪”、“修剪”。

单击【曲线裁剪】按钮，或者单击【曲线（C）】→【曲线裁剪】命令，可以激活该功能，按状态栏的提示，即可对曲线进行裁剪操作。

2. 曲线过渡

用于对指定的两条曲线进行“圆弧过渡”、“尖角过渡”或“倒角过渡”。

单击【曲线过渡】按钮，或单击【曲线（C）】→【曲线过渡】按状态栏提示操作，即可完成曲线过渡操作。

3. 曲线的打断

用于把拾取到的一条曲线在指定点处打断，形成两条曲线。

单击【曲线打断】按钮，或单击【曲线（C）】→【曲线打断】按状态栏提示操作，即可完成曲线打断操作。

4. 曲线的组合

用于把拾取到的多条相连曲线组合成一条样条曲线。

曲线组合有两种方式：“保留原曲线”和“删除原曲线”。

单击【曲线组合】按钮，或单击【曲线（C）】→【曲线组合】命令，按状态栏提示操作，即可完成曲线组合操作。

5. 曲线的拉伸

用于将指定曲线拉伸到指定点。

单击【曲线拉伸】按钮，或单击【曲线（C）】→【曲线拉伸】命令，按状态栏提示操作，即可完成曲线拉伸操作。

6. 曲线的删除

用于删除指定曲线。

单击【曲线删除】按钮，或单击【曲线（C）】→【曲线删除】命令，按状态栏提示操作，即可完成曲线拉伸操作。

6.2.3 几何变换

几何变换是指利用“平移”、“旋转”、“镜像”、“阵列”等几何手段，对曲线的位置、方向等几何属性进行变换，从而移动元素复制产生新的元素，但并不改变曲线或曲面的长度、半径等自身属性（缩放功能除外）。该部分功能和 CAXA 制造工程师的相关功能比较相似，因此只进行简要介绍。

1. 平移

对拾取到的曲线进行“平移”或“拷贝”。平移有两种方式：“两点”或“偏移量”。

单击【平移】按钮，或单击【变换（T）】→【平移】命令，在立即菜单中设置参数，根据状态栏提示操作，即可完成平移操作。

2. 平面旋转

对拾取到的曲线进行同一平面上的旋转或旋转拷贝。平面旋转有“拷贝”和“平移”两种方式。拷贝方式除了可以指定旋转角度外，还可以指定拷贝份数。

单击【平面旋转】按钮，或单击【变换（T）】→【平面旋转】命令，在立即菜单中设置参数，根据状态栏提示操作，即可完成平面旋转操作。

- 注意

旋转角度以逆时针旋向为正，顺时针旋向为负（相当于面向当前平面的视向而言）。

3. 旋转

对拾取到的曲线进行空间的旋转或旋转拷贝。

单击【旋转】按钮，或单击【变换（T）】→【旋转】命令，在立即菜单中设置参数，根据状态栏提示操作，即可完成旋转操作。

4. 平面镜像

对拾取到的直线以某一条直线为对称轴，进行同一平面的对称镜像或对称复制。

单击【平面镜像】按钮，或单击【变换（T）】→【平面镜像】命令，在立即菜单中设置参数，根据状态栏提示操作，即可完成平面镜像操作。

5. 镜像

对拾取到的直线以某一条平面为对称面，进行空间的对称镜像或对称复制。

单击【镜像】按钮，或单击【变换（T）】→【镜像】命令，在立即菜单中设置参数，根据状态栏提示操作，即可完成镜像操作。

6. 缩放

对拾取到的曲线进行按比例放大或缩小。缩放有“拷贝”和“移动”两种方式。

单击【缩放】按钮，或单击【变换（T）】→【缩放】命令，在立即菜单中设置参数，根据状态栏提示操作，即可完成缩放操作。

7. 阵列

对拾取到的曲线，按圆形或矩形方式进行阵列拷贝。

单击【阵列】按钮，或单击【变换（T）】→【阵列】命令，在立即菜单中设置参数，根据状态栏提示操作，即可完成阵列操作。

6.2.4 几何造型实例

通过本部分的综合应用，可以比较熟练掌握有关 CAXA 数控车的 CAD 功能，进一步提高绘图技巧。

【例 6-1】 绘制图 6-5 所示的零件的图形（不绘制点画线、不标注尺寸）。

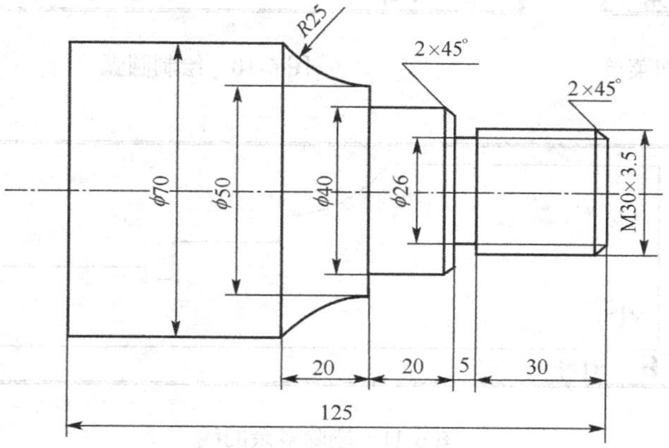

图 6-5 零件图

绘图步骤：

① 作垂直线。单击【直线】按钮，或者单击主菜单中的【曲线（C）】→【直线】命令，可以激活该功能，在立即菜单（图 6-6）中选择【两点线】、选择【连续】方式画线，根据状态栏的提示，输入直线的【第一点】，用鼠标捕捉原点作为第一点，状态栏的提示，输入直线的【第二点】，按回车键，输入坐标（0，35），绘制直线 $L1$，如图 6-7 所示。

② 绘制封闭边界线。连续步骤①，继续依次输入坐标（50，35）、（50，25）、（70，25）、

（70，20）、（90，20）、（90，13）、（95，13）、（95，15）、（125，15）、（125，0）、（0，0）得到图 6-8 所示的封闭图形。

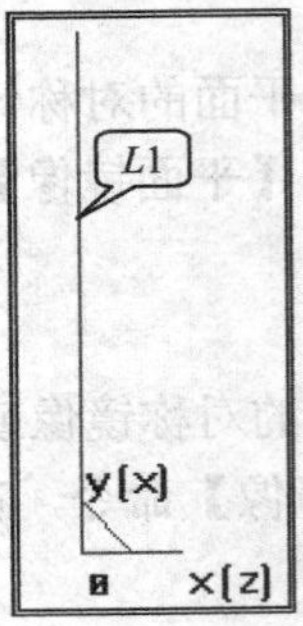

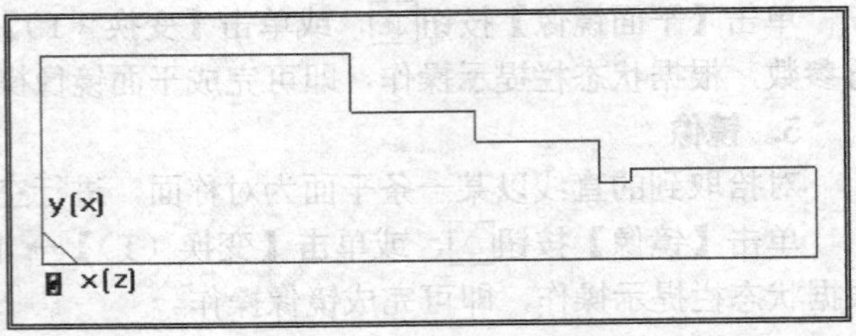

图 6-6 两点线立即菜单 图 6-7 绘制直线 *L*1　　图 6-8 连续直线绘制的封闭图形

③ 绘制 *R*25 圆弧。单击【圆弧】按钮，或者单击主菜单中的【曲线（C）】→【圆弧】命令，可以激活该功能，在立即菜单（图 6-9）中选择【两点__半径】方式画圆弧，根据状态栏的提示，捕捉 *P*1、*P*2 两个点，回车，输入半径 25，绘制圆弧（图 6-10），并删除直线 *L*2 和 *L*3，如图 6-11 所示。

图 6-9 圆弧立即菜单

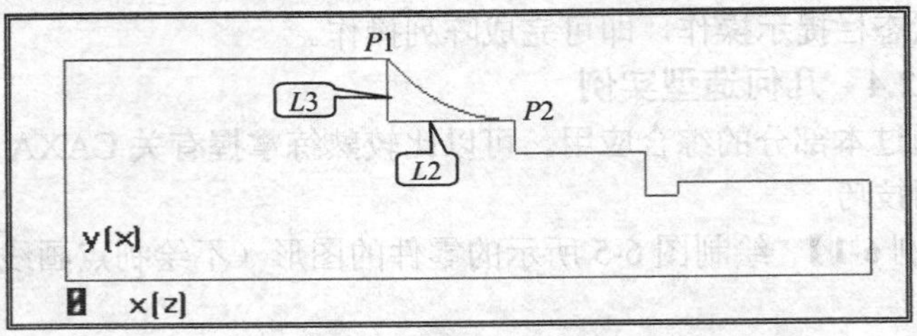

图 6-10 绘制圆弧

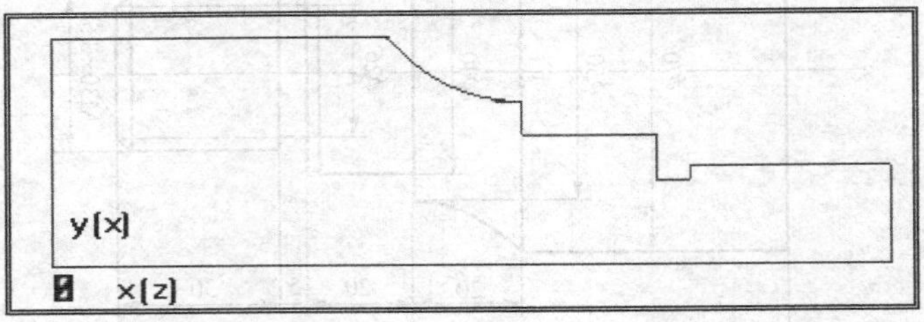

图 6-11 删除多余的线

④ 平面镜像。单击【平面镜像】按钮，或单击【变换（T）】→【平面镜像】命令，在立即菜单（图 6-12）中选择【拷贝】，拾取镜像首点 *A*，镜像末点 *B*，拾取镜像元素，拾取完成后，单击右键确认，完成平面镜像操作。结果如图 6-13 所示。

⑤ 连接其他直线。单击【直线】按钮，或单击主菜单中的【曲线（C）】→【直线】命令，在立即菜单（图 6-14）中选择【两点线】、【单个】方式画线，根据状态栏的提示，分别拾取各个点，绘制直线，结果如图 6-15 所示。

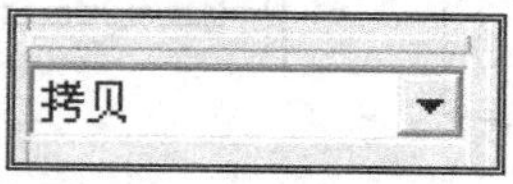

图 6-12　平面镜像立即菜单

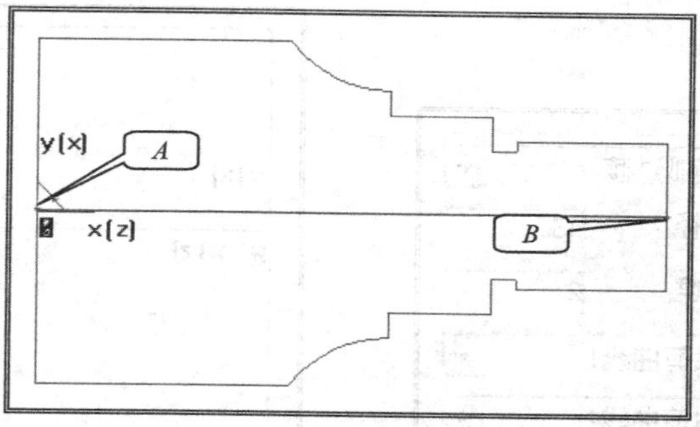

图 6-13　平面镜像结果

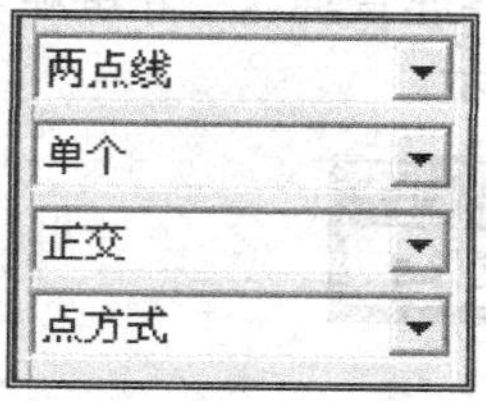

图 6-14　两点线立即菜单

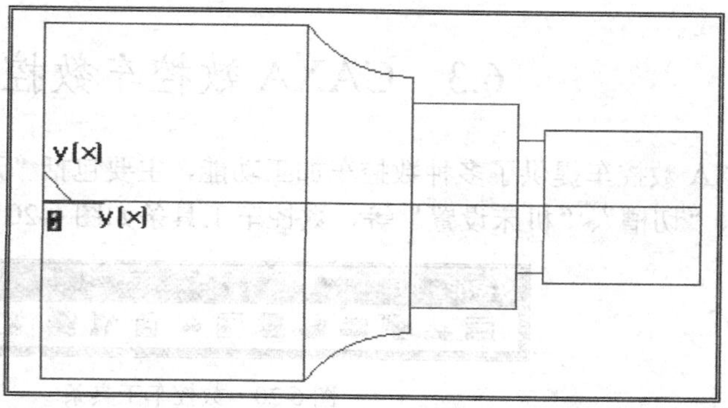

图 6-15　直线连接结果

⑥ 等距线。单击【等距线】按钮，或单击主菜单中的【曲线（C）】→【等距线】命令，在立即菜单（图 6-16）中选择【等距】，根据状态栏的提示，输入距离 2，拾取曲线 *L*4、*L*5、*L*7 生成等距线，结果如图 6-17 所示。

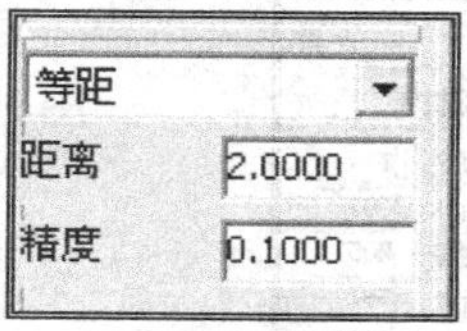

图 6-16　等距线立即菜单

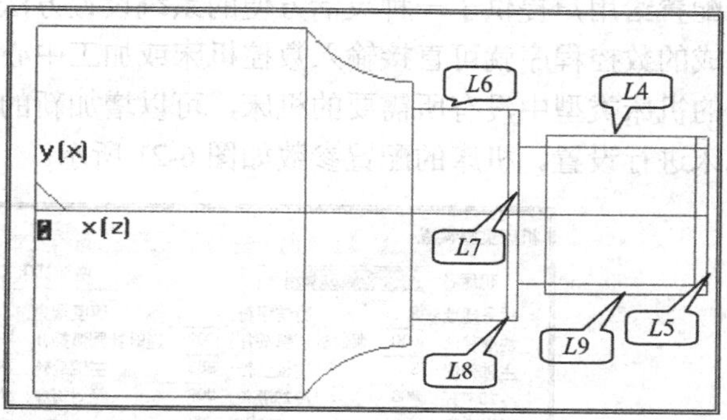

图 6-17　等距线绘制结果

⑦ 倒角过渡。单击【曲线过渡】按钮，或单击主菜单中的【曲线（C）】→【曲线过渡】命令，在立即菜单（图 6-18）中选择【倒角】，根据状态栏的提示，输入“角度”45，“距离”2，分别拾取曲线 *L*4 与 *L*5，*L*8 与 *L*7，*L*5 与 *L*9，*L*6 与 *L*7 生成倒角，如图 6-19 所示。绘制结束。

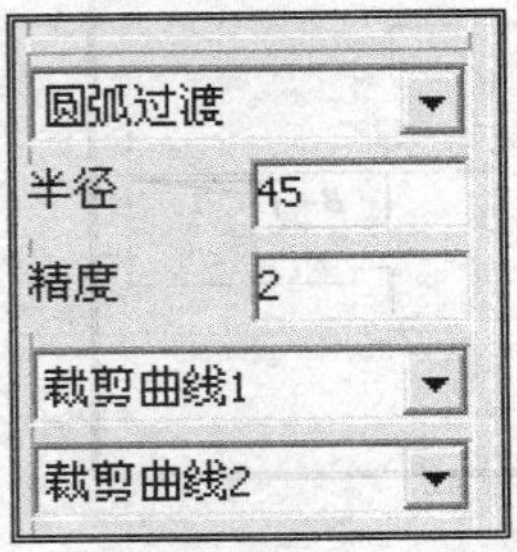

图 6-18 倒角立即菜单

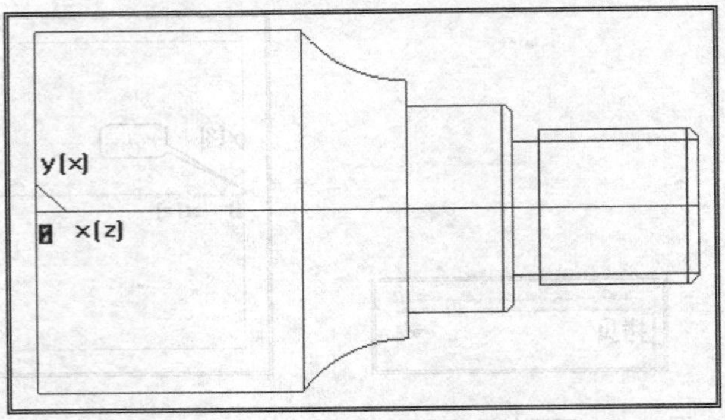

图 6-19 倒角绘制结果

6.3 CAXA 数控车数控加工

CAXA 数控车提供了多种数控车加工功能，主要包括“刀具库管理”、“轮廓粗车”、“轮廓精车”、“切槽”、“机床设置”等，数控车工具条如图 6-20 所示。

图 6-20 数控车工具条

6.3.1 CAXA 数控车 CAM 概述

1. 机床的设置和后置处理

机床设置就是针对不同的机床、不同的数控系统，设置特定的数控代码、数控程序格式及参数，并生成配置文件。生成数控程序时，系统根据该配置文件定义，生成用户所需要的特定代码格式的加工指令。

机床配置给用户提供了一种灵活方便的系统设置方法，通过设置系统配置参数后，后置处理所生成的数控程序就可直接输入数控机床或加工中心进行加工，而无需进行配置修改。如果已有的机床类型中没有所需要的机床，可以增加新的机床类型以满足使用需求，并对新增加的机床进行设置。机床的配置参数如图 6-21 所示。

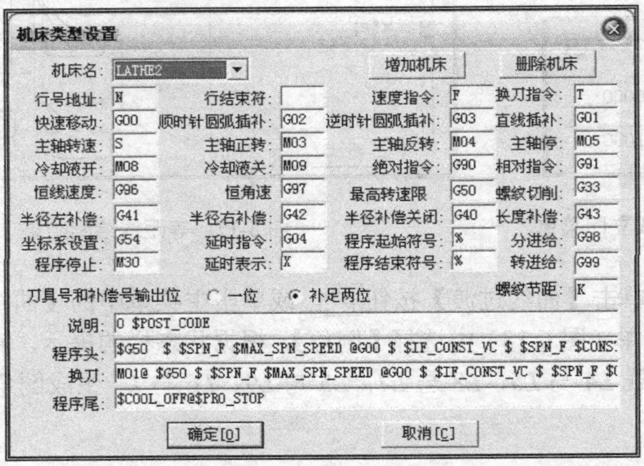

图 6-21 机床配置参数

（1）机床参数设置　显示当前使用的机床信息。可通过单击【当前机床】列表框，选择系统提供的机床，后置处理将按此机床格式生成加工程序。若系统未提供所需要的机床，可通过单击【增加机床】按钮，建立相应的机床，并进行信息配置。也可通过单击【删除当前机床】按钮删除当前使用的机床。

设置相应机床的各种指令地址及数控程序代码的规格设置，还包括设置要生成的 G 代码程序格式。

（2）常用的宏指令　CAXA 软件的程序格式，以字符串、宏指令@字符串和宏指令的方式进行设置，其中宏指令为＄＋“宏指令串”，下面是系统提供的宏指令串。

当前后置文件名：POST__NAME；

当前日期：POST__DATE；

当前时间：POST__TIME；

当前 *X* 坐标系：COORD__Y；

当前 *Z* 坐标系：COORD__X；

当前传序号：POST__CODE；

行号指令：LINE__NO__ADD；

行结束符：BLOCK__END；

冷却液开：COOL__ON；

冷却液关：COOL__OFF；

程序停：PRO__STOP；

左补偿：DCMP__LFT；

右补偿：DCMP__RGT；

补偿关闭：DCMP__OFF；

@号：换行标志，若是字符串则输出@本身；

＄号：输出空格。

（3）后置处理　后置处理就是针对特定的机床，结合已经设置好的机床配置，对后置输出的数控程序的格式，如程序段行号、程序大小、程序格式、编程方式、圆弧控制方式等进行设置。

2. 刀具库管理

刀具库管理功能用于定义、确定刀具的有关数据，以便用户从刀具库中获取刀具信息和对工具库进行维护。CAXA 数控车中提供了“轮廓车刀”、“切槽刀具”、“螺纹车刀”和“钻孔刀具”4 种类型的刀具的管理功能。

单击【刀具库管理】按钮，或单击【加工（P）】→【刀具库管理】菜单项，激活刀具库管理功能。

轮廓车刀、切槽刀具、螺纹车刀和钻孔刀具 4 种类型的刀具包括“共有参数”和“自身参数”两部分。下面详细说明刀具参数。

（1）轮廓车刀　轮廓车刀参数的对话框如图 6-22 所示。

【刀具名】：刀具的名称，用于刀具标识和列表。刀具名是唯一的。

【刀具号】：刀具的系列号，用于后置处理的自动换刀指令。刀具号是唯一的，并对应机床的刀具库。

【刀具补偿号】：刀具补偿值的序列号，其值对应于机床的数据库。

【刀柄长度】：刀具可夹持段的长度。

【刀柄宽度】：刀具可夹持段的宽度。

【刀角长度】：刀具可切削段的长度。

【刀尖半径】：刀尖部分用于切削的圆弧的半径。

【刀具前角】：刀具前刃与工件旋转轴的夹角。

【当前轮廓车刀】：显示当前刀具的刀具名。当前刀具就是在加工中要使用的刀具，在加工轨迹的生成中要使用当前刀具的刀具参数。

【轮廓车刀列表】：显示刀具库所有同类型刀具名称，可通过鼠标或键盘上、下键选择不同的刀具名，刀具参数表中将显示所选刀具的参数。双击所选刀具还能将其置为当前刀具。

（2）切槽刀具 切槽刀具参数的对话框如图 6-23 所示。

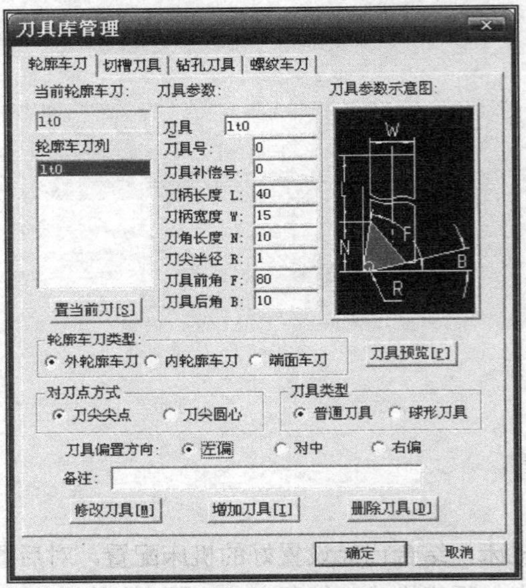

图 6-22 轮廓车刀对话框

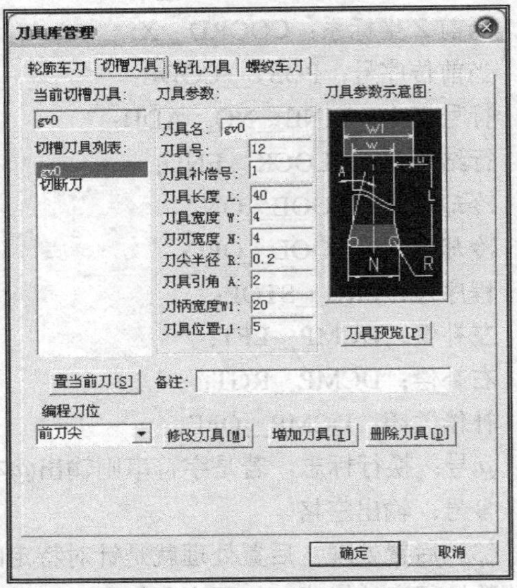

图 6-23 切槽刀具对话框

【刀具名】：刀具的名称，用于刀具标识和列表。刀具名是唯一的。

【刀具号】：刀具的系列号，用于后置处理的自动换刀指令。刀具号是唯一的，并对应机床的刀具库。

【刀具补偿号】：刀具补偿值的序列号，其值对应于机床的数据库。

【刀柄长度】：刀具可夹持段的长度。

【刀柄宽度】：刀具可夹持段的宽度。

【刀刃宽度】：刀具切削段的宽度。

【刀尖半径】：刀具切削刃两端的半径。

【刀具引角】：刀具切削段两侧边与垂直于切削方向的夹角。

【当前切槽刀具】：显示当前使用刀具的刀具名。当前刀具就是在加工中要使用的刀具，在加工轨迹的生成中要使用当前刀具的刀具参数。

【切槽刀具列表】：显示刀具库所有同类型刀具名称，可通过鼠标或键盘上、下键选择不同的刀具名，刀具参数表中将显示所选刀具的参数。双击所选刀具还能将其置为当前刀具。

（3）钻孔刀具　钻孔刀具参数的对话框如图 6-24 所示。

【刀具半径】：刀具的半径。

【刀尖角度】：钻头前尖部的角度。

【刀刃长度】：刀具的刀杆可用于切削部分的长度。

【刀杆长度】：刀尖到刀柄之间的距离，刀杆长度应大于刀刃有效长度。

【当前钻孔刀具】：显示当前使用刀具的刀具名。当前刀具就是在加工中要使用的刀具，在加工轨迹的生成中要使用当前刀具的刀具参数。

【钻孔刀具列表】：显示刀具库所有同类型刀具名称，可通过鼠标或键盘上、下键选择不同的刀具名，刀具参数表中将显示所选刀具的参数。双击所选刀具还能将其置为当前刀具。

（4）螺纹车刀　螺纹车刀参数的对话框如图 6-25 所示。

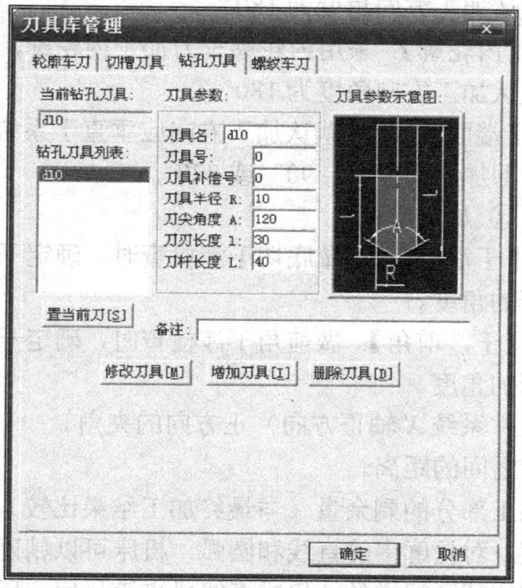

图 6-24　钻孔刀具对话框

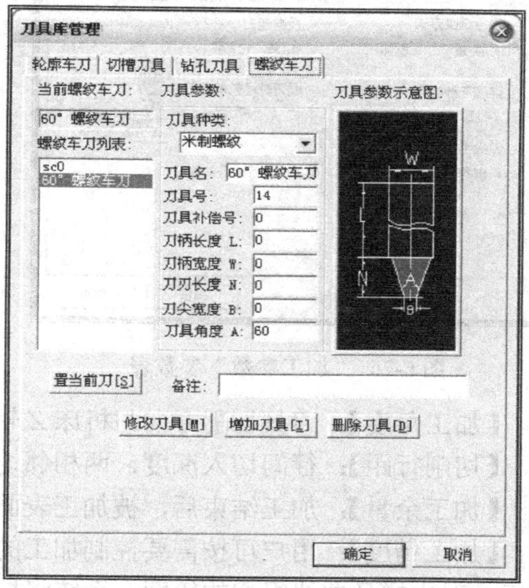

图 6-25　螺纹车刀对话框

【刀具名】：刀具的名称，用于刀具标识和列表。刀具名是唯一的。

【刀具号】：刀具的系列号，用于后置处理的自动换刀指令。刀具号是唯一的，并对应机床的刀具库。

【刀具补偿号】：刀具补偿值的序列号，其值对应于机床的数据库。

【刀柄长度】：刀具可夹持段的长度。

【刀柄宽度】：刀具可夹持段的宽度。

【刀刃长度】：刀具的刀杆可用于切削部分的长度。

【刀具角度】：刀具切削两侧边与垂直于切削方向的夹角，该角度决定了车削出的螺纹的螺纹角。

【刀刃宽度】：螺纹齿底宽度。

【当前螺纹车刀】：显示当前使用刀具的刀具名。当前刀具就是在加工中要使用的刀具，在加工轨迹的生成中要使用当前刀具的刀具参数。

【螺纹车刀列表】：显示刀具库所有同类型刀具名称，可通过鼠标或键盘上、下键选择不同的刀具名，刀具参数表中将显示所选刀具的参数。双击所选刀具还能将其置为当前刀具。

6.3.2 轮廓粗车

用于实现对工件外轮廓表面、内轮廓表面和端面的粗车加工，快速清除毛坯的多余部分。做轮廓粗车时要确定被加工轮廓和毛坯轮廓，加工轮廓和毛坯轮廓两端点相连，两轮廓共同构成一个封闭的加工区域，此区域的材料将被加工去除。加工轮廓和毛坯轮廓不能单独闭合或自相交。

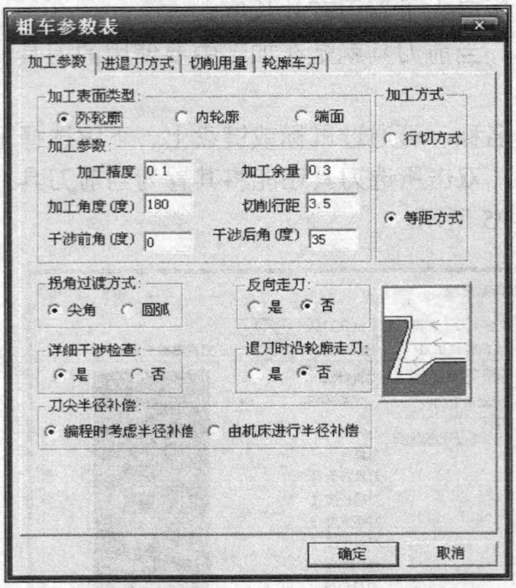

图 6-26 “加工参数”参数表

1. 参数说明

（1）加工参数 单击如图 6-26 所示对话框中的【加工参数】选项卡，即进入加工参数表。

① 加工表面类型。

【外轮廓】：采用外轮廓车刀加工外轮廓，此时默认加工方向角度为 180°。

【内轮廓】：采用内轮廓车刀加工内轮廓，此时默认加工方向角度为 180°。

【端面】：此时默认加工方向应垂直于系统 X 轴，即加工角度为 –90° 或 270°。

② 加工参数。

【干涉后角】：做底切干涉检查时，确定干涉检查的角度。

【干涉前角】：做前角干涉检查时，确定干涉检查的角度。

【加工角度】：刀具切削方向与机床 Z 轴（软件系统 X 轴正方向）正方向的夹角。

【切削行距】：行间切入深度，两相邻切削行之间的距离。

【加工余量】：加工结束后，被加工表面无加工部分的剩余量（与最终加工结果比较）。

【加工精度】：用户可按需要控制加工的精度。对轮廓中的直线和圆弧，机床可以精确地加工；对由样条曲线组成的轮廓，系统将按给定的精度把样条转化成直线段来满足用户所需的加工精度。

③ 拐角过渡方式。

【圆弧】：切削过程中遇到拐角时，刀具从轮廓一边到另一边过程中，以圆弧方式过渡。

【尖角】：切削过程中遇到拐角时，刀具从轮廓一边到另一边过程中，以尖角方式过渡。

④ 反向走刀。

【否】：刀具按默认方向走刀，即刀具从机床 Z 轴正方向向 Z 轴负方向移动。

【是】：刀具按默认方向相反的方向走刀。

⑤ 详细干涉检查。

【否】：假定刀具前后干涉角均为 0°，对凹槽部分不做加工，以保证切削轨迹无前角及底切干涉。

【是】：加工凹槽时，用定义的干涉角度检查加工中是否有刀具前角及底切干涉，并按定义的干涉角度生成无干涉的切削轨迹。

⑥ 退刀时沿轮廓走刀。

【否】：刀位行首、末直接进退刀，对行与行之间的轮廓不加工。

【是】：两刀位行之间如果有一段轮廓，在后一刀位行前、后增加对行间轮廓加工。

⑦ 刀尖半径补偿。

【编程时考虑半径补偿】：在生成加工轨迹时，系统根据当前所用刀具的刀尖半径进行补偿（按假想刀尖点编程）。所生成代码即为已考虑半径补偿的代码，无需机床再进行刀尖半径补偿。

【由机床进行半径补偿】：在生成加工轨迹时，假设刀尖半径为零，按轮廓编程，不进行刀尖半径补偿计算，所生成代码用于实际加工，应根据实际刀尖半径由机床指定补偿值。

（2）进退刀方式　单击对话框中的【进退刀方式】标签，即进入进退刀方式参数表，该参数用于加工中对进退刀方式进行设定。如图 6-27 所示。

① 进刀方式。

【每行相对毛坯进刀方式】：用于对毛坯部分进行切削时的进刀方式。

【每行相对加工表面进刀方式】：用于对加工表面部分进行切削时的进刀方式。

【与加工表面成定角】：指在每一切削行前加入一段与轨迹切削方向夹角成一定角度的进刀段。刀具垂直进刀到该进刀段的起点，再沿该进刀段进刀至切削行。角度定义该进刀段与轨迹切削方向的夹角，长度定义该进刀段的长度。

【垂直进刀】：指刀具直接进刀到每一切削行的起始点。

【矢量进刀】：指在每一切削行前加入一段与系统 X 轴（机床 Z 轴）正方向成一定夹角的进刀段。刀具进刀到该进刀段的起始点，再沿该进刀段进刀至切削行。角度定义矢量（进刀段）与系统工轴正方向的夹角；长度定义矢量（进刀段）长度。

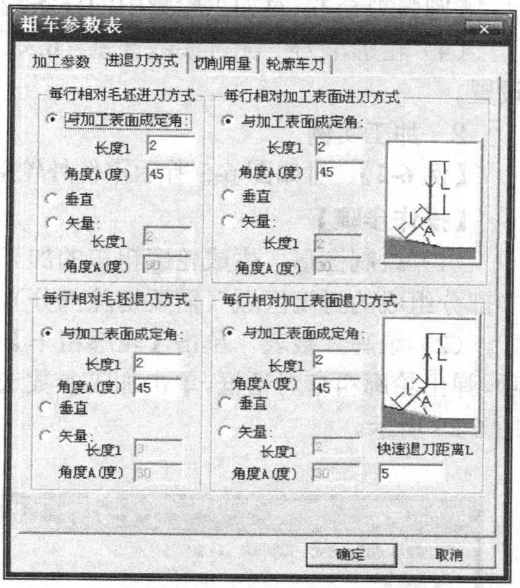

图 6-27 “进退刀方式”参数表

② 退刀方式。

【每行相对毛坯退刀方式】：用于对毛坯部分进行切削时的退刀方式。

【每行相对加工表面退刀方式】：用于对加工表面部分进行切削时的退刀方式。

【与加工表面成定角】：指在每一切削行后加入一段与轨迹切削方向夹角成一定角度的退刀段，刀具先沿该退刀段退刀，再从该退刀段的末点开始垂直退刀。角度定义该退刀段与轨迹切削方向的夹角，长度定义该退刀段的长度。

【轮廓垂直退刀】：指刀具直接从每一切削行的终点垂直退刀。

【轮廓矢量退刀】：指在每一切削行后加入一段与系统 Y 轴（机床 Z 轴）正方向成一定夹角的退刀段。刀具先沿该退刀段退刀，再从该退刀段的末点开始垂直退刀。角度定义矢量（退刀段）与系统 X 轴正方向的夹角；长度定义矢量（退刀段）的长度。

【快速退刀距离】：以给定的退刀速度回退的距离（相对值），在此距离上以机床允许的最大进给速度退刀。

（3）切削用量　每种刀具轨迹生成时，都需要设置一些与切削用量及机床加工相关的参数。如图 6-28 所示。

① 速度设定。

【接近速度】：刀具接近工件时的进给速度。

【切削速度】：刀具切削工件时的进给速度。

【主轴转速】：机床主轴旋转的速度。计量单位是机床默认的单位。

【退刀速度】：刀具离开工件的速度。

② 主轴转速选项。主轴转速选项分为“恒转速”和“恒线速度”两种。

【恒转速】：切削过程中按指定主轴转速保持主轴转速恒定，直到下一指令改变该转速。

【恒线速度】：切削过程中按指定的线速度值保持线速度恒定。

③ 样条拟合方式。样条拟合方式分为“直线拟合”和“圆弧拟合”两种。

【直线拟合】：对加工轮廓中的样条线根据给定的加工精度用直线段进行拟合。

【圆弧拟合】：对加工轮廓中的样条线根据给定的加工精度用圆弧段进行拟合。

（4）轮廓车刀　配置参数详见“6.3.1 中的刀库管理”。如图 6-29 所示为轮廓车刀的参数设置。

2. 加工实例

【例 6-2】 对如图 6-5 所示零件外轮廓进行粗车，生成加工轨迹。设定毛坯为ϕ80 棒料。

【操作步骤】

（1）绘制图形　生成轮廓粗车的加工轨迹时，只需要画出被加工外轮廓和毛坯轮廓的上半部分组成的封闭区域（需要切除部分）即可，其余线条不用画出，如图 6-30 所示。

（2）填写参数表　单击【轮廓粗车】按钮，或单击【加工（P）】→【轮廓粗车】菜单项，弹出轮廓粗车对话框。单击加工参数选项卡，按照表 6-1 所列参数填写对话框，如图 6-26～图 6-29 所示。

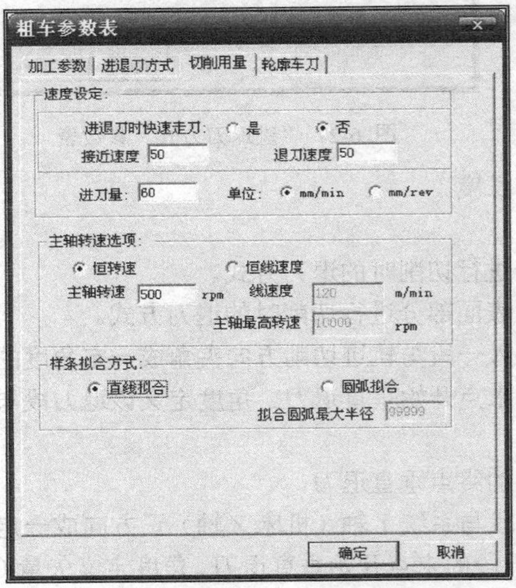

图 6-28　切削用量参数表

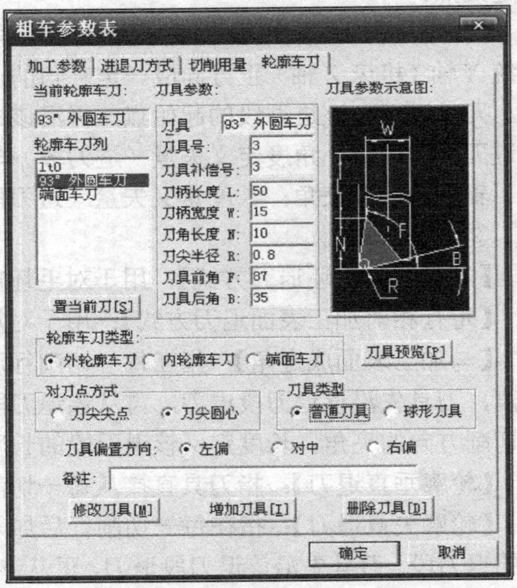

图 6-29　轮廓车刀参数设置

（3）拾取加工轮廓　系统提示用户拾取被加工件表面轮廓线，选择拾取方式。按空格键弹出工具菜单，系统默认拾取方式为“链拾取”（若被加工轮廓与毛坯轮廓首尾相连，一般不能采取此方式）。选择【限制线链拾取】或【单个拾取】，拾取加工轮廓，如图 6-31 所示。

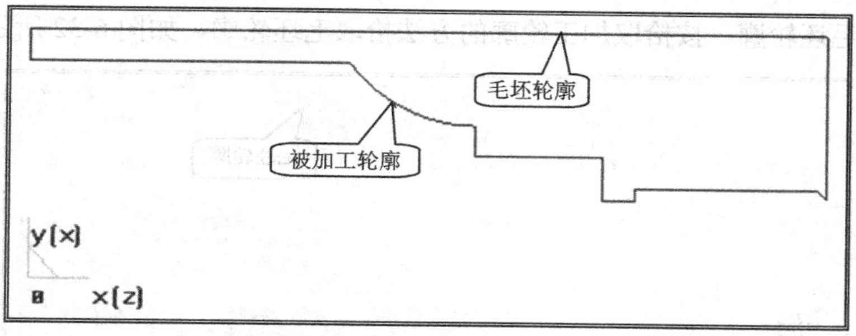

图 6-30　绘制加工图形

表 6-1　粗车加工参数

刀具参数		
刀具名	90° 外圆车刀	
刀具号	3	
刀具补偿号	3	
刀具长度 L	50	
刀柄宽度 W	15	
刀角长度	10	
刀尖半径	0.8	
刀具前角	87	
刀具后角	35	
轮廓车刀类型	⊙外轮廓车刀 ○内轮廓车刀 ○端面	
对刀点方式	○刀尖尖点 ⊙刀尖圆心	
刀具类型	⊙普通车刀 ○球头车刀	
刀具偏置方向	⊙左偏 ○对中 ○右偏	
进退刀方式		
相对毛坯进刀	⊙与加工表面成定角	L=2，A=45
	○垂直进刀	
	○矢量进刀	
相对加工表面进刀	⊙与加工表面成定角	L=2，A=45
	○垂直进刀	
	○矢量进刀	
相对毛坯退刀	⊙与加工表面成定角	L=2，A=45
	○轮廓垂直退刀	
	○轮廓矢量退刀	
相对加工表面退刀	⊙与加工表面成定角	L=2，A=45
	○轮廓垂直退刀	
	○轮廓矢量退刀	
	快速退刀距离	L=5

切削用量		
切削速度	进退刀时是否快速	○是 ⊙否
	接近速度	50
	退刀速度	50
	进刀量	60
主轴转速	恒转速	500
	恒线速度	
	最高转速	
拟合方式	⊙直线	
	○圆弧	
	拟合圆弧最大半径	
加工参数		
加工表面类型	⊙外轮廓 ○内轮廓 ○端面	
加工方式	⊙行切方式 ○等距方式	
加工精度	0.1	
加工余量	0.3	
加工角度	180	
切削行距	3.5	
干涉前角	0	
干涉后角	35	
拐角过渡方式	⊙尖角 ○圆弧	
反向走刀	○是 ⊙否	
详细干涉检查	⊙是 ○否	
退刀时是否沿轮廓走刀	○是 ⊙否	
刀尖补偿半径	⊙ 编程时考虑半径补偿 ○有机床进行半径补偿	
—	—	

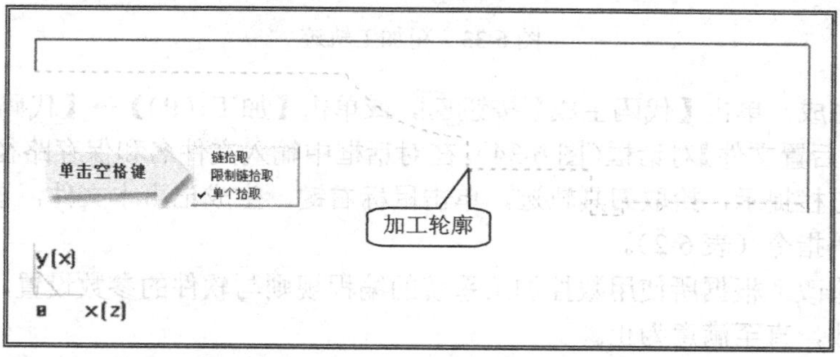

图 6-31　拾取加工轮廓

（4）拾取毛坯轮廓　按拾取加工轮廓的方法拾取毛坯轮廓，如图6-32所示。

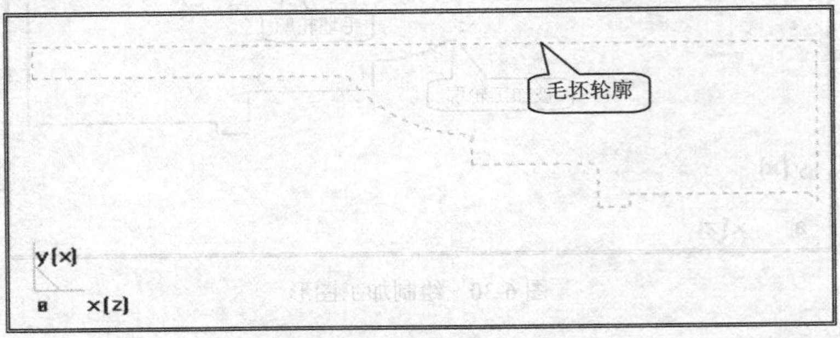

图6-32　拾取毛坯轮廓

（5）确定进退刀点　指定一点作为刀具加工前和加工后所在的位置（*Z*145，*X*45），如图6-33所示。

• 注意

① 链拾取。链拾取时需用户指定起始曲线及链搜索方向，系统按起始曲线及搜索方向自动寻找所有首尾搭接的曲线。它适合于需批量处理的曲线数目较大且无两根以上曲线搭接在一起的情形。

② 限制链拾取。限制链拾取需用户指定起始曲线、搜索方向和限制曲线，系统按起始曲线及搜索方向自动寻找首尾搭接的曲线串到指定的限制曲线。适用于避开有两根以上曲线搭接在一起的情形，以正确地拾取所需要的曲线。

③ 单个拾取。单个拾取需用户依次拾取需批量处理的各条曲线。它适合于曲线条数不多且不适合于【链拾取】的情形。

（6）生成刀具加工轨迹　当确定进退刀点之后，右击，系统生成刀具轨迹。如图6-33所示。

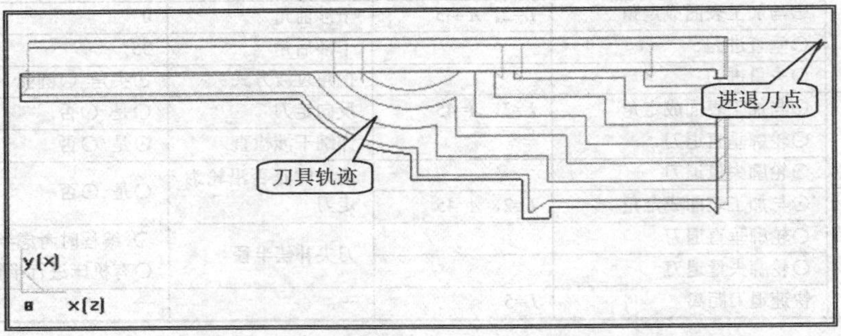

图6-33　粗加工轨迹

（7）代码生成　单击【代码生成】按钮，或单击【加工（P）】→【代码生成】菜单项，系统弹出【选择后置文件】对话框（图6-34）。在对话框中输入文件名和保存路径，单击 打开(O) 按钮，根据状态栏提示，拾取刀具轨迹，单击鼠标右键，生成记事本文件，该文件即为生成的数控加工代码指令（表6-2）。

（8）代码修改　根据所使用数控加工系统的编程规则与软件的参数设置，对生成的加工程序进一步修改，直至满意为止。

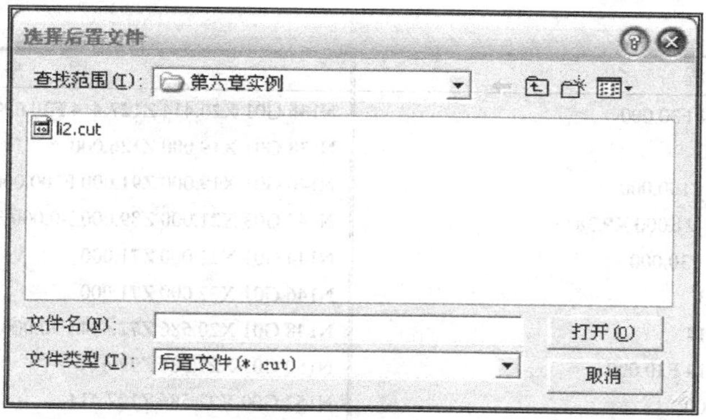

图 6-34 选择后置文件

- 注意

① 加工轮廓与毛坯轮廓必须构成一个封闭区域，被加工轮廓和毛坯轮廓不能单独闭合或自相交。

② 为便于采用链拾取方式，可以将加工轮廓与毛坯轮廓绘成相交，系统能自动求出其封闭区域。

③ 软件绘图坐标系与机床坐标系的关系。在软件坐标系中 X 轴正方向代表机床 Z 轴正方向，Y 轴正方向代表机床的 X 轴正方向。本软件用加工角度将软件的 XY 向转换成机床 ZX 向。如切外轮廓，刀具由右向左运动，与机床的 Z 轴正向成 180°，加工角度 180°。如切端面，刀具从上到下运动，与机床 Z 轴正向成 –90° 或 270°，加工角度取 –90° 或 270°。

（9）代码传输　由软件生成的加工程序，通过 R232 串行口，可以直接传输给数控机床的 MCU。

表 6-2　粗车加工程序

程　序	程　序
N10 G50 S0	N50 G01 X37.000 Z-3.000 F100.000
N12 G00 G97 S150 T0003	N52 G01 X38.414 Z-1.586 F30.000
N14 M03	N54 G01 X45.414 Z-1.586
N16 M08	N56 G00 X45.414 Z127.414
N18 G00 X50.000 Z125.000	N58 G01 X35.414 Z127.414 F30.000
N20 G00 X51.414 Z127.414	N60 G01 X34.000 Z126.000
N22 G01 X44.414 Z127.414 F30.000	N62 G01 X34.000 Z51.564 F100.000
N24 G01 X43.000 Z126.000	N64 G02 X35.200 Z50.600 I15.000 K17.436
N26 G01 X43.000 Z-3.000 F100.000	N66 G03 X36.000 Z49.000 I-1.200 K-1.600
N28 G01 X44.414 Z-1.586 F30.000	N68 G01 X36.000 Z-1.000
N30 G01 X51.414 Z-1.586	N70 G01 X37.414 Z0.414 F30.000
N32 G00 X51.414 Z127.414	N72 G01 X44.414 Z0.414
N34 G01 X41.414 Z127.414 F30.000	N74 G00 X44.414 Z127.414
N36 G01 X40.000 Z126.000	N76 G01 X32.414 Z127.414 F30.000
N38 G01 X40.000 Z-3.000 F100.000	N78 G01 X31.000 Z126.000
N40 G01 X41.414 Z-1.586 F30.000	N80 G01 X31.000 Z54.682 F100.000
N42 G01 X48.414 Z-1.586	N82 G02 X34.000 Z51.564 I18.000 K14.318
N44 G00 X48.414 Z127.414	N84 G01 X33.479 Z53.495 F30.000
N46 G01 X38.414 Z127.414 F30.000	N86 G01 X40.479 Z53.495
N48 G01 X37.000 Z126.000	N88 G00 X40.479 Z127.414

续表

程　序	程　序
N90 G01 X29.414 Z127.414 F30.000	N136 G01 X20.414 Z127.414 F30.000
N92 G01 X28.000 Z126.000	N138 G01 X19.000 Z126.000
N94 G01 X28.000 Z59.619 F100.000	N140 G01 X19.000 Z91.000 F100.000
N96 G02 X31.000 Z54.682 I21.000 K9.381	N142 G03 X21.000 Z89.000 I-0.000 K-2.000
N98 G01 X30.724 Z56.663 F30.000	N144 G01 X21.000 Z71.000
N100 G01 X37.724 Z56.663	N146 G01 X22.000 Z71.000
N102 G00 X37.724 Z127.414	N148 G01 X20.586 Z72.414 F30.000
N104 G01 X26.414 Z127.414 F30.000	N150 G01 X27.586 Z72.414
N106 G01 X25.000 Z126.000	N152 G00 X27.586 Z127.414
N108 G01 X25.000 Z70.732 F100.000	N154 G01 X17.414 Z127.414 F30.000
N110 G03 X26.000 Z69.000 I-1.000 K-1.732	N156 G01 X16.000 Z126.000
N112 G02 X28.000 Z59.619 I23.000 K0.000	N158 G01 X16.000 Z91.000 F100.000
N114 G01 X27.890 Z61.616 F30.000	N160 G01 X19.000 Z91.000
N116 G01 X34.890 Z61.616	N162 G01 X17.586 Z92.414 F30.000
N118 G00 X34.890 Z127.414	N164 G01 X24.586 Z92.414
N120 G01 X23.414 Z127.414 F30.000	N166 G00 X24.586 Z125.414
N122 G01 X22.000 Z126.000	N168 G01 X17.414 Z125.414 F30.000
N124 G01 X22.000 Z71.000 F100.000	N170 G01 X16.000 Z124.000
N126 G01 X24.000 Z71.000	N172 G01 X16.000 Z91.000 F100.000
N128 G03 X25.000 Z70.732 I-0.000 K-2.000	N174 G01 X17.414 Z92.414 F30.000
N130 G01 X24.482 Z72.664 F30.000	N176 G01 X51.414 Z92.414
N132 G01 X31.482 Z72.664	N178 G00 X50.000 Z125.000
N134 G00 X31.482 Z127.414	N180 M09　　N182 M30

6.3.3　轮廓精车

实现对工件外轮廓表面、内轮廓表面和端面的精车加工，做轮廓精车时要确定被加工轮廓，被加工轮廓就是轮廓粗车加工结束后的工件表面轮廓，被加工轮廓不能闭合或自相交。

1. 参数说明

轮廓精车的参数设定和轮廓粗车基本相同，不再详细说明。

2. 加工实例

【例 6-3】 对图 6-5 所示零件图的外轮廓精车，待加工部分如图 6-35 所示。生成精车加工轨迹。

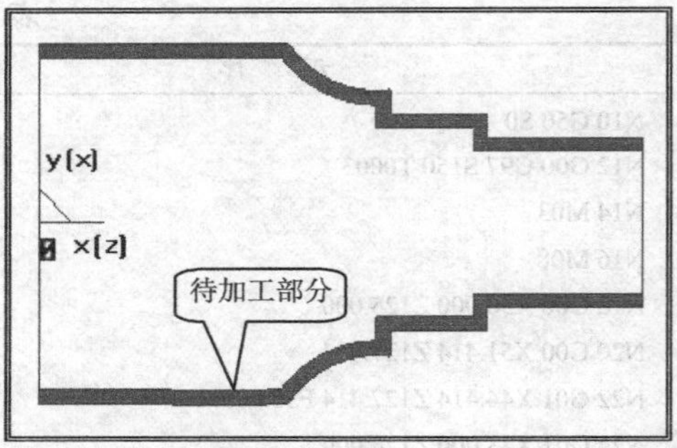

图 6-35　待加工图形

表 6-3　精车加工参数

刀具参数		切削用量		
刀具名	90° 外圆车刀	切削速度	进退刀时是否快速	○是⊙否
刀具号	4		接近速度	50
刀具补偿号	4		退刀速度	50
刀具长度 *L*	50		进刀量	30
刀柄宽度 *W*	15	主轴转速	恒转速	800
刀角长度	10		恒线速度	
刀尖半径	0.5		最高转速	

续表

刀具参数			切削用量	
刀具前角	87		拟合方式	○圆弧 ⊙直线
刀具后角	35		加工参数	
轮廓车刀类型	⊙外轮廓车刀 ○内轮廓车刀 ○端面		加工表面类型	⊙外轮廓 ○内轮廓 ○端面
对刀点方式	○刀尖尖点 ⊙刀尖圆心		加工精度	0.01
刀具类型	⊙普通车刀 ○球头车刀		加工余量	0
刀具偏置方向	⊙左偏 ○对中 ○右偏		切削行数	2
进退刀方式			切削行距	0.1
相对加工表面进刀	⊙与加工表面成定角	L=2，A=45	干涉前角	0
	○垂直进刀		干涉后角	8
	○矢量进刀		最后一行加工次数	1
相对加工表面退刀	⊙与加工表面成定角	L=2，A=45	拐角过渡方式	⊙尖角 ○圆弧
	○轮廓垂直退刀		反向走刀	○是 ⊙否
	○轮廓矢量退刀		详细干涉检查	⊙是 ○否
	快速退刀距离	L=5	刀尖补偿半径	⊙ 编程时考虑半径补偿 ○有机床进行半径补偿

【操作步骤】

（1）绘制图形　生成加工轨迹时，只画出待加工的外轮廓上半部分即可，其余线条不画出（图 6-36）。

（2）填写参数表　单击【轮廓精车】按钮，或单击【加工（P）】→【轮廓精车】菜单项，弹出轮廓精车对话框。单击加工参数选项卡，按照表 6-3 所列参数填写对话框。

（3）拾取加工轮廓　系统提示用户拾取被加工件表面轮廓线，选择拾取方式。拾取被加工轮廓，如图 6-37。

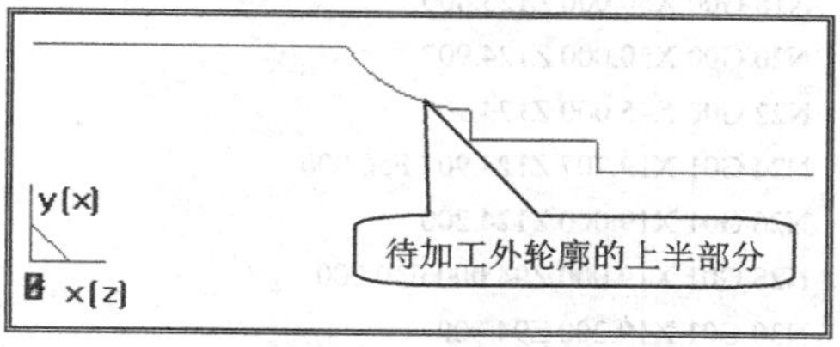

图 6-36　绘制精加工图形

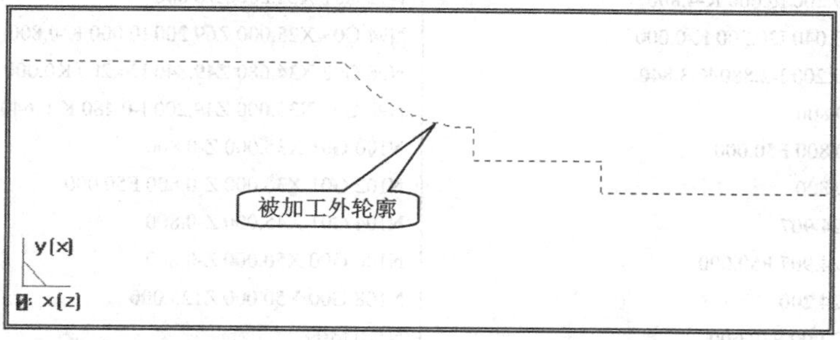

图 6-37　拾取加工轮廓

（4）确定进退刀点　指定一点作为刀具加工前和加工后所在的位置，若单击鼠标右键确定可忽略该点的输入（图 6-38）。

（5）生成刀具加工轨迹　当确定进退刀点之后，系统生成刀具轨迹（图 6-38）。

（6）代码生成　轮廓精车的代码生成和轮廓粗车基本相同，不再详细说明。程序代码如表 6-4 所示。

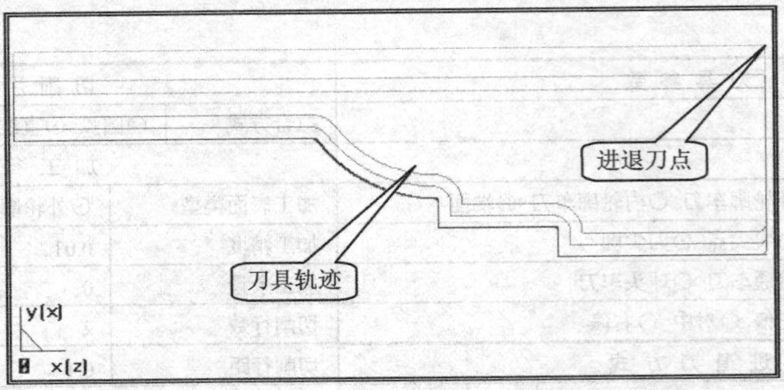

图 6-38　精车加工轨迹

（7）代码修改　轮廓精车的代码修改和轮廓粗车基本相同，不再详细说明。

表 6-4　精车加工程序

程　　序	程　　序
01234	N62 G01 X22.000 Z72.000
N10 G50 S10000	N64 G01 X24.200 Z72.000
N12 G00 G97 S800 T0000	N66 G03 X27.000 Z69.200 I0.000 K-2.800
N14 M03	N68 G02 X35.880 Z51.440 I22.200 K-0.000
N16 M08	N70 G03 X37.000 Z49.200 I-1.680 K-2.240
N18 G00 X50.000 Z125.000	N72 G01 X37.000 Z-0.800
N20 G00 X50.000 Z124.907	N74 G01 X38.000 Z-0.800 F50.000
N22 G00 X45.000 Z124.907	N76 G01 X43.000 Z-0.800
N24 G01 X19.707 Z124.907 F50.000	N78 G00 X43.000 Z124.907
N26 G01 X19.000 Z124.200	N80 G01 X15.707 Z124.907 F50.000
N28 G01 X19.000 Z94.000 F30.000	N82 G01 X15.000 Z124.200
N30 G01 X19.200 Z94.000	N84 G01 X15.000 Z90.000 F30.000
N32 G03 X24.000 Z89.200 I0.000 K-4.800	N86 G01 X19.200 Z90.000
N34 G01 X24.000 Z74.000	N88 G03 X20.000 Z89.200 I0.000 K-0.800
N36 G01 X24.200 Z74.000	N90 G01 X20.000 Z70.000
N38 G03 X29.000 Z69.200 I0.000 K-4.800	N92 G01 X24.200 Z70.000
N40 G02 X37.080 Z53.040 I20.200 K-0.000	N94 G03 X25.000 Z69.200 I0.000 K-0.800
N42 G03 X39.000 Z49.200 I-2.880 K-3.840	N96 G02 X34.680 Z49.840 I24.200 K0.000
N44 G01 X39.000 Z-0.800	N98 G03 X35.000 Z49.200 I-0.480 K-0.640
N46 G01 X40.000 Z-0.800 F50.000	N100 G01 X35.000 Z-0.800
N48 G01 X45.000 Z-0.800	N102 G01 X36.000 Z-0.800 F50.000
N50 G00 X45.000 Z124.907	N104 G01 X45.000 Z-0.800
N52 G01 X17.707 Z124.907 F50.000	N106 G00 X50.000 Z-0.800
N54 G01 X17.000 Z124.200	N108 G00 X50.000 Z125.000
N56 G01 X17.000 Z92.000 F30.000	N110 M09
N58 G01 X19.200 Z92.000	N112 M30
N60 G03 X22.000 Z89.200 I0.000 K-2.800	%

6.3.4　切槽加工

切槽功能用于在工件外轮廓表面、内轮廓表面和端面切槽。切槽时要确定被加工轮廓，被加工轮廓就是加工结束后的工件表面轮廓，被加工轮廓不能闭合或自相交。

1. 参数说明

（1）加工工艺类型

【粗加工】：对槽只进行粗加工。

【精加工】：对槽只进行精加工。

【粗加工+精加工】：对槽进行粗加工之后接着进行精加工。

（2）粗加工参数

【延迟时间】：刀具在槽的底部停留的时间。

【切深步距】：刀具每一次纵向切槽的切入量（机床 X 向）。

【水平步距】：刀具切到指定切深平移量后，下次切削前水平平移量（机床 Z 向）。

【退刀距离】：粗车槽中进行下一行切削前退刀到槽外的距离。

【加工余量】：被加工表面未加工部分的预留量。

（3）精加工参数

【切削行距】：行与行之间的距离。

【切削行数】：刀位轨迹的加工行数，不包括最后一行的重复次数。

【退刀距离】：加工中切削完一行之后，进行下一行切削前退刀的距离。

【加工余量】：被加工表面未加工部分的预留量。

【末行加工次数】：为提高加工的表面质量，最后一行常常在相同进给量的情况下进行多次车削。可在该处定义多次切削的次数。

2. 加工实例

【例 6-4】 利用 CAXA 数控车的车槽功能加工图 6-39 所示的零件，加工该零件的 ϕ20mm×20mm 的凹槽部分，生成刀具轨迹。

【操作步骤】

（1）绘制图形　生成加工轨迹时，只要画出被加工外轮廓的上半部分，其余线条不画出，如图 6-40 所示。

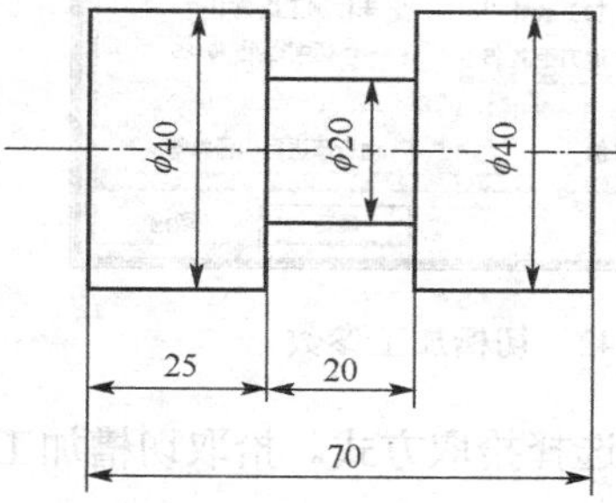

图 6-39　切槽零件图

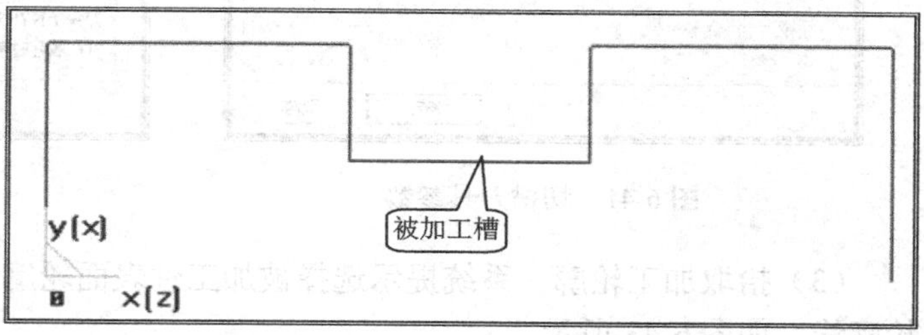

图 6-40　绘制精加工图形

表 6-5　切槽加工参数表

刀具参数		粗加工参数	
刀刃宽度 N	6	加工精度	0.1
刀尖半径 R	0.2	加工余量	0.3
刀具引角 A	2	延迟时间	0.5
编程到位点	后刀尖	平移步距	3.5
加工参数		切深步距	5
切槽表面类型	⊙外轮廓 ○内轮廓 ○轮廓	退刀距离	10
加工工艺类型	○粗加工 ○精加工 ⊙粗+精加工	精加工参数	
加工方向	⊙纵深 ○横向	加工精度	0.01

续表

加 工 参 数		精 加 工 参 数	
拐角过渡方式	○尖角 ⊙圆弧	加工余量	0
反向走刀	√	末行加工次数	1
粗加工时修轮廓	□	切削行数	2
刀具只能下切	□	退刀距离	10
毛坯余量	2	切削行距	0.25
刀尖半径补偿	⊙ 编程考虑 ○机床补偿	切削用量	同精车参数

（2）填写参数表　单击【切槽】按钮，或单击【加工（P）】→【切槽】菜单项，弹出切槽对话框。单击加工参数选项卡，按照表 6-5 所列参数填写对话框，如图 6-41、图 6-42 所示。

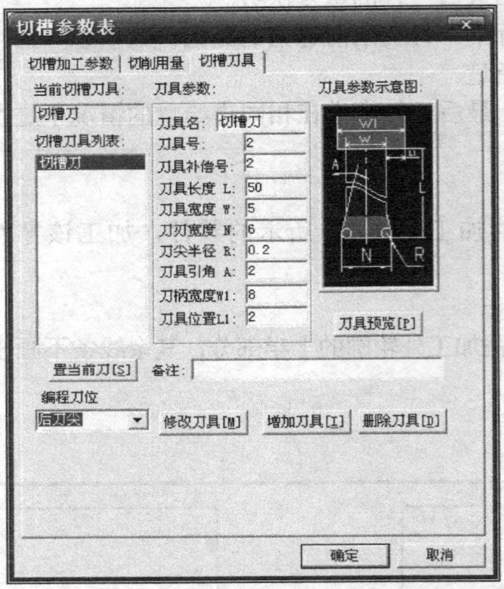

图 6-41　切槽刀具参数

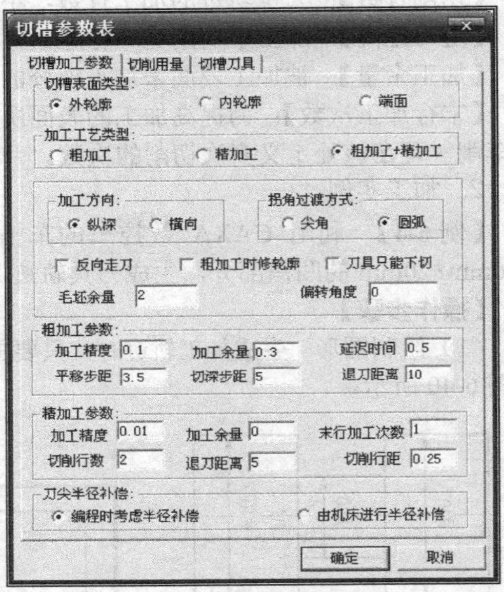

图 6-42　切槽加工参数

（3）拾取加工轮廓　系统提示选择被加工件表面轮廓线，选择拾取方式。拾取切槽加工轮廓线，如图 6-43 所示。

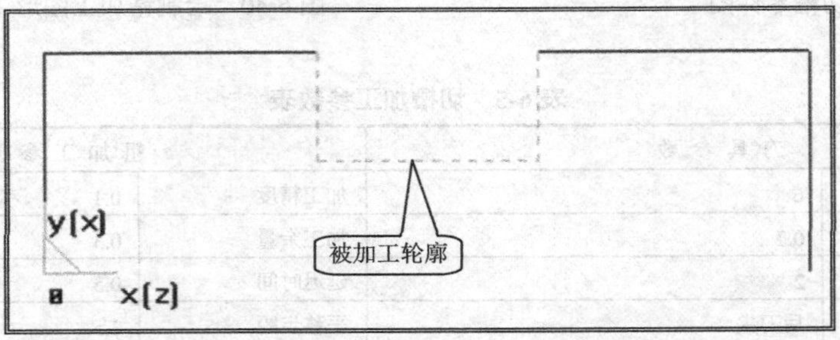

图 6-43　拾取加工轮廓线

（4）确定进退刀点　指定一点为刀具加工前和加工后所在位置，此处进退刀点设为（Z90，

X45)，单击右键可忽略该点输入，如图6-44所示。

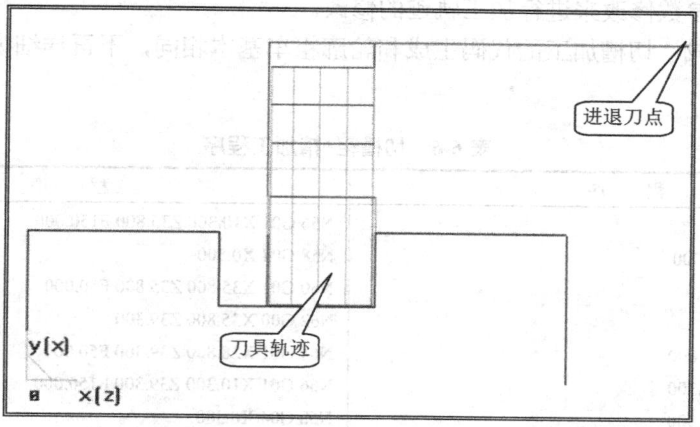

图6-44　切槽粗+精加工刀具轨迹

（5）生成刀具加工轨迹　当确定进退刀点之后，系统生成刀具轨迹。如图6-42所示。切槽的加工轨迹除可以生成图6-42刀具加工轨迹外，还可单独生成切槽粗加工轨迹和精加工轨迹，如图6-45、图6-46所示。

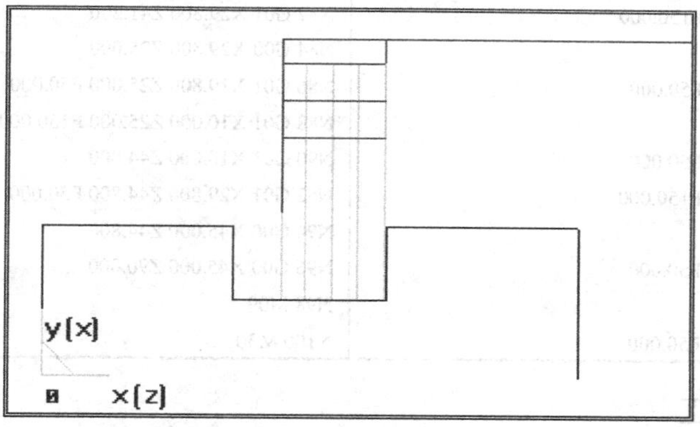

图6-45　切槽粗加工刀具轨迹

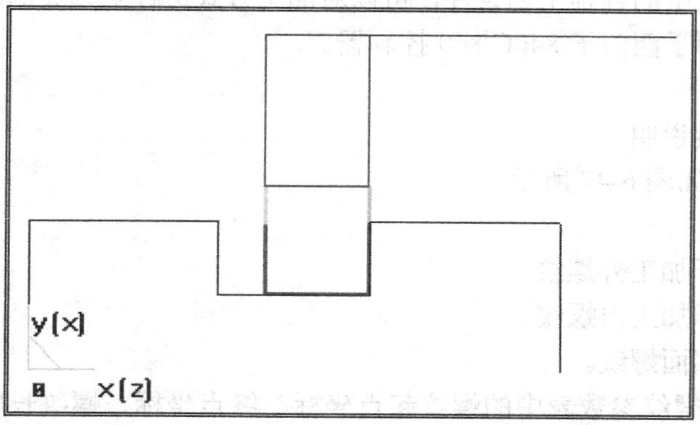

图6-46　切槽精加工刀具轨迹

（6）轨迹仿真　对生成的刀具轨迹进行模拟仿真，单击【轨迹仿真】按钮，或单击

【加工（P）】→【轨迹仿真】菜单项，对所生成的加工轨迹进行模拟仿真。若仿真的结果不理想，可以通过参数修改来进行加工轨迹的修改。

（7）代码生成　切槽加工的代码生成和轮廓粗车基本相同，不再详细说明。程序代码如表 6-6 所示。

表 6-6　切槽粗+精加工程序

程　序	程　序
N10 G50 S10000	N56 G01 X10.300 Z35.800 F150.000
N12 G00 G97 S650 T0000	N58 G04 X0.500
N14 M03	N60 G01 X35.800 Z35.800 F50.000
N16 M08	N62 G00 X35.800 Z39.300
N18 G00 X45.000 Z90.000	N64 G01 X28.800 Z39.300 F50.000
N20 G00 X45.000 Z25.300	N66 G01 X10.300 Z39.300 F150.000
N22 G00 X35.800 Z25.300	N68 G04 X0.500
N24 G01 X28.800 Z25.300 F50.000	N70 G01 X35.800 Z39.300 F50.000
N26 G01 X10.300 Z25.300 F150.000	N72 G00 X35.800 Z41.200
N28 G04X0.500	N74 G01 X28.800 Z41.200 F50.000
N30 G01 X35.800 Z25.300 F50.000	N76 G01 X10.300 Z41.200 F150.000
N32 G00 X35.800 Z28.800	N78 G04X0.500
N34 G01 X28.800 Z28.800 F50.000	N80 G01 X22.000 Z41.200 F50.000
N36 G01 X10.300 Z28.800 F150.000	N82 G01 X29.800 Z41.200
N38 G04X0.500	N84 G00 X29.800 Z25.000
N40 G01 X35.800 Z28.800 F50.000	N86 G01 X19.800 Z25.000 F50.000
N42 G00 X35.800 Z32.300	N88 G01 X10.000 Z25.000 F150.000
N44 G01 X28.800 Z32.300 F50.000	N90 G01 X10.000 Z44.800
N46 G01 X10.300 Z32.300 F150.000	N92 G01 X29.800 Z44.800 F50.000
N48 G04X0.500	N94 G00 X45.000 Z44.800
N50 G01 X35.800 Z32.300 F50.000	N96 G00 X45.000 Z90.000
N52 G00 X35.800 Z35.800	N98 M09
N54 G01 X28.800 Z35.800 F50.000	N100 M30

6.3.5　螺纹加工

螺纹加工可分为固定循环方式和非固定循环两种方式，车螺纹为非固定循环方式，这种方式可适应螺纹加工中的各种工艺条件，可以对加工方式进行更为灵活的控制。螺纹的固定循环方式的代码适用于西门子 840C/840 控制器。

1. 车螺纹加工

（1）车螺纹参数说明

1）螺纹参数　如图 6-47 所示。

① 螺纹类型。

【外轮廓】：用于加工外螺纹。

【内轮廓】：用于加工内螺纹。

【端面】：加工端面螺纹。

② 螺纹参数。螺纹参数表中的螺纹起点坐标、终点坐标、螺纹长度等来自于前面的拾取结果，用户可以进一步修改。

【螺纹牙高】：按照需要设定待加工螺纹的牙高。

【螺纹头数】：按照需要设定待加工螺纹的头数。

③ 螺纹节距。进行螺纹节距的设定，可根据实际加工的需要分别设置不同螺纹的节距。

【恒定节距】：在所加工的螺纹节距保持给定的恒定值。

【变节距】：当所加工的螺纹节距要求变化时，可设置此项。通过设定始节距和末节距来控制节距的变化。

2）螺纹加工参数 如图 6-48 所示。单击对话框中的【螺纹加工参数】标签，即进入螺纹加工参数表，该参数表用于对螺纹加工中的工艺条件和加工方式进行设定。

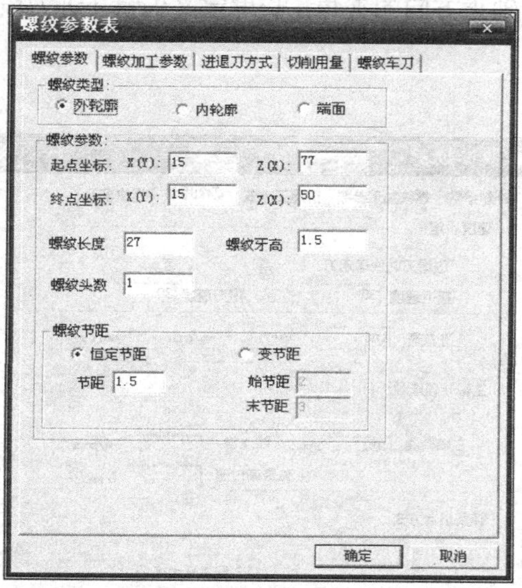

图 6-47 螺纹参数表

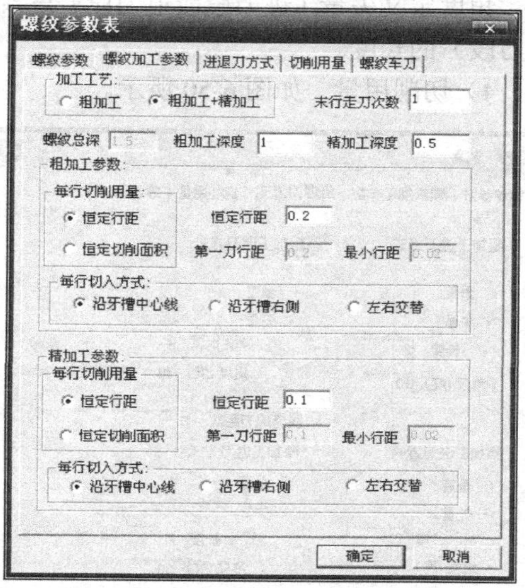

图 6-48 螺纹加工参数

① 加工工艺。

【粗加工】：直接采用粗切方式加工螺纹。

【粗加工+精加工】：根据指定的粗加工深度进行粗切后再采用精切方式（更小的行距）切除剩余余量（精加工深度）。

【末行走刀次数】：为了提高加工质量，最后一个切削行有时需要重复走刀多次，此时需要指定重复走刀次数。

【螺纹总深】：系统根据零件图自动判断所加工螺纹的螺纹深度。

【粗加工深度】：粗加工深度指螺纹粗加工的切深量。在只进行粗加工的情况下粗加工深度要等于螺纹总深。

【精加工深度】：精加工深度指螺纹精加工的切深量。在粗加工+精加工的情况下，粗加工深度和精加工深度之和要等于螺纹总深。

② 粗加工参数。

【每行切削用量】：系统提供了两种方式来设置每行的切削用量。

【恒定行距】：切削时保持每行的距离恒定。

【恒定切削面积】：为保证每次切削的切削面积恒定，各次切削深度将逐步减小至等于最小行距。用户需指定第一刀行距及最小行距。

【每行切入方式】：指刀具在螺纹始端切入时的切入方式。系统提供了三种方式供用户选择："沿牙槽中心线"、"沿牙槽右侧"、"左右交替"。

③ 精加工参数。精加工时各参数的定义和设置与粗加工时的参数定义和设置基本相同。

3）进退刀方式　如图 6-49 所示。单击对话框中的【进退刀方式】标签，即进入进退刀方式参数表，该参数表用于对车螺纹加工中进刀和退刀方式进行设定。粗加工、精加工的进刀和退刀方式相同，均有垂直和矢量两种方式可供选择。

【垂直】：指刀具直接进刀到每一切削行的起始点或者从终点直接退刀。

【矢量】：进刀时在每一切削行前加入一段与系统 X 轴（机床 Z 轴）正方向成一定夹角的进刀段。刀具进刀到该进刀段的起点，再沿该进刀段进刀至切削行。退刀时定义相同。

角度定义矢量（进刀段或退刀段）与系统 X 轴正方向的夹角；长度定义矢量（进刀段或退刀段）的长度。

4）切削用量　如图 6-50 所示。

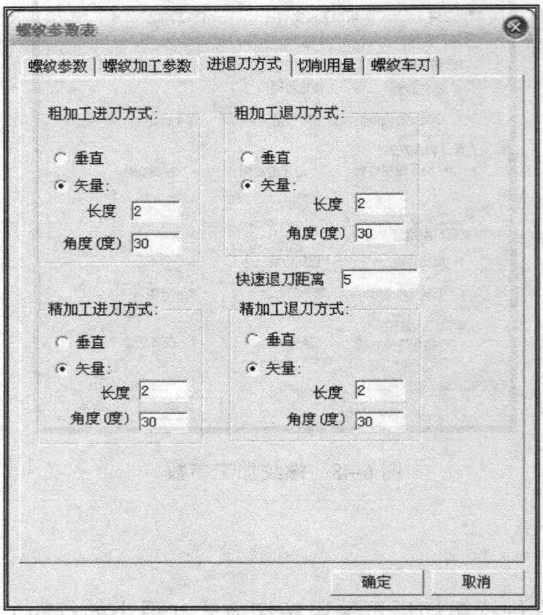

图 6-49　进退刀方式对话框

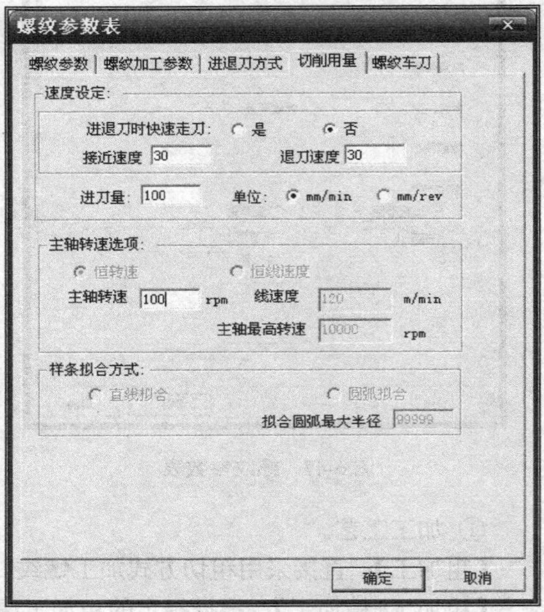

图 6-50　切削用量对话框

5）螺纹车刀　参见“6.3.1 中的刀库管理”。

（2）加工实例

【例 6-5】 利用 CAXA 数控车车螺纹加工功能，加工图 6-51 所示零件的螺纹部分，并生成数控代码。

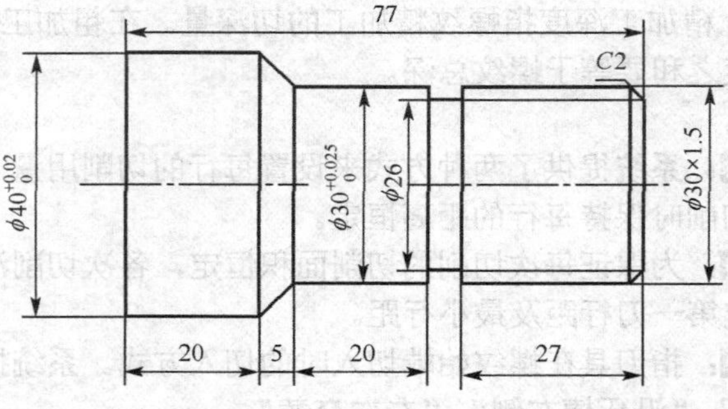

图 6-51　螺纹加工零件

【操作步骤】

1）绘制图形　生成加工轨迹时，只画出要加工出的外轮廓的上半部分即可，其余线条不画出，如图 6-52 所示。

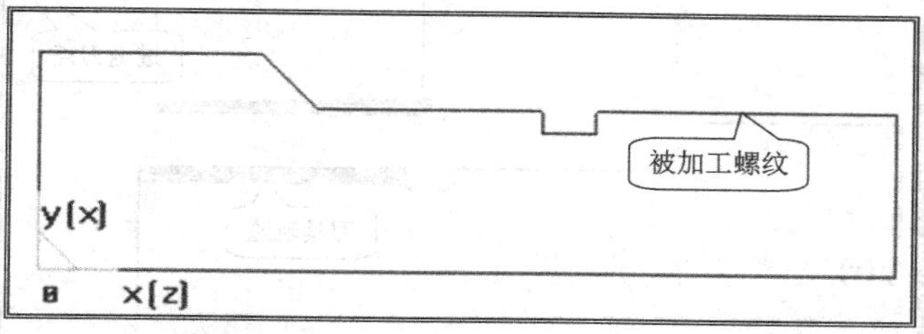

图 6-52　绘制车螺纹加工图形

2）填写参数表　单击【车螺纹】按钮，或单击【加工（P）】→【车螺纹】菜单项，根据系统提示，依次拾取螺纹的起点、终点。拾取完毕，弹出【螺纹参数表】对话框。单击螺纹参数选项卡，按照表 6-7 所列参数填写对话框，参见图 6-47～图 6-50。

表 6-7　螺纹加工参数表

刀 具 参 数		
刀具种类	米制螺纹	
刀具名	60° 普通螺纹	
刀具号	SCO	
刀具补偿号	3	
刀具长度 *L*	40	
刀柄宽度 *W*	15	
刀刃长度 *N*	10	
刀尖宽度 *B*	1	
刀具角度	60	
进退刀方式		
粗加工进刀方式	○ 垂直	
	⊙ 矢量	*L*=2，*A*=30
粗加工退刀方式	○ 垂直	
	⊙ 矢量	*L*=2，*A*=30
精加工进刀方式	○ 垂直	
	⊙ 矢量	*L*=2，*A*=30
精加工退刀方式	○ 垂直	
	⊙ 矢量	*L*=2，*A*=30
切 削 用 量		
速度设定	进退刀是否快速	○是 ⊙否
	接近速度	30
	退刀速度	30
	进刀量 F	100
主轴转速	恒转速	100
	恒先速度	
	最高转速	
样条拟合方式	⊙直线 ○圆弧	

螺 纹 参 数				
螺纹类型	⊙外轮廓 ○内轮廓 ○断面			
螺纹参数	起点坐标	*X*（*Y*）	15	
		Z（*X*）	77	
	终点坐标	*X*（*Y*）	15	
		Z（*X*）	50	
	螺纹长度	27		
	螺纹牙高			
	螺纹头数	1		
	螺纹节距	⊙恒螺距	1.5	
		○变螺距	始节距	
			末节距	
加 工 参 数				
加工工艺类型	○粗加工 ⊙粗加工+精加工			
末行走刀次数	1			
螺纹总深	1.5			
粗加工深度	1			
精加工深度	0.5			
粗加工参数	每行切削用量	⊙恒定行距	0.2	
		○恒定切削面积	第一刀行距	
			最小行距	
	每行切入方式	⊙沿牙槽中心线 ○沿牙槽右侧 ○左右交替		
精加工参数	每行切削用量	恒定行距	0.1	
		恒定切削面积	第一刀行距	
			最小行距	
	每行切入方式	⊙沿牙槽中心线 ○沿牙槽右侧 ○左右交替		

3）确定进退刀点　指定一点为刀具加工前和加工后所在位置，此处进退刀点设为（80，30），单击右键可忽略该点输入，如图 6-53 所示。

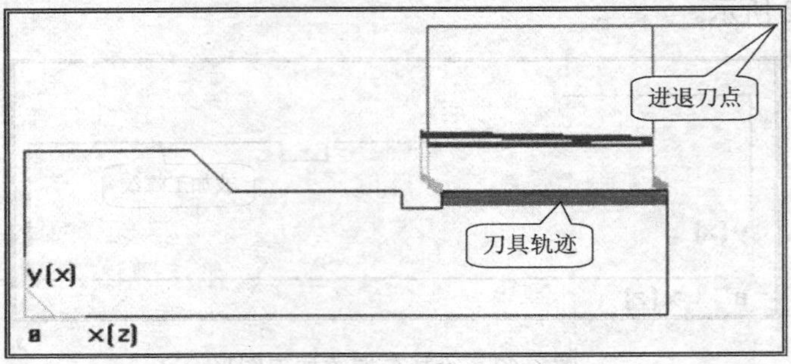

图 6-53　螺纹刀具加工轨迹

4）生成刀具加工轨迹　当确定进退刀点之后，系统生成刀具轨迹。如图 6-53 所示。

5）代码生成　切槽加工的代码生成和轮廓粗车基本相同，不再详细说明。程序代码见表 6-8。

表 6-8　螺纹加工程序

程　序	程　序
01235	N60 G01 X14.400 Z75.586 F100.000
N10 G50 S10000	N62 G33 X14.400 Z50.000 K3.000
N12 G00 G97 S650 T0000	N64 G01 X15.400 Z50.000
N14 M03	N66 G01 X16.400 Z48.268 F30.000
N16 M08	N68 G01 X21.400 Z48.268
N18 G00 X30.000 Z80.000	N70 G00 X21.200 Z73.854
N20 G00 X30.000 Z73.854	N72 G01 X16.200 Z73.854 F30.000
N22 G00 X21.800 Z73.854	N74 G01 X15.200 Z75.586
N24 G01 X16.800 Z73.854 F30.000	N76 G01 X14.200 Z75.586 F100.000
N26 G01 X15.800 Z75.586	N78 G33 X14.200 Z50.000 K3.000
N28 G01 X14.800 Z75.586 F100.000	N80 G01 X15.200 Z50.000
N30 G33 X14.800 Z50.000 K3.000	N82 G01 X16.200 Z48.268 F30.000
N32 G01 X15.800 Z50.000	N84 G01 X21.200 Z48.268
N34 G01 X16.800 Z48.268 F30.000	N86 G00 X21.000 Z73.854
N36 G01 X21.800 Z48.268	N88 G01 X16.000 Z73.854 F30.000
N38 G00 X21.600 Z73.854	N90 G01 X15.000 Z75.586
N40 G01 X16.600 Z73.854 F30.000	N92 G01 X14.000 Z75.586 F100.000
N42 G01 X15.600 Z75.586	N94 G33 X14.000 Z50.000 K3.000
N44 G01 X14.600 Z75.586 F100.000	N96 G01 X15.000 Z50.000
N46 G33 X14.600 Z50.000 K3.000	N98 G01 X16.000 Z48.268 F30.000
N48 G01 X15.600 Z50.000	N100 G01 X21.000 Z48.268
N50 G01 X16.600 Z48.268 F30.000	N102 G00 X21.000 Z73.854
N52 G01 X21.600 Z48.268	N104 G01 X20.900 Z73.854 F30.000
N54 G00 X21.400 Z73.854	N106 G01 X15.900 Z73.854
N56 G01 X16.400 Z73.854 F30.000	N108 G01 X14.900 Z75.586
N58 G01 X15.400 Z75.586	N110 G01 X13.900 Z75.586 F100.000
	N112 G33 X13.900 Z50.000 K3.000
	N114 G01 X14.900 Z50.000

续表

程　序	程　序
N116 G01 X15.900 Z48.268 F30.000	N152 G00 X20.600 Z73.854
N118 G01 X20.900 Z48.268	N154 G01 X15.600 Z73.854 F30.000
N120 G00 X20.800 Z73.854	N156 G01 X14.600 Z75.586
N122 G01 X15.800 Z73.854 F30.000	N158 G01 X13.600 Z75.586 F100.000
N124 G01 X14.800 Z75.586	N160 G33 X13.600 Z50.000 K3.000
N126 G01 X13.800 Z75.586 F100.000	N162 G01 X14.600 Z50.000
N128 G33 X13.800 Z50.000 K3.000	N164 G01 X15.600 Z48.268 F30.000
N130 G01 X14.800 Z50.000	N166 G01 X20.600 Z48.268
N132 G01 X15.800 Z48.268 F30.000	N168 G00 X20.500 Z73.854
N134 G01 X20.800 Z48.268	N170 G01 X15.500 Z73.854 F30.000
N136 G00 X20.700 Z73.854	N172 G01 X14.500 Z75.586
N138 G01 X15.700 Z73.854 F30.000	N174 G01 X13.500 Z75.586 F100.000
N140 G01 X14.700 Z75.586	N176 G33 X13.500 Z50.000 K3.000
N142 G01 X13.700 Z75.586 F100.000	N178 G01 X14.500 Z50.000
N144 G33 X13.700 Z50.000 K3.000	N180 G01 X15.500 Z48.268 F30.000
N146 G01 X14.700 Z50.000	N182 G01 X20.500 Z48.268
N148 G01 X15.700 Z48.268 F30.000	N184 G00 X30.000 Z48.268
N150 G01 X20.700 Z48.268	N186 G00 X30.000 Z80.000
	N188 M09
	N190 M30

2. 螺纹固定循环

（1）参数说明　螺纹切削固定循环功能仅仅针对西门子 840C/840 控制器。详细的参数说明和代码格式说明参考西门子 840C/840 控制器的固定循环编程说明书。

螺纹参数表中的螺纹起点、终点、第一中间点、第二中间点坐标及螺纹长度来自于前面的拾取结果，用户可进一步修改。

【粗切次数】：控制系统自动计算保持固定切削截面时各次进刀的深度。

【进刀角度】：刀具可以垂直于切削方向进刀，也可以沿着侧面进刀。角度无符号输入并且不能超过螺纹角的一半。

【空转数】：指末行走刀次数。为提高加工质量，最后一个切削行有时需要重复走刀多次，此时需要指定重复走刀次数。

【精切余量】：螺纹深度减去精切余量为切削深度。粗切完成后，进行一次精切运行后指定的空转数。

【始端延伸距离】：刀具切入点与螺纹始端的距离。

【末端延伸距离】：刀具退刀点与螺纹末端的距离。

（2）加工实例

【例 6-6】 利用 CAXA 数控车螺纹固定循环加工功能，生成图 6-54 所示零件的螺纹加工数控代码。

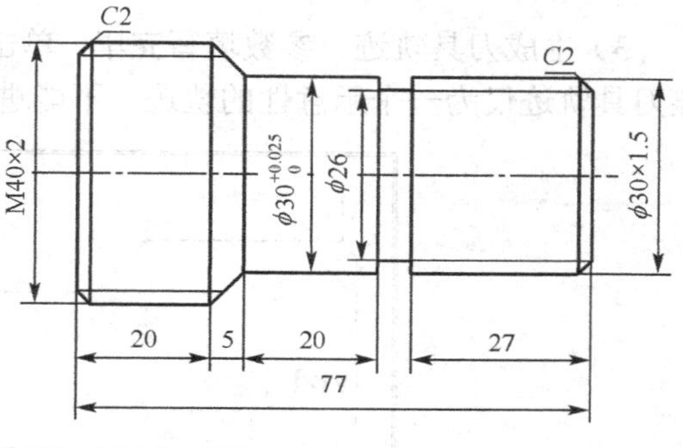

图 6-54　螺纹加工零件图

【操作步骤】

1）绘制图形　生成加工轨迹时，只画出要加工出的外轮廓的上半部分即可，其余线条不画出，如图 6-55 所示。

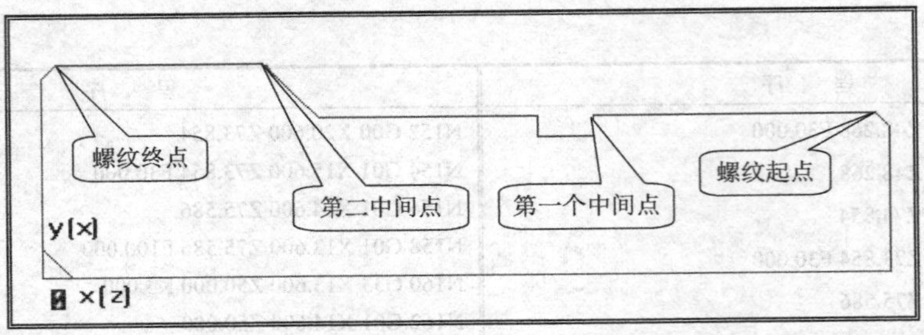

图 6-55　绘制加工图形

2）填写参数表　单击【螺纹固定循环】按钮▣，或单击【加工（P）】→【螺纹固定循环】菜单项，根据系统提示，依次拾取螺纹的起点、终点、第一个中间点、第二个中间点。该固定循环功能可以进行两段或三段螺纹连接加工（若只有一段螺纹，则在拾取完成后，按鼠标右键）。拾取完毕，弹出【螺纹参数表】对话框。在螺纹参数表中填写相关加工参数（图 6-56）。

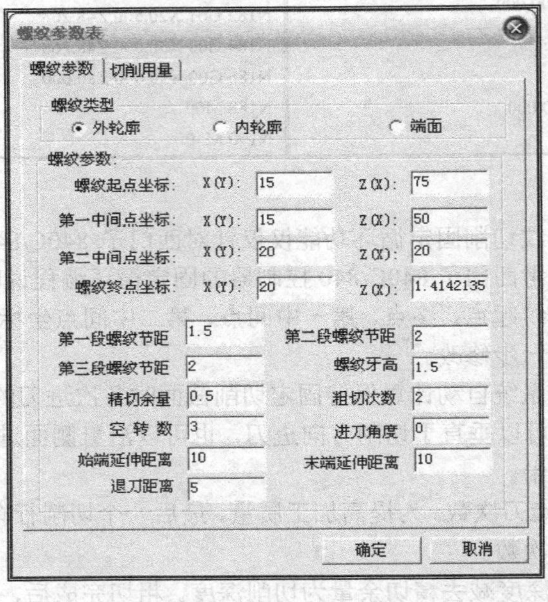

图 6-56 “螺纹参数表”对话框

3）生成刀具轨迹　参数填写完毕，单击【确定】按钮，生成刀具轨迹，如图 6-57 所示。该刀具轨迹仅为一个示意性的轨迹，不能进行轨迹仿真，只可用于生成固定循环加工指令。

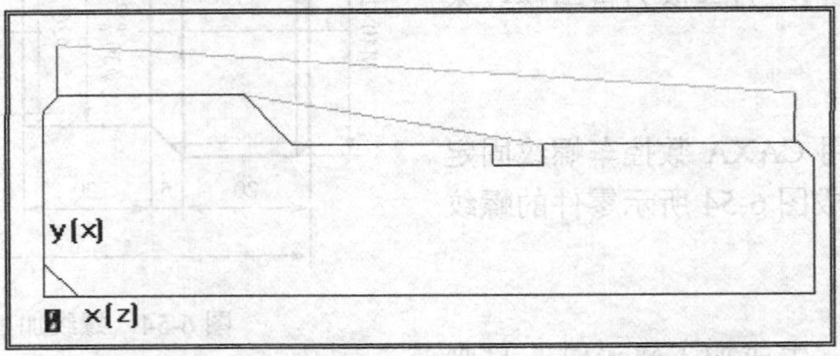

图 6-57　螺纹固定循环加工的轨迹

4）生成数控代码　单击主菜单中的【加工（P）】→【生成代码】命令，拾取生成的刀具轨迹，即可生成加工指令，如图 6-58 所示。

6.3.6　钻孔加工

钻中心孔功能用于在工件的旋转中心钻中心孔。该功能提供了多种钻孔方式，包括“高速啄式深孔钻”、“左攻丝”、“精镗孔”、“钻孔”、“镗孔”和“反镗孔”等。

1. 参数说明

（1）钻孔参数

【钻孔模式】：钻孔模式是指钻孔的方式，系统提供了多种钻孔方式，包括：高速啄式钻深孔、左攻丝、精镗孔、钻孔、钻孔+反镗孔、啄式钻吼、攻丝、镗孔、镗孔（主轴停）、反镗孔、镗孔（暂停+手动）和镗孔（暂停）。各种钻孔方式在钻孔下拉菜单中均可选择。

钻孔模式不同则后置处理中用到机床的固定循环指令也不同。

【钻孔深度】：指要钻孔的深度。

【暂停时间】：指攻丝时刀在工件底部的停留时间。

【下刀余量】：指当钻下一个孔时，刀具从前一个孔顶端的起始量。

【进刀增量】：指深孔钻时每次进刀量或镗孔时每次的前进量。

（2）速度设定

【主轴转速】：指机床主轴旋转的速度。计量单位是机床默认的单位。

【钻孔速度】：指钻孔时的进给速度。

【接近速度】：指刀具接近工件时的进给速度。

【退刀速度】：指刀具离开工件的速度。

（3）钻孔刀具　单击对话框中的【钻孔刀具】标签，即进入钻孔刀具参数表，该参数表用于对加工中的刀具参数进行设定。参见“6.3.1 中的刀库管理”。

2. 加工实例

【例 6-7】 在数控车床上加工图 6-59 所示的零件，只需要完成钻孔加工功能。

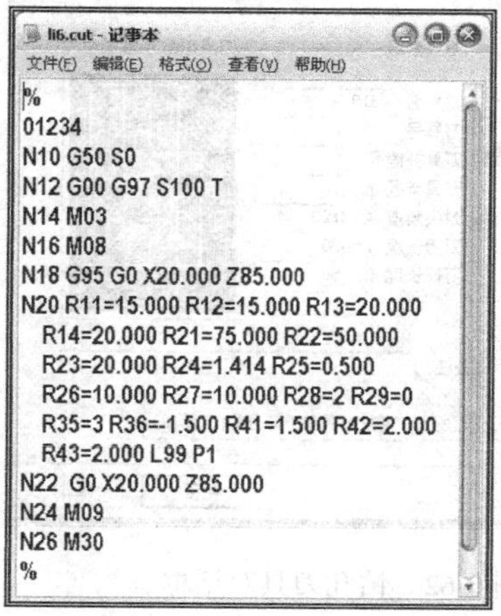


```
%
01234
N10 G50 S0
N12 G00 G97 S100 T
N14 M03
N16 M08
N18 G95 G0 X20.000 Z85.000
N20 R11=15.000 R12=15.000 R13=20.000
  R14=20.000 R21=75.000 R22=50.000
  R23=20.000 R24=1.414 R25=0.500
  R26=10.000 R27=10.000 R28=2 R29=0
  R35=3 R36=-1.500 R41=1.500 R42=2.000
  R43=2.000 L99 P1
N22 G0 X20.000 Z85.000
N24 M09
N26 M30
%
```

图 6-58　螺纹固定循环加工代码

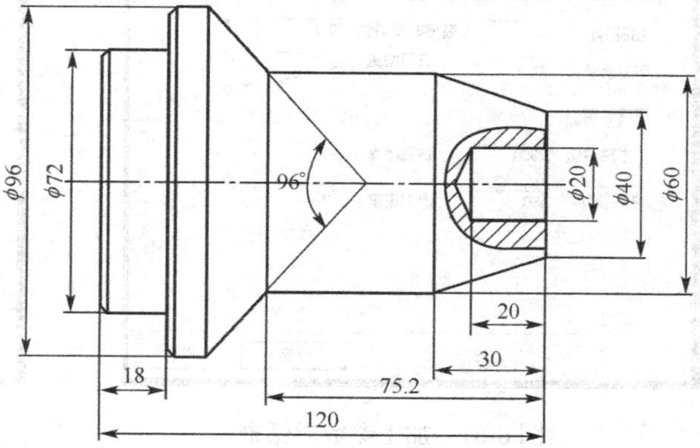

图 6-59　零件简图

【操作步骤】

（1）绘制图形　生成加工轨迹时，只画出要加工出的外轮廓的上半部分即可，其余线条不必画出（图 6-60）。

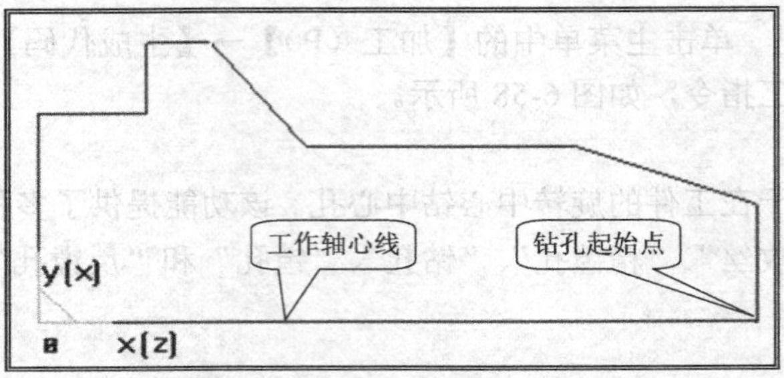

图 6-60　绘制钻孔加工图形

（2）填写参数表　单击【钻中心孔】按钮，或单击【加工（P）】→【钻中心孔】菜单项，系统弹出“钻孔参数表”对话框，单击“加工参数”选项卡，参照表 6-9 确定参数（图 6-61、图 6-62）。

表 6-9　钻孔参数表

刀具参数		加工参数		
刀具名	dL0	速度设定	主轴转速	350
刀具号	2		接近速度	50
刀具补偿号	2		退刀速度	50
刀具半径	10		钻孔速度	50
刀尖角度	120	钻孔参数	钻孔模式	钻孔
刀刃长度	40		钻孔深度	20
刀杆长度	60		下刀余量	0.5
—	—		暂停时间	0.1
—	—		进刀增量	2

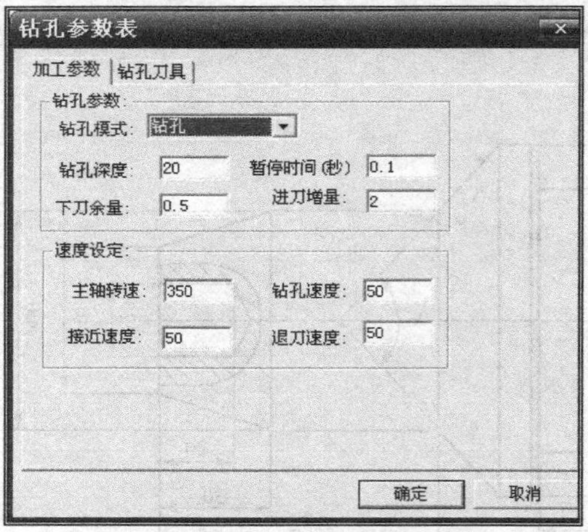

图 6-61　加工参数对话框

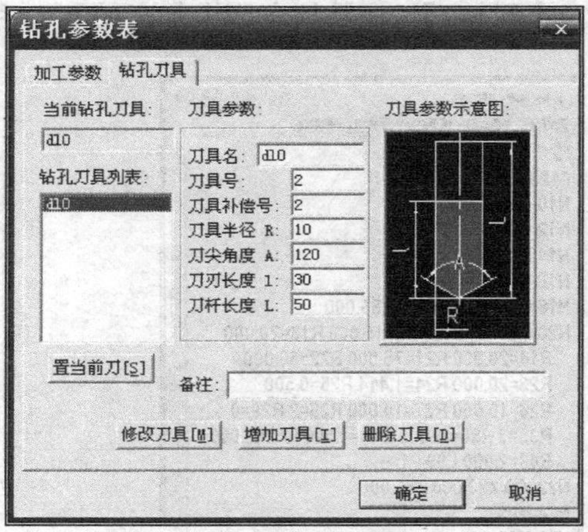

图 6-62　钻孔刀具对话框

（3）生成刀具轨迹　参数填写完毕，单击【确定】按钮，按照系统提示，拾取钻孔起始点，用鼠标点取图 6-60 中要钻孔的位置的起始点，则在轴心线上形成钻孔轨迹（一条红色的轨迹线）。

（4）轨迹仿真　对已有的轨迹进行加工模拟，以检查加工轨迹的正确性。轨迹仿真的方式有动态、静态与二维实体仿真三种（图 6-63），仿真结果如图 6-64 所示。

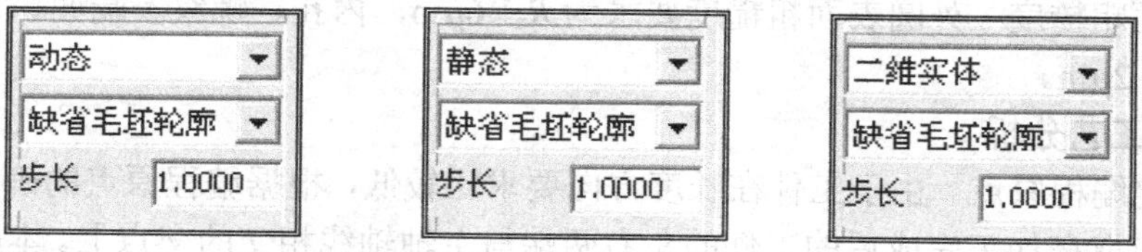

图 6-63　轨迹仿真方式

（5）生成数控代码　单击主菜单中的【加工（P）】→【生成代码】命令，拾取生成的刀具轨迹，即可生成加工指令，如图 6-65 所示。

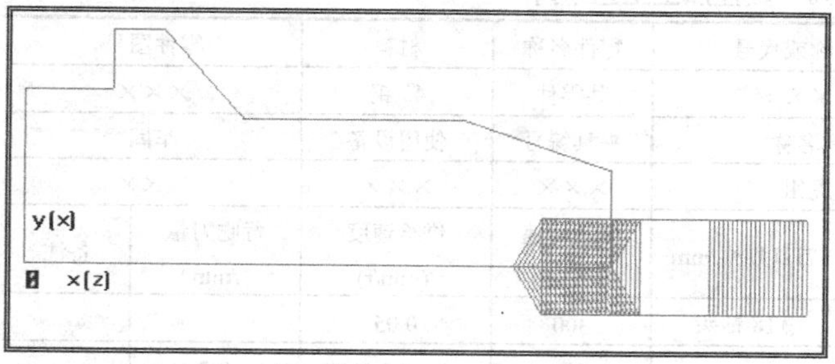

图 6-64　刀具轨迹

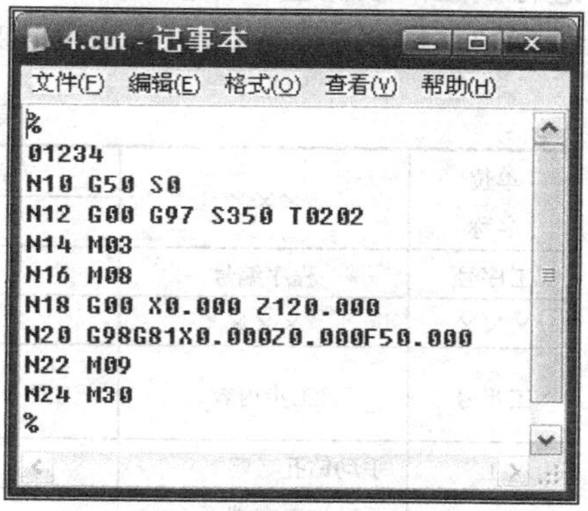

图 6-65　数控加工代码

（6）代码修改（略）

6.3.7　典型加工零件实例

【例 6-8】 加工图 6-66 所示的零件，完成零件的工艺分析和加工程序的编制。其毛坯为 ϕ45mm×90mm 的 45 钢。

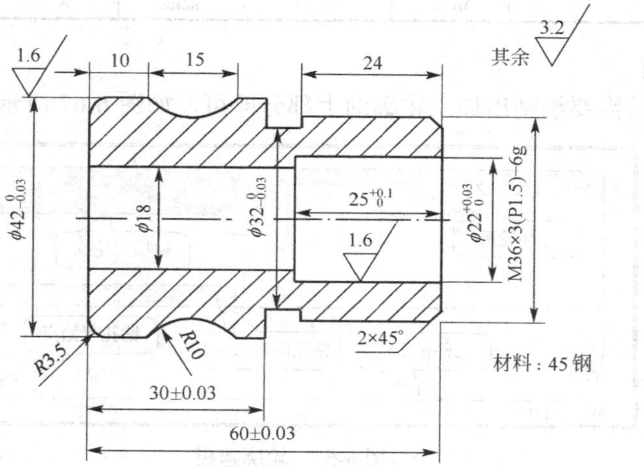

图 6-66　零件图

1. 零件图样分析

（1）尺寸精度　本例中精度要求较高的尺寸主要有：外圆 $\phi42^{0}_{-0.03}$、$\phi32^{0}_{-0.03}$；内孔 $\phi22^{+0.03}_{0}$，

长度 60 ± 0.03、$25_{0}^{+0.10}$ 和螺纹中径等。

（2）表面粗糙度　外圆表面粗糙度要求为 $R_a1.6\mu m$，内孔、螺纹、端面、切槽等的表面粗糙度为 $R_a3.2\mu m$。

2. 加工工艺分析

（1）确定编程原点　由于工件在长度方向要求比较低，根据编程原点的确定原则，该工件的编程原点取在加工完成后的工件的左右两端与主轴轴线相交的交点上。本题编程原点放在左端的端点上。

（2）定位和装夹　采用三爪卡盘进行定位和装夹。工件装夹时的加紧力要适中，既要防止工件的变形与夹伤，又要防止工件在加工过程中产生松动，工件夹紧的过程中，应对工件进行找正，以保证工件轴线与主轴轴线同轴。

（3）编制加工工艺卡片　表 6-10。

表 6-10　数控加工工艺卡片

单位名称	×××	产品名称或代号		零件名称	材料	零件图号	
		×××		某零件	45 钢	×××	
工序号	程序编号	夹具名称		夹具编号	使用设备	车间	
×××	×××	台虎钳		×××	×××	×××	
工步号	工步内容	刀具号	刀具规格/mm	主轴转速/(r/min)	进给速度/(mm/r)	背吃刀量/mm	备注
1	手动钻孔（略）		ϕ18 钻头	300	0.05		
2	手动加工右端面（略）	T01	外圆车刀	800	0.2	0.5	
3	粗加工外轮廓	T01	外圆车刀	800	0.2	1.0	
4	精加工外轮廓	T01	外圆车刀	1500	0.05	0.25	
5	粗加工内轮廓	T04	内轮廓车刀	600	0.1	1.0	
6	精加工内轮廓	T04	内轮廓车刀	1200	0.05	0.15	
7	加工外圆槽	T02	外切槽刀	600	0.1	刀宽	
8	加工普通螺纹	T03	外螺纹车刀	600	1.5	分层	
编制	×××	审核	×××	批准	×××	共 1 页	第 1 页

3. 轮廓建模

生成轨迹时只需要绘制出加工轮廓的上部分即可，如图 6-67 所示。

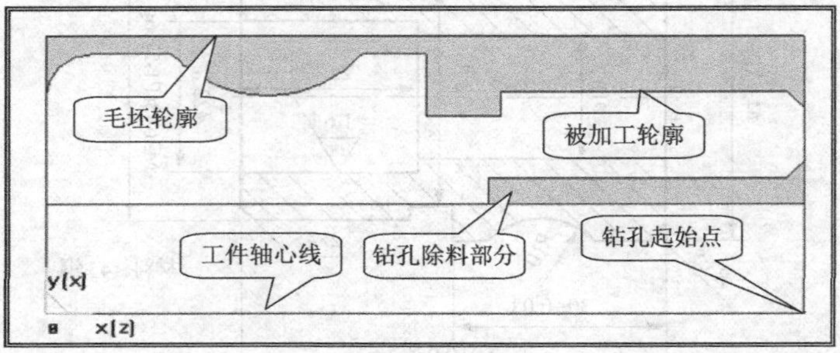

图 6-67　轮廓建模

4. 编制加工程序

（1）外轮廓粗车

① 轮廓建模。在 CAXA 数控车系统中绘制粗加工部分的外轮廓和毛坯轮廓，如图 6-68

所示。

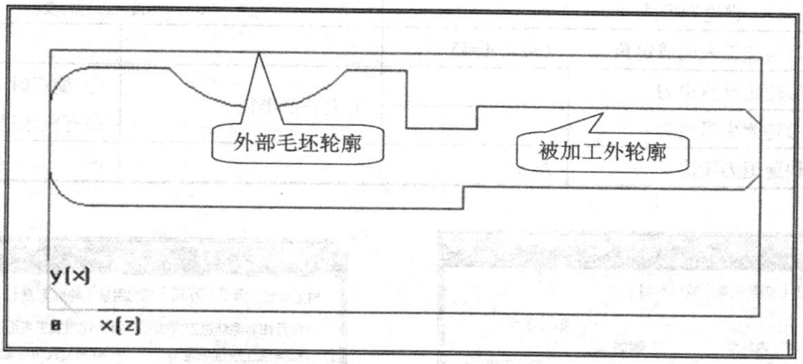

图 6-68 工件外轮廓和毛坯轮廓

② 填写参数表。单击【轮廓粗车】按钮，或单击【加工（P）】→【轮廓粗车】菜单项，弹出轮廓粗车对话框。单击加工参数选项卡，按照表 6-11 所列参数填写对话框，如图 6-69～图 6-72 所示。

表 6-11 外轮廓粗车加工参数表

刀 具 参 数		
刀 具 名	93° 外圆车刀	
刀具号	T01	
刀具补偿号	1	
刀具长度 *L*	60	
刀柄宽度 *W*	20	
刀角长度	10	
刀尖半径	1.0	
刀具前角	80	
刀具后角	60	
轮廓车刀类型	⊙外轮廓车刀 ○内轮廓车刀 ○端面	
对刀点方式	○刀尖尖点 ⊙刀尖圆心	
刀具类型	⊙普通车刀 ○球头车刀	
刀具偏置方向	⊙左偏 ○对中 ○右偏	
进退刀方式		
相对毛坯进刀	⊙与加工表面成定角	*L*=2，*A*=45
	○垂直进刀	
	○失量进刀	
相对加工表面进刀	⊙与加工表面成定角	*L*=2，*A*=45
	○垂直进刀	
	○失量进刀	
相对毛坯退刀	⊙与加工表面成定角	*L*=2，*A*=45
	○轮廓垂直退刀	
	○轮廓失量退刀	

切 削 用 量		
切削速度	进退刀时是否快速	○是 ⊙否
	接近速度	50
	退刀速度	50
	进刀量	0.1
主轴转速	恒转速	800
	恒线速度	
	最高转速	
拟合方式	○直线	
	⊙圆弧	
	拟合圆弧最大半径	
加 工 参 数		
加工表面类型	⊙外轮廓 ○内轮廓 ○端面	
加工方式	⊙行切方式 ○等距方式	
加工精度	0.1	
加工余量	0.3	
加工角度	180	
切削行距	1	
干涉前角	0	
干涉后角	45	
拐角过渡方式	○尖角 ⊙圆弧	
反向走刀	○是 ⊙否	
详细干涉检查	⊙是 ○否	
退刀时是否沿轮廓走刀	○是 ⊙否	

续表

进退刀方式			加工参数	
相对加工表面退刀	⊙与加工表面成定角	L=2，A=45		
	○轮廓垂直退刀		刀尖补偿半径	⊙ 编程时考虑半径补偿 ○有机床进行半径补偿
	○轮廓矢量退刀			
	快速退刀距离	L=5	—	—

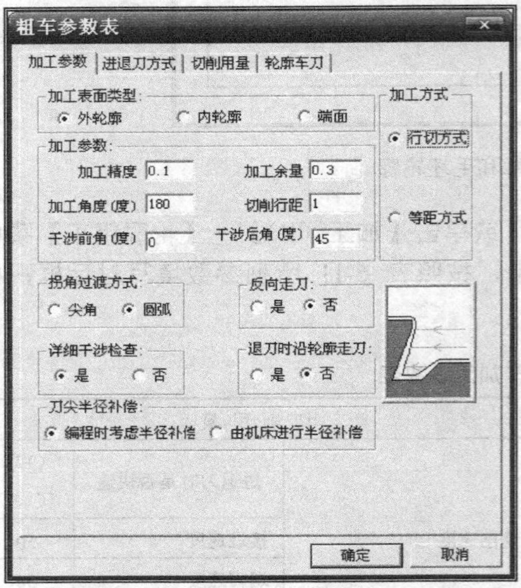

图 6-69　加工参数对话框

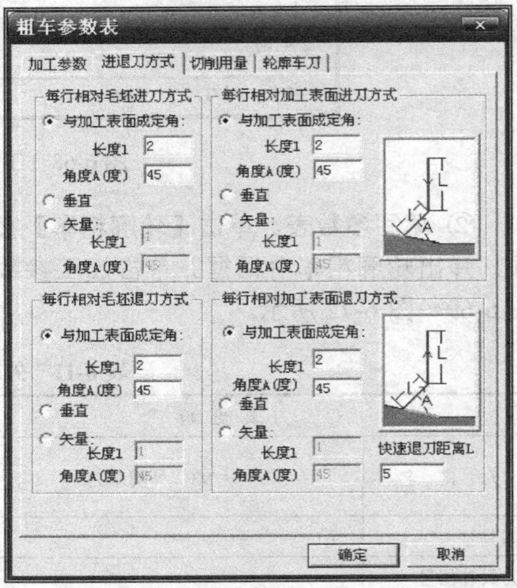

图 6-70　进退刀方式对话框

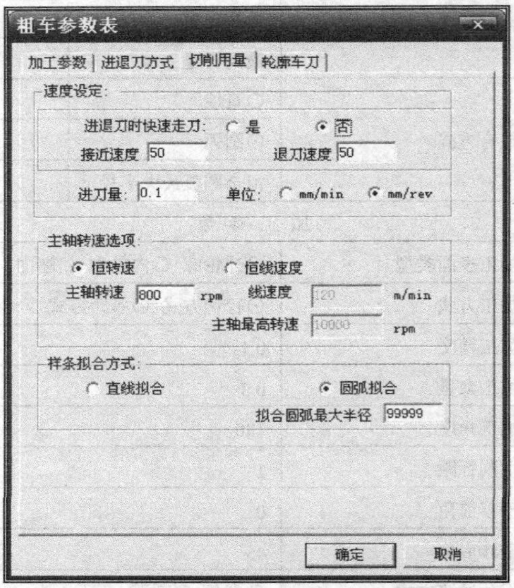

图 6-71　切削用量对话框

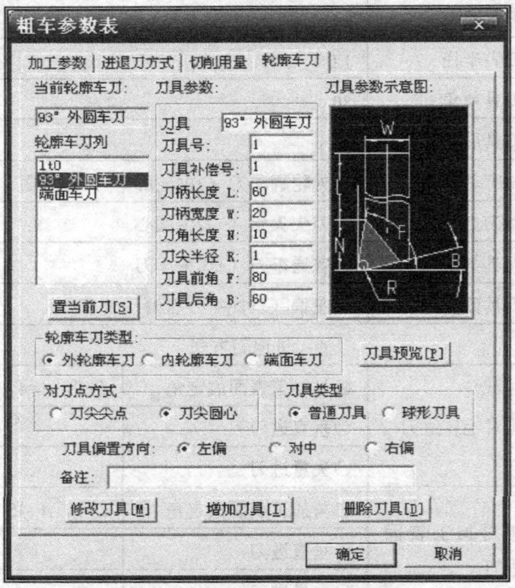

图 6-72　轮廓车刀对话框

③ 生成加工轨迹。以单个拾取方式依次拾取加工轮廓和毛坯轮廓，确定进退刀点（Z75，X35），生成刀具粗加工轨迹（图 6-73）。

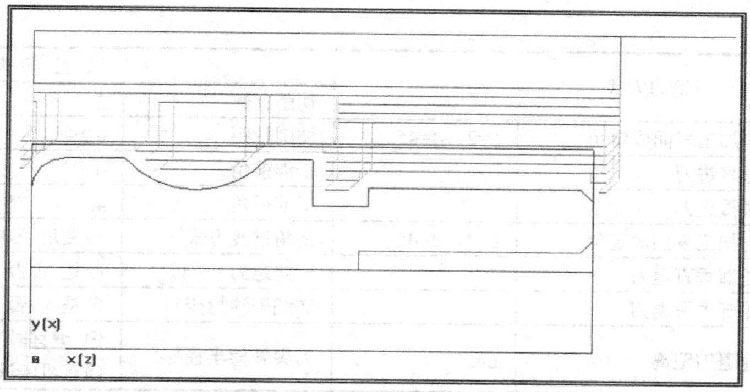

图 6-73 轮廓粗车加工轨迹

（2）外轮廓精加工

① 轮廓建模。编制精加工程序时只需要绘制出被加工零件的表面轮廓即可，如图 6-74 所示。

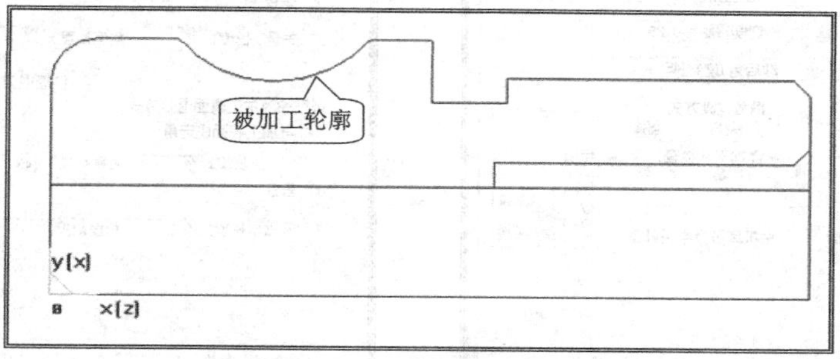

图 6-74 轮廓精车被加工轮廓

② 填写参数表。单击【轮廓精车】按钮，或单击【加工（P）】→【轮廓精车】菜单项，弹出轮廓精车对话框。单击加工参数选项卡，按照表 6-12 所列参数填写对话框，如图 6-75～图 6-78 所示。

表 6-12 外轮廓精车加工参数表

刀 具 参 数		切 削 用 量		
刀具名	93° 外圆偏车刀	速度设定	进退刀时是否快速	⊙是 ○否
刀具号	1		接近速度	
刀具补偿号	1		退刀速度	
刀具长度 *L*	60		进刀量	0.05
刀柄宽度 *W*	20	主轴转速	恒转速	1500
刀角长度	10		恒线速度	
刀尖半径	0.2		最高转速	
刀具前角	80	拟合方式	⊙圆弧 ○直线	
刀具后角	60	加 工 参 数		
轮廓车刀类型	⊙外轮廓车刀 ○内轮廓车刀 ○端面	加工表面类型	⊙外轮廓 ○内轮廓 ○端面	
对刀点方式	○刀尖尖点 ⊙刀尖圆心			
刀具类型	⊙普通车刀 ○球头车刀	加工精度	0.01	
刀具偏置方向	⊙左偏 ○对中 ○右偏	加工余量	0	

续表

进退刀方式			加工参数	
			切削行数	2
相对加工表面进刀	⊙与加工表面成定角	L=2，A=45	切削行距	0.25
	○垂直进刀		干涉前角	0
	○矢量进刀		干涉后角	45
相对加工表面退刀	⊙与加工表面成定角	L=2，A=45	拐角过渡方式	○尖角 ⊙圆弧
	○轮廓垂直退刀		反向走刀	○是 ⊙否
	○轮廓矢量退刀		详细干涉检查	⊙是 ○否
	快速退刀距离	L=5	刀尖补偿半径	⊙ 编程时考虑半径补偿 ○有机床进行半径补偿

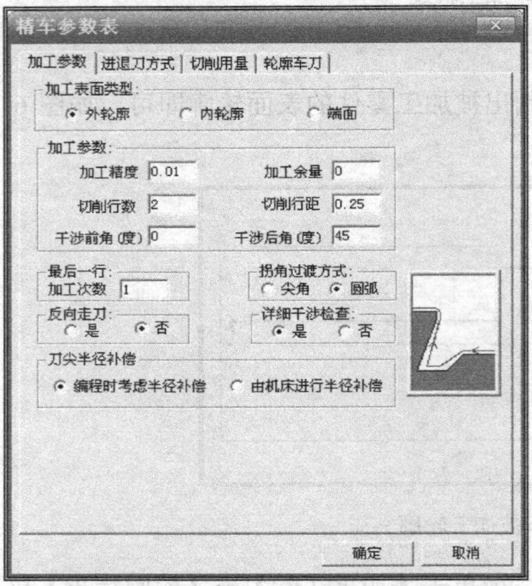

图 6-75　加工参数对话框

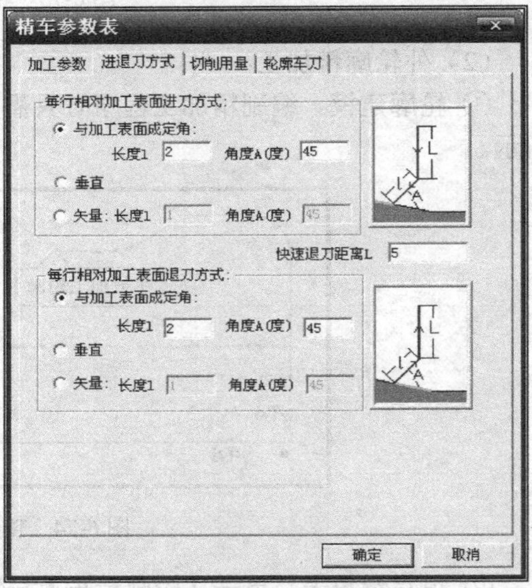

图 6-76　进退刀方式对话框

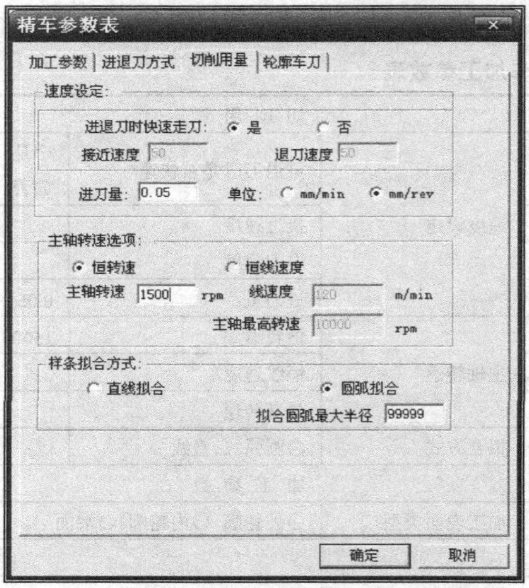

图 6-77　切削用量对话框

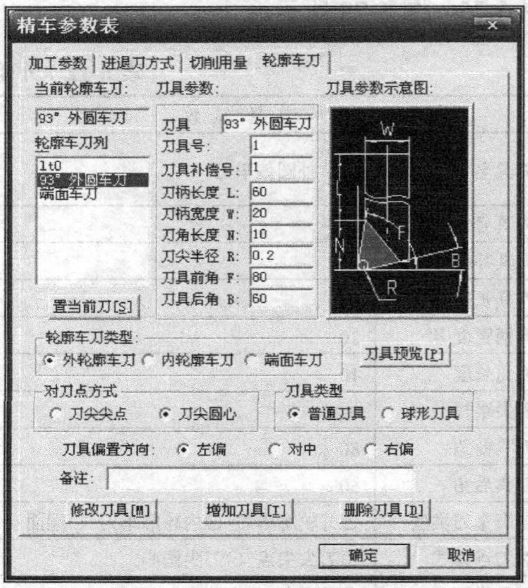

图 6-78　轮廓车刀对话框

③ 生成加工轨迹。采用单个拾取方式依次拾取加工外轮廓，确定进退刀点（*Z*75，*X*35），生成刀具精加工轨迹，如图 6-79 所示。

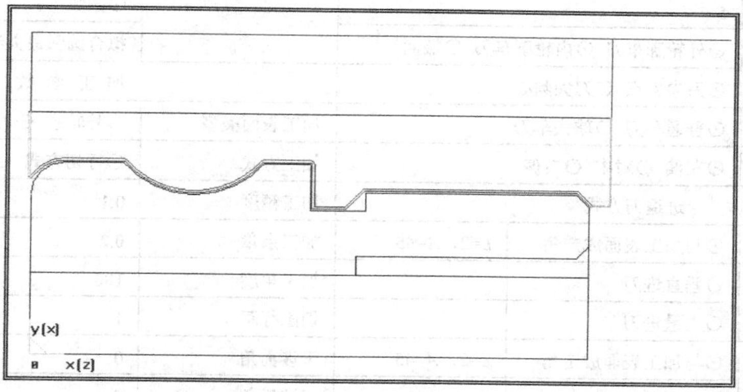

图 6-79　精加工刀具轨迹

（3）内轮廓粗加工

① 轮廓建模。在 CAXA 数控车系统中绘制被加工部分的外轮廓和毛坯轮廓，如图 6-80 所示。

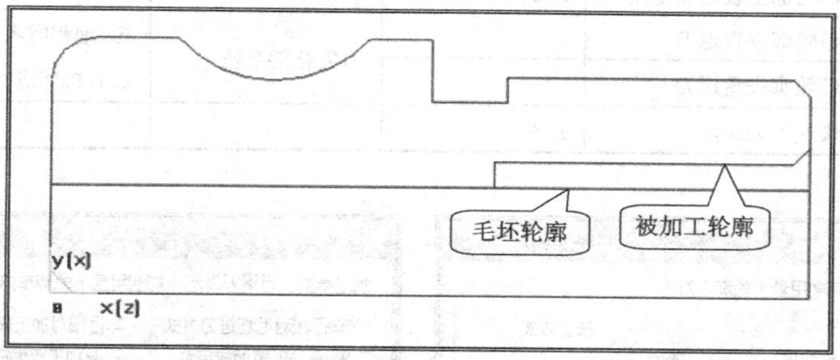

图 6-80　加工轮廓和毛坯轮廓

② 填写参数表。单击【轮廓粗车】按钮，或单击【加工（P）】→【轮廓粗车】菜单项，弹出轮廓粗车对话框。单击加工参数选项卡，按照表 6-13 所列参数填写对话框，如图 6-81～图 6-84 所示。

表 6-13　内轮廓粗车加工参数表

刀 具 参 数		切 削 用 量		
刀具名	Lt0	切削速度	进退刀时是否快速	○是 ⊙否
刀具号	T04		接近速度	30
刀具补偿号	4		退刀速度	30
刀具长度 *L*	90		进刀量	0.1
刀柄宽度 *W*	10	主轴转速	恒转速	600
刀角长度	10		恒线速度	
刀尖半径	0.5		最高转速	
刀具前角	85	拟合方式	○直线	

续表

刀具参数			切削用量		
刀具后角	5			⊙圆弧	
轮廓车刀类型	○外轮廓车刀 ⊙内轮廓车刀 ○端面			拟合圆弧最大半径	99999
对刀点方式	⊙刀尖尖点 ○刀尖圆心		加工参数		
刀具类型	⊙普通车刀 ○球头车刀		加工表面类型	○外轮廓 ⊙内轮廓 ○端面	
刀具偏置方向	⊙左偏 ○对中 ○右偏		加工方式	⊙行切方式 ○等距方式	
进退刀方式			加工精度	0.1	
相对毛坯进刀	⊙与加工表面成定角	L=2，A=45	加工余量	0.2	
	○垂直进刀		加工角度	180	
	○失量进刀		切削行距	1	
相对加工表面进刀	⊙与加工表面成定角	L=2，A=45	干涉前角	0	
	○垂直进刀		干涉后角	5	
	○失量进刀		拐角过渡方式	○尖角 ⊙圆弧	
相对毛坯退刀	⊙与加工表面成定角	L=2，A=45	反向走刀	○是 ⊙否	
	○轮廓垂直退刀		详细干涉检查	⊙是 ○否	
	○轮廓失量退刀		退刀时是否沿轮廓走刀	⊙是 ○否	
相对加工表面退刀	⊙与加工表面成定角	L=2，A=45			
	○轮廓垂直退刀		刀尖补偿半径	⊙ 编程时考虑半径补偿	
	○轮廓失量退刀			○有机床进行半径补偿	
	快速退刀距离	L=5	—	—	

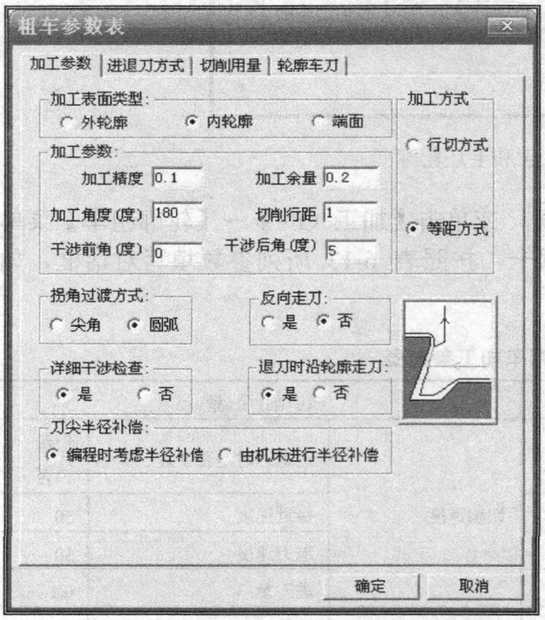

图 6-81　加工参数对话框

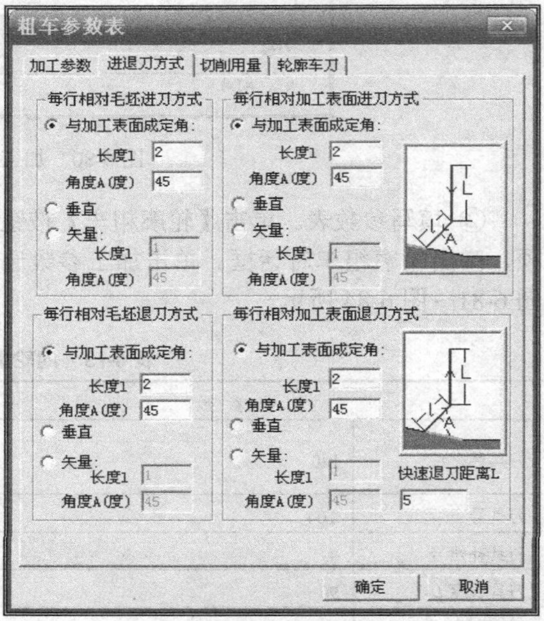

图 6-82　进退刀方式对话框

③ 生成加工轨迹。采用“单个拾取”方式或者“限制线拾取”方式依次拾取加工外内轮廓和毛坯轮廓，若直线在轮廓和毛坯连接点没有打断，一定要打断后再拾取毛坯轮廓。确

定进退刀点（Z75，X0），生成刀具精加工轨迹（图 6-85）。

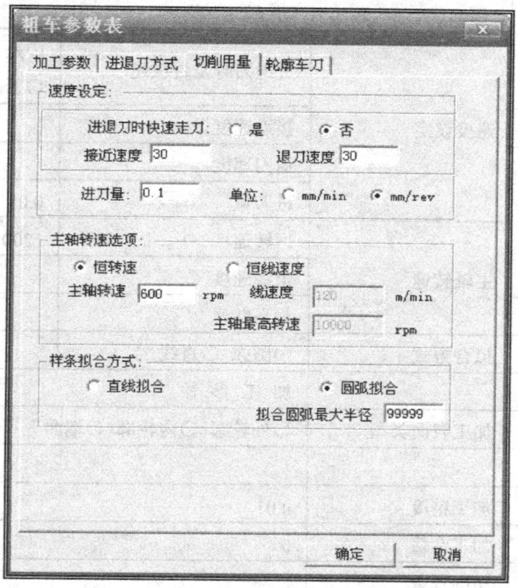

图 6-83　切削用量对话框

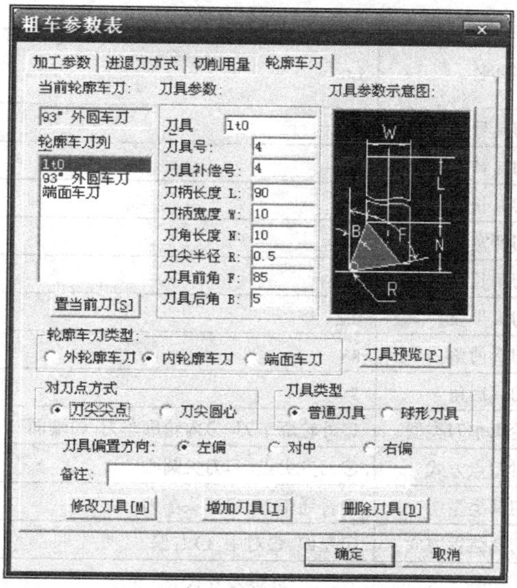

图 6-84　内轮廓车刀对话框

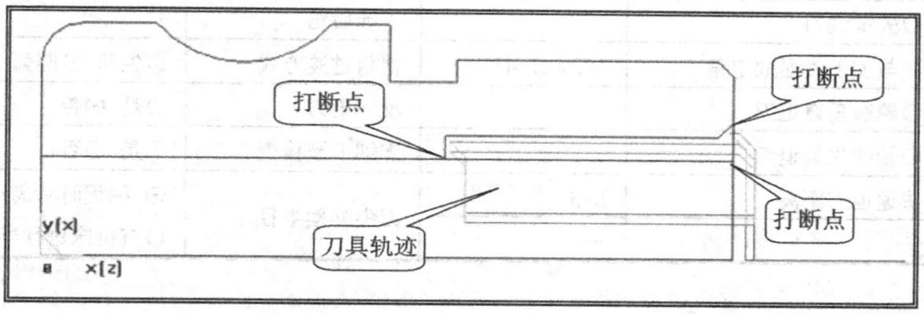

图 6-85　内轮廓粗加工轨迹

（4）内轮廓精加工

① 轮廓建模。编制精加工程序时只需要被加工零件的表面轮廓，如图 6-86 所示。

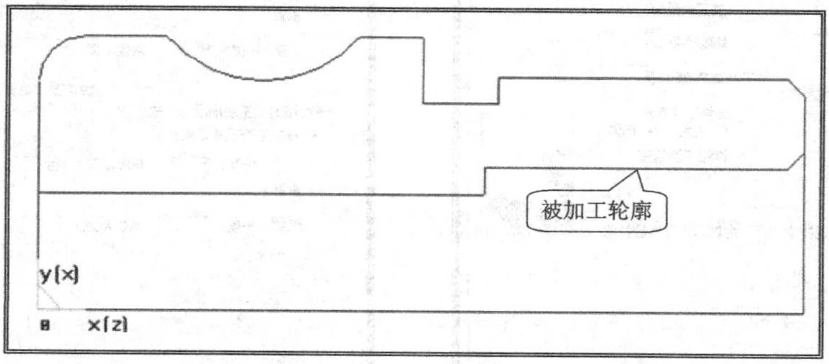

图 6-86　精加工内轮廓

② 填写参数表。单击【轮廓精车】按钮，或单击【加工（P）】→【轮廓精车】菜单项，弹出轮廓精车对话框。单击加工参数选项卡，按照表 6-14 所列参数填写对话框，如图 6-87～图 6-90 所示。

表 6-14　内轮廓精车加工参数表

刀具参数		
刀具名	Lt0	
刀具号	4	
刀具补偿号	4	
刀具长度 L	90	
刀柄宽度 W	10	
刀角长度	10	
刀尖半径	0.2	
刀具前角	85	
刀具后角	5	
轮廓车刀类型	○外轮廓车刀 ⊙内轮廓车刀 ○端面	
对刀点方式	⊙刀尖尖点 ○刀尖圆心	
刀具类型	⊙普通车刀 ○球头车刀	
刀具偏置方向	⊙左偏 ○对中 ○右偏	
进退刀方式		
相对加工表面进刀	⊙与加工表面成定角	L=2，A=45
	○垂直进刀	
	○矢量进刀	
相对加工表面退刀	⊙与加工表面成定角	L=2，A=45
	○轮廓垂直退刀	
	○轮廓矢量退刀	
	快速退刀距离	L=5
	—	—

切削用量		
速度设定	进退刀时是否快速	⊙是 ○否
	接近速度	
	退刀速度	
	进刀量	0.05
主轴转速	恒转速	1200
	恒线速度	
	最高转速	
拟合方式	⊙圆弧 ○直线	
加工参数		
加工表面类型	○外轮廓 ⊙内轮廓 ○端面	
加工精度	0.01	
加工余量	0	
切削行数	2	
切削行距	0.15	
干涉前角	0	
干涉后角	5	
拐角过渡方式	○尖角 ⊙圆弧	
反向走刀	○是 ⊙否	
详细干涉检查	⊙是 ○否	
刀尖补偿半径	⊙ 编程时考虑半径补偿 ○有机床进行半径补偿	

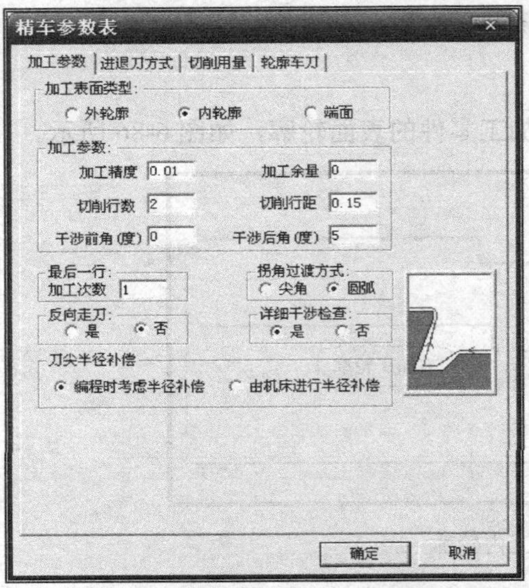

图 6-87　参数对话框

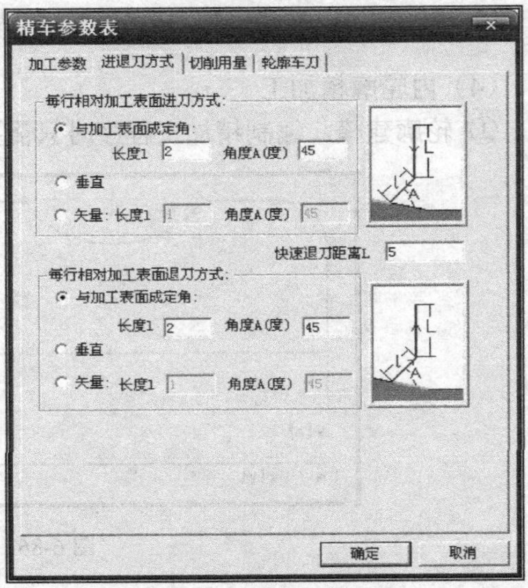

图 6-88　进退刀方式对话框

③ 生成加工轨迹。采用单个拾取方式依次拾取加工外轮廓，确定进退刀点（Z75，X0），

生成刀具精加工轨迹（图 6-91）。

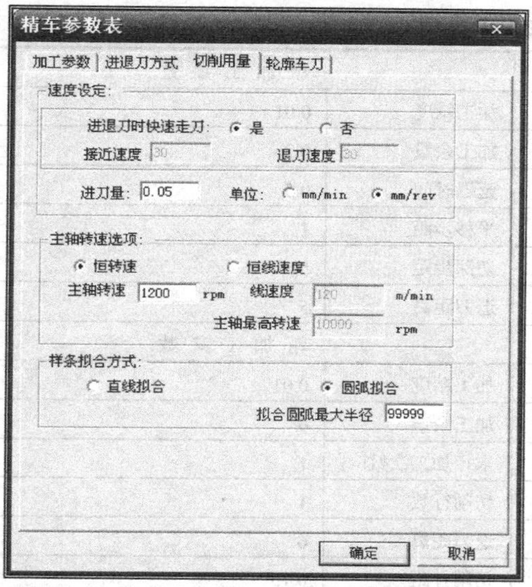

图 6-89　切削用量对话框

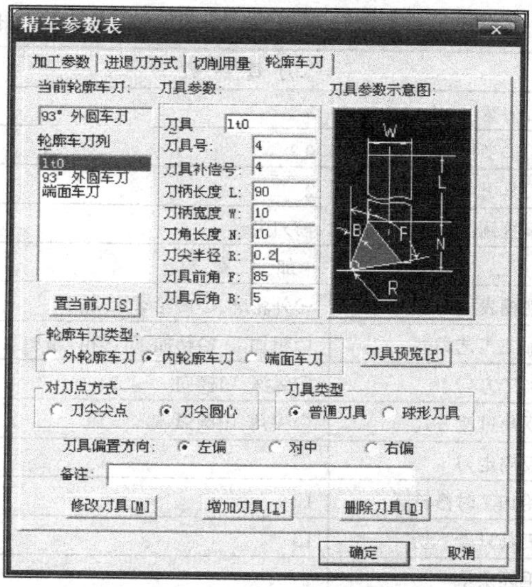

图 6-90　轮廓车刀对话框

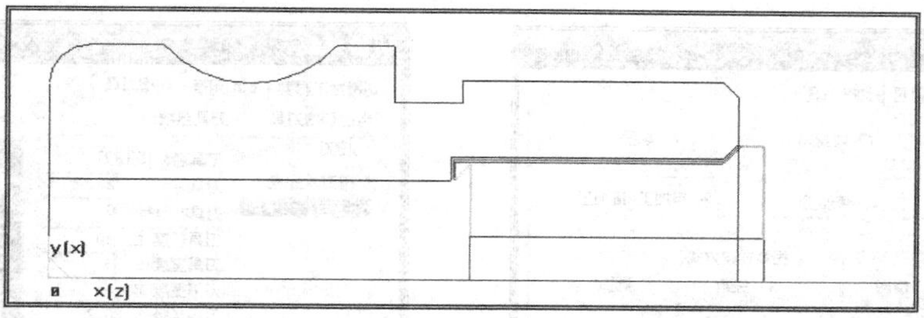

图 6-91　内轮廓精加工刀具轨迹

（5）切槽加工

① 轮廓建模。在外轮廓精车的基础上，进行切槽加工，切槽加工的轮廓建模，如图 6-92 所示。

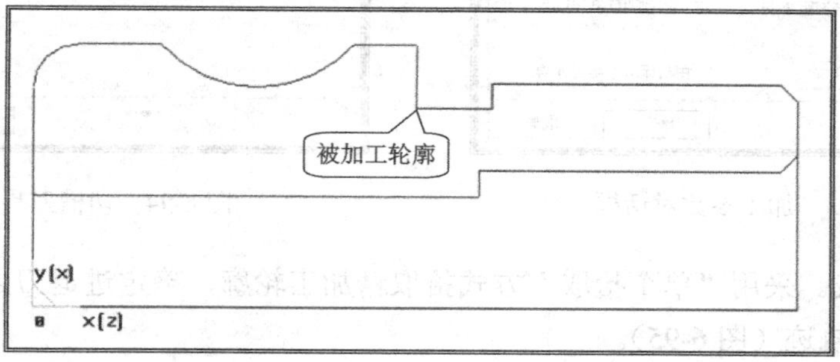

图 6-92　槽加工的轮廓建模

② 填写参数表。单击【切槽】按钮，或单击【加工（P）】→【切槽】菜单项，弹出切槽对话框。单击加工参数选项卡，按照表 6-15 所列参数填写对话框，如图 6-93、图 6-94

所示。

表 6-15 切槽加工参数表

刀 具 参 数		粗 加 工 参 数	
刀刃宽度 *N*	3	加工精度	0.01
刀尖半径 *R*	0.2	加工余量	0.2
刀具引角 *A*	2	延迟时间	0.5
编程到位点	前刀尖	平移步距	1
加 工 参 数		切深步距	5
切槽表面类型	⊙外轮廓 ○内轮廓 ○轮廓	退刀距离	5
加工工艺类型	○粗加工 ○精加工 ⊙粗+精加工	精 加 工 参 数	
加工方向	⊙纵深 ○横向	加工精度	0.01
拐角过渡方式	○尖角 ⊙圆弧	加工余量	0
反向走刀	□	末行加工次数	1
粗加工时修轮廓	□	切削行数	1
刀具只能下切	□	退刀距离	6
毛坯余量	2	切削行距	0.15
刀尖半径补偿	⊙ 编程考虑 ○机床补偿	切削用量	进刀量 1.5mm/r，主轴转速 600r/min

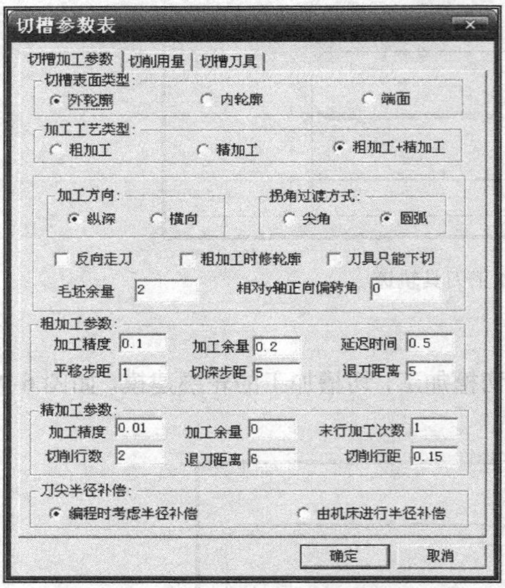

图 6-93 加工参数对话框

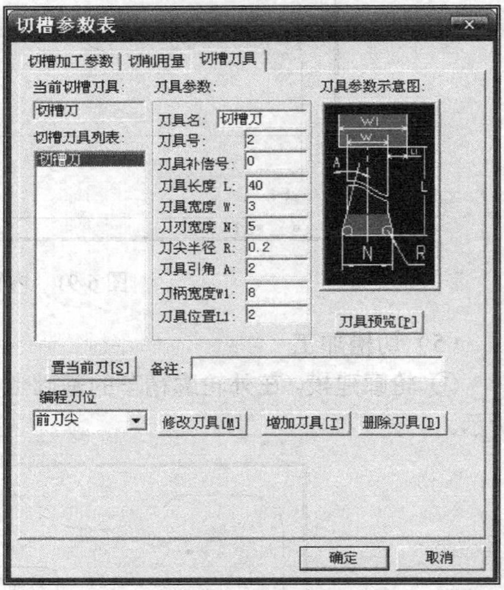

图 6-94 切槽刀具对话框

③ 代码生成。采用“单个拾取”方式拾取精加工轮廓，确定进退刀点（*Z*75、*X*35），生成刀具精加工轨迹（图 6-95）。

（6）螺纹加工

① 轮廓建模。在外轮廓精车与切槽加工后，进行螺纹加工，切槽轮廓建模（图 6-96）。

② 填写参数表。单击【车螺纹】按钮，或单击【加工（P）】→【车螺纹】菜单项，弹出车螺纹对话框。单击加工参数选项卡，按照表 6-16 所列参数填写对话框，如图 6-97～

图 6-101 所示。

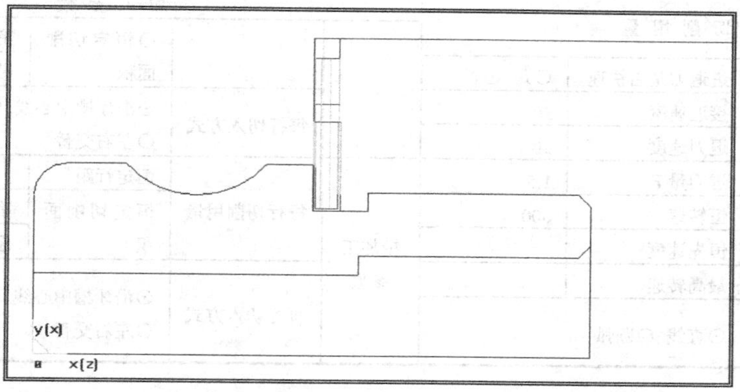

图 6-95　切槽刀具轨迹

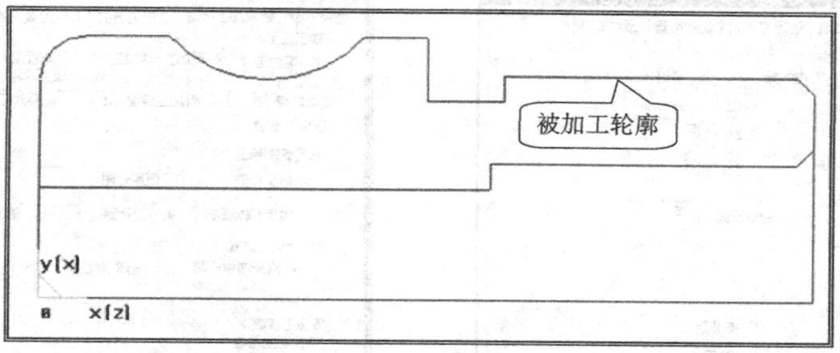

图 6-96　螺纹加工的轮廓建模

表 6-16　螺纹加工参数表

刀具参数			螺纹参数			
刀具种类	60° 普通螺纹		螺纹类型	⊙外轮廓 ○内轮廓 ○断面		
刀具名	Sc0		螺纹参数	起点坐标	*X*（*Y*）	18
刀具号	3				*Z*（*X*）	58
刀具补偿号	3			终点坐标	*X*（*Y*）	18
刀具长度 *L*	40				*Z*（*X*）	36
刀柄宽度 *W*	15			螺纹长度	22	
刀刃长度 *N*	10			螺纹牙高		
刀尖宽度 *B*	1			螺纹头数	1	
刀具角度	60			螺纹节距	⊙恒螺距	1.5
进退刀方式					○变螺距	始节距
粗加工进刀方式	○ 垂直					末节距
	⊙ 矢量	*L*=2，*A*=30	加工参数			
粗加工退刀方式	○ 垂直		加工工艺类型	○粗加工 ⊙粗加工+精加工		
	⊙ 矢量	*L*=2，*A*=30	末行走刀次数	1		
精加工进刀方式	○ 垂直		螺纹总深	1.5		
	⊙ 矢量	*L*=2，*A*=30	粗加工深度	1		
精加工退刀方式	○ 垂直		精加工深度	0.5		
	⊙ 矢量	*L*=2，*A*=30	粗加工参数	每行切削量	⊙恒定行距	0.2

续表

切削用量		
速度设定	进退刀是否快速	○是 ⊙否
	接近速度	30
	退刀速度	30
	进刀量 F	1.5
主轴转速	恒转速	600
	恒先速度	
	最高转速	
样条拟合方式	⊙直线 ○圆弧	

加工参数				
		○恒定切削面积	第一刀行距	
			最小行距	
	每行切入方式	⊙沿牙槽中心线 ○沿牙槽右侧 ○左右交替		
精加工参数	每行切削用量	恒定行距	0.1	
		恒定切削面积	第一刀行距	
			最小行距	
	每行切入方式	⊙沿牙槽中心线 ○沿牙槽右侧 ○左右交替		

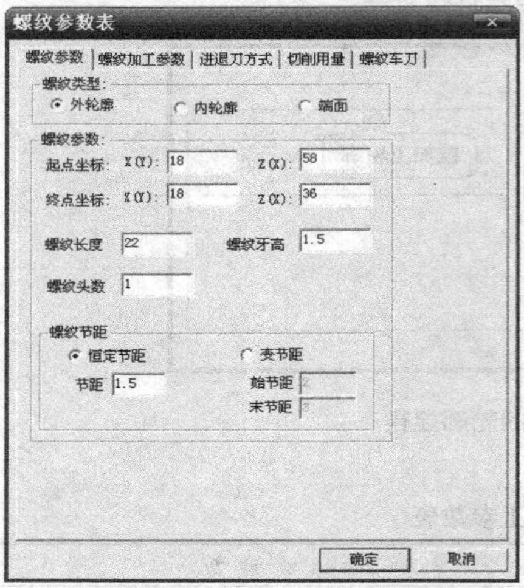

图 6-97 螺纹参数表对话框

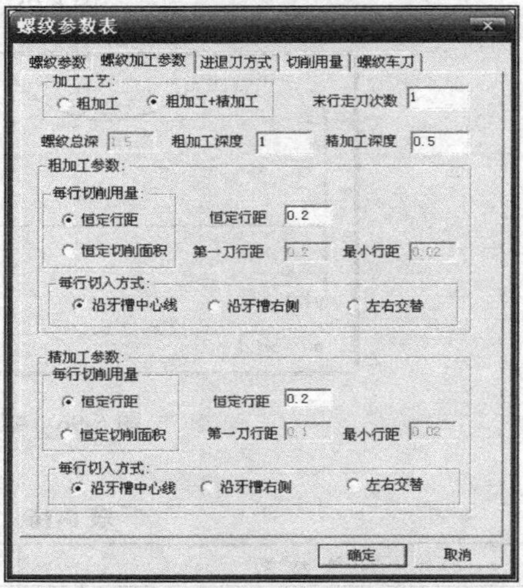

图 6-98 螺纹加工参数表对话框

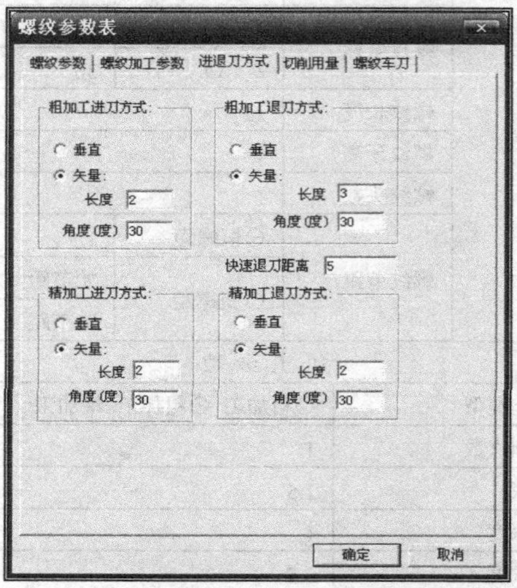

图 6-99 进退刀方式对话框

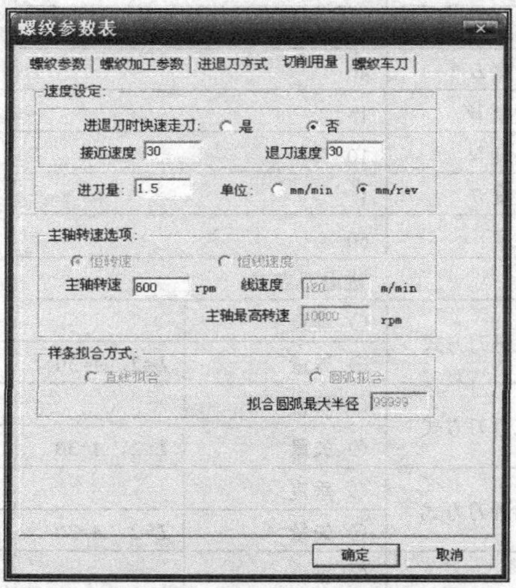

图 6-100 切削用量对话框

③ 代码生成。确定进退刀点（*Z*75，*X*35），生成刀具精加工轨迹（图 6-102）。

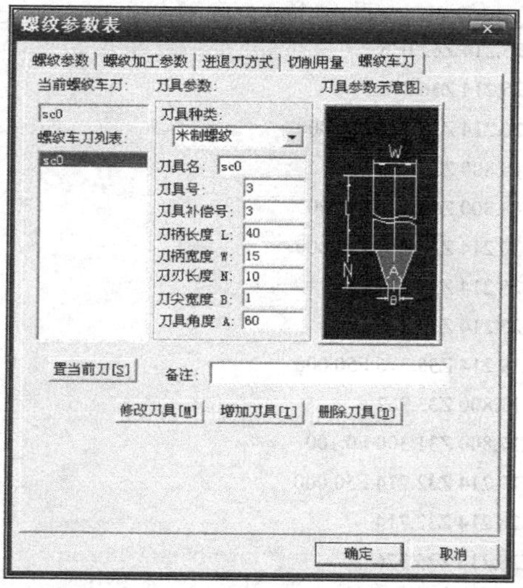

图 6-101　螺纹车刀参数表

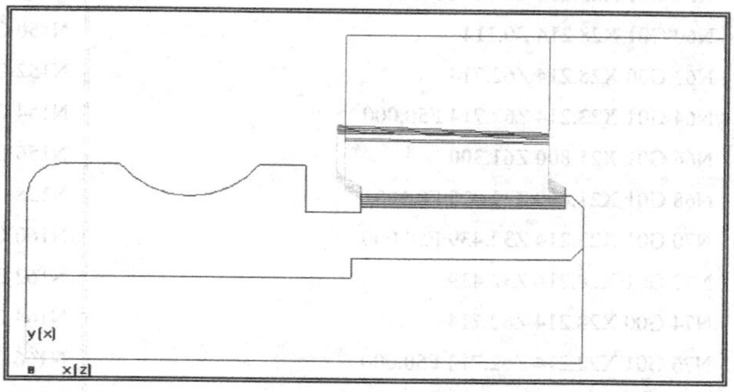

图 6-102　螺纹加工轨迹

到此，即可生成加工要求中的所有的加工轨迹，总加工轨迹如图 6-103 所示。

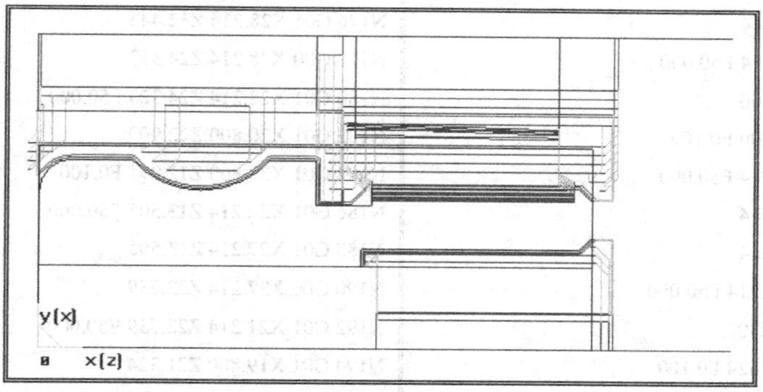

图 6-103　工件所有的加工轨迹

（7）生成加工代码　单击主菜单中的【加工（P）】→【生成代码】命令，拾取生成的刀具轨迹，即可生成加工指令如表 6-17 所示。

表 6-17　总加工程序

程　序	程　序
N10 G50 S0	N30 G01 X24.214 Z0.149 F50.000
N12 G00 G97 S800 T0101	N32 G01 X29.214 Z0.149
N14 M03	N34 G00 X29.214 Z62.714
N16 M08	N36 G01 X23.214 Z62.714 F50.000
N18 G00 X35.000 Z75.000	N38 G01 X21.800 Z61.300
N20 G00 X35.000 Z62.679	N40 G01 X21.800 Z31.025 F0.100
N22 G00 X29.214 Z62.679	N42 G01 X22.800 Z31.025 F50.000
N24 G01 X24.214 Z62.679 F50.000	N44 G00 X22.800 Z23.962
N26 G01 X22.800 Z61.265	N46 G01 X21.800 Z23.962 F50.000
N28 G01 X22.800 Z-1.265 F0.100	N48 G01 X21.800 Z11.028 F0.100

续表

程　序	程　序
N50 G01 X22.800 Z11.028 F50.000	N140 G01 X25.214 Z62.038
N52 G00 X22.800 Z1.367	N142 G00 X25.214 Z36.376
N54 G01 X21.800 Z1.367 F50.000	N144 G01 X20.214 Z36.376 F50.000
N56 G01 X21.800 Z-1.300 F0.100	N146 G01 X18.800 Z34.962
N58 G01 X23.214 Z0.114 F50.000	N148 G01 X18.800 Z31.300 F0.100
N60 G01 X28.214 Z0.114	N150 G01 X20.214 Z32.714 F50.000
N62 G00 X28.214 Z62.714	N152 G01 X25.214 Z32.714
N64 G01 X23.214 Z62.714 F50.000	N154 G00 X25.214 Z35.376
N66 G01 X21.800 Z61.300	N156 G01 X19.214 Z35.376 F50.000
N68 G01 X21.800 Z31.025 F0.100	N158 G01 X17.800 Z33.962
N70 G01 X23.214 Z32.439 F50.000	N160 G01 X17.800 Z31.300 F0.100
N72 G01 X28.214 Z32.439	N162 G01 X19.214 Z32.714 F50.000
N74 G00 X28.214 Z62.714	N164 G01 X28.214 Z32.714
N76 G01 X22.214 Z62.714 F50.000	N166 G00 X28.214 Z25.376
N78 G01 X20.800 Z61.300	N168 G01 X23.214 Z25.376 F50.000
N80 G01 X20.800 Z31.300 F0.100	N170 G01 X21.800 Z23.962
N82 G01 X22.214 Z32.714 F50.000	N172 G01 X21.800 Z11.028 F0.100
N84 G01 X27.214 Z32.714	N174 G01 X23.214 Z12.443 F50.000
N86 G00 X27.214 Z62.714	N176 G01 X28.214 Z12.443
N88 G01 X21.214 Z62.714 F50.000	N178 G00 X28.214 Z24.323
N90 G01 X19.800 Z61.300	N180 G01 X22.214 Z24.323 F50.000
N92 G01 X19.800 Z31.300 F0.100	N182 G01 X20.800 Z22.909
N94 G01 X21.214 Z32.714 F50.000	N184 G01 X20.800 Z12.091 F0.100
N96 G01 X26.214 Z32.714	N186 G01 X22.214 Z13.505 F50.000
N98 G00 X26.214 Z62.714	N188 G01 X27.214 Z13.505
N100 G01 X20.214 Z62.714 F50.000	N190 G00 X27.214 Z22.739
N102 G01 X18.800 Z61.300	N192 G01 X21.214 Z22.739 F50.000
N104 G01 X18.800 Z59.624 F0.100	N194 G01 X19.800 Z21.324
N106 G01 X19.800 Z59.624 F50.000	N196 G01 X19.800 Z13.676 F0.100
N108 G00 X19.800 Z34.962	N198 G01 X21.214 Z15.090 F50.000
N110 G01 X18.800 Z34.962 F50.000	N200 G01 X28.214 Z15.090
N112 G01 X18.800 Z31.300 F0.100	N202 G00 X28.214 Z2.781
N114 G01 X20.214 Z32.714 F50.000	N204 G01 X23.214 Z2.781 F50.000
N116 G01 X25.214 Z32.714	N206 G01 X21.800 Z1.367
N118 G00 X25.214 Z62.714	N208 G01 X21.800 Z-1.300 F0.100
N120 G01 X20.214 Z62.714 F50.000	N210 G01 X23.214 Z0.114 F50.000
N122 G01 X18.800 Z61.300	N212 G01 X28.214 Z0.114
N124 G01 X18.800 Z59.624 F0.100	N214 G00 X28.214 Z1.426
N126 G01 X20.214 Z61.038 F50.000	N216 G01 X22.214 Z1.426 F50.000
N128 G01 X25.214 Z61.038	N218 G01 X20.800 Z0.012
N130 G00 X25.214 Z62.714	N220 G01 X20.800 Z-1.300 F0.100
N132 G01 X19.214 Z62.714 F50.000	N222 G01 X22.214 Z0.114 F50.000
N134 G01 X17.800 Z61.300	N224 G01 X27.214 Z0.114
N136 G01 X17.800 Z60.624 F0.100	N226 G00 X27.214 Z0.426
N138 G01 X19.214 Z62.038 F50.000	N228 G01 X21.214 Z0.426 F50.000

续表

程　序	程　序
N230 G01 X19.800 Z-0.988	N322 G01 X20.260 Z23.977
N232 G01 X19.800 Z-1.300 F0.100	N324 G02 X21.132 Z10.150 I7.354 K-6.477
N234 G01 X21.214 Z0.114 F50.000	N326 G03 X21.200 Z10.000 I-0.132 K-0.150
N236 G01 X29.214 Z0.114	N328 G01 X21.200 Z3.500
N238 G00 X35.000 Z0.114	N330 G03 X20.116 Z0.884 I-3.700 K-0.000
N240 G00 X35.000 Z75.000	N332 G01 X19.091 Z-0.141
N242 M01	N334 G01 X21.091 Z-0.141 F50.000
N244 G50 S10000	N336 G01 X26.450 Z-0.141
N246 G00 G97 S1500 T0101	N338 G00 X35.000 Z-0.141
N248 M03	N340 G00 X35.000 Z75.000
N250 M08	N342 M01
N252 G00 X35.000 Z62.318	N344 G50 S10000
N254 G00 X26.450 Z62.318	N346 G00 G97 S600 T0101
N256 G01 X16.904 Z62.318 F50.000	N348 M03
N258 G01 X16.904 Z60.318	N350 M08
N260 G01 X18.318 Z58.904 F0.050	N352 G00 X0.000 Z75.000
N262 G03 X18.450 Z58.586 I-0.318 K-0.318	N354 G00 X0.000 Z61.814
N264 G01 X18.450 Z36.000	N356 G00 X3.186 Z61.814
N266 G03 X18.318 Z35.682 I-0.450 K0.000	N358 G01 X8.186 Z61.814 F50.000
N268 G01 X16.450 Z33.814	N360 G01 X9.600 Z60.400
N270 G01 X16.450 Z30.450	N362 G01 X9.600 Z35.400 F0.100
N272 G01 X21.000 Z30.450	N364 G01 X8.186 Z36.814 F50.000
N274 G03 X21.450 Z30.000 I0.000 K-0.450	N366 G01 X3.186 Z36.814
N276 G01 X21.450 Z25.000	N368 G00 X3.186 Z61.814
N278 G03 X21.318 Z24.682 I-0.450 K0.000	N370 G01 X9.086 Z61.814 F50.000
N280 G01 X20.443 Z23.806	N372 G01 X10.500 Z60.400
N282 G02 X21.298 Z10.338 I7.172 K-6.306	N374 G01 X10.500 Z35.400 F0.100
N284 G03 X21.450 Z10.000 I-0.298 K-0.338	N376 G01 X9.086 Z36.814 F50.000
N286 G01 X21.450 Z3.500	N378 G01 X4.086 Z36.814
N288 G03 X20.293 Z0.707 I-3.950 K-0.000	N380 G00 X4.086 Z61.814
N290 G01 X19.268 Z-0.318	N382 G01 X10.086 Z61.814 F50.000
N292 G01 X21.268 Z-0.318 F50.000	N384 G01 X11.500 Z60.400
N294 G01 X26.450 Z-0.318	N386 G01 X11.500 Z59.651 F0.100
N296 G00 X26.450 Z62.141	N388 G01 X10.086 Z61.066 F50.000
N298 G01 X16.727 Z62.141 F50.000	N390 G01 X3.186 Z61.066
N300 G01 X16.727 Z60.141	N392 G00 X0.000 Z61.066
N302 G01 X18.141 Z58.727 F0.050	N394 G00 X0.000 Z75.000
N304 G03 X18.200 Z58.586 I-0.141 K-0.141	N396 M01
N306 G01 X18.200 Z36.000	N398 G50 S10000
N308 G03 X18.141 Z35.859 I-0.200 K0.000	N400 G00 G97 S1200 T0101
N310 G01 X16.200 Z33.917	N402 M03
N312 G01 X16.200 Z30.200	N404 M08
N314 G01 X21.000 Z30.200	N406 G00 X0.000 Z62.247
N316 G03 X21.200 Z30.000 I0.000 K-0.200	N408 G00 X4.000 Z62.247
N320 G03 X21.141 Z24.859 I-0.200 K0.000	N410 G01 X12.167 Z62.247 F50.000

续表

程 序	程 序
N412 G01 X12.167 Z60.247	N500 G01 X32.800 Z30.200 F50.000
N414 G01 X10.753 Z58.833 F0.050	N502 G00 X32.800 Z32.800
N416 G02 X10.650 Z58.586 I0.247 K-0.247	N504 G01 X27.800 Z32.800 F50.000
N418 G01 X10.650 Z35.350	N506 G01 X22.800 Z32.800
N420 G01 X9.000 Z35.350	N508 G01 X16.200 Z32.800 F0.150
N422 G01 X10.414 Z36.764 F50.000	N510 G04 X0.500
N424 G01 X4.000 Z36.764	N512 G01 X27.800 Z32.800 F50.000
N426 G00 X4.000 Z62.141	N514 G00 X27.800 Z31.800
N428 G01 X12.273 Z62.141 F50.000	N516 G01 X22.800 Z31.800 F50.000
N430 G01 X12.273 Z60.141	N518 G01 X16.200 Z31.800 F0.150
N432 G01 X10.859 Z58.727 F0.050	N520 G04 X0.500
N434 G02 X10.800 Z58.586 I0.141 K-0.141	N522 G01 X27.800 Z31.800 F50.000
N436 G01 X10.800 Z35.200	N524 G00 X27.800 Z30.800
N438 G01 X9.000 Z35.200	N526 G01 X22.800 Z30.800 F50.000
N440 G01 X10.414 Z36.614 F50.000	N528 G01 X16.200 Z30.800 F0.150
N442 G01 X4.000 Z36.614	N530 G04 X0.500
N444 G00 X0.000 Z36.614	N532 G01 X27.800 Z30.800 F50.000
N446 G00 X0.000 Z75.000	N534 G00 X27.800 Z30.200
N448 M01	N536 G01 X22.800 Z30.200 F50.000
N450 G50 S10000	N538 G01 X16.200 Z30.200 F0.150
N452 G00 G97 S600 T0201	N540 G04 X0.500
N454 M03	N542 G01 X23.000 Z30.200 F50.000
N456 M08	N544 G01 X26.800 Z30.200
N458 G00 X35.000 Z75.000	N546 G00 X26.800 Z32.750
N460 G00 X35.000 Z32.800	N548 G01 X17.800 Z32.750 F50.000
N462 G00 X32.800 Z32.800	N550 G01 X16.250 Z32.750 F0.150
N464 G01 X27.800 Z32.800 F50.000	N552 G01 X16.250 Z30.250
N466 G01 X17.800 Z32.800 F0.150	N554 G01 X20.800 Z30.250
N468 G04 X0.500	N556 G01 X26.800 Z30.250 F50.000
N470 G01 X32.800 Z32.800 F50.000	N558 G00 X26.800 Z33.000
N472 G00 X32.800 Z31.800	N560 G01 X17.800 Z33.000 F50.000
N474 G01 X27.800 Z31.800 F50.000	N562 G01 X16.000 Z33.000 F0.150
N476 G01 X17.800 Z31.800 F0.150	N564 G01 X16.000 Z30.000
N478 G04 X0.500	N566 G01 X20.800 Z30.000
N480 G01 X32.800 Z31.800 F50.000	N568 G01 X26.800 Z30.000 F50.000
N482 G00 X32.800 Z30.800	N570 G00 X35.000 Z30.000
N484 G01 X27.800 Z30.800 F50.000	N572 G00 X35.000 Z75.000
N486 G01 X17.800 Z30.800 F0.150	N574 M01
N488 G04 X0.500	N576 G50 S10000
N490 G01 X32.800 Z30.800 F50.000	N578 G00 G97 S600 T0303
N492 G00 X32.800 Z30.200	N580 M03
N494 G01 X27.800 Z30.200 F50.000	N582 M08
N496 G01 X17.800 Z30.200 F0.150	N584 G00 X35.000 Z56.268
N498 G04 X0.500	N586 G00 X24.800 Z56.268

续表

程　　序	程　　序
N588 G01 X19.800 Z56.268 F50.000	N656 G01 X17.000 Z58.000 F0.150
N590 G01 X18.800 Z58.000	N658 G33 X17.000 Z36.000 K1.500
N592 G01 X17.800 Z58.000 F0.150	N660 G01 X18.000 Z36.000
N594 G33 X17.800 Z36.000 K1.500	N662 G01 X19.500 Z33.402 F50.000
N596 G01 X18.800 Z36.000	N664 G01 X24.500 Z33.402
N598 G01 X20.300 Z33.402 F50.000	N666 G00 X24.500 Z56.268
N600 G01 X25.300 Z33.402	N668 G01 X23.900 Z56.268 F50.000
N602 G00 X24.600 Z56.268	N670 G01 X18.900 Z56.268
N604 G01 X19.600 Z56.268 F50.000	N672 G01 X17.900 Z58.000
N606 G01 X18.600 Z58.000	N674 G01 X16.900 Z58.000 F0.150
N608 G01 X17.600 Z58.000 F0.150	N676 G33 X16.900 Z36.000 K1.500
N610 G33 X17.600 Z36.000 K1.500	N678 G01 X17.900 Z36.000
N612 G01 X18.600 Z36.000	N680 G01 X18.900 Z34.268 F50.000
N614 G01 X20.100 Z33.402 F50.000	N682 G01 X23.900 Z34.268
N616 G01 X25.100 Z33.402	N684 G00 X23.700 Z56.268
N618 G00 X24.400 Z56.268	N686 G01 X18.700 Z56.268 F50.000
N620 G01 X19.400 Z56.268 F50.000	N688 G01 X17.700 Z58.000
N622 G01 X18.400 Z58.000	N690 G01 X16.700 Z58.000 F0.150
N624 G01 X17.400 Z58.000 F0.150	N692 G33 X16.700 Z36.000 K1.500
N626 G33 X17.400 Z36.000 K1.500	N694 G01 X17.700 Z36.000
N628 G01 X18.400 Z36.000	N696 G01 X18.700 Z34.268 F50.000
N630 G01 X19.900 Z33.402 F50.000	N698 G01 X23.700 Z34.268
N632 G01 X24.900 Z33.402	N700 G00 X23.500 Z56.268
N634 G00 X24.200 Z56.268	N702 G01 X18.500 Z56.268 F50.000
N636 G01 X19.200 Z56.268 F50.000	N704 G01 X17.500 Z58.000
N638 G01 X18.200 Z58.000	N706 G01 X16.500 Z58.000 F0.150
N640 G01 X17.200 Z58.000 F0.150	N708 G33 X16.500 Z36.000 K1.500
N642 G33 X17.200 Z36.000 K1.500	N710 G01 X17.500 Z36.000
N644 G01 X18.200 Z36.000	N712 G01 X18.500 Z34.268 F50.000
N646 G01 X19.700 Z33.402 F50.000	N714 G01 X23.500 Z34.268
N648 G01 X24.700 Z33.402	N716 G00 X35.000 Z34.268
N650 G00 X24.000 Z56.268	N718 G00 X35.000 Z75.000
N652 G01 X19.000 Z56.268 F50.000	N720 M09
N654 G01 X18.000 Z58.000	N722 M30

小　　结

本章主要阐述了数控车自动编程中的 CAXA 数控车的 CAD 功能和 CAM 功能，要求掌握该 CAD 功能，能够利用 CAXA 数控车软件绘制中等难度的二维 CAD 图形，并灵活应用该软件进行数控车自动编程。

思考与练习

1. 思考题

（1）CAXA 数控车的主要特点是什么？

（2）CAXA 数控车能实现哪些加工？

（3）螺纹加工中的固定循环和非固定循环两种方式有什么不同？

（4）切槽时如何选择刀具？被加工轮廓如何拾取？

2. 上机操作题

（1）使用 CAXA 数控车的加工功能，完成题图 6-1 所示零件的几何造型和轮廓粗车，工件坐标系原点设置在零件的左端面回转中心，换刀点在 $X60$（半径尺寸），$Z150$ 的位置。

（2）使用 CAXA 数控车的加工功能，完成题图 6-2 所示零件的几何造型和轮廓粗车和轮廓精车，工件坐标系原点设置在零件的左端面回转中心，换刀点在 $X28$，$Z120$ 的位置。（毛坯为 $\phi 30$ 的棒料）

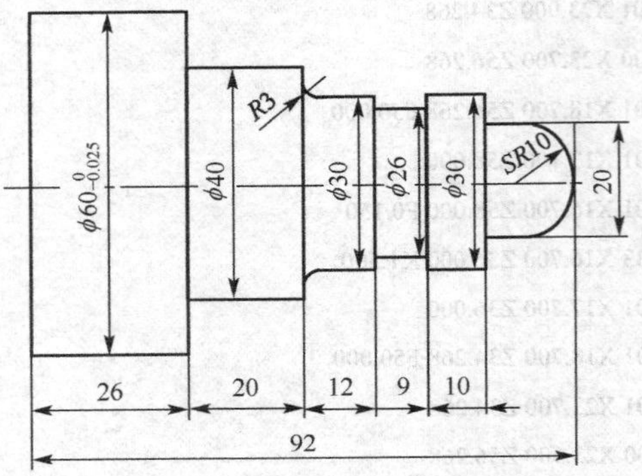

题图 6-1

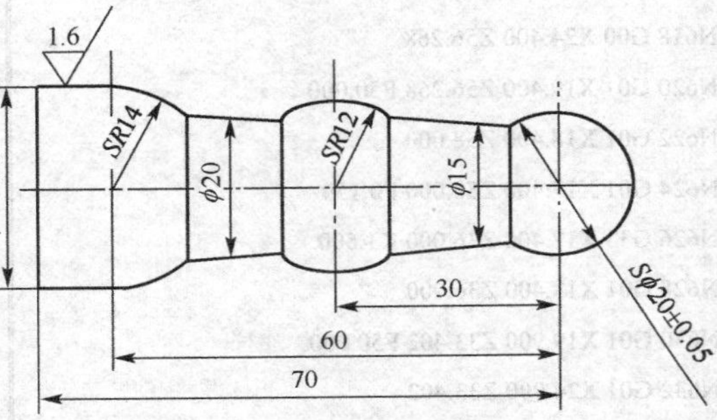

题图 6-2

（3）使用 CAXA 数控车的加工功能，完成题图 6-3 所示零件的几何造型、切槽加工、螺纹加工。

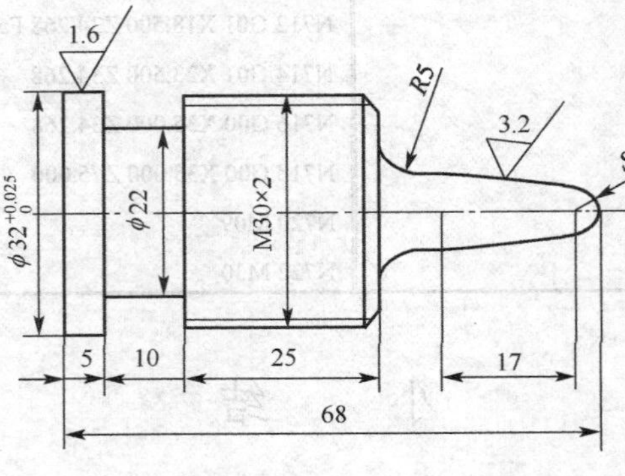

题图 6-3

（4）使用 CAXA 数控车加工功能，按照图纸要求，根据加工工艺顺序，进行题图 6-4～题图 6-7 所示零件轮廓粗加工、精加工、切槽加工和螺纹加工，并生成加工轨迹。

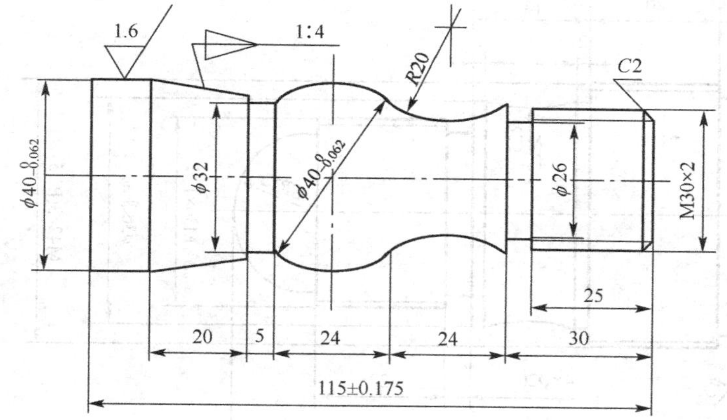

题图 6-4

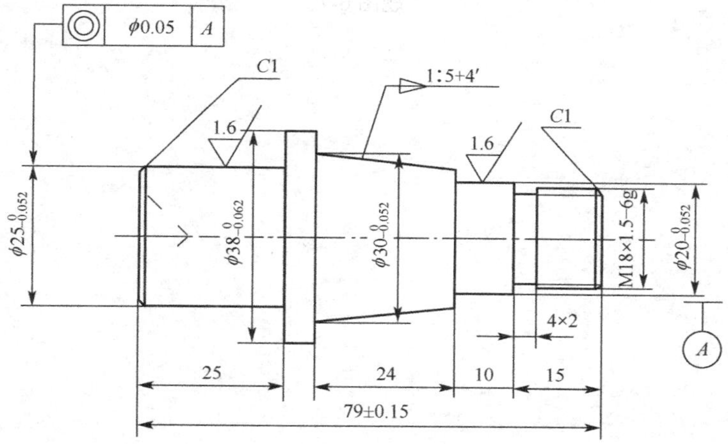

题图 6-5

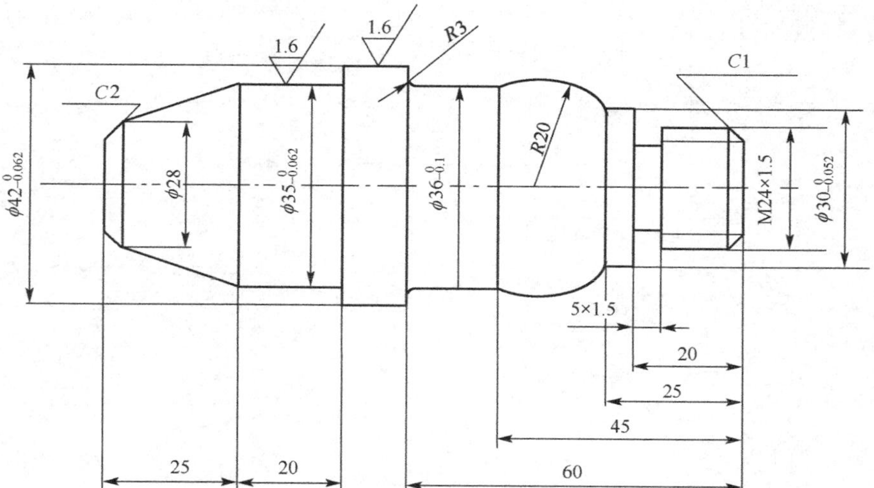

题图 6-6

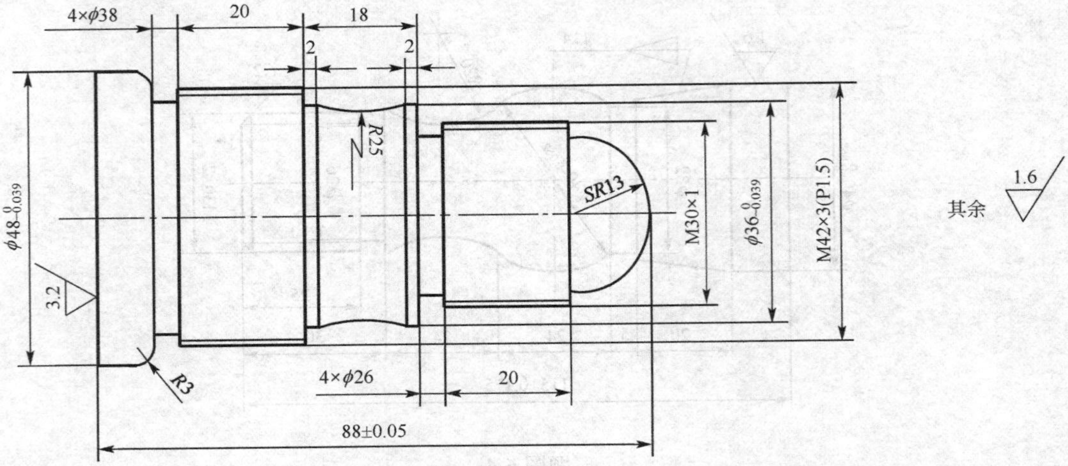
4×φ38
20
18
2
2
R25
SR13
M30×1
φ36-0.039
M42×3(P1.5)
φ48-0.039
3.2
R3
4×φ26
20
88±0.05
1.6
其余

题图 6-7

第 3 篇

数控机床加工仿真

第 7 章　数控机床加工仿真

7.1　数控机床仿真软件简介

数控机床仿真软件可以实现对数控铣床、数控加工中心和数控车床加工零件全过程的仿真，其中包括毛坯定义，夹具刀具定义与选用，零件基准测量和设置，数据程序输入、编辑和调试，检查错误和潜在的碰撞，以及低效的加工区域，让数据编程人员发现并纠正错误。

现在市场上机床仿真软件很多，国外软件有 VERICUT，不仅具有仿真功能，还有程序优化功能；国产软件有斐那克、宇龙、宇航、斯沃等，这些软件以教学功能为主，并具有考试功能以及远程教学功能。

1. 教学功能

机床仿真软件一般具备对数控机床操作全过程和加工运行全环境仿真的功能。可以进行数控编程的教学，能够完成整个加工操作过程的教学，使原来需要在数控设备上才能完成的大部分教学功能可以在这个虚拟制造环境中实现。

2. 考试功能

机床仿真软件一般具备考试功能。考试功能不仅记录了考试的最后结果，还把整个操作过程完整记录下来，通过回放功能可以查看考试的操作全过程。有些机床仿真软件还具备自动评分功能。

3. 远程教学功能

有些机床仿真软件不仅在局域网上具有双向互动的教学功能，还具有基于互联网进行双向互动的远程教学功能。

7.2　数控机床仿真软件使用流程

机床仿真软件的主要功能是仿真数控机床操作的全过程和加工运行全环境，其操作过程和操作真实机床的过程一致，一般包括以下步骤：

（1）启动软件，选择机床；

（2）开机、回参考点；

（3）导入程序；

（4）安装夹具，夹紧工件；

（5）装夹刀具；

（6）对刀操作；

（7）设置工件坐标系；

（8）零件自动加工。

7.3 数控机床仿真实例

本节使用宇龙数控机床仿真软件，简要介绍应用机床仿真软件进行加工的过程，对于更详细完整的操作，请读者参考机床仿真软件使用手册。

7.3.1 宇龙（FANUC）数控铣床仿真软件操作实例

本节以“5.5.2 中加工实例 5-3 塑料盒底壳凹模的加工”中粗加工的程序为例，简单讲解应用机床仿真软件进行仿真加工的过程。

1. 启动软件，选择机床

（1）启动软件　在【开始】菜单中，选择机床仿真软件，启动程序。

（2）选择机床类型　选择菜单【机床】→【选择机床...】，弹出【选择机床】对话框如图 7-1 所示。单击【确定】按钮后，显示机床操作面板，如图 7-2 所示。

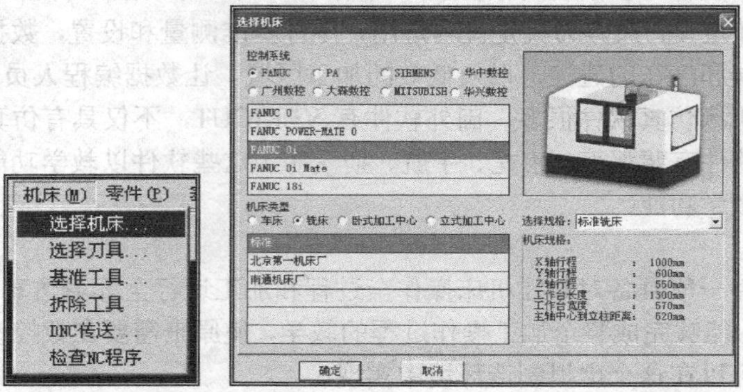

图 7-1 “选择机床”对话框

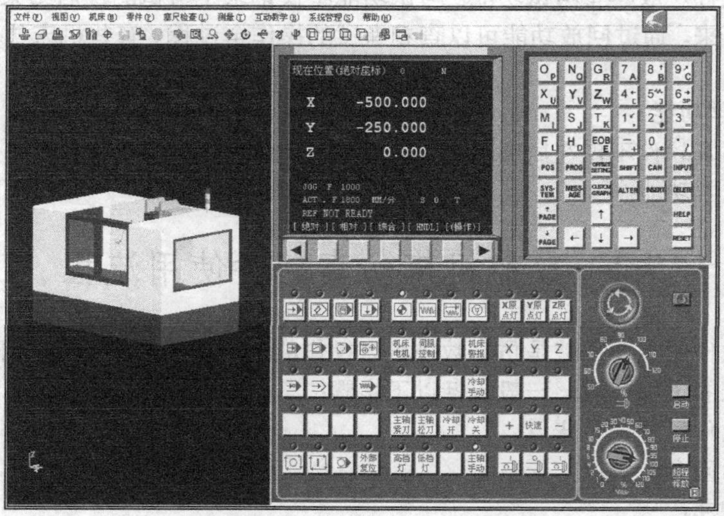

图 7-2 机床操作面板

2. 开机，机床回参考点

（1）启动机床　点击【启动】按钮，此时机床电机和伺服控制的指示灯变亮。检查【急停】按钮是否松开至状态，若未松开，点击【急停】按钮，将其松开。

（2）机床回参考点　检查操作面板上回原点指示灯是否亮，若指示灯亮，则已进入回原点模式；若指示灯不亮，则点击【回原点】按钮，转入回原点模式。

在回原点模式下，先将 *Z* 轴回原点。点击操作面板上的【*Z* 轴选择】按钮，使 *Z* 轴方向移动指示灯变亮，点击，此时 *Z* 轴将回原点，*Z* 轴回原点灯变亮，再分别点击 *X* 轴和 *Y* 轴方向按钮，使指示灯变亮，点击，此时 *X* 轴、*Y* 轴将回原点，*X* 轴、*Y* 轴回原点灯变亮。各轴回原点后，CRT 界面如图 7-3 所示。

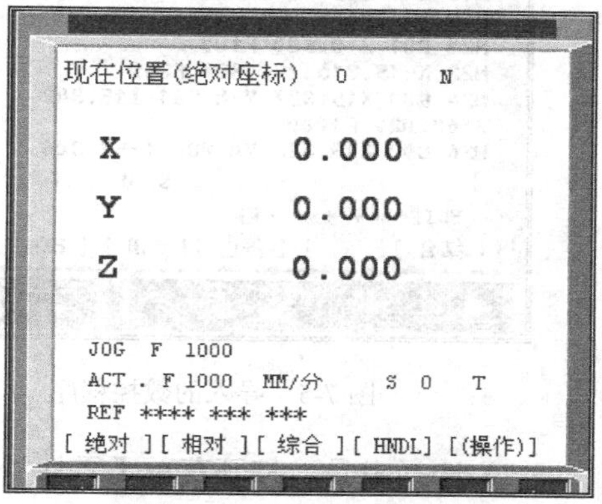

图 7-3　机床回参考点后坐标值

3. 导入程序

导入机床仿真软件的数控程序（G 代码）须为文本格式（*.txt 格式）。首先，为防止和机床中已有的程序重名，先将程序文件命名为“O0005.txt”。之后，按以下步骤操作将程序导入数控机床中。

（1）点击菜单【机床】→【DNC 传送】，弹出【打开】对话框，找到数控程序“O0005.txt”，如图 7-4 所示，单击【打开】确认。

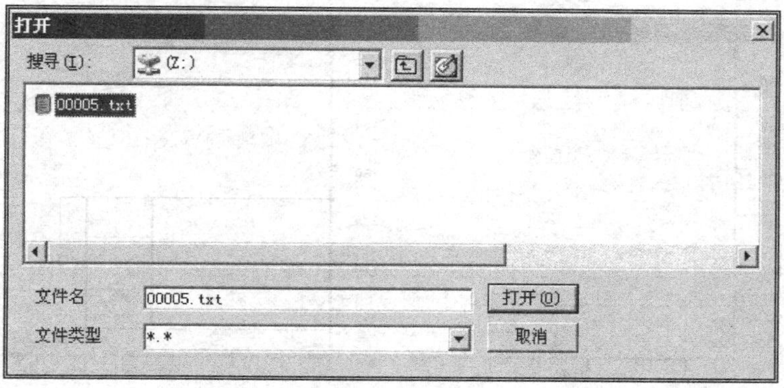

图 7-4　选择 NC 程序

（2）点击操作面板上的编辑键，编辑状态指示灯变亮，此时已进入编辑状态。

（3）点击 MDI 键盘上的，CRT 界面转入编辑页面。

（4）在编辑页面中，按菜单软键[(操作)]，在出现的下级子菜单中按软键▶，再按菜单软键[READ]。

（5）在 MDI 键盘上的数字/字母键，输入程序名“O0005”，按软键[EXEC]，则数控程序被导入并显示在 CRT 界面上，如图 7-5 所示。

4. 安装夹具，夹紧工件

（1）设定毛坯　打开菜单【零件】→【定义毛坯】或在工具条上选择【毛坯】按钮，系统打开【定义毛坯】对话框，设定毛坯，如图 7-6 所示。

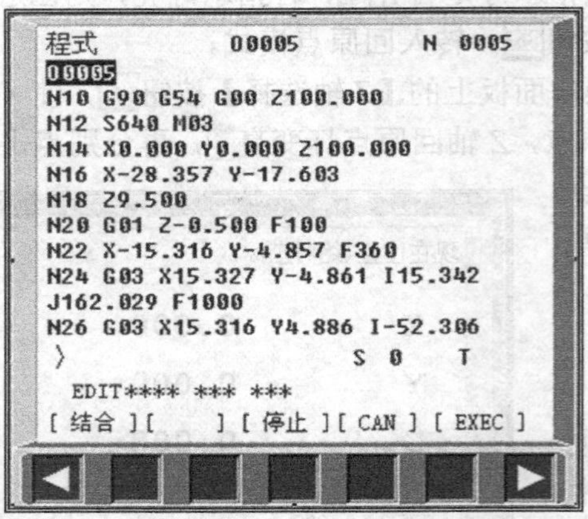

图 7-5 导入的数控程序

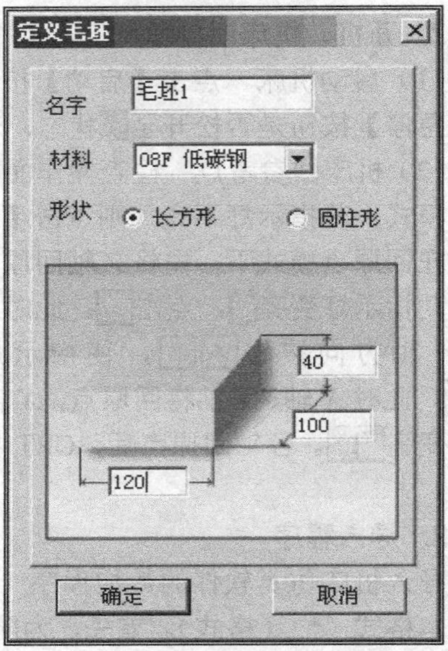

图 7-6 定义毛坯对话框

（2）选择夹具 打开菜单【零件】→【安装夹具】命令或者在工具条上选择图标▣，打开【选择夹具】对话框，如图 7-7 所示。

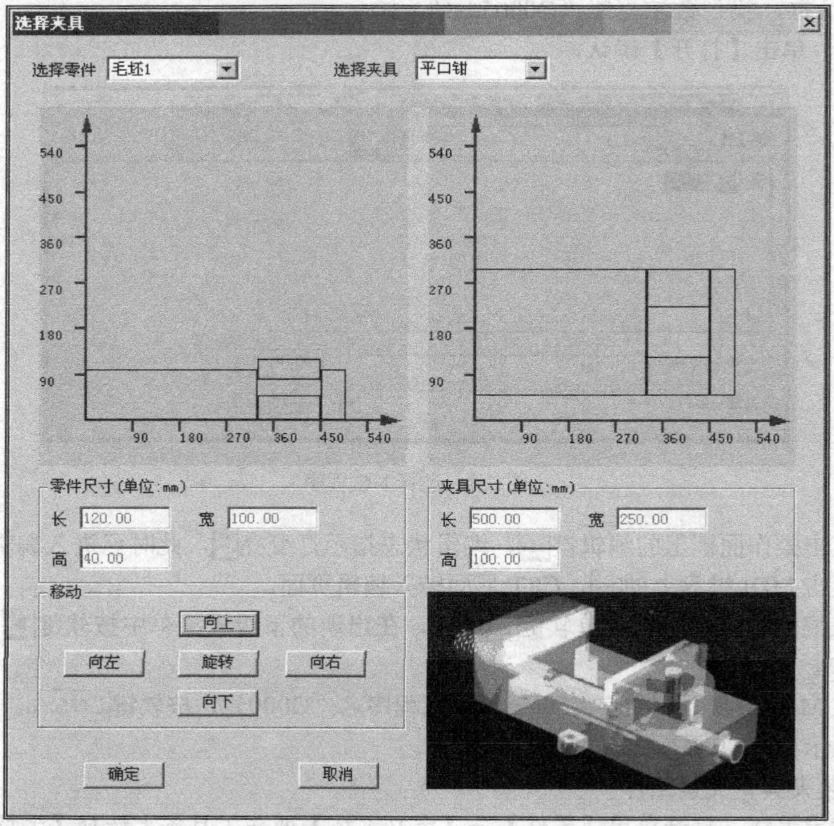

图 7-7 选择夹具对话框

【夹具尺寸】输入框显示的是系统提供的尺寸，用户可以修改平口钳的尺寸。

【移动】按钮用于调整毛坯在夹具上的位置。使用【向上移动】按钮，将毛坯向上移动至图 7-7 所示位置。

（3）放置零件　打开菜单【零件】→【放置零件】命令或者在工具条上选择图标，系统弹出【选择零件】对话框，如图 7-8 所示。

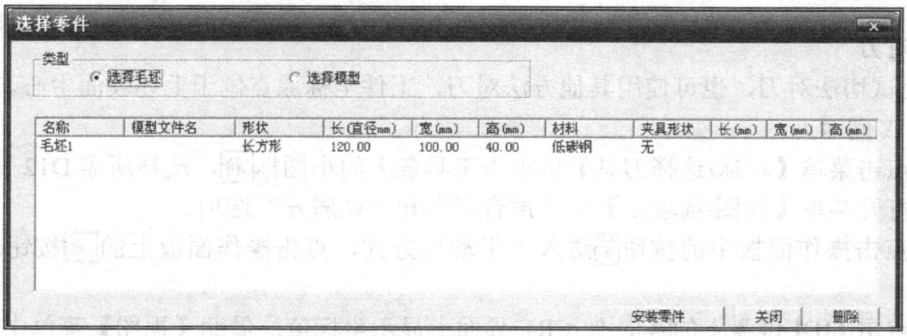

图 7-8　选择零件对话框

在列表中点击【毛坯 1】，再点击“安装零件”按钮，系统自动关闭对话框，零件和夹具将被放到机床上。

（4）调整零件位置　毛坯放在工作台后，系统将自动弹出一个小键盘，如图 7-9 所示。选择菜单“零件/移动零件”也可以打开小键盘。通过按动小键盘上的方向按钮，实现零件的平移和旋转。小键盘上的“退出”按钮用于关闭小键盘。在执行其他操作前关闭小键盘。

5. 装夹刀具

打开菜单【机床/选择刀具】或者在工具条中选择按钮，系统弹出【选择刀具】对话框，如图 7-10 所示。

（1）按条件列出刀具　以下步骤将列出 D12 的平底刀：

① 在【所需刀具直径】输入框内输入直径“12”；

② 在【所需刀具类型】选择列表中选择“平底刀”；

③ 按下【确定】，符合条件的刀具在“可选刀具”列表中显示。

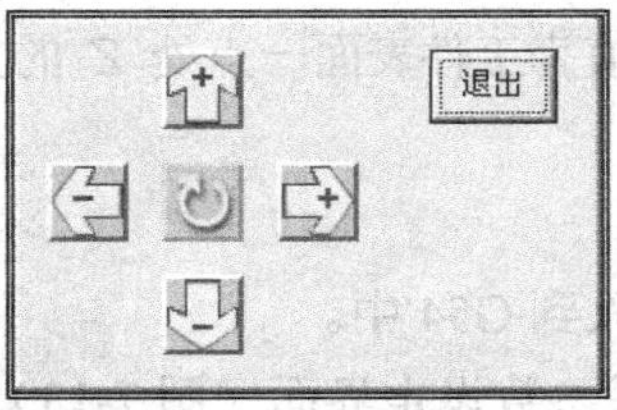

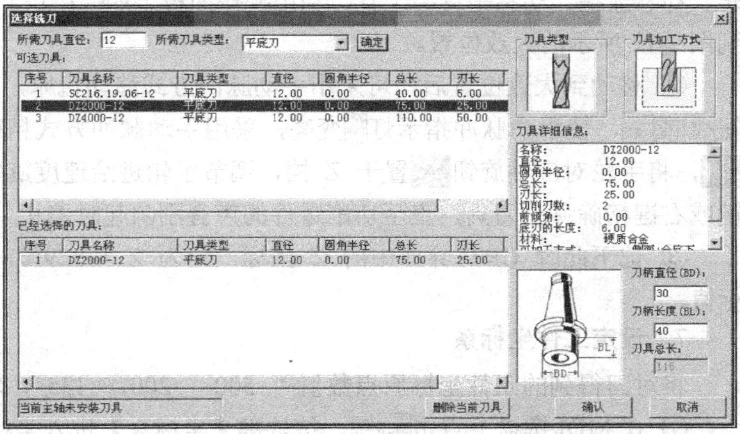

图 7-9　调整零件位置的小键盘　　图 7-10　选择刀具对话框

（2）选择需要的刀具　在【可选刀具】列表中点击所需刀具“DZ2000-12”，选中的刀具将显示在“已经选择的刀具”列表中。

（3）输入刀柄参数　刀柄参数有直径和长度两个。总长度是刀柄长度与刀具长度之和。

（4）确认选刀　单击【确认】按钮完成选刀操作，被选择的刀具将被添加到数控铣床主轴上。

6. 对刀

使用试切法对刀，也可使用其他方法对刀，工件坐标原点位于毛坯表面中心。

（1）*X* 向对刀

① 点击菜单【机床/选择刀具】或点击工具条上的小图标，选择所需 D12 平底刀。

② 打开菜单【视图/选项…】中“声音开”和“铁屑开”选项。

③ 点击操作面板中的按钮进入“手动”方式，点击操作面板上的按钮，使主轴转动。

④ 点击 MDI 键盘上的 POS，使 CRT 界面上显示坐标值；借助【视图】菜单中的动态旋转、动态放缩、动态平移等工具，利用操作面板上的 X，Y，Z 和 +，- 按钮，将机床移到图 7-11 所示大致位置。

⑤ 移动到大致位置后，可采用手动脉冲方式移动机床，点击操作面板上的手动脉冲按钮或，使手动脉冲指示灯变亮，采用手动脉冲方式精确移动机床，点击显示手轮，将手轮对应轴旋钮置于 X 档，调节手轮进给速度旋钮，在手轮上点击鼠标左键或右键精确移动刀具，直至切削零件的声音刚响起时停止。

⑥ 记下此时 CRT 界面中的 *X* 坐标，此为刀具中心的 *X* 坐标，记为 X_1“–434”；将毛坯的长度记为 X_2“120”，将刀具直径记为 X_3“12”，则工件上表面中心的 *X* 的坐标为“刀具中心的 *X* 的坐标–零件长度的一半–刀具半径”，即“X_1–X_2/2–X_3/2”。结果记为 *X*“–500”。

（2）*Y* 向对刀　*Y* 向对刀和 *X* 向对刀方法相同。经过刀，工件中心的 *Y* 坐标记为 *Y*“–415”。

（3）*Z* 向对刀

① 点击 MDI 键盘上的 POS，使 CRT 界面上显示坐标值；借助“视图”菜单中的动态旋转、动态放缩、动态平移等工具，利用操作面板上的 X，Y，Z 和 +，- 按钮，将机床移到图 7-12 所示的大致位置。

② 移动到大致位置后，可采用手动脉冲方式移动机床，点击操作面板上的手动脉冲按钮或，使手动脉冲指示灯变亮，采用手动脉冲方式精确移动机床，点击显示手轮，将手轮对应轴旋钮置于 Z 档，调节手轮进给速度旋钮，在手轮上点击鼠标左键或右键精确移动刀具，直至切削零件的声音刚响起时停止。

③ 记下此时 CRT 界面中的 *Z* 坐标，记为 *Z*“–329”，此值为工件表面一点处 *Z* 的坐标值。

7. 设定工件坐标系

将对刀得到的工件坐标原点数值“–500，–200，–135”，输入到 G54 中。

① 在 MDI 键盘上点击 OFFSET SETTING 键，按软键【坐标系】进入坐标系参数设定界面（图 7-13）。

② 用方位键 ↑ ↓ ← → 将光标移到 G54 坐标系 *X* 的位置，在 MDI 键盘上输入

“–500.00”，按软键【输入】或按INPUT，参数输入到指定区域。

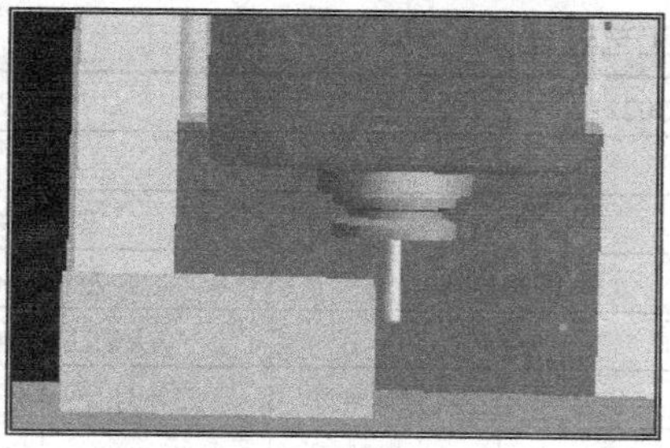

图 7-11　X 轴对刀位置

图 7-12　Z 轴对刀位置

③ 点击↓，将光标移到 Y 的位置，输入“–415.00”，按软键【输入】或按INPUT，参数输入到指定区域。

④ 同样的可以输入 Z 的值“–329”。此时 CRT 界面如图 7-14 所示。

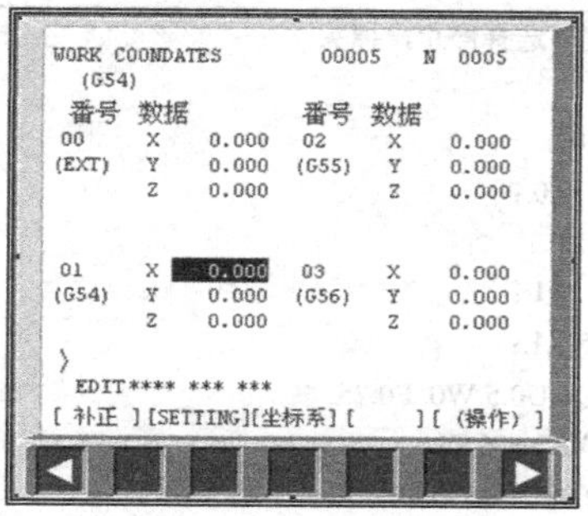

图 7-13　坐标系参数设定界面

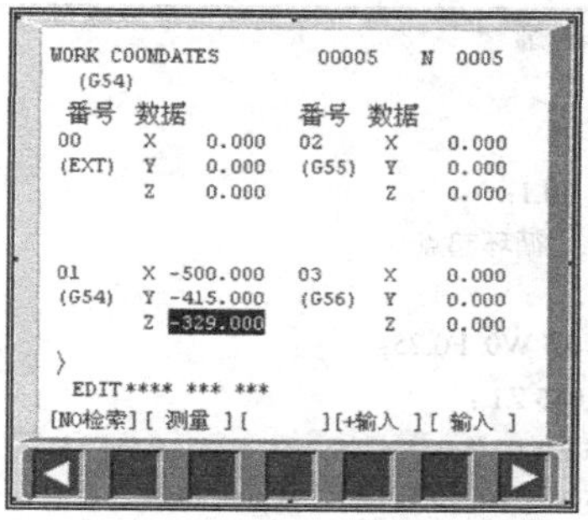

图 7-14　工件坐标原点

8. 零件自动加工

点击操作面板上的【自动运行】按钮，使其指示灯变亮。

点击操作面板上的【循环启动】，程序开始执行，在图形窗口显示加工过程。

7.3.2 宇龙（FANUC）数控车床仿真软件操作实例

加工（图 7-15）的零件，毛坯为$\phi 50 \times 105$。

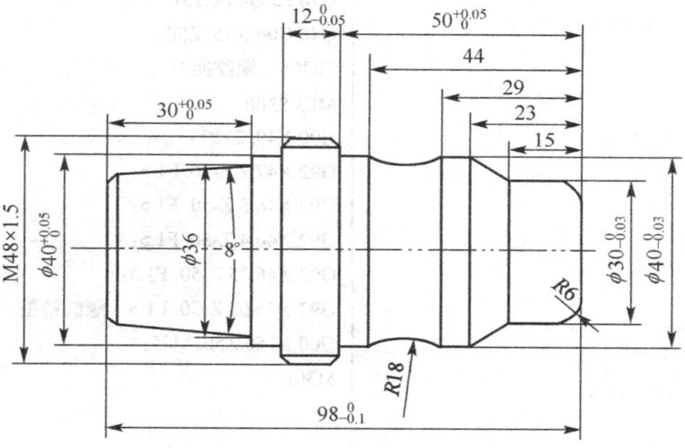

图 7-15　零件图

1. 根据零件图确定加工工艺路线（表 7-1）

表 7-1 简易工艺过程

程序编号 O0221							
工序 1				工序 2			
加工位置		零件右端		加工位置		零件左端	
编程原点		右端面中心		编程原点		左端中心	
装夹		工件伸出最长		装夹		掉头后工件伸出最长	
工步号	刀具号	刀补号	工步内容	工步号	刀具号	刀补号	工步内容
1	T1	01	粗车轮廓	1	T1	01	掉头粗车
2	T2	02	精车轮廓	2	T2	02	掉头精车
				3	T3	03	车螺纹

2. 加工程序

程序编号 O0221

```
T0101；粗车轮廓
M03 S650；
G00 X51. Z0.；
G01 X-1. Z0. F0.1；
G00 X51. Z1.；循环起点
G71 U1.5 R1.；
G71 P1 Q2 U0.5 W0. F0.25；
N1 G00 X17.985 Z1.；
G01 X17.985 Z0.；
G03 X29.985 Z-6. R6.；
G01 X29.985 Z-15.；
G01 39.985 Z-23.；
G01 39.985 Z-50.025；
G01 X44. Z-50.025；
G01 X48. Z-52.025；
G01 X48. Z-65.；
N2 G00 X51. Z-65.；
G00 X150. Z50.；回换刀点
T0202；
G42 G00 X51. Z1.；
G00 X-1. Z1.；
G01 X-1. Z0.；
G01 X17.985 Z0.；
G03 X29.985 Z-6. R6.；
G01 X29.985 Z-15.；
G01 X39.985 Z-23.；
G01 X39.985 Z-29.；
G02 X39.985 Z-44 R18.；
G01 X39.985 Z-50.025；
G01 X44. Z-50.025；
G01 X48. Z-52.025；
G01 X48. Z-65.；
G40 G00 X150. Z50.；
M05；
M01；程序选择停止，掉头
T0103；
M03 S650；
G00 X51. Z0.；
G01 X1. Z0.；
G00 X51. Z1.；
G71 U1.5 R1.；
G71 P3 Q4 U0.5 W0. F0.25；
N3 G00 X25.656 Z1.；
G01 X32.08 Z-1.995；
G01 X36. Z-30.025；
G01 X40.025 Z-30.025；
G01 X40.025 Z-35.95；
G01 X44. Z-35.95；
G01 X50. Z-38.95；
N4 G00 X51. Z-38.95；
G00 X150. Z50.；
T0204；
G42 G00 X51. Z1.；
G70 P3 Q4 F0.15；
G40 G00 X15. Z50.；
T0305；螺纹换刀
M03 S300
G00 X49. Z-30.；
G92 X47.2 Z-50. F1.5；
G92 X46.8 Z-50. F1.5；
G92 X46.4 Z-50. F1.5；
G92 X46.05 Z-50. F1.5；
G92 X46.05 Z-50. F1.5；螺纹精整
G00 X150.Z50. M05；
M30；
```

3. 操作步骤

（1）打开软件　在【开始】→【程序】→【数控加工仿真系统】→【数控加工仿真系统】，或者在桌面上双击图标，弹出登陆窗口，选择【快速登陆】或者输入【用户名】和【密码】即可进入数控系统。

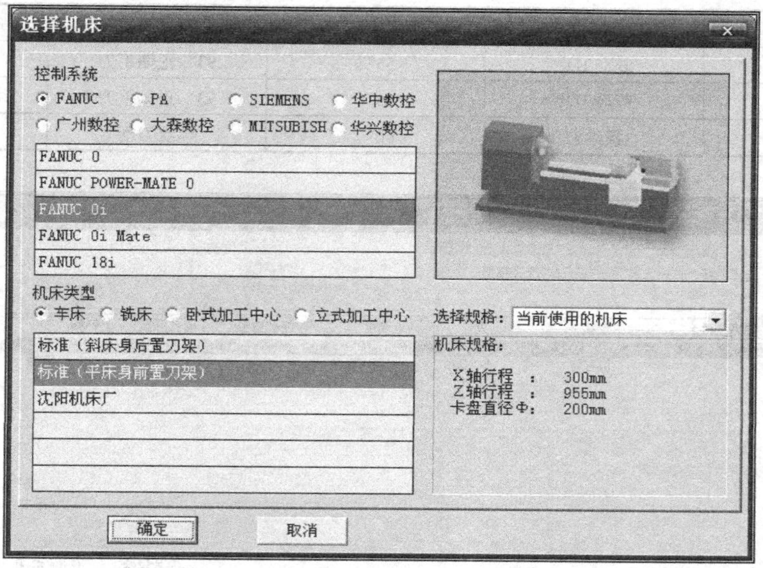

图 7-16　选择机床窗口

单击工具栏中的按钮，弹出【选择机床】窗口，如图 7-16 所示。选择【控制系统】、【机床类型】后，进入 FANUC 0i 数控车床的机床控制界面。

（2）车床准备

① 激活机床。点击【启动】按钮，此时车床电机和伺服控制的指示灯变亮。检查急停按钮是否松开，若未松开，点击【急停按钮】，将其松开。

② 机床回参考点。点击【回原点】按钮，进入回原点模式。首先，将 X 轴回原点，点击操作面板上的【X 轴选择】按钮 X，点击【正方向移动】按钮 +，移动 X 轴将回原点，直到 X 轴回原点灯变亮。CRT 上的 X 的坐标变为“600.00”。同样，点击【Z 轴选择】按钮 Z，点击按钮 +，移动 Z 轴将回原点，直到 Z 轴回原点灯变亮。此时，CRT 界面如图 7-17 所示。

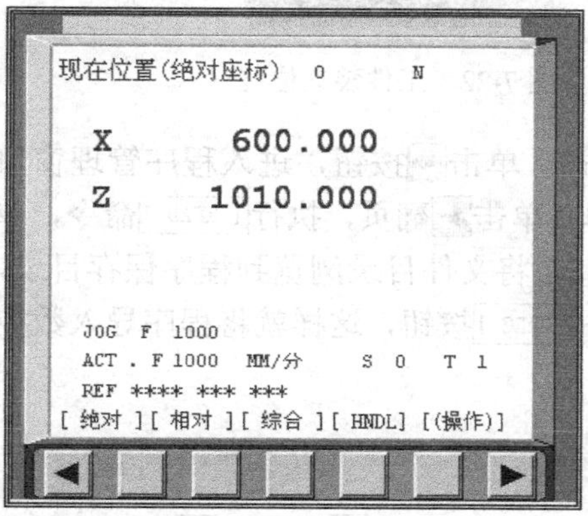

图 7-17　回原点界面

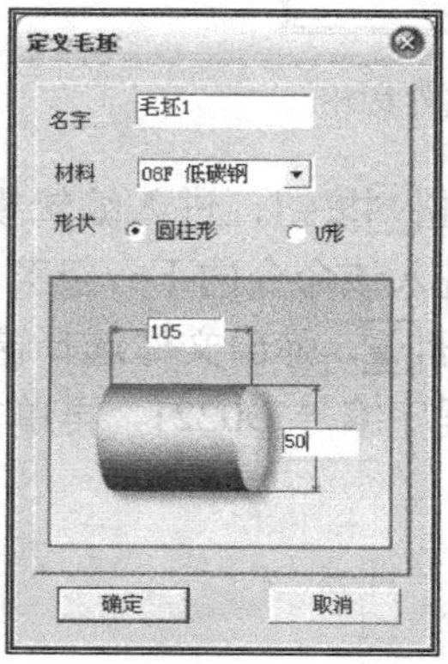

图 7-18　定义毛坯

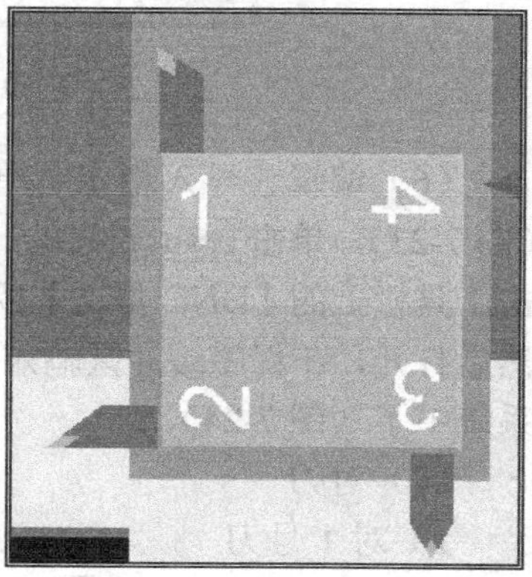

图 7-19　刀具安装结果

（3）定义毛坯　单击工具栏上的【定义毛坯】按钮，设置图7-18所示的毛坯尺寸。

（4）定义刀具　单击工具栏上的【选择刀具】按钮，将表7-2所示的刀具安装在对应的刀位。安装刀具时先选择刀位，再依次选择刀片、刀柄等，如图7-19所示。

表7-2　刀具参数

刀位号	刀片类型	刀片角度	刀柄	刀尖半径
1	菱形刀片	55°	93°正偏手刀	0.4mm
2	菱形刀片	35°	93°正偏手刀	0.2mm
3	螺纹刀	60°	螺纹刀柄	

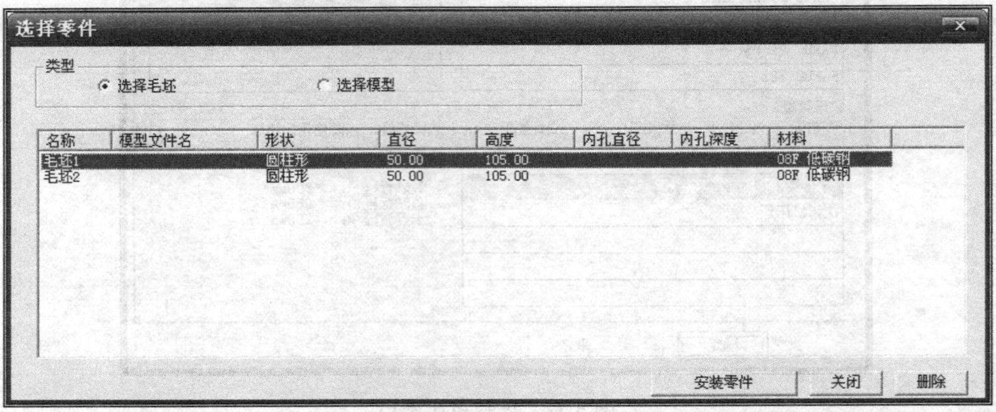

图7-20　选择零件对话框

（5）装夹工件　单击工具栏上的【放置零件】按钮，弹出【选择零件】窗口如图7-20所示，选择前面定义的毛坯，点击确定按钮。弹出移动工件按钮（图7-21），单击按钮，将零件向右移动到最远的位置，如图7-22所示。

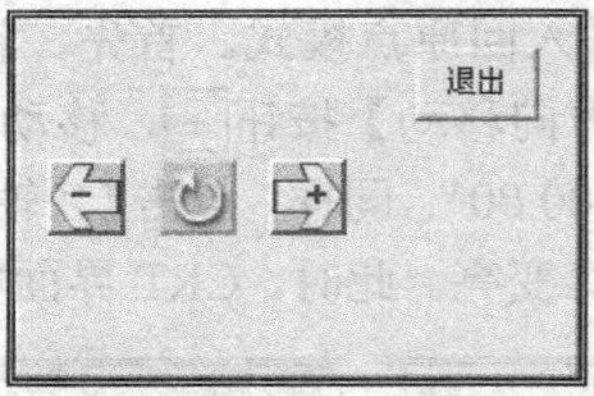

图7-21　移动工件按钮

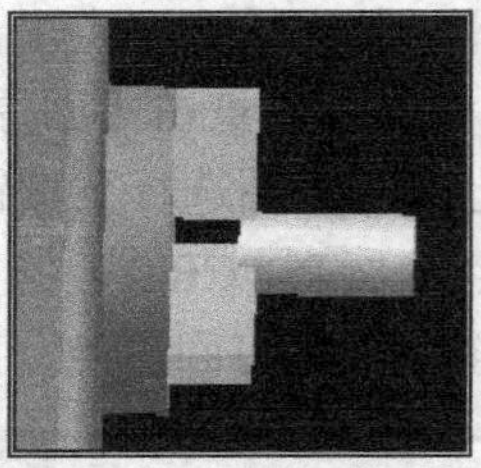

图7-22　工件装夹位置

（6）编辑、导入程序　单击按钮，进入编辑模式，单击PROG按钮，进入程序管理窗口（图7-23）。单击[(操作)]按钮，进入该命令的下一级菜单，单击▶翻页，执行[READ]命令，单击工具栏上的【DNC传送】按钮，弹出文件选择窗口，将文件目录浏览到程序保存目录，然后打开，在程序缓冲区输入程序编号O0221，再单击[EXEC]按钮，这样就将程序导入数控系统中了（图7-24）。

（7）对刀

1）对1号刀

① 工件试切。单击按钮，将机床设置为手动模式。单击按钮Z，按下快速，使机床快

速移动，按住[-]，使机床向负方向靠近工件移动，单击按钮[X]，按住[-]，使机床向负方向靠近工件移动，当机床靠近工件时取消[快速]，单击，启动主轴。

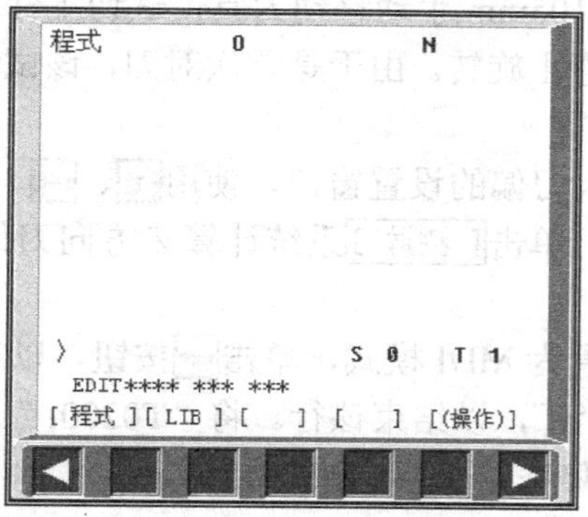

图 7-23　程序管理窗口

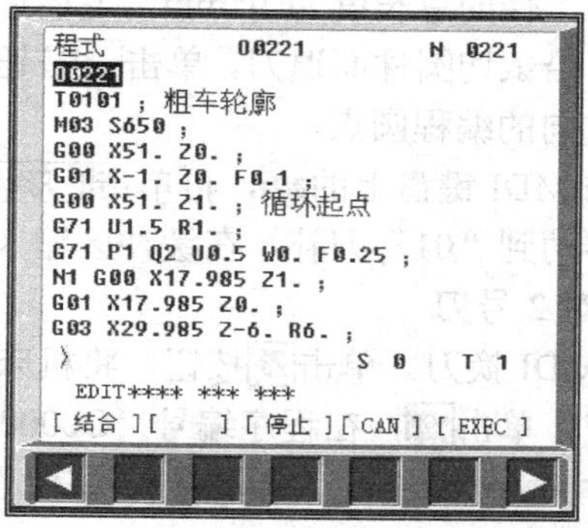

图 7-24　导入程序

X 向对刀：试切工件直径，然后使刀具沿试切圆柱面退刀。

② 试切尺寸测量。单击按钮，停止主轴旋转，单击【测量】菜单，执行【剖面图测量】命令，弹出如图 7-25 所示的提示界面。选择“否”进入测量窗口（图 7-26）。在剖面图上用鼠标左键，单击刚刚试切的圆柱面，系统会自动测量试切柱面的直径和长度，测量结果会高亮显示出来，本例试切直径结果为 47.693。

图 7-25　半径测量提示界面

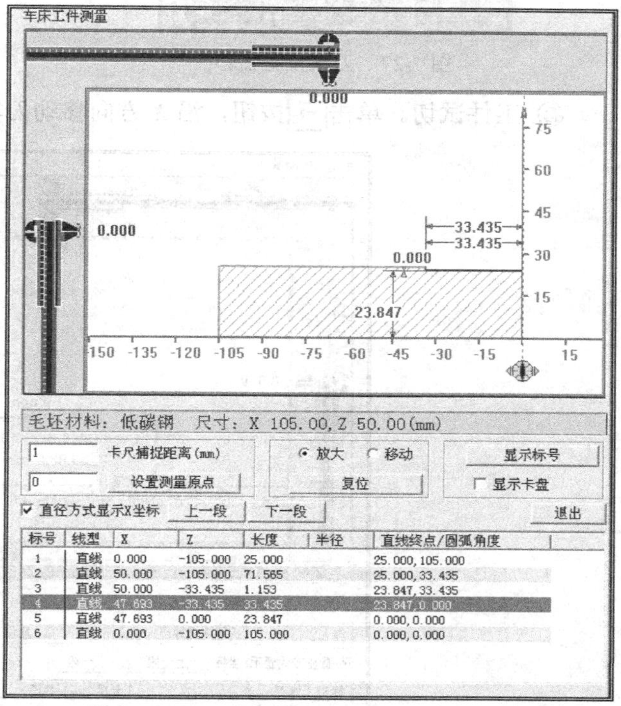

图 7-26　测量窗口

③ 设置刀偏。由于程序中使用 T 指令调用工件坐标系，因此应该用 T 指令对刀。

单击 MDI 键盘上的，再单击[形状]，进入刀偏的设置窗口（图 7-27）。使用[↑]、[←]、[↓]、[→]，将光标移动到“01”刀补，在缓冲区输入“X47.693”单击[测量]系统计算出 *X*

方向刀偏。

Z 向对刀：单击按钮，将机床设置为手动模式。单击，启动主轴。

由于工件的总长度为 98mm，毛坯总长度为 105mm,手动移动刀具，试切工件端面，然后使刀具沿试切圆柱面退刀。单击按钮，主轴停止旋转。由于是首次对刀，该试切端面选择为 *Z* 方向的编程圆点。

单击 MDI 键盘上的，再单击[形状]，进入刀偏的设置窗口，使用、、、，将光标移动到“01”刀补，在缓冲区输入“Z0.”，单击[测量]系统计算 *Z* 方向刀偏。

2）对 2 号刀

① MDI 换刀。单击按钮，将机床模式设置为 MDI 模式，单击按钮，以显示 MDI 程序窗口，单击，在程序编号“O0000”插入“；”，以结束该行。将“T0200;”插入程序中，其含义为换 2 号刀，单击，将使程序复位停在第 1 行，按换刀。

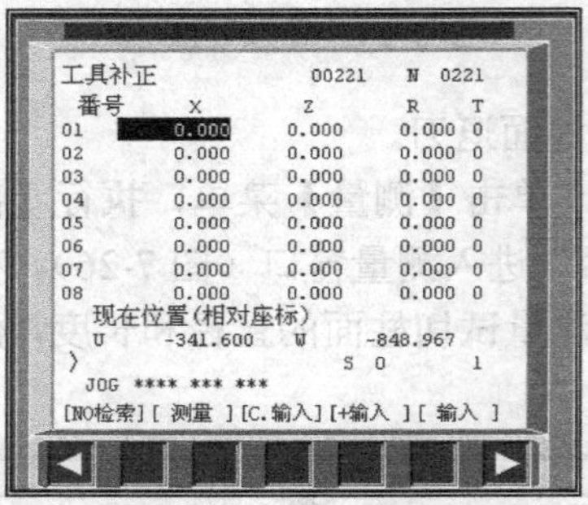

图 7-27 刀偏设置窗口

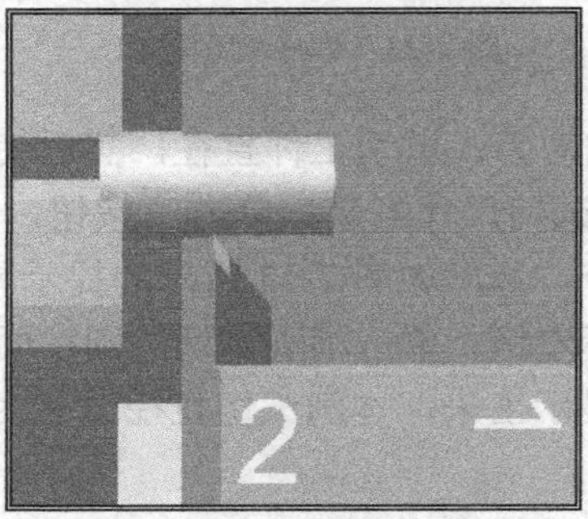

图 7-28 刀具试切停止位置

② 工件试切。单击按钮，沿 *X* 方向移动刀具，如图 7-28 所示。

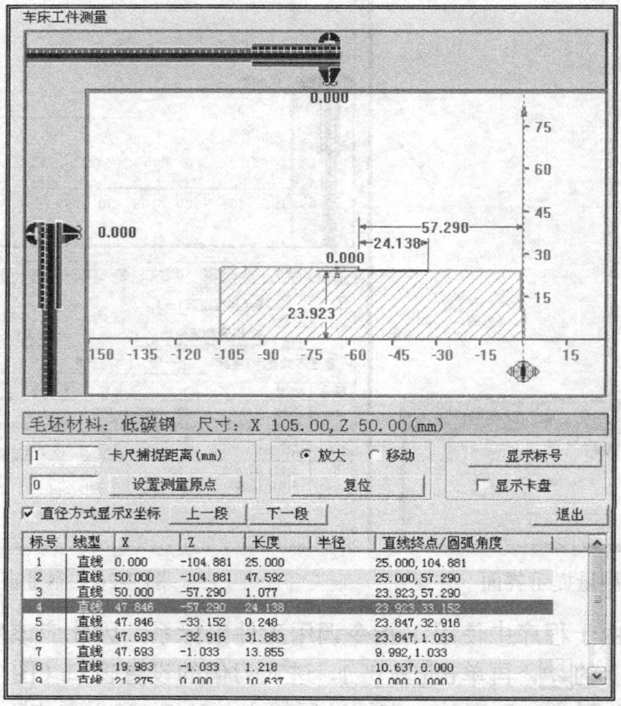

图 7-29 测量工件窗口

③ 试切尺寸测量。单击按钮，主轴停止旋转，单击【菜单】→【剖面图测量】命令，弹出测量工件窗口，同样用鼠标左键单击试切工件的直径，如图 7-29 所示。

④ 设置刀偏。单击 MDI 键盘上的，再单击[形状]，进入刀偏的设置窗口，使用↑、←、↓、→，将光标移动到“02”刀补，在缓冲区输入“X47.846”，单击[测量]，系统计算出 X 方向刀偏；在缓冲区输入“Z-57.290”，单击[测量]，系统计算出 Z 方向刀偏。将 2 号刀的刀尖半径补偿设置为“0.200”，刀尖方位设置为“3”。

（8）自动运行程序　单击按钮，将机床设置为自动运行模式。单击工具栏上的按钮，显示俯视图，单击，在机床模拟窗口进行程序校验。单击按钮，设置为单段运行有效，单击按钮，使选择性程序停止功能有效，这样程序执行到“M01”指令自动停止，因为零件还需要掉头并再次对刀。单击操作面板上的循环启动按钮程序开始执行。程序校验轨迹如图 7-30 所示。检验结束后单击，退出程序校验模式。

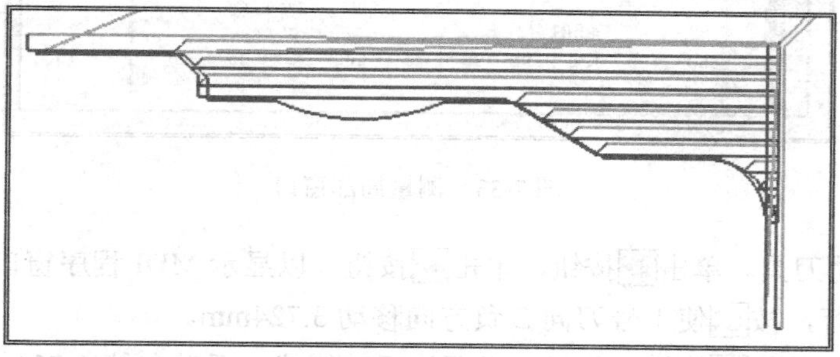

图 7-30　程序校验轨迹

单击操作面板上的循环启动按钮，程序开始执行，加工结果如图 7-31 所示。单击【测量】菜单，执行【剖面图测量】命令，弹出测量工件窗口，测量各段加工尺寸以验证加工质量。

（9）零件掉头　单击【零件】菜单，执行【移动零件】命令，弹出移动零件按钮，单击按钮，将零件掉头装夹，装夹的长度不需要移动，如图 7-32 所示。

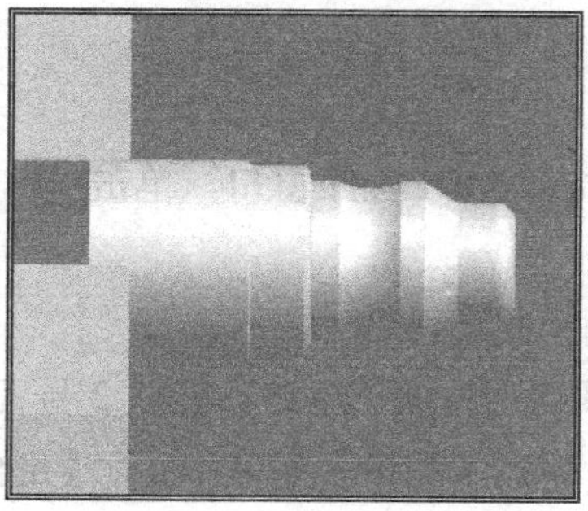

图 7-31　加工结果

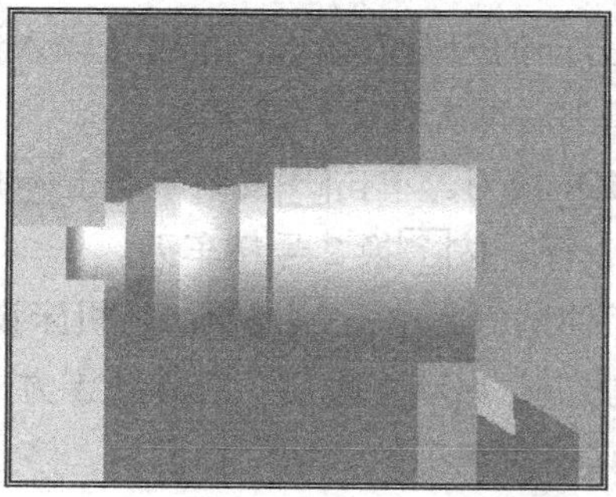

图 7-32　零件掉头装夹

（10）对刀　掉头后需要使用 3 把刀具，分别是 1 号粗车刀、2 号精车刀和螺纹刀。

1）掉头后再次对 1 号粗车刀

① MDI 换刀。单击按钮，单击按钮，以显示 MDI 程序窗口。单击，使程序复位停在第 1 行，按换 1 号粗车刀。

② 工件试切。单击按钮，将机床设置为手动模式。

Z 方向对刀：手动移动刀具，试切端面，沿试切端面退刀，单击“测量”菜单，执行“剖面图测量”命令，测量工件总长，如图 7-33 所示。本例中工件总长为 101.674mm。

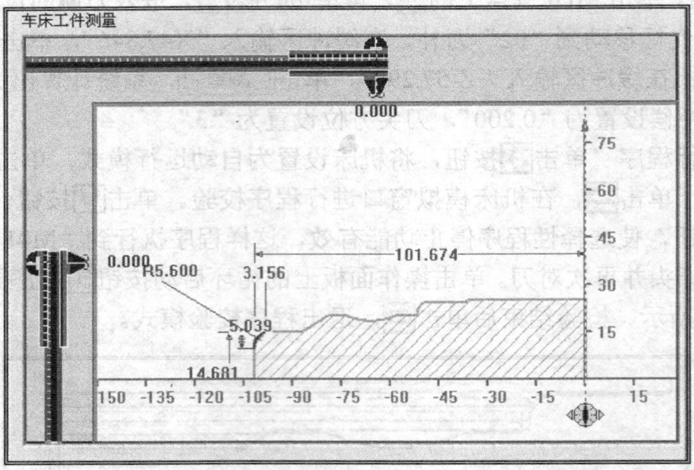

图 7-33 测量局部窗口

③ MDI 移动刀具。单击按钮，单击按钮，以显示 MDI 程序窗口。单击，使程序复位停在第 1 行，按使 1 号刀向 *Z* 负方向移动 3.724mm。

启动主轴后，单击按钮，将机床设置为手动模式。手动车掉 3.724mm 的端面后，刀具沿此端面退刀，该端面就是掉头后的编程原点，这样工件的总长度是 97.95mm。

④ 设置刀偏。单击 MDI 键盘上的，再单击[形状]，进入刀偏的设置窗口，使用↑、←、↓、→，将光标移动到“03”刀补，在缓冲区输入“Z0.”，单击[测量]，系统计算出 *Z* 方向刀偏。

X 方向对刀：掉头以后第 2 道工序的编程原点和第 1 道工序的编程原点 *X* 方向重合，且刀具没有移动，所以理论上 2 把粗车刀的 *X* 方向刀偏值应该是相等的，因此可以直接将“01”号刀偏 *X* 方向的刀偏值输入，单击【输入】键。

2）掉头后再次对 2 号精车刀

① MDI 换刀。单击按钮，单击按钮，以显示 MDI 程序窗口。单击，使程序复位停在第 1 行，按换 2 号精车刀。

② 工件试切。单击按钮，将机床设置为手动模式。

对 *Z* 方向：启动主轴后，刀具沿 *X* 方向移动，试切圆柱面，注意不能以 2 号刀再次试切端面，刀具停留在工件试切圆柱面内，停止主轴后，单击【测量】菜单，执行【剖面图测量】命令，测量刚才试切圆柱面的长度 16.673，如图 7-34 所示。

③ 设置刀偏。单击，再单击[形状]，进入刀偏的设置窗口，使用↑、←、↓、→，将光标移动到“04”刀补，在缓冲区输入“*Z*–16.673.”，单击[测量]，系统计算出 *Z* 方向刀偏。

X 方向对刀：理论上 2 把精车刀的 *X* 方向刀偏值应该是相等的，因此可以直接将“02”号刀偏 *X* 方向的刀偏值输入，单击“输入”软键，同时为 2 号刀，设置刀尖半径补偿值和刀

尖方位，刀偏设置结果如图 7-35 所示。手动将刀具退出加工面。

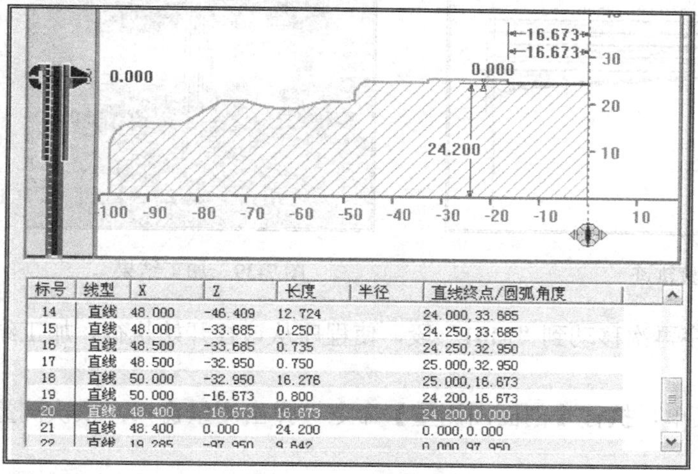

图 7-34 测量局部窗口

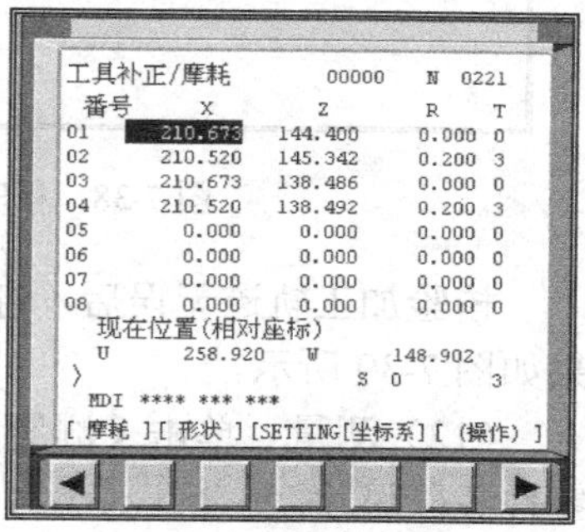

图 7-35 外圆车刀刀补设置界面

3）对螺纹刀

① MDI 换刀。单击按钮，单击按钮，以显示 MDI 程序窗口。单击，使程序复位停在第 1 行，按换 3 号螺纹刀。

② 工件试切。单击按钮，刀具沿 *X* 方向手动移动，试切圆柱面后，将刀具停在试切工件内并停止主轴旋转，如图 7-36 所示。单击【测量】菜单，执行“剖面图测量”命令，测量刚才试切圆柱面的长度和直径（图 7-37）。试切圆柱的长度为 24.447mm，试切直径为 49.620mm。

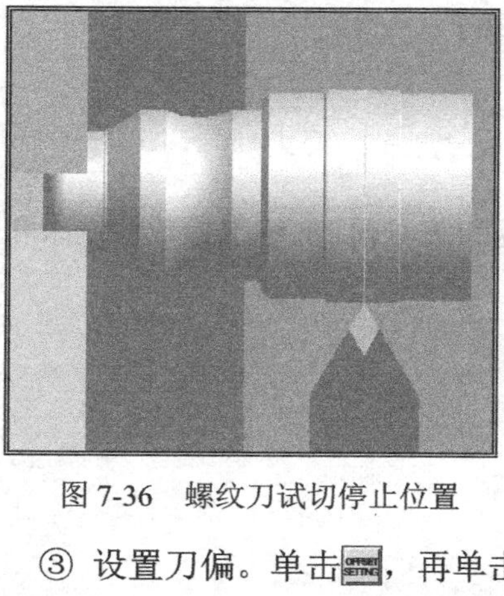

图 7-36 螺纹刀试切停止位置

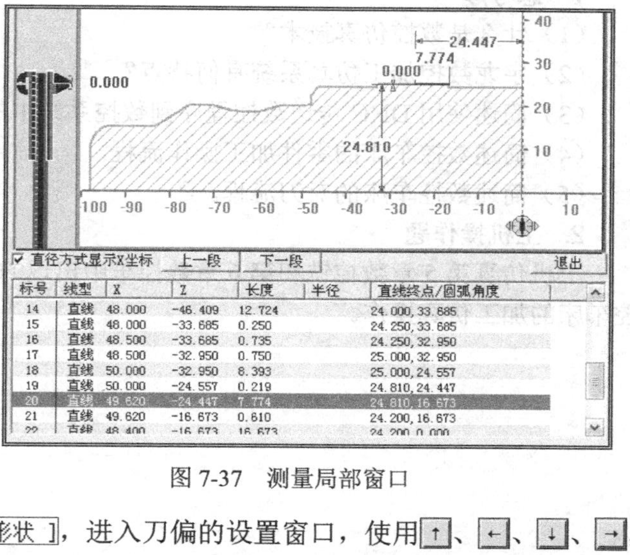

图 7-37 测量局部窗口

③ 设置刀偏。单击，再单击[形状]，进入刀偏的设置窗口，使用、、、，将光标移动到“05”刀补，在缓冲区输入“*Z*–24.447.”，单击[测量]，在缓冲区输入“X49.620.”，单击[测量]。由系统计算出刀偏。手动将刀具退出加工面。

（11）自动运行程序 单击按钮，将机床设置为自动运行模式。使用、、、，将光标移动到“M01”程序段位置。单击按钮，程序开始执行，校验程序轨迹如图 7-38 所示。

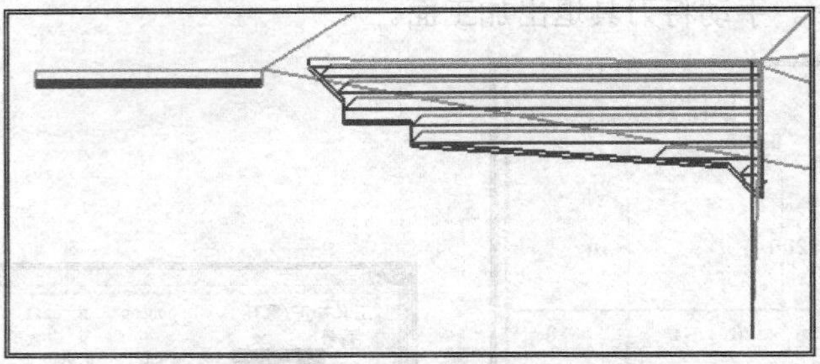

图 7-38 程序校验轨迹

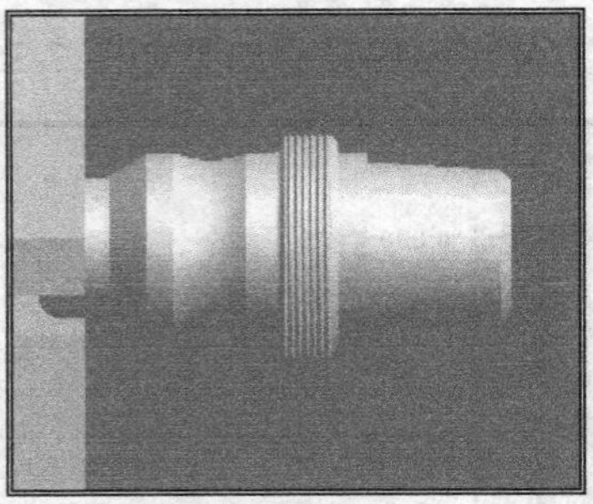

图 7-39 加工结果

校验加工轨迹无误后，将程序再次移动到“M01”段，使程序从该行开始执行，加工结果如图 7-39 所示。

（12）测量 单击【测量】菜单，执行【剖面图测量】命令，弹出测量窗口，依次测量零件各段尺寸。

小　结

本章主要阐述了在宇龙仿真软件中，FANUC 0i 系统中的数控铣床和数控车床的操作过程，要求掌握宇龙仿真系统的基本功能和操作方法，能够利用该软件进行数控仿真操作。

思考与练习

1. 思考题

（1）什么是数控仿真技术？

（2）宇龙数控加工仿真系统有何特点？

（3）简述使用 DNC 传送数控程序到数控系统中的步骤。

（4）简述数控车床的零件加工操作流程。

（5）简述数控车床的对刀流程。

2. 上机操作题

上机仿真第 5 章数控铣和第 6 章数控车中出现的例题和练习题。熟练掌握数控铣床和数控车床的加工仿真操作。

附录　FANUC 数控系统 G、M 代码功能一览表

附表 1　FANUC 数控系统 G 代码功能一览表

代码	组别	功能	附注	代码	组别	功能	附注
G00	01	快速定位	模态	G50	00	工件坐标原点设置	非模态
						最大主轴速度设置	
G01	01	直线差补	模态	G52	00	机床坐标系设置	非模态
G02	01	顺时针圆弧差补	模态	G53	00	第一工件坐标系设置	非模态
G03	01	逆时针圆弧差补	模态	*G54	14	第二工件坐标系设置	模态
G04	00	暂停	非模态	G55	14	第三工件坐标系设置	模态
*G10	00	数据设置	模态	G56	14	第四工件坐标系设置	模态
G11	00	数据设置取消	模态	G57	14	第五工件坐标系设置	模态
G17	16	*XY* 平面选择	模态	G58	14	第六工件坐标系设置	模态
G18	16	*ZX* 平面选择（缺省）	模态	G59	14	第七工件坐标系设置	模态
G19	16	*YZ* 平面选择	模态	G65	00	宏程序调用	非模态
G20	06	英制（in）	模态	G66	12	宏程序模态调用	模态
G21	06	米制（mm）	模态	*G67	12	宏程序模态调用取消	模态
*G22	09	行程检查功能打开	模态	G73	00	高速深孔钻孔循环	非模态
G23	09	行程检查功能关闭	模态	G74	00	左旋攻螺纹循环	非模态
*G25	08	主轴速度波动检查关闭	模态	G75	00	精镗循环	非模态
G26	08	主轴速度波动检查打开	非模态	*G80	10	螺纹固定循环取消	模态
G27	00	参考点返回检查	非模态	G81	10	钻孔循环	模态
G28	00	参考点返回	非模态	G84	10	攻螺纹循环	模态
G31	00	跳步功能	非模态	G85	10	镗孔循环	模态
*G40	07	刀具半径补偿取消	非模态	G86	10	镗孔循环	模态
G41	07	刀具半径左补偿	模态	G87	10	背镗循环	模态
G42	07	刀具半径右补偿	模态	G89	10	镗孔循环	模态
G43	00	刀具长度正补偿	模态	G90	10	绝对坐标编程	模态
G44	00	刀具长度负补偿	模态	G91	01	增量坐标编程	模态
G49	00	刀具长度补偿取消	模态	G92	01	工件坐标原点设置	模态

注：当机床电源打开或按重置时，标有“*”号的 G 代码被激活，即缺省状态。

附表 2　FANUC 数控系统 G 代码功能一览表

M 代码	功　能	附　注	M 代码	功　能	附　注
M00	程序停止	非模态	M30	程序结束返回	非模态
M01	程序选择停止	非模态	M31	旁路互锁	非模态
M02	程序结束	非模态	M32	润滑开	模态
M03	主轴顺时针旋转	模态	M33	润滑闭	模态
M04	主轴逆时针旋转	模态	M52	自动门打开	模态
M05	主轴停止	模态	M53	自动门关闭	模态
M06	换刀	非模态	M74	错误检测功能打开	模态
M07	冷却液打开	模态	M75	错误检测功能关闭	模态
M08	冷却液关闭	模态	M98	子程序调用	模态
M10	夹紧	模态	M99	子程序调用返回	模态

附表 3　编码字符的含义

字　符	含　义	字　符	含　义
A	关于 *X* 轴的角度尺寸	O	程序编号
B	关于 *Y* 轴的角度尺寸	P	平行于 *X* 轴的第三尺寸或固定循环参数
C	关于 *Z* 轴的角度尺寸	Q	平行于 *Y* 轴的第三尺寸或固定循环参数
D	刀具半径偏置号	R	平行于 *Z* 轴的第三尺寸或固定循环参数
E	第二进给功能（即刀具速度，单位 mm/min）	S	主轴速度功能（表示转速，单位 r/min）
F	第一进给功能（即刀具速度，单位 mm/min）	T	第一刀具功能
G	准备功能	U	平行于 *X* 轴的第二尺寸
H	刀具长度偏置号	V	平行于 *Y* 轴的第二尺寸
I	平行于 *X* 轴的差补参数或螺纹导程	W	平行于 *Z* 轴的第二尺寸
J	平行于 *Y* 轴的差补参数或螺纹导程	X	基本尺寸
L	固定循环返回次数或子程序返回次数	Y	基本尺寸
M	辅助功能	Z	基本尺寸
N	顺序号（行号）	—	—

参 考 文 献

[1] 吴明友. 数控加工自动编程——UG NX 详解. 北京：清华大学出版社，2008.
[2] 沈建峰，朱勤惠. 数控铣床技能鉴定考点分析和试题集萃. 北京：化学工业出版社，2008.
[3] 沈建峰，朱勤惠. 数控车床技能鉴定考点分析和试题集萃. 北京：化学工业出版社，2008.
[4] 陈海周. 数控铣削加工宏程序及应用实例. 北京：机械工业出版社，2008.
[5] 数控加工技师手册. 北京：机械工业出版社，2005.
[6] 实用车工手册. 北京：机械工业出版社，2002.
[7] 徐伟，苏丹. 数控机床仿真实训. 北京：电子工业出版社，2009.
[8] CAXA 制造工程师 2006 实例教程. 北京：清华大学出版社，2006.
[9] 周虹. 数控编程实训. 北京：人民邮电出版社，2008.
[10] 温正，魏建中. UG NX6.0 数控加工. 北京：科学出版社，2008.